Josef Schöttner

Produktdatenmanagement in der Fertigungsindustrie

Prinzip – Konzepte – Strategien

Mit 200 Abbildungen

HANSER

Carl Hanser Verlag München Wien

Der Autor:

JOSEF SCHÖTTNER

lebt in München und arbeitet als unabhängiger Industrie-Consultant
im Bereich Daten- und Prozeßmanagement.

E-Mail: josef.schoettner.ic@t-online.de

Die Deutsche Bibliothek – CIP-Einheitsaufnahme

Produktdatenmanagement in der Fertigungsindustrie : Prinzip - Konzepte - Strategien / Josef Schöttner. - München ; Wien : Hanser

ISBN 3-446-21152-7

http://www.hanser.de

Druck und Bindung: Druckhaus „Thomas Müntzer" GmbH, Bad Langensalza
Umschlaggestaltung: MCP · Susanne Kraus GbR, Holzkirchen
Printed in Germany

Vorwort

In jüngster Zeit ist viel über den Wirtschaftsstandort Deutschland diskutiert und geschrieben worden. Vertreter der Wirtschaft beklagen die im Zuge der Globalisierung sich verschlechternden ökonomischen Rahmenbedingungen. Trotz einer Spitzenstellung im Reigen der wirtschaftlich starken Nationen zeichnen sich zunehmend bedrohliche Fehlentwicklungen ab. Die Zahl der industriellen Arbeitsplätze verringert sich in besorgniserregender Weise Jahr um Jahr. Von Politik und Wirtschaft wird diese Tendenz etwas sorglos als Wandel von der Industrienation zur Dienstleistungsgesellschaft gedeutet. Es ist gewiß erfreulich festzustellen, daß der Dienstleistungssektor stetig an Bedeutung gewinnt und neue Arbeitsplätze hervorbringt. Andererseits ist es schwerlich vorstellbar, daß eine hochentwickelte Volkswirtschaft langfristig ohne industrielle Arbeitsplätze überleben kann.

Der Produktionsfaktor Mensch ist im internationalen Vergleich sehr teuer. Der Kostendruck auf die Fertigungsindustrie nimmt stetig zu. Um dem zu begegnen, verlagern mehr und mehr Unternehmen ihre Produktionsstätten teilweise oder ganz in Länder mit vermeintlich günstigeren Produktionsfaktoren. Die Lohnkosten sind dort zwar meist erheblich niedriger, doch muß dieser Vorzug nicht selten mit deutlichen Qualitätseinbußen erkauft werden. Dies kann durchaus negativ auf die Wettbewerbsfähigkeit der Erzeugnisse durchschlagen und so den erzielten Kostenvorteil rasch wieder zunichte machen. Ob Produktionsverlagerung in Billiglohnländer tatsächlich der richtige Ansatz zur langfristigen Sicherung der Konkurrenzfähigkeit ist, darf angesichts der praktischen Erfahrungen bezweifelt werden. Gänzlich anders verhält es sich, wenn Firmen aus strategischen Überlegungen Standorte in neuen globalen Zielmärkten etablieren. Wertschöpfung vor Ort und Kundennähe in aufstrebenden Volkswirtschaften sind geeignet, die Marktposition eines Unternehmens im globalen Wettstreit nachhaltig zu festigen. Auf diese Weise sichert internationales Engagement auch Arbeitsplätze im eigenen Land.

Es ist eine gewaltige Herausforderung für die Verantwortlichen in Management und Technik, mit Weitsicht die Weichen für eine erfolgreiche Zukunft der Fertigungsindustrie neu zu stellen. In den letzten Jahrzehnten wurde mit gigantischen Investitionen die Produktivität in den Fertigungshallen kontinuierlich gesteigert. Mit computergesteuerten Werkzeugmaschinen, Einzweckautomaten, Industrierobotern sowie Transport- und Lagersystemen wurden enorme Produktivitätssprünge realisiert. Damit konnten die Herstellungskosten signifikant verringert und zudem die Faktoren Flexibilität und Qualität deutlich verbessert werden. Inzwischen ist aber in vielen Fertigungsunternehmen ein Automatisierungsgrad erreicht, der kaum noch Spielraum für weitere, wirtschaftlich sinnvolle Maßnahmen zur Kostenentlastung in der Produktion zuläßt. Damit ist es an der Zeit, die Potentiale in Entwicklung und Konstruktion auszuschöpfen. Die Fertigungsindustrie investiert in diesem Bereich jährlich Milliardenbeträge in informationstechnische Ausrüstung. Unbestritten werden damit auch gewisse Erfolge erzielt, doch im Verhältnis zu den Aufwendungen fallen diese in der Regel eher bescheiden aus. Denn IT-Systeme werden zu isolierten Informationsinseln, ihr Einsatz erfolgt in einer überholten Organisationsstruktur und auf intelligente Anwendungskonzepte wird größtenteils verzichtet. Dies führt dazu, daß die Möglichkeiten zu einer drastischen Kostensenkung im Technischen Büro weitgehend ungenutzt bleiben.

Eine Offensive tut not, die diese unbefriedigende Situation, wie sie in nicht wenigen Unternehmen der Fertigungsindustrie vorherrscht, beseitigt. Zur Herstellung der elektronischen Produktdaten muß eine Arbeitsumgebung installiert werden, die die Potentiale des Produktionsfaktors Information in idealer Weise ausschöpft. Eine prozeßorientierte Organisationsstruktur in Verbindung mit einem IT-Unternehmenswerkzeug und der Nutzung strategischer Engineering-Methoden schafft die notwendige Voraussetzung. Hochqualifizierte Ingenieure und Techniker brauchen eine Plattform für kreatives und kollaboratives Arbeiten, denn die Entwicklung innovativer Spitzenprodukte verlangt nach innovativen Spitzenwerkzeugen. Mit der Technologie des Produktdatenmanagements ist das Fundament für den Aufbau einer flexiblen Engineering-Umgebung zur wirtschaftlichen Produktdatenherstellung als Pendant zur flexiblen Fertigung für die wirtschaftliche Reproduktion der Produktdaten verfügbar.

Diese exzellenten Möglichkeiten zu erschließen, erfordert Mut und Entschlossenheit von den Verantwortlichen in den Führungsetagen aber auch von allen Mitarbeitern in den Fachabteilungen. Es geht nicht nur darum, ein unternehmensweit nutzbares IT-Werkzeug zu installieren, sondern darum, verkrustete, historisch gewachsene Strukturen aufzubrechen und durch neu gestaltete Geschäftsprozesse abzulösen – eine Herkulesaufgabe, die außergewöhnliche Kräfte erfordert, aber ebenso außergewöhnliche Erfolge möglich macht. Ich würde mich freuen, wenn dieses Buch einen Beitrag dazu leisten könnte, diese Potentiale in praktischen Nutzen umzusetzen.

Mein Dank gilt Herrn Prof. Dr.-Ing. Qi Guoning von der Universität Hangzhou, China für die zahlreichen, inspirierenden Diskussionen und die Anregung zu diesem Buch sowie Frau Dipl.-Ing. Elke Quatfasel für die wertvollen Ideen und kritischen, aber konstruktiven Anmerkungen. Ferner danke ich Herrn Stephan Haas für die sorgfältige Durchsicht des Manuskripts.

Des weiteren danke ich Herrn Dipl.-Ing. Volker Herzberg vom Carl Hanser Verlag, München für die überaus angenehme Zusammenarbeit und den allzeit konstruktiven Dialog.

Ein besonders herzliches Wort des Dankes richte ich an meine Frau Renate für ihre Unterstützung, ihr Verständnis, ihren Rat und manche Anregung. Ohne ihr Engagement wäre es viel schwerer gewesen, dieses Buch zu schreiben.

München, im Oktober 1999 Josef Schöttner

Inhaltsverzeichnis

1 Brisante Themen in Produktionsunternehmen

Die Situation von Produktionsunternehmen wird heute zunehmend von härter werdendem globalem Wettbewerb geprägt. Es gilt, außerordentlich komplexe Herausforderungen zu bewältigen, um auch künftig im internationalen Markt bestehen zu können. Anhaltender Kostendruck zwingt die Unternehmen, die Rationalisierung kontinuierlich voranzutreiben. Eine bereits hohe Produktivität in den Fertigungshallen kann häufig nur durch immense Aufwände weiter gesteigert werden. In den fertigungsvorgelagerten Bereichen gibt es dagegen meist noch erhebliche Verbesserungsmöglichkeiten. Zwar sind hier vielfach moderne Anwendungssysteme der Informationstechnik für computergestützte Entwicklung, Berechnung und Simulation im Einsatz, die in den letzten Jahren zu einem deutlichen Anstieg der Entwicklungseffizienz geführt haben, doch sind damit keine weiteren signifikanten Produktivitätssprünge zu erzielen. Es fehlt in vielen Fällen an einer durchgängigen Systemintegration, um Daten ablaufgesteuert und aufgabenübergreifend ohne Medienbruch im gesamten Unternehmen nutzen zu können. Teuere Applikationen kommen überwiegend nur als Insellösungen zum Einsatz. Die Nutzenpotentiale intelligenter Anwendungskonzepte in Entwicklung, Konstruktion und Arbeitsplanung bleiben oft ungenutzt.

1.1 Globaler Wettbewerb

Die politischen Veränderungen der letzten Jahre haben zu einer weiteren Öffnung der internationalen Märkte geführt. Aufstrebende Volkswirtschaften, vor allem in Osteuropa, Asien und Lateinamerika, werden als Wachstumsmotor der Zukunft angesehen. Wirtschaftliches Engagement in diesen Regionen scheint für die Sicherung der globalen Wettbewerbsfähigkeit von besonderer Bedeutung zu sein. Dies gilt nicht nur für Großunternehmen, die in der Regel ohnehin international ausgerichtet sind, sondern in besonderem Maße für Klein- und Mittelstandsbetriebe, die meist nur nationale Strukturen aufweisen. Präsenz in den Wachstumsmärkten der Welt schafft direkten Zugang zu den Kunden und mindert den Kostendruck durch besonders günstige Produktionsfaktoren.

Internationale Aktivitäten bringen eine Reihe organisatorischer und struktureller Veränderungen in den Unternehmen mit sich. Jedoch sind damit nicht nur Restrukturierungsaufwände verbunden, sondern vor allem die Chance zur Optimierung der künftigen Geschäftsabläufe. Weltweite Kooperationen, ob mit eigenen Tochterunternehmen, Joint-ventures oder konsortialen Partnerschaften, erfordern eine klar definierte Arbeitsteilung in allen Bereichen der Produktentstehung. Eine intensive Zusammenarbeit über die Ländergrenzen hinweg ist wesentliche Voraussetzung für den gemeinsamen Erfolg. Den Möglichkeiten der modernen Informations- und Kommunikationstechnik kommt hierbei eine besondere Bedeutung zu. Die Arbeitsergebnisse eines Standorts sind die Basis für die Aktivitäten eines anderen. Schnelle Datenkommunikation spielt eine entscheidende Rolle. Schließlich fordert der ständig steigende Konkurrenzdruck immer kürzere Produktentwicklungszeiten. Jede Verzögerung bei der Produkteinführung kostet wertvolle Marktanteile und schmälert den *Return On Investment*. Lieferfähigkeit, Termintreue, Qualität, Preiswürdigkeit und schneller Service sind die Erfolgsfaktoren im globalen Wettstreit um den Kunden.

1.2 Strategische Ziele

Im Bewußtsein der rasch voranschreitenden Globalisierung der Wirtschaft und der sich damit verändernden Wettbewerbssituation vollzieht sich in vielen Produktionsunternehmen eine merkliche Umorientierung. Es wird zunehmend erkannt, daß punktuelles Rationalisieren die Wettbewerbsfähigkeit im Weltmarkt künftig nicht mehr sicherstellen kann. Die langfristige Wahrung der Ertragskraft und somit die Sicherung des Unternehmensbestandes erfordern die Definition, Planung und Realisierung strategischer Unternehmensziele.

Hohe technologische Kompetenz und Produktqualität, wesentliche Erfolgsfaktoren eines Unternehmens, sind heute seltener Alleinstellungsmerkmale gegenüber nationalen und internationalen Mitbewerbern. Die Leistungsdichte der Produkthersteller in den einzelnen Sparten nimmt stetig zu. Es müssen neue Fähigkeiten entwickelt werden, um die erreichte Marktposition behaupten oder gar ausbauen zu können. Die Entwicklung innovativer Produkte, eine starke Kundenorientierung durch Verbesserung der innerbetrieblichen Flexibilität und unternehmerisches Engagement in neuen Märkten, etwa durch arbeitsteilige Kooperationen, gelten als grundlegende Maßnahmen für eine erfolgreiche Zukunft.

1.2.1 Interne Prozesse

Das Leistungsvermögen der dispositiven und operativen Ablauforganisation (Logistikkette) eines Produktionsunternehmens ist ein Gradmesser für seine Fähigkeit zu flexiblem Handeln in bezug auf schnell wechselnde äußere Anforderungen. Immer wieder gehen Aufträge verloren, weil interne Verfahren und

Abläufe zu schwerfällig gestaltet und zu unbeweglich implementiert sind. Die Reaktionszeit auf spezifische Kundenwünsche ist zu lang. Die Kosten für deren Realisierung sind zu hoch. Der Mitbewerber macht das Rennen.

Die Optimierung oder Neugestaltung von Geschäftsprozessen, aber auch Reengineering und Standardisierung der Produktpalette sind dringend notwendige Maßnahmen, die trotz erkennbarer Wettbewerbsprobleme meist nur zögerlich in Angriff genommen werden. Angst vor Veränderungen, abteilungsbezogenes Denken und Kompetenzgerangel auf allen Managementebenen verhindern oftmals das Aufbrechen verkrusteter, historisch gewachsener Strukturen. Das Abteilungsoptimum wird über das Erreichen eines optimalen Unternehmensergebnisses gestellt. Ohne das energische Engagement der Geschäftsleitung lassen sich schwerlich die richtigen Weichenstellungen vornehmen.

Ziel ist die Implementation einer durchgängigen Prozeßkette zur flexiblen Vorgangssteuerung für die Produktentstehung. Benötigte Informationen sollen bereichs- oder standortübergreifend zur *richtigen* Zeit, am *richtigen* Ort, in der *richtigen* Qualität, für die *richtige* Person verfügbar sein. Prozeßwissen, beispielsweise im Änderungswesen, das vielfach an Einzelpersonen geknüpft ist, soll mit DV-technischen Mitteln beliebig abrufbar werden. Nicht nur statische Prozesse wie etwa Prüfung und Freigabe, sondern auch dynamische wie der iterative Konstruktionsvorgang mit den Engineering-Schritten Spezifikation, Entwurf, Berechnung und Simulation erfordern eine koordinierte Projektsteuerung, um Entwicklungs- und Durchlaufzeiten bedeutsam reduzieren zu können. Der Einsatz einer an den Unternehmenszielen orientierten Informationstechnik soll als Resultat der angewandten Geschäftsprozesse eine umfassende Produkt- und Arbeitsdokumentation liefern. Einmal vollzogene Arbeitsschritte werden so jederzeit nachvollziehbar und Arbeitsergebnisse beliebig nutzbar. Information ist der wichtigste Produktionsfaktor und wird so seiner Bedeutung gerecht.

1.2.2 Kundennähe und Marktorientierung

Der Wettbewerb in den klassischen Märkten wird zusehends schwieriger, während in den neuen Märkten in vielen Branchen neue Absatzchancen entstehen – und das nicht nur für Großunternehmen. Differenziertes Agieren im globalen Markt ist erforderlich, um einerseits den bestehenden Kundenstamm zu sichern und andererseits neue Kunden zu gewinnen. Die Strategie lautet: neue Produkte und gegebenenfalls Dienstleistungen, Zusammenarbeit mit starken Partnern und Wertschöpfung direkt vor der Haustür der neuen Zielgruppen.

Neue Produkte, vor allem im Investitionsgüterbereich, haben nur dann gute Marktchancen, wenn sie den Kunden einen wirklichen Nutzen bringen. Echte Innovationen bedürfen in der Regel spezifischen Know-hows aus unterschiedlichen Fachdisziplinen und neuester Erkenntnisse aus der Grundlagenforschung, etwa der Physik, Chemie oder Biologie. Die enorme Geschwindigkeit, mit der heutige Entwicklungen in Wissenschaft und Technik vonstatten gehen, zwingt mehr und mehr zur Spezialisierung. Nur mit Konzentration auf die eigene Kernkompetenz und Kooperation mit spezialisierten Partnern ist die wachsende Produkt- bzw. Systemkomplexität noch beherrschbar. Es konkurrieren nicht mehr nur Einzelunternehmen um den Kunden, sondern immer häufiger arbeitsteilige Wertschöpfungsketten. Das Einzelunternehmen wird zunehmend zum hochspezialisierten Lieferanten einbaufertiger Systemkomponenten.

Mit Hilfe der modernen Informations- und Kommunikationstechnik entstehen neue, rund um den Globus verteilte Organisationsstrukturen für Engineering und Fertigung, die die regionalen Produktionsfaktoren für spezifische Teilaufgaben optimal nutzen. Standortübergreifend strukturierte Einzelunternehmen, feste Firmenzusammenschlüsse oder projektbezogene temporäre Unternehmenskooperationen (Virtuelle Unternehmen) bilden über nationale Grenzen hinweg gemeinsame Prozeßketten. Strategisches Ziel ist die Schaffung flexibler Produktionseinheiten, die schnell auf die dynamischen Anforderungen von Kunde und Markt reagieren können und deutliche Kostenvorteile gegenüber konventionellen Organisationsformen aufweisen.

1.3 Unternehmensweiter DV-Einsatz

Permanentes Streben der Industrieunternehmen nach höherer Produktivität und Stärkung der Wettbewerbsfähigkeit führt seit den Anfängen der elektronischen Datenverarbeitung in allen Arbeitsbereichen zu einem ständig wachsenden Computer-Einsatz. Besonders die rasante Entwicklung des Personal Computers hat diesen Trend noch deutlich verstärkt. Stetig steigende Hardware-Performance ermöglicht die Realisierung immer leistungsstärkerer Anwendungssoftware für nahezu alle Branchen und Bereiche. Im Gegensatz zu anderen Rechnerkategorien haben sich im PC-Segment sowohl bei Hardware als auch bei Betriebssystemsoftware de facto Standards durchgesetzt. Aus diesem Grunde sind die Anwender bei der Beschaffung von Hard- und/oder Software normalerweise nicht mehr von der nicht immer kundenfreundlichen Marketingpolitik einzelner Hersteller abhängig. Dies ist eine wesentliche Ursache für den Siegeszug dieses Rechnertyps in der professionellen Nutzung.

Selbst für die Workstation, die zweite Kategorie der Arbeitsplatzrechner, ist der Personal Computer mittlerweile zu einer überlegenswerten Alternative geworden. Anspruchsvolle Graphikanwendungen, bisher eine Domäne der Workstation, sind nunmehr recht gut mit dem PC möglich, da dieser in puncto Rechenleistung und Speicherkapazität kaum noch Wünsche offenläßt. Workstation oder Personal Computer? In der dezentralen Datenverarbeitung ist das in manchem Unternehmen bereits zur Glaubensfrage geworden. Unabhängig davon, ob UNIX- oder Windows-Systeme zum Einsatz kommen, ersetzen auf betriebliche Arbeitsprozesse zugeschnittene Client-Server-Installationen heute mehr und mehr die zentral organisierte Datenverarbeitung (DV) auf der Basis einer Großrechenanlage. Der Arbeitsplatzrechner hat der elektronischen Datenverarbeitung in den letzten Jahren zu einer enormen Durchdringung der Produktionsunternehmen verholfen. Bild 1-1 zeigt die wesentlichen DV-Werkzeuge beziehungsweise die Begriffe für deren Einsatz sowie die Zuordnung zu den wichtigsten Funktionsbereichen eines Produktionsunternehmens. Die dargestellten DV-Anwendungen können den Arbeitsgebieten Organisation, Verwaltung, Engineering und Produktion zugewiesen werden.

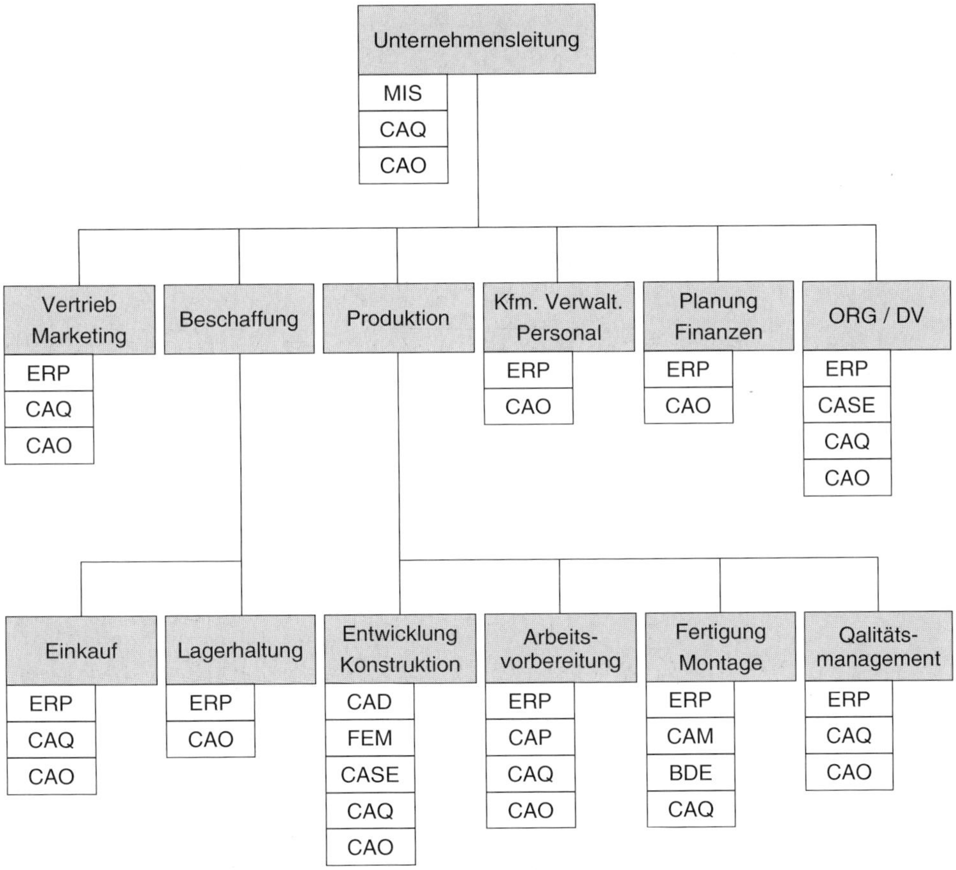

Bild 1-1 Funktionsbereiche der Produktionsunternehmen und ihre DV-Anwendungen

1.3.1 Enterprise Resource Planning

Der Begriff Enterprise Resource Planning (ERP) steht jüngst für die Produktionsplanung und -steuerung (PPS) in industriellen Fertigungsunternehmen. Weitere bekannte Begriffe und Strategien für PPS sind Material Requirements Planning (MRP), Manufacturing Resource Planning oder Management Resource Planning (MRP II) und Enterprise Resource Management (ERM).

ERP-Systeme werden in Produktionsunternehmen vornehmlich zur Unterstützung prozeßorientierter Vorgänge (Logistik) eingesetzt, aber auch in Aufgabenbereichen wie Finanzwesen, Controlling oder Personalwirtschaft genutzt. Die Logistik umfaßt die gesamte Wertschöpfungskette Beschaffung, Produktion und Absatz. Produktionsplanung und -steuerung spielen eine zentrale Rolle bei der Auftragsabwicklung, unabhängig davon, ob es sich um Unikat-, Massen-, Sorten- oder Serienfertiger handelt.

Bild 1-2 zeigt die wesentlichen Zusammenhänge einer auf Produktionsplanung und -steuerung basierenden Auftragsabwicklung. Für einen gewissen Zeitraum wird der Produktbedarf eines Fertigungsunternehmens entweder von der Produktionsprogrammplanung, beispielsweise bei Sortenfertigern, oder über die Primärbedarfsplanung, abgeleitet aus der Kundenauftragsverwaltung etwa bei Serienfertigern, geliefert. Mit den Stücklisten aus der Konstruktion erfolgt zusammen mit dem vorliegenden Produktbedarf die Ermittlung des gesamten Materialbedarfs. Dabei wird berücksichtigt, ob ein Einzelteil selbst gefertigt oder eingekauft werden soll. Die Mengenplanung gibt dem Einkauf die Informationen zur Beschaffung aller benötigten Kaufteile. Für die Eigenfertigungsteile werden interne Fertigungsaufträge erstellt. Die Terminplanung nutzt zur Durchlaufterminierung die Fertigungsaufträge und Arbeitspläne sowie deren Arbeitsgänge. Die Arbeitsplanung realisiert Arbeitspläne und NC-Programme unter Verwendung von Fertigungsaufträgen der Mengenplanung in Verbindung mit den Zeichnungen und Stücklisten der Konstruktion. Zur Durchführung der Kapazitätsterminierung verknüpft die Kapazitätsplanung zeitbezogen einzelne Arbeitsgänge mit verfügbaren Maschinen und Personal. Damit sind die wesentlichen Arbeitsschritte zur Produktionsplanung abgeschlossen.

Im nächsten Schritt wird mit der Freigabe der Fertigungsaufträge die Produktionssteuerung angestoßen. Die Arbeitsgänge zur Herstellung eines Einzelteils werden in der richtigen Reihenfolge den ausgewählten Maschinen zugewiesen. Im Falle von Baugruppen erfolgt die Zuordnung der Teile zu den jeweiligen Montagestationen. Mit Hilfe einer mit der Fertigung verbundenen Betriebsdatenerfassung können die Ist-Zustände während der Durchführung der Fertigungsaufträge ständig mit den geplanten Soll-Werten verglichen und gegebenenfalls Korrekturen von der Fertigungssteuerung vorgenommen werden. Die Informationen aus diesem Regelkreis bilden die Basis für die Optimierung der Planungsphasen und der Kalkulation neuer Fertigungsaufträge.

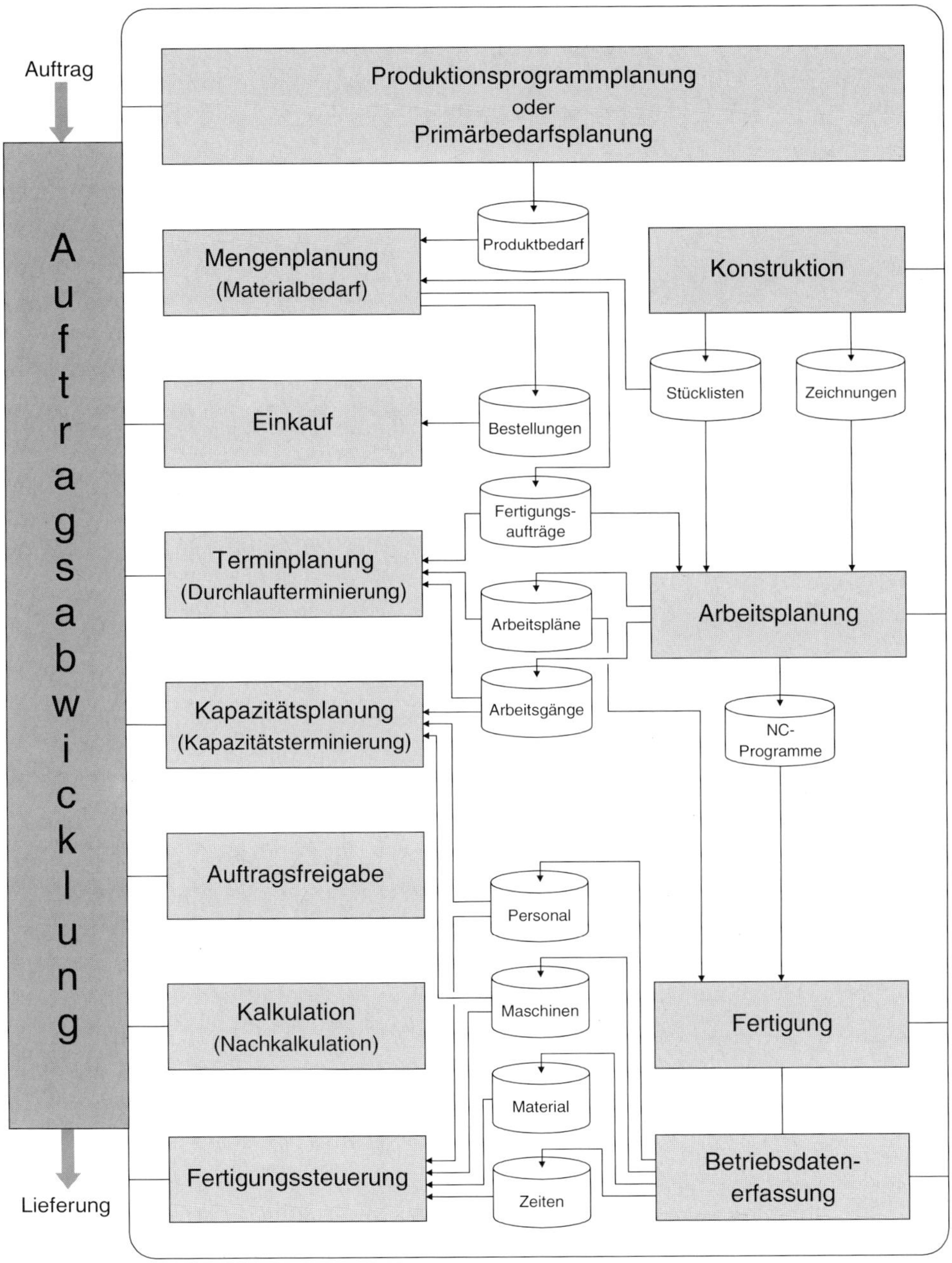

Bild 1-2 Auftragsabwicklung mit Produktionsplanung und -steuerung

1.3.2 Management-Informationssystem

Schon in den siebziger Jahren gab es Bestrebungen, den verschiedenen Managementebenen in einem Produktionsunternehmen entscheidungs- und planungsrelevante Informationen auf Tastendruck verfügbar zu machen. Die Idee bekam den Namen Management-Informationssystem (MIS). Weitere Facetten dieser Systemart sind bekannt unter den Bezeichnungen Business Information System (BIS), Executive Information System (EIS) und Entscheidungshilfesystem oder Decision Support System (DSS).

Die lange Zeit dominierende zentrale Datenverarbeitung mit ihren teueren Mainframes hat die Entwicklung und Anwendung dieser hervorragenden Idee nicht sehr gefördert. Erst mit dem Aufkommen neuer Technologie mit netzbasierender Client-Server-Architektur ist das MIS-Engagement forciert worden. Zudem sorgte die verschärfte Wettbewerbssituation der Unternehmen und die damit einhergehende Forderung nach Kosteneinsparung und Qualitätsverbesserung dafür, daß die Aufmerksamkeit für dieses Thema in den letzten Jahren gestiegen ist. Bei den Entscheidern setzt sich zunehmend die Erkenntnis durch, daß die Wettbewerbsfähigkeit der Betriebe in hohem Maße mit effizienten und transparenten Geschäftsprozessen verbunden ist.

Das Management-Informationssystem soll Fach- und Führungskräften helfen, rasch die richtigen Entscheidungen zu treffen und Schwachpunkte in den kritischen Prozessen zu identifizieren. An unterschiedlichen Stellen im Unternehmen ist eine Vielzahl von Daten in segmentierten operativen Systemen gespeichert, die die Aktivitäten und das Wissen der Mitarbeiter funktionsorientiert widerspiegelt. Ziel von MIS ist, detaillierte Daten aus diesen Datenbasen und eventuell aus externen Quellen (Kunde, Lieferant, Marktforschung etc.) sachbezogen als analytische Informationen in Form von benutzerdefinierten Berichten auf Anforderung zur Verfügung zu stellen. Dazu werden große Datenmengen aus den operativen Systemen extrahiert, verdichtet, homogenisiert und in ein sogenanntes strategisches Server-System, häufig auf der Basis einer OLAP-Datenbank arbeitend, eingebracht. Die Online Analytical Processing Database (OLAP) ist eine relationale Datenbank, die komplexere Abfragen erlaubt als konventionelle relationale Datenbankmanagementsysteme (RDBMS) mit ihrer Abfragesprache SQL (Structured Query Language). OLAP arbeitet mit intensiven Berechnungsfunktionen, spezialisierten Indizierungstechniken und einem mehrdimensionalen Datenzugriff für hohe Abfragekomplexität, wobei Daten aus einer Vielzahl von Beziehungsebenen selektiert werden können.

Der damit mögliche Aufbau einer strategischen Informations- und Wissensbasis, losgelöst von der operativen Geschäftsebene, ermöglicht diverse Sichten auf die Abläufe in einem Produktionsunternehmen und deren Resultate. Daten aus den verschiedenen Arbeitsbereichen lassen sich sogar mit Bezug auf bestimmte Zeiträume (Perioden) zu hochwertigen Informationen verknüpfen. Das Unternehmen wird transparent und weiß zu jeder Zeit, was es weiß. Für wichtige Entscheidungen und Planungen müssen die Verantwortlichen nicht länger vage Vermutungen anstellen, sondern können auf Fakten zurückgreifen. So lassen sich beispielsweise Fehlerquellen im Fertigungsprozeß früh erkennen und abstellen oder Trends beim Produktabsatz in einem definierten Zeitfenster zur Steuerung künftiger Marketingaktionen heranziehen.

Unter dem Begriff Data Warehousing erfahren derzeit Konzepte und Strategien derartiger Informationssysteme eine regelrechte Renaissance. Mehr und mehr Anbieter und Dienstleister konzentrieren sich auf diese Sparte der Informationstechnik. Laut Expertenmeinung soll es in einigen Jahren nur noch zwei Arten von Unternehmen geben: Jene, die ein Data Warehouse nutzen, und jene, die bankrott sind! Das Interesse der Industrie scheint ob solch plakativer Aussagen sehr groß zu sein. Doch zeigen erste Projekterfahrungen, daß es erstens kein System von der Stange gibt und zweitens ohne intensive Mitwirkung der internen Stellen die erfolgreiche Einführung eines Data Warehouse so gut wie unmöglich ist. Es wird deutlich, daß der Weg zur produktiven Nutzung dieses strategischen Systems eine riesige Herausforderung darstellt.

1.3.3 Computer-Aided Office

Der Ausdruck Computer-Aided Office (CAO) steht für den Rechnereinsatz im kommerziellen Anwendungsbereich. Ein hoher Grad an systemunterstützter Automation und Kommunikation im modernen Büro ist die Zielsetzung von CAO. Arbeitsplatzrechner sind zu einem lokalen Netzwerk (Local Area Network) zusammengeschlossen, das über das öffentliche Netz mit beliebigen anderen lokalen Netzen, beispielsweise von Kunden, Lieferanten oder anderen Firmenstandorten, kommunizieren kann. Die integrierte Nutzung der Bürokommunikationssysteme Telefon, Telefax und PC steht dabei im Vordergrund. Zusammen mit den Internet-Diensten World Wide Web und Electronic Mail kann mit den multimedialen Objekten Sprache, Text, Bild und allgemeine Daten auf vielfältige Weise kommuniziert werden. Dadurch ist eine flexible, dezentrale Infrastruktur im Büro etablierbar, die die Produktivität der Mitarbeiter fördert und neue Möglichkeiten der Arbeitsorganisation wie etwa Teleworking oder Outsourcing sinnvoll erschließt.

Erste Priorität bei der Büroautomation hat heutzutage nicht mehr – wie noch vor einigen Jahren – das papierlose Büro, sondern eine bessere und effizientere Kommunikation in den diversen Funktionsbereichen. So können der Beleg- und Formularumlauf deutlich abgebaut sowie die Bearbeitungs- und Liegezeiten von

Dokumenten merklich verkürzt werden. Auch die Verteilung von Informationen aller Art zur richtigen Zeit, an die richtigen Stellen kann automatisiert erfolgen.

Die Einsatzgebiete von CAO erstrecken sich auf nahezu alle Aufgabenbereiche eines Produktionsunternehmens. Ein Schwerpunkt der Anwendung liegt üblicherweise in der kaufmännischen Verwaltung, doch ebenso im betriebswirtschaftlich-planerischen Bereich und im Technischen Büro finden die Werkzeuge der Büroautomation vielseitige Verwendung. Eine besondere Rolle spielen die Standardanwendungen Textverarbeitung, Graphikerstellung und Tabellenkalkulation (Spreadsheet-Design). Letztere ist mittlerweile für fast alle Arten von Planungsaufgaben zu einem unerläßlichen Hilfsmittel geworden.

1.3.4 Computer-Aided Design

Computer-Aided Design (CAD) steht für rechnerunterstützte Konstruktion in Technik, Architektur und Wissenschaft. In den Entwicklungs- und Konstruktionsabteilungen von Produktionsunternehmen finden sich CAD-Systeme für die Bereiche Mechanik, Elektrotechnik und Elektronik. Kernfunktionen auf dem Gebiet der mechanischen Konstruktion sind die zweidimensionale Zeichnungserstellung und die dreidimensionale Modellgestaltung. Bei der elektrotechnischen Anwendung liegt der Schwerpunkt in der Anlagenprojektierung. Hier wird vor allem die Erstellung von Schaltschrank-Layouts, Stromlauf-, Klemmen- und Steckerplänen sowie Klemmen-, Verbindungs- und Kabellisten unterstützt. Zur Entwicklung bedruckter Leiterplatten (Printed Circuit Boards) werden spezielle Systeme für Elektronik-Design genutzt. Sie bieten im wesentlichen Funktionen für Erstellung, Optimierung und Schaltungssimulation des Leiterbahnen-Layout sowie zur Plazierung von elektronischen Bauelementen auf der Platine. Diese Komponenten liegen in der Regel als dreidimensionale Bibliotheksteile vor.

Sieht man von Branchen wie Fahrzeugbau, Luft- und Raumfahrttechnik oder Anlagenbau ab, kommen in der mechanischen Konstruktion heute noch überwiegend 2D-CAD-Systeme zum Einsatz, obwohl sich gegenwärtig mehr und mehr Maschinenbauunternehmen damit befassen, ein 3D-CAD-System einzuführen oder sich mit dem Gedanken tragen, dieses in der nächsten Zeit zu tun. Für diese 3D-Euphorie gibt es im wesentlichen zwei Gründe.

Einerseits sind inzwischen viele 2D-CAD-Systeme in die Jahre gekommen. Nicht selten haben ihre Hersteller bereits angekündigt, die Weiterentwicklung auf ein Minimum zu reduzieren oder gar einzustellen. Überdies wird der Markt zu einem großen Teil von US-amerikanischen Firmen dominiert, deren Angebot nunmehr fast vollständig auf 3D-Systeme ausgerichtet ist. Da für viele 2D-Anwender die schiere Notwendigkeit besteht, sich mittelfristig nach einem neuen CAD-System umzusehen, wird vielfach zwangsläufig die Einführung eines 3D-Systems in

Erwägung gezogen. Doch kommt nicht selten nach einer kurzen Zeit der Begeisterung eine Phase der Ernüchterung, da häufig die technischen und organisatorischen Anforderungen, die ein 3D-System stellt, unterschätzt werden.

Andererseits zwingt der Wettbewerb die Unternehmen dazu, ihre Produktivität in Entwicklung und Konstruktion weiter zu steigern. Der bloße Umstieg vom Zeichenbrett zum CAD-System hat, wie man heute weiß, nicht die erhofften Einsparungen gebracht. Die Zeichnungserstellung mit den klassischen nichtrelationalen 2D-Systemen erfolgt im Grunde genommen in ähnlicher Weise wie mit dem Zeichenbrett. Einfache geometrische Grundelemente werden zu Konturen zusammengesetzt. Die verschiedenen Ansichten, Schnitte und Einzelheiten sind im rechnerinternen Modell ohne jeglichen Zusammenhang. Änderungen müssen zeitraubend in allen Darstellungen einer Zeichnung durchgeführt werden. Das ist nicht nur ein kostspieliges Verfahren, sondern auch ein fehleranfälliges. Vom Einsatz eines 3D-Systems versprechen sich viele Firmen eine deutliche Verbesserung dieser Situation.

Beim 3D-CAD-System liegt das Augenmerk auf der Bildung eines dreidimensionalen Modells zur vollständigen geometrischen Beschreibung eines Bauteils. Im Zuge der Modellierung können bestimmte Beziehungen, die die spätere Gestalt und Dimension eines Bauteils festlegen, mittels Parameter beschrieben werden. Somit ist es möglich, sogenannte generische Modelle aufzubauen, aus denen sich durch Zuführung geeigneter Werte jede erforderliche Variante eines Bauteils automatisch ableiten läßt. Für das Erstellen der Zeichnung wird nur noch eine Vorschrift zur Bildung der Ansichten, Schnitte und Einzelheiten definiert, die bei Bedarf modifiziert und immer wieder abgerufen werden kann. Eine notwendige Bauteiländerung muß nicht in der Zeichnung erfolgen; sie kann direkt am Informationsträger, dem Modell, ablaufen.

So gesehen ist ein 3D-CAD-System offensichtlich ein probates Mittel. Dennoch haben Unternehmen bei der Einführung solcher Systeme immer wieder enorme Schwierigkeiten zu meistern. Der Umstieg von einem 2D-Zeichensystem auf ein 3D-Modellierungssystem ist für viele altgediente Anwender eine große Herausforderung. Die professionelle Nutzung eines 3D-Systems verlangt nicht nur den sicheren Umgang mit der Benutzeroberfläche, sondern auch eine profunde Kenntnis von Arbeitsweise und interner Datenstrukturierung. Nur wer diese Zusammenhänge wirklich versteht, ist in der Lage, ein Modell mit korrekter Geometrie und *sauberer* Datenstruktur zu erzeugen, das jederzeit auch von anderen Anwendern mühelos verstanden und modifiziert werden kann. Wie sich in der Praxis oftmals zeigt, ist mit einigen Tagen Anwendungstraining die Voraussetzung dafür kaum zu schaffen. Im Verhältnis zu den relativ hohen Investitionen für ein 3D-CAD-System werden vergleichsweise geringe Anstrengungen für die Anwenderausbildung und die Einführung eines einheitlichen Anwendungskonzepts unternommen. Doch gerade hier liegt der Schlüssel für einen effizienten 3D-CAD-Einsatz und einer signifikanten Produktivitätssteigerung in Entwicklung und Konstruktion.

1.3.5 Finite Elemente Methode

Von Entwicklung und Konstruktion als wichtigem Glied in der Prozeßkette Produktentstehung werden nicht nur kurze Produktentwicklungszeiten, sondern auch funktions- und kostenoptimierte Entwürfe gefordert. Schließlich bestimmen die Ergebnisse des Engineering zu einem sehr hohen Anteil die Herstellungskosten eines Produkts. Die ingenieurmäßige Gestaltung von Bauteilen und deren rechnerische Überprüfung im Hinblick auf Funktionssicherheit und Wirtschaftlichkeit nehmen deshalb einen weiten Raum innerhalb der Produktentwicklung ein. Bezüglich der Problemfälle unterscheidet man die Nachweis-, Auslegungs- und Optimierungsberechnung. Dabei kommen unterschiedliche Ansätze zur Anwendung. Für firmenspezifische Probleme werden meist eigene, in BASIC, FORTRAN, PASCAL oder C geschriebene Programme genutzt. Im Bereich der Maschinenelemente ist heute eine große Zahl von Standardprogrammen, etwa für die Schrauben-, Lager- oder Zahnradberechnung, verfügbar. Daneben existiert das weite Feld der universellen Festigkeits-, Strömungs- und Wärmeleitungsberechnungen. Hier ist das Verfahren der Finite Elemente Methode (FEM) mittlerweile zu einem festen Bestandteil der Ingenieurarbeit im computerunterstützten Entwicklungsprozeß geworden.

FEM ist ein allgemeingültiges numerisches Berechnungsverfahren zur Lösung mathematisch beschreibbarer Probleme der angewandten Physik. Damit lassen sich Bauteilstudien unter statischen und dynamischen Betriebsbedingungen durchführen, die den realen Verhältnissen sehr nahe kommen. Allerdings ist dafür ein nicht unerheblicher Aufwand zu treiben. In der technischen Anwendung liegt der Schwerpunkt in der Untersuchung des physikalischen Verhaltens von einzelnen Bauteilen und ganzen Systemen. Von besonderem Interesse sind hierbei der Festigkeitsnachweis, die Spannungsanalyse, das Deformationsverhalten, die Temperaturverteilung in thermisch beanspruchten Bauteilen, die Materialermüdung bei sicherheitsrelevanten Komponenten und die Bauteiloptimierung, etwa in bezug auf Materialeinsparung oder Leichtbau. Darüber hinaus versucht man, die Aufwände für das Anfertigen teuerer Muster und Prototypen zu minimieren oder, wenn möglich, ganz zu vermeiden.

Bild 1-3 zeigt vereinfacht die Vorgangskette der Bauteiloptimierung im Zusammenspiel von CAD- und FEM-System. Die ebene oder räumliche Geometrie des CAD-Modells wird per Schnittstelle oder Datenaustauschdatei an das FEM-System übergeben. Vom Anwender kommen der gewählte Elementtyp, die

Materialkennwerte und die Angaben über die von außen einwirkenden Größen wie Kräfte oder Verschiebungen hinzu. Der FEM-Preprozessor übernimmt die Netzgenerierung. Dabei zerlegt er die Bauteilgeometrie rechnerisch in Finite Elemente des gewählten Typs. Das FEM-Programm ermittelt auf der Basis der generierten Elementstruktur die elementbeschreibenden Differentialgleichungen, für die mathematisch exakte Lösungen vorliegen. An den Schnittstellen der Elemente werden dafür Zwangsbedingungen wie gleiche Spannungen oder Verformungen zugrunde gelegt. Die Aufbereitung und Darstellung der umfangreichen Datenmenge des Berechnungsergebnisses in graphischer Form leistet der FEM-Postprozessor. Professionelle CAD-Systeme sind heute in der Lage, nicht nur die Aufgabe des Postprozessors zu übernehmen, sondern auch die Netzgenerierung des Preprozessors. Nach Prüfung des Resultats wird schließlich entschieden, ob das verifizierte CAD-Modell bereits den Anforderungen entspricht oder ob ein weiterer Rechengang erforderlich ist.

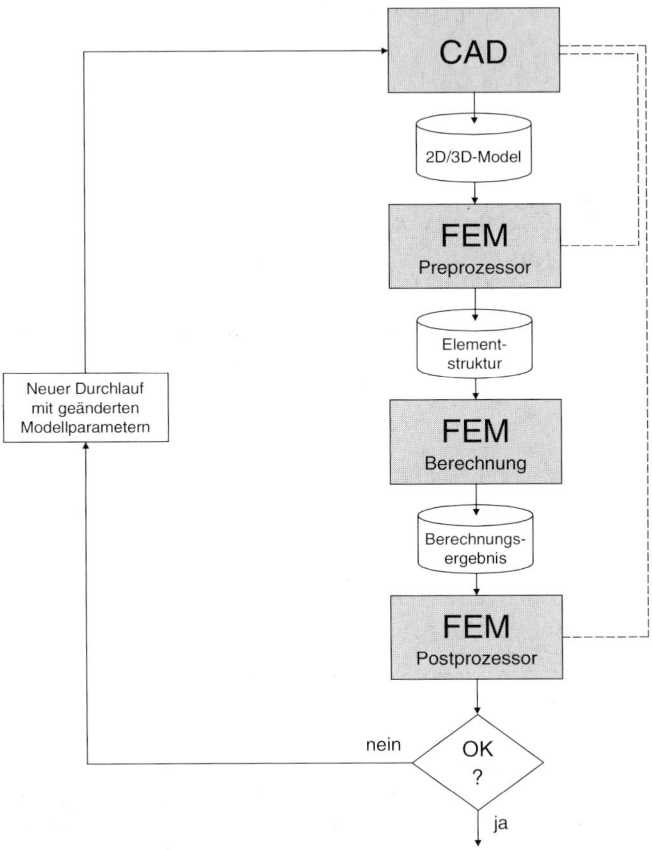

Bild 1-3 FEM-Optimierungsprozeß eines CAD-Modells

1.3.6 Computer-Aided Software Engineering

Der Begriff Computer-Aided Software Engineering (CASE) steht für rechnerunterstützte Software- bzw. Systementwicklung. CASE wird auch als Synonym für integrierte Programmentwicklungswerkzeuge verwendet. Zweck dieses Software-Tools ist, eine Arbeitsumgebung bereitzustellen, die alle Beteiligten in allen Phasen des Software-Entwicklungsprozesses unterstützt.

Die Software-Entwicklung steht in gleichem Maße wie die Entwicklung anderer Produkte unter dem Druck der Einhaltung von Termin-, Kosten- und Qualitätsvorgaben. Permanent steigende Anforderungen an die moderne Informations- und Kommunikationstechnik erhöhen auch die Anforderungen an die Realisierung von Software-Projekten. Die Zeiten, in denen professionelle Programme auf Zuruf von sogenannten Gurus geschrieben worden sind, gehen langsam dem Ende entgegen. Heutige Projekte werden teamorientiert im Netzwerk, oftmals standortübergreifend, realisiert. Das CASE-Tool unterstützt hierbei vor allem die Erstellung und Verwaltung von Quell-, Ressource- und Dokumentationsdateien. Den Datenmanagementfunktionen kommt in diesem Zusammenhang eine herausragende Bedeutung zu. Ein leistungsstarkes integriertes Software-Entwicklungswerkzeug bietet heutzutage mehr Komponenten als nur Compiler, Editor und Debugger.

Auf den ersten Blick betrachtet gehört Software-Entwicklung nicht unbedingt zu den gewichtigen Aufgaben in einem Produktionsunternehmen. Bei genauerem Hinsehen wird jedoch schnell deutlich, daß sie in den meisten dieser Firmen einen sehr hohen Stellenwert besitzt. Sowohl im technischen als auch im kommerziellen Anwendungsbereich kommt eine ganze Reihe von gekauften oder selbstentwickelten Applikationen zum Einsatz. Besonders im Umfeld von Konstruktion sowie Produktionsplanung und -steuerung werden häufig ergänzende Funktionen für CAD und ERP zur Abdeckung firmenspezifischer Anforderungen implementiert. In der Regel übernehmen Fachleute der ORG/DV-Abteilung (Organisation/Datenverarbeitung) diese Aufgaben. Externe Dienstleister kommen aus Know-how- oder Kapazitätsgründen zum Einsatz.

Ein völlig anderes Terrain der Software-Entwicklung im Produktionsunternehmen finden wir in der Produktentwicklung. Gehobene Gebrauchsgüter ebenso wie hochwertige Investitionsgüter bestehen neben mechanischen, elektrotechnischen und elektronischen Bauteilen auch aus der immateriellen Komponente Steuerungssoftware. Diese bestimmt wesentlich den Nutzen und die Qualität eines Produkts mit und unterliegt wie jedes andere Bauteil der Produkthaftung. Der Einsatz eines geeigneten CASE-Tools zur Entwicklung von Steuerungsprogrammen kann das Bestreben nach hoher Qualität und Zuverlässigkeit sowie guter Wartbarkeit umfassend unterstützen.

1.3.7 Computer-Aided Planning

Computer-Aided Planning (CAP) ist eine häufig benutzte Bezeichnung für computergestütze Arbeitsplanung. Im anglo-amerikanischen Sprachraum findet der Begriff Computer-Aided Process Planning (CAPP) Verwendung. CAP ist der Sammelbegriff für alle DV-Systeme, die für Aufgaben der Arbeitsplanung eingesetzt werden. Die Arbeitsplanung als Teilbereich der Arbeitsvorbereitung umfaßt alle Planungsaufgaben zur Erstellung von Teilefertigungs-, Montage- und Qualitätsprüfungsanweisungen. Ihre Eingangsdaten erhält sie in Form von Fertigungsaufträgen aus der Mengenplanung und in Form von Zeichnungen und Stücklisten aus der Konstruktion.
Computer-Aided Planning hat im ersten Schritt zum Ziel, die Erstellung von Arbeitsplänen datentechnisch zu unterstützen. Arbeitspläne können unterteilt werden in Rüst-, Fertigungs-, Montage- und Prüfpläne. Der Arbeitsplan beschreibt detailliert entweder alle Maßnahmen zur Überführung eines Rohteils oder Halbzeugs in ein fertiges Bauteil oder alle Aktionen zur Montage einer Baugruppe. Im Falle der Teilefertigung müssen zunächst die einzelnen Arbeitsgänge und ihre Reihenfolge festgelegt werden. Die Wahl geeigneter Fertigungstechnologien ist einerseits abhängig von Vorgaben der Konstruktion wie Material, Toleranzen, Oberflächengüte und Festigkeit und andererseits gebunden an die verfügbaren Maschinen, Werkzeuge, Vorrichtungen und Verfahren. Für jeden technologisch definierten Arbeitsgang sind passende Bearbeitungsparameter wie Spindeldrehzahl, Vorschub und Schnittgeschwindigkeit zu bestimmen sowie die Ermittlung des Zeitbedarfs vorzunehmen. Schließlich werden mit den Arbeitsgängen die den einzelnen Tätigkeiten entsprechenden Lohngruppen verknüpft. Arbeitspläne sind in der Regel zunächst einem auftragsneutralen Produkt zugeordnet. Im Auftragsfall erhalten sie eine Auftragsnummer, eine Losgröße und eine Terminvorgabe.

In den Fertigungsunternehmen kennt man heute drei verschiedene Vorgehensweisen zur Arbeitsplanerstellung. Basierend auf einem sogenannten Standard- oder Basisarbeitsplan, der die Planungslogik und die Parameter für maßvariante Teile enthält, läßt sich durch Eingabe bestimmter geometrischer und technologischer Werte der benötigte Arbeitsplan automatisch ableiten bzw. generieren. Das setzt voraus, daß die Konstruktion mit Teilefamilien und Sachmerkmal-Leisten arbeitet. Leider werden die enormen Potentiale, die sich daraus für die Optimierung der Prozeßkette Produktentstehung ergeben, noch immer viel zu wenig genutzt. Eine weitere Methode der Arbeitsplanung ist das Extrahieren, Editieren und Montieren geeigneter Arbeitsgänge aus ähnlichen Arbeitsplänen zu einem neuen Arbeitsplan. Dies ist nur praktikabel, wenn sichergestellt ist, daß bestimmte Arbeitspläne einfach und schnell zu finden sind; Voraussetzung dafür ist deren klassifizierte Ablage. Gelegentlich müssen vollständig neue Arbeitspläne aufgebaut werden. Hierfür haben sich in letzter Zeit sogenannte wissensbasierte Arbeitsplangenerierungssysteme erfolgreich etablieren können. Kern dieser Systeme ist die Entscheidungstabellentechnik. Damit läßt sich das gesamte betriebsspezifische Planungswissen mit einem Regelwerk abbilden. Wertvolles Know-how weniger Experten wird langfristig für das Unternehmen gesichert. Die Entscheidungstabelle arbeitet nach dem Prinzip der *Wenn-Dann-Beziehung*. Mit Hilfe von Entscheidungsregeln wird festgelegt, welche Aktionen (Entscheidungs- und/oder Berechnungsprozesse) bei Vorliegen bestimmter Einflußgrößen (Bedingungen) durchzuführen sind.

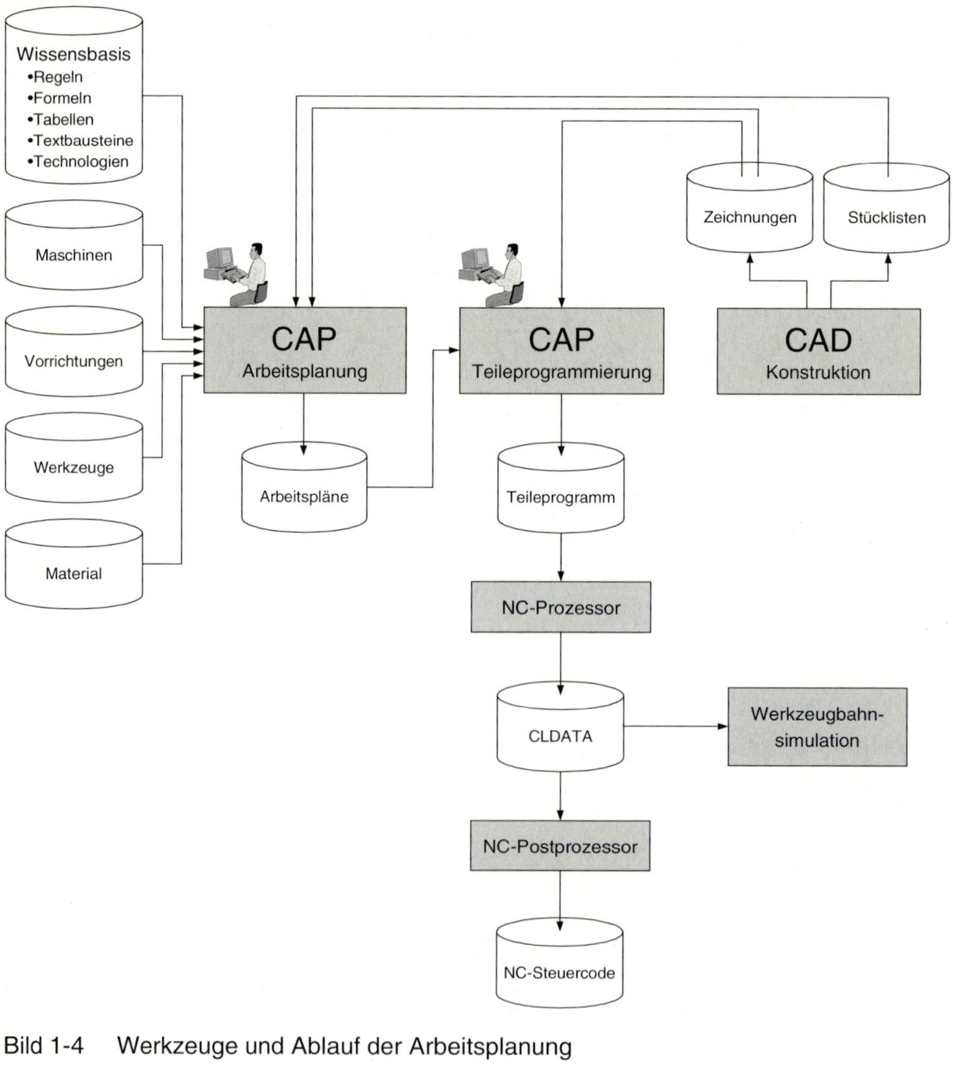

Bild 1-4 Werkzeuge und Ablauf der Arbeitsplanung

Ein weiterer Ansatz zur Automatisierung der Arbeitsplanung ist neben der allseits bekannten Makro- bzw. Prozedurtechnik die Verwendung von Formelementen (Features). Formelemente sind parametrisierte Geometriemodelle für konstruktive Standardausprägungen, die in erster Linie zur Vereinfachung der CAD-Teilekonstruktion dienen. Darüber hinaus bieten sie die Möglichkeit, nahezu beliebige Informationen in Form von Attributen aufzunehmen. Von besonderem Interesse für die Arbeitsplanung sind werkzeuggebundene Formelemente wie Bohrungen, Einstiche, Nuten oder Formstempel für Blechdurchbrüche. Hier kann durch Hinterlegen aller bedeutsamen Technologieparameter eine automatische Auswertung der CAD-Zeichnung mit anschließender Generierung der zugehörigen Arbeitsanweisungen erfolgen. Im Falle von Bohrungen oder Frästaschen können sogar Schaltfunktionsaufrufe für die Standardbearbeitungszyklen der verfügbaren NC-Maschinen als Attribute eingebracht werden. Ein Standardbearbeitungszyklus ist ein in der NC-Steuerung festgelegter Ablauf von Bearbeitungseinzelschritten, der sich in einem NC-Steuerprogramm durch eine sogenannte Wegbedingung (z.B. G84, siehe DIN 66025) immer dann aufrufen läßt, wenn er benötigt wird.

Bei konventioneller Bearbeitung bedient der Facharbeiter unter Verwendung von Arbeitsplan und Zeichnung eine Werkzeugmaschine. Im Falle der NC-Fertigung ist dafür ein entsprechendes Steuerprogramm nötig. Das macht im zweiten Schritt der Arbeitsplanung die Umsetzung des Arbeitsplans in ein NC-Programm erforderlich. Dieses beinhaltet alle Bedienungs- und Bearbeitungsangaben zur Herstellung des Bauteils. Um die NC-Programmierung, vor allem komplexer 3D-Teile zu vereinfachen oder gar erst zu ermöglichen, wurde schon in den fünfziger Jahren in den USA das erste maschinelle Programmiersystem mit dem Namen APT (Automatically Programmed Tools) entwickelt. Aus dieser problemorientierten Programmiersprache entstand besonders in Europa eine Reihe von Derivaten, in Deutschland unter anderem das System EXAPT (Extended Subset of APT). Mit dem maschinellen Teileprogramm wird die Bearbeitung eines Werkstücks in einer der menschlichen Sprache ähnlichen Form maschinenneutral beschrieben. Der Prozessor des NC-Programmiersystems überführt den Quellcode mit einer Syntax- und Plausibilitätsprüfung in die sogenannte CLDATA-Datei (Cutter Location Data) nach DIN 66215. Diese ist noch maschinenneutral und enthält alle vom NC-Prozessor berechneten oder unverändert durchgereichten geometrischen und technologischen Daten. Das Steuerprogramm (NC-Code nach DIN 66025) für eine bestimmte NC-Maschine beziehungsweise für eine bestimmte NC-Steuerung generiert der maschinenbezogene NC-Postprozessor aus der CLDATA. Bei professionellen NC-Programmiersystemen kann zur Sicherheit graphisch simuliert werden, wie das Fertigteil aus einem vorgegebenen Rohteil oder Halbzeug entsteht. Bild 1-4 zeigt den prinzipiellen Ablauf der Arbeitsplanung mit den involvierten Werkzeugen und Daten. Die möglichst automatische Ableitung des Teileprogramms aus Arbeitsplan und Zeichnung ist eine sehr anspruchsvolle Angelegenheit. Im Sinne der Reduzierung von Fehlerquote und Durchlaufzeit lohnen sich Anstrengungen auf diesem Gebiet ganz besonders.

1.3.8 Computer-Aided Manufacturing

Die Bezeichnung Computer-Aided Manufacturing (CAM) faßt die Rechnerunterstützung zur technischen Steuerung und Überwachung von Teilefertigung und Montage einschließlich der Handhabungs-, Transport- und Lagerungsvorgänge in einem Produktionsunternehmen zusammen. Rationalisierung, Automation und Integration in der Werkstatt wurden aus Wettbewerbsgründen (mehr Flexibilität, bessere Qualität, geringere Kosten) in den letzten Jahrzehnten vehement vorangetrieben. Vor allem numerisch gesteuerte Werkzeugmaschinen, einzeln und im Verbund, mehr oder weniger flexible Industrieroboter, spezielle Einzweckautomaten und automatisierte Transporteinrichtungen prägen heute das Bild im Fertigungsprozeß. Mit erheblichen Investitionen wurden und werden damit immense Produktivitätssprünge erzielt. Doch gibt es bei Integration und Datenfluß zwischen Planungs-, Leit-, Steuerungs- und Ausführungsebene oftmals noch beträchtliche Optimierungspotentiale.

Um die Ziele kurze Durchlaufzeiten, flexible Fertigung, hohe Kapazitätsauslastung und geringe Lagerbestände zu erreichen, werden der Material- und Informationsfluß mit Hilfe prozeßorientierter CAM-Strategien und -Komponenten intensiv miteinander verknüpft. Dies ist das Fundament für eine wirkungsvolle Kooperation aller computergesteuerten Fertigungs- und Fertigungshilfsmittel. Die wesentlichen Elemente hierbei sind die Hochleistungswerkzeugmaschine, der Handhabungsautomat, das fahrerlose Transportsystem (FTS) und die rechnergesteuerten Arbeitsmittel zur Lagerung. Die flexible Fertigungseinheit (FFE) und ihre unterschiedlichen Ausprägungen wie Fertigungszelle (FFZ), Fertigungsinsel (FFI), Fertigungssystem (FFS), Transferstraße etc. sind logische Verkettungen von gleichen oder verschiedenen Bearbeitungsmaschinen in Standard- oder Sonderausführung mit Systemen für automatischen Materialfluß und eventuell auch Lagerung. Die mechanischen Komponenten zur flexiblen Fertigung sind in der Regel mit einer programmierbaren Rechnersteuerung ausgerüstet. Eine CNC-Maschine beispielsweise, CNC steht für Computerized Numerical Control, arbeitet mit einem Mikrocomputer, der den NC-Steuercode zur Werkstückbearbeitung in Weg- und Schaltinformationen umsetzt und mittels speicherprogrammierbarer Steuerung (SPS oder engl.: PLC, Programmable Logic Controller) die Stellglieder Motoren, Kupplungen, Ventile usw. aktiviert. Für ein zeitlich exakt aufeinander abgestimmtes Zusammenspiel der Komponenten einer flexiblen Fertigungseinheit sorgt ein FFE-Rechner mit DNC-, DRC- und BDE-Funktionalität. DNC steht für Direct Numerical Control und bedeutet, daß eine NC-Maschine ihren Steuercode von einem DNC-Rechner über das Netz eingespeist bekommt. Dieser kann bei Bedarf gleichzeitig mehrere NC-Maschinen mit Steuerprogrammen versorgen. Ähnliches gilt für DRC (Direct Robotic Control). Mit einem DRC-System lassen sich zur selben Zeit Steuerprogramme an mehrere Industrieroboter verteilen. Die Betriebs- und Maschinendatenerfassung (BDE/MDE) kann sowohl automatisch direkt an den Maschinen und Einrichtungen der flexiblen Fertigungseinheit erfolgen als auch manuell mittels BDE-Terminal vorgenommen werden.

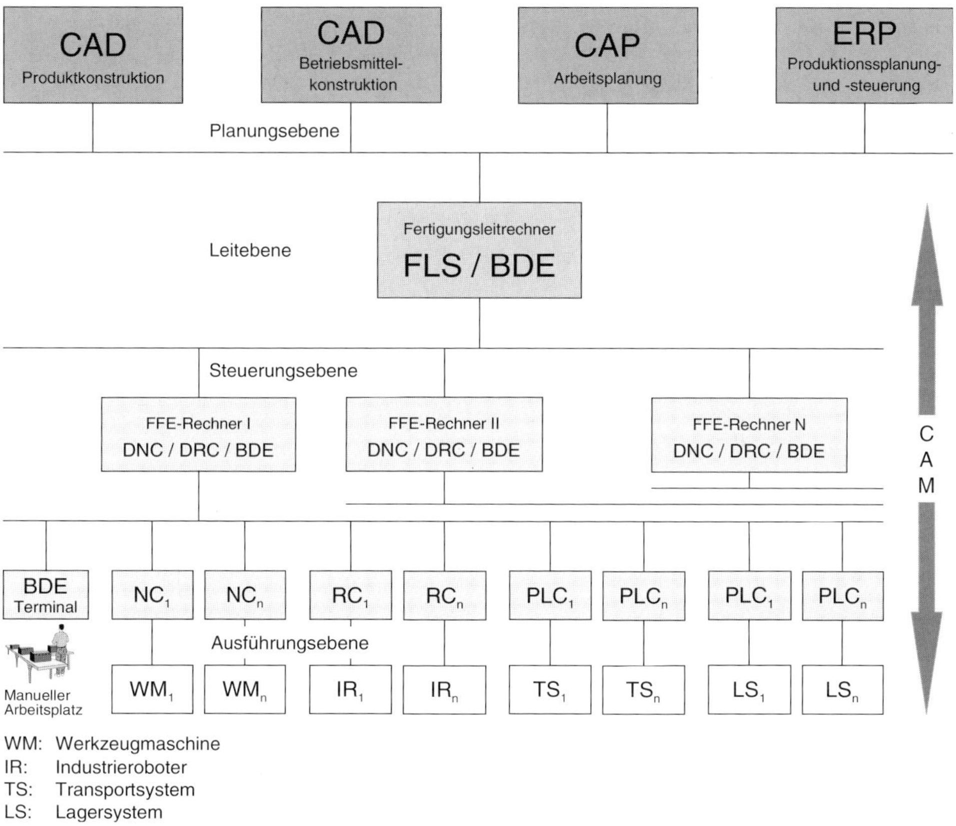

Bild 1-5 Zusammenwirken von Planungs-, Leit-, Steuerungs- und Ausführungsebene

Die Produktions- bzw. Fertigungssteuerung innerhalb der Auftragsabwicklung übergibt auf der Planungsebene den freigegebenen Fertigungsauftrag mit Mengenangabe, Start- und Endtermin samt Arbeitsplänen und Steuerprogrammen an das zentrale Fertigungsleitsystem (FLS). Dort wird im Rahmen der Feinplanung und -steuerung eine Auftragsdurchlaufplanung vorgenommen. Das FLS kann auf der Leitebene die verfügbaren Betriebsmittel und die zu bearbeitenden Aufträge zeitlich koordinieren und jederzeit die aktuelle Situation in der Werkstatt visualisieren. Entsprechend der Planung und Belegung werden die Aufträge via Fertigungsleitsystem den flexiblen Fertigungseinheiten zur Ausführung zugeordnet. Der FFE-Rechner kontrolliert einerseits den Arbeitsablauf auf der Steuerungsebene und erfaßt andererseits die Betriebs- und Maschinendaten der Ausführungsebene. Diese auftrags-, maschinen-, material- und mitarbeiterbezogenen Informationen fließen als wichtige Rückmeldung sowohl in das Fertigungsleitsystem für die weitere Feinplanung als auch in das ERP-System zur Grobplanung neuer Aufträge ein (Bild 1-5).

CAM-Strategien und -Komponenten können aufgrund diverser Unternehmensanforderungen sehr große Unterschiede aufweisen. Allen Ansätzen gemein ist jedoch das Bestreben, den Fertigungprozeß als Teil der Prozeßkette Produktentstehung mit vertretbarem Aufwand so optimal und flexibel wie möglich zu gestalten. Dabei sollte nicht nur der Integration von Leit- und Steuerungsebene Beachtung geschenkt werden. Auch die Kommunikation zwischen den Systemen der Planungsebene (CAD, CAP und ERP) und der Fertigungsleitebene (FLS und BDE) ist für eine leistungsfähige Auftragsabwicklung unbedingt notwendig. Nur so ist ein durchgängiger Informationsfluß zur Arbeits- und Materialsteuerung von der Konstruktion über die Arbeitsplanung bis zu Fertigung, Montage und Qualitätssicherung gegeben.

1.3.9 Betriebsdatenerfassung

Die Betriebsdatenerfassung (BDE) ist heute eine der wichtigen Komponenten zur produktionsnahen Rechnerunterstützung in der Fertigungsindustrie. Ohne BDE-System ist weder eine leistungsfähige Auftragsabwicklung noch eine flexible CAM-Lösung realisierbar. Als Teile der Betriebsdatenerfassung gelten die Maschinendatenerfassung (MDE), die Qualitätsdatenerfassung (QDE) und die Arbeitszeiterfassung (AZE).

Eine hochwertige Auftragsabwicklung ist datentechnisch so konzipiert, daß sie als Drehscheibe für Koordination und Steuerung aller Aufgaben zur Herstellung eines Produkts fungieren kann. Dabei ist die durchgängige Kommunikationsfähigkeit zwischen allen beteiligten Funktionsbereichen eine grundlegende Voraussetzung. Das übergeordnete Ziel ist die Entwicklung der Fähigkeit, jederzeit rasch auf nahezu beliebige Kundenwünsche reagieren zu können. Damit verbunden sind Bestrebungen nach gleichbleibender Kapazitätsauslastung, optimaler Material- und Personaldisposition, Bestands- und Durchlaufzeitminimierung sowie Kostenreduzierung bei gleichzeitiger Verbesserung der Produktqualität. Die Auftragsabwicklung muß die Bereiche Konstruktion, Arbeitsplanung, Produktionsplanung und -steuerung, Fertigung und Montage sowie Qualitätssicherung in idealer Weise integrieren, damit sie permanent mit der größtmöglichen Aktualität der Verhältnisse agieren kann. Vor allem benötigt die Produktionsplanung ständig gegenwartsnahe Informationen von allen in den Fertigungsprozeß involvierten Stellen. Hierfür ist ein Regelkreis vonnöten, in dem Plansollwerte in beliebigen Zeitabständen mit Ist-Werten verglichen und an die aktuelle Situation angepaßt werden können. Wesentliches Element dieses Regelkreises ist das BDE-System, das dauerhaft eine kontinuierliche Ist-Werterfassung auf der CAM-Ebene sicherstellt (Bild 1-6).

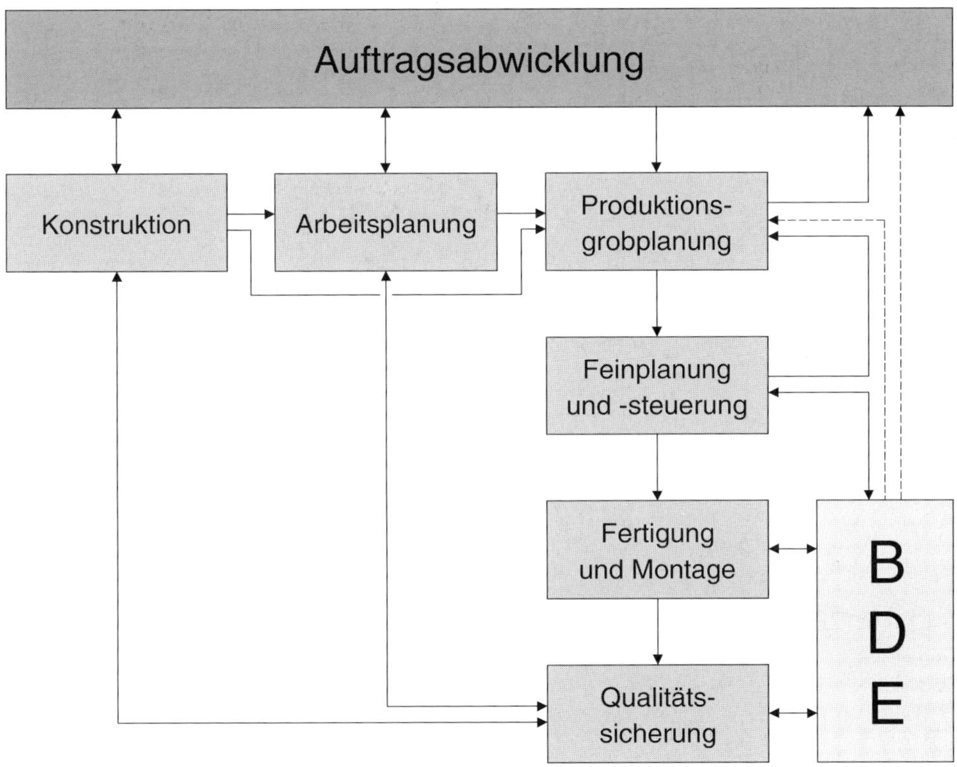

Bild 1-6 BDE als wichtiges Element im Regelkreis Auftragsabwicklung

Die Ist-Wertaufnahme erfolgt rechnerunterstützt für alle technischen und organisatorischen Prozeßdaten pausenlos direkt am Ort ihrer Entstehung. In verdichteter Form stehen der Fertigungssteuerung die erfaßten Informationen über Aufträge, Personal, Maschinen und Material zeitnah zur Verfügung. Bezüglich der

Aufträge sind das Daten wie Fertigungsfortschritt, Fertigungszeiten, Fertigungsmengen und Fertigungsqualität. Personalbezogene Daten umfassen unter anderem Personalstand, Fehlzeiten, Anwesenheits- und gegebenenfalls Mehrarbeitszeiten. Von den Maschinen kommen Meldungen über Störungen und Störungsursachen, Lauf- beziehungsweise Stillstandszeiten sowie Maßnahmen zur Instandhaltung. Meßmaschinen liefern Meß- und Prüfergebnisse in Form von Prüfprotokollen mit Meßwerttrends und Dokumentation der Prüfvorgänge. Materialbezogene Daten informieren über die Bestände an Roh- und Hilfsstoffen, Rohteilen, Halbzeugen, Halbfertigprodukten und Kaufteilen für die Montage. Die Betriebsdatenerfassung vollzieht sich, wo immer das möglich ist, durch Online-Datenübertragung, etwa bei einer mit einem DNC-Rechner verbundenen Werkzeugmaschine. Wo eine direkte Übernahme nicht machbar ist, werden die Daten manuell per Terminaleingabe mittels Tastatur, Ausweis-, Schriften- und Barcode-Leser erfaßt.

Die moderne Betriebsdatenerfassung ist eine wesentliche Voraussetzung für den funktionierenden Regelkreis Auftragsabwicklung und das ideale System, um praktisch jede Art von Information an die Maschinen- und Montageplätze der Werkstatt zu leiten. Via BDE-Terminal können die Mitarbeiter in der Fertigung alle für einen Auftrag notwendigen Unterlagen zur richtigen Zeit abrufen. In der Teilefertigung ist das zumeist der Arbeitsplan, das NC-Programm, der Einrichtplan, die Fertigungszeichnung sowie der Prüfplan. Im Bereich Zusammenbau stehen Stücklisten und Montageanleitungen bereit. Letztere können als Skizzen, Zeichnungen, Fotos oder sogar als Videosequenzen vorliegen. Bei konsequenter Nutzung all dieser Möglichkeiten ergeben sich neue, vielversprechende Ansätze für die Arbeitsablaufgestaltung im Hinblick auf die Verbesserung der Produktivität. Grundlegende Bedingung hierfür ist, wie bereits erwähnt, eine integrierte Systemanwendung mit durchgängigem Informations- und Kommunikationsfluß entlang des gesamten Produktentstehungsprozesses.

1.3.10 Computer-Aided Quality Assurance

Unter dem Begriff Computer-Aided Quality Assurance (CAQ) faßt man heute alle Planungen und Aktivitäten zur computergestützten Qualitätssicherung in einem Unternehmen zusammen. In der praktischen Durchführung gliedern sich die Maßnahmen zur Qualitätssicherung (QS) entsprechend der Begriffsbestimmung nach DIN 55350 in die komplexe Qualitätsplanung, Qualitätslenkung und Qualitätsprüfung. Das Thema Qualitätssicherung zieht sich, so es hinreichend ernst genommen wird, wie ein *roter Faden* durch den gesamten Geschäftsprozeß Produktentstehung. Folglich findet man in der Anwendung nicht das CAQ-System, sondern, wenn überhaupt, die integrierte CAQ-Lösung.

Vokabeln wie Qualitätspolitik, Qualitätsstrategie oder Qualitätsmanagement sind gegenwärtig in nahezu allen Bereichen der Wirtschaft zu hören. Dies hat natürlich Gründe. In Zeiten, in denen sich der Wettbewerb drastisch verschärft, wird Qualität zu einem herausragenden Differenzierungsmerkmal. Wer im Markt langfristig bestehen will, muß sich durch erstklassige Produkte oder Dienstleistungen von seinen Konkurrenten unterscheiden können. Doch hat Qualität auch ihren Preis. Hochwertige Arbeit erfordert in aller Regel mehr Zeit und verursacht höhere Kosten. Andererseits ist ein hoher Qualitätsstandard ein Mittel, um Kosten zu senken, wenn weniger Nacharbeit, Ausschuß und Reklamationen anfallen. Eine weitere, nicht minder gewichtige Motivation für ein Streben nach hohen Qualitätsmaßstäben, vornehmlich für Produktionsunternehmen, ist die gesetzliche Verpflichtung zu Gewährleistung und Produkthaftung. Das Produkthaftungsgesetz (PHG) verpflichtet die Hersteller zum Schutz von Verbrauchern und Anwendern zu folgenden Maßnahmen:

- sicherheitsrelevante Bauteile müssen so konzipiert und ausgelegt sein, daß mehr als zehn Jahre lang kein kritischer Fehler auftritt,
- sicherheitsrelevante Bauteile sind einer 100%igen Prüfung zu unterziehen,
- die Historie sicherheitsrelevanter Bauteile muß lückenlos nachvollziehbar sein,
- die Produktentstehungsdokumentation muß mindestens zehn Jahre lang aufbewahrt werden,
- mindestens zehnjährige Produktbeobachtung, verbunden mit der Verpflichtung zur Rückrufaktion bei einer möglicherweise gefährdenden Produktreihe.

Diese Anforderungen sind nur mit einem alles umfassenden, unternehmensweiten Qualitätsmanagement (TQM, Total Quality Management, ISO 8402) zu erfüllen. Das bedeutet, die vollständige Prozeßkette zur Produktentstehung ist unter Einbeziehung aller Beteiligten mit qualitätssicherndem Handeln und Verhalten zu koppeln. Mittlerweile dokumentieren viele Unternehmen ihren festen Willen, sich der Qualität zu verpflichten, indem sie entsprechend den Richtlinien der internationalen Normenreihe ISO 9000 ff. ihr firmenspezifisches Qualitätsmanagement (QM) etablieren und praktizieren.

Qualitätssicherung beginnt mit der Qualitätsplanung im Entwicklungsprozeß. Hier werden sämtliche dem Fertigungsablauf vorgelagerten planerischen Aufgaben durchgeführt, die die spätere Qualität eines Produkts bestimmen. Bereits bei der Produktplanung im Falle eines Serienfertigers oder mit der Umsetzung des Lastenhefts in das Pflichtenheft bei einem Auftragsfertiger sind Dinge wie Ergonomie, Funktionssicherheit, Wartbarkeit und Recycling-Fähigkeit zu fixieren. Es ist die Aufgabe von Entwicklung und Konstruktion, diese Vorgaben in ein zuverlässiges Produkt zu überführen. Die Qualität in dieser Phase der Produktentstehung wird entscheidend durch das Wirkprinzip bestimmt, mit dem die Funktion des Geräts, der Maschine oder der Anlage realisiert werden soll. Im Zuge der konstruktiven Ausführung des physikalischen Effekts stellt sich die Frage: Stehen bereits bewährte Standardkomponenten zur Verfügung oder müssen neue Bauteile *erfunden* werden? Der Entwurf neuer Komponenten ist teuer und zeigt möglicherweise negative Auswirkungen im Hinblick auf die Qualität. Es müssen erst langfristige Erfahrungen mit dem Verhalten des neuen Bauteils gemacht werden. Bei sicherheitsrelevanten Teilen kann daher zusätzlich zum rechnerischen Festigkeits- oder Stabilitätsnachweis eine reale Erprobung mittels Prototyp unerläßlich sein. Nach der Ausarbeitung und Freigabe aller Konstruktionsunterlagen erstellt die Arbeitsplanung im Rahmen der Arbeitsvorbereitung parallel zu den Arbeitsplänen die Qualitätsprüfungsanweisungen (Prüfplan mit Prüfanweisung und Prüfmittel), die während des Fertigungsprozesses und danach ausgeführt werden müssen.

Zur Unterstützung der Qualitätssicherung im Entwicklungsprozeß ist neben den bekannten Werkzeugen CAD, FEM, CASE und CAP eine Reihe wirksamer Methoden verfügbar. Kundenorientierte Produktentwicklung (QFD, Quality Function Deployment) ist ein strategischer Ansatz, um die Kunden- und Marktanforderungen zu erfüllen und bestmögliche Qualität zu erreichen. An diesem Bestreben ist der gesamte Entwicklungs- und Konstruktionsablauf einschließlich der Arbeitsplanung ausgerichtet. Das dabei notwendige Prozeßmodell ist nur sinnvoll mit einem Concurrent-Engineering-Ansatz zu verwirklichen. Die Ausfallart- und Fehlereinflußanalyse oder Fehlermöglichkeits- und Einflußanalyse (FMEA, Failure Mode and Effects Analysis) ist eine formalisierte Methode zur präventiven Fehlervermeidung bei Konstruktions- und Planungsentwürfen. Potentielle Schwachstellen respektive Probleme und die daraus erwachsenden Risiken und Folgen lassen sich mit der FMEA schon in frühen Planungsphasen erkennen. Meist sind notwendige Modifikationen zu diesem Zeitpunkt mit nur geringen Kosten verbunden, da die Entwürfe noch nicht sehr ausgeprägt und offen für Korrekturen sind. Für jedes Merkmal eines zu analysierenden Systems werden mögliche Fehler, Fehlerursachen und Fehlerfolgen mit der Intention der Entwurfsverbesserung untersucht und bewertet. Die Fehlerbaumanalyse (FTA, Fault Tree Analysis) ist eine Planungsmethode für Sicherheits- und Zuverlässigkeitsuntersuchungen. Ein Entwurf wird auf der Basis seines strukturellen Aufbaus bezüglich der Ausfallwahrscheinlichkeit einzelner Komponenten, Baugruppen und des Gesamtsystems analysiert. Ziel ist die Beurteilung eines Systems in puncto Zuverlässigkeit, Verfügbarkeit und Sicherheit. Die statistische Versuchsplanung (DoE, Design of Experiments) ist eine Methode, um alternative Entwürfe durch Veränderung der relevanten Einflußgrößen durchzuspielen. DoE ist ein geeigneter Ansatz, sich den Maximalvorgaben in der Entwurfs- und Planungsphase Schritt für Schritt optimiert zu nähern. Als weitere Qualitätsplanungsmethode sei noch das Design-Review genannt. Für all diese Ansätze liefern CAQ-Komponenten die systemtechnische Unterstützung.

Mit der Freigabe der Fertigungsaufträge durch die Auftragsabwicklung beginnt die Qualitätssicherung im Produktionsprozeß. Nicht nur im Falle von Eigenfertigungsteilen kommen hohe Qualitätsmaßstäbe zum Tragen, sondern auch bei Zukaufteilen; zumindest gibt es hierfür eine Wareneingangskontrolle. Bei kritischen Bauteilen werden darüber hinaus Fertigungskontrollen direkt beim Lieferanten durchgeführt. Für Eigenfertigungsteile greift das innerbetriebliche Qualitätsmanagement. Unter Verwendung von Qualitätsdatenerfassung (QDE) als Teilfunktion der Betriebsdatenerfassung (BDE) können während oder nach der Bearbeitung Soll-Werte aus der Zeichnung mit Prüfergebnissen (Ist-Werte) verglichen und gegebenenfalls erforderliche Maßnahmen vorgenommen werden. Die Werkstückprüfung erfolgt bei komplizierteren Teilen meist mit einer 3D-Koordinaten-Meßmaschine manuell oder per Programm gesteuert. Im Anschluß an Fertigung und Montage steht im Rahmen der Endkontrolle gewöhnlich der Funktions- und Abnahmetest an. Wenn dieser erfolgreich absolviert worden ist, kommt das Produkt zur Auslieferung.

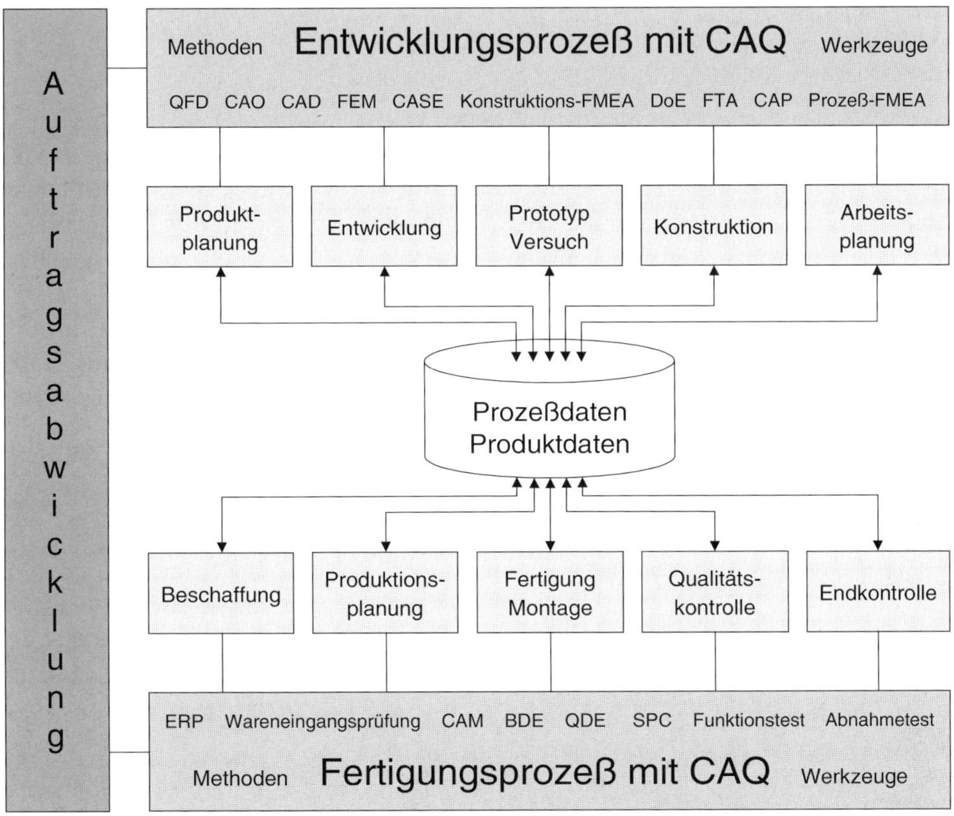

Bild 1-7 Qualitätssicherung im Entwicklungs- und Fertigungsprozeß

In der Produktion ist die Qualitätslenkung neben der eigentlichen Qualitätsprüfung die wesentliche Säule der Qualitätssicherung. Qualität entsteht im Produktionsprozeß primär durch eine hochwertige Fertigung, in zweiter Linie durch ein integriertes Prüfwesen. Die langzeitorientierte Erfassung und Auswertung von Prüf- und Meßdaten ist so gesehen eine zentrale Aufgabe der Qualitätslenkung. Mit Hilfe sogenannter Qualitätsregelkreise wird auf der Grundlage der Prüfdatenauswertung eine Rückkopplung zum Prozeß, sprich zur Fertigung hergestellt. Die statistische Prozeßlenkung (SPC, Statistical Process Control) ist eine Methode auf mathematisch-statistischer Grundlage, die unter Verwendung von Regelkartentechnik eine kontinuierliche Prozeßbeobachtung und bei Bedarf eine schnelle Prozeßkorrektur ermöglicht. Stichproben von Werkstückmessungen in definierten Intervallen, beispielsweise mit einer Koordinaten-Meßmaschine (KMM), sind die Basis für den Aufbau einer Regelkarte. Diese enthält über der Zeitachse (Zeitpunkte der Stichproben) den statistischen Mittelwert eines Prüfmerkmals (z.B. Zeichnungsmaß) sowie dessen parallele Linien für die oberen und unteren Warn- und Eingreifgrenzen. Kommt es im laufenden Fertigungsprozeß zu einem Überschreiten der oberen oder unteren Eingreifgrenze, muß eine Prozeßkorrektur entweder durch Maschineninstandsetzung, Werkzeugwechsel oder sonstiges angestoßen werden.

Die Abbildung eines unternehmensweiten Qualitätsmanagements auf eine integrierte CAQ-Lösung erfordert ein grundlegendes Daten-, Rollen-, Organisations- und Prozeßmodell. Alle Schritte zur Qualitätssicherung während des Produktentstehungsprozesses müssen mit den Produktdaten in eine Beziehung gebracht werden. Nur dann ist die lückenlose Reproduzierbarkeit der geleisteten Arbeit möglich. Um dies vollständig sicherzustellen, ist eine weitgehende Integration von Produktivsystemen wie CAD, CAP oder CAM mit CAQ-Komponenten wie FMEA oder SPC unerläßlich (Bild 1-7). In der Praxis existieren, wenn CAQ-Module überhaupt im Einsatz sind, meist nur Insellösungen ohne die Fähigkeit des direkten Datenaustausches.

Selbst bei einem umfassenden Qualitätsmanagement und der Anwendung einer guten CAQ-Lösung ist der wichtigste Qualitätsfaktor der Mensch. Nur wenn es jedem Mitarbeiter eines Unternehmens ein persönliches Anliegen ist, Qualität zu *produzieren*, unabhängig von seinem Aufgabengebiet und seiner Position, werden überall *Porsche* gebaut, egal ob als Roboter, Bagger oder Flugzeug.

1.4 Drängende Probleme in der DV-Anwendung

Niemand möchte wohl ernsthaft zu den Zeiten von Reißbrett und Rechenschieber zurückkehren. Doch ist unbestritten, daß die rasante Zunahme von installierten

DV-Systemen in der Fertigungsindustrie inzwischen eine Reihe drängender Probleme aufwirft. Diese liegen nicht in einer unzureichenden Leistungsfähigkeit der Anwendungen, vielmehr sind ihre Ursachen in organisatorischen und konzeptionellen Unzulänglichkeiten zu suchen. Einerseits wird bei der Anschaffung der neuen Arbeitsgeräte meist abteilungsbezogen gedacht und gehandelt. Die Auswirkungen auf andere Bereiche bleiben oftmals unberücksichtigt. So entstehen die typischen Insellösungen, bei denen nur ein Teil des teuer eingekauften Nutzenpotentials ausgeschöpft wird. Andererseits existieren in den alteingesessenen Unternehmen vielfach historisch gewachsene Arbeitsabläufe, deren Wurzeln aus einer Zeit stammen, in der die elektronische Datenverarbeitung (EDV) keine oder nur eine untergeordnete Bedeutung hatte.

Gewiß – mit modernen Computer-Systemen und ausgeklügelter Software sind spezifische Einzelaufgaben im allgemeinen effizient lösbar. Dies ist der Grund für die Bereitschaft der Firmen, in solche Systeme relativ viel Geld zu investieren. Auf der anderen Seite muß das Gesamtszenario der Produktentstehung gesehen werden. Der Kunde möchte sein Produkt termingerecht in guter Qualität und zu einem günstigen Preis haben. Das bedeutet, bei Erfüllung hoher Qualitätsanforderungen muß die Durchlaufzeit des Auftrags so kurz wie möglich sein. Dabei ist zum Beispiel die schnelle Fertigstellung der Zeichnungen und Stücklisten mit einem CAD-System ein wichtiger Beitrag. Doch geht ein Teil der Zeiteinsparung verloren, wenn etwa die Stücklisten zur Materialbedarfsplanung per Hand in das ERP-System eingegeben oder Teilekonturen unter Nutzung der geplotteten CAD-Zeichnungen manuell mit dem NC-Programmiersystem erfaßt werden müssen.

Ursprünglich war man froh, seine Teilaufgaben mit DV-Anwendungen schneller und besser lösen zu können. In Anbetracht der heutigen Wettbewerbssituation reicht das nicht mehr aus. Datenverarbeitung ist zur Informationstechnologie mutiert, und Information ist zum Produktionsfaktor geworden. In einem Fertigungsunternehmen sollen nicht nur Teilaufgaben, sondern die Gesamtaufgabe Produktrealisierung ökonomisch optimiert bearbeitet werden. Das ist erfahrungsgemäß nur mit einer integrierten informationstechnischen Gesamtlösung und der durchgängigen Nutzung eines prozeßorientierten Anwendungskonzepts zu bewerkstelligen.

1.4.1 Steigende Datenflut

Die Client-Server-Technologie als Motor der dezentralen Datenverarbeitung und die rasante Entwicklung des Personal Computers zu einem professionellen Arbeitsplatzrechner haben dafür gesorgt, daß heute nahezu jeder *Schreibtischmitarbeiter* in einem Fertigungsunternehmen über seinen persönlichen Rechner verfügt. Praktisch sämtliche Arbeitsschritte, die im Rahmen der Abwicklung eines Kundenauftrags oder zur Vorbereitung einer Serien- oder Sortenproduktion anfallen, werden mit DV-technischen Mitteln durchgeführt. Das hat zur Folge, daß nicht nur die meisten Arbeitsergebnisse, sondern annähernd alle obligaten Zwischenschritte in Form von Dokumenten und anderen Daten vorliegen. Dazu kommen noch zahllose Electronic Mails und Downloads (Datenkopien von einem Server) aus dem Internet. Das führt naturgemäß zu einem überproportionalen Anwachsen der Datenbestände.

Gewiß bringen die derzeitigen Anwendungssysteme, ob bei der Erstellung einer technischen Zeichnung oder einer umfangreichen Dokumentation, beträchtliche Möglichkeiten zur Arbeitserleichterung mit sich. Die individuelle Produktivität der Mitarbeiter bei direkten Tätigkeiten wird dadurch eindrucksvoll gesteigert. So sind etwa mit einem assoziativen CAD-System einfache Modifikationen an einem Bauteilmodell, die eventuell infolge einer Kundenanforderung oder im Zuge der laufenden Qualitätsverbesserung anfallen, mit wenigen Mausklicks realisierbar. Das heißt, beinahe im Handumdrehen entsteht eine neue Version, sprich eine neue Datei. Wenn man davon ausgeht, daß sich solch ein Vorgang in einem Konstruktionsbüro täglich viele Male wiederholt, ist leicht nachvollziehbar, wie rasch die Datenmenge allein im Bereich der CAD-Anwendung wächst. Entlang des gesamten Produktentstehungsprozesses führt der massive Einsatz der verschiedenen Erzeugersysteme in den einzelnen Anwendungsbereichen zu einer wahrlich voluminösen Datenflut (Bild 1-8).

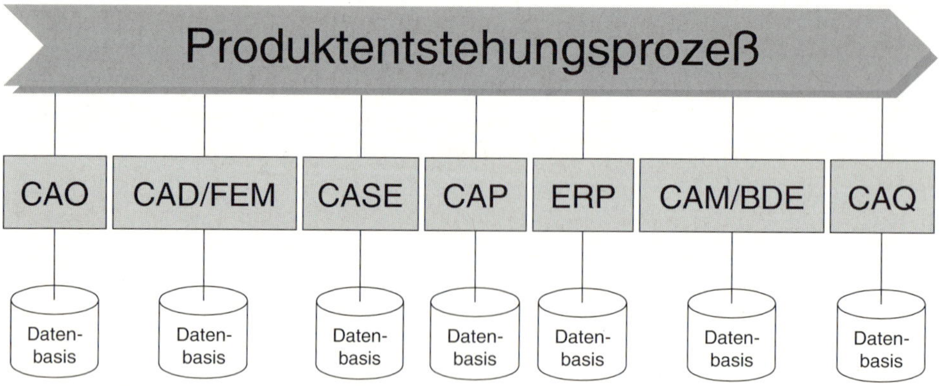

Bild 1-8 Systembezogene Datenhaltung

Unbestritten ist der Gebrauch qualifizierter Applikationen in einem Fertigungsunternehmen richtig und wichtig. Nur darf bei aller Begeisterung für die Leistungsfähigkeit der Systeme nicht übersehen werden, daß die damit erzeugten Daten im Grunde genommen wertlos sind, wenn sie nach der Ablage nicht jeder autorisierte Anwender in kürzester Zeit wieder finden und für seine aktuellen Aufgaben nutzen kann. Dieser Zustand ist nur mit einem systemübergreifenden Datenhaltungskonzept zu verwirklichen, das alle verfügbaren DV-Anwendungen konsequent einschließt.

1.4.2 Mangelnde Daten- und Prozeßtransparenz

Ein strategisches Ziel ist heute, die Entwicklung eines neuen Produkts oder die Abwicklung eines Kundenauftrags weitgehend mit Mitteln der modernen Informationstechnik zu tätigen. Durch die Fülle unterschiedlicher Aufgaben wird eine Vielzahl von speziellen DV-Werkzeugen genutzt. Mit deren Hilfe soll im Entwicklungsprozeß, dem fertigungsvorgelagerten Bereich der Produktentstehung, eine komplette Produktbeschreibung in Form einer elektronischen Dokumentenmappe entstehen (Bild 1-9). Diese ist, geprüft und freigegeben, die Grundlage für Produktionsplanung, Fertigung und Montage.

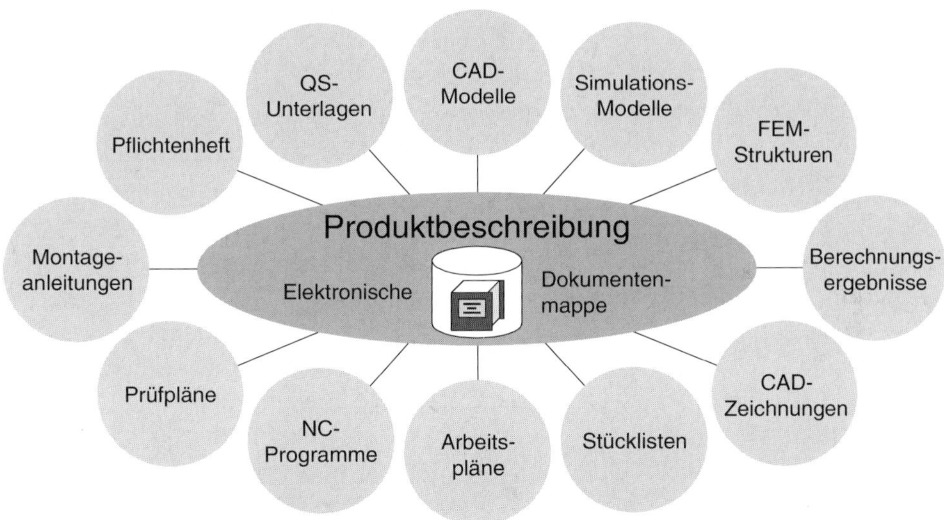

Bild 1-9 Rechnererzeugte Dokumente zur Produktbeschreibung

Die Funktionen zur Datenverwaltung sind bei den diversen Anwendungssystemen im allgemeinen nicht sehr ausgeprägt. Wenige Programme offerieren die Möglichkeit, einer erzeugten Datei einen beschreibenden Datensatz zuzuordnen, über dessen Attribute sie dann jederzeit selektiv gesucht werden kann. Einige CAD-Anbieter haben ihr System um ein sogenanntes Workgroup-Modul ergänzt. Damit ist immerhin eine einfache teambezogene Verwaltung von CAD-Dokumenten möglich. Bezüglich der Notwendigkeit, Dokumente verschiedener

Applikationen zu einer elektronischen Dokumentenmappe zu verknüpfen, ist dieser Ansatz wenig hilfreich. Ohne ein übergeordnetes Organisationsinstrument, das die transparente Verwaltung und Verteilung aller mit Rechnerunterstützung erzeugten Daten gewährleistet, ist der umfangreiche Datenbestand in einem Fertigungsunternehmen für seine Anwender nur sehr ineffizient nutzbar. Die Folge ist, die bereichsübergreifende Vorgangsbearbeitung dauert unnötig lange, da viel Zeit durch ständiges Suchen und Informieren verlorengeht.

Die Problematik ist, daß sich für einen Anwender, vor allem wenn er nicht Erzeuger ist, die Historie von Dokumenten nur schwer nachvollziehen läßt. Jedes Dokument hat üblicherweise einen Lebenszyklus, währenddessen es Status- und Versionsänderungen erfährt, womöglich seinen Ablageort ändert und eventuell den Besitzer wechselt. Kurzum, es ist eine Reihe von Fragen zu beantworten, will man ein bestimmtes Dokument für einen bestimmten Vorgang finden und verwenden.

- Wer hat welche Zugriffsrechte?
- Wo und auf welchem Datenträger befindet sich das Dokument?
- Welchen Entwicklungsstand hat das Dokument?
- In welcher aktuellen Version liegt das Dokument vor?
- Wie ist der aktuelle Status des Dokuments?
- Mit welchem Werkzeug und welcher Werkzeugversion wurde das Dokument erstellt?

Innerhalb eines kleineren CAD-Teams beispielsweise mag das Hantieren mit Modellen und Zeichnungen auf Zuruf funktionieren. Bereichsübergreifend in der Prozeßkette Produktentstehung, wo mehrere Personen mit ihrem spezifischen Know-how Dokumente für die Durchführung völlig verschiedener Aufgaben benötigen, ist solch ein Vorgehen sehr kostenintensiv und darüber hinaus äußerst fehleranfällig. Ein typisches Szenario, das die Wichtigkeit von Daten- und Prozeßtransparenz deutlich macht, ist die Bauteilentwicklung mit den Schritten CAD-Modellierung, FEM-Berechnung, -Analyse oder -Simulation sowie Arbeitsplanerstellung und NC-Programmierung. Um die Entwicklungszeiten in der Summe deutlich zu reduzieren, versucht man zunehmend, mehrere Arbeitsgänge simultan zu absolvieren (CE, Concurrent Engineering). Dies setzt voraus, daß ein in der Prozeßkette nachfolgender Arbeitsgang begonnen wird, ehe der vorangehende mit Prüfung und Freigabe abgeschlossen worden ist. In einem relativ frühen Entwicklungsstand des CAD-Modells soll eine FEM-Untersuchung erfolgen, um beizeiten Schwachstellen erkennen zu können. Der Berechnungsingenieur muß dazu wissen, wann er auf welche Modelldatei zurückgreifen kann. Parallel dazu soll der Fertigungsingenieur mit der Arbeitsplanung beginnen und gegebenenfalls Änderungswünsche an den Konstrukteur herantragen, falls mögliche Fertigungsprobleme erkennbar sind und eine Modifikation erforderlich machen. Auch der Fertigungsingenieur benötigt für seine Aufgabe den richtigen Entwicklungsstand des CAD-Modells (Bild1-10).

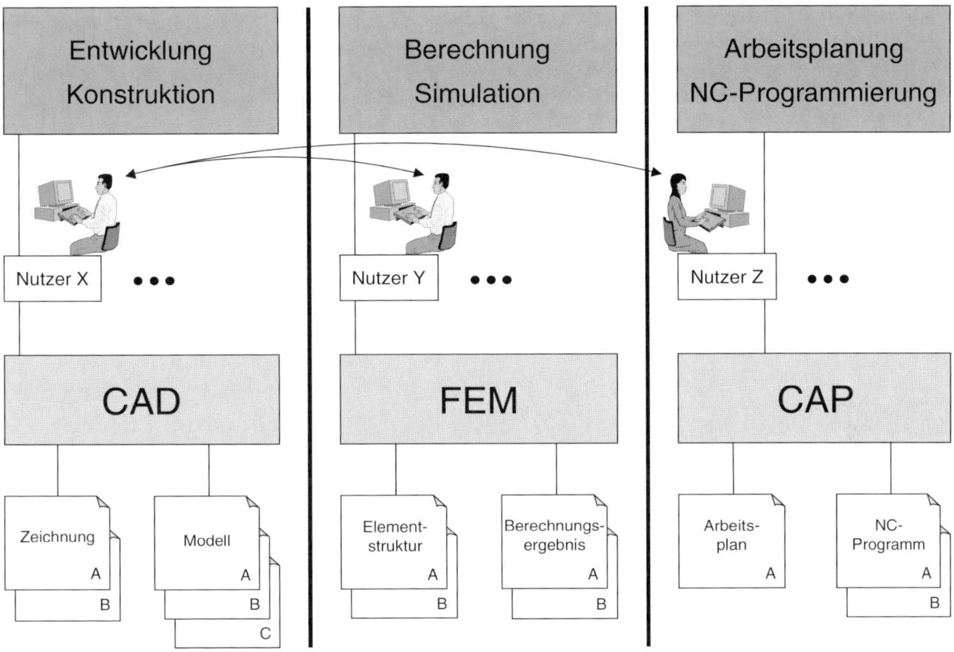

Bild 1-10 Aufgabenübergreifende Dokumentennutzung

Ohne eine systemübergreifende Daten- und Prozeßmanagementlösung ist dieses Szenario nur schwer vorstellbar. Wie sollen Berechnungs- und Fertigungsingenieur wissen, welche CAD-Datei wo zu finden ist und wann sie jeweils ihre Arbeit aufnehmen können? Wer oder was steuert die Kommunikation dieser drei Mitarbeiter? Hier zeigt sich ein gravierendes Problem vieler Fertigungsunternehmen im Bereich der Datentechnik: viele Anwender, viele Systeme, viele Daten, aber kein Organisationsinstrument. Nach der Einführung leistungsstarker Anwendungen wächst gewöhnlich in vergleichsweise kurzer Zeit ein riesiger Datenbestand heran. Für den einzelnen Nutzer, dessen Produktivität eigentlich gesteigert werden soll, besteht kaum eine Chance, mit zeitlich vertretbarem Aufwand das dringend gebrauchte Dokument zu finden. Das *computergestützte* Chaos ist vorprogrammiert. Oftmals wird als möglicher Ausweg aus diesen Schwierigkeiten die rasche Einführung eines Zeichnungsverwaltungssystems von seiten der Konstruktionsabteilung in Betracht gezogen. Dabei bleibt außen vor, daß zum einen der Datenbestand nur zum Teil aus Modellen und Zeichnungen besteht und zum anderen damit keine Lösung für die dringend notwendige Ablaufsteuerung gegeben ist. Dieses generell so schwerwiegende Problem wird meist nur auf Abteilungsebene diskutiert. Mit Sicherheit kann aber nur unter Einbeziehung aller am Geschäftsprozeß Produktentstehung beteiligten Bereiche und Personen eine gute Lösung gefunden und realisiert werden.

1.4.3 Unzureichende Systemintegration

Entlang der Prozeßketten in Entwicklung und Produktion findet man in Klein- und Mittelbetrieben der Fertigungsindustrie ebenso wie in Großunternehmen neben anderen die bekannten DV-technischen Bearbeitungsinseln CAD, CAP, CAM, CAQ und ERP. Wesentliches Anwendungsziel dieser Systeme ist die Steigerung der Produktivität in allen technischen, betriebswirtschaftlich-planerischen und fertigungsbezogenen Abläufen und die Verbesserung der Qualität der daraus resultierenden Arbeitsergebnisse. Für sich betrachtet, sind mit diesen Lösungen bemerkenswerte Erfolge erzielt worden. Komplexe Produkte wären ohne den Einsatz von CAD-Systemen der High-end-Klasse kaum noch wirtschaftlich realisierbar. Was größtenteils fehlt, um die teueren Investitionen mit höchstem Nutzen und Mittelrückfluß anwenden zu können, ist die Verschmelzung der Bearbeitungsinseln zu einer datentechnischen Gesamtlösung. Doch Tayloristische Organisations- und Arbeitsstrukturen einerseits und stark aufgabenbezogenes Denken andererseits sind erhebliche Hindernisse auf diesem Weg. Trotz aller Schwierigkeiten gibt es dazu keine Alternative.

Zweifellos werden in den Abteilungen der Fertigungsunternehmen die immensen Probleme erkannt, die mit der Computerisierung der Entwicklungs- und Konstruktionsarbeit einhergehen. Man weiß, daß Dinge wie steigende Datenflut sowie geringe Daten- und Prozeßtransparenz fatale Auswirkungen haben und die positiven Effekte der Einzelsysteme teilweise wieder zunichte machen. Um dieser Misere entgegenzuwirken, baut man für die Bearbeitungsinseln meist systembezogene Datenbankanwendungen auf SQL-Basis. So gut es geht werden damit Zeichnungen, Stücklisten, Arbeitspläne, Teileprogramme und weitere Dokumente verwaltet. Für die ein oder andere Abteilung mag dieses Vorgehen eine gewisse Verbesserung der aktuellen Situation mit sich bringen. Aus prozeßorientierter Sicht zeigt das geringen Nutzen, denn es wird lediglich der Status der Bearbeitungsinseln festgeschrieben. Verbindliche Arbeitsabläufe wie Änderung, Prüfung und Freigabe sind mit dieser Vorgehensweise nicht zu steuern, ganz zu schweigen von der Rechnerunterstützung für simultane Vorgangsbearbeitung (SE, Simultaneous Engineering). Ferner ist so eines der wichtigsten Ziele, die logische Verknüpfung aller relevanten Daten des Produktentstehungsprozesses zur elektronischen Dokumentenmappe, nicht zu schaffen. Eine wirklich integrierte DV-technische Gesamtlösung, die alle Einzelsysteme im Hinblick auf

Daten und Abläufe vollständig einschließt, ist nur mit einem unternehmensweit implementierten Produktdatenmanagement-System (PDMS) möglich. Der Aufbau eines Technischen Informationssystems, entsprechend dem Prinzip von Produktdatenmanagement (PDM) als Pendant zum Kommerziellen Informationssystem auf der Grundlage von Enterprise Resource Planning, ist die Voraussetzung für eine durchgängig prozeßgetriebene Produktentstehung (Bild 1-11).

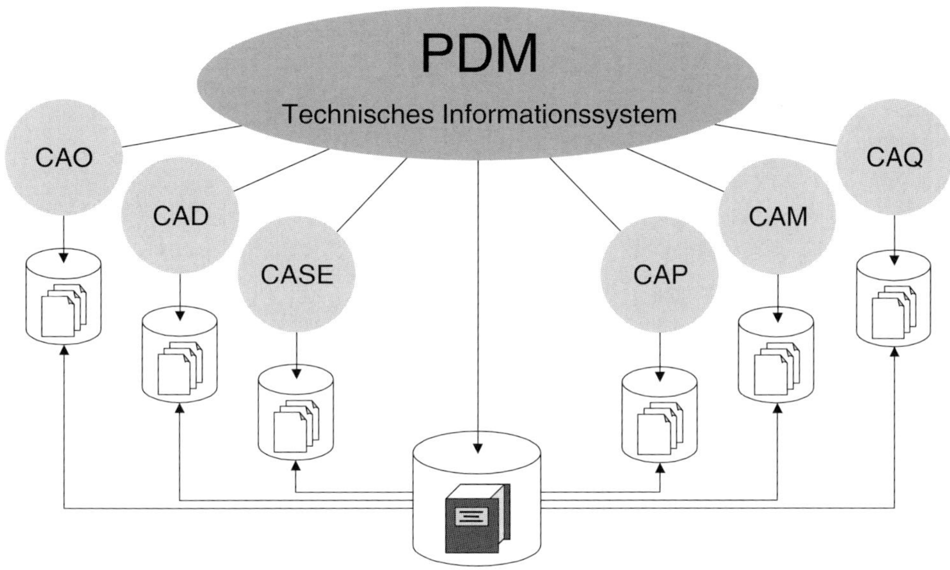

Bild 1-11 Systemintegration auf der Basis von Produktdatenmanagement

PDM ist ein strategischer Ansatz, dessen herausragende Bedeutung für die Unternehmen der Fertigungsindustrie bislang kaum wahrgenommen wird. Bei Umfragen nach der Wichtigkeit von DV-Systemen rangiert PDM noch immer auf hinteren Plätzen. Dabei ist das PDM-System die Integrationsplattform für alle datenerzeugenden Applikationen, es beherrscht das Daten- und Prozeßmanagement, bietet eine einheitliche Benutzeroberfläche und regelt den Datenzugriff aller Anwender.

Im betriebswirtschaftlich-planerischen Bereich ist das Kommerzielle Informationssystem in den meisten Produktionsunternehmen seit Jahren fester Bestandteil der DV-Landschaft. Es übernimmt Aufgaben wie Materialwirtschaft, Produktionsplanung und -steuerung, Finanz- und Rechnungswesen, Controlling sowie Personalwirtschaft und anderes mehr. Auf diesem Sektor scheint weitgehende Einigkeit über die Notwendigkeit eines derartigen Systems zu herrschen. Das Erfordernis eines Technischen Informationssystems findet offensichtlich im

Gegensatz dazu meist kein ungeteiltes Echo, obwohl die drängenden DV-Probleme in den technischen Fachabteilungen zunehmend zur echten Belastung werden. Es hat den Anschein, als sei zu diesem Thema der Informationsbedarf in der Geschäftsleitung sehr groß. Andernfalls wäre nicht zu erklären, daß noch immer betriebswirtschaftlich orientierte Führungskräfte für die Ausweitung des ERP-Systems auf die technischen Anwendungsfelder des Hauses plädieren. Natürlich tragen auch findige Marketingstrategen einiger ERP-Anbieter dazu bei, für reichlich Verwirrung und Verunsicherung bei den Entscheidern zu sorgen. Mit dem Argument, ihr ERP-System könne ohnehin Dokumente verwalten und das Teilemanagement erledigen, es kenne Sachmerkmal-Leisten (SML) und beherrsche alle Arten von Stücklisten, suggerieren sie, daß damit auch alle PDM-Anforderungen erfüllt werden können. Sie stellen die Frage: *Wozu eine PDM-Lösung, Sie haben doch ein ERP-System?* Die wichtige Entscheidung für den Start eines PDM-Projekts wird dadurch bedauerlicherweise blockiert. Der Status quo bleibt erhalten, die Probleme bleiben ungelöst, die strategischen Ziele werden nicht erreicht.

1.5 Fehlende Methodikansätze im Produktentstehungsprozeß

Mit wachsendem Kostendruck durch den harten Wettbewerb mit nationalen und internationalen Konkurrenten steigt die Bereitschaft vieler Fertigungsunternehmen, beachtliche Mittel für den Ausbau ihrer Datentechnik aufzuwenden. Es werden große Hoffnungen in den Nutzen der neuesten Systemgeneration der modernen Informationstechnik (IT) gesetzt. Der konsequente Gebrauch dieser Anwendungswerkzeuge soll die Produktivität in entscheidendem Maße verbessern. In weiten Teilen gelingt das auch. Dennoch zeigt sich in der Praxis, daß *Quantensprünge* allein durch Computer-Einsatz nicht erzielt werden können. Dazu bedarf es mehr, als nur den letzten Stand der Rechnertechnik zu nutzen. Entscheidend sind kreative Ansätze, die sowohl die einzelnen Arbeitsschritte als auch den gesamten Arbeitsablauf vereinfachen. Denn was ohne Rechner umständlich gehandhabt wird, kann mit Rechner nicht plötzlich besser werden. Es gilt, methodische Vorgehensweisen für die Tätigkeiten in Entwicklung, Konstruktion und Arbeitsplanung zu finden, die mit einfachen Mitteln reproduzierbar sind und sich für bestimmte Probleme universell einsetzen lassen. Sind solche Arbeitsmethoden entwickelt, können sie auf ein DV-System abgebildet werden. Ist das Verfahren geprüft und für gut befunden, fördert es in der Anwendung nicht nur die Produktivität, sondern auch die Qualität der Arbeitsergebnisse. Das intelligente Anwendungskonzept zusammen mit intensivem Rechnereinsatz erzielt die gewünschten Effekte im Produktentstehungsprozeß.

1.5.1 Standardisierung

Der Begriff Standardisierung ist im Zusammenhang mit Entwicklung und Fortschritt in der Technik mit einem negativen Image besetzt. Standardisierung und Innovation werden vielfach als Widerspruch gesehen. Die meisten assoziieren mit dem Wort Standardisierung Normblätter und DIN-Vorschriften, nicht Kreativität und Innovation. Dabei ist es ein Irrtum zu glauben, Standardisierung bedeute automatisch Gleichförmigkeit, Mittelmaß und Stillstand. Bei richtigem Verständnis von Standardisierung ist das Gegenteil der Fall.

Viele Produktanbieter setzen sich zum Ziel, mit großer Flexibilität nahezu jede kundenspezifische Anforderung zu erfüllen. Die Konstruktionsabteilungen bieten ihr ganzes Know-how auf, um pfiffige Lösungen für die vielfältigen Sonderwünsche zu finden. Intuitiv wird dabei das Rad immer wieder neu *erfunden*, nur in anderer Ausprägung. Nebenbei wächst völlig unkontrolliert die Anzahl auftragsbezogener Teile und Sachnummern und verursacht erhebliche Fixkosten, ganz abgesehen von dem hohen Risiko in bezug auf Liefertermin, Qualität und Kalkulation. Es geht auch anders. Hochentwickelte Produkte können standardisiert werden und dennoch alle Kundenanforderungen erfüllen.

Ziel der Standardisierung ist, das innovative Grundkonzept eines Produkts, einer Produktgruppe möglichst auf allen Ebenen der Produktstruktur in ein modulares Baukastensystem zu überführen. Hierbei sollte das Augenmerk nicht nur auf Einzelteile und Baugruppen gerichtet werden, sondern auch auf kombinierbare Funktionsmodule. In puncto Teileebene geht es darum, für alle Baukomponenten der Produktpalette Werknormen zu definieren. Es ist eine zentrale Aufgabe, durch Analyse der Entwurfszeichnungen geometrisch ähnliche Teile zu suchen, für die sich eine maß- und/oder gestaltvariante Ersatzform finden läßt, die die geforderte Funktion sicher erfüllt. Wenn das gelingt, ist der Grundstein für ein Variantenkonstruktionssystem gelegt. Im nächsten Schritt ist der Aufbau varianter Baugruppen mit varianten Einzelteilen möglich. Es entsteht die nächste Ebene der Werknormen. Eine Baugruppenvariante kann sowohl durch Maßvariation ihrer Einzelteile als auch durch Konfiguration, d.h. Zusammenstellung von Teilen und/oder Unterbaugruppen aus vorher festgelegten Kombinationsvarianten, abgeleitet werden. Dieses Vorgehen läßt sich über die Stufe der Funktionsmodule (Hauptbaugruppen) bis zur Erzeugnisebene fortführen. Natürlich sind auf allen Ebenen, vor allem auf der Ebene der Funktionsmodule, klare Schnittstellen bezüglich Funktion, Geometrie, Leistung, Drehmoment usw. zu vereinbaren. Ferner kommt es darauf an, bei der Erstellung eines Konstruktionsbaukastens auf sinnvolle Kombinationsmöglichkeiten zu achten, damit er für seine Anwender in der Auftragskonstruktion ein wirklich rentables Werkzeug wird. Bei konsequenter Umsetzung der Standardisierungsmethode läßt sich mit relativ wenig Varianten der Grundkomponenten eine Vielzahl von Produktkonfigurationen generieren. Auf diese Weise ist eine schnelle Wiederverwendung von Firmen-Know-how garantiert. Produkte mit spezifischen Anforderungen, ob von Kundenseite oder der nationalen Gesetzgebung der Märkte, sind damit durchwegs ohne teuere und risikoreiche Sonderlösungen realisierbar.

Schaffung und Nutzung eines standardisierten Konstruktionsbaukastens machen Änderungen im Produktentstehungsprozeß notwendig und erfordern ein DV-System, das die Arbeitsschritte steuert und alle Daten und Dokumente verwaltet. Nach dem heutigen Stand der Technik können diese Aufgaben nur sinnvoll mit einer leistungsfähigen PDM-Lösung bewältigt werden. Damit das Ergebnis der Produktstandardisierung erfolgreich anwendbar ist, sind für den Rechnereinsatz die Themen

- Daten und Dokumente,
- Nomenklatur,
- Nummerung,
- Prozesse

in Richtung Standardisierung und Normierung zu optimieren oder neu zu gestalten. Hauptsächlich die Punkte Nummerung und Nomenklatur als Säulen eines jeden Ordnungssystems haben entscheidenden Einfluß auf den späteren Nutzen der Gesamtlösung. Sie sind ausschlaggebend für die Art der Handhabung umfangreicher und verschiedenartiger Datenbestände. Vielfältige und effiziente Recherchemöglichkeiten und ein rascher Zugriff auf die selektierten Daten sind unstrittig der Schlüssel zur erfolgreichen Systemanwendung im Technischen Büro eines Produktionsunternehmens.

Das Nummernsystem (DIN 6763, Nummerung) sollte im gesamten Unternehmen einheitlich gestaltet sein und aus den Elementen Klassifikation und Identifikation bestehen. Es können Gegenstände, Symbole und Verfahren numeriert werden. Der Klassifikationsschlüssel dient der Einordnung gleichartiger Dinge wie etwa Schrauben und Muttern. Er repräsentiert eine hierarchische Klassenstruktur, die ein schnelles Einkreisen und Selektieren des Gesuchten sicherstellt. Um die Elemente einer Klasse unterscheiden zu können, erhalten sie eine eindeutige Identifikationsnummer (Bild 1-12). Klassifikationsschlüssel und Identifikationsnummer müssen so definiert sein, daß sie problemlos selbständig vom System generierbar sind. Sprechende Schlüssel oder Nummern sind in Verbindung mit einer DV-Lösung ungeeignet und zudem unnötig. Bestens bewährt haben sich in der Praxis fortlaufende Zählnummern mit und ohne Prä- und/oder Suffix. Natürlich ist es nicht möglich, ein historisch gewachsenes *sprechendes* Nummernsystem von heute auf morgen durch ein neues zu ersetzen. Doch ist dies kein Grund, für immer daran festzuhalten. Ein gutes DV-Konzept sieht vor, für eine Übergangsdauer beide Nummernsysteme zu unterstützen. Für schon bestehende Daten und Dokumente können alte und neue Schlüssel und Nummern parallel genutzt werden. Neuangelegte Daten und Dokumente erhalten nur Schlüssel und Nummern des neuen Nummernsystems. Auf diese Weise *trocknen* die alten Schlüssel und Nummern nach und nach aus. Der laufende Betrieb erfährt keine nennenswerte Störung, und die Anwender haben ausreichend Zeit, sich an das neue Nummernsystem zu gewöhnen.

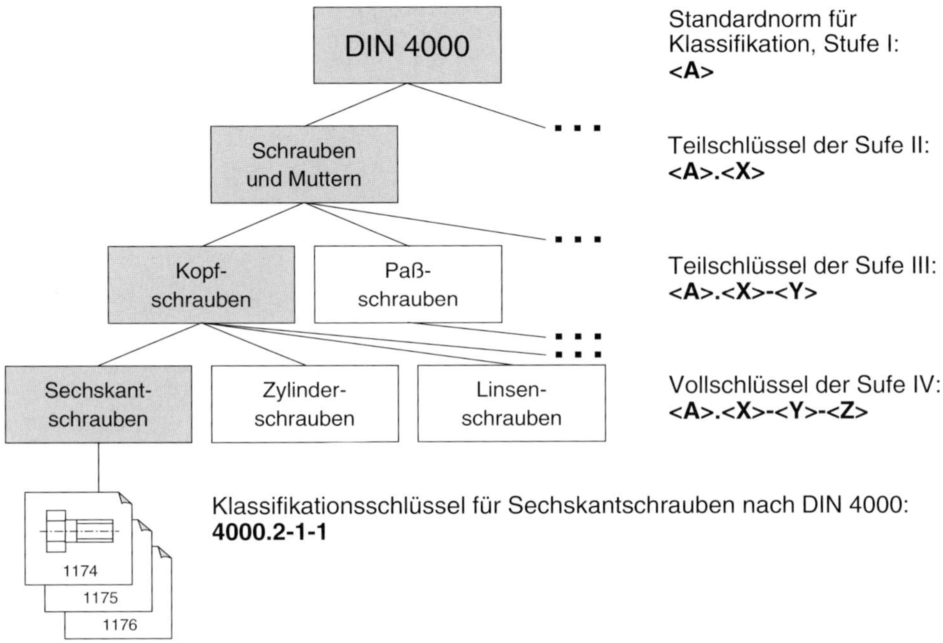

Bild 1-12 Separate Klassifikation und Identifikation nach DIN 4000

Mit dem Einsatz eines Technischen Informationssystems tritt die Bedeutung des Nummernschlüssels als Mittel zur Datenrecherche etwas in den Hintergrund. Ein Dokument ist ebenso mittels anderer Bezeichner (Attribute) selektierbar. Identifikationsnummern dienen in erster Linie dem DV-System als unverwechselbares Kennzeichen zur Verwaltung der Datenobjekte. *Sprechende* Nummern sind folglich nicht mehr nötig. Was indes auf jeden Fall gebraucht wird, ist ein Katalog mit eindeutigen Sach- und Fachbezeichnungen (Data Dictionary) entsprechend der DIN 2330. Dieser muß zentral von einer autorisierten Stelle, in der Regel der Normung, kontinuierlich gepflegt werden. Solange jeder Anwender seine eigenen Benennungen und Bezeichnungen *erfinden* und in das System einbringen kann, entsteht unkontrollierter *Benennungswildwuchs*. Für ein und dasselbe Blechteil existieren womöglich die Benennungen Winkelblech, Kantblech und Stützblech. Gibt es für Bauteile oder Dokumente redundante Bezeichner, ist es schwer, das gesuchte Objekt in kurzer Zeit zu finden. Die Folge: Das

System ist ineffizient und hat keine Akzeptanz bei den Nutzern. Als vorteilhaft hat sich das Prinzip der funktionsfreien Nomenklatur erwiesen. Funktionsbezogen zu benennen ist problematisch, da ein Bauteil mehrere Funktionen (z.B. Distanzring, Führungsring, Gleitring usw.) erfüllen kann. Geometrische Benennungen haben dieses Problem nicht, sie sind eindeutig. Andererseits führt eine geometriebezogene Nomenklatur bei Anwendern mit ausgeprägter funktionsorientierter Sichtweise (Vertrieb, Einkauf, Service etc.) zu größeren Akzeptanzproblemen. Eine pauschale Empfehlung kann es daher nicht geben. Sicherlich ist es eine praktikable Regelung, ein zweites Benennungsattribut einzuführen, um die Sach- und Fachbezeichnungen sowohl geometrie- als auch funktionsorientiert anlegen zu können (Synonym-Lexikon).

Viele Unternehmen tragen sich mit dem Gedanken, ein Technisches Informationssystem aufzubauen, um die eigene Konkurrenzfähigkeit zu stärken. Dabei ist das Hauptinteresse meist auf die neueste Rechner- und Systemtechnik gerichtet. Doch mindestens ebenso wichtig wie ein gutes Anwendungssystem ist ein gutes Anwendungskonzept. Überlegungen wie Standardisierung und Prozeß-Reengineering sollten hier in vorderster Reihe stehen. Um signifikante Zeit-, Kosten- und Qualitätsvorteile erzielen zu können, müssen eingefahrene Geschäftsabläufe optimiert oder gar neu geformt werden. Das kommt in vielen Fällen fast einer *Revolution* gleich. Nicht jeder von Veränderungen Betroffene ist von vornherein begeistert. Rasch erwachsen von allen Seiten Widerstände. Soll die neue DV-Lösung ein strategischer Schritt für eine erfolgreiche Zukunft des Unternehmens werden und kein nutzloser Kompromiß, ist das volle Engagement der Geschäftsleitung unerläßlich.

1.5.2 Realisierungs- und Anwendungskonzepte

Methoden wie die Standardisierung sind ein außerordentlich wichtiges Potential für die Unternehmen des Maschinen- und Anlagenbaus. Sie erfordern für ihre Nutzbarmachung ausgereifte Realisierungs- und Anwendungskonzepte. Um mit den Ideen gewinnbringend arbeiten zu können, müssen sie auf alle relevanten Prozesse projiziert werden. Dabei sind neben Entwicklung und Konstruktion vorwiegend Vertrieb und Arbeitsplanung berührt. Für die involvierten Bereiche und Personen kommen einige Änderungen zum Tragen, die sich aus der Beantwortung weniger grundlegender Fragen ableiten lassen.

- Was ist das Ziel der Standardisierung, was soll damit erreicht werden?
- Welche Teilschritte des Produktentstehungsprozesses sind davon betroffen?
- Was muß sich an der Organisations- und Arbeitsstruktur ändern?
- Welche Arbeitsschritte und Arbeitstechniken sind erforderlich?

Was ist das Ziel der Standardisierung, was soll damit erreicht werden?

Ein fundamentales Problem in vielen Fertigungsunternehmen liegt darin, daß Arbeitsmethoden und daraus folgend Arbeitsabläufe in den fertigungsvorgelagerten Bereichen nicht mehr zeitgemäß sind. Über Jahrzehnte hinweg haben sich Vorgehensweisen verfestigt. Es sind zwar neue Arbeitsgeräte angeschafft worden, doch sind die Arbeitsmethoden weitgehend die alten geblieben. Ein typisches Beispiel hierfür ist die Zeichnungserstellung. Mit der Einführung von CAD hat sich prinzipiell kaum etwas verändert. Das CAD-System wird oftmals nur als *elektronisches Zeichenbrett* benutzt. Signifikante Verbesserungen können damit nicht herbeigeführt werden. Der Kostendruck ist sichtlich noch immer ein beträchtliches Problem. Nach wie vor existiert in vielen Firmen ein wahrer *Teiledschungel*. Eine Art *Überkomplexität* hat sich nahezu unbemerkt in allen Ecken der Unternehmen ausgebreitet. Sie spiegelt sich in einem *Produktwildwuchs* ebenso wider wie in undurchschaubaren Geschäftsprozessen mit geringer Arbeitsproduktivität.

Standardisierung kann helfen, diesen Zustand gravierend zu verändern. Mit Hilfe neuer Arbeitstechniken ist es möglich, Schlüsselprozesse entscheidend umzugestalten und bislang getrennte Tätigkeiten, die logisch zusammengehören, zu synchronisieren. Das Hauptaugenmerk richtet sich auf die Wertschöpfung. Alle Einzelschritte müssen diesem Prinzip verpflichtet sein. Wertschöpfende Arbeit ist nicht das *Erfinden* des x-ten Flansches für den x-ten Kundenauftrag, wohl aber die schnelle Auftragsabwicklung mit der geeigneten Variante eines Standardflansches. Einmal geschaffenes Know-how in der Entwicklungsphase soll für jeden Kundenauftrag mit hoher Qualität reproduzierbar sein. Eine variantengerechte Produktgestaltung ist dafür wesentliche Voraussetzung. Die Typen- und Teilevielfalt soll auf ein vernünftiges Maß zurückgeführt werden. Dies ist möglich ohne Verlust an Umsatz oder Marktanteilen. Die negativen Effekte einer verfehlten Variantentechnik, die zu ständig steigenden *Komplexitätskosten* geführt haben, lassen sich nur durch die Verwendung von Gleichteilen wieder umkehren. Dazu ist ein radikales Umdenken in der Unternehmensführung unabdingbar. Es muß offizielle Firmenpolitik sein, ein auf Standardisierung aufbauendes Variantenmanagement einzuführen. Derart sind sichere Kalkulationen möglich, lassen sich die Durchlaufzeiten deutlich verringern und wird die Konkurrenzfähigkeit nachhaltig gestärkt oder wieder hergestellt.

Welche Teilschritte des Produktentstehungsprozesses sind davon betroffen?

Die Frage kann salopp beantwortet werden: mehr oder weniger alle. Natürlich gibt es Teilschritte, die die Standardisierung sehr stark prägt, andere sind davon nur positiv tangiert. Die elementare Idee der Standardisierung, für ein innovatives Produkt oder eine Produktfamilie einen Konstruktionsbaukasten zur Auftragsabwicklung zu erstellen, betrifft in besonderem Maße die Vorgänge in Entwicklung und Konstruktion. Als weiterer fertigungsvorgelagerter Bereich ist die Arbeitsplanung involviert. Marketing und Vertrieb sind nicht mehr nur Auftragsbeschaffer. Vor allen Dingen wird der technische Vertrieb praktisch ein Teil der Auftragskonstruktion. Erfreulicherweise wirkt sich die Standardisierung sehr vorteilhaft im Fertigungsprozeß aus. Höhere Stückzahlen, kürzere Rüstzeiten, geringerer Werkzeugvorrat und einfachere Lagerhaltung sind einige der Effekte. Aus der Reduzierung der Typen- und Teilevielfalt ergibt sich zudem ein geringerer Bedarf an Ersatzteilbevorratung für den Kundenservice. Und schließlich sind Produkt- und Prozeßstandardisierung gleichermaßen eine Art implizite Qualitätsstrategie.

Was muß sich an der Organisations- und Arbeitsstruktur ändern?

Grundsätzlich müssen Marketing und Vertrieb, Produktplanung, Entwicklung und Konstruktion sowie Arbeitsplanung und Kalkulation eine logische Einheit bilden. Innerhalb dieser werden drei Prozeßketten installiert. Die erste dient der Entwicklung eines varianten Produktbaukastens, die zweite der erfolgreichen Akquisition und die dritte der effizienten Auftragsabwicklung (Bild 1-13).

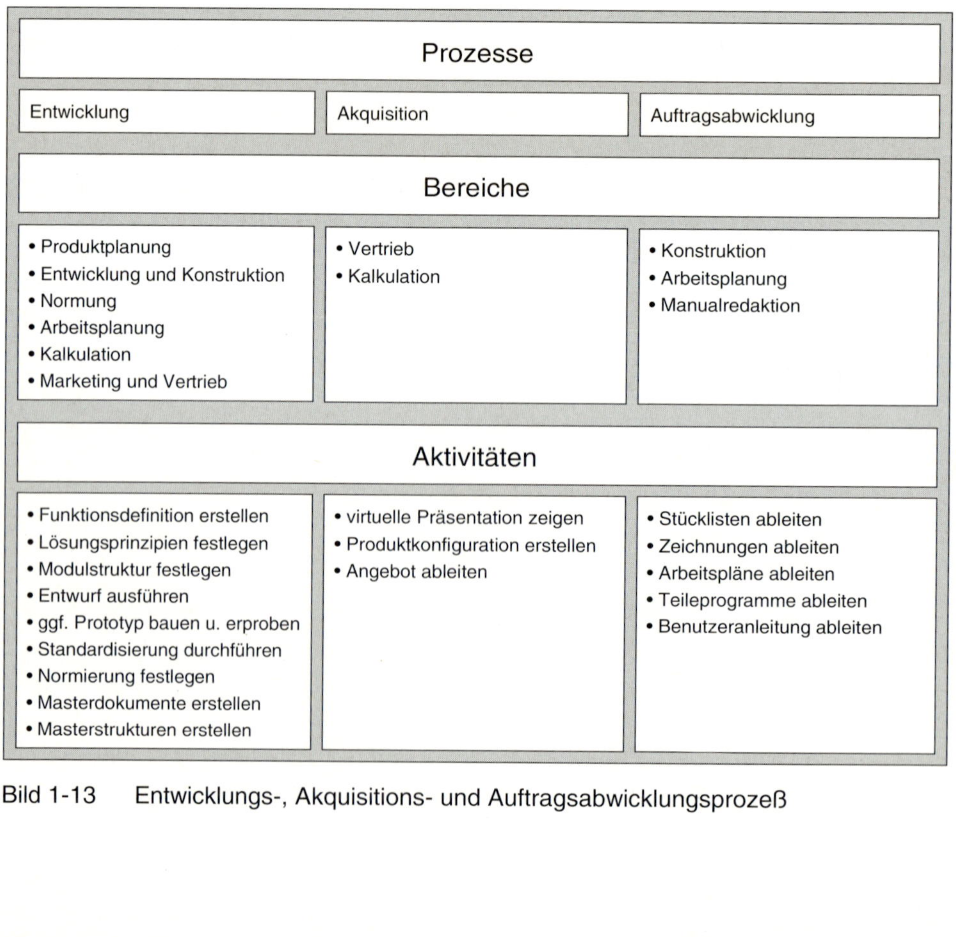

Bild 1-13 Entwicklungs-, Akquisitions- und Auftragsabwicklungsprozeß

Welche Arbeitsschritte und Arbeitstechniken sind erforderlich?

Produktplanung

Im Entwicklungsprozeß erfolgt die Weichenstellung für den späteren Gesamterfolg des Projekts *Varianter Produktbaukasten*. Es ist daher von außerordentlicher Bedeutung, daß an dieser Stelle das Know-how von Produktplanung, Marketing und Vertrieb, Entwicklung und Konstruktion sowie Arbeitsplanung und Kalkulation zusammengeführt wird. Ein innovatives Produkt, eine innovative Produktfamilie zu realisieren, macht in der ersten Phase die intensive Kooperation der Fachleute von Marketing und Vertrieb, Produktplanung und Entwicklung unentbehrlich. Immerhin müssen die Marktanforderungen, die Markttrends und das Marktvolumen in ausreichendem Maße berücksichtigt, bewertet und gewichtet werden. Das Ergebnis dieser Arbeit sollte nach Klärung und Präzisierung der Aufgabenstellung die Leistungsbeschreibung für ein innovatives Produkt mit guten Marktchancen sein.

Produktentwicklung

Im nächsten Schritt ist die Frage nach dem Lösungsansatz zu behandeln. Es gilt, zum einen geeignete Wirkprinzipien (physikalische, chemische, biologische usw. Effekte) zur sicheren Erfüllung der Funktion zu finden und zum anderen diese gestalterisch umzusetzen. Dabei werden zunächst die Modulstruktur (Maschinenaufbau) festgelegt und die Hauptbaugruppen spezifiziert. Schließlich erfolgt die Definition der Unterbaugruppen und die konstruktive Ausgestaltung der Teile, verbunden mit Dimensionierung, Tolerierung, Berechnung, Simulation und Werkstoffauswahl. In Abhängigkeit der Produktart kann es aus Gründen der Sicherheit und Qualität erforderlich sein, einen oder mehrere Prototypen zu bauen, um kritische Punkte durch Erprobung zu klären. Nach Abschluß der Entwicklungsarbeiten und der Freigabe des Produkts kann mit der Realisierung des Konstruktionsbaukastens begonnen werden.

Standardisierung ist nicht nur ein probates Mittel zur Kostendämpfung in Verbindung mit einer Produktneuentwicklung. Auch die bereits existierende Produktfamilie eines Auftragsfertigers läßt sich durch Produkt-Reengineering in einen Variantenbaukasten überführen, der nur aus Katalog- und Werknormteilen aufgebaut ist. Dafür sind einige Vorleistungen zu erbringen. Doch sind diese durch die Auswirkungen von Teilereduzierung, Durchlaufzeitminimierung und Qualitätsverbesserung schnell amortisiert.

Standardisierung und Normierung

Zielvorstellung ist, mit Hilfe varianter Bauteile und Baugruppen eine variante Produktstruktur für eine Maschine oder Anlage zu entwickeln. Diese soll die Basis für die Abwicklung eines jeden Kundenauftrags sein. Sonderteile dürfen nur in Ausnahmesituationen kreiert werden. Dafür bedarf es von seiten des Antragstellers, i.d.R. des Konstrukteurs der Auftragsabwicklung, einer schlüssigen Begründung. Das variante Baukastensystem umfaßt Kernbausteine, Alternativbausteine und optionale Ergänzungsbausteine. Kernbausteine bilden das Gerüst jeder Produktvariante. Mit den Alternativ- und Ergänzungsbausteinen muß es möglich sein, die verschiedenen Kundenlösungen zu konfigurieren. Die Standardisierung beginnt mit einer Teileanalyse für die gesamte Produktfamilie. Ähnliche Teile werden einer Geometrieanalyse unterzogen, um eine maß- und/oder gestaltvariante Ersatzform (Ersatzvariante) zu finden, die ihre Funktion sicher erfüllt (Bild 1-14). Das garantiert eine deutliche Kosteneinsparung durch Reduzierung der Teile respektive der Sachnummern sowie der Arbeitspläne, NC-Programme und weiterer Dokumente. Außerdem ist eine kostenoptimierte Teilegestaltung durch konsequente Vereinfachung mit Hilfe von wertanalytischer Betrachtung zu erreichen. Die Geometrieanalyse ist als eine Art generelles Produkt-Redesign zu verstehen und eine Chance, *Ballast* loszuwerden. In diesem Zusammenhang sollte bei der äußeren Formgebung eines Produkts auf ein gutes Industriedesign geachtet werden.

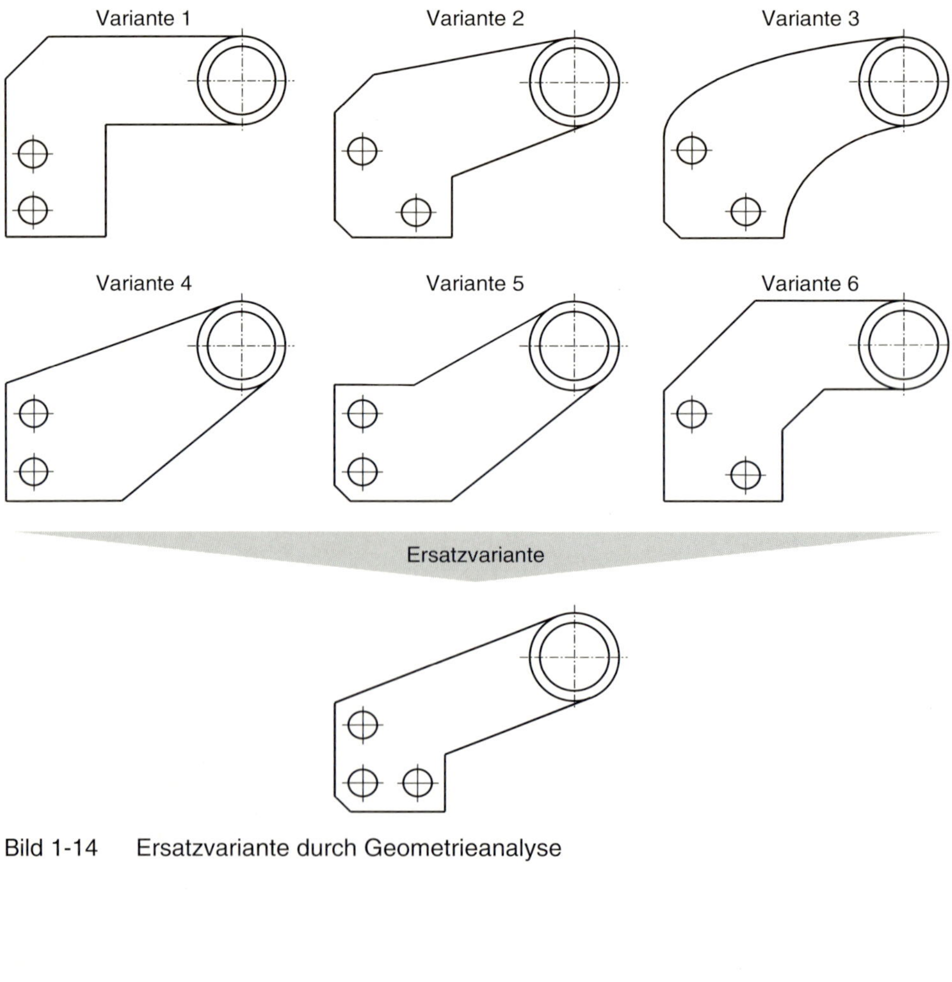

Bild 1-14 Ersatzvariante durch Geometrieanalyse

Anschließend geht es darum, für die gefundene Ersatzform zu fixieren, welche beschreibenden Abmessungen konstant sein können und welche variabel sein müssen (Bild 1-15). Je weniger veränderliche Merkmale eine Ersatzform aufweist, um so geringer ist die Anzahl benötigter Varianten und um so höher kann die Stückzahl einzelner Varianten sein. Es ist von Bedeutung, nur konstruktiv relevante Größen als Parameter zu definieren. Es kann sinnvoll sein, Merkmale, die keinen direkten Einfluß auf die Funktion einer Maschine oder Anlage haben, über mehrere Größenstufen hinweg konstant zu halten, selbst wenn dadurch für maßlich kleinere Erzeugnisvarianten das ein oder andere Bauteil überdimensioniert ist. Zudem kann es Vorteile bringen, ein zusätzliches Formelement (z.B. Bohrung) zu plazieren, um mehrere Anwendungsfälle abzudecken.

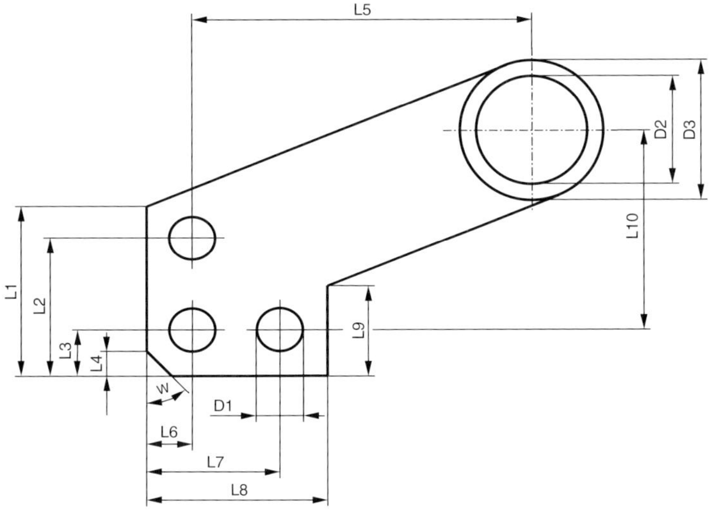

Bild 1-15 Weniger Teile und höhere Stückzahlen durch Parameteranalyse

Die festgelegte Ersatzform soll als variantes Teil in den Konstruktionsbaukasten einfließen. Für die spätere Nutzung der Komponente spielen zwei Dinge eine grundlegende Rolle. Erstens muß sichergestellt sein, daß sie von jedem Konstrukteur in der gewünschten Variante schnell und einfach zu finden ist, und zweitens muß für das Teil ein brauchbares, sprich einbaufähiges CAD-Modell vorliegen. Um die erste Anforderung zu erfüllen, muß für das Variantenteil eine Sachmerkmal-Leiste definiert werden. Die SML gemäß der DIN 4000 ist der Kopf einer Tabelle, die alle charakterisierenden Merkmale eines Gegenstands enthält. Jede Variante eines Bauteils wird durch einen Zeileneintrag in der SML-Tabelle repräsentiert. Ergänzend zu den klassifizierenden Merkmalen bekommt jede Ausprägung ihre identifizierende Sachnummer (Bild 1-16). Die Anzahl der Varianten zu bestimmen und ihre Dimension festzuschreiben, sind die Aufgaben der Normierung. Bei dieser Arbeit ist es besonders wichtig, sehr kritisch zu fragen, ob eine Ausprägung zur Abdeckung potentieller Kundenbedürfnisse zwingend ist oder nicht. Denn die positiven Ergebnisse der Teileanalyse in Verbindung mit Geometrie- und Parameteranalyse sind durch fehlende Konsequenz in der Normierung schnell wieder zunichte gemacht. Zur Definition der Standards eines Variantenteils kann es hilfreich sein, die Normzahlreihen nach DIN 323 heranzuziehen.

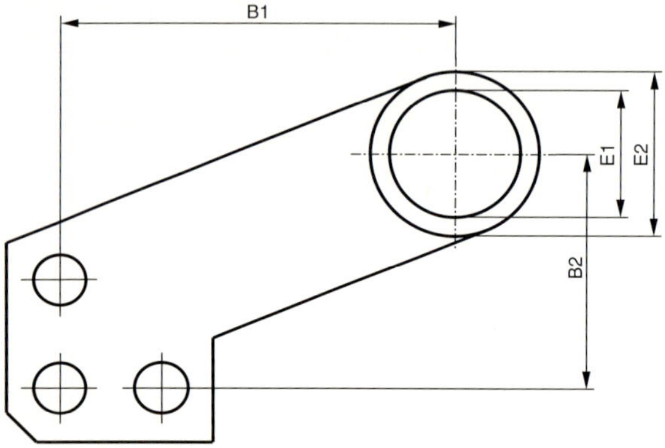

ID-Nr.	B1	B2	E1	E2
542783	80	50	30	35
542784	92	58	30	35
542785	105,5	67	32	38
542786	120	78,5	34,2	40

Bild 1-16 Variantenteil mit SML-Tabellenentwurf

Die so standardisierten Bauteile müssen in ein Klassifikationsschema eingeordnet werden, um die Forderung nach schnellem Wiederauffinden gewährleisten zu können. Dazu bietet sich ebenfalls das Konzept der DIN 4000 an. Es beruht auf einer vierstufigen hierarchischen Struktur, wie bereits in Bild 1-12 gezeigt wurde. Mit dieser ist eine systematische Organisation aller Norm- und Werknormteile machbar; das komplette Teilespektrum kann transparent gegliedert werden. Dies ist eine der Grundvoraussetzungen für die erfolgreiche Einführung eines Teilemanagementsystems, nicht nur zur Nutzung der Variantentechnik. Selbstverständlich sind hierfür auch andere Klassifikationsschemata möglich und zulässig. Gerade beim Thema Teileklassifikation kommt es erstaunlicherweise immer wieder zu heftigen fachlichen Diskussionen. Mancher schwört auf sein dreistufiges Konzept, ein anderer sieht seine Anforderungen nur mit einem fünfstufigen erfüllt. Welches Klassifikationsschema auch immer favorisiert wird, entscheidend dabei ist, daß im gesamten Unternehmen ein einheitliches Konzept für alle Anwendungsbereiche zum Einsatz kommt. In den wenigen Unternehmen, in denen Klassifikation überhaupt eine Rolle spielt, findet man nicht selten unterschiedliche Schemata für Kauf- und Eigenfertigungsteile, mechanische- und elektrotechnische Komponenten oder stößt gar auf verschiedene Konzepte in Auftrags- und Betriebsmittelkonstruktion. Bei allen verständlichen Differenzen in der Sichtweise der einzelnen Anwendergruppen ist es dennoch unerläßlich, sich auf ein gemeinsames Teileklassifikationsschema zu verständigen. Gelingt dies nicht, wird die Chance für den Aufbau eines integrierenden Technischen Informationssystems (TIS) leichtfertig verspielt.

Standardisierung und Normierung sollten, wie schon erwähnt, keineswegs nur auf die Teileebene beschränkt bleiben. Es lohnt sich, auch Formelemente und Geometriebausteine unterhalb der Teileebene zu standardisieren, zu klassifizieren und in den Konstruktionsbaukasten aufzunehmen. Im Falle der Formelemente sind vor allem mit dem richtigen *Maß* an Normierung äußerst vorteilhafte Auswirkungen über die ganze Prozeßkette hinweg, von der Konstruktion über die Arbeitsplanung bis zu Fertigung, Montage und Service, garantiert. Nicht minder bedeutsam ist das methodische Vorgehen in bezug auf Baugruppen. Unter Verwendung von standardisierten Teilen und/oder Variantenteilen standardisierte Baugruppen und/oder Variantenbaugruppen zu modellieren, ist der notwendige Schritt zur Möglichkeit der kundenspezifischen Produktkonfiguration. Mit der Realisierung standardisierter Baugruppen und/oder Variantenbaugruppen auf allen Ebenen der Erzeugnisstruktur ist das Maximum eines Konstruktionsbaukastens erreicht.

Standardisierung soll in erster Linie die Teilevielfalt reduzieren. Deshalb ist es wichtig, mehrere oder gar viele unterschiedliche Teile mit gleicher Funktion durch ein neues zu ersetzen. Dabei stellt sich die Frage, ob das neue Standardteil in verschiedenen Varianten gebraucht wird oder nicht. Steht hier ein klares Nein, kann auf die Definition einer Sachmerkmal-Leiste verzichtet werden, auf die Klassifikation jedoch nicht. Ist man allerdings nicht hundertprozentig sicher, ist die beste Lösung, eine SML-Tabelle für das neue Standardteil aufzubauen, selbst wenn diese nur *einen* Zeileneintrag hat. Für den Fall, daß später wider Erwarten eine weitere Variante (Ausprägung) benötigt wird, sind nur die Werte für eine zweite SML-Zeile festzulegen.

Masterdokumente

Mit dem Abschluß von Standardisierung und Normierung ist der logische Aufbau des Konstruktionsbaukastens fertiggestellt. Das ist zwar ein schöner Teilerfolg, doch ist damit kaum zählbarer Nutzen verbunden. Was noch fehlt, ist die Schaffung der physischen Komponenten des Variantenbaukastens, soweit man im

Zusammenhang mit Computer-Dateien von physischen Komponenten sprechen kann. Für jedes Bauteil sollen im Auftragsfall nahezu alle Dokumente aus Masterdokumenten generiert werden können. Dies gilt besonders für Zeichnung, Arbeitsplan und Teileprogramm (Bild 1-17), aber auch für Zeitkalkulation und Kostenberechnung. Natürlich muß das auf allen Stufen der Produktstruktur möglich sein. Selbst die Bedienungs- und Montageanleitung sowie die Produkt- und Funktionsbeschreibung lassen sich als Dokumentvorlage mit Platzhaltern (Template aus Text- und Graphikbausteinen) vorbereiten. Bei einer Bestellung werden die Templates um die spezifischen Daten des Kundenauftrags und der entsprechenden Produktkonfiguration ergänzt.

SML-Tabelle

Sachmerkmal-Leiste Werknorm 0815.9-3-1			
ID-Nr.	A	B	C
	Länge	Breite	Höhe
87654321	60	40	20
87654322	80	60	40
87654323	100	80	60

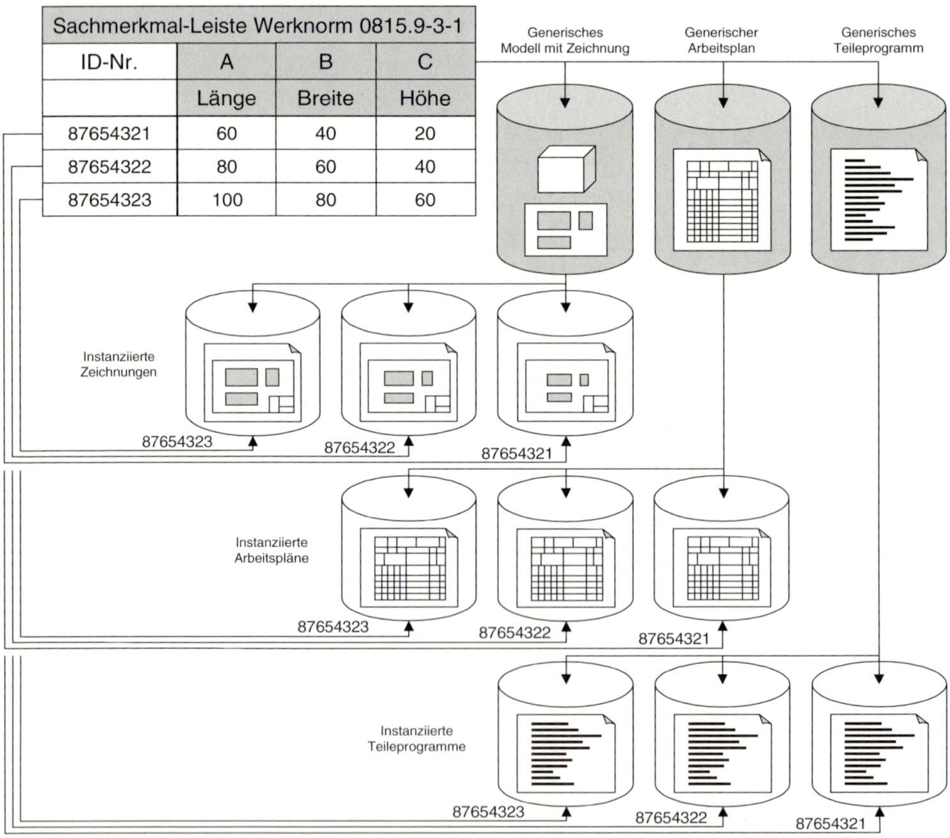

Bild 1-17 Prinzip des Variantenbaukastens mit generischen Masterdokumenten

Allen Masterdokumenten gemein ist das Prinzip, daß aus ihnen mit Hilfe der SML-Parameter jedes benötigte Standard- oder Auftragsdokument automatisch reproduzierbar ist. Dafür bedarf es der richtigen Werkzeuge und einiger Vorbereitungen. Das Erstellen der generischen CAD-Modelle oder -Ansichten, je nach dem, ob ein 2D- oder 3D-System zur Verfügung steht, ist immer der erste Schritt. Generisches CAD-Modell bedeutet, die Bauteilgeometrie liegt als parametrisiertes Variantenmodell in einem relationalen CAD-System vor. Durch Zuführung geeigneter Parameter läßt sich jede gewünschte Bauteilausprägung (Instanz) aus dem generischen CAD-Modell ableiten. Bei 3D-Systemen ist es zudem möglich, eine Vorschrift zur Generierung der Zeichnung mit dem Modell zu verknüpfen. Im Falle von 2D-Systemen muß eine generische Masterzeichnung durch Anordnen von Ansichten und ggf. Einzelheiten explizit erzeugt werden. Dazu ist es notwendig, daß alle relevanten 2D-Ansichten in gleicher Weise wie das 3D-Modell als parametrisierte Varianten vorliegen. Idealerweise sollten die generischen Modelle/Ansichten mit allen Maßen, Toleranzen, Bearbeitungszeichen etc. versehen sein. Ist das so, lassen sich Zeichnungen für jede Variante automatisch ohne händische Nacharbeit erzeugen.

Der Inhalt eines Konstruktionsbaukastens sollte nicht nur auf generische Modelle und/oder Ansichten und Einzelheiten sowie Zeichnungen beschränkt bleiben. Der Nutzen dieser Methode ist für den gesamten fertigungsvorgelagerten Prozeß der Auftragsabwicklung von großer Bedeutung. Wenn sich die verschiedenen geometrischen Ausprägungen eines standardisierten Variantenbauteils lediglich durch SML-Parameter unterscheiden, ist es möglich, neben Masterzeichnungen auch Masterarbeitspläne und -teileprogramme zu realisieren. Die Arbeitsgänge und die Fertigungslogik des Masterarbeitsplans können wie gewöhnlich mit Unterstützung eines CAP-Systems definiert und zusammengestellt werden. Die geometrischen und technologischen Werte, die bei der späteren Arbeitsplangenerierung aus der SML-Tabelle kommen, erscheinen im Masterarbeitsplan als Symbole (Platzhalter). Gute CAP-Systeme bieten bezüglich Teilefamilien und SML-Technik geeignete Funktionalität zur automatisierten Arbeitsplanerzeugung. Sie bilden neben dem CAD-System ein wichtiges Glied in der Verfahrenskette *Rapid Product Design*, anders ausgedrückt: schnelle Auftragskonstruktion.

Das für die NC-Fertigung notwendige Teileprogramm läßt sich ebenfalls recht elegant aus Masterdatei und SML-Tabelle ableiten. In APT-Sprache formulierte Programme können grundsätzlich in einen Vereinbarungs- und einen Hauptteil gegliedert werden. Der Hauptteil mit Kontur- und Bearbeitungsdefinitionen sowie den Arbeitsanweisungen nimmt hierbei Bezug auf die Festlegung der Symbole im Vereinbarungsteil. Für ein Variantenbauteil ist somit der Hauptteil Inhalt der nicht veränderlichen Masterteileprogrammdatei. Der Vereinbarungsteil wird im Gegensatz dazu erst zum Zeitpunkt der Teileprogrammgenerierung mit den Parameterwerten aus der selektierten SML-Zeile per Prozedur als Datei erzeugt und mit der Masterteileprogrammdatei zu einem vollständigen Teileprogramm verbunden. Dieses läßt sich bei Bedarf sofort auf die bekannte Weise in NC-Steuercode überführen.

Standardisierung und Masterdokumente sollen nicht nur die Auftragsabwicklung dramatisch beschleunigen, sondern auch die Angebotserstellung wesentlich vereinfachen. Der Wettbewerbsvorteil beginnt schon in der Presales-Phase. Wer seine Angebotsmappe mit allen relevanten technischen und kaufmännischen Dokumenten umgehend präsentieren kann, hat, sofern auch Preis und Leistung stimmen, meist gute Chancen, den Auftrag zu erhalten. Das Prinzip der Dokumentengenerierung ist dafür die wesentliche Grundlage. So wie Zeichnung, Arbeitsplan und Teileprogramm fix aus generischen Dokumenten reproduzierbar sind, sollte das für Zeitkalkulation und Kostenberechnung möglichst auf Knopfdruck funktionieren. Bei den differierenden Ausprägungen eines Variantenbauteils unterscheiden sich die Ergebnisse von Zeitkalkulation und Kostenberechnung für die Arbeitsgänge des Arbeitsplans gleichermaßen nur durch die unterschiedlichen Parameterwerte aus der SML-Tabelle. Es bietet sich an, auch dafür ein generisches Masterdokument zu erstellen. Moderne Arbeitsplanungssysteme offerieren die dazu notwendige Funktionalität.

Die Strategie der Masterdokumente ist mit dem richtigen CAD-Werkzeug in der gleichen Art auf Baugruppenebene möglich. 3D-Modelle oder 2D-Ansichten von Einzelteilen werden zu einer Baugruppe zusammengestellt und wiederum mit einer SML-Tabelle verknüpft. Im Falle eines 2D-CAD-Systems muß das separat für alle relevanten Ansichten geschehen. Die Zeilen der Baugruppentabelle enthalten jeweils die Sachnummern der Einzelteilvarianten, die zu einer Baugruppenvariante gehören. Somit bildet die Baugruppentabelle eine Referenz auf die SML-Tabellen ihrer Einzelteile (Bild 1-18). Eine Variantenbaugruppe kann auch Standardteile ohne Sachmerkmal-Leiste enthalten. Diese Methode läßt ebenso Unterbaugruppen in Baugruppen zu. Entscheidend sind die Fähigkeiten des CAD-Systems. Genau wie auf der Teileebene sind die Masterzeichnungen für die Baugruppen zu realisieren. Steht ein 3D-System zur Verfügung, genügt dafür eine Generierungsvorschrift, das 2D-System erfordert ein interaktives Plazieren der Baugruppenansichten.

Für den Montageplan sowie die zugehörige Zeitkalkulation und Kostenberechnung werden die Masterdokumente in ähnlicher Weise wie für den Arbeitsplan auf Teileebene erstellt, sofern die Baugruppenvarianten überhaupt inhaltlich unterschiedliche Montagepläne notwendig machen.

Bevor die Masterdokumente in den Konstruktionsbaukasten einfließen können, steht ihre intensive Prüfung an. Ein Masterdokument ist ein Objekt, das seine Eigenschaften quasi an alle generierten Dokumente vererbt. Das bedeutet, ist ein Masterdokument fehlerfrei, sind alle davon abgeleiteten Dokumente fehlerfrei. Prozeßbezogen heißt das, wenn ein Masterdokument für den Konstruktionsbaukasten freigegeben wurde, kann die Prüfung für alle daraus generierten Dokumente entfallen. Ohne zu übertreiben, kann man hier mit Recht von einer echten Null-Fehler-Strategie sprechen.

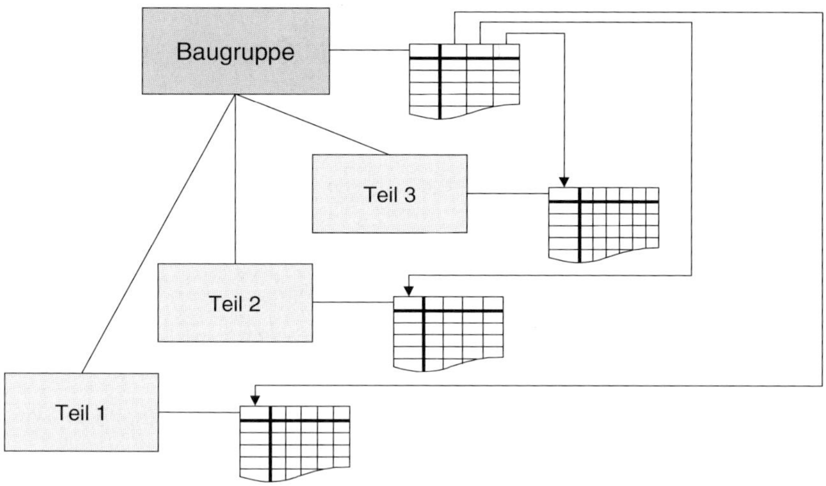

Bild 1-18 SML-verknüpfte Variantenbaugruppe

Masterstrukturen

Mit dem Aufbau eines Konstruktionsbaukastens mit allen standardisierten Komponenten auf Teile- und Baugruppenebene ist die Voraussetzung geschaffen, noch einen Schritt weiterzugehen. Die höchste Stufe an Automatisierung in der Auftragskonstruktion ist dann erreicht, wenn ein Produkt vollständig konfigurierbar ist. Das erfordert die Erweiterung des Konstruktionsbaukastens zu einem Produktbaukasten. Dieser ist so gestaltet, daß er nicht nur Teile und einfache Baugruppen beinhaltet, sondern die Produktpalette durch variante Produktstrukturen repräsentiert. Hierbei liegt die Schwierigkeit darin, alle sinnvollen und notwendigen Kombinationsmöglichkeiten zu erfassen und in einer varianten Produktstruktur abzubilden. Zuerst müssen die Kernbausteine der Maschine oder Anlage hierarchisch strukturiert verknüpft werden. Danach kommen die Alternativbausteine hinzu, und schließlich sind die Optionskomponenten zu berücksichtigen. Die Alternativbausteine bedingen für ihre Einbindung in die variante Produktstruktur sogenannte Regelobjekte, über die sie später selektierbar sind. Ähnliches gilt für die optionalen Zusatzbausteine. Diese lassen sich über Auswahlobjekte mit der Masterstruktur verketten. Auswahlobjekte sind erforderlich, weil es durchaus sein kann, daß an einer Stelle mehrere optionale Ergänzungskomponenten verfügbar sein müssen. Alternativbausteine genauso wie Zusatzkomponenten können sowohl gänzlich verschiedene Teile oder Baugruppen mit unterschiedlicher Funktion als auch verschiedene SML-gesteuerte Varianten ein und desselben Teils beziehungsweise ein und derselben Baugruppe sein (Bild 1-19). Die Logik der Regelobjekte wird zumeist mit der Technik der Entscheidungstabellen realisiert.

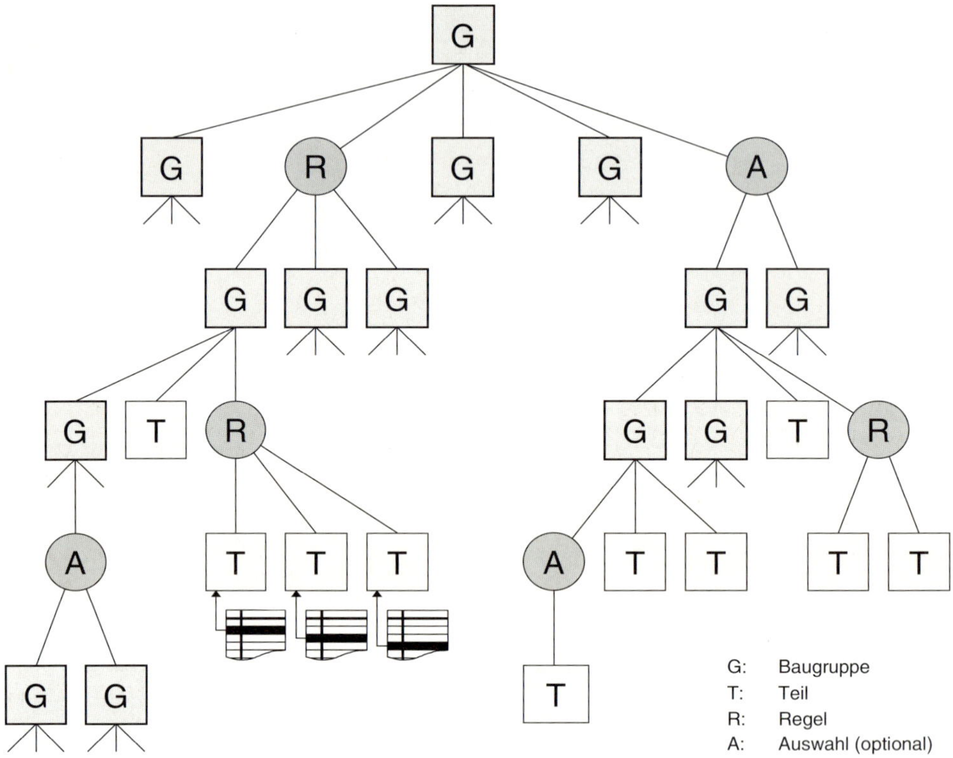

Bild 1-19 Variante Produktstruktur (Masterstruktur)

Das Zusammenstellen varianter Produktstrukturen (Masterstrukturen) erfordert ein DV-Werkzeug, das den gesamten Produktbaukasten abbilden kann. Es sind alle Teile und Baugruppen mit und ohne Sachmerkmal-Leisten zu verwalten, sämtliche Masterdokumente in Verbindung mit CAD, CAP und anderen Systemen zu handhaben, es ist das Variantenmanagement für die Produktstrukturen zu leisten und die Produktkonfiguration zu steuern. Dafür ist eine außerordentlich leistungsfähige PDM-Lösung vonnöten, die vor allem in der Lage ist, das Erstellen von Masterstrukturen mit Regel- und Auswahlobjekten voll und ganz zu unterstützen. Ebenso muß sie Mittel zur Verfügung stellen, mit denen es möglich ist, auf relativ einfache Weise einen Produktkonfigurator zu entwickeln. Dies ist ein Programmbaustein, der einerseits im Dialog mit dem Anwender die Kriterien (z.B. Funktion, Leistung, Raumbedarf etc.) für die Kundenausführung der Maschine oder Anlage festlegt und anderseits die Regel- und Auswahlobjekte mit den Auswahlkriterien in Form von Eingabeparametern versorgt. Hiermit sind die Voraussetzungen erfüllt, um aus der auftragsneutralen Masterstruktur eine auftragsbezogene Produktvariante zu generieren (Bild 1-20).

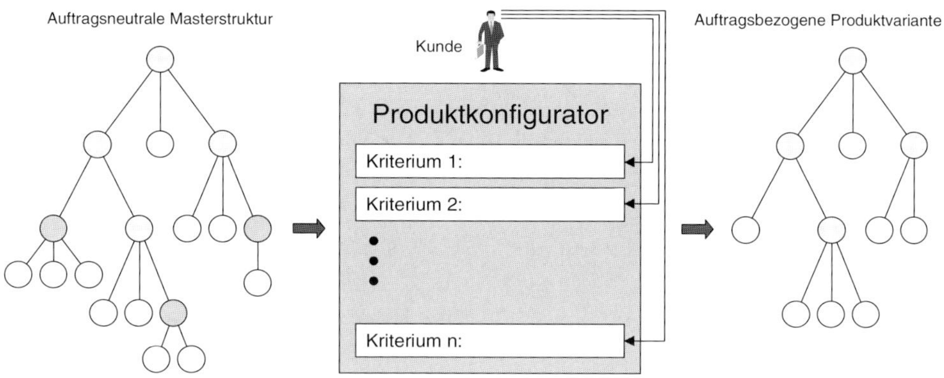

Bild 1-20 Produktkonfiguration

1.5.3 Verfahrensketten

Die industrielle Produktherstellung setzt primär die Realisierung von produkt- und produktionsbeschreibenden sowie produktionssteuernden Daten voraus. Die Umsetzung dieser Informationen zu Gütern in der Fertigung vollzieht sich mittlerweile auf einer sehr hohen Stufe der Automation. Die Herstellung der produkt- und produktionsbeschreibenden sowie produktionssteuernden Daten verläuft meist weit weniger automatisiert. Obwohl sich gerade hier außerordentlich interessante Verbesserungsmöglichkeiten anbieten.

Schon seit den achtziger Jahren gibt es beispielsweise Bestrebungen, das Erstellen von NC-Programmen in Zusammenarbeit von Konstruktion und Arbeitsplanung zu optimieren. Mit Hilfe sogenannter CAD/CAM-, oder genauer gesagt CAD/CAP/CAM-Verfahrensketten, wird versucht, die CAD-Informationen (2D-Ansicht, 3D-Modell oder Zeichnung) mehr oder weniger automatisch in ein NC-Steuerprogramm zu überführen. Dazu gibt es unterschiedliche Ansätze. Im einfachsten Fall selektiert man im Dialog die relevanten CAD-Elemente (Flächen, Konturen, Formelemente usw.) und überträgt sie via Datenschnittstelle (z.B. IGES, DXF oder VDA-FS) an das NC-System. Dort erfolgt nach dem Einlesen der CAD-Geometrie die interaktive Programmierung der Werkzeugwege. Die zu erbringenden Vorleistungen sind hier gering, der Nutzen ebenfalls. Wesentlich mehr Effizienz läßt sich bei dieser Thematik mit dem Bau eines Programmgenerators erreichen. Dieser kann im einfachsten Ansatz eine CAD-

Prozedur (Makro) oder bei entsprechendem Mehraufwand eine Programmerweiterung (Applikation) des CAD-Systems sein. Ergänzend dazu werden Funktionen gebraucht, um die CAD-Geometrie mit Technologieinformationen zu attribuieren, d.h. an den betreffenden CAD-Elementen fertigungsrelevante Daten für die spätere Werkstückbearbeitung zu hinterlegen. Das so bearbeitete CAD-Modell enthält im Idealfall sämtliche Informationen, die zur automatischen Generierung des APT-Teileprogramms notwendig sind. Bei dieser Verfahrenskette dient das NC-System zumeist nur noch als NC-Prozessor zur Erzeugung der CLDATA. Da die eingebrachten Technologieattribute Bestandteil des CAD-Modells bleiben, ist es nach maßlichen Änderungen möglich, sofort ein neues Teileprogramm aus der CAD-Geometrie abzuleiten. Die zu erbringenden Vorleistungen sind bei diesem Konzept ungleich höher; allerdings ist auch der Nutzen erheblich größer als bei gewöhnlicher Geometrieausleitung. Inzwischen bieten einige CAD-Hersteller integrierte NC-Tools zusammen mit ihren Graphiksystemen an. Mancher Schritt für den Aufbau derartiger Prozeßketten läßt sich dadurch vereinfachen. Eine weitere Steigerung des Automatisierungsgrads im Hinblick auf Programmgenerierung kann in speziellen Fällen für einfache Konturbearbeitung wie Drahterodieren, Brennschneiden oder Nibbeln durch direkte Ausleitung des NC-Steuercodes nach DIN 66025 verwirklicht werden.

Dies sind gewiß richtige Schritte in Richtung Beschleunigung des Produktentstehungsprozesses im Vorfeld der Fertigung. Doch reicht das heute nicht mehr aus, um die Durchlaufzeiten in den fertigungsvorgelagerten Bereichen entscheidend zu verkürzen und damit die Wirtschaftlichkeit der Produktionsunternehmen auch in Zukunft zu gewährleisten. Für eine bedeutsame Veränderung der Situation bedarf es umfassender Methoden wie der Standardisierung und ihrer möglichen Anwendungskonzepte. Eine durchgängige Verfahrenskette sollte die Bereiche Vertrieb, Verkauf/Angebotswesen, Auftragskonstruktion und Arbeitsplanung durch eine gemeinsame Datenbasis verbinden. Bild 1-21 zeigt diesen Ansatz. Der auf der Plattform eines standardisierten Konstruktionsbaukastens modellierte Produktbaukasten kann von allen Beteiligten aufgabenbezogen genutzt werden. Für den Vertriebsingenieur eröffnen sich völlig neue Möglichkeiten der Produktpräsentation. Er kann während des Verkaufsmeetings seine Angebotspalette virtuell auf dem Notebook vorstellen, die Kundenanforderungen mit dem System erfassen und sofort die gewünschte Produktkonfiguration für seinen Gesprächspartner generieren. Das Ergebnis dieser Aktion kann, das Interesse des potentiellen Kunden vorausgesetzt, Grundlage für die Kollegen der Angebotserstellung sein. Mit der vorliegenden Produktkonfiguration läßt sich der größte Teil der Angebotsmappe aus den generischen Masterdokumenten des Produktbaukastens ableiten. Somit sind Produktbeschreibung, Angebotszeichnungen, Funktionsschemata und Preiskalkulation in kürzester Zeit verfügbar. Mit den noch fehlenden kaufmännischen und juristischen Dokumenten ergänzt, kann dem Interessenten umgehend ein kompletter Angebotsordner vorgelegt werden. Vielleicht sind dadurch schon die entscheidenden Pluspunkte für den Erhalt des Auftrags gesammelt. Wenn ja, beginnen Auftragskonstruktion und Arbeitsplanung mit ihren Aufgaben. Beide greifen auf die vom Vertriebsingenieur konfigurierte Produktstrukturvariante. So lassen sich fast alle produkt- und produktionsbeschreibenden sowie produktionssteuernden Daten annähernd parallel aus dem Produktbaukasten ableiten und an die Produktionsplanung und -steuerung übergeben. Für den Fall, daß ein Sonderwunsch zu erfüllen ist, für den die Produktkonfiguration keine oder noch keine Standardvariante vorsieht, sollte der Griff in den Konstruktionsbaukasten der erste Schritt sein. Wenn sich bei genauer Prüfung dort keine Lösung zur Realisierung des Sonderwunsches finden läßt, ist eine Neukonstruktion auf Teile- oder Baugruppenebene unumgänglich. Jedoch sollte vorher genau geklärt werden, ob dieser Sonderwunsch für den Kunden wirklich höchste Priorität hat oder ob er nur unter der Kategorie *Nice To Have* rangiert. Dies hilft, unnötige Kosten zu vermeiden.

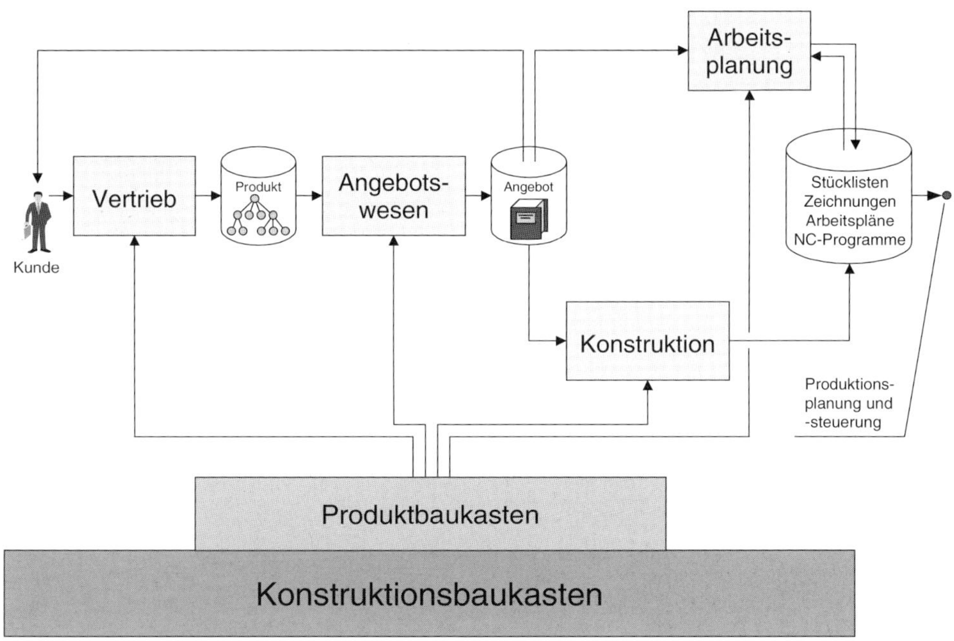

Bild 1-21 Verfahrenskette *Rapid Product Design*

Die Einführung von Methodikansätzen wie der Standardisierung ist für viele Fertigungsunternehmen mittelfristig die einzige Chance, um ihre Wettbewerbsfähigkeit im heute grenzenlosen Weltmarkt sicherzustellen. Es zeigt sich seit Jahren, daß durch aufwendigen Computer-Einsatz allein die gravierenden Probleme, vor allem in den Mittelstandsbetrieben, nicht in den Griff zu bekommen sind. Außergewöhnliche Maßnahmen sind unerläßlich. Diese erfordern Mut und den Willen zu substantiellen Veränderungen im Management und in den Fachabteilungen. Sicherlich bringen neue Arbeitsmethoden und -prozesse einen Wandel in Organisation und Arbeitsgestaltung mit sich, der dem einzelnen ein gehöriges Stück an Flexibilität abverlangt. Wer sich darauf einläßt und die Herausforderung annimmt, hat jedenfalls gute Aussichten auf beruflichen Erfolg und einen langfristig sicheren Arbeitsplatz.

Teuer entwickeltes Know-how und verwirklichte Ideen für einen mittelfristigen Zeitraum reproduzierbar zu machen, sollte ein strategisches Ziel in jedem Produktionsunternehmen sein, nicht nur bei Serienfertigern, sondern auch bei seriennahen Auftragsfertigern und in weiten Teilen auch bei ausgesprochenen Auftragsfertigern. Mit einem standardisierten Konstruktionsbaukasten ist i.d.R. auch der reine Auftragsfertiger in der Lage, seinen Kunden innovative Lösungen zu liefern und dabei Geld zu verdienen. Innovation muß nicht immer heißen, mit hohen Kosten neue Bauteile zu *erfinden*. Gute Konzepte können auch unter Verwendung von Standardkomponenten einschließlich der Fülle verfügbarer Norm- und Kaufteile geschaffen werden. Die notwendigen Investitionen für die Entwicklung eines Konstruktions- oder gar Produktbaukastens machen sich durch die Effekte Teilereduzierung, Durchlaufzeitminimierung und Qualitätsverbesserung rasch bezahlt. Die fertigungsvorgelagerten Bereiche der Auftragsabwicklung Konstruktion und Arbeitsplanung realisieren ihre Zeichnungen, Stücklisten, Arbeitspläne und NC-Programme unter Nutzung der Baukastentechnik mit erheblicher Zeiteinsparung. Die Verwendung des Begriffs *Rapid Product Design* ist zur Charakterisierung dieses realistischen Erfolgskonzepts keine Übertreibung.

2 Anforderungen an die Informations- und Kommunikationstechnik

In den letzten Jahren sind in den Produktionsunternehmen erhebliche Gelder in Modernisierung und Ausbau der elektronischen Datenverarbeitung geflossen. Schließlich soll die Produktivität der Mitarbeiter und damit die Wettbewerbsfähigkeit der Unternehmen weiter steigen. Allerdings haben sich die Anforderungen der Firmen an den Rechnereinsatz wesentlich geändert. Die Verschiebung im Sprachgebrauch vom Terminus *Elektronische Datenverarbeitung* hin zu *Informations- und Kommunikationstechnologie* macht dies sehr deutlich. Im Mittelpunkt des Interesses stehen heute nicht mehr singuläre Daten, sondern komplexe Informationen und die Möglichkeit zur schnellen Kommunikation.

Die vielfältigen Aktivitäten in den Geschäftsprozessen sollen über Abteilungs- und sogar Standortgrenzen hinweg Informationen nutzen, erzeugen oder aktualisieren. Die Vergangenheit hat gezeigt, daß selbst bei sehr leistungsfähigen Anwendungssystemen wie 3D-CAD nur ein Teil des Nutzenpotentials ausgeschöpft wird, wenn die erzeugten Daten nicht durchgängig in der Prozeßkette von weiteren Systemen für nachgeschaltete oder parallele Arbeitsschritte wie Simulation oder NC-Programmierung verwendet werden. Die Ergebnisse einzelner Anwendungssysteme sollen nicht nur entlang des gesamten Arbeitsablaufs nutzbar sein, sondern auch strukturiert verknüpft werden zu hochwertiger Information. Ziel ist eine komplette geometrische und technologische Beschreibung des Erzeugnisses in Form eines hierarchischen Produktmodells mit Zuordnung einer lückenlosen Dokumentation aller vollzogenen Arbeitsschritte und realisierter Ideen. Dieses Informationsgebilde kann das Produkt dynamisch über seinen gesamten Lebenszyklus hindurch repräsentieren. So wird die Forderung nach umfassendem Qualitätsmanagement, besonders im Hinblick auf die Einhaltung der Richtlinien zur Produkthaftung, realisierbar.

2.1 Durchgängiges Informationsnetzwerk

Schon in den Tagen, als der Begriff Computer-Integrated Manufacturing (CIM) kreiert wurde, war klar, wenn die hochgesteckten Ziele dieses Konzepts verwirklicht werden sollen, ist ein durchgängiges Informationsnetzwerk im Produktionsunternehmen zu etablieren. Der klassische CIM-Ansatz mit der Integration der DV-Systeme für CAD, CAP, CAM, CAQ und PPS ist dafür nur unzureichend geeignet. Die Verbesserung der Verhältnisse längs des Produktentstehungsprozesses verlangt den informationstechnischen Zusammenschluß aller in die Fertigung involvierter Betriebsbereiche. Das macht zunächst die Definition und Installation von Prozeßketten notwendig, die die organisatorische Integration sicherstellen. Wenn alle technischen und betriebswirtschaftlich-planerischen Aufgaben zur Produktherstellung eine logische Vorgangseinheit bilden, ist die Integration der Daten und Informationen, die dabei in den einzelnen Anwendungsbereichen entstehen, sinnvoll und nutzbringend.

Es ist wohl kein Sakrileg zu behaupten, daß aus heutiger Sicht die Realisierung des an und für sich guten CIM-Gedankens von vornherein zum Scheitern verurteilt sein mußte. Das System für Produktionsplanung und -steuerung, das ursprünglich für die Bearbeitung betriebswirtschaftlich-planerischer Aufgaben konzipiert worden war, sollte nicht nur als Kommerzielles Informationssystem (KIS) fungieren, sondern auch als Technisches. Das konnten damalige PPS- und können heutige ERP-Systeme nicht leisten. Sie waren und sind von Haus aus keine Daten- und Prozeßmanagementsysteme. Sie sind im wesentlichen modular gestaltete Anwendungssysteme für Personalwirtschaft, Finanz- und Rechnungswesen, Controlling, Materialwirtschaft, Produktionsplanung, Absatzwirtschaft und Verwaltung. Als Integrationsbasis für die verschiedensten Erzeugersysteme zu dienen, war nicht die Motivation für ihre Entwicklung. Integrationsplattform zu sein, ist aber eine der charakteristischen Eigenschaften, die ein Technisches Informationssystem haben muß.

Die technischen Betriebsbereiche, die sich aus entwicklungs- und fertigungstechnischen Feldern zusammensetzen, nutzen heute eine Vielzahl von spezialisierten Anwendungssystemen, deren Daten produkt- und produktionsbeschreibend sowie produktionssteuernd sind. Im Sinne der CIM-Strategie müssen diese Informationsinseln zu einem Informationspool verknüpft werden, der die Informationserstellung und -verteilung während des gesamten Produktentstehungsprozesses kontrolliert und steuert. Dies bedingt den Einsatz eines PDM-Systems, dessen originäre Aufgaben es sind, Integrationsbasis für alle Erzeugersysteme zu sein, das Datenmanagement zu bewerkstelligen und die Arbeitsabläufe zu koordinieren. Die Abwicklung des technischen Parts der Produktentstehung ist damit durchgängig rechnerunterstützt möglich. Für die vollständige Realisierung des CIM-Ansatzes müssen das Technische und Kommerzielle Informationssystem PDM und ERP gekoppelt werden.

2.1.1 Integration der Anwendungssysteme

Informationstechnische Werkzeuge prägen gegenwärtig zusehends die Aus- und Durchführung der Teilschritte des Geschäftsprozesses Produktentstehung. Der große Vorteil liegt darin, daß die digitalen Arbeitsergebnisse gewöhnlich einfach modifizierbar, schnell distribuierbar und sicher reproduzierbar sind. Die Resultate eines Prozeßabschnitts lassen sich in einer zeitoptimierten Vorgangskette ohne lange Liegezeiten als Grundlage für die Aufgabenbearbeitung in einem weiteren Prozeßsegment nutzen. Zeitraubende und fehlerbehaftete Mehrfacheingaben gehören der Vergangenheit an, und Doppelarbeit sowie Redundanzen werden zuverlässig vermieden.

Dieses Szenario stellt den Idealfall dar, den es in der betrieblichen Praxis selten gibt. Richtig ist, daß in den Fertigungsunternehmen immer mehr DV-Systeme zur Anwendung kommen. Das ist grundsätzlich eine positive Entwicklung. Es schafft die Voraussetzung, um jeden Mitarbeiter in ein durchgängiges Informationsnetzwerk einzubinden. Das entscheidende Hindernis dabei ist die Tatsache, daß die Erzeugersysteme nur als isolierte Lösungen genutzt werden. Der Aspekt eines einheitlichen Daten-, Prozeß- und Benutzermanagements wird bedauerlicherweise außer acht gelassen. Bild 2-1 zeigt den simplifizierten Produktentstehungsprozeß mit der Zuordnung der Tätigkeiten zu den Anwendungen. Die Erzeugersysteme sind nicht integriert; es gibt keine gemeinsame Datenbasis. Die Benutzer sind in der Regel mit einer heterogenen Systemlandschaft konfrontiert, die es dem einzelnen schwer macht, zur richtigen Zeit an die richtigen Daten und Informationen zu gelangen. Die Summe der produktbeschreibenden Dokumente wird von ihren jeweiligen Erzeugersystemen in singulären, nativen Datenbeständen verwaltet. Eine strukturierte Verknüpfung aller relevanten Dokumente zu einer digitalen Produktakte existiert nicht. Systemübergeordnete Recherchefunktionen sind nicht verfügbar.

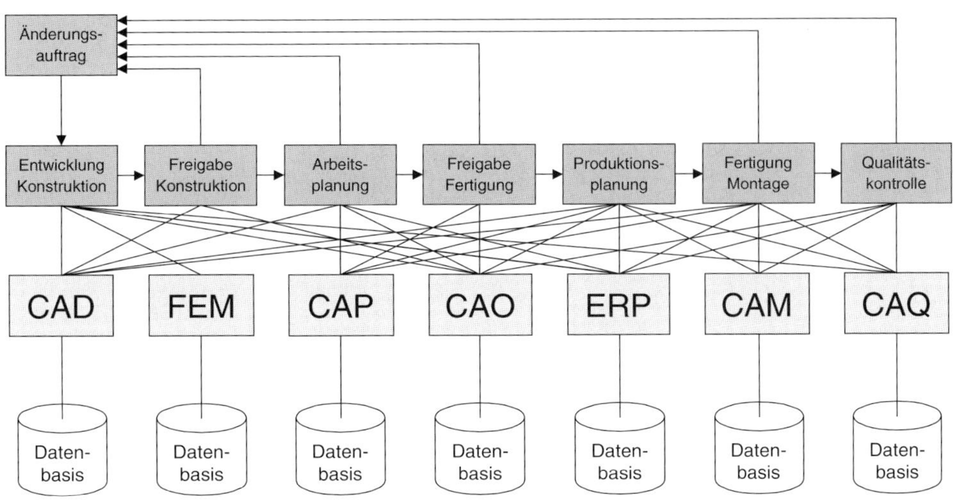

Bild 2-1 Produktentstehungsprozeß ohne ein Technisches Informationssystem

Diese Situation macht a priori die potentielle Produktivität der Mitarbeiter und ihrer DV-Werkzeuge zu einem guten Teil zunichte. Erfahrungsgemäß ist der Zeitbedarf für Informieren, Recherchieren und Suchen in einem Technischen Büro sehr groß. Nicht zuletzt sollte dieses Problem durch die Einführung von leistungsfähigen Anwendungssystemen entschärft werden. Jeder Konstrukteur kennt etwa den erheblichen Zeitaufwand, der beim Stöbern nach einer Papierzeichnung im Aktenschrank, beim Aufspüren eines Normteils in Herstellerkatalogen oder beim Durchforsten eines Regelwerks entsteht. Die Nutzung einer CAx-Anlage soll für Abhilfe sorgen. Zeichnungen, Normteile, Regelwerke und Vorschriften sind nicht mehr in irgendwelchen Büroschränken verstreut, sondern *liegen* von nun an *griffbereit* auf diversen Festplatten im Rechnernetzwerk. Bezüglich der Datensuche ist mit der neuen Situation allerdings keine wirkliche Verbesserung des Zustands eingetreten. In kurzer Zeit das richtige Dokument mit dem richtigen Bearbeitungsstand im Netzwerk zu finden, ist nur für den Erzeuger lösbar; andere Nutzer sind fast chancenlos. Kommt die Schwierigkeit hinzu, daß beispielsweise ein Arbeitsplaner eine CAD-Zeichnung nicht in nativem Format gebrauchen kann, sondern sie als IGES-File benötigt, muß er zusätzlich die CAD-Datei konvertieren und dafür Sorge tragen, daß der Bearbeitungsstand des IGES-Dokuments immer mit dem der Zeichnung korrespondiert. Ohne Systemunterstützung ist das äußerst problematisch.

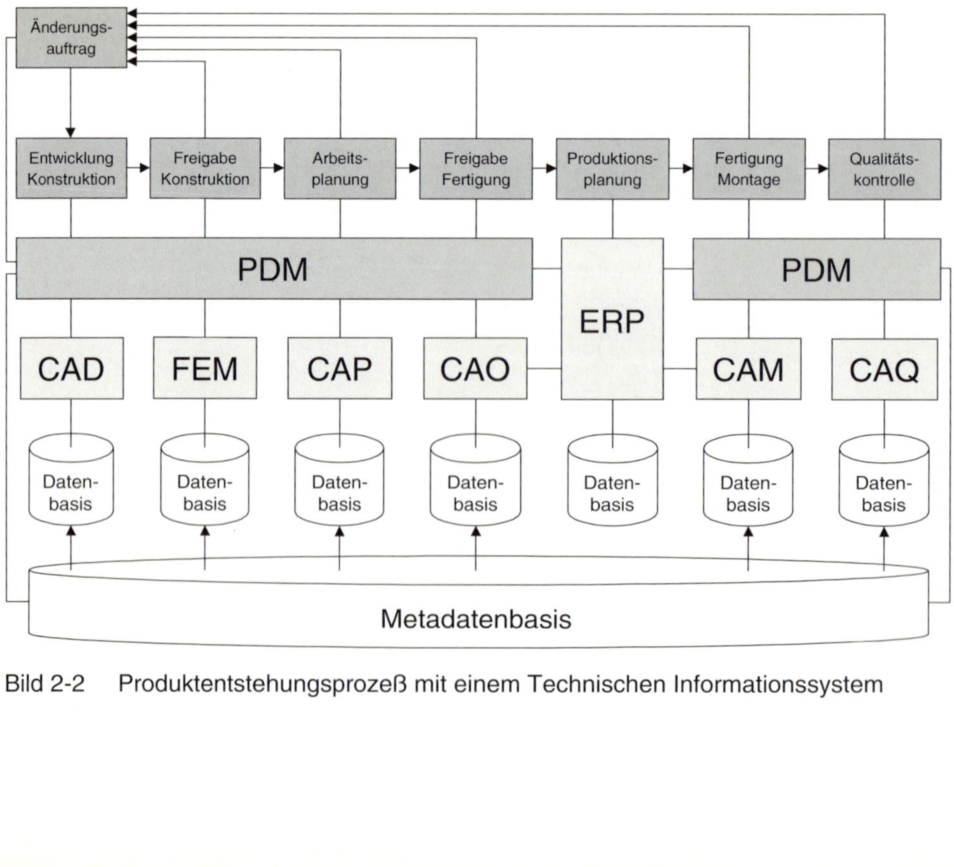

Bild 2-2 Produktentstehungsprozeß mit einem Technischen Informationssystem

Das effiziente Zusammenwirken der Erzeugersysteme bedarf deren informationstechnischen Integration. Die Forderung lautet, alle Anwendungen, mit denen produkt- und produktionsbeschreibende sowie produktionssteuernde Daten und Dokumente entlang des Entwicklungs- und Fertigungsprozesses erzeugt und bearbeitet werden, sind an ein Technisches Informationssystem anzuschließen. Bild 2-2 zeigt den vereinfacht dargestellten Produktentstehungsprozeß mit einem PDM-System als Integrationsbasis für alle Erzeugersysteme. Die Anwender müssen nicht länger wissen, wo Dateien unter welchem Namen gespeichert sind, wenn sie ein bestimmtes Dokument benötigen. PDMS ist ihr einheitliches Navigationssystem durch den gesamten Datenbestand. Mit den Erzeugersystemen werden nur noch die direkten Tätigkeiten ausgeführt. Im Falle der CAD-Anwendung heißt das, Modellierungs- und Zeichenarbeiten erfolgen mit CAD, Ablage und Organisation ihrer Ergebnisse übernimmt das PDM-System. Damit die Modelle und Zeichnungen in der ganzen Prozeßkette durchgängig nutzbar sind, muß die PDM-Lösung zu jeder Zeit imstande sein, bei Bedarf das native CAD-Dokument in ein Datenaustausch-, Plot- oder Bitmap-Format zu konvertieren und mit dem CAD-File logisch verknüpft zu verwalten. Der Arbeitsplaner kann dann via Technischem Informationssystem und dessen Metadatenbasis nach einer bestimmten Zeichnung suchen und mittels zugehörigem IGES-File direkt seine CAP-Anwendung starten. Überdies kann er sicher sein, daß die Bearbeitungsstände von Zeichnung und IGES-Dokument übereinstimmen. Auf diese Weise arrangiert das PDMS eine indirekte Kommunikation zwischen allen integrierten Anwendungssystemen.

2.1.2 Bereichsübergreifender Informationstransfer

Im Zeitalter der modernen Informations- und Kommunikationstechnik ist die digitale Information zu einem neuen Produktionsfaktor geworden. Komplexes Know-how und innovative Ideen des Menschen können Rechnertechnik und intelligente Software auf einfache Bitmuster reduzieren. Diese sind auch in sehr großen Mengen mühelos und sicher archivierbar, leicht zu modifizieren und schnell zu transportieren. Mit den Möglichkeiten des globalen Kommunikationsnetzwerks lassen sich digitale Daten mit hoher Geschwindigkeit an nahezu jeden Punkt der Erde schicken. Dies sind die wesentlichen Gründe für die alles überragende Dominanz der Computer-Anwendung in der Wirtschaft und besonders in der Fertigungsindustrie.

Die Arbeitsergebnisse der meisten fertigungsvorgelagerten Betriebsbereiche eines Produktionsunternehmens sind heute digitale Informationen. Von Produktplanung, Entwicklung und Konstruktion, Arbeitsplanung, Produktionsplanung und -steuerung über Fertigung, Montage und Qualitätssicherung bis hin zur betriebswirtschaftlichen Unternehmensplanung werden fast alle Aufgaben mit informationstechnischen Werkzeugen erledigt. Die ideale Voraussetzung für eine prozeßorientierte Arbeitsorganisation mit dem Bestreben, ein virtuelles Produkt in Form digitaler Daten als Informationsträger für die reale Produktion *herzustellen*. Doch oft fehlen die durch ein gemeinsames Datenmanagement integrierten Prozeßketten. Gebraucht werden zum einen die Integration der DV-Systeme, um Datentransfer überhaupt zu ermöglichen, und zum anderen die rechnerbasierende Prozeßkontrolle, um Datentransfer vorgangsgesteuert veranlassen zu können. Mit Hilfe frei definierbarer, virtueller Prozeßketten sollte es machbar sein, die digitalen Arbeitsergebnisse der einzelnen Betriebsbereiche aktionsgetrieben an die richtigen Stellen zu verteilen. Mittels Electronic Mail kann dem jeweiligen Sachbearbeiter mitgeteilt werden, daß Arbeitsergebnisse von anderer Stelle oder anderen Stellen zur Weiterverarbeitung oder für anderweitige Nutzung zur Abholung bereitstehen.

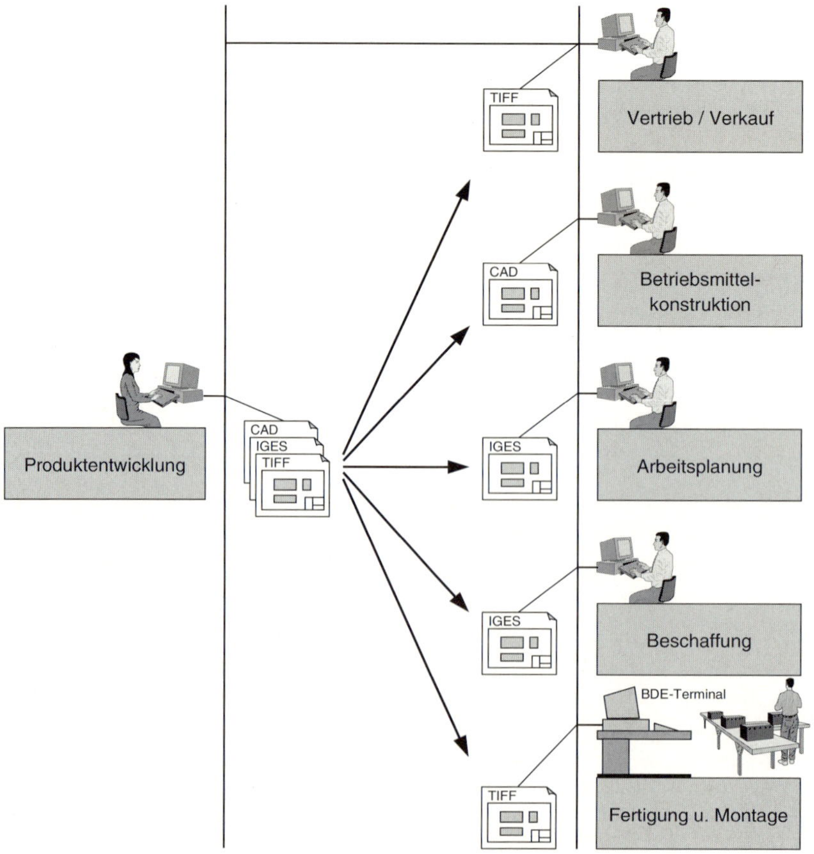

Bild 2-3 Informationstransfer zwischen den Betriebsbereichen

Bild 2-3 zeigt den Nutzen und die Möglichkeiten von bereichsübergreifendem Datentransfer anhand der Information Zeichnung. Sie ist ein zentrales Arbeitsergebnis der Produktentwicklung und wird zeitversetzt von einer ganzen Reihe weiterer Betriebsbereiche im Geschäftsprozeß Produktherstellung zur Realisierung aufbauender Arbeitsergebnisse benötigt. Auch andere nicht in den Produktentstehungsvorgang involvierte Bereiche wie Vertrieb oder Service brauchen die technische Zeichnung, etwa für Präsentationszwecke oder zur Angebotserstellung sowie für Wartungs- und Reparaturarbeiten.

Die Produktentwicklung fertigt ihre Zeichnungen gewöhnlich mit einem CAD-System an; die Zeichnungsdokumente liegen folglich in nativem CAD-Format vor. Jedoch nicht alle Betriebsbereiche, die auf Zeichnungen angewiesen sind, haben Zugang zum CAD-System der Produktentwicklung oder können mit diesem CAD-Format etwas anfangen. Mit Prüfung und Freigabe der Zeichnungen sollten daher alle weiteren Datenformate generiert werden, die andere Bereiche zur Bearbeitung ihrer Aufgaben benötigen.

Die Betriebsmittelkonstruktion verwendet normalerweise ein CAD-System. Wenn sie das gleiche System einsetzt wie die Produktentwicklung, kann sie direkt auf deren Zeichnungsdokumente greifen. Im andern Fall geht das nicht ohne IGES-Datei oder ein anderes Datenaustauschformat. Parallel zur Betriebsmittelkonstruktion treten Arbeitsplanung und Beschaffung in Aktion. Die CAP-gestützte Teileprogrammierung in der Verfahrenskette macht die Nutzung der CAD-Zeichnungen erforderlich. Da das NC-Programmiersystem im allgemeinen native CAD-Datenformate nicht verarbeiten kann, ist auch in diesem Fall ein IGES-File oder ähnliches vonnöten. Bei Fremdfertigungsteilen muß der Einkauf dem Auftragnehmer meist die digitale Konstruktionszeichnung zur Verfügung stellen, damit dieser seine Arbeitsplanung und Fertigung rechnerunterstützt durchführen kann. Hier wird zumeist anstelle des CAD-Zeichnungsdokuments eine Datenaustauschdatei gebraucht, da Auftragnehmer und Auftraggeber nicht immer mit den gleichen DV-Systemen arbeiten. Am Ende der Prozeßkette stehen Fertigung und Montage. In einem modernen Betrieb mit unternehmensweit vernetzter Informationsverarbeitung sollte auch die Werkstatt Ergebnisse des Technischen Büros – nicht nur NC-Programme – direkt nutzen können. Speziell für Vor- und Endmontage bietet sich an, die Montagezeichnungen aus der Produktentwicklung an das BDE-Terminal des Monteurs zu schicken. Da dieser die Zeichnung nur als visuelle Informationsquelle benötigt, ist eine Bitmap-Datei, etwa in TIFF-Format (Tagged Image File Format), für diesen Zweck völlig ausreichend. Zudem läßt sich eine TIFF-Zeichnung mit jedem einfachen Viewer sichten.

Um diese Möglichkeiten nutzen zu können, muß ein Technisches Informationssystem das hierfür notwendige Daten- und Prozeßmanagement bewerkstelligen.

Alle Beteiligten in der Prozeßkette müssen Zugang zum digitalen Produkt haben und in das informationstechnische Prozeßmodell eingebunden sein, das die virtuelle Produktentwicklung steuert. Eine unternehmensweit installierte Client-Server-PDM-Lösung muß die Erzeugersysteme über deren Daten und Dokumente zusammenschließen und den vorgangsbezogenen Informationstransfer zwischen den involvierten Personen koordinieren.

2.1.3 Standortübergreifende Datenkommunikation

Die Globalisierung der Wirtschaft hat die Welt in einen riesigen Marktplatz verwandelt. Das Welthandelsvolumen ist in den letzten Jahrzehnten gigantisch gestiegen. Die internationale wirtschaftliche Verflechtung nimmt unentwegt zu. Das schlägt sich nicht nur in den immensen Warenströmen rund um den Globus nieder. Weltweite Fusionen und Kooperationen von Industrieriesen, aber auch von *gesunden* Mittelständlern, stimulieren die zwischenstaatliche Ökonomie. Der internationale Wettbewerb verlangt indes den Unternehmen zum Teil tiefgreifende strukturelle Anpassungen ab. Massiver Kostendruck zwingt gerade das produzierende Gewerbe, nach Möglichkeiten der Entlastung zu suchen. Der Weg, Kompetenzen auf verschiedene Standorte zu verteilen, wird immer öfter beschritten. Denn Produktionsfaktoren, nicht nur das Kapital, sind heute mobiler als je zuvor.

Die räumliche Beweglichkeit der Fertigungsunternehmen mit der Zielsetzung, den Produktentstehungsprozeß auf mehrere multinationale Standorte zu verteilen, bedarf einer leistungsstarken Informations- und Kommunikationstechnik. Wenngleich die Standorte in aller Regel nach dem Grad der Attraktivität ihrer Produktionsfaktoren ausgewählt werden, ist unabhängig davon der Produktionsfaktor Information immer von herausragender Bedeutung. Die Fähigkeit, Daten und Dokumente sicher und zuverlässig über große räumliche Distanzen zeitnah zu verteilen, macht eine standortübergreifende Arbeitsteilung möglich. Um eine effiziente kollaborative Entwicklung und/oder Produktion etablieren zu können, ist die Einführung einer unternehmensweiten DV-Systemlösung mit einem klaren Integrationskonzept erforderlich. Dabei muß die IT-Infrastruktur den Belangen des Gesamtunternehmens Rechnung tragen und die regionalen Erfordernisse der Standorte berücksichtigen. Im Idealfall arbeiten alle Niederlassungen mit den gleichen Anwendungssystemen und nutzen dasselbe Technische Informationssystem. Die einheitliche Systemauswahl ist in vielen Fällen ein heikles Kapitel. Hier sind Konflikte zwischen dem Stammhaus und den nationalen und internationalen Standorten meist vorprogrammiert. Autonomiebestrebungen in den regionalen DV-Abteilungen verhindern oftmals die Implementation einer optimalen informationstechnischen Gesamtlösung.

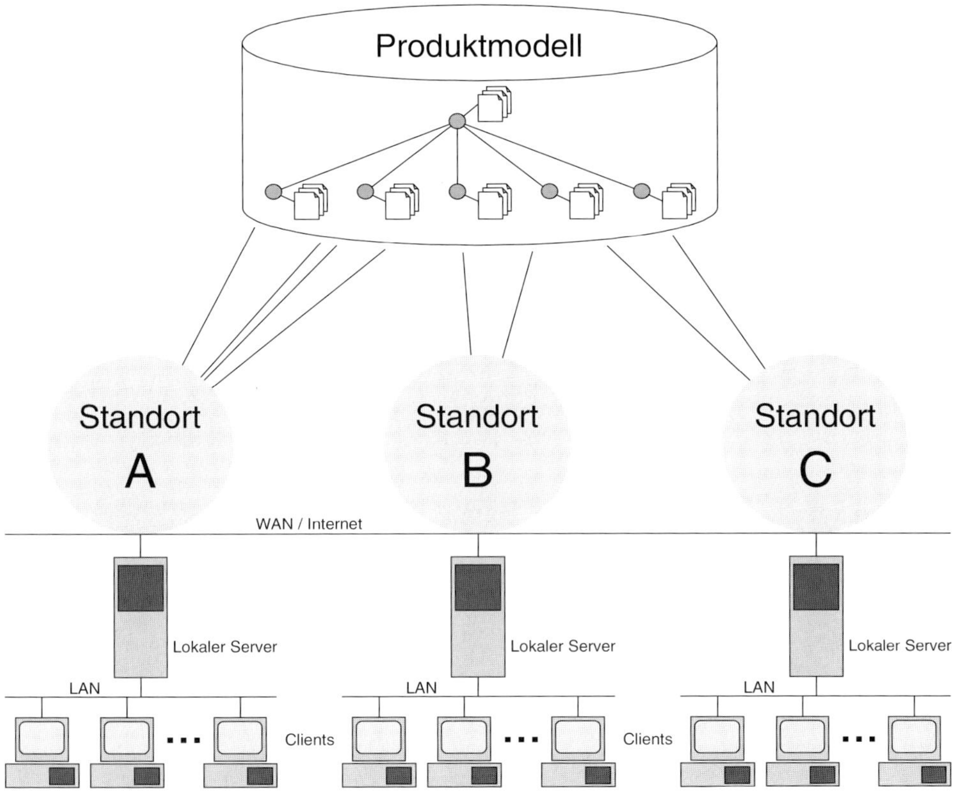

Bild 2-4 Standortübergreifende Produktentwicklung

Eine standortintegrierende Systemlösung muß so konzipiert sein, daß sie die Zusammenarbeit in virtuellen Teams derart unterstützt, als würden alle Personen Benutzer einer einzigen Installation sein. Die geographischen Hürden dürfen sich nicht negativ auf die Produktivität der einzelnen Gruppen auswirken. Das Gesamtsystem muß etwaige regionale gesetzliche Bestimmungen beachten und kulturelle Gegebenheiten eines Landes unterstützen. Bild 2-4 zeigt das Prinzip der standortübergreifenden Produktentwicklung mit Hilfe lokaler Netzwerke (LANs), die durch ein Weitbereichsnetz (WAN) verbunden sind. Die LANs liegen im Verantwortungsbereich der Standorte, das Nutzungsrecht für das Fernnetz wird gewöhnlich von einer Kommunikationsgesellschaft gemietet. Dies sind die Voraussetzungen für Installation und Nutzung einer unternehmensweit vernetzten PDM-Lösung als Technisches Informationssystem.

Obwohl die standortübergreifende Produktentwicklung auf einer klaren Aufgabenteilung beruht, gibt es zahlreiche Naht- und Schnittstellen, die eine intensive Datenkommunikation der beteiligten Planer, Ingenieure, Konstrukteure und

Technologen erfordern. Darüber hinaus ist die Einbeziehung von externen Entwicklungspartnern und gegebenenfalls Kunden sehr vorteilhaft. Grundsätzlich sollte jede autorisierte Person Zugang zu den sie betreffenden Projektdaten haben, um bestmöglich in den Prozeß eingebunden zu sein. Dafür hat jeder Standort seine eigene Client-Server-Installation mit einem lokalen Datenbank-Server. Produktdaten, die vornehmlich ein Standort erzeugt und nutzt, sollten auch dort verwaltet werden. Bei Projektdaten, die mehrere Standorte gleich häufig verwenden, stellt sich die Frage, ob es sinnvoller und/oder zweckmäßiger ist, die Daten zu replizieren, also auf andere Datenbank-Server zu kopieren, oder sie im Bedarfsfall jedesmal über das Kommunikationsnetz zu holen. Replikation hat den Vorteil, daß zeitintensive Transaktionsverarbeitung im Netzwerk entfällt und eine gute Ausfallsicherheit am Standort gegeben ist, führt aber je nach Umfang der Replikation zu mehr oder minder großer Datenredundanz. Eine im Netzwerk auf die lokalen Server verteilte Datenbank hat das Problem der Datenredundanz nicht, verursacht womöglich aber zu lange, nicht akzeptable Antwortzeiten des PDM-Systems in den Phasen, in denen das Netz stark frequentiert ist. Es kann auch bei normaler Netzauslastung zu Performance-Problemen kommen. Dies ist nicht nur ein Ärgernis, es beeinträchtigt die persönliche Produktivität der Mitarbeiter. Um eine für alle Benutzer praktikable Lösung zu bekommen, ist in der Regel eine Kombination aus Datenverteilung und -replikation angeraten. Unabhängig davon sollten die Clients an den Standorten nicht nur als PDM-Front-end wirken können. Auf ihre Nutzung als Web-Client zur externen Informationsbeschaffung für die Entwicklungsarbeit ist kaum zu verzichten.

2.2 Umfassende Datenorganisation

Information ist ein hochwertiger Produktionsfaktor, wenn sie in einem firmenweiten Informationsnetzwerk allen am Produktentstehungsprozeß beteiligten Personen auf Knopfdruck für deren aufgabenbezogene Nutzung zur Verfügung steht. Geschäftsprozesse basieren heutzutage weitgehend auf der Anwendung informations- und kommunikationstechnischer Systeme. Arbeitsergebnisse sind überwiegend elektronische Daten und Dokumente. Diese repräsentieren das Firmen-Know-how, bilden gewissermaßen das Firmenkapital, ja sind sogar der Lebensnerv eines Unternehmens. Um so größer ist die Bedeutung einer umfassenden, unternehmensweiten Datenorganisation.

Die Verwaltung des Datenbestandes in einem Fertigungsunternehmen muß so gestaltet sein, daß jeder Datensatz, jedes Dokument in gleicher Weise einfach und schnell gefunden und genutzt werden kann. Die Datenablage erfordert wie das Katalogisieren von Büchern in einer Bibliothek eine einheitliche Systematik für alle Dokumente, unabhängig von ihrer Herkunft, Entstehung und Bedeutung.

Mit dem CAD-Dokument Technische Zeichnung wird beispielsweise genauso verfahren wie mit dem Textdokument Änderungsantrag. Dies stellt sicher, daß beide Dokumente mit den gleichen *Handgriffen* wieder zu finden sind. Natürlich bedarf es für die Realisierung einer systematischen Datenorganisation eines geeigneten informationstechnischen Werkzeugs. Die Anforderungen sind entsprechend der Wichtigkeit des Datenmanagements sehr hoch. Die Leistungsfähigkeit des gesamten Unternehmens ist schließlich in sehr hohem Maße abhängig von der ständigen Verfügbarkeit des Datenbestandes. Das betrifft nicht nur Online-Daten, sondern ebenso archivierte Daten auf Magnetband, CD-ROM und anderen optischen Platten wie auch konventionelle Daten auf Papier oder Mikrofilm. Generelles Ziel sollte sein, daß jeder in den Produktentstehungsprozeß involvierte Mitarbeiter über seinen persönlichen TIS-Client, entsprechend seiner Zugangsberechtigung, quasi die *Technische Firmenbibliothek* permanent *griffbereit* auf seinem Schreibtisch hat.

2.2.1 Datenqualität

Die Produktentstehung in der Fertigungsindustrie wird zunehmend vom Einsatz der Datentechnik geprägt. Besonders Produktentwicklung und Auftragskonstruktion sollen durch die Rechneranwendung erheblich beschleunigt werden. Doch nicht nur der Faktor Zeit ist von Belang, sondern auch die Qualität. In einer Prozeßkette sind die Ergebnisse eines Arbeitsschritts meist die Grundlage für die Resultate des nächsten. Die Güte aller Teilschritte schlägt sich am Ende im Gesamtergebnis nieder. Qualität heißt im Zusammenhang mit Informationstechnik immer auch Datenqualität.

Immer mehr spezialisierte Anwendungssysteme stehen für die Produktivitätssteigerung einzelner Aufgaben zur Verfügung. Bezüglich des formalen Aufbaus, etwa von Zeichnungen, Tabellen oder Texten, führen die Applikationen im allgemeinen Plausibilitätsprüfungen durch, so daß der Form nach korrekte Daten entstehen. Weit problematischer verhält es sich mit der inhaltlichen Richtigkeit von Dokumenten. So erfordert die semantische Prüfung einer Zeichnung viel Erfahrung und vernetztes Fachwissen. Ein gewöhnliches CAD-System kann hier kaum Unterstützung bieten. Um die Datenqualität hinsichtlich dieses Aspekts zu verbessern, werden Anwendungssysteme mit integriertem Expertenwissen gebraucht. Diese müssen während des Dialogs, ähnlich der automatischen Rechtschreibkorrektur eines Textverarbeitungsprogramms, die inhaltliche Sinnfälligkeit jeder Benutzereingabe überwachen.

Ein weiteres und wesentliches Kennzeichen für Datenqualität ist die Datenintegrität. Das bedeutet, es ist sicherzustellen, daß Daten nur entsprechend den realistischen Gegebenheiten gespeichert werden können. So muß es zwar möglich sein, einer Gegenstandsgruppe mehrere Teilefamilien zuzuordnen, jedoch darf eine bestimmte Teilefamilie nur zu einer einzigen Gegenstandsgruppe gehören. Darüber hinaus ist darauf zu achten, daß Daten widerspruchsfrei verwaltet werden. Ein und dieselbe Baugruppe darf nicht etwa an zwei verschiedenen Stellen unter ungleichen Sachnummern zu finden sein. Derlei inkonsistente Daten entstehen sehr häufig bei nicht kontrollierter redundanter Datenhaltung. Fehlende Integration der Erzeugersysteme und damit einhergehende Informationsinseln sind dafür die primären Ursachen.

Um Datenintegrität bzw. -konsistenz im gesamten technischen Datenbestand gewährleisten zu können, ist ein datenbankgestütztes Technisches Informationssystem unerläßlich. Folgende Situation ist in vielen Firmen Normalität: Ein Erzeugersystem speichert lediglich seine Dokumente, ein anderes legt neben der Datei auch einen beschreibenden Datensatz an, und ein weiteres verwendet gar sein proprietäres Dokumentenmanagement. Eine derart heterogene Datenverwaltung ist nicht nur Ursache für Produktivitätsminderung, sondern auch Nährboden für viele Fehler mit mehr oder weniger schwerwiegenden Folgen. Selbst sehr engagierte Mitarbeiter mit überdurchschnittlicher Chaoskompetenz können die stetig anwachsenden Probleme nicht mehr kompensieren. Es ist notwendig, Dokumente jeglicher Art nach einer einheitlichen Systematik zu verwalten. So ist die große Dynamik des Datenbestands jederzeit beherrschbar. CAD-Modelle, Zeichnungen, Arbeitspläne usw. werden täglich erzeugt oder geändert, freigegeben oder gesperrt. Versionen und Stati der Dokumente sind ständig im Fluß. Für die Anwender in der Prozeßkette ist es enorm schwierig, für ihre jeweiligen Aufgaben immer auf die richtigen Dokumente zurückzugreifen. Dafür brauchen sie die Unterstützung eines Technisches Informationssystems, das einerseits den Datenbestand für sie transparent macht und ihnen andererseits hilft, den Datenbestand durch Datenqualität transparent zu halten. Für logische Richtigkeit, Widerspruchsfreiheit, Vollständigkeit und Unverfälschtheit der Daten zu sorgen, kann nur gelingen, wenn alle informationstechnischen Anwendungen an ein Produktdatenmanagement-System angeschlossen werden.

2.2.2 Datenverknüpfung

Die Produktion hochwertiger Güter beruht heute überwiegend auf elektronischen Informationen. Praktisch der gesamte Produktentwicklungs- und Produktionsplanungsprozeß erzeugt digitale Daten, die in den Fertigungs- und Montagehallen die computergestützten Arbeitsabläufe steuern. Die virtuelle Produktbeschreibung in Form zahlreicher elektronischer Dokumente wird zu einem realen Erzeugnis. Jedes Produkt ist gekennzeichnet durch seinen individuellen Datensatz. Das ist hauptsächlich für reine, aber auch seriennahe Auftragsfertiger von großer

Bedeutung. Sie können einem Auftraggeber alle relevanten produktbeschreibenden Dokumente zuordnen und diesen über die gesamte Nutzungsdauer seines Artikels, ob Gerät, Maschine, Anlage etc., optimal betreuen. Dies ist bei Investitionsgütern wichtig und eine grundlegende Voraussetzung für langfristig besten Kundenservice, zudem ein Differenzierungsmerkmal im Wettbewerb.

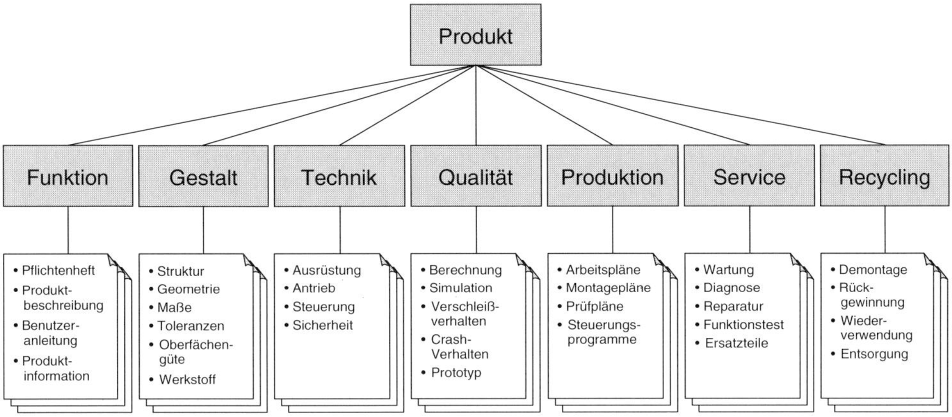

Bild 2-5 Komponenten der Produktbeschreibung

Zu einer vollständigen digitalen Produktbeschreibung gehören nicht nur Zeichnungen, Arbeitspläne und NC-Programme. Zwar sind diese Unterlagen für die Produktherstellung zwingend notwendig, doch gibt es noch eine ganze Reihe anderer, wichtiger produktbeschreibender Komponenten. Im Zusammenhang mit der Produkthaftung sind alle Ergebnisse von Maßnahmen zur Qualitätssicherung bedeutsam. Das können Protokolle von Berechnungen, Simulationen, Verschleiß- und Crash-Tests oder anderen Untersuchungen sein. Bei den Herstellern komplexerer Systeme werden parallel zur Entwicklung der mechanischen Bauteile die Steuerungskomponenten sowie die Sicherheitstechnik realisiert. Im Rahmen dieser Projektarbeit entsteht eine Vielzahl von technischen Dokumenten in den Fachabteilungen für Elektrotechnik, Elektronik, Pneumatik oder Hydraulik. Schaltschrank-Layout, Stromlauf- und Verdrahtungsplan sowie SPS-Anweisungslisten bilden zusammen mit den Konstruktionszeichnungen das Kernstück der Produktbeschreibung. Weitere Elemente betreffen Funktion, Service und Recycling. Zur Darstellung der Funktion gehören unter anderem die Dokumente Pflichtenheft, Benutzeranleitung und Produktinformation. Die Komponente Service umfaßt alle Informationen zu den Themen Wartung, Diagnose, Reparatur, Funktionstest und Ersatzteile. Zu guter Letzt fehlen noch die Angaben zum Problemkreis Recycling, das in jüngster Zeit aufgrund des gestiegenen öffentlichen Umweltbewußtseins erheblich an Bedeutung gewonnen hat. Hier stehen Dokumente zu den Fragen Demontage sowie Rückgewinnung, Wiederverwendung und Entsorgung von Materialien im Mittelpunkt.

Bild 2-5 zeigt die wesentlichen Komponenten einer Produktbeschreibung im Überblick. Bei einem durchgängigen Einsatz informationstechnischer Anwendungen ergibt sich je nach Komplexitätsgrad eines Produkts eine mehr oder minder große Zahl digitaler Dokumente. In dieser Situation ist es wahrlich nicht einfach, den Überblick zu behalten. Es stellen sich viele Fragen, etwa: Welche Zeichnungen gehören zum Auftrag Meier? Mit welcher SPS-Programmversion wurde die Maschine vom Typ 609 an den Kunden Müller geliefert? Wann wurde das letzte Mal die Antriebswelle bei Firma Schmidt ausgetauscht? Die Anworten zu finden, ist bei nicht strukturierten Daten mühsam und zeitaufwendig. In einer gewaltigen Datenmenge geht die Transparenz ohne Systemunterstützung total verloren. Um hier Abhilfe zu schaffen, müssen zusammengehörende Daten als elektronische Dokumentenmappe, Maschinen- oder Produktakte strukturiert verknüpft werden. Das Technische Informationssystem muß nicht nur Zeichnungsblätter als eine logische Zeichnung verwalten können, sondern auch in der Lage sein, die kompletten Arbeitsergebnisse eines Entwicklungsprojekts oder Kundenauftrags als virtuelles Produktmodell zu handhaben.

2.2.3 Datenreproduktion

Angesichts der Forderung nach immer schnellerer Produktentwicklung oder Änderungskonstruktion muß der Daten- und Informationsfluß im Technischen Büro so gestaltet sein, daß Informations- und Arbeitsdokumente dann zur Verfügung stehen, wenn sie gebraucht werden. Lange Warte- und Liegezeiten sind unbedingt zu vermeiden. Jeder Mitarbeiter im Projektteam muß zur richtigen Zeit die für seine aktuellen Aufgaben notwendigen Daten- und Papierdokumente erhalten. Selbst wenn heutzutage kaum noch Papierdokumente von Hand angefertigt werden, ist es nicht möglich, ganz auf die Reproduktion von Datendokumenten in Papierform zu verzichten. Dies gilt in besonderem Maße für CAD-Zeichnungen und -Schaltpläne.

Datenreproduktion mit Drucker oder Plotter ist ein innerbetrieblicher Service, der eng mit dem digitalen Zeichnungsarchiv verknüpft sein muß. Der Konstrukteur soll sich nicht mit den technischen Details befassen müssen, wenn er eine bestimme CAD-Zeichnung etwa auf Transparentpapier im Format A1 benötigt. Gebraucht wird ein System für Reprographiemanagement, das alle Druck- und Plotaufträge einheitlich verwaltet, überwacht und steuert. Es muß imstande sein, native CAD-Formate in diverse Plotformate (z.B. HPGL, CGM oder PostScript) zu konvertieren, Plausibilitätsprüfungen wie Verträglichkeit von Formatangabe und Plottergröße durchzuführen, den Plot-File zum richtigen Plotter zu schicken, dynamisch für eine jederzeit optimale Geräteauslastung zu sorgen und eindeutige Status- und Fehlermeldungen auszugeben. Im Zuge der Datenkonvertierung sollte das Plotmanagementsystem konfigurierbare Stempeltexte erzeugen, Schneidemarken anbringen, eine papiersparende Zeichnungsausrichtung wählen und ggf. das Zeichnungsformat der Plottergröße anpassen können. Weitere Anforderungen gelten der Plotauftragsüberwachung. Wenn ein Plot-Job bereits in der Warteschlange ist, muß es dennoch möglich sein, seine Priorität zu verändern, die Anzahl der Kopien zu korrigieren oder ein anderes Ausgabegerät zu selektieren, wenn es die Umstände verlangen.

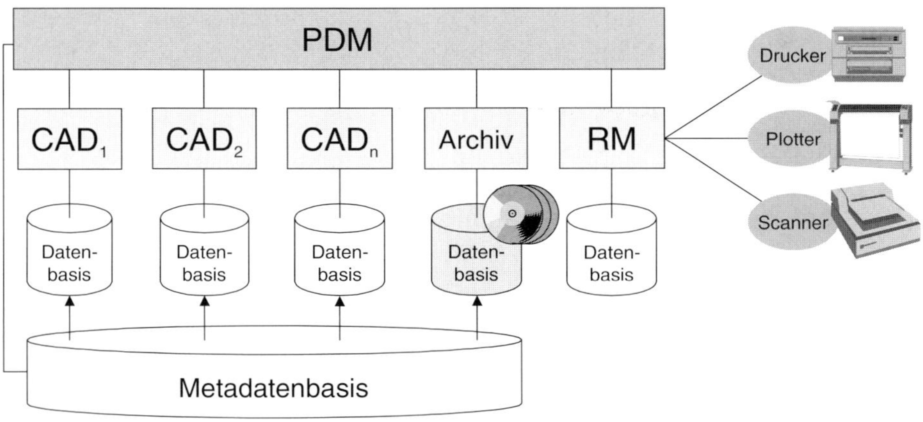

Bild 2-6 PDM-System kontrolliert Datenreproduktion

Obwohl es schon seit Ende der achtziger Jahre Systeme für das Reprographiemanagement (RM) gibt, nutzen noch viele Firmen ihren *selbstgestrickten* Drucker- und Plotter-Spooler auf Betriebssystembasis. Das muß nicht unbedingt nachteilig sein, wenngleich der ständige Pflegeaufwand für die eigene Software-Lösung ordentlich zu Buche schlagen kann. Moderne Reprographiemanagementsysteme (RMS) mit Client-Server-Architektur erfüllen mittlerweile wichtige Anwenderanforderungen wie kundenspezifische Konfigurierbarkeit, optimierte Kapazitätsauslastung der verfügbaren Geräte und Unterstützung heterogener Hard- und Software-Systeme. Das RMS sollte dennoch nicht direkte Drehscheibe zwischen den verschiedenen CAD-Anwendungen, dem digitalen Zeichnungsarchiv und den Systemen der Reprotechnik sein. Entsprechend Bild 2-6 sollten alle CAD-Systeme eine Schnittstelle zur PDM-Lösung haben. Als Technisches Informationssystem sorgt das PDMS für unternehmensweites Daten- und Dokumentenmanagement, also auch für die Zeichnungsverwaltung. Natürlich muß das Langzeitarchivierungssystem ebenfalls an das TIS angeschlossen werden. Sämtliche Aktionen, die Zeichnungen und andere Dokumente betreffen, laufen über das

PDM-System. So liegt es nahe, auch das RMS zu integrieren. Jede autorisierte Person muß damit in der Lage sein, eine oder mehrere Zeichnungen aus dem aktuellen Zeichnungsbestand zu selektieren und als Kopie an das RM-System zu übergeben. Das heißt, der Plotauftrag muß sich komplett mit dem PDM-System zusammenstellen lassen. PDMS hat dafür zu sorgen, daß die Zeichnungen schnell gefunden, und RMS, daß sie schnell geplottet werden. Die Integration beider Systeme muß überdies die Möglichkeit bieten, die Datenreproduktion innerhalb eines Projekts prozeßgetrieben anzustoßen.

2.2.4 Datensicherheit

So leicht wie Daten mit informationstechnischen Anwendungssystemen erzeugt werden können, so einfach können sie auch verändert oder gelöscht werden. Wenn man bedenkt, daß in unserer Informationsgesellschaft Wohl und Wehe eines ganzen Unternehmens von der dauerhaften Verfügbarkeit digitaler Daten abhängen, wird sehr deutlich, wie wichtig ein umfassendes Konzept für die Datensicherheit ist. Besonders Produktivdaten müssen permanent greifbar sein. Ein vorübergehender Systemausfall kann zu einem Produktionsstillstand mit erheblichen finanziellen Einbußen führen, ein Datenverlust zu einer existentiellen Bedrohung werden. Doch bedeutet Datensicherheit nicht nur Schutz vor Datenverlust. Mit dem Begriff Datensicherheit sind noch weitere Aspekte verknüpft, die für eine umfassende Datenorganisation von Belang sind.

Die rechnerunterstützten Büro- und Fabrikationsprozesse führen dazu, daß die Informationen in erster Linie nicht mehr auf dem klassischen Datenträger Papier erzeugt werden. Mit spezialisierten DV-technischen Systemen kreieren die Fachleute entlang der Prozeßketten ihre Arbeitsdokumente mehr und mehr in einer nicht mehr faßbaren Form. Anders als bei Papierdokumenten, die jederzeit für jedermann greifbar sind, verliert sich die Spur der elektronischen Informationen irgendwo im Systemnetzwerk. Es besteht die latente Gefahr einer unbeabsichtigten oder auch mutwilligen Datenzerstörung mit gravierenden Folgen. Um das zu verhindern, muß das Zusammenwirken aller Beteiligten und ihrer Subsysteme (CAD, CAO, CAP, CAQ etc.) mit einem Technischen Informationssystem koordiniert und gesteuert werden. Mit dem TIS muß ein Sicherheitskonzept für das gesamte unternehmensweite Daten- und Dokumentenmanagement realisierbar sein; schließlich sind Daten ein sehr wertvolles Wirtschaftsgut. Dazu ist eine aufgaben- bzw. rollenbezogene Zugangskontrolle für alle Systembenutzer notwendig (Bild 2-7). Differenzierte Zugriffsrechte legen fest, welche Anwender welche Daten und/oder Dokumente erzeugen, editieren, kopieren oder einfach nur ansehen dürfen. Alle datenverändernden Zugriffe muß das Technische Informationssystem dokumentieren, so daß die *Lebensgeschichte* von jedem Metadatensatz und jedem Dokument lückenlos nachvollziehbar ist. Für die Fertigung freigegebene oder bereits für die Produktion verwendete Daten dürfen nicht mehr geändert werden. Sobald ein solches Bauteil einer Modifikation bedarf, muß das Produktdatenmanagement-System Sorge tragen, daß dafür eine neue Version angelegt wird.

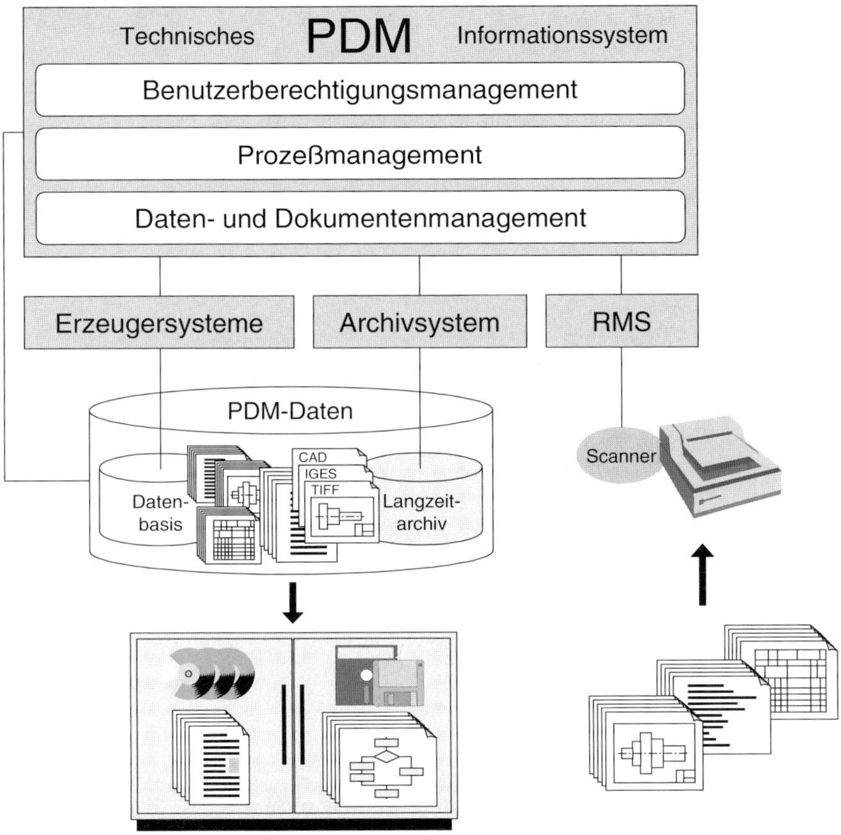

Bild 2-7 PDM-System arrangiert Datensicherheit

Die langfristige Sicherung aller geprüfter technischer und kommerzieller Dokumente ist eine weitere Kernfrage der Datensicherheit. Zum einen verpflichten gesetzliche Vorschriften zur langjährigen Aufbewahrung bestimmter Dokumente, zum anderen muß teuer entwickeltes Firmen-Know-how aus Eigeninteresse auf lange Sicht erhalten bleiben. Die Langzeitarchivierung muß daher Teil des Gesamtkonzepts zum unternehmensweiten Daten- und Dokumentenmanagement sein. Es ist notwendig, das Archivierungssystem mit dem Technischen Informationssystem zu integrieren. Dadurch ist gewährleistet, daß nur von autorisierten

Personen freigegebene Daten archiviert werden können. Außerdem sind die Erzeugersysteme nicht in der Lage, ihre Dokumente prozeßgetrieben zu sichern. Zudem soll das Technische Informationssystem unbedingt redundante Daten im digitalen Archiv verhindern.

Die kurzen *Halbwertszeiten* in der Datenverarbeitung führen im Hinblick auf die elektronische Langzeitarchivierung zu einem weiteren Problemkreis. Daten langfristig zu sichern, macht nur Sinn, wenn ihre Wiederverwendbarkeit ohne Informationsverlust auch noch nach vielen Jahren garantiert ist. Vorwiegend bei CAD-Systemen besteht jedoch die Gefahr, daß sich ihr proprietäres Datenmodell im Laufe der Zeit gravierend verändert. So ist die Wahrscheinlichkeit für folgendes Szenario durchaus nicht gering. Eine CAD-Zeichnung wird mit der Version X archiviert. Zehn Jahre später – die Version X des CAD-Systems ist nicht mehr verfügbar oder in der neuen Systemumgebung (neue Hardware, anderes Betriebssystem) nicht mehr lauffähig – muß eine neue Zeichnungsversion erstellt werden. Die nun aktuelle Version Y des CAD-Systems kann die Zeichnungsdatei nicht mehr oder nur mit erheblichem Datenverlust lesen. Unter Umständen wurde in der Zwischenzeit ein neues CAD-System angeschafft. Kurzum, es kann im schlimmsten Fall passieren, daß die zehn Jahre lang sorgfältig archivierte Zeichnung wertlos geworden ist. Ein Ausweg aus diesem Dilemma kann offensichtlich nur die Verwendung von vereinheitlichten Austauschformaten sein (Bild 2-8). Hier gibt es mittlerweile eine stattliche Palette von de facto Standards. Die zentrale Frage ist dabei: Spielen diese Formate auch in zehn oder zwanzig Jahren noch eine Rolle beziehungsweise sind dann noch kompatible Postprozessorversionen erhältlich? Vielleicht ist der in der ISO 10303 definierte Standard für Produktmodelldatenaustausch STEP (Standard for Exchange of Product Model Data) die Lösung dieser Misere in der Zukunft. Noch besser wäre, die Anbieter von Erzeugersystemen für Produktmodelldaten würden auf proprietäre Datenformate verzichten und sich auf ein herstellerunabhängiges Format einigen. Doch ist damit wohl kaum auf absehbare Zeit zu rechnen. Ihre eigenen Geschäftsinteressen stellen sie leider über das Interesse des Kunden, seine Daten langfristig uneingeschränkt nutzen zu können. Eine relativ sichere, da unkomplizierte Alternative ist, das native Datenformat für die Langzeitarchivierung in ein einfaches Rasterformat wie TIFF oder GIF zu konvertieren in der Hoffnung, eine Pixelgraphik läßt sich allzeit unproblematisch wieder visualisieren. Der Haken dabei ist, daß größere Änderungen bei einer technischen Zeichnung, die als Rasterbild vorliegt, kaum auf vernünftige Weise möglich sind. Mit einem Pixel-Editor kann Rastergraphik zwar bearbeitet werden, doch sollte das aus praktischen Gründen auf einfache Modifikationen beschränkt bleiben. Zur reinen Wiedergabe mittels Viewer und gegebenenfalls zur späteren Reproduktion auf Papier sind Bitmap-Dateien sehr gut geeignet. Die rechnerunterstützte Umsetzung von Raster- in Vektordaten (mathematisch beschriebene Geometrieelemente), soweit sie überhaupt sinnvoll möglich ist, bringt nur begrenzten Nutzen. Vektordaten besitzen nicht die *Intelligenz* eines assoziativen CAD-Datenmodells. Eine Tangente etwa ist nur eine einfache Linie und nicht wie in der CAD-Datenstruktur relational mit einem Kreis verknüpft, so daß sich Lage und Länge der Tangente in Abhängigkeit vom Kreisradius ändern. Es handelt sich also nur um *dumme* Graphik ohne wechselseitige Beziehungen.

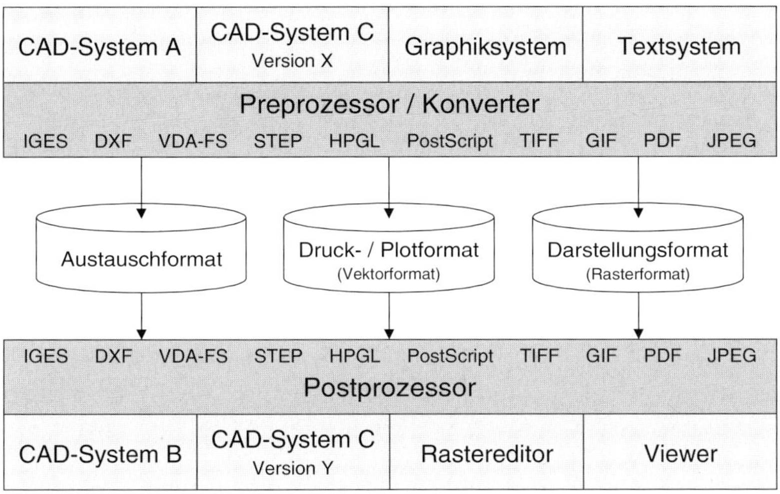

Bild 2-8 Datenaustausch und -konvertierung

Auch wenn es heute schwerfällt, sich das vorzustellen, so wurden schon lange Zeit vor der Entwicklung der CAD-Systeme und anderer schlauer datentechnischer Werkzeuge Fahrzeuge, Maschinen, Geräte und Anlagen konstruiert und gebaut. Soll heißen, historisch bedingt gibt es jede Menge Papierdokumente zur Produkt- und Produktionsbeschreibung. In manchem Fertigungsunternehmen liegen Tausende von vergilbten Papierzeichnungen im Archiv. Jedesmal wenn eine Zeichnung gebraucht wird, beginnt das gleiche langwierige Prozedere: Zeichnung in Aktenschränken suchen, sichten und eine Blaupause anfertigen. Der Zustand des Originals wird dabei nicht besser, der Datenträger Papier ist in dieser Hinsicht sehr empfindlich. Um Altzeichnungen, aber ebenso neue, ohne CAD-System erstellte Papierzeichnungen – das gibt es auch heute noch – langfristig zu sichern, müssen sie in das digitale Langzeitarchiv aufgenommen werden (Bild 2-7). Der Vorgang verlangt ein mit dem Technischen Informationssystem integriertes Reprographiemanagementsystem (RMS), das das Einscannen der Papierdokumente steuert. Um die Datenqualität langfristig sicherzustellen, dürfen nur geprüfte Papierzeichnungen in das Langzeitarchiv gelangen. Eine eingescannte Zeichnung soll in der gleichen Weise wie eine CAD-Zeichnung im

PDM-System recherchierbar sein. Dazu ist es notwendig, für jede eingescannte Zeichnung einen beschreibenden Datensatz (Metadaten) anzulegen, der Attribute wie Zeichnungsnummer, Benennung, Version, Status usw. enthält. Obwohl technische Unterlagen im allgemeinen und Zeichnungen sowie Schaltpläne im besonderen eine herausragende Bedeutung für ein Produktionsunternehmen haben, ist die langfristige Sicherung auch anderer Papierdokumente anzustreben. Wichtige Unterlagen der Büroprozesse wie Belege, Rechnungen, Verträge etc. sollten ebenfalls in eingescannter Form dauerhaft und sicher archiviert werden. Das Funktionsmodul Daten- und Dokumentenmanagement des PDMS muß auch diese Aufgabe übernehmen können.

Der letzte Punkt, der in diesem Kontext angesprochen werden soll, hat eigentlich nicht direkt mit Datensicherung oder gar Datensicherheit zu tun. Es geht um die unzähligen Informationsquellen, die in Form von Fachmagazinen, Katalogen, Normschriften, Richtlinien, Büchern, Lexika, Disketten und CD-ROMs in vielen Schränken des Technischen Büros verstreut liegen. In Summe bilden sie einen großen Teil des Wissensarchivs, das für eine innovative Produktentwicklung täglich gebraucht wird. Doch sind Büromöbel keine sicheren Archive. Jeder kennt die Situation. Jemand braucht für seine Arbeit eine bestimme Normschrift, holt diese aus dem Schrank und nimmt sie mit zu seinem Schreibtisch. Oftmals bleibt sie nach Gebrauch aus Gedankenlosigkeit oder Zeitmangel dort liegen. Ein Kollege hat unter diesen Umständen keine Chance, die dringend benötigte Normschrift zu finden, es sei denn per Zufall. Abhilfe kann hier die Einbeziehung des Archivs *Büroschrank* in die digitale Archivierung mittels Technischem Informationssystem schaffen (Bild 2-7). Für jeden Informationsträger, ob Papier oder Diskette, muß der gleiche Metadatensatz wie bei einem elektronischen Dokument angelegt werden. Der einzige Unterschied besteht darin, daß das Attribut Ablageort kein Dateipfad auf einer Festplatte oder die Identifikationsnummer des Dokuments im Archivsystem ist, sondern die Raum- und Aktenschranknummer. Schriften und andere materielle Objekte sind so von allen Beteiligten einfach zu recherchieren und schnell zu finden. Und selbst wenn jemand vergißt, etwas nach der Nutzung an Ort und Stelle zurückzulegen, weiß das PDM-System immer, wer es hat.

2.3 Hohe Effizienz in der DV-Anwendung

Die daten- beziehungsweise informationstechnischen Anwendungssysteme sind heute das zentrale Arbeitsmittel in fast allen Bereichen vieler Produktionsunternehmen. Die meisten Mitarbeiter erledigen ihre tägliche Arbeit ganz selbstverständlich mit speziellen Computer-Programmen. Der persönlichen Produktivität bei den direkten Tätigkeiten kommt das sehr zugute. Ein Bauteil mit dem CAD-

System zu modellieren, einen Festigkeitsnachweis mit der FEM-Applikation zu führen oder einfach nur einen Brief mit dem Textverarbeitungsprogramm zu schreiben, bringt eine beachtliche Zeitersparnis mit sich. Zur Unterstützung der den direkten Tätigkeiten vor- und nachgelagerten Aktionen sind zumeist keine oder nur rudimentäre elektronische Werkzeuge verfügbar. Bildlich gesehen lebt jeder Mitarbeiter auf einer sehr komfortablen Insel. Das Problem ist nur, sie hat kein Telefon. Das macht ihre Bewohnerin, ihren Bewohner auf Dauer einsam. Will heißen, der Bedarf, die Zusammenarbeit aller Personen in einer Prozeßkette intensiv zu fördern, ist sehr groß. Gebraucht wird ein vernetztes System, das das Informations- und Kommunikationsbedürfnis seiner Anwender erfüllt und dadurch die aufgabenübergreifende Produktivität verbessert. Eine flexible Vorgangssteuerung muß die richtigen Aufgaben und Daten zeitnah an die richtigen Mitarbeiter zuweisen. Dabei steht der optimierte Geschäftsprozeß im Vordergrund. Abteilungsdenken und damit einhergehende Reibungsverluste oder gar Doppelarbeit müssen durch prozeßorientierte Arbeitsteilung vermieden werden. Der rasche Zugriff auf die Wissensbasis des Unternehmens soll die Durchführung einzelner Arbeitsschritte wesentlich beschleunigen. Firmen-Know-how muß also jedem Systembenutzer im Rahmen seiner individuellen Privilegien fortwährend zugänglich sein.

2.3.1 Steigerung der Produktivität

Nach der Devise *Zeit ist Geld* geht es heutzutage in erster Linie darum, eine hohe Produktivität zu erreichen, viel zu schaffen, leistungsstark und kreativ zu sein. Das gilt für den einzelnen genauso wie für eine Gruppe oder Organisation. In einem Fertigungsunternehmen entscheidet unter anderem die Produktivität seiner Organisation und seiner Mitarbeiter über seine Leistungsfähigkeit respektive seine Wettbewerbsfähigkeit im Markt. Es muß ein elementares Bestreben jedes Unternehmens sein, die Produktivität seiner Mitarbeiter stetig zu fördern. Das verlangt die Schaffung einer bestmöglichen Arbeitsumgebung und die Bereitstellung leistungsfähiger Werkzeuge.

Im Bereich der Produktentwicklung gibt es ein sehr vielschichtiges Anforderungsprofil an die Ausstattung eines idealen Arbeitsplatzes. Der Entwicklungsingenieur muß mit seinem Fachwissen und seiner Kreativität in einem Team hochqualifizierter Spezialisten innovative Lösungen erarbeiten. Das erfordert ständige Kommunikation mit internen und externen Quellen und Stellen mit dem Ziel der direkten Informationsbeschaffung und -verteilung. Die Effizienz des gesamten Teams lebt von schnellem Informationsaustausch. Ein multifunktionaler Arbeitsplatz mit moderner Informations- und Kommunikationstechnik ist unerläßlich. Denn hohe Produktivität kommt nicht von ungefähr.

Ein großer Teil der Arbeitszeit von Entwicklern und Konstrukteuren, manche Firmen sprechen von bis zu 40 %, geht täglich durch ineffiziente Informationsbeschaffung verloren. Mühsam müssen Aktenordner, Schnellhefter, Kataloge oder Bücher in den Räumlichkeiten der Abteilung gesucht werden, oder es gilt herauszufinden, auf welchem PC oder welcher Workstation ein bestimmtes Dokument abgelegt ist. Solche Aktionen können sich unter Umständen über Stunden hinziehen. Man weiß, die Information ist im Haus; es stellt sich nur die Frage: Wo ist sie momentan? Zwangsläufig beginnt die zeitraubende, detektivische Recherche. Durch die Abteilung laufen, Büroschränke durchsuchen, immer wieder Leute fragen und hoffen, daß man schließlich fündig wird. Wenn nicht, wird kurzerhand mal eben ein neues Teil kreiert. Mit dem CAD-System geht das besonders schnell, meist schneller als das Suchen. Eine weitere Sachnummer, eine weitere Zeichnung, ein weiterer Arbeitsplan, ein weiteres NC-Programm und dergleichen mehr sind das Resultat. Es entstehen hohe Folgekosten, nur weil eine Zeichnung nicht zu finden war.

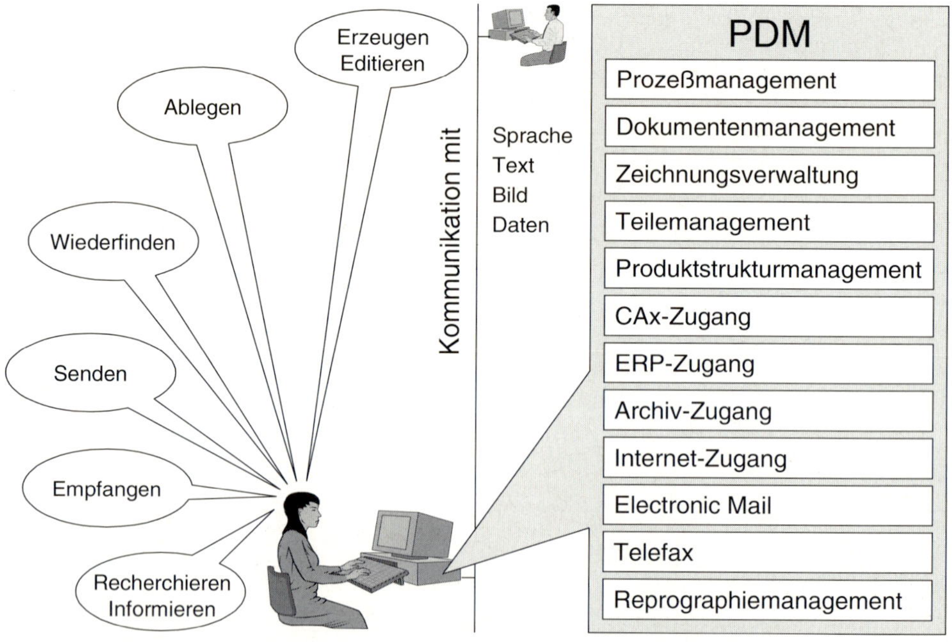

Bild 2-9 Multifunktionaler Arbeitsplatz auf der Basis eines PDM-Systems

Eine unzulängliche Arbeitsumgebung ist nicht nur ein Produktivitätskiller, sie kann dem Unternehmen zudem viel Geld kosten. Entwickler und Konstrukteure brauchen einen multifunktionalen Arbeitsplatz, der sie bei ihren vielen Routinetätigkeiten spürbar entlastet. Er muß ihnen helfen, sich auf ihre Kernaufgaben konzentrieren zu können. Die zahlreichen Nebentätigkeiten, die in einem Entwicklungsprojekt anfallen, sollten durch ein IT-System so weit wie möglich automatisiert werden. Bild 2-9 zeigt einen multifunktionalen Arbeitsplatz auf der Basis einer PDM-Lösung. Als Technisches Informationssystem ist der persönliche Rechner des Konstrukteurs mit PDM- und Web-Client gewissermaßen die Schaltzentrale für all seine Aktivitäten. Damit muß er in der Lage sein, via Text, Bild, Daten und gegebenenfalls Sprache unternehmensweit und darüber hinaus zu kommunizieren. Sein vielseitiges Tätigkeitsspektrum läßt sich auf die Hauptpunkte Erzeugen, Ändern, Ablegen, Wiederfinden, Recherchieren, Senden und Empfangen reduzieren. Diese können hervorragend mit einem informationstechnischen System unterstützt werden. Das PDM-System muß eine Systematik anbieten, die die besondere Situation seiner Anwender im Technischen Büro berücksichtigt. Kurze, klare Dialoge sowie eine einheitliche Benutzerführung im allgemeinen und besonders im Zusammenhang mit den integrierten Erzeugersystemen haben eine sehr hohe Priorität. Das IT-System darf nicht Selbstzweck sein. Es muß eine wirkliche Entlastung für seine Benutzer bringen, so daß diese ihr tägliches Arbeitspensum streßfrei und mit hoher Qualität bewältigen können. Nur dann wird das Technische Informationssystem eine gute Benutzerakzeptanz finden und die Produktivität sowohl des einzelnen als auch des ganzen Unternehmens merklich anheben.

2.3.2 Flexible Arbeitsablaufsteuerung

Produktentwicklungszeiten müssen in unserer schnellebigen Zeit immer kürzer werden. Die Produktqualität soll indes noch steigen. Eigentlich ein Widerspruch. Der internationale Wettstreit um Marktanteile läßt den Fertigungsunternehmen wenig Spielraum. Die Vorgaben diktiert der Markt. Wer wirtschaftlich langfristig überleben will, muß sich dieser Herausforderung stellen. Das hat zur Folge, daß besonders der Geschäftsprozeß Produktentwicklung ausschlaggebend verbessert werden muß.

Traditionell haben noch viele Produktionsunternehmen eine funktionsorientierte Organisationsstruktur mit einer klaren abteilungsbezogenen Aufgabenzuordnung. Für die Bildung eines schlagkräftigen interdisziplinär arbeitenden Teams ist dieser Umstand nicht förderlich. Die Leute sitzen in aller Regel räumlich getrennt voneinander und *pflegen* zuweilen ihre Abteilungszugehörigkeit durch Ressentiments gegenüber anderen. Es ist immens wichtig, das Abteilungsdenken in manchen Köpfen zu überwinden und die Spezialisten der verschiedenen Disziplinen in einem Team zusammenzubringen. Es kann sogar sehr hilfreich sein, die maßgeblichen Fachleute von Kunden und Lieferanten in das Projektteam einzubeziehen. Die Organisationsform den Erfordernissen anzupassen, ist der erste, notwendige Schritt zur Installation des bestmöglich gestalteten Geschäftsprozesses Produktentwicklung. Der zweite, nicht minder wichtige, ist die flexible Arbeitsablaufsteuerung mittels IT-System.

Die Produktivitätszunahme in der Produktentwicklung ist in den letzen Jahrzehnten weit hinter der der Fertigung zurückgeblieben. Der Konstruktionsprozeß als schöpferischer Vorgang ist weitaus komplexer aufgebaut als die relativ einfach automatisierbare Produktion, die lediglich die Ergebnisse der Entwicklung in anderer Form reproduzieren muß. Dennoch ist es unerläßlich, den Entwicklungs- und Konstruktionsprozeß signifikant zu rationalisieren. Da die Produktentwicklung als kreative Handlung i.d.R. ein iterativer Prozeß ist, werden die diversen Arbeitsschritte mehrmals durchlaufen, bis schließlich eine allseits akzeptierte Lösung gefunden ist. Der nachgelagerte Prozeßabschnitt beginnt erst, wenn der logisch vorausgehende abgeschlossen ist und seine Resultate verfügbar sind. Dies führt zu einer sequentiellen Vorgangskette, die erheblichen Zeitverlust mit sich bringt und unter Umständen teuere Nacharbeit erfordert, weil Fehler zu spät erkannt werden können. Um diese Situation deutlich zu verbessern, bedarf es einer Vorgehensweise, die die sequentielle Produktentwicklung aufbricht und die Arbeitsergebnisse eines Entwicklungsschritts schon früh für den darauf folgenden nutzbar macht.

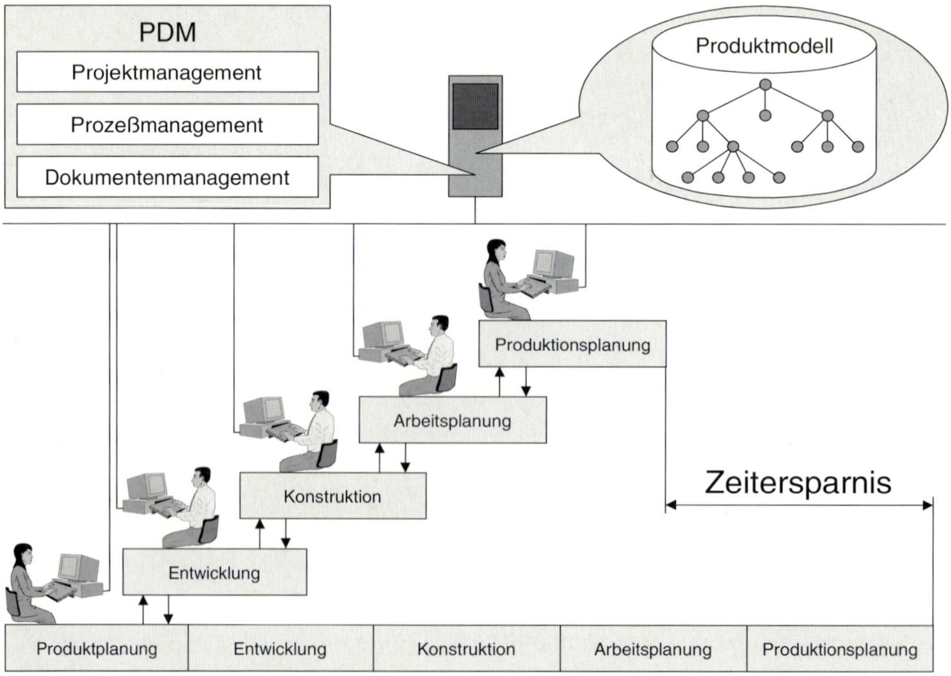

Bild 2-10 PDM-System steuert Concurrent Engineering

Eine Parallelisierung der Prozeßschritte in der Produktentwicklung muß bereits zu einem frühen Zeitpunkt auch externe Entwickler und Zulieferer berücksichtigen und einbeziehen. Das verlangt eine rechtzeitige Kooperation der technischen und betriebswirtschaftlich-planerischen Stellen. Der Einkauf muß dafür sorgen, daß externe Partner beizeiten beauftragt werden. Dies ist nur machbar, wenn die Entwicklung den Einkauf so bald wie möglich über ihren Bedarf informiert. Wegen der meist großen räumlichen Distanzen ist zudem ein zeitnaher elektronischer Austausch von Informationen und Daten (Technische Dokumentation) mit den Partnerfirmen sicherzustellen.

Die Ausführung gruppenorientierter Arbeitsprozesse mit zeitparallelen Arbeitsschritten benötigt eine kontinuierliche Synchronisation. Das bedeutet, das voneinander abhängige Geschehen muß durch einen intensiven, wechselseitigen Informationsfluß koordiniert werden. Dies ist möglich bei *benachbarten* Arbeitsvorgängen, die eine logische oder physische Nahtstelle haben; diese kann disziplinär oder interdisziplinär sein. Innerhalb eines CAD-Teams wird beispielsweise der strukturierte Grobentwurf eines Produkts von mehreren Leuten parallel im Detail ausgearbeitet. Dazu bekommt jeder Konstrukteur einen Konstruktionsraum für sein Teil oder seine Baugruppe zugewiesen. Die Nahtstelle zweier Konstruktionsräume ist zugleich die physische Schnittstelle zweier Baukomponenten, die gewisse geometrische und technische Bedingungen erfüllen muß. Für beide Konstrukteure ist zwingend, daß sie ständig in der Lage sind, ihre Ausarbeitungen aufeinander abzustimmen. Jeder muß jederzeit den Entwurf des anderen einsehen können. Das funktioniert nur, wenn das CAD-System solch intensive, zeitparallele Teamarbeit unterstützt.

Eine logische Nahtstelle existiert unter anderem zwischen Konstrukteur und Arbeitsplaner. Letzterer braucht frühzeitig Informationen und Daten des Konstrukteurs, um seine Arbeit so bald wie möglich aufnehmen zu können. Dazu muß der Konstrukteur die Ergebnisse, ggf. auch Teilresultate, im richtigen Entwicklungsstand, eventuell auch unvollständig oder noch nicht festgeschrieben, weiterleiten. Der Arbeitsplaner kann den frühen CAD-Entwurf unter fertigungstechnischen Aspekten durchleuchten, sein schnelles Feedback über vermutlich auftretende Fertigungsprobleme geben und bereits grob den Arbeitsplan skizzieren. Für den Konstrukteur ist es kein großer Aufwand, in diesem frühen Stadium seiner Arbeit Korrekturen vorzunehmen. Werden Probleme oder gar Fehler erst nach der Konstruktionsfreigabe erkannt, entstehen rasch erkleckliche Kosten für die Nachbesserung.

Die praktische Durchführung derlei simultaner Entwicklungsarbeit (Concurrent Engineering) erfordert ein Technisches Informationssystem für das Projektmanagement und die Prozeßsteuerung. Mit papiergestützter Kommunikation läßt sich CE nicht wirksam realisieren. Die Verteilung von Informationen und der Transport von Daten und Dokumenten sind viel zu langsam. Unterlagen müssen mit dem richtigen Timing zu den richtigen Personen gelangen. Das Prozeßmanagement muß die Leute koordiniert auffordern, ihre Arbeitsschritte zur richtigen Zeit auszuführen. Klare Arbeitsanweisungen bzw. Aufträge per E-Mail zu verteilen, hilft Mißverständnisse, langwieriges Nachfragen und schließlich Frustration zu vermeiden und kann ferner die Zahl überflüssiger und teuerer Besprechungen deutlich reduzieren.

Bild 2-10 zeigt ein Projektteam, dessen simultane Arbeitsschritte von einer PDM-Installation gesteuert werden. Die Graphik macht die erhebliche potentielle Zeitersparnis von zeitparalleler Arbeit gegenüber sequentiellem Vorgehen deutlich. Das Projektmanagement übernimmt die globale Steuerung und Kontrolle des Vorhabens und greift regelnd bezüglich der Termine, Kapazitäten, Kosten etc. ein. Die einzelnen Arbeitsabläufe (Teilprozesse) steuert das Prozeßmanagement. Es muß Informationen, Daten und Dokumente per E-Mail an die richtigen Anwender verteilen, den Status der Daten und Dokumente in Abhängigkeit des Arbeitsfortschritts aktualisieren und den vollständigen Prozeßablauf mit allen vorgesehenen Optionen sicherstellen. Im Mittelpunkt aller Aktivitäten steht der Aufbau eines digitalen Produktmodells. In ihm müssen sämtliche Arbeitsergebnisse logisch verknüpft und über das Projekt zugänglich sein. Konventionelle Projektarbeit ebenso wie erfolgreiches Simultaneous Engineering brauchen ein *bewegliches* Prozeßmanagement. Das Technische Informationssystem muß jederzeit die einfache Konfiguration einer flexiblen, projektbezogenen Arbeitsablaufsteuerung ermöglichen. Jedes Entwicklungsprojekt und jede Auftragsabwicklung stellt andere Anforderungen, wechselnde Teams, andere fachliche Gewichtung, andere Rollenverteilung und so weiter.

2.3.3 Verfügbarkeit und Reproduzierbarkeit von Know-how

Jeder in den Entwicklungsprozeß involvierte Mitarbeiter eines Fertigungsunternehmens braucht für seine Arbeit ständig neueste Informationen über sein Fachgebiet. Die Verfügbarkeit aktuellen Wissens ist die Grundlage für innovative Produkte. Die fortwährende, rasante Zunahme des Wissensvolumens macht es dem einzelnen schwer, den Überblick über fachliche Neuerungen und technologische Trends zu behalten. Systemunterstützung tut not. Ein Internet-Zugang für jeden Entwickler und Konstrukteur ist gewiß eine gute Investition. Daneben muß das gesamte Vorgangswissen zu Themen wie Freigabe, Änderung oder Auftragsbearbeitung mit dem Technischen Informationssystem erfaßt und beliebig abrufbar gemacht werden. Das gleiche gilt für alle wichtigen Dokumente wie etwa Patente, Muster, Gesetzesvorschriften, Regelwerke, Normen, Zeichnungen, Pläne und dergleichen mehr. Zudem ist es für Konstrukteure notwendig, Zugriff auf Informationen über die gegenwärtig im Haus verfügbare Fertigungstechnologie zu haben, das heißt, sie müssen wissen, welche Verfahren, Anlagen, Maschinen und Werkzeuge vorhanden sind. Selbstverständlich sollte jedem Konstrukteur der Zugang zu betriebswirtschaftlichen Daten des ERP-Systems möglich sein. Kostenbewußtes Konstruieren verlangt Informationen über die Preiskalkulation, die Kosten diverser Leistungsarten und die Preise verschiedener Kaufteile. Darüber hinaus ist es für den Konstrukteur hilfreich, den Lagerbestand oder die Lieferzeit für ein bestimmtes Katalogteil abfragen zu können.

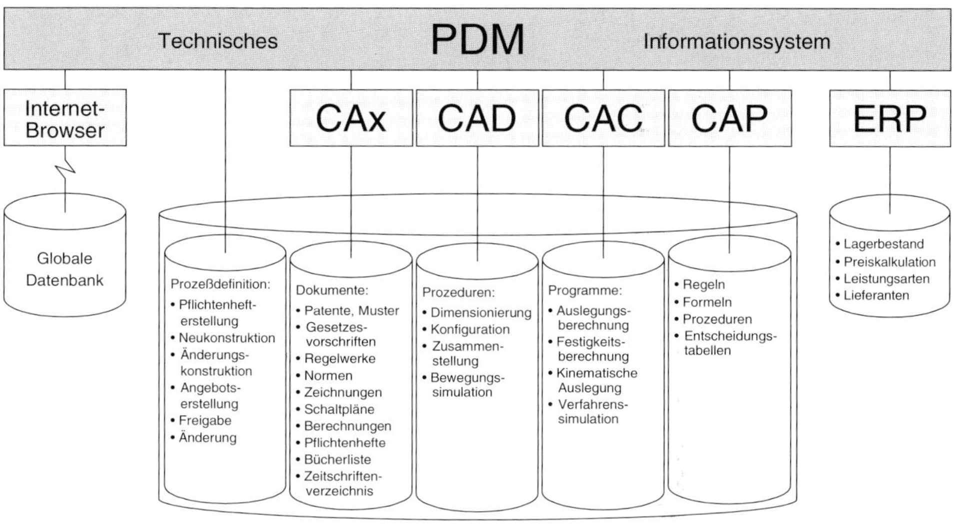

Bild 2-11 PDM-System schafft Zugang zu Expertenwissen

Der Wissensbedarf im Technischen Büro eines Produktionsunternehmens ist immens groß. Der Geschäftsprozeß Produktentwicklung setzt sich aus vielen kleineren und größeren Teilprozessen zusammen, die meist über einen langen Zeitraum firmenspezifisch entwickelt worden sind. Besonders in kleinen und mittelständischen Firmen sind die Know-how-Träger nicht selten langjährige, verdiente Mitarbeiter. Für andere ist es unter diesen Umständen nicht immer leicht, an die richtigen Informationen zu kommen. Wissen muß jedoch für jedermann zugänglich und nutzbar sein, wenn es für das Unternehmen gewinnbringend eingesetzt werden soll. Grundsätzlich ist es unerläßlich, dem technischen Personal die drei Datenbasen, wie im Bild 2-11 dargestellt, permanent zur Verfügung zu stellen. Der Zugriff sollte generell nur über die Integrationsplattform Technisches Informationssystem erfolgen, um eine kontrollierte, aufgabenbezogene Nutzung der Wissensbasis zu gewährleisten.

Die erste Datenbasis ist die *Globale Datenbank* World Wide Web, kurz Web genannt. Mit dem Web haben die Produktentwickler gewissermaßen eine Eintrittskarte zum größten Informationspool der Welt. Mit vordefinierten fach- und sachbezogenen Internet-Quellenadressen (URL, Uniform Resource Locator) können die Nutzer besonders schnell auf immer wieder interessierende bzw. bevorzugte Web-Seiten greifen. Der Internet-Browser kann via PDM-System gestartet werden. Noch besser ist, die gesamte Benutzerführung im PDMS kann innerhalb eines Web-Browsers ablaufen.

Das interne technische und organisatorische Expertenwissen ist ein wichtiger Teil des Firmenkapitals; es muß bei Bedarf für autorisierte Personen sofort verfügbar und allzeit reproduzierbar sein. Vorgänge wie Angebotserstellung, Neu- und Änderungskonstruktion sind Standardprozesse und ein wesentlicher Bestandteil der Wissensbasis. Zu ihrer Durchführung sind Erzeugersysteme, Programme, Prozeduren und Dokumente sowie eine Fülle von Faktenwissen notwendig. Für die Administration dieser umfangreichen Mittel ist ein Technisches Informationssystem notwendig. Neben den Prozeßdefinitionen muß es alle Dokumente und Funktionserweiterungen der Anwendungssysteme CAO, CAD, CAC und CAP verwalten und zur Nutzung bereitstellen. Unter CAC (Computer-Aided Calculation) werden übrigens alle computergestützten Werkzeuge zur technischen Berechnung und Simulation zusammengefaßt. Diese zweite und wichtigste Datenbasis ist der Mittelpunkt der informations- und kommunikationstechnischen Systemanwendung im Technischen Büro der Fertigungsindustrie. Abgesehen von der Forderung nach ständiger Verfügbarkeit von Expertenwissen hat die beliebige Reproduzierbarkeit von Arbeitsergebnissen bereits gelöster Aufgaben einen sehr hohen Stellenwert. Viel Zeit kostende Routinetätigkeiten lassen sich dadurch auf ein Minimum reduzieren. Eine Änderungs- oder Anpassungskonstruktion ist dafür ein typisches Beispiel. Bei einem Auftragsfertiger ist eine Kundenbestellung zu bearbeiten. Einige Sonderwünsche des Auftraggebers machen verschiedene konstruktive Änderungen an der Standardausführung des Maschinentyps X erforderlich. Welche Unterstützung muß das PDM-System anbieten, damit sich die Konstrukteure auf ihre Kernaufgabe konzentrieren können? Im ersten Schritt muß das Standardproduktmodell des Maschinentyps X gesucht werden. In der TIS-Datenbasis sollte dafür eine vollständige elektronische Dokumentenmappe existieren, die die hierarchische Produktstruktur samt zugehöriger CAD-Dokumente und anderer Unterlagen umfaßt. Im zweiten Schritt muß das Technische Informationssystem das komplette Standardproduktmodell kopieren und einem neuen Kundenprojekt zuordnen. Wenn das geschehen ist, haben die Konstrukteure eine ideale Projektumgebung und können mit der eigentlichen Arbeit beginnen. Über die Produktstruktur sind mittels PDMS die mit ihr verknüpften CAD-Modelle und -Zeichnungen wiederum leicht zu finden und bei Bedarf zu modifizieren.

Die dritte Datenbasis nach Bild 2-11 ist ein Subset der betriebswirtschaftlichen Datenbank des ERP-Systems. Wie bereits erwähnt, ist es aus mehreren Gründen nicht nur vorteilhaft, sondern sogar notwendig, daß Entwickler und Konstrukteure Zugriff auf Teile der kaufmännischen Wissensbasis haben. Wirtschaftlich zu denken und zu handeln, wird in den fertigungsvorgelagerten Bereichen des Produktentstehungsprozesses zunehmend wichtiger. Entwicklungs- und Herstellungskosten zu senken – die Konstruktion legt auch weitgehend die Produktionskosten fest –, ist ein strategisches Ziel mit höchster Priorität. Dieses Ziel zu erreichen setzt voraus, daß die handelnden Personen Zugriff auf Kriterien haben, die ihnen helfen, in schwierigen Situationen die richtigen Entscheidungen zu treffen. Natürlich möchte der Konstrukteur für gelegentliche Abfragen der ERP-Datenbasis nicht noch ein weiteres komplexes IT-System bedienen müssen. Eine sinnvolle Integration von PDM- und ERP-System ist notwendig. Das Technische Informationssystem muß für den Konstrukteur Front-end für die Nutzung der ERP-Datenbank sein. Das garantiert ein effizientes Arbeiten und stellt die nötige Benutzerakzeptanz sicher.

2.3.4 Einheitliche Benutzeroberfläche

Die Phase der alphanumerischen Bildschirmmasken bei DV-Anwendungen ist in unseren Tagen glücklicherweise vorüber. Die Byte-orientierte Benutzerführung, aufgebaut mit dem erweiterten ASCII-Zeichensatz (Extended American Standard Code for Information Interchange), mutet heutzutage an wie ein Relikt aus grauer Vorzeit. Mit der Entwicklung von graphischen Benutzeroberflächen mit Fenstertechnik und flexiblen Zeigergeräten wie der Maus für die Normalanwendung sowie Puck und Griffel für die Nutzung von Graphik- beziehungsweise Digitalisiertabletts ergeben sich völlig neue Möglichkeiten der Dialogführung. Gleichzeitig mit mehreren Programmen arbeiten zu können (Multitasking), ist benutzerfreundlich und fördert die Produktivität der Anwender. Features wie Menüleiste und dynamisches Pull-down- oder Pop-up-Menü tragen sehr zur Übersichtlichkeit und leichten Erlernbarkeit eines Systems bei.

Anwendungen wie CAD, Tabellenkalkulation oder Textverarbeitung, mit denen etwa ein Benutzer in der Konstruktionsabteilung häufig zu tun hat, gehen nach und nach in Fleisch und Blut über. Der Wiederholungseffekt bringt Lernerfolg und Sicherheit für den Anwender, auch wenn vielleicht die Benutzerführung bei dem ein oder anderen System, das für direkte Tätigkeiten angewandt wird, nicht ganz so optimal gestaltet ist. Bei Programmen, die nicht ständig zum Einsatz kommen, ist diesbezüglich die Akzeptanzschwelle ungleich höher. Das Technische Informationssystem fällt wohl unter diese Kategorie. Der Konstrukteur beispielsweise wird im allgemeinen das TIS weit weniger oft einsetzen als die

CAD-Anwendung. Trotzdem muß er sich im Umgang mit dem System in jeder Situation gut zurechtfinden können, soll er es effizient nutzen. Hier erwartet der Anwender völlig zu Recht eine Benutzeroberfläche, bei der sich auch der gelegentliche Nutzer schnell orientieren kann. Obgleich das Technische Informationssystem nicht permanent gebraucht wird, ist es das *Cockpit* zur Navigation durch die gesamte technische Datenbasis in einem Fertigungsunternehmen. Die Art und Weise, wie seine Anwender damit umgehen, bestimmt wesentlich die Produktivität der ganzen Firma.

Die Benutzeroberfläche ist Schnittstelle zwischen Anwender und System, sie muß daher ergonomisch aufgebaut sein und das kognitive Lernen der Benutzer unterstützen; sie muß gewissermaßen eine Art *kognitive Ergonomie* repräsentieren. Gerade weil ein professionelles PDM-System seinem Nutzerkreis eine sehr umfangreiche und vielfältige Funktionalität offeriert, ist eine homogene Dialogführung unentbehrlich; gleiches Look and Feel bei allen Modulen. Die Einheitlichkeit der Benutzeroberfläche muß auch bei unterschiedlichen Betriebssystemen wie UNIX, Windows etc. gewahrt bleiben, da das TIS normalerweise in einer gewachsenen heterogenen Systemlandschaft genutzt wird. Das PDMS hat gewöhnlich eine sehr ausgedehnte Anwenderschar mit veränderlichen, stark differierenden Verantwortlichkeiten und Aufgaben. Es ist daher wichtig, daß seine Benutzeroberfläche die verschiedenen Privilegien seiner Benutzer berücksichtigt. Das heißt, es dürfen nur Funktionen per Menü aktivierbar sein, für die eine entsprechende Berechtigung vorliegt. Computer-Anwender entwickeln mitunter sehr persönlich geprägte Vorstellungen, wie etwas auszusehen oder abzulaufen hat. Für die spezifische Produktivität des einzelnen ist es oftmals von Vorteil, wenn ihm das System erlaubt, seine individuellen Dialogsequenzen zu definieren. Eine gute Anwendung bietet seinen Nutzern des weiteren eine informative Online-Hilfe mit verknüpften Text- und Graphikelementen (Hyperlinks) an. Und schließlich ist eine mehrsprachige Benutzeroberfläche bei Firmen mit internationalen Standorten ein absolutes Muß.

2.4 Unterstützung der Qualitätssicherung

Der Begriff Qualität ist in den letzten Jahren durch die Offensive ISO 9000-Zertifizierung sehr stark in das öffentliche Bewußtsein gerückt. Unternehmen aller Branchen greifen bei ihrer PR-Arbeit gerne auf die Darstellung ihres Qualitätsmanagements zurück. Damit wollen sie zeigen, daß ihre Produkte und Dienstleistungen einen hohen Qualitätsstandard haben und sie selbstverständlich die gesetzliche Verpflichtung zu Gewährleistung und Produkthaftung erfüllen. So ist es nicht verwunderlich, wenn bei den Kunden der Faktor Qualität mehr und mehr eine kaufentscheidende Rolle spielt.

2.4.1 Qualitätsmanagement

Qualitativ hochwertige Produkte entstehen nicht per Zufall. Qualität muß geplant, organisiert und kontrolliert werden. Es ist notwendig, eine evidente Qualitätspolitik im Unternehmen zu etablieren. Geschäftsleitung und Führungskräfte müssen bei allen Mitarbeitern Verantwortungsbewußtsein für qualitätsorientiertes Handeln schaffen. Ständiges Streben nach Qualität muß im Mittelpunkt aller Aktivitäten stehen. Das erfordert die Definition und Anwendung eines Qualitätsmanagementsystems. Während des Produktentstehungsprozesses darf nichts ohne Absicht geschehen. Dokumentierte Verfahren in Form von Prozeßketten müssen eine gleichbleibende Qualität sicherstellen. Qualitätsmanagement ist ein andauernder Vorgang, der alle Führungs-, Planungs-, Steuerungs- und Überwachungsaufgaben einschließt. In einem QM-Handbuch werden alle bedeutsamen Faktoren wie Beschreibung der Organisation, Arbeits- und Verfahrensanweisungen sowie Richtlinien, Regelwerke, Normen etc. zusammengestellt.

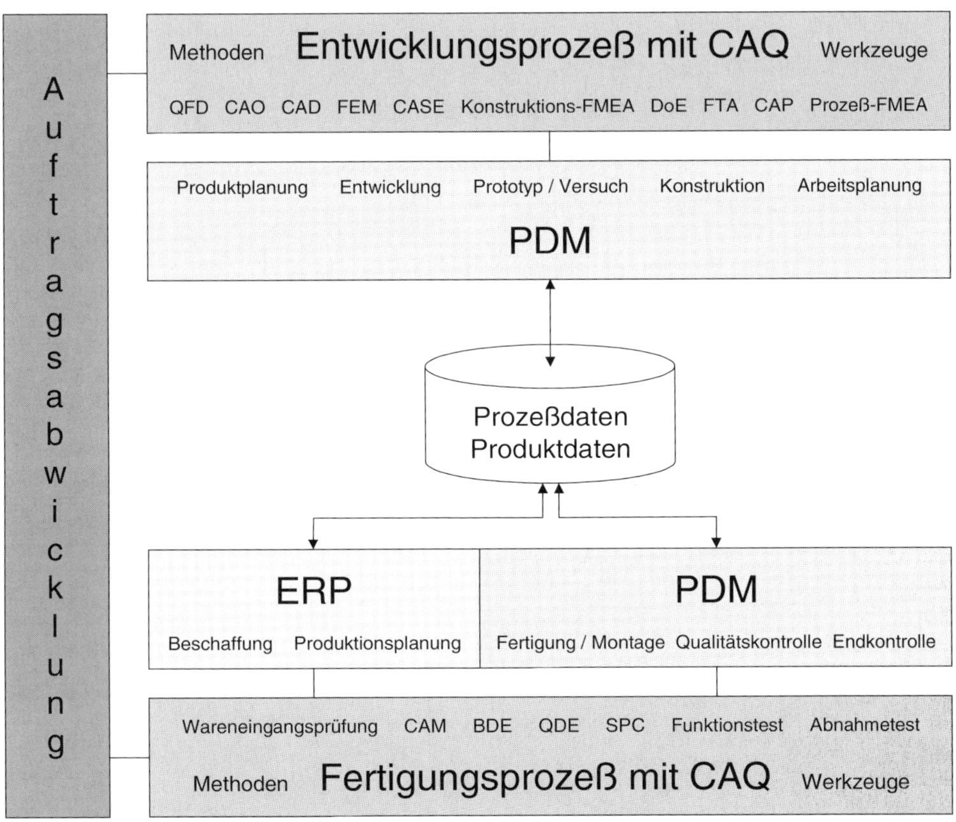

Bild 2-12 Qualitätssicherung mit den integrierten Systemen PDM und ERP

Anhaltende Zufriedenheit der Kunden ist der Beweis für eine gleichbleibend gute Qualität. Das Qualitätsmanagement muß als Instrument der Qualitätssicherung dafür sorgen, daß ein hohes Qualitätsniveau erreicht und beibehalten wird. Die Komponenten Qualitätsplanung, -lenkung und -prüfung sind die Mittel der Qualitätssicherung. Alle drei Elemente der QS erfordern informationstechnische Unterstützung. Das Unternehmen, seine Struktur, seine Prozesse, sein Know-how und seine Qualitätsstrategie müssen auf ein Datenmodell abgebildet und in einer Art Qualitätsdatenbank erfaßt werden.

Eines der maßgeblichen Ziele des Qualitätsmanagements ist, den Produktentstehungsprozeß signifikant zu verbessern. Der Geschäftsprozeß Produktentstehung ist das Kernelement in einem Fertigungsunternehmen. Von der effizienten Gestaltung dieses Vorgangs hängt wesentlich seine Konkurrenzfähigkeit ab. Unter dem Begriff Business Process Reengineering laufen schon seit geraumer Weile Bemühungen, den Produktentstehungsprozeß im Hinblick auf Zeit- und Kosteneinsparung zu optimieren. Mit den gestiegenen Qualitätsanforderungen aus Wettbewerbsgründen einerseits und den Bestimmungen des Produkthaftungsgesetzes andererseits wird die Bedeutung des Faktors Qualität zunehmend größer. Der Geschäftsprozeß Produktentstehung muß um wirksame Qualitätsmethoden und -werkzeuge ergänzt werden, die sowohl den Produktentwicklungs- als auch den Fertigungsprozeß einschließen. Es geht vorrangig darum, die Arbeitsabläufe zu steuern und das Datenmanagement für alle Arbeits- und Prüfergebnisse zu übernehmen. Dies sind gerade die typischen Aufgaben eines Technischen Informationssystems. Wie Bild 2-12 zeigt, ist das PDM-System die informationstechnische Drehscheibe für die integrierte Produktentwicklung. Es ist daher eines der wichtigsten Instrumente des Qualitätsmanagements. Produktfehler entstehen durch Defizite im Informations- und Kommunikationsfluß in allen Phasen der Produktentstehung. Das TIS muß diese Lücken schließen und die definierte Arbeitsablaufsteuerung gemäß dem Prozeßmodell im QM-Handbuch vollständig bewerkstelligen. Es muß entsprechend den Prozessen und dem Einsatz der Engineering-Systeme (CAx, FEM, FMEA, FTA etc.) nach und nach das Produktmodell aufbauen und dabei alle Aktionen fortlaufend protokollieren. So entsteht ganz nebenbei automatisch eine Nachweisführung über alle vollzogenen Arbeitsschritte einschließlich aller Qualitätsprüfungen. Die Qualitätsdaten aus der operativen Ebene fließen in der *Qualitätsdatenbank* PDMS zusammen. In Verbindung mit einem Management-Informationssystem (Data Warehouse) lassen sich diese extrahieren, verdichten und für langfristige Analysen nutzen, die wiederum der kontinuierlichen Qualitätsverbesserung dienen.

In einem interdisziplinär organisierten Team, das mit einem Concurrent-Engineering-Konzept arbeitet und eine PDM-Lösung nutzt, können Fehler früh erkannt und hohe Folgekosten vermieden werden. Der Geschäftsprozeß Produktentstehung muß für alle Beteiligten jederzeit transparent sein. Jeder im Team muß voll in das Projekt eingebunden sein, muß wissen, wer, was, wann zu tun hat oder wer, was, warum, wann geändert hat. Das schafft Motivation und Verantwortungsbewußtsein. Auch Partnerfirmen und Lieferanten sollten in das Prozeßmodell einbezogen werden. Concurrent Engineering ist ein probates Mittel, um die Produktqualität zu steigern, darüber hinaus sogar eine implizite Null-Fehler-Strategie. Das Technische Informationssystem mit seiner Basisfunktionalität Prozeß- und Datenmanagement muß dazu die IT-Unterstützung liefern. Bei solchermaßen praktiziertem Qualitätsmanagement sind Qualitätsverbesserung und -sicherung kein Widerspruch zu den Unternehmenszielen Zeit- und Kostenminimierung. Ganz im Gegenteil, intelligente Qualitätsmethoden und -werkzeuge wie CE und PDMS machen Qualität reproduzierbar und haben eine sehr positive Wirkung auf die Faktoren Zeit und Kosten.

Zu einem umfassenden Qualitätsmanagement (Total Quality Management) im Produktionsunternehmen gehört die Qualitätsprüfung im Fertigungsprozeß. Die Qualitätssicherung muß den gesamten Materialfluß vom Eingang der Rohteile, Halbzeuge und Fertigteile bis zur Auslieferung des Endprodukts begleiten. Im Rahmen der Beschaffung wird entweder eine Endkontrolle direkt beim Zulieferer oder eine Wareneingangsprüfung im Haus vorgenommen. Das ERP-System ist das informationstechnische Werkzeug für Beschaffung und Produktionsplanung und unterstützt diese Vorgänge (Bild 2-12). Es muß so zeitig wie möglich die realisierten Daten (Stücklisten, Zeichnungen, Arbeitspläne etc.) von Produktentwicklung und Arbeitsplanung aus der PDM-Datenbasis erhalten.

Um eine gleichbleibende Fertigungsqualität mit geringen Streuungen zu erzielen, sind die kontinuierlichen Maßnahmen Qualitätslenkung und -prüfung erforderlich. Die Fertigungsprüfung erfolgt entweder während der Bearbeitung der einzelnen Arbeitsschritte direkt an der Werkzeugmaschine oder im Anschluß daran mit speziellen Meßeinrichtungen, zum Beispiel einer Koordinaten-Meßmaschine. Bei diesem Teil der Qualitätssicherung entstehen zum einen sehr viele Prüfdaten, die zu verwalten und auszuwerten sind, und zum anderen existiert eine Vielzahl von Prüfplänen, Prüfmittel, Prüfanweisungen usw., die ein einheitliches Prüfmittelmanagement notwendig machen. Das Technische Informationssystem sollte hier den Fertigungsprozeß unterstützen; PDMS sollte ein wesentlicher Bestandteil der TQM-Umgebung sein (Bild 2-12). Prüfdaten bzw. Prüfprotokolle sind der Nachweis dafür, daß Bauteile für das Produkt eines Kundenauftrags oder für das Fertigungslos einer Produktcharge bezüglich ihrer Prüfmerkmale die Qualitätsanforderungen erfüllen. Prüfprotokolle belegen, daß im Fertigungsprozeß die Resultate der Produktentwicklung innerhalb tolerierbarer Grenzen materialisiert worden sind. Der Prüfauftrag mit Prüfanweisung und -protokoll ist Teil der Dokumentation des Produktentstehungsprozesses. Dieser wird durch die elektronische Produktakte bzw. das virtuelle Produktmodell repräsentiert. Um eine vollständige digitale Dokumentenmappe für das Erzeugnis zu bekommen, muß die Prüfdokumentation des Fertigungsprozesses mit der Produkt- und Produktionsdokumentation des Entwicklungsprozesses verknüpft werden. Dazu ist es notwendig, daß das PDM-System in der Lage ist, auch das Prüfdaten- und Prüfmittelmanagement zu übernehmen.

2.4.2 Produkthaftung

Das Produkthaftungsgesetz verpflichtet die Produzenten, zum Schutz der Verbraucher und Anwender unter anderem folgende Punkte zu berücksichtigen:

- Die Historie sicherheitsrelevanter Bauteile muß lückenlos nachvollziehbar sein.
- Die Produktentstehungsdokumentation muß mindestens zehn Jahre lang aufbewahrt werden.
- Mindestens zehnjährige Produktbeobachtung, verbunden mit der Verpflichtung zur Rückrufaktion bei einer möglicherweise gefährdenden Produktreihe.

Das bedeutet, ein Produktionsunternehmen muß imstande sein, den relativ komplexen Vorgang der Produktentstehung für seine Erzeugnisse vollständig zu dokumentieren. Alle Arbeitsschritte und die daraus resultierenden Arbeitsergebnisse müssen zu einer reproduzierbaren Informationseinheit zusammenfließen. Das gilt nicht nur für die gesamte Herstellungsphase, sondern darüber hinaus für die gesamte Nutzungsdauer bis zur Stillegung beziehungsweise bis zum Recycling. Die Produktverantwortung des Herstellers erstreckt sich von der Inbetriebnahme über den ganzen Produktlebenszyklus. So verpflichtet das PHG den Produzenten dazu, den Einsatz eines Erzeugnisses mindestens zehn Jahre zu beobachten. Bei Auftreten sicherheitsrelevanter Mängel müssen konstruktive Änderungen am Produkt vorgenommen und durch Rückrufaktion oder im Rahmen turnusmäßiger Wartungsarbeiten ausgeführt werden. Die Modifikationen am Produkt (geänderte Zeichnung, geänderter Werkstoff etc.) müssen zwecks Nachweisführung in die elektronische Produktakte einfließen.

Die Anforderungen des Produkthaftungsgesetzes sind nicht ohne Technisches Informationssystem zu erfüllen. Hunderte oder gar Tausende von Zeichnungen, Schaltplänen, Berechnungsprotokollen, Arbeits-, Prüf- und Montageplänen, NC-Programmen und weiteren Dokumenten sind samt ihrer Historie mit Bezug zu den Artikelstammsätzen zu verwalten. Vor allem Unterlagen wie Zeichnungen, die von besonderer Bedeutung für den Qualitätsnachweis sind, müssen parallel zum nativen CAD-Format in einem neutralen Raster- oder Vektorformat abgelegt werden, um sicherzustellen, daß sie auch noch nach Jahren visualisierbar oder reproduzierbar sind. Für die wesentlichen Elemente der Qualitätsdokumentation müssen alle jemals freigegebenen Versionen verfügbar sein. Fragen, bis zu welchem Zeitpunkt welche Dokumentenversionen gelten oder galten oder wann und warum bestimmte Produktänderungen vorgenommen wurden, muß das PDM-System zuverlässig und schnell beantworten können. Das TIS muß in der Lage sein, die digitale Unterlagenmappe eines Produkts mit Fertigungs-, Montage-, Qualitäts- und Servicedokumenten für einen definierten Auslieferungsstand aufzubauen und jederzeit abrufbar zu machen. Zudem sollte es eine lückenlose Prozeßdokumentation unterstützen und speziell den Freigabe- und Änderungsablauf kontrollieren.

Die gesetzlichen Bestimmungen zu erfüllen, ist ein wesentliches Ziel aller Bemühungen um die Qualitätssicherung in einem Fertigungsunternehmen. Noch wichtiger ist aber, die langfristige Kundenzufriedenheit sicherzustellen. Mit Hilfe des PDM-Systems sollte es möglich sein, eine Art IT-gestütztes Beschwerdemanagement einzurichten. Hiermit könnten Informationen, die durch regelmäßige Kundenbefragung oder durch Kundenbeschwerden eingehen, gesammelt, ausgewertet und unter anderem für die Produktpflege herangezogen werden. Ein Standardprozeß für Reklamationen sollte für eine einfache Handhabung des Beschwerdemanagements sorgen. Via Internet über die Home-Page des Produktherstellers könnte der Kunde seine Probleme rund um die Uhr online mitteilen.

3 Prinzip und Arbeitsweise von Produktdatenmanagement

Produktdatenmanagement ist ein Gebiet der Informationstechnik, das in den nächsten Jahren erheblich an Bedeutung gewinnen wird. Vor allem Fertigungsunternehmen, aber auch Engineering-Dienstleister werden ohne PDM mittel- und langfristig kaum mehr wettbewerbsfähig sein. Der Herstellungsprozeß für die Fertigungsunterlagen dauert heute schon meist zu lange und ist oft zu teuer. Viele Firmen setzen auf hochmoderne datentechnische Entwicklungswerkzeuge. Der Erfolg im Hinblick auf Zeitersparnis und Kostensenkung stellt sich dennoch selten im erwünschten Umfang ein. Die einzelnen Arbeitsschritte werden zwar mit Anwendungssystemen produktiv ausgeführt, doch ihre zeitliche Koordination muß ohne Systemunterstützung auskommen. Der Produktentwicklungsprozeß läuft größtenteils ohne geschlossenes Informations- und Kommunikationsnetzwerk. Das führt zwangsläufig zu Mißverständnissen, Fehlern und einem schlechten *Prozeßwirkungsgrad.*

Das Fertigungsunternehmen braucht zur Verbesserung dieser Situation informationstechnische Unterstützung für die Produktentwicklung und den gesamten Produktentstehungsprozeß. Für die Produktionsplanung und teilweise für die Produktionssteuerung wird gewöhnlich eine PPS/ERP-Lösung eingesetzt. Dieses Kommerzielle Informationssystem ist seit Jahrzehnten die Standardsoftware für Materialwirtschaft, Produktionsplanung, Absatzwirtschaft, Finanzwesen, Controlling, Personalwirtschaft und anderes. Ein Technisches Informationssystem für die Bereiche Produktplanung und -entwicklung, Berechnung und Simulation, Versuch und Erprobung, Betriebsmittelkonstruktion und Arbeitsplanung, Fertigung und Montage, Qualitätsprüfung etc. war lange Zeit nicht verfügbar. Diese Lücke wird nun mit dem Ansatz Produktdatenmanagement geschlossen. Das Prinzip von PDM ist, die CAx-Informationsinseln zu verknüpfen und die Produktentwicklung mit vollkommen rechnergesteuerten Prozessen zu realisieren, durch die Schritt für Schritt ein virtuelles Produktmodell entsteht, das alle produkt- und produktionsbeschreibenden sowie produktionssteuernden Daten enthält. Die Integration von Technischem und Kommerziellem Informationssystem macht den gesamten Produktentstehungsprozeß informationstechnisch ablaufbar und ist das Fundament für eine CIM-Lösung (Bild 3-1). Mit dem Aufbau des virtuellen Produktmodells schafft das Produktdatenmanagement einen digitalen Informationskomplex, der ein Erzeugnis in all seinen Produktlebensphasen, von der Planung bis zur Verschrottung, vollständig und immer aktuell beschreibt.

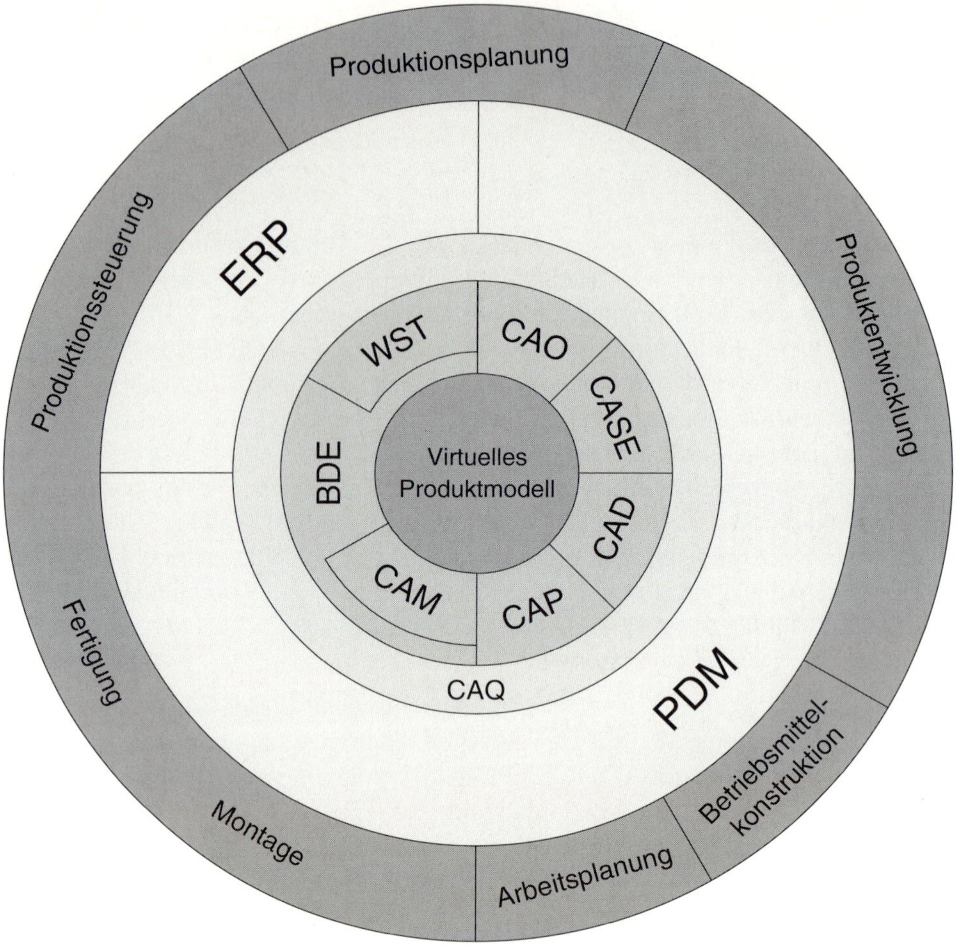

Bild 3-1 Produktdatenmanagement ist Kernbaustein des CIM-Konzepts

Die Wurzeln des Produktdatenmanagements reichen zurück auf das Bemühen, CAD-Zeichnungen zu verwalten. Schon bald nach dem produktiven Einsatz der ersten CAD-Anlagen wurde deutlich, daß die relativ schnell wachsende Anzahl digitaler CAD-Dokumente dringend ein Managementwerkzeug brauchte. So entstanden die ersten Zeichnungsverwaltungssysteme, anfangs auf File-Basis, später als Datenbankanwendung. Mit dem weiteren Siegeszug der Datentechnik und der steigenden Durchdringung der Fertigungsunternehmen mit Anwendungssystemen aller Art entstand der Bedarf, digitale Dokumente verschiedener Erzeugersysteme mit einem einzigen Datenmanagement-Tool zu handhaben. Im CAD-Bereich kam von den Anwendern der Wunsch nach Unterstützung der teileorientierten Produktmodellierung hinzu. Voraussetzung dafür waren CAD-Bibliotheken mit Norm- und Standardteilen. Für deren praktische Nutzung benötigte man Teilemanagementsysteme, die Klassifikation und Sachmerkmal-Leisten beherrschten. Zudem kamen mit der Zeit Probleme auf, den ausgedehnten DV-Einsatz in Entwicklung und Konstruktion zu koordinieren. Dadurch wurden Ansätze zur DV-technischen Arbeitsablaufsteuerung entwickelt. Auf diese Weise entstanden nach und nach die Komponenten eines Technischen Informationssystems für das Daten- und Prozeßmanagement. Im internationalen Sprachgebrauch hat sich dafür der Begriff Produktdatenmanagement (engl.: PDM, Product Data Management) durchgesetzt. Als weitere Ausdrücke bzw. Synonyme für PDM werden vor allem von Systemanbietern

- EDM Engineering Data Management,
- EPDM Enterprise Product Data Management,
- PDM II Product Development Management,
- VPDM Virtual Product Development Management,
- PIM Product Information Management,
- TIM Technical Information Management,
- EDB Engineering Database,
- PDV Produktdatenverwaltung

verwendet.

3.1 Grundlegende Merkmale

Produktdatenmanagement ist der Ansatz, ein Fertigungsunternehmen im Hinblick auf den Produktentstehungsprozeß mit einem Datenmodell abzubilden. Ziel ist es, die kompletten Fertigungsunterlagen für ein Erzeugnis mit einer informationstechnischen Integrationslösung herzustellen. Auf diesem Ansatz aufgebaute PDM-Systeme sind modulare Software-Lösungen zur Steuerung aller Arbeitsprozesse und zur Verwaltung der dabei entstehenden oder zu ändernden Daten und Dokumente.

Das PDMS ist in der Regel ein objektorientiertes IT-System; es handhabt alle Informationen als definierte Dateneinheit. Ob Zeichnung, Projekt oder Prozeß, jedes Informationsgebilde wird durch ein Objekt repräsentiert. Die wesentlichen Funktionen eines PDM-Systems sind die Daten- und Dokumentenverwaltung, das Prozeßmanagement und die Integration der Anwendungssysteme. Die Fähigkeit, beliebige Anwendungen per Prozeß- oder Datenschnittstelle zu integrieren, ist die Grundlage für alle weiteren Einsatzmöglichkeiten. Das PDMS verwaltet zum einen die Dokumente der angeschlossenen Applikationen und verteilt zum anderen bei Bedarf die Daten wieder an die entsprechenden DV-Systeme, wobei die aktuellen Zugriffsrechte der Benutzer berücksichtigt werden. Das Prozeßmanagement dient zur Steuerung der technischen Arbeitsorganisation. Die PDM-Technologie bietet Mittel, um sowohl eher statische, über einen längeren Zeitraum gleichbleibende Geschäftsvorgänge wie Änderungs- und Freigabeprozesse als auch dynamisches Geschehen wie projektspezifische Produktentwicklung zu definieren, zu verwalten und nach Belieben zu nutzen. Eine gute PDM-Lösung unterstützt beides. Damit es in der Praxis angewandt werden kann, muß die Unternehmensorganisation produkt- und teamorientiert strukturiert sein.

3.1.1 Datenmanagement

Die Verwaltung von Produktinformationen und anderen Geschäftsdaten ist einer der Kernpunkte des PDM-Konzepts. Produktinformationen bestehen aus Stammdaten und diversen Dokumenten. Ein Dokument kann jede beliebige Datei oder jedes beliebige Papierschriftstück sein. Zur Repräsentation von Produktunterlagen gibt es das Geschäftsobjekt (Business Object) und das Datenobjekt (Data Object). Mit einem Geschäftsobjekt lassen sich Dinge wie Teil/Baugruppe, Projekt, Kunde usw. abbilden oder Informationen zu organisatorischen Zwecken definieren. Das Datenobjekt wird gebraucht, um Dateien (Files) oder Verzeichnisse (Directories) kontrollieren zu können. Es besteht aus einem Datensatz, der die Datei oder das Verzeichnis beschreibt, und dem Verweis auf deren/dessen Lage im Rechnernetzwerk. Ein Datenobjekt setzt sich aus zwei Teilen zusammen, den beschreibenden Attributen (Metadaten) und der Datei beziehungsweise dem Verzeichnis (Physische Daten). Geschäftsobjekte und die Metadaten der Datenobjekte werden von einem Datenbankmanagementsystem (DBMS) verwaltet, das vom PDMS kontrolliert wird. Durch ein Relationsobjekt lassen sich Geschäfts- und Datenobjekte zu einer logischen Einheit (z.B. Zeichnung) verknüpfen (Bild 3-2).

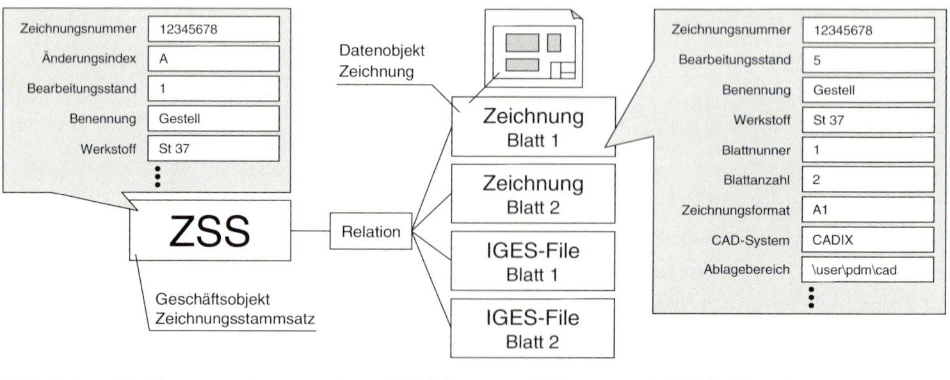

Bild 3-2 Zeichnungsstammsatz mit Zeichnungsblättern und IGES-Dateien

Wie Bild 3-2 zeigt, ist im PDM-Konzept eine Zeichnung mindestens aus dem Zeichnungsstammsatz (ZSS) und einem Zeichnungsblatt aufgebaut. Das ZSS-Objekt ist der Metadatensatz für das Dokument Zeichnung. Ein Geschäftsobjekt, das dem Datenmanagement dient, hat neben anderen Attributen in der Regel eine Identifikationsnummer, einen Änderungsindex (Versionsnummer, Revision etc.) und einen Bearbeitungsstand. Die Identifikationsnummer, im Falle des ZSS-Objekts ist es die Zeichnungsnummer, sollte nach Möglichkeit eine fortlaufende Zählnummer, eventuell mit Prä- und/oder Suffix, sein, die von einem Nummerngenerator erzeugt werden kann. Versionsnummer und Bearbeitungsstand sind alphanumerische Zeichen oder Zeichenketten. Die Versionsnummer wird nach der Anlage des Zeichnungsstammsatzes auf den Anfangswert gesetzt (z.B. Version A). Nach jeder Änderung (Revision) erhöht sich der Index (z.B. Version B). Das Attribut Bearbeitungsstand kennzeichnet den Arbeitsfortschritt vor der Freigabe eines Objekts. Damit kann der Anwender seine Zwischenstufen festhalten und ggf. auf einen früheren Stand zurückgreifen.

Zu einer Zeichnung können beliebig viele Datenobjekte gehören. In der Praxis bestehen Zeichnungen häufig aus mehreren Zeichnungsblättern, Raster- oder Vektordarstellungen, Textbeschreibungen, Tabellen, Diagrammen und anderen Dokumenten. Das Datenobjekt Zeichnung umfaßt einen Metadatensatz und die zu verwaltende CAD- oder Papierzeichnung. Der Zeichnungsstammsatz ist das führende Objekt bei der Verwaltung einer Zeichnung. Die für alle Datenobjekte geltenden Attribute wie Zeichnungsnummer oder Benennung werden vom Geschäftsobjekt Zeichnungsstammsatz dynamisch übernommen, das heißt, bei der Ablage eines Datenobjekts CAD-Zeichnung oder IGES-File muß bzw. kann der Anwender diese Attribute aus Konsistenzgründen nicht eingeben, die zugehörigen Felder sind gesperrt. Im Gegensatz dazu müssen die spezifischen Attribute des Zeichnungsobjekts wie Blattnummer, Zeichnungsformat oder CAD-System vom Anwender oder noch besser vom PDM/CAD-Interface kommen. Der Ablageort im File-System für das CAD-Dokument oder eine andere Datei kann aus einer vordefinierten Liste ausgewählt werden. Zur Prüfung oder nach der Freigabe verlagert das PDM-System die physischen Daten automatisch in die dafür vorgesehenen Ablagebereiche. Die Zeichnung bleibt im File-System, kommt also nicht in eine Datenbank. Dieses Prinzip gilt nicht nur für die Zeichnungsverwaltung, sondern generell für alle Arten von Dokumenten.

Damit Geschäfts- und Datenobjekte bezüglich Datensicherheit und -qualität zu jeder Zeit problemlos gehandhabt werden können, nutzt PDM ein spezielles Konzept zur Datenhaltung, das die Anwender und ihre Rollen in einem Team oder Projekt berücksichtigt. Ein elektronischer Tresor schützt die Metadaten der Geschäfts- und Datenobjekte in der Datenbank (Vault) und die Dateien oder Verzeichnisse der Datenobjekte im File-System (Vault-Location), wie Bild 3-3 zeigt. Vault und Vault-Location sind Organisationsobjekte für das Management der Geschäfts- und Datenobjekte, die nicht mehr im Besitz eines Anwenders sind und etwa im Archiv liegen. Ein Vault kann eine physische Datenbank auf einem Server einschließen oder eine auf mehrere Maschinen verteilte logische Datenbank umfassen. Zur Verwaltung eigener Daten und Dokumente, vor den Etappen Prüfung und Freigabe, benötigt der Benutzer Pendants zu Vault und Vault-Location; es sind dies Workspace und Work-Location.

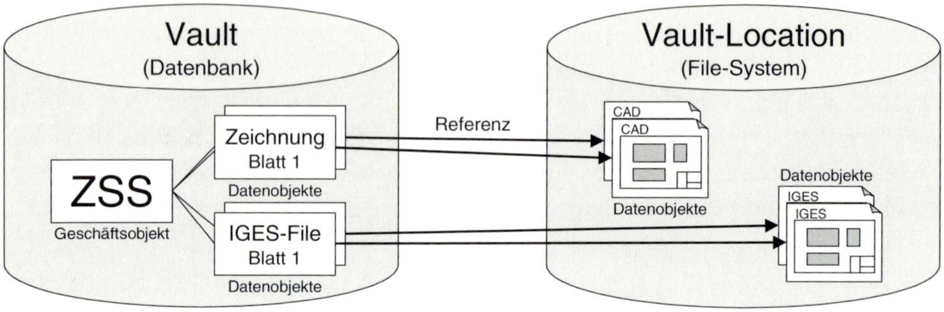

Bild 3-3 Dokumentenverwaltung mit Vault und Vault-Location

Zu einem Vault können mehrere Vault-Locations gehören (Bild 3-4). Das gleiche gilt für Workspace und Work-Location. Ein Archiv-Vault kann beispielsweise separate Vault-Locations zur Verwaltung von CAD-Zeichnungen, NC-Programmen oder CAQ-Prüfprotokollen haben. Für das Einrichten und die Pflege von Vaults und Vault-Locations sowie von Workspaces für die Anwender ist ausschließlich der Systemadministrator zuständig. Jeder PDM-Nutzer (User) erhält seinen persönlichen Arbeitsraum. Ein User ist berechtigt entsprechend seiner Anforderungen beliebig viele Work-Locations einzurichten. Vault- und Work-Locations können auf mehrere Rechner verteilt werden.

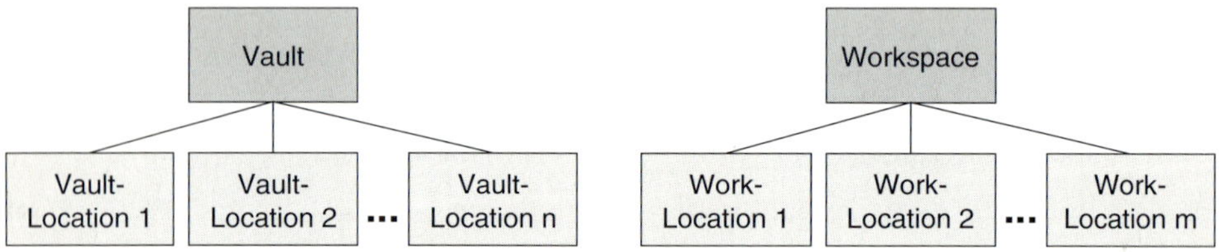

Bild 3-4 Datenmanagementobjekte für die Organisation und den Einzelnen

Bevor ein Anwender seine Dokumente in einer Vault- oder Work-Location ablegen kann, sind einige Administrationsobjekte zu erzeugen. Das PDM-System muß wissen, welche Rechner in das Datenmanagement einbezogen werden sollen. Jede Maschine ist als Host-Objekt zu registrieren, unabhängig davon, ob sie als Client oder Server fungiert. Des weiteren benötigt das PDMS die Information, welche Festplattenbereiche (File System Areas) der involvierten Rechner es als Vault- oder Work-Locations nutzen soll. Ein Rechner kann mehrere Festplattenbereiche haben, oder eine Gruppe von Maschinen teilt sich einen oder mehrere gemeinsame Festplattenbereiche. Damit ein Anwender als PDM-Nutzer Daten auf einem PDM-Rechner anlegen darf, muß er eine Berechtigung für diesen Computer haben. Nur wenn er diese besitzt, ist er in der Lage, Vault- oder Work-Locations auf diesem Rechner zu erzeugen. Ein User kann für mehrere PDM-Maschinen über eine derartige Berechtigung verfügen (Bild 3-5). Die Zugriffsrechte für eine Vault- oder Work-Location legt der Erzeuger fest. Übliche Aktionen, für die eine Erlaubnis definiert wird, sind Lesen, Schreiben, Suchen, Löschen und Ausführen. Eine Bewilligung für diese Aktionen können der Benutzer, die Gruppe(n) des Benutzers oder alle anderen Anwender erhalten. Es muß möglich sein, die PDM-Privilegien auf den Zugriffsschutz des Betriebssystems abzubilden. Im Falle der Vaults und Workspaces gilt das entsprechend für das Datenbankmanagementsystem.

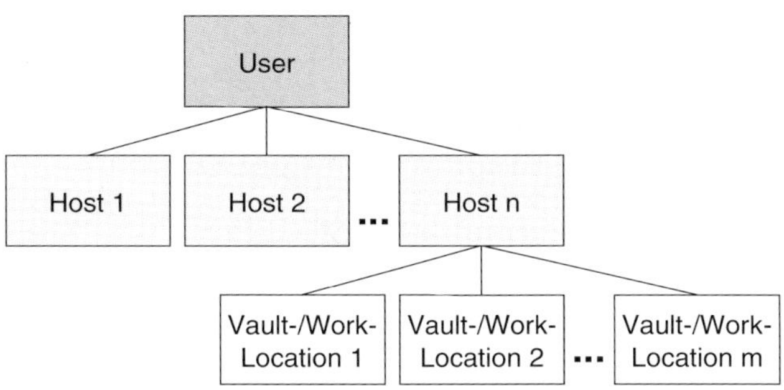

Bild 3-5 Zusammenhang zwischen Anwender, Rechnern und Ablagebereichen

PDM nutzt zur Daten- und Dokumentenverwaltung noch eine Reihe weiterer Organisationsobjekte. Ein zentrales Objekt ist hierbei das Projekt. Es ist zum einen eine Art Sammelmappe für alle Daten und Dokumente, die bei einem Vorhaben wie Produktentwicklung oder Auftragsabwicklung entstehen, und zum anderen vereinfacht es die Zugriffskontrolle für alle Objekte, die während seiner Bearbeitung erzeugt oder geändert werden. Für den zweiten Aspekt gibt es neben dem Objekt User die Objekte Gruppe und Rolle. Eine Gruppe ist ein Pool von Usern, wobei ein User Mitglied in mehreren Gruppen sein kann (Bild 3-6). Die Rolle repräsentiert eine Aufgabe in einem Projekt. Eine Rolle (z.B. Projektleiter) kann, verknüpft mit denselben oder verschiedenen Usern oder Gruppen, an unterschiedliche Projekte zugewiesen werden. Mit anderen Worten, ein User oder eine Gruppe kann eine oder mehrere Rollen in einem oder mehreren Projekten ausüben (Bild 3-7). Typische Rollen im Fertigungsunternehmen sind Projektleiter, Prüfer oder Entwickler beziehungsweise Konstrukteur.

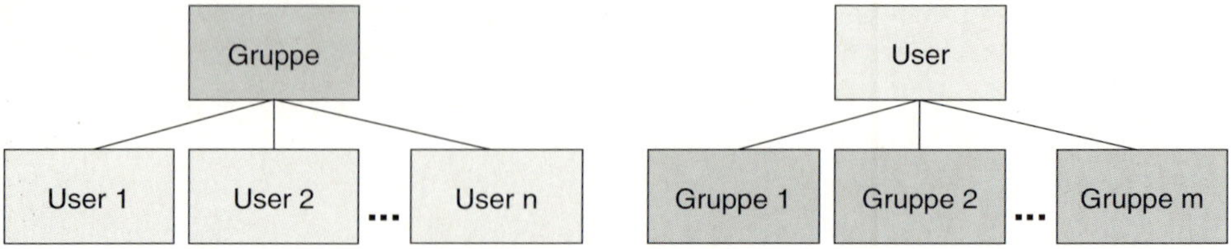

Bild 3-6 Organisation von Benutzern und Benutzergruppen

Einem User, einer Gruppe oder einer Rolle können bestimmte Benutzerrechte oder -möglichkeiten erteilt werden. Benutzerrechte, die direkt mit einem User oder einer Gruppe verbunden sind, wirken sich nicht auf Projekte aus. Sollen Benutzerrechte projektbezogen sein, sind diese an Rollen zuzuweisen, die wiederum eine Beziehung zum Projekt haben müssen. Dieses Prinzip hat für die Systemadministration erhebliche Vorteile. Wenn Gruppen oder Rollen die Eigentümer von Funktionsprofilen mit definierten Benutzerrechten sind, ist es sehr einfach, Benutzer auszutauschen. Tritt beispielsweise im dringenden Kundenprojekt Müller der Fall ein, daß der Konstrukteur Schulze wegen Krankheit ausfällt, muß der Administrator nur den Kollegen Meier, der für Schulze kurzfristig einspringen soll, mit der Rolle Konstrukteur verknüpfen. Der PDM-Benutzer Meier verfügt damit über alle Zugriffsrechte, die er für seine Arbeit als Konstrukteur im Projekt Müller braucht.

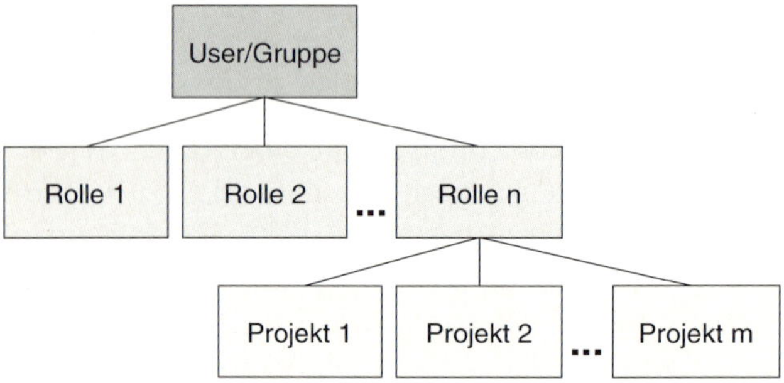

Bild 3-7 Zusammenhang zwischen User/Gruppe, Rollen und Projekten

Um die Definition von Funktionsprofilen (Rollen) zu vereinfachen, kann es sinnvoll sein, mit einer hierarchischen Rollenstruktur zu arbeiten. Hierbei wird mit der Festlegung der untersten Stufe, die die wenigsten Rechte bekommt, begonnen. Die nächsthöhere Hierarchiestufe erhält zusätzliche Benutzerrechte und so weiter. Ein neues Funktionsprofil muß nicht von Grund auf neu definiert werden, es kann auf einer bereits bestehenden Rolle mit bestimmten Benutzerrechten aufbauen (Bild 3-8).

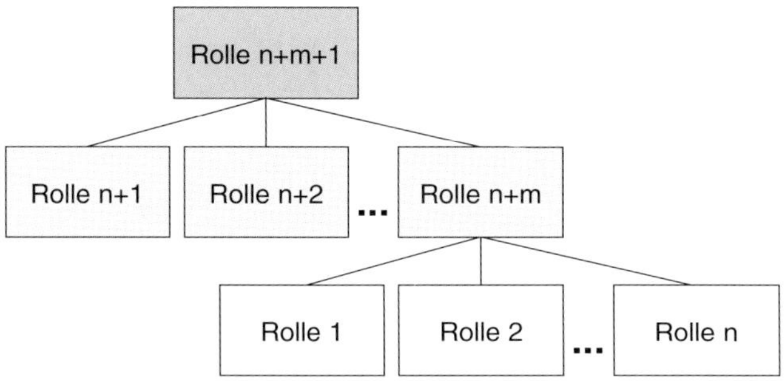

Bild 3-8 Hierarchische Rollenstruktur

Das Berechtigungsmanagement für die Benutzer bewältigt PDM mit Hilfe von Regeln. Diese lassen sich den Objekten User, Gruppe, Rolle, Vault- oder Work-Location zuordnen (Bild 3-9). Regelobjekte können sehr unterschiedlich aufgebaut sein und steuern etwa

- den dynamischen Menüaufbau (selektierbare Funktionen),
- welche Aktionen auf welche Objekte einer Klasse und deren Attribute ausgeführt werden dürfen (z.B. darf ein Prüfer Zeichnungsobjekte nur sichten),
- den Zugriff auf Workspaces und Vaults (z.B. Berechtigung für das Archiv),
- wo Dateien oder Verzeichnisse gespeichert werden, wenn sie einem bestimmten User-Workspace oder Projekt-/Archiv-Vault gehören,
- die Erlaubnis für den Transfer von Datenobjekten in eine Vault- oder Work-Location (z.B. beim Übergang vom Prüfbereich zum Archiv),
- die Verteilung von Informationen (z.B. Benachrichtigung über Projektstatus), wenn jemand eine bestimmte Aktion ausführt oder ausgeführt hat.

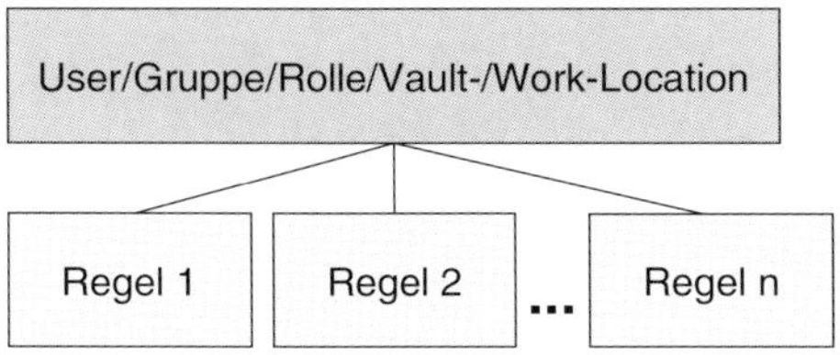

Bild 3-9 Regelobjekte und ihre mögliche Verknüpfung zu Organisationsobjekten

Jede Regel repräsentiert eine oder mehrere Bedingungen, die erfüllt sein müssen, damit das PDM-System ein bestimmtes Benutzerrecht erteilt. Bedingungen sind logische Ausdrücke, wie sie in allen gängigen Programmiersprachen zu finden sind. Gewöhnlich werden sie vom Systemadministrator definiert und den Regelobjekten zugeordnet. Ein Regelprozessor wertet die Bedingung einer Regel zur Laufzeit aus. Ist eine Bedingung logisch wahr (TRUE), führt das PDMS die angestoßene Aktion des Benutzers aus, ist sie logisch nicht wahr (FALSE), bricht das System mit einer Fehlermeldung ab. Regeln dürfen nicht widersprüchlich definiert sein, d.h., eine Regel darf nicht die bereits erteilte Erlaubnis einer anderen Regel wieder aufheben. Soll ein Benutzerrecht entzogen werden, ist die Regel bzw. Bedingung zu ändern.

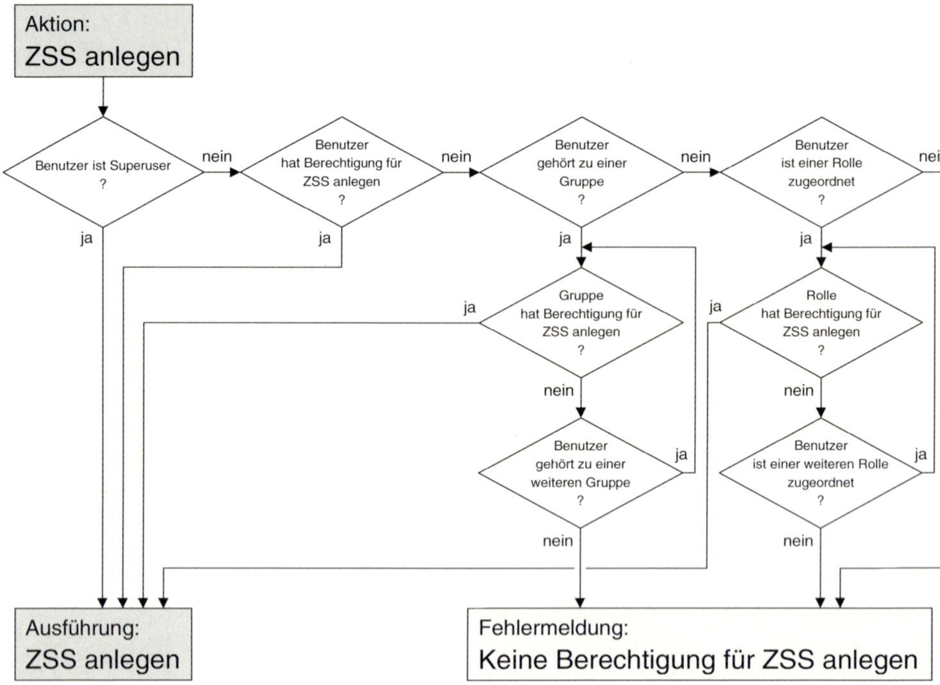

Bild 3-10 Prinzip der Berechtigungsprüfung

In Bild 3-10 ist die Berechtigungsprüfung zur Anlage eines Geschäftsobjekts Zeichnungsstammsatz zu sehen. Ist der Benutzer sogenannter Superuser, darf er grundsätzlich alles. Andernfalls braucht er für jede Aktion eine Berechtigung. Um beispielsweise einen Zeichnungsstammsatz anlegen zu können, ist eine Erlaubnis zum Erzeugen von Objekten der Klasse ZSS erforderlich. Ist diese nicht gegeben, kann es möglich sein, daß ein Benutzer einer Gruppe angehört, die über eine entsprechende Berechtigung verfügt. Trifft auch das nicht zu, muß geprüft werden, ob der User mit einer Rolle verknüpft ist, die das Recht hat, ein ZSS-Objekt anzulegen. Wenn das ebenso nicht der Fall ist, besteht für den Benutzer keine Möglichkeit, das betreffende Objekt zu erzeugen.

3.1.2 Prozeßmanagement

Das Datenmanagement ist die erste tragende Säule des Prinzips von PDM. Es übernimmt die *Massendaten*-Verwaltung im Fertigungsunternehmen unter Beachtung von Datensicherheit und -qualität. Das zweite Kernelement der PDM-Technologie ist das Prozeßmanagement, häufig auch als Workflow-Management bezeichnet. Es hat die Aufgabe, die technischen Arbeitsabläufe (Prozesse) zu steuern und jederzeit nachvollziehbar zu machen. Prozeßmanagement soll die Zusammenarbeit von allen am Produktentstehungsprozeß beteiligten Personen verbessern und dadurch die Produktivität insgesamt anheben. Informations- und Datenverteilung geschehen nicht mehr auf Zuruf und mittels Hauspost, sondern per Mail-Funktion im Rechnernetzwerk. Lücken im Informationsfluß werden so vermieden und lange Transport- und Liegezeiten von Arbeitsdokumenten unterbunden. Das Prozeßmanagement verteilt nicht nur Informationen und Arbeitsaufträge an die involvierten Mitarbeiter, es übernimmt auch die aktive Steuerung von Tätigkeiten wie Erzeugen, Ändern und Nutzen von Daten und Dokumenten. Daten- und Prozeßmanagement arbeiten Hand in Hand. Mit jedem Prozeßschritt wird das elektronische Produktmodell sukzessive komplettiert. Das Workflow-Management ist ein übergeordnetes Organsiationswerkzeug, das einzelne Geschäftsabläufe steuern kann und darüber hinaus imstande ist, diese in eine prozeßübergreifende Ablaufplanung einzubeziehen.

Die produktive Nutzung der PDM-Komponente Prozeßmanagement setzt voraus, daß die realen Verhältnisse eines technischen Arbeitsablaufs in einem Prozeßmodell abgebildet werden. Zuerst ist die Prozeßstruktur mit allen erforderlichen Prozeßschritten festzulegen. Die Prozeßstruktur beschreibt die logische Abfolge der Prozeßschritte bei erfolgreicher und nicht erfolgreicher Ausführung. Jeder Prozeßschritt repräsentiert eine bestimmte Funktion respektive Aktivität. Übliche Funktionen des Workflow-Managements sind der Arbeitsauftrag, die Benachrichtigung, die Prüfung, die Bedingung und der Systemauftrag. Beim Übergang von einem Prozeßschritt zum nächsten ändern sich im Normalfall Status und Ablageort der Objekte, die durch den Prozeß geschleust werden. Die Funktion Arbeitsauftrag kann zum Beispiel für die Änderung einer Zeichnung oder das Erstellen eines Festigkeitsnachweises stehen. Die Benachrichtigung wird benutzt, um einen definierten Kreis von PDM-Anwendern automatisch über ein Ereignis wie der Verlagerung von Zeichnungen in den Archiv-Vault zu unterrichten. Die

Prüffunktion zeigt an, daß ein autorisierter Prüfer etwa eine Zeichnung auf Richtigkeit untersuchen soll. Er kann sie anschließend freigeben oder bei Fehlerhaftigkeit zum Konstrukteur zurückschicken. Die Bedingung ist eine Funktion, mit der in einem Prozeßschritt ein bestimmter Zustand kontrolliert wird. Beispielsweise ist für einen Änderungskonstrukteur, der einen Arbeitsauftrag innerhalb eines Prozesses ausführen soll, Voraussetzung, daß die zu ändernde Zeichnung in einem vorher festgelegten Vault liegt. Mit einem Objekt Bedingung läßt sich das überprüfen. Der Systemauftrag als Funktion eines Prozeßschritts dient dem Aufruf einer PDM-Funktion oder der Funktion eines anderen Systems, die durch das PDMS angestoßen wird. Es kann sich dabei zum Beispiel um das Einfrieren einer freigegebenen Zeichnung handeln oder um deren Konvertierung in eine TIFF-Datei (Bild 3-11).

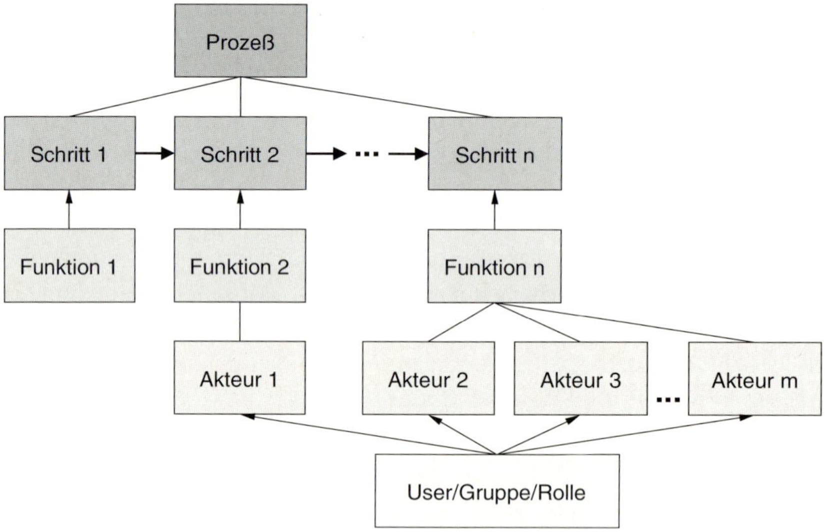

Bild 3-11 Prinzipieller Aufbau eines PDM-Prozesses

Den Funktionsobjekten Arbeitsauftrag, Prüfung und Benachrichtigung müssen Akteure zugeordnet werden, die die Funktionen der betreffenden Prozeßschritte ausführen oder die Ergebnisse anderer Prozeßschritte zur Kenntnis nehmen. Die Funktionen Bedingung und Systemauftrag sind systemgetrieben, für sie sind keine Akteure vorgesehen. Es gibt aktive und passive Akteure. Aktive Akteure sind Benutzer, die einen Arbeitsauftrag erhalten oder eine Prüfung vornehmen sollen. Passive Akteure erhalten nur Informationen, etwa wenn ein Satz von Zeichnungen einen neuen Status erreicht hat. Das Objekt Akteur ordnet einer Funktion bzw. einem Prozeßschritt einen konkreten PDM-User zu. Dieser muß eine Berechtigung für die Aktionen haben, die er ausführen soll. Um einen Prozeß flexibel gestalten zu können, ist auch die Zuordnung einer Gruppe oder Rolle möglich. Natürlich muß auch in diesem Fall eine konkrete Person für die Ausführung des Prozeßschritts aus der Gruppe oder Rolle ausgewählt werden, da beispielsweise mehrere Anwender mit der Rolle Prüfer verknüpft sein können, für den Prozeß aber nur ein bestimmter zuständig sein soll. Dennoch ist es sinnvoll, in Prozeßdefinitionen Rollen zu verwenden, da sich so ein einmal erstellter Arbeitsablauf (Workflow) ohne Anpassung in beliebigen Projekten wiederverwenden läßt (Bild 3-11).

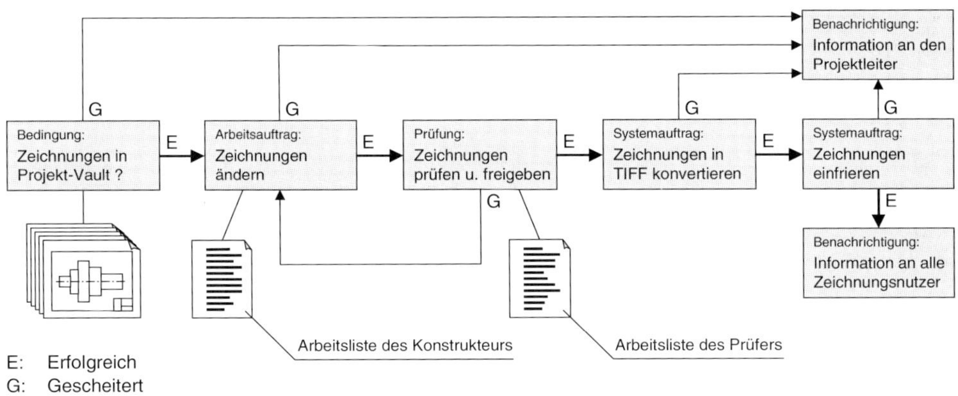

Bild 3-12 Beispiel für den PDM-Prozeß Änderungskonstruktion

Die Hauptanwendung für das Workflow-Management liegt in dem Komplex Änderungs- und Freigabewesen. In diesem Bereich bringt die Steuerung des Arbeitsflusses durch ein PDM-System besonders hohen Nutzen. Der Informations- und Datentransfer wird enorm verbessert und die Durchlaufzeit deutlich gesenkt. In Bild 3-12 ist ein einfacher Änderungs- und Freigabeprozeß dargestellt, wie er mit jedem guten PDMS möglich ist. Es wird vorausgesetzt, daß ein zu ändernder Zeichnungssatz in einen Projekt-Vault mit zugehöriger Vault-Location verlagert worden ist. Das zu überprüfen, ist die erste Aktivität dieses Prozesses. Sind die Zeichnungen im Projekt-Vault, erhalten alle Konstrukteure, die mit dem Funktionsobjekt Arbeitsauftrag verknüpft sind, eine Nachricht (Mail) über den Änderungsauftrag. In einer Arbeitsliste sind die auszuführenden Tätigkeiten aufgelistet. Einem Akteur ist im allgemeinen ein Zeitfenster zugeordnet, innerhalb dessen er seine Aufgabe abgeschlossen haben muß. Nach Beendigung der Änderungskonstruktion verschiebt das PDMS die Zeichnungen in den Prüf-Vault und dessen Vault-Location. Der zuständige Prüfer erhält über seine Arbeitsliste den Auftrag, die geänderten Zeichnungen zu prüfen und freizugeben, wenn diese korrekt sind. Andernfalls schiebt das PDM-System die fehlerhaften Zeichnungen zur Nachbesserung in den Projekt-Vault zurück. Mit der

Freigabe erfolgt der Transfer des Zeichnungssatzes in den Archiv-Vault. Der Änderungsindex wird schon zu Beginn des gesamten Änderungsvorgangs erhöht, wenn die zu ändernden Objekte durch die Aktion Revisionierung aus dem Archiv geholt werden. Im Anschluß daran startet das PDMS mit der Funktion Systemauftrag einen Konverter, der aus den CAD-Dateien TIFF-Files für die Langzeitarchivierung ableitet. Mit einem weiteren Funktionsobjekt Systemauftrag wird die neue Version des ZSS eingefroren. Das bedeutet, die Zeichnungen dieser Version sind vor einer nochmaligen Änderung geschützt. Als letzter Prozeßschritt informiert das Funktionsobjekt Benachrichtigung alle PDM-Anwender, die mögliche Nutzer dieser Dokumente sind, daß sich die geänderten Zeichnungen ab sofort im Archiv befinden. Im Beispiel von Bild 3-12 informiert im Falle des Scheiterns eines Prozeßschritts ein Objekt Benachrichtigung den Projektleiter über diese Situation.

Daten- und Prozeßmanagement sorgen dafür, daß in einer produktorientierten Arbeitsorganisation die Geschäfts- und Datenobjekte zur Produktbeschreibung und Produktionssteuerung in effizienter Weise entstehen und darüber hinaus auf einem aktuellen Stand gehalten werden können. Das Prozeßmanagement kann nicht nur einzelne Phasen der Produktentstehung steuern, sondern die komplette Prozeßkette mit den Meilensteinen Produktentwicklung, Erprobung, Freigabe, Produktion, Nutzung, Pflege/Weiterentwicklung und Verschrottung kontrollieren. Die Historie der Produktdaten läßt sich über ihren gesamten Lebenszyklus hinweg lückenlos dokumentieren. Alle Status- und Versionsänderungen, die sich in einem Workflow ereignen, werden zusammen mit den Aktionen der korrespondierenden Prozeßschritte permanent fortgeschrieben. Da der Prozeß selbst auch ein Objekt ist (Bild 3-11), läßt sich dieser bei guten PDM-Systemen jederzeit interaktiv – ohne Programmierung – editieren bzw. pflegen und so an optimierte Geschäftsabläufe anpassen.

Damit die Zeiten für Produktentwicklung oder Auftragskonstruktion merklich verkürzt werden können, muß es möglich sein, sich überlappende Arbeitsschritte parallel auszuführen. Vor allem in der CAD-Anwendung ist eine gleichzeitige Bearbeitung von Modell- oder Zeichnungsdateien unumgänglich, wenn das Prinzip des Concurrent Engineering im praktischen Einsatz realisiert werden soll. Bei der Entwicklung von Schienenfahrzeugen etwa müssen nach der Festlegung der Hauptmaße und der Definition der Einbauräume die Konstrukteure für Rahmen und Aufbau, systemtechnische Ausrüstung (Versorgungsleitungen, Kabelbäume etc.) und Innenausbau (Verkleidung, Beleuchtung, Bestuhlung etc.) nahezu zeitgleich ihre Lösungen in einer CAD-Modellstruktur erarbeiten. Dieses Vorgehen kann nur mit der informationstechnischen Unterstützung eines leistungsstarken PDM-Systems praktikabel umgesetzt werden. Wenn verschiedene Nutzer oder Teams mit einem Datenobjekt simultan unterschiedliche Aufgaben ausführen sollen, muß das Workflow-Management in der Lage sein, parallele Prozeßschritte zu steuern. Der gleichzeitige Schreibzugriff auf ein Datenobjekt muß so koordiniert werden, daß dieses zu jeder Zeit konsistent bleibt. Dafür ist ganz besonders eine tiefgehende PDM/CAD-Systemintegration notwendig. Natürlich ist die wesentliche Voraussetzung, daß das CAD-System eine Parallelisierung der Konstruktionsarbeit erlaubt, d.h., daß eine CAD-Dokumentenstruktur logisch für simultane Zugriffe geteilt werden kann.

3.1.3 Systemintegration

Eines der Kernprobleme in der Fertigungsindustrie ist die häufig unzureichende IT-Infrastruktur. Obwohl gewöhnlich in großem Umfang mit informationstechnischen Systemen gearbeitet wird, kommt es noch immer zu schier unglaublichen Anwendungsszenarien. Mit dem CAD-System A der Gerätekonstruktion wird die Zeichnung für ein Spritzgußteil erstellt und nach der Freigabe geplottet. Die Werkzeugkonstruktion entwickelt auf der Grundlage der geplotteten Papierzeichnung mit dem CAD-System B das Werkzeug (Kavität) und die Elektroden für das Senkerodieren. Oder mit Hilfe geplotteter Papierzeichnungen werden mit einem Textverarbeitungsprogramm Stücklisten geschrieben und ausgedruckt, damit sie die Produktionsplanung anschließend in ihr ERP-System eintippen kann. Dies sind nur zwei Beispiele von vielen, die zeigen, welche Formen der Rechnereinsatz annehmen kann, wenn DV-Anwendungen nicht kommunizieren. Um solche Produktivitätskiller auszuschalten, bedarf es der Integration aller am Produktentstehungsprozeß beteiligten Erzeugersysteme; das bedeutet, Brücken zwischen den Informationsinseln zu bauen (Bild 3-13).

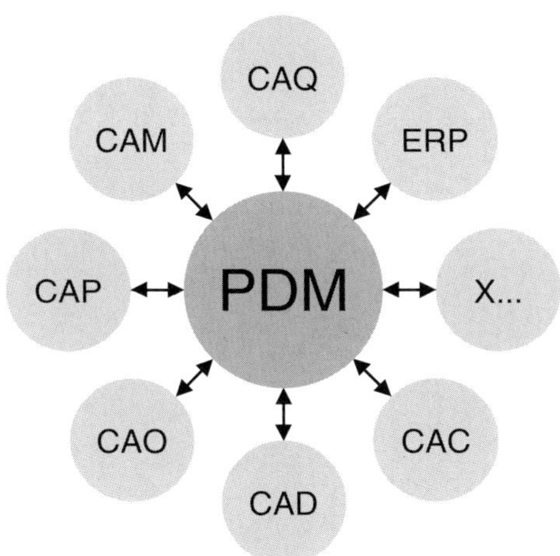

Bild 3-13 PDM-System als Brückenschlag zwischen den Informationsinseln

Die Motivation für den Einsatz teuerer DV-Systeme ist die Erstellung digitaler Produktdaten mit möglichst hoher Produktivität. Dabei ist es wichtig, daß die Produktinformationen mit ihren produkt- und produktionsbeschreibenden sowie produktionssteuernden Daten als eine Einheit (Produktmodell) gehandhabt werden. Diese Einheit aus den Arbeitsergebnissen diverser Anwendungssysteme herzustellen, ist eine der zentralen Aufgaben des Produktdatenmanagements. Voraussetzung dafür ist die enge Integration des PDMS mit allen genutzten Erzeugersystemen. Produktdatenmanagement kann so im wahrsten Sinne des Wortes die Produktdaten aller Anwendungen managen (Bild 3-14).

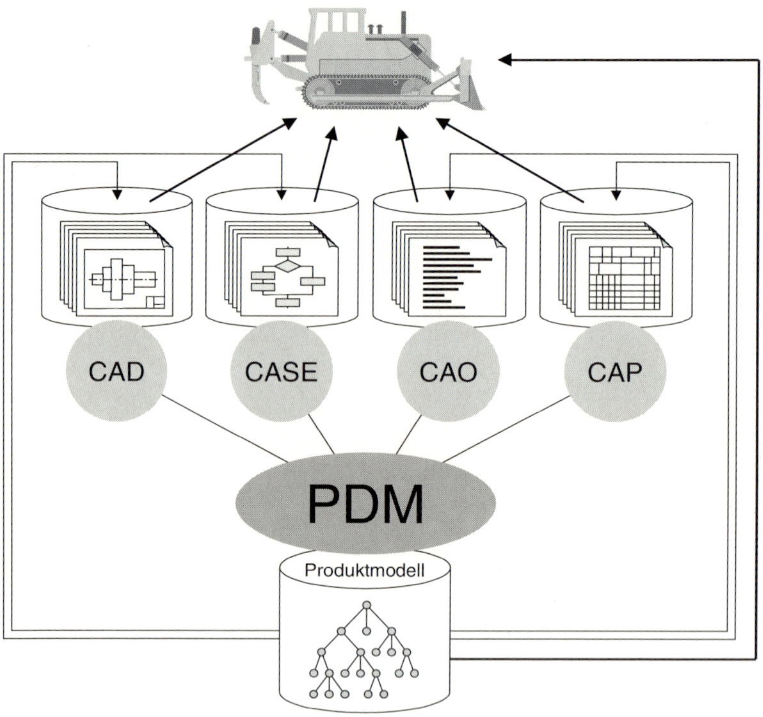

Bild 3-14 Verknüpfte Produktdaten durch integrierte PDM-Lösung

Im Rahmen einer Produktentwicklung entstehen meist Tausende von Dokumenten mit spezialisierten CAx-Werkzeugen. Da diese ihre Modelle/Zeichnungen, Schaltpläne, Berechnungsprotokolle, Arbeitspläne, NC-Programme usw. unabhängig voneinander selbst verwalten, liegt die Fülle dieser Unterlagen in Form *loser Blätter* auf im Rechnernetzwerk verstreuten Festplatten vor. Dieser Zustand unterscheidet sich kaum von dem früherer Tage, als mit Reißbrett, Rechenschieber und Schreibmaschine erstellte technische und betriebswirtschaftlich-planerische Papierdokumente in einer Vielzahl von Aktenschränken verstaut wurden. Ohne strukturierte Verknüpfung aller Produktdaten kommt es meistens zur gefürchteten *elektronischen Zettelwirtschaft*, die Transparenz verhindert und effizientes Arbeiten blockiert.

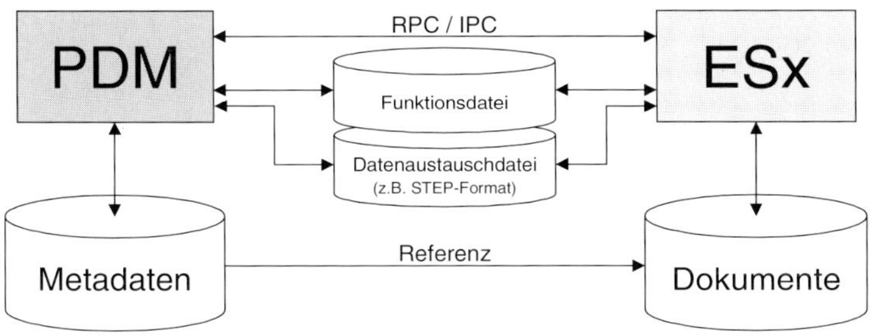

Bild 3-15 PDM-Schnittstelle mit einem Erzeugersystem

Die passende Abhilfe für dieses Problem ist eine integrierte PDM-Lösung. Die CAx-Anwendungen produzieren die Dokumente, das PDMS übernimmt deren integrierte Verwaltung. Bild 3-15 veranschaulicht das Prinzip einer Schnittstelle (Interface) zwischen PDM und einem beliebigen Erzeugersystem (ESx). Grundsätzlich unterscheidet man zwischen Offline- und Online-Interface. Bei der Offline-Schnittstelle gibt es keine datentechnische Kommunikation der Systeme. Der Informationstransfer beruht auf einer Datenaustauschdatei. Als Datenformat kann etwa die STEP-Dateistruktur nach ISO 10303/21 verwendet werden. Was das jeweils lesende System mit den übertragenen Informationen tun soll, läßt sich in einer separaten Funktionsdatei übermitteln. Für die Ausführung der zeitlich geordneten Abfolge der Aktionen ist der Anwender selbst verantwortlich; eine Systemunterstützung gibt es nicht. In der Regel kommt ein Offline-Interface bei Stapelverarbeitung (Batch-Job) zum Einsatz. Interaktive Schnittstellen sind indes nur zweckmäßig mit einem Online-Interface nutzbar.

Eine Online-Schnittstelle erfordert die Kommunikation zweier DV-Systeme, gesteuert durch den Anwenderdialog. Für deren technische Realisierung gibt es mehrere Möglichkeiten. Die einfachste ist der Aufruf des jeweils anderen Programms. Der Anwender hat beispielsweise im PDM-System eine Zeichnung selektiert und möchte diese nun im integrierten CAD-System laden. Mit der PDM-Aktion *Zeichnung laden* startet folgender Ablauf. Die PDM-Seite schreibt die Datenaustauschdatei mit festgelegtem Namen in ein definiertes Verzeichnis und ruft anschließend das CAD-System mit einer Prozedur (Makro) auf. Die Prozedur ist Teil der Schnittstelle und wird automatisch nach dem Laden des CAD-Systems gestartet und ausgeführt. Zuerst liest das CAD-Makro die Datenaustauschdatei. Darin enthalten sind die Metadaten für die Zeichnung. Das CAD-System braucht diese Informationen, um die Zeichnungsdatei zu finden und das

Schriftfeld aktuell zu schreiben. Wenn die CAD-Prozedur beendet ist, kann mit dem CAD-System interaktiv gearbeitet werden. Durch den CAD-Aufruf ist der PDM-Client solange blockiert, bis die CAD-Anwendung beendet ist. Möchte der Nutzer in dieser Phase etwa einen neuen Bearbeitungsstand seiner Zeichnung im PDMS ablegen, startet CAD einen weiteren PDM-Client. Dadurch hat dieses Schnittstellenkonzept erhebliche Nachteile und ist nur bedingt für den praktischen Einsatz geeignet.

Mit Hilfe von Remote-Prozeduraufrufen (RPC, Remote Procedure Call) läßt sich ein sehr flexibles Interface realisieren. Betrachtet man das oben geschilderte Szenario, ergeben sich die folgenden Unterschiede. Der PDM-Client schreibt die Datenaustauschdatei und prüft, ob das CAD-System bereits geladen ist, d.h., ob ein CAD-Prozeß läuft; wenn nicht, wird es geladen. Das PDM-System setzt dann einen Remote-Prozeduraufruf für das CAD-System ab. Dieser liest die Metadaten aus der Datentransferdatei, lädt die Zeichnung und aktualisiert das Schriftfeld. Damit ist die Transaktion abgeschlossen und der RPC beendet. Der Nutzer kann wieder mit beiden Systemen arbeiten. Sollen die Attribute für die geänderte Zeichnung auf der PDM-Seite aktualisiert werden, schreibt das CAD-System eine Datenaustauschdatei und startet einen Remote-Funktionsaufruf für den PDM-Client. Dieser liest den File und ruft die Funktion *Zeichnung ablegen* auf. Danach sind beide Systeme wieder verfügbar (Bild 3-16). Ein Remote Procedure Call stellt eine Kommunikationsverbindung zwischen zwei Programmen oder Programmkomponenten her. Der Datentransfer kann über die Parameterleiste der gerufenen Funktion oder mit Hilfe einer Austauschdatei bewerkstelligt werden. Bei objektorientierten Systemen ist die Verwendung moderner Middleware-Technologie (z.B. Common Object Request Broker Architecture, CORBA) anstelle der RPC-Schnittstelle zu empfehlen.

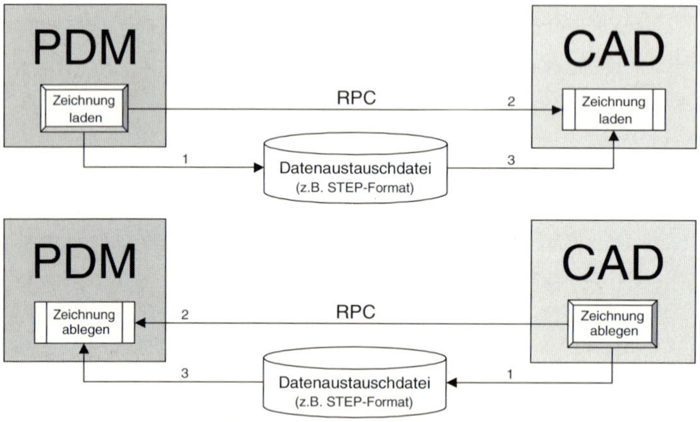

Bild 3-16 Beispiel für PDM/CAD-Schnittstelle mit Remote-Prozeduraufruf

Für die Interprozeß-Kommunikation (IPC, Interprocess Communication) von zwei DV-Systemen gibt es noch weitere Lösungsansätze, um ein Online-Interface zu bauen. Die beiden Programme können etwa einen gemeinsamen Speicherplatz benutzen. So wie ein Hauptprogramm vor dem Aufruf eines Unterprogramms seine Übergabeparameter auf den Stack (reservierter Hauptspeicherbereich) legt, kann beispielsweise das PDM-System seine Daten für die CAD-Anwendung auf einen reservierter Speicherplatz schreiben. Nach dem Aufruf des CAD-Systems kann dieses seine Daten dort abholen. Eine weitere Möglichkeit für die Realisierung einer Schnittstelle bietet die sogenannte Pipe. Das ist ein Betriebssystem-Feature, mit dem die Ausgabe eines Prozesses zur Eingabe für einen anderen Prozeß wird. Eine Pipe verhält sich datentechnisch wie eine gewöhnliche Datei. Sie läßt sich per Betriebssystem-Systemaufruf in einer höheren Programmiersprache (z.B. C, C++) erzeugen und für die synchronisierte Programmkommunikation sowie den Datentransfer ohne das Hilfsmittel Austauschdatei nutzen.

3.2 IT-Struktur

Der Anspruch von und an Produktdatenmanagement ist sehr hoch. Informations- und Kommunikationsplattform für die schnelle Produktentwicklung oder Auftragskonstruktion zu sein, erfordert vielfältige und flexible Systemeigenschaften. Ein PDM-System muß sich in eine gewachsene heterogene Systemlandschaft einfügen lassen, in der vom Mainframe (Großrechner) über Minicomputer und Workstation bis hin zum Personal Computer unterschiedlichste Rechnerarten vertreten sind. Eine große Zahl von Anwendern muß unternehmensweit in der Lage sein, gleichzeitig die verfügbaren PDM-Dienste zu nutzen. Und in der Regel ist ein riesiger Datenbestand sicher zu beherrschen; dieser kann auch auf mehrere Standorte verteilt sein. Darüber hinaus ist die Forderung zu erfüllen, Kunden und Lieferanten bzw. Partnerfirmen in den Produktentstehungsprozeß informationstechnisch einzubeziehen.

3.2.1 Systemarchitektur

Will ein PDM-System der Anforderung gerecht werden, in einer heterogenen Hard- und Software-Umgebung als unternehmensweites Managementwerkzeug für Prozesse und Daten zu wirken, muß es über eine offene, flexible Systemarchitektur verfügen. Dies bedeutet, daß Software und Daten beliebig in einem Rechnernetzwerk verteilbar sind. Aus diesem Grunde ist es wichtig, eine plattformunabhängige IT-Infrastruktur zu schaffen. Der praktische Ansatz dafür ist die Client-Server-Architektur. Dabei wird eine Anwendung in zwei selbständige

Komponenten aufgeteilt, in Client und Server. Der Client ist Front-end und im allgemeinen der Teil der Software, der als Schnittstelle zur Interaktion mit dem Anwender agiert. Der Server ist Back-end und stellt den Nutzern die eigentlichen Dienste der Anwendung zur Verfügung. Die Client-Komponente kann auf einem PC oder einer Workstation laufen. Für die Server-Komponente ist praktisch jede Rechnerart zur Installation geeignet, selbst ein Großrechner. Die Client-Server-Architektur bietet den Vorteil, daß sie die Rechnerleistung des Hardware-Servers und der Client-Computer (Arbeitsplatzrechner) optimal ausschöpft und damit die verfügbaren Ressourcen maximal nutzt.

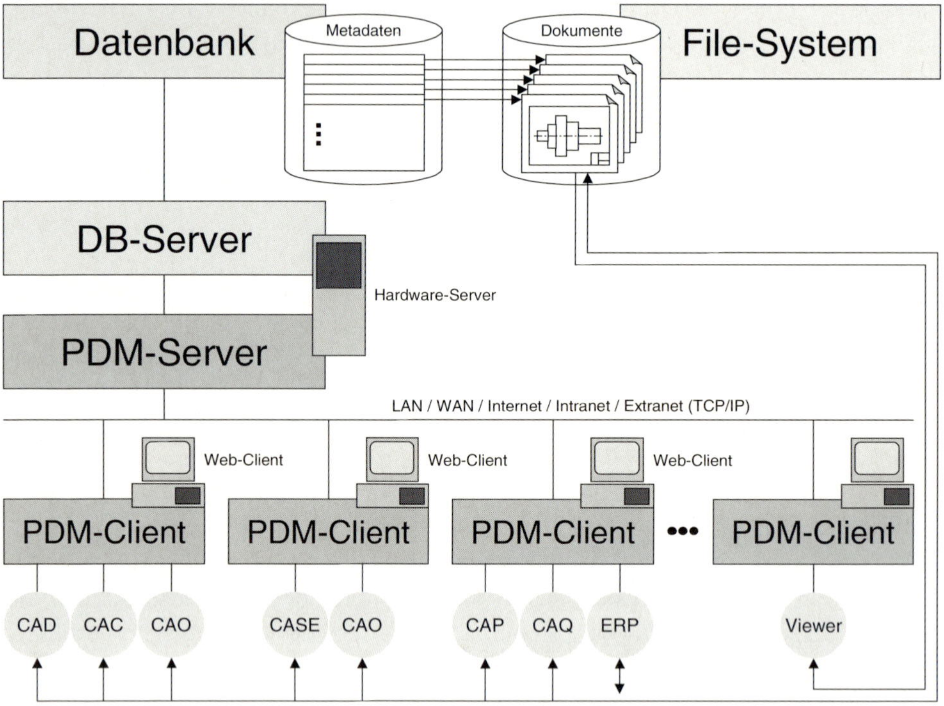

Bild 3-17 IT-Struktur eines PDM-Systems mit Client-Server-Architektur

Das Prinzip einer PDM-Client-Server-Lösung zeigt das Bild 3-17. Auf einem Hardware-Server befinden sich die Software-Server des DBM- und PDM-Systems. Die Datenbank mit den Vaults für die Metadaten liegt ebenfalls auf diesem zentralen Rechner. Dokumente sind in der Regel dezentral auf die Vault-Locations der File-Systeme mehrerer Arbeitsplatzrechner oder lokaler Server (bei distribuierter Installation) verteilt. In einem lokalen Netzwerk (LAN) sind die Arbeitsplatzrechner, auf denen die PDM-Clients laufen, mit der Server-Maschine verbunden. Über ein Weitbereichsnetz (WAN) können lokale Netze miteinander kommunizieren. Ein PDM-Client-Rechner läßt sich zusätzlich auch als Web-Client nutzen. Der Datentransfer erfolgt meist per TCP/IP-Protokoll. TCP/IP (Transmission Control Protocol / Internetwork Protocol) wurde ursprünglich vom amerikanischen Verteidigungsministerium (DoD, U.S. Department of Defense) für die Rechnerkommunikation entwickelt. Mittlerweile ist es de facto ein Industriestandard in der Netzwerktechnik.

Auf einem PDM-Client-Rechner sind gewöhnlich mehrere DV-Systeme für die unterschiedlichen Anwendungsfälle installiert. Ein Konstrukteur muß beispielsweise imstande sein, auf seinem Arbeitsplatzrechner das CAD-System zu nutzen, mit CAC eine Lagerberechnung auszuführen, eine Tabellenkalkulation vorzunehmen, die PDM-Dienste abzurufen und den Web-Browser für das Arbeiten im Internet, Intranet oder Extranet zu starten. Ein Arbeitsplaner braucht im Gegensatz dazu neben den PDM-Funktionen die Anwendungen von CAP und CAQ sowie einen Zugang zum ERP-System. Für einen Prüfer ist es meist ausreichend, wenn auf seinem Rechner ein PDM-Client und ein Viewer verfügbar sind. Da der Nutzen einer PDM-Anwendung in erheblichem Maße vom Grad der Systemintegration bestimmt wird, muß ein PDM-Client bidirektional mit den gekoppelten DV-Systemen kommunizieren können. Das PDMS nennt dem CAx-System den Dateinamen und den Pfad (Ablageort), das CAx-System speichert oder lädt mit diesen Informationen das Dokument.

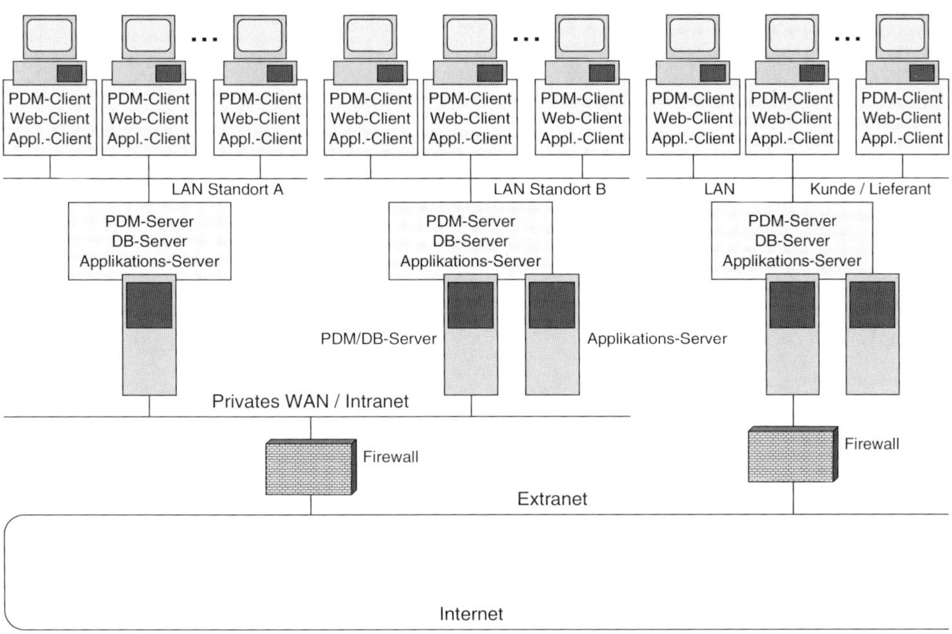

Bild 3-18 Verteiltes PDM-System mit Client-Server-Architektur

CAx-Systeme und andere Anwendungen können auf den Arbeitsplatzrechnern der PDM-Clients, auf dem lokalen PDM-Server oder dem lokalen Applikations-Server, falls ein solcher Rechner existiert, liegen. Einen separaten Applikations-Server einzusetzen ist sinnvoll, wenn mit Client-Server-Anwendungen gearbeitet wird oder wenn Applikationen zentral installiert und mit den Arbeitsplatzrechnern, auf denen die PDM- und Web-Clients laufen, verlinkt werden sollen. Ein Link, auch Softlink genannt, ist ein Eintrag in einem Verzeichnis, der aussieht wie eine normale Datei. Es ist jedoch ein Verweis auf eine Datei, die auch auf einem anderen Rechner im Netz liegen kann.

Die Client-Server-Technologie ist unter anderem dadurch gekennzeichnet, daß sich Clients und Server individuell erstellen lassen. Welche Teile der Software zu einem Client und welche zu einem Server gebunden werden, richtet sich nach den spezifischen Anforderungen in einem Unternehmen. Ausschlaggebende Faktoren dafür sind die Benutzerprofile und vor allem die Netzbelastung. Wenn relativ viele Anwender häufig die gleichen PDM-Funktionen nutzen, kann es Sinn machen, diese Funktionen in den PDM-Client dieser User einzubinden. Die Netzbelastung kann dadurch spürbar verringert werden. Das fördert die Akzeptanz der Nutzer durch kurze Antwortzeiten und steigert darüber hinaus ihre persönliche Produktivität.

Mehr und mehr Unternehmen der Fertigungsindustrie arbeiten heute arbeitsteilig auf nationaler oder internationaler Ebene. Das bedeutet, der Produktentstehungsprozeß vollzieht sich an verschiedenen Standorten. Ferner wird es immer wichtiger, auch Kunden und Lieferanten in die Prozeßkette einzuklinken, damit möglichst alle produktbeschreibenden Informationen zum digitalen Produktmodell zusammenfließen können. Hierfür ist es notwendig, daß alle Beteiligten Zugang zu bestimmten Produktdaten haben, unabhängig von ihrem Standort. Das PDM-System muß nicht nur unternehmensweit installiert werden, auch dessen Nutzung bei den Partnerfirmen ist erforderlich. Die Client-Server-Architektur macht dies möglich. An jedem Ort läßt sich entsprechend des Bedarfs ein eigener lokaler Software-Server mit den passenden Clients realisieren. Für die gemeinsame Verwaltung und Verwendung der PDM-Produkt- und Prozeßdaten wird ein spezifisches Datenverteilungskonzept benötigt. Dabei ist darauf zu achten, daß sich der Datentransfer zwischen den lokalen PDM-Installationen über das Weitbereichsnetz auf möglichst wenige Transaktionen beschränkt.

Zu einer modernen, offenen PDM-Systemarchitektur gehört die Einbeziehung der Internet-Technologie. Oder deutlicher ausgedrückt: Ein modernes und zukunftsorientiertes PDM-System sollte auf der Internet-Technologie basieren. Warum? Das Internet bietet seinen Anwendern auf einfache Weise, zu jeder Zeit einen schnellen Zugang zum weltweit verfügbaren Wissen der Menschheit. Dies ist möglich geworden, weil es erstmalig gelungen ist, auf internationaler Ebene einheitliche Standards für die Client-Server-Technik festzulegen. Der Web-Browser als universeller Arbeitsbereich und *Fenster zur Welt*, der HTTP- und IIOP-Server (HTTP, Hypertext Transfer Protocol, IIOP, Internet Inter-ORB Protocol) und die Auszeichnungssprache HTML (Hypertext Markup Language) sowie die objektorientierte (OO) Programmiersprache Java sind die wesentlichen plattformunabhängigen Komponenten des Internets. Der Web-Browser ist das zentrale Element des Desktops, er bietet eine einfache Benutzerschnittstelle und ist einheitlicher Client über alle Anwendungen. Damit ist der Web-Browser das ideale Werkzeug, um in einer großen Organisation wie einem Fertigungsunternehmen jedem Mitarbeiter entsprechend seiner Aufgaben Zugang zur PDM-Datenbasis und somit zum technischen Firmen-Know-how zu ermöglichen.

Da das Internet jedem Zutritt zu den Daten auf einem Web-Server gewährt, muß ein *firmeninternes Internet* (Intranet) vor unbefugten Zugriffen geschützt werden. In der Praxis geschieht das mit einem Firewall (Schutzwall). Das ist ein sogenannter Proxy-Server, der als Wächter zwischen das private und öffentliche Netz geschaltet wird. Die Kommunikation zwischen internem und externem Netzwerk läuft über diesen Firewall-Rechner. Er kontrolliert und filtert die IP-Pakete (IP, Internet Protocol). Das Internet-Protokoll ist Teil von TCP/IP. Es schnürt Informationen zu Paketen und leitet diese an das Zielnetzwerk weiter. Dort werden die Pakete wieder in die Ausgangsformate konvertiert. Ein Firewall kann restriktiv, also einschränkend arbeiten, das bedeutet, für einen Datentransfer muß eine Benutzerberechtigung vorliegen; er kann ebenso permissiv sein, also alle Aktionen zulassen, die nicht ausdrücklich untersagt sind. Bei richtiger Konfiguration bietet ein Firewall-System relativ hohe Site-Sicherheit gegen böswilliges Eindringen in das Firmennetz. Mit Hilfe des kontrollierbaren Zutritts durch einen Proxy-Server ist es möglich, daß sich Partnerfirmen gegenseitig autorisieren, mit ihren Intranets zu kommunizieren. So wird aus einem oder mehreren Intranets ein Extranet. Das schafft die Infrastruktur für den wichtigen standortübergreifenden Informations- und Kommunikationsfluß zur Implementation eines verteilten Produktentstehungsprozesses (Bild 3-18).

3.2.2 Datenverteilungskonzepte

Produktdatenmanagement ist der Ansatz, um alle Informationsinseln in einem Fertigungsunternehmen zu integrieren. Die PDM-Dokumentenbibliothek ist das zentrale Datenarchiv für alle technisch orientierten Aktionen entlang der Produktentstehung. Die *Massendaten*-Verwaltung effizient zu gestalten, ist eine der schwierigsten Aufgaben bei der Einführung einer PDM-Lösung. Für die Datenhaltung und -verteilung bieten sich mit der heute verfügbaren Informationstechnik mehrere Möglichkeiten an. Die Datenbasis kann zentral oder auf mehrere

Datenbanken verteilt sein. Welcher Ansatz implementiert wird, hängt weitgehend von der Größe und Struktur eines Unternehmens ab. Es kann für die erste Phase eines PDM-Projekts sinnvoll und hilfreich sein, mit einer zentralen Datenbasis zu starten. Die Administration einer einzigen physischen Datenbank ist relativ einfach. Er lassen sich damit wertvolle Erfahrungen über die Stabilität und das Zeitverhalten eines Systems gewinnen, die in eine spätere Expansion der Installation einfließen können. Mit der Ausdehnung einer PDM-Lösung auf das gesamte Unternehmen in einer weiteren Projektphase ist eine zentral administrierte Datenbank meist nicht mehr praktikabel. Besonders dann nicht, wenn die PDM-Installation mehrere Unternehmensstandorte einschließen soll. Für solche Fälle ist eine auf die Niederlassungen verteilte Datenbank die geeignetere Alternative. Bei sehr ausgedehnten PDM-Installationen großer Unternehmen kann auch das Konzept der verteilten Datenbasis an seine Grenzen stoßen. Die zentralen und/oder verteilten Datenbasen der einzelnen Standorte zu vernetzen, kann hier der richtige Ansatz sein. Vernetzte Datenbasen eignen sich ebenso bei Kooperationen von Partnerfirmen, die zwar Produktdaten austauschen möchten, aber jeweils unabhängige PDM-Installationen haben wollen.

3.2.2.1 Zentrale Datenbasis

Das Konzept der zentralen Datenbasis ist gekennzeichnet durch eine einzige physische Datenbank, die in einem lokalen Netzwerk den gesamten Datenbestand einer PDM-Installation verwaltet (Bild 3-19).

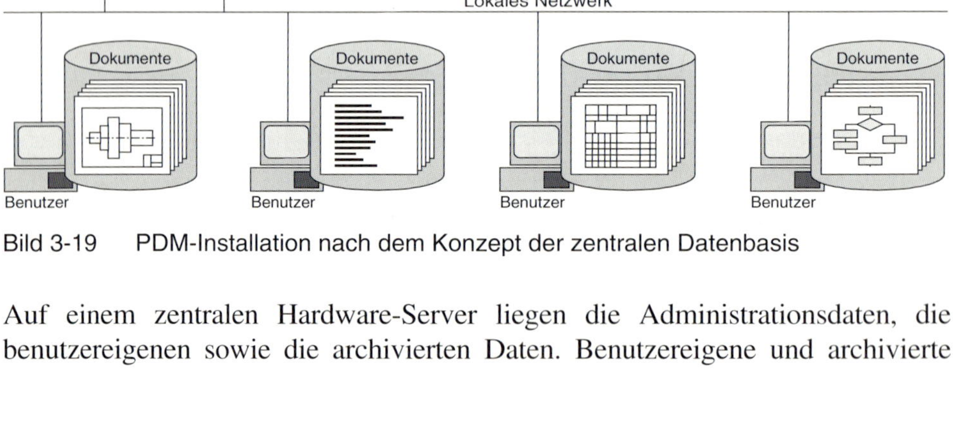

Bild 3-19 PDM-Installation nach dem Konzept der zentralen Datenbasis

Auf einem zentralen Hardware-Server liegen die Administrationsdaten, die benutzereigenen sowie die archivierten Daten. Benutzereigene und archivierte

Daten befinden sich in Workspaces und Vaults. Parallel zur Datenbank residieren auf dem File-System der Server-Maschine die archivierten Dokumente in einer oder mehreren Vault-Locations. Benutzereigene Dokumente werden gewöhnlich in Work-Locations auf den File-Systemen der Arbeitsplatzrechner abgelegt. Projektbezogene Ablagebereiche ebenso wie Prüfbereiche liegen in der Regel auf dem Server. Die Administration der zentralen Datenbasis erfolgt über die lokale PDM-Installation. Geeignet ist dieses Datenhaltungskonzept für PDM-Lösungen, die nur einen Standort umfassen.

3.2.2.2 Verteilte Datenbasis

Das Konzept der verteilten Datenbasis ist dadurch gekennzeichnet, daß eine zentrale Datenbasis in zwei oder mehrere kleinere Datenbasen aufgeteilt und auf verschiedene Standorte mit jeweils lokalem Netzwerk verteilt ist (Bild 3-20). Die Standorte können sich auf einem größeren Firmengelände befinden oder geographisch weit entfernt voneinander sein.

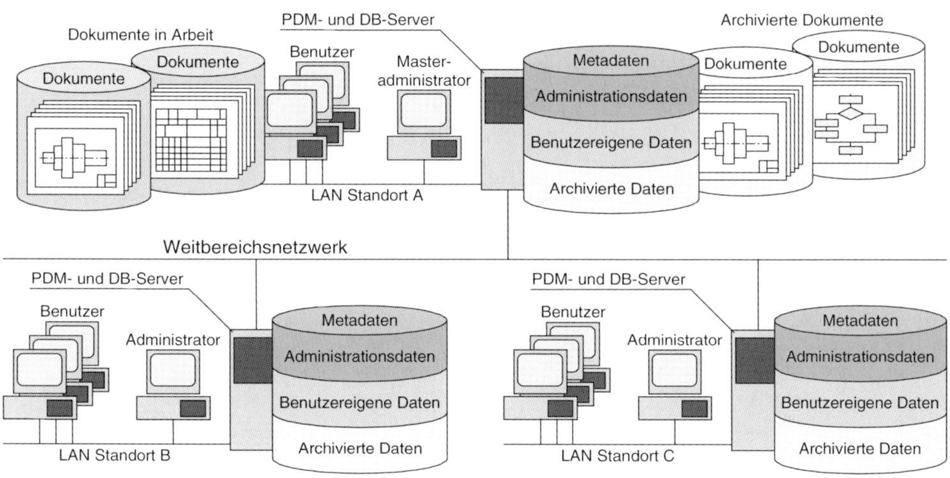

Bild 3-20 PDM-Installation nach dem Konzept der verteilten Datenbasis

Die Nutzer der verschiedenen Standorte sollen entsprechend ihrer Privilegien Zugriff auf alle Daten und Dokumente im Firmennetzwerk haben. Damit das möglich ist, müssen die lokalen PDM-Installationen über ein einheitliches Datenmodell verfügen. Die einzelnen Datenbasen haben die gleiche Struktur. Sie sind kleinere Ausgaben der zentralen Datenbasis und bilden zusammen eine logische Einheit. Die Workspaces und Vaults sowie Work- und Vault-Locations einer lokalen Installation sind auch für die Anwender der anderen Standorte zugänglich. Alle lokalen Datenbasen müssen mit den gleichen Regel- und Berechtigungsdefinitionen arbeiten. Geschäfts- und Datenobjekte (Metadaten und Dokumente), die hauptsächlich von Anwendern eines Standorts erzeugt, genutzt und gepflegt werden, werden gewöhnlich auch an dieser Stelle verwaltet. Die Verteilung der Objekte sollte generell so erfolgen, daß möglichst wenig Datentransfer über das Weitbereichsnetz läuft. Bei starker zeitgleicher Nutzung der firmenweiten PDM-Installation kann es auch mit einem schnellen Fernnetz zu verhältnismäßig langen Anwortzeiten kommen. Wenn diese die persönliche Produktivität der Anwender beeinträchtigen, ist das Kopieren von Teilen der Datenbasis (Replikation) ein möglicher Ausweg aus diesem Dilemma. Dadurch entstehen zwar redundante Daten, doch sorgen Replikationsmechanismen für die Integrität der verteilten Datenbasis. Ihre Administration ist einer der schwierigsten Punkte im praktischen Einsatz. Sind etwa Änderungen an den Regel- und Berechtigungsdefinitionen eines Standorts notwendig, müssen diese synchron an den PDM-Installationen aller Standorte ausgeführt werden. Das erfordert eine sehr enge, organisatorische Verzahnung der Standorte, wie sie nur innerhalb eines Unternehmens machbar ist. Für den Fall, daß eigenständige Firmen in einer Unternehmenskooperation mit ihren vernetzten PDM-Lösungen gemeinsame Entwicklungsprojekte realisieren wollen, ist das Modell der verteilten Datenbasis nicht geeignet.

3.2.2.3 Vernetzte Datenbasen

Die Konzeption der vernetzten Datenbasen wird dadurch charakterisiert, daß die lokalen Datenbasen von zwei oder mehreren eigenständigen PDM-Installationen miteinander vernetzt sind (Bild 3-21).

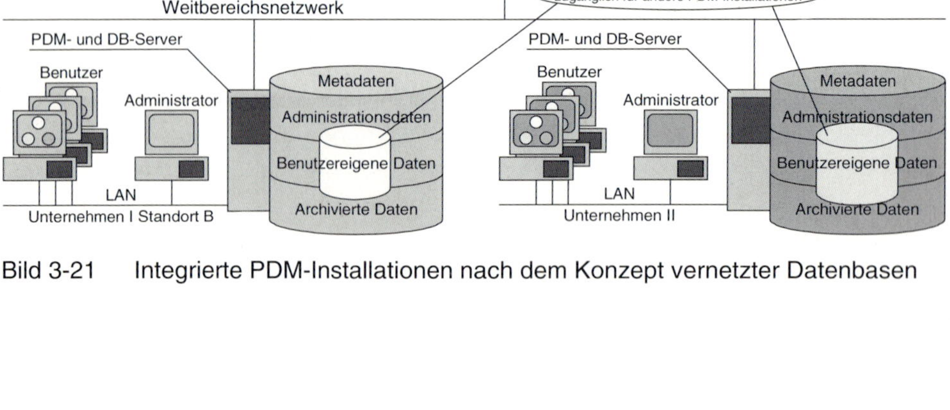

Bild 3-21 Integrierte PDM-Installationen nach dem Konzept vernetzter Datenbasen

Der technische Ansatz, der dem Konzept der verteilten Datenbasis zugrunde liegt, verlangt die Einhaltung von Konventionen, die für die Betreiber der lokalen PDM-Installationen teuer sein können und zudem ihre Flexibilität beeinträchtigen. Global Players, aber auch international tätige Mittelstandsunternehmen verteilen ihre Ressourcen nach wirtschaftlichen Überlegungen auf Standorte mit den jeweils günstigsten Produktionsfaktoren. Die einzelnen Niederlassungen erfüllen dabei sehr verschiedene Aufgaben mit unterschiedlichen Schwerpunkten. Das führt logischerweise auch zu differierenden Anforderungen an die lokalen PDM-Lösungen. Wollte man alle Standorte mit einheitlichen Installationen ausrüsten, würden die Verhältnisse bei einem Nutzerkreis ideal sein, bei einem anderen einschränkend wie ein Korsett wirken. Mit der gleichen Situation sind Unternehmen konfrontiert, die Entwicklungspartnerschaften oder ähnliches eingehen wollen. Um auf dem Gebiet ihrer Kernkompetenzen weiterhin erfolgreich sein zu können, benötigen die Partner individuelle PDM-Lösungen, die vernetzt dennoch eine intensive Zusammenarbeit durch ungehinderten Informations- und Kommunikationsfluß unterstützen.

Das Konzept der vernetzten Datenbasen ist dafür ein möglicher Ansatz. Jede lokale PDM-Installation ist eigenständig und unabhängig. Sie kann ihr eigenes Datenmodell haben und ihre eigenen Regel- und Berechtigungsdefinitionen vornehmen. Lokale Installationen können aber auch vollständig oder teilweise identisch sein. Jeder Standort legt fest, welche Aktionen auf welche Geschäfts- und Datenobjekte von den PDM-Nutzern anderer Standorte ausgeführt werden dürfen. Die Administration ist vollkommen autonom. Sie verwaltet ihre lokale Anwenderschaft, bestimmt, welche internen Nutzer die Berechtigung erhalten, um mit externen PDM-Installationen arbeiten zu können, definiert Stellvertreter (Proxy-User) für die externen Anwender, die auf die lokale Datenbasis greifen wollen, und benennt schließlich die entfernten Installationen, die zur vernetzten Datenbasis gehören. Für die internen Stellvertreter der externen Benutzer werden zusätzlich gesonderte Regeln und Berechtigungen definiert. Ein PDM-Anwender, der mit einer externen Installation arbeiten möchte, braucht dafür zuerst die Erlaubnis seiner Heimatinstallation. Anschließend kann er die gewünschte externe PDM-Installation auswählen und bekommt in Abhängigkeit seiner Selektion einen speziellen Browser, in dem die zulässigen Aktionen auf die zugänglichen Objekte dieses Standorts aufrufbar sind.

Natürlich besteht auch bei den vernetzten Datenbasen die Notwendigkeit des Datentransfers über ein Weitbereichsnetz. Auch hier können wie bei der verteilten Datenbasis Probleme durch eine hohe Netzbelastung auftreten. Daten werden jedoch nicht repliziert. Der Zugriff auf Objekte von entfernten Installationen geschieht im ersten Schritt immer über das Netzwerk. Das ausgewählte Objekt wird auf die lokale Installation kopiert. Der PDM-Anwender kann es dort verändern, ohne daß das Originalobjekt davon betroffen ist. Bezüglich des Systemverhaltens sind folgende Szenarien möglich. Die Kopie eines Objekts von einer externen zu einer internen Installation kann als eine Art Remote-Check-out implementiert sein. Solange die lokale Kopie in Arbeit ist, kann auf das entfernte Originalobjekt nur lesend zugegriffen werden. Nach Fertigstellung der Änderung ersetzt ein Remote-Check-in das Original durch die modifizierte Kopie. Als Alternative dazu kann die Kopie als neues, lokales Objekt angelegt werden. Die PDM-Nutzer des Standorts haben so ebenfalls die Möglichkeit, es unabhängig vom Original zu bearbeiten. Die geänderte Kopie wird die neue Version des Originalobjekts, bleibt aber in der lokalen Datenbasis. Zwischen dem alten Objektstand (Original) auf der entfernten PDM-Installation und dem neuen (modifizierte Kopie) am Standort läßt sich eine *vernetzte* Relation einrichten. Das bedeutet, wenn PDM-Anwender anderer Standorte das Originalobjekt in ihrem Browser haben, können sie mit Hilfe der *vernetzten* Relation erkennen, daß dazu an anderer Stelle im Netz eine neue Version existiert.

3.3 Systemkomponenten

Produktdatenmanagement ist ein verhältnismäßig junger Zweig im Geäst der Informationstechnik. Ein PDM-System kommt überwiegend erst dann zum Einsatz, wenn ein Fertigungsunternehmen bereits eine gewisse informationstechnische Historie durchlebt hat. Die PDM-Lösung muß aus diesem Grunde imstande sein, sich einer gewachsenen IT-Infrastruktur anzupassen bzw. diese zu ergänzen. Das erfordert einen modularen Systemaufbau und die Verwendung modernster Standardkomponenten des Software-Engineering.

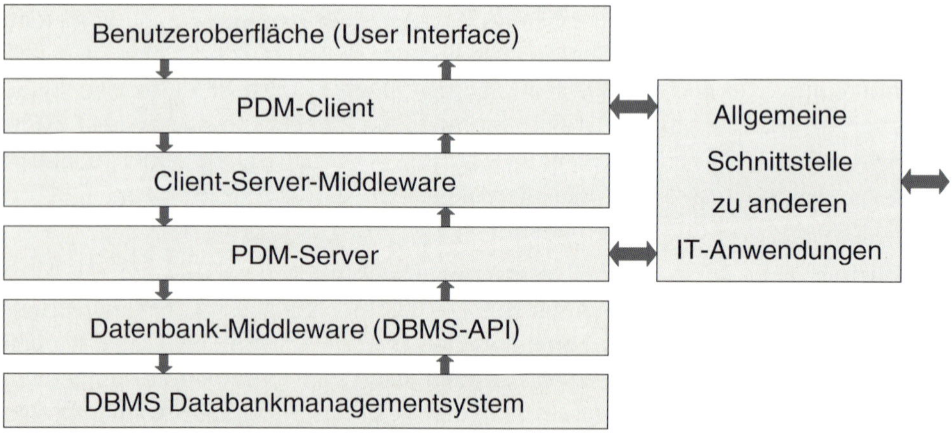

Bild 3-22 Komponenten eines PDM-Systems

Bild 3-22 zeigt, welche Komponenten ein professionelles PDM-System mit Client-Server-Architektur umfaßt. Einhergehend mit einer sehr dynamischen Weiterentwicklung im Bereich des Software-Engineering – nicht zuletzt durch das große wirtschaftliche Interesse am Internet – haben sich in den vergangenen Jahren einige internationale Standards etabliert, die die Realisierung künftiger und die Pflege bestehender IT-Systeme stark beeinflussen werden. Diese Trends wirken sich auch spürbar auf die PDM-Technologie aus. Besonders die Objektorientierung hat in der Software-Entwicklung völlig neue Möglichkeiten der Standardisierung eröffnet. Es sind mittlerweile Methoden und Werkzeuge verfügbar, die unternehmensstrategische IT-Systeme leistungsfähiger, schneller konfigurierbar und vor allem einfacher portierbar machen. Speziell der lang ersehnte Wunsch nach Hardware-unabhängigen Programmen scheint nun auch in Erfüllung zu gehen.

3.3.1 Benutzeroberfläche

Die Benutzeroberfläche (BO) ist die Schnittstelle zwischen Anwender und System. Die gesamte Funktionalität eines PDMS muß sich in transparenter Weise in seinem User Interface widerspiegeln, soll die ungeteilte Akzeptanz der Anwenderschaft gewonnen werden. Merkwürdigerweise kommt es immer wieder vor, daß sich Anwender dagegen wehren, zusätzlich zu ihren IT-Systemen für direkte Tätigkeiten wie CAD-Modellierung ein PDM-System benutzen zu müssen, obwohl es gerade dafür konzipiert ist, deren Arbeit zu erleichtern. Einer der wesentlichen Gründe für dieses Verhalten liegt oftmals in einer mangelhaften Benutzerfreundlichkeit. Mit dem PDM-System zu arbeiten, führt aus subjektiver Sicht der Nutzer zu einer unzumutbaren Arbeitsmehrbelastung, da die Benutzerschnittstelle unübersichtlich und ihre Handhabung umständlich und zeitraubend ist. Ein gutes User Interface läßt diese Situation nicht entstehen.

Die PDM-Technologie basiert auf Objektorientierung. Reale Dinge wie Teile, Zeichnungen oder Stücklisten werden auf PDM-Objekte abgebildet. Dadurch ist es möglich, die Realität auf eine virtuelle Welt im Rechner zu projizieren. Es ist die Aufgabe der Benutzeroberfläche, diese virtuelle Welt für ihre Anwender greifbar zu machen. Dazu stehen BO-Komponenten wie

- Raster-Browser,
- Tabellen-Browser,
- Struktur-Browser,
- Prozeß-Browser,
- Objektattributmaske,
- Formularmaske

zur Verfügung. Die genannten Browser können wirklich unterschiedliche Typen repräsentieren, also aufgabenbezogen gestaltet sein, oder es handelt sich um einen universellen Browser-Typ, der in der Lage ist, PDM-Objekte in verschiedenen Sichten darzustellen. Ein Browser ist eine Client-Anwendung, die dem Benutzer eine bestimmte Arbeitsumgebung offeriert, in der er mit dem PDM-System kommunizieren kann (Bild 3-23). Jeder Browser läuft als eigener Prozeß in einem separaten Fenster (Window). Es ist möglich, gleichzeitig mit mehreren Browsern zu arbeiten, die je nach Bedarf an beliebiger Stelle im Arbeitsbereich des Bildschirms (Desktop) plaziert werden können.

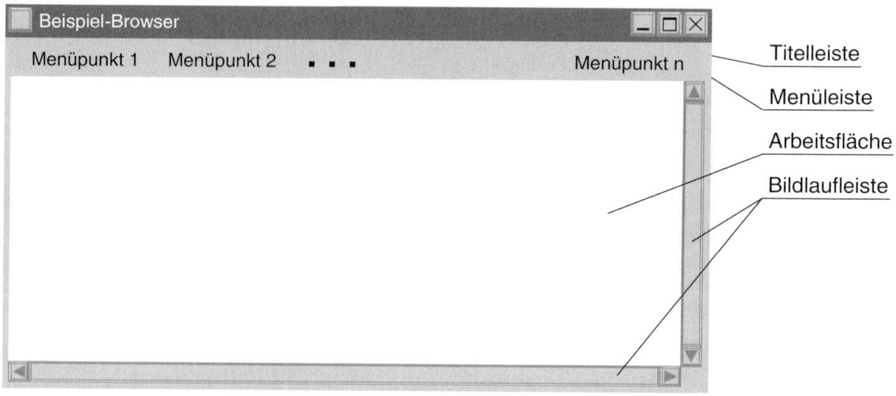

Bild 3-23 Prinzipieller Aufbau eines Browsers

Der Raster-Browser stellt selektierte PDM-Objekte eines oder mehrerer Typen als unstrukturierte Symbole in seiner Arbeitsfläche dar (Bild 3-24).

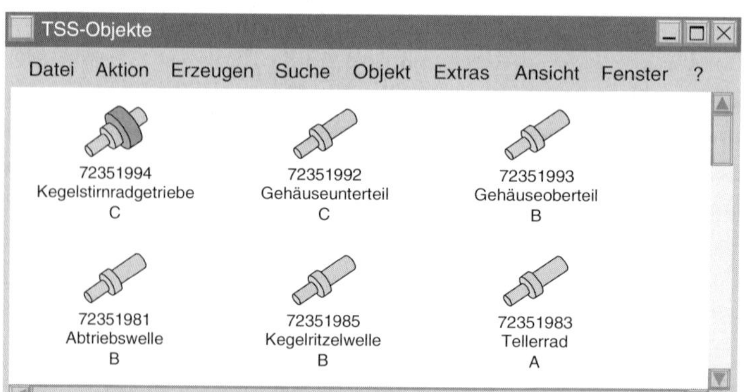

Bild 3-24 Beispiel für einen Raster-Browser oder eine Rasteransicht

Das Beispiel für einen Raster-Browser von Bild 3-24 zeigt Geschäftsobjekte der Klasse Teilestammsatz (TSS). Die Anordnung der Objekte erfolgt in Form eines Zeilen/Spalten-Rasters. Die Objekte werden durch Symbole (Ikonen) repräsentiert. Jeder Klasse ist eine Ikone zugeordnet, die erkennen lassen sollte, um welchen Objekttyp es sich handelt. Ikonen sind anwenderdefinierbar. Einzelteile und Baugruppen haben gewöhnlich unterschiedliche Ikonen. Als informative Ergänzung zu den Symbolen lassen sich wichtige Attribute anzeigen. Im Falle der TSS-Objekte können das sinnvollerweise Sachnummer, Benennung, Versionsnummer und gegebenenfalls der Bearbeitungsstand sein. Die Anzeige der Attribute sollte konfigurierbar sein.

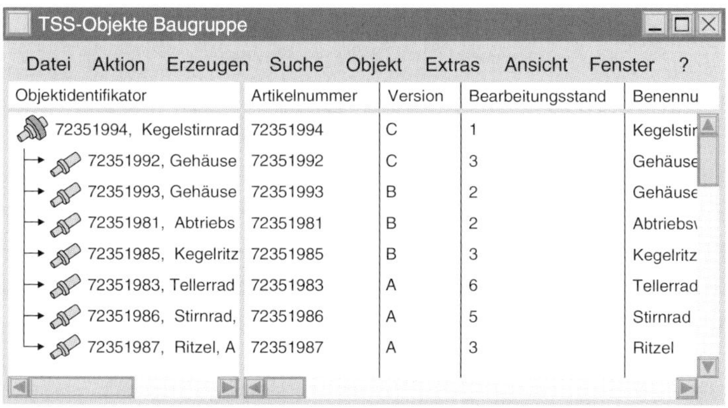

Bild 3-25 Beispiel für einen Tabellen-Browser oder eine Tabellenansicht

Ein Tabellen-Browser ist zweiteilig aufgebaut (Bild 3-25). Im linken Teil werden die Objekte und ihr eindeutiger Identifikator aufgelistet, auf der rechten Seite erscheinen in Tabellenform deren Attribute. Kleine Symbolbilder repräsentieren wie beim Raster-Browser die verschiedenen Objekttypen. Der Objektidentifikator ist abhängig vom Objekttyp, er kann mehrere Attribute umfassen. Im obigen Beispiel der Teilestammsätze sind das Artikelnummer, Benennung und Versionsnummer. Die Zusammensetzung des Objektidentifikators und der Tabelle muß konfigurierbar sein. Der Tabellen-Browser liefert mehrere Informationen gleichzeitig. Er zeigt das Objekt, seine Beziehungen (Relationen) zu anderen Objekten und teilweise oder vollständig seine objektbeschreibenden Attribute. Die Relationen werden standardmäßig nicht dargestellt. Der Anwender kann sie selektiv für jedes Objekt anzeigen lassen. In der ersten Zeile in Bild 3-25 ist die Baugruppe Kegelstirnradgetriebe zu sehen. Darunter sind alle Baukomponenten aufgelistet, die zu dieser Baugruppe gehören. Zwischen den TSS-Objekten Baugruppe und Einzelteile werden die Beziehungen durch Pfeile oder ähnliches graphisch angezeigt. Die Details sind PDM-systemspezifisch.

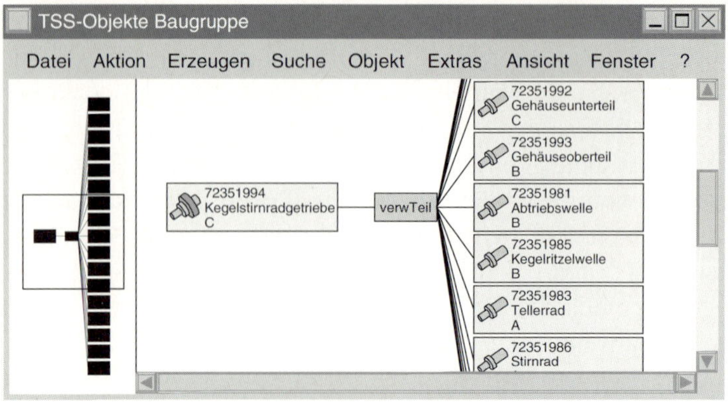

Bild 3-26 Beispiel für einen Struktur-Browser oder eine Strukturansicht

Der Struktur-Browser ist besonders gut geeignet, um durch sehr umfangreiche Objektstrukturen zu navigieren. Solche Informationskomplexe treten bei Produkt- und Dokumentenstrukturen auf. Da die hierarchisch gegliederte Objektdarstellung in Form einer Baumstruktur sehr viel Platz benötigt, kann von einer Objektstruktur gewöhnlich nur ein kleinerer Bildausschnitt in der Browser-Arbeitsfläche visualisiert werden. Um aber den Überblick für den Anwender zu erleichtern, ist am linken Rand des Browsers eine simplifizierte Gesamtsicht der Struktur abgebildet. Ein dynamisch verschiebbares Rechteck zeigt immer den aktuellen Bildausschnitt an. In der eigentlichen Strukturdarstellung werden alle Objekte und die sie verbindenden Relationen durch ein Symbol repräsentiert, das i.d.R. eine spezifische Ikone und einige Hauptattribute einschließt. Standardmäßig listet der Struktur-Browser selekierte Objekte nur in einer Spalte auf; die interessierenden Relationen kann sich der Nutzer anzeigen lassen (Bild 3-26).

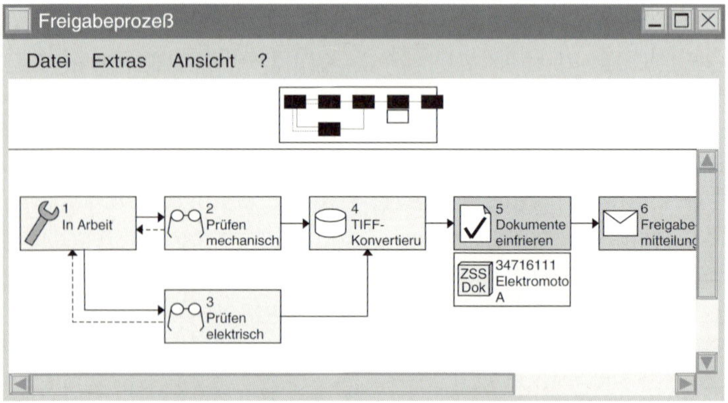

Bild 3-27 Beispiel für einen Prozeß-Browser oder eine Prozeßansicht

Der Prozeß-Browser ist Teil des PDM-Prozeßmanagements. Er dient dazu, Arbeitsschrittfolgen als Prozeß zu definieren, einen bereits definierten Prozeß zu editieren oder den Prozeßstatus zu visualisieren. Jeder Prozeßschritt bzw. jede Aktion ist ein eigenes Objekt und wird durch ein Symbol repräsentiert. Dieses schließt im allgemeinen eine spezifische Ikone sowie die Nummer und die Funktion des Prozeßschritts ein. Die einzelnen Aktionen sind durch Richtungspfeile verknüpft. Eine Aktion hat einen Eingang und zwei oder mehrere Ausgänge. Einer der Ausgänge ist optional und wird benutzt, wenn eine Funktion nicht oder nicht erfolgreich ausgeführt wurde. Optionale Richtungspfeile unterscheiden sich in der Farbe und/oder durch ihr Strichmuster. Der Browser sollte den Status eines Prozeßschritts (ausgeführt/nicht ausgeführt) durch Farbwechsel des Symbols stets dynamisch anzeigen. Die Arbeitsfläche ist wie beim Struktur-Browser in zwei Bereiche geteilt. Die simplifizierte Gesamtdarstellung der Prozeßstruktur am oberen Bildrand dient auch hier der besseren Übersichtlichkeit.

Bild 3-27 stellt beispielhaft einen Prozeß-Browser mit einem einfachen Freigabeprozeß dar. Ein Zeichnungsstammsatz und die zugehörigen Dokumente wie Zeichnungen, Schaltpläne etc. sind erstellt, geprüft und freigegeben worden. Ferner ist bereits der Prozeßschritt TIFF-Konvertierung abgelaufen. Der Status dieser ausgeführten Aktionen ist an der Farbe ihrer Symbole zu erkennen. Die Objekte befinden sich bereits im Archiv und stehen nun davor, im aktuellen Prozeßschritt eingefroren zu werden. Die letzte Aktivität stößt abschließend die Distribution der Freigabemitteilung an den ausgewählten Nutzerkreis an.

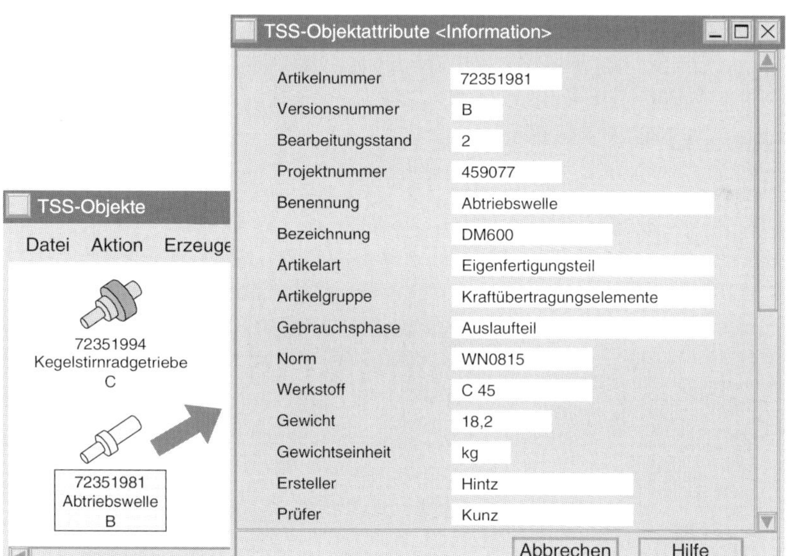

Bild 3-28 Beispiel für eine Objektattributmaske

Die PDM-Objekte und ihre Beziehungen zueinander werden, wie exemplarisch gezeigt, mittels verschiedener Browser dargestellt und gehandhabt. Für das Arbeiten mit dem jeweiligen Dateninhalt der Objekte sind Objektattributmasken verfügbar. Bild 3-28 zeigt als Beispiel für dieses BO-Feature die Attributmaske für ein TSS-Objekt Abtriebswelle. Dieses Objekt wurde vorher in einem Raster-Browser selektiert. Das Beispiel zeigt die TSS-Werte hier nur zur Information an. Eine Objektattributmaske ist die Benutzerschnittstelle für alle Aktionen im Zusammenhang mit dem Dateninhalt von Objekten. Mit ihrer Hilfe lassen sich Objekte erzeugen, ändern, anzeigen und suchen.

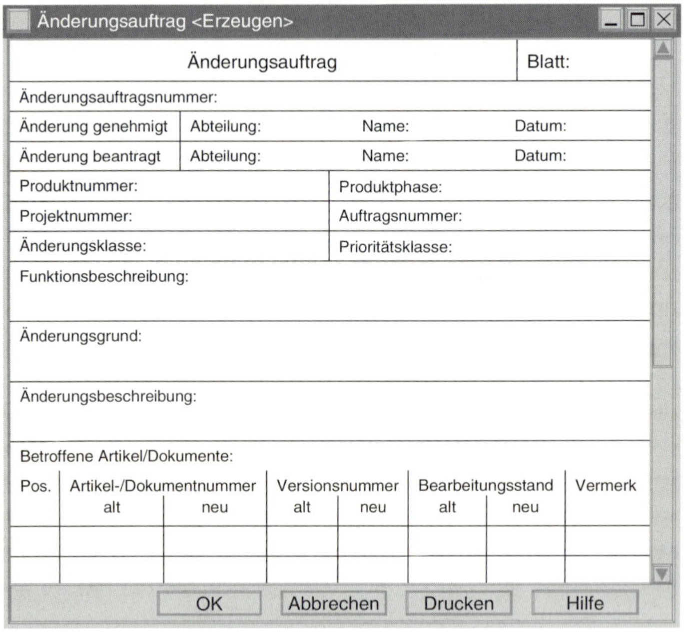

Bild 3-29 Beispiel für eine Formularmaske

Das PDM-System muß auch Mittel bereitstellen, die das technische Formularwesen in den Fertigungsunternehmen unterstützen. Technische Formulare wie Änderungsauftrag, Freigabemitteilung oder Arbeitsplan sind wichtige firmenspezifische Informationsträger für die Kommunikation in allen Phasen des Produktentstehungsprozesses. PDM-Formulare können entweder mit Hilfe eines Text- und/oder Graphikprogramms erstellt und als gewöhnliche Dokumente verwaltet oder als reine Geschäftsobjekte mit speziellen Formularmasken angelegt werden. Die Verwendung von Formularmasken hat den Vorteil, daß zur Handhabung von technischen Formularen keine Erzeugersysteme notwendig sind; alle Aktionen lassen sich innerhalb einer PDM-Maske ausführen. PDM-Formulare können als *intelligente* Formulare konzipiert sein. Das bedeutet, Formularfelder lassen sich nicht nur per Hand füllen, sondern auch mit Attributen bestimmter Objekte. Ein *intelligentes* Formular kann etwa als allgemeine Vorlage für speziell formatierte Stücklisten aufgebaut und gespeichert werden. Zur Laufzeit kommt der Inhalt für die Stücklistengenerierung dynamisch aus der Struktur einer selektierten Baugruppe. Die Stückliste ist dadurch zu jeder Zeit ein aktuelles Abbild der betreffenden Baugruppenstruktur. Auf diese Weise läßt sich das gesamte Reportwesen automatisieren.

Das Beispiel in Bild 3-29 veranschaulicht das Prinzip der Formularmaske. Sie dient in diesem Fall der Anlage eines Geschäftsobjekts Änderungsauftrag. Im Gegensatz zur Objektattributmaske, deren Aufgabe nur die Handhabung der Objektdaten ist, erfüllt die Formularmaske eine weitere Funktion; sie kann Attribute eines Objekts oder Objektdaten unterschiedlicher Klassen mit einem speziell formatierten Layout verknüpfen. Mit dem Formularobjekt Änderungsauftrag kann etwa eine Relation zu allen Stammsätzen und Dokumenten hergestellt werden, die von der Änderung betroffen sind. Dabei ist für die Erstellung des Änderungsauftrags eine dynamische Übernahme der Artikel-, Dokument- und Versionsnummern sowie der Bearbeitungsstände und gegebenenfalls anderer Attribute von den zu ändernden Objekten in die entsprechenden Felder der Formularmaske möglich. Umgekehrt sollte ein im Änderungsauftrag markiertes Objekt (z.B. eine Zeichnung) sofort zur Bearbeitung geöffnet werden können.

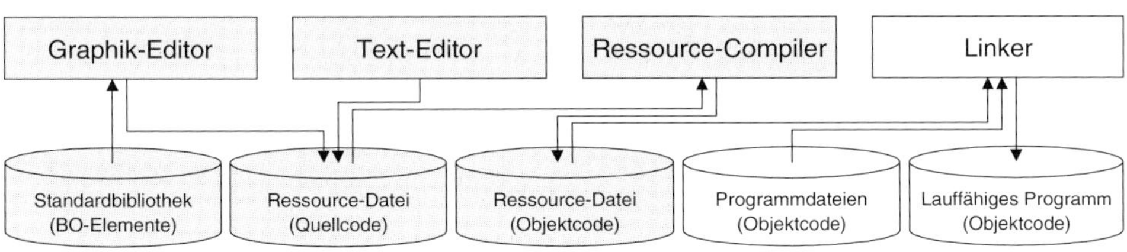

Bild 3-30 Prinzipielle Entwicklungsschritte für eine graphische Benutzeroberfläche

Zum Bau einer graphischen Benutzeroberfläche stehen heute zahlreiche GUI-Tools (GUI, Graphical User Interface) zur Verfügung. Es existieren Hardware-unabhängige Standards sowohl im Workstation-Bereich (OSF/Motif) als auch im PC-Segment (Microsoft/Windows). Mit Entwicklungssystemen, die diese Standards unterstützen, ist eine Trennung zwischen Benutzerschnittstelle und Anwendung möglich, so daß eine klare Strukturierung des User Interface erreicht werden kann.

Bild 3-30 zeigt die prinzipiellen Entwicklungsschritte, die erforderlich sind, um eine graphische Benutzeroberfläche zu erstellen. Das GUI-Tool besteht im wesentlichen aus einem Graphik-Editor und einem Ressource-Compiler. Mit dem

Graphik-Editor lassen sich interaktiv – ohne Programmierung – Benutzeroberflächenelemente (Menüs, Dialogfelder, Buttons, Bildlaufleisten etc.) auswählen und nach Belieben zusammensetzen. Der Graphik-Editor greift dabei auf standardisierte BO-Elemente in einer Klassenbibliothek (z.B. MFC-Bibliothek, Microsoft Foundation Class Library). Der BO-Designer kann auch eigene Klassen definieren und zum persönlichen Standard erheben. Während er mit dem Graphik-Editor quasi seine Benutzeroberfläche komponiert, generiert das Tool im Hintergrund die sogenannte Ressource-Datei. Diese beschreibt die interaktiv zusammengestellte Benutzeroberfläche in einer neutralen Sprache (UIL, User Interface Language). Damit ist die BO-Erstellung von der gewählten Programmiersprache für die Anwendung unabhängig. Der generierte UIL-Code kann bei Bedarf mit einem Text-Editor nachbearbeitet werden. Der Ressource-Compiler übersetzt den Ressource-Quellcode in Ressource-Objektcode. Dieser läßt sich direkt mit den kompilierten Programmdateien zu einer lauffähigen Software zusammenbinden.

3.3.2 Anwendungsmodule

Produktdatenmanagement muß als durchgängiger Ansatz für ein Technisches Informationssystem Methoden anbieten, die den Produktentstehungsprozeß in allen Phasen so unterstützen, daß die aktuelle Situation eines Unternehmens im Hinblick auf Zeit, Kosten und Qualität deutlich verbessert wird. Das Ziel, alle produkt- und produktionsbeschreibenden sowie produktionssteuernden Informationen in Form eines digitalen Datenkomplexes herzustellen, macht ein modular aufgebautes IT-Organisationswerkzeug erforderlich, das seinen Anwendern für jeden Arbeitsschritt die richtige Funktion offeriert. Da aus Kostengründen (Hardware-Konfiguration und Software-Lizenzen) nicht auf jedem Arbeitsplatzrechner ein PDM-Client mit vollem Leistungsumfang installiert werden kann, ist es unerläßlich, daß ein PDM-System als Baukasten mit kombinierbaren Anwendungsmodulen konzipiert ist. Die Bausteine heißen in der Regel

- Dokumentenmanagement,
- Modell- und Zeichnungsverwaltung,
- Teilemanagement,
- Teileklassifikatiom,
- Produktstrukturmanagement,
- Variantenmanagement (Konfigurationsmanagement),
- Prozeßmanagement (Workflow-Management),
- Projektmanagement (Termin- und Aufgabenplanung),
- Generalisierte Systemschnittstelle

und sind im allgemeinen wie in Bild 3-31 strukturiert.

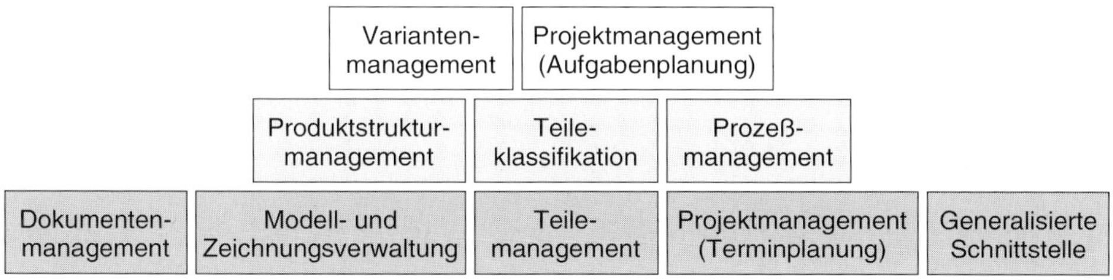

Bild 3-31 Strukturierte PDM-Anwendungsmodule

Dokumentenmanagement

Das Dokumentenmanagement bietet alle Funktionen zur Verwaltung und Handhabung von allgemeinen Daten- und Papierdokumenten unter Beachtung der aktuellen Benutzerprivilegien. Darüber hinaus können Dokumente mit einer frei definierbaren Ordnerstruktur klassifiziert werden, auch mehrfach.

Modell- und Zeichnungsverwaltung

Die Modell- und Zeichnungsverwaltung ist eine funktionale Ergänzung des Moduls Dokumentenmanagement. Sie berücksichtigt die spezifischen Anforderungen, die Modell- und Zeichnungsdokumente an ein Management-Tool stellen, besonders im Hinblick auf die CAD-Integration.

Teilemanagement

Das Teilemanagement übernimmt unter Berücksichtigung der augenblicklichen Benutzerrechte die Einzelteil- und Baugruppenverwaltung einschließlich der Halbzeuge und Rohteilstufen. Jede Bauteilkomponente wird im PDM-System durch einen Teilestammsatz repräsentiert; über diesen besteht eine enge Beziehung zu den CAD-Modell- und -Zeichnungsdokumenten.

Teileklassifikation

Die Teileklassifikation ermöglicht die Nutzung der Sachmerkmal-Leistentechnik zur Verwaltung und Handhabung von Standard- und Wiederholteilen. Der Baustein setzt die Module Teilemanagement und/oder Modell- und Zeichnungsverwaltung voraus. Unterstützt werden sollten die Standards DIN 4000 und ISO 13584 sowie die Nutzung generischer CAD-Modelle und -Zeichnungen.

Produktstrukturmanagement

Das Produktstrukturmanagement stellt die Funktionalität zur Strukturierung von Teilen zu Baugruppen, Oberbaugruppen und Hauptbaugruppen sowie deren Verwaltung und Handhabung zur Verfügung. Aus der Produktstruktur können die verschiedenen Formen der Stückliste automatisch abgeleitet werden. Der Baustein basiert auf der Funktion des Teilemanagements.

Variantenmanagement

Die Methode des Variantenmanagements ist ein Gesichtspunkt des Begriffs Konfigurationsmanagements. Das Modul Variantenmanagement erlaubt einerseits den Aufbau einer auftragsneutralen varianten Produktstruktur und andererseits daraus die Konfiguration kundenbezogener Produktstrukturen. Ferner bietet der Baustein Funktionen, um verschiedene Sichten auf eine Produktstruktur (Konstruktion, Fertigung, Montage etc.) modellieren zu können. Die Anwendung des Variantenmanagements setzt das Modul Produktstruktur voraus.

Prozeßmanagement

Das Prozeßmanagement (Workflow-Management) bietet die Funktionalität zur Definition von Prozeßschritten und deren Verkettung zu bestimmten Arbeitsabläufen (z.B. Änderungsvorgang). Jedem Prozeßschritt kann eine Anwenderrolle mit spezifischen Benutzerrechten zur Ausführung der Aktion zugeordnet werden. Das Modul Prozeßmanagement sorgt dafür, daß PDM-Objekte wie Stammsätze, Dokumente etc. die einzelnen Prozeßschritte entsprechend den Festlegungen durchlaufen. Das Prozeßmanagement basiert auf den Bausteinen für Teile- und Dokumentenmanagement sowie auf der Modell- und Zeichnungsverwaltung.

Projektmanagement

Das Projektmanagement teilt sich meist in die Ansätze Termin- und Aufgabenplanung. Die reine Terminplanung erfolgt häufig mit externen Projektsystemen, deren Dokumente mit dem PDMS nur verwaltet werden. Der zweite Ansatz liefert die Funktionalität für eine vollständige Projektmodellierung mit den Komponenten Projekt- und Prozeßstrukturierung, Ressourcen-Planung, Tool-Management, Aufwandserfassung, Kostenkalkulation, Monitoring und Auswertung. Das Modul Projektmanagement benötigt die Basisfunktionalität des Bausteins Prozeßmanagement.

Generalisierte Schnittstelle

Die generalisierte Schnittstelle ist die unverzichtbare Voraussetzung für ein PDM-System, um die Integrationsplattform für alle Applikationen sein zu können, die während der Herstellung einer digitalen Produktakte zum Einsatz kommen. Die Kommunikation und der Datenaustausch zwischen der PDM-Lösung und den Erzeugersystemen sind bei dieser Schnittstelle standardisiert. Das generalisierte Interface sollte dermaßen ausgeprägt sein, daß sich ESx-Anbindungen mit wenig Programmierarbeit einfach konfigurieren lassen.

3.3.3 Client-Server-Middleware

Seit es programmierbare Rechner gibt, sucht man ständig nach neuen Wegen, um deren Programmierung effektiver zu gestalten. Ausgehend von den Assembler-Mnemoniks wurden immer leistungsfähigere Hochsprachen von BASIC bis C entwickelt. Eines aber haben diese Programmiersprachen alle gemeinsam, sie sind prozedural beziehungsweise funktionsorientiert. Die Unterprogramme Prozedur, Funktion oder Subroutine sind ihr grundlegendes Programmelement. Es besteht eine klare Trennung zwischen den Daten auf der einen Seite und den Anweisungen, die sie verarbeiten, auf der anderen. Die Vorgehensweise bei der Problemlösung trägt diesem Umstand Rechnung. Es wird versucht, eine Gesamtaufgabe in kleine, überschaubare Teilaufgaben, sprich Unterprogramme zu zerlegen. Datendefinition und -deklaration erfolgen zwangsläufig in Abhängigkeit der Programmstrukturierung.

Einen völlig neuen Ansatz und eine weitere Stufe der Abstraktion bringt die Methode der objektorientierten Programmierung (OOP). Deren zentrales Programmelement ist die Klasse. Diese ist ein Konstrukt, das Daten und die Programmfunktionen (Methoden), die diese Daten erzeugen oder verändern können, in einer Einheit zusammenfaßt. Jede definierte Klasse entspricht einem neuen, vom Programmierer eingebrachten höheren Datentyp. So wie Variablen von einem einfachen Datentyp (z.B. Integer) deklariert werden können, lassen sich von einer Klasse sogenannte Instanzen erzeugen. Instanzen sind also eine Art Variablen einer Klasse. Doch wie kommt der Begriff Objekt ins Spiel? Ganz einfach: Objekte sind die Instanzen einer Klasse (Bild 3-32). Bei der Deklaration erhalten Objekte alle Eigenschaften dieser Klasse. Ein wesentlicher Kerngedanke ist hierbei die Verkapselung der Objektdaten vor der *Außenwelt* durch ihre Objektmethoden. Das bedeutet, Methoden können im Normalfall immer nur auf ihre eigenen Daten zugreifen, andere Objektdaten sind für sie *unsichtbar*.

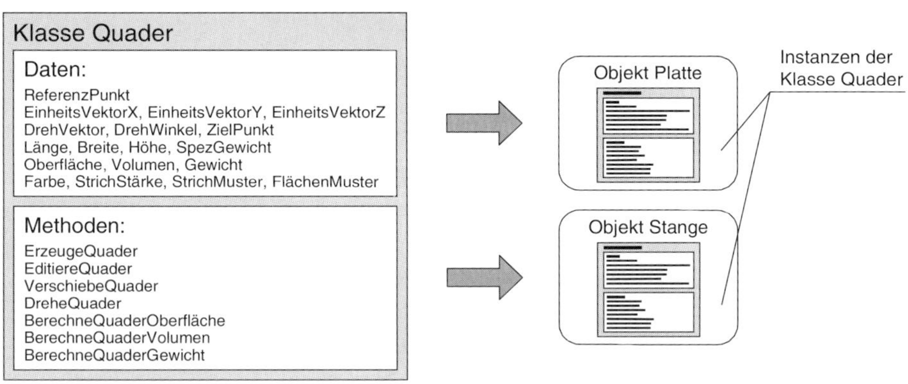

Bild 3-32 Beispiel für den prinzipiellen Aufbau einer Klasse in der OOP

Bei der objektorientierten Programmierung ist der wichtigste Aspekt des Programmentwurfs die Klassendefinition. Die Hauptaufgabe liegt darin, das zu lösende Problem auf die *richtigen* Klassen abzubilden. Es stellt sich die Frage, welche Objekte welche Aufgaben übernehmen und wie die Objekte miteinander kommunizieren sollen. Der erste Schritt ist also die Definition der Klassen und dabei die Festlegung der Daten und Datenstrukturen; erst danach erfolgt die Definition der Methoden. Um dem Programmierer ein besonders effizientes Hilfsmittel zur Klassendefinition an die Hand zu geben, ermöglicht die OOP die sogenannte Klassenvererbung. Mit dieser Technik kann eine neue Klasse aus einer oder mehreren bereits definierten Klassen (Basisklassen) abgeleitet werden (Bild 3-33). Fließen mehrere Basisklassen in die abgeleitete Klasse (Subklasse) ein, spricht man von Mehrfachvererbung. Abgeleitete Klasse können auch Zwischenstufen bilden, von denen keine Objekte deklariert werden. Solche Klassen nennt man abstrakt, sie dienen nur der Strukturierung. Das Ableiten von Klassen ist ein weiterer Kernpunkt der Methode des objektorientierten Programmierens. Der Aufbau einer Vererbungs- bzw. Klassenhierarchie ist nicht nur ein probates Mittel zur Strukturierung der Lösung, sondern auch ein Garant für die Wiederverwendung von Programmcode.

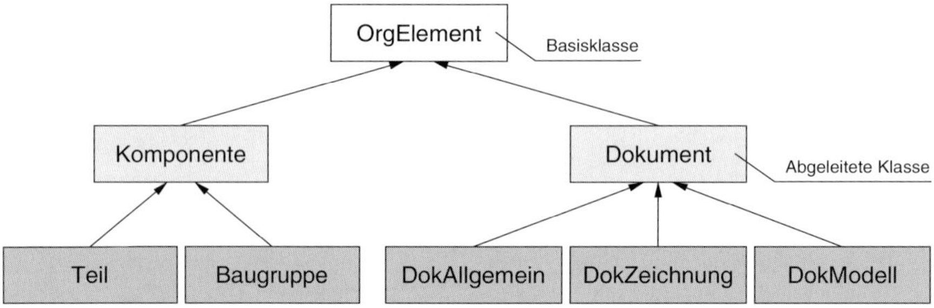

Bild 3-33 Beispiel für eine Klassenhierarchie in der OOP

Das Paradigma der objektorientierten Programmierung ist, die reale Welt in Objekten zu sehen, die materielle und immaterielle Dinge sowie deren Eigenschaften und Verhalten beschreiben. Mit diesem Denkmuster wird eine vernetzte virtuelle Computer-Welt realistisch, in der wir uns per Mausklicks in unserem Lebens- uns Arbeitsumfeld bewegen. Wir besuchen etwa das Objekt Museum, schmökern im Objekt Bibliothek, bummeln durch das Objekt Warenhaus und gehen zum Objekt Arbeitsplatz. Objekte sind Daten und Programme in einem. Sie repräsentieren eine geschlossene informationstechnische Einheit. Ihre Methoden sind die Schnittstelle zur Außenwelt, über die sie ihre Dienste anbieten. Damit ist die Methode der objektorientierten Programmierung ein idealer Ansatz zur Realisierung von Client-Server-Systemen. Die Dienste von Objekten und die Anfragen an Objekte lassen sich räumlich trennen und auf vernetzte Rechner verteilen. Eine mehrschichtige Client-Server-Architektur legt die Benutzeroberfläche einer Anwendung in den Client, die Ebenen der Geschäftslogik und der

Datenbankzugriffe in den Server. Entscheidend für die Leistungsfähigkeit eines verteilten Systems, aber auch für seine Sprach- und Plattformunabhängigkeit, ist die Verbindungskomponente (Middleware) zwischen Client und Server.

Die Idee der verteilten Client-Server-Architektur hat bereits eine relativ lange Geschichte. Zu Beginn der professionell genutzten EDV stand die zentrale Datenverarbeitung mit ihrer Großrechnertechnik und ihren monolithischen Software-Systemen. Die gesamte Anwendung einschließlich der Benutzeroberfläche war auf dem Mainframe installiert; *dumme* Terminals ohne eigene CPU (Central Processing Unit) dienten als Kommunikationsgerät für die Benutzer. Mit der Verfügbarkeit von PCs und UNIX-basierenden Workstations hat sich eine Aufspaltung der monolithischen Systemarchitektur vollzogen. Die auf *intelligente* Hardware – Server-Maschine(n) und Arbeitsplatzrechner – verteilten Client-Server-Anwendungen haben letztendlich die Ära der dezentralen Datenverarbeitung eingeläutet.

Die Client-Server-Technik ist nicht erst durch die Methode der objektorientierten Programmierung entstanden; Client-Server-Anwendungssysteme können auch funktionsorientiert programmiert sein. Die Entwicklung von funktionsorientierten Client-Server-Systemen hin zu objektorientierten spiegelt sich ebenfalls wider im technischen Ansatz der Middleware, die zwischen Anwendungs- und Betriebssystem angesiedelt ist. Hardware-nah erfolgt die Kommunikation zwischen den Rechnern (Clients und Server) in einem Netzwerk auf der Basis von Sockets. Diese basieren auf dem TCP/IP-Protokoll und kennzeichnen bestimmte Dienste auf bestimmten Rechnern mittels Port-Nummern und Knotenadressen. Mit Hilfe der Socket-API (API, Application Programming Interface) kann die Kommunikation zwischen Anwendungskomponenten sehr rechnernah realisiert werden. Daten lassen sich direkt auf das Socket schreiben oder von dort lesen. Dadurch ist eine sehr effektive Kommunikation von Systemkomponenten erreichbar. Für komplexe Anwendungssysteme ist die Socket-Programmierung weniger gut geeignet. Dies trifft besonders zu bei der Übertragung höherer Datentypen wie Strukturen oder Records, beim Mix verschiedener Programmiersprachen und bei Rechnern mit unterschiedlichen Betriebssystemen.

Der Remote-Prozeduraufruf (Remote Procedure Call) hilft, die Problematik bei der direkten Socket-Programmierung zu umgehen. Die funktionsorientierte RPC-Schnittstelle ermöglicht die Kommunikation zwischen Client- und Server-Komponente auf der Ebene einer Hochsprache wie C oder PASCAL. Eine RPC-Funktion übergibt Daten an das Socket oder holt sie von dort entsprechend der Definition ihrer Parameterleiste. Der entfernte Funktionsaufruf unterscheidet sich formal nicht von einem lokalen. Ein RPC-Standardprotokoll ist Teil des OSF/DCE-Standards (DCE, Distributed Computing Environment), der zur Kommunikation verteilter Computer-Anwendungen entwickelt wurde.

Ein noch sehr junger Middleware-Standard ist CORBA, der von der Object Management Group (OMG) für objektorientierte Client-Server-Anwendungen spezifiziert worden ist. CORBA ist ein äußerst vielversprechender Ansatz, nicht nur weil er sprach- und plattformunabhängig ist sowie größtmögliche Flexibilität verspricht, sondern weil die OMG mittlerweile auch eine stattliche Mitgliederzahl hat und daher keine proprietären Lösungen zu befürchten sind. Außerdem schickt sich CORBA an, ein Kernbaustein der künftigen Internet-Technik zu werden. Für die IT-Anwender könnten mit CORBA goldene Zeiten anbrechen. Die unternehmensweite Kommunikation zwischen den vielen Informationsinseln scheint endlich mit vertretbarem Aufwand realisierbar zu sein. Teuer entwickelte Individuallösungen dürften bald der Vergangenheit angehören. Hier sind im besonderen Maße die PDMS-Anbieter gefordert, ihre Systeme so schnell wie möglich auf das CORBA-Fundament zu stellen. Andererseits sollten sich Anwender genau überlegen, ob sie heute noch Geld in ein PDM-System investieren wollen, das nicht auf der CORBA-Architektur basiert.

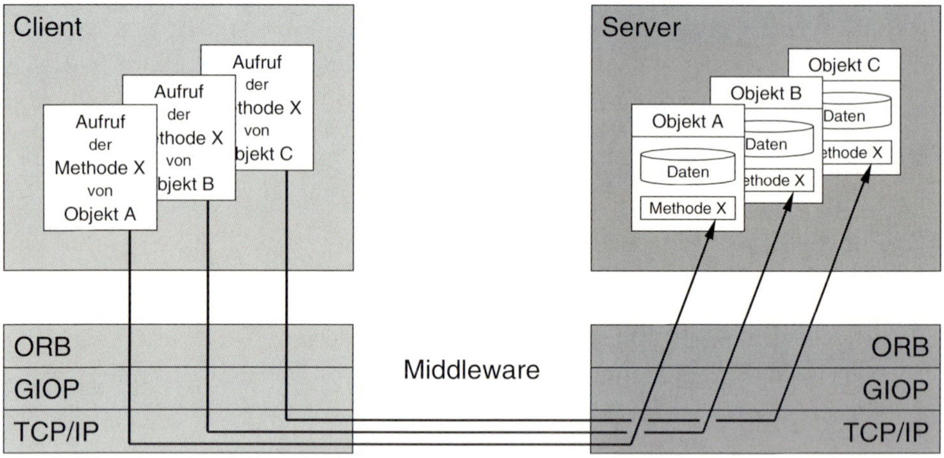

Bild 3-34 Client-Server-Kommunikation mittels CORBA-ORB

Die CORBA-Referenzarchitektur umfaßt die Komponenten Object Request Broker (ORB), Common Object Services (CORBA-Services), Common Facilities (CORBA-Facilities) und Application Objects. Der Object Request Broker – das zentrale Element von CORBA – ist ein Objektbus, mit dessen Hilfe Objekte miteinander kommunizieren können. Ein Objekt kann die Dienste (Methoden) eines anderen Objekts anfordern bzw. aufrufen oder Daten von einem anderen Objekt erhalten. Die Kommunikation der Objekte kann lokal auf einem Rechner oder über eine beliebige Distanz in einem LAN oder WAN stattfinden. Bild 3-34 zeigt prinzipiell den Methodenaufruf von Objekten mittels ORB-Objektbus. Der

Client startet eine Anfrage an seinen ORB, der prüft, ob ein entsprechendes Objekt mit entsprechender Methode auf der Server-Seite existiert, und stößt den Aufruf an. Das General Inter-ORB Protocol (GIOP) gibt die Informationen in einem bestimmten Nachrichtenformat zum Transport an die TCP/IP-Schicht weiter. Server-seitig werden die Daten in umgekehrter Reihenfolge zum ORB geleitet, der die Objektmethode schließlich aktiviert. Nachdem die Methode ihren Auftrag ausgeführt hat, erhält der Client einen Fehlerstatus und ggf. einen oder mehrere Rückgabewerte.

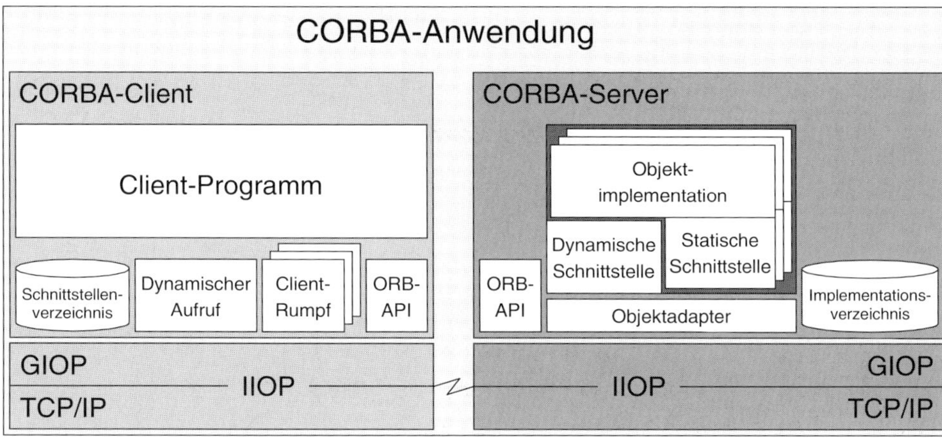

Bild 3-35 CORBA-Client und -Server

CORBA ist gleichzeitig Software-Entwicklungswerkzeug und Laufzeitsystem. Der CORBA-ORB ist Objektanfragenvermittler. Er koordiniert das Zusammenspiel zwischen einem CORBA-Client und einem CORBA-Server. Damit das funktionieren kann, müssen Client und Server unter Verwendung von CORBA-Methoden und -Werkzeugen (Dienstprogramme) realisiert werden. Nachdem der Systementwurf erstellt ist, erfolgt die Definition der Klassen (Schnittstellen zu den Objekten) mit der Schnittstellen-Definitionssprache (IDL, Interface Definition Language). Der IDL-Precompiler generiert für jede Klassendefinition einen Client-Stub und ein Server-Skeleton in der Programmiersprache der Anwendung (C, C++, Java etc.). Der Client-Stub (Client-Rumpf) beinhaltet die Schnittstelle für den Aufruf des Server-Objekts. Der ORB hat damit Informationen zur Formatübertragung für die Ein- und Ausgabeparameter der Objektmethode. Das Server-Skeleton ist ein Gerüst zur Methodenimplementierung für den Server. Client-Stubs und die um den Methodencode ergänzten Server-Skeletons werden mit einem CORBA-fähigen Compiler in Objektcode übersetzt, die Definition der Schnittstellen wird in das Schnittstellenverzeichnis eingebunden und die Objekte im Implementationsverzeichnis werden registriert. Der Objektadapter stellt die

Laufzeitumgebung für die Server-Objekte dar. Er nimmt die Client-Anfragen entgegen und ruft das korrespondierende Server-Objekt auf. Referenziert werden die Objekte durch eine eindeutige Nummern- oder Namenskennung. Das ORB-API ist eine kleine Schnittstellensammlung, die unter anderem Funktionen zur Handhabung von Objektreferenzen bietet.

Eine CORBA-Anwendung kann sowohl statische als auch dynamische Objektanfragen einschließen. Bei statischen Anfragen existiert eine feste Zuordnung zwischen einem Client-Rumpf und dem korrespondierenden statischen Objektaufruf mittels Server-Skeleton. Im Falle einer dynamischen Anfrage kann sich das Client-Programm situationsabhängig zur Laufzeit ein beliebiges Server-Objekt auswählen. Die Informationen für die Anfrage werden dem Schnittstellenverzeichnis entnommen. Der dynamische Objektaufruf auf der Server-Seite erfolgt durch ein zur Laufzeit dynamisch aufgebautes Server-Skeleton. Der ORB braucht als Objektanfragenvermittler nur die Daten der Client-Anfrage und des Server-Aufrufs, Kenntnis etwa über die Implementation eines Dienstes sind nicht erforderlich. Bei einem Server-Programm muß es sich nicht notwendigerweise um eine Objektmethode handeln, es kann auch eine umfangreiche FORTRAN-Subroutine sein oder ein komplettes COBOL-Programm.

Die CORBA-Services sind zusätzliche, hochspezialisierte Objektdienste des ORB. Sie übernehmen vor allem wichtige Aufgaben zur Laufzeit einer CORBA-Anwendung. Als Beispiele dafür seien der Life-Cycle-, Security- und Licensing-Dienst genannt. Der Life-Cycle-Service kann genutzt werden, um Objekte zu erzeugen, zu verschieben, zu kopieren oder zu löschen. Der Security-Service stellt ein komplettes Sicherheitspaket für Objekte in einer verteilten Systemumgebung zur Verfügung. Mit dem Licensing-Service können Lösungen für die Nutzungszulassung realisiert werden. Die CORBA-Facilities sind die CORBA-Dienste auf der Anwendungsebene. Es gibt branchenbezogene (horizontale) und branchenübergreifende (vertikale) Dienste. Beispiele hierfür sind das Systemmanagement, der Dokumentenaustausch oder die Objektpräsentation. Die Common Facilities sind ein Ansatz für Standarddienste, durch deren Nutzung die Implementation der eigentlichen Geschäftsanwendung (Application Objects) vereinheitlicht, vereinfacht und beschleunigt werden soll. Ein wesentlicher Vorzug der objektorientierten Programmierung liegt gerade in der Wiederverwendung von ausgetestetem Programmcode. Es ist daher ein wichtiges Ziel, künftig auch für den Bereich der Anwendungsentwicklung standardisierte Klassenbibliotheken zur Verfügung zu stellen und nicht nur für die Systemprogrammierung.

Als weitere leistungsfähige und mit CORBA konkurrierende Object Request Broker sind derzeit RMI (Remote Method Invocation) und DCOM (Distributed Common Object Model) verfügbar. RMI kommt aber nur dann als Middleware-Tool in Frage, wenn die gesamte Anwendung in Java implementiert werden soll.

DCOM ist eine Weiterentwicklung vom COM (Common Object Model), das die Kommunikation zwischen Programmen oder Programmkomponenten auf den Windows-Plattformen von Microsoft koordiniert. Das allgemeine Objektmodell COM ist aber nur für die Komponentenkommunikation auf einem einzelnen Rechner konzipiert. Auf der Grundlage von COM basiert übrigens auch die weiterentwickelte Spezifikation von OLE (Object Linking and Embedding). Mit DCOM ist die Kommunikation von Komponenten möglich, die in einem Rechnernetzwerk verteilt sind. Für Windows-Anwendungen ist DCOM aus rein fachlicher Sicht mit Sicherheit eine diskutable Alternative zu CORBA. Das Problem ist nur, auch künftige Spezifikationen von DCOM liegen allein in den Händen von Microsoft, dessen alleinige Interessen die weitere Entwicklung dieser Middleware bestimmen werden.

3.3.4 Datenbankschnittstelle

Professionelle Informationssysteme etwa für PDM oder ERP müssen in der Lage sein, die gesamten technischen oder betriebswirtschaftlich-planerischen Daten eines Fertigungsunternehmens mit einem hohen Maß an ständiger Verfügbarkeit und Sicherheit zu verwalten. Diese Aufgabe übernehmen bei solchen Geschäftsanwendungen relationale, objektrelationale oder objektorientierte Datenbankmanagementsysteme. Die Kommunikation mit ihnen auf Programmebene erfolgt bei relationalen und objektrelationalen DBM-Systemen mittels SQL-Schnittstelle und bei objektorientierten entweder über die OQL-Schnittstelle (OQL, Object Query Language) oder direkt mit einer objektorientierten Programmiersprache wie Java, C++ oder Smalltalk. SQL und OQL sind Abfragesprachen, mit denen die Dienste (Programmfunktionen) eines DBM-Systems angefordert werden können. Im Falle des Zusammenwirkens einer Geschäftsanwendung wie PDM mit einem Datenbankmanagementsystem muß die Programmlogik der PDM-Anwendung die SQL/OQL-Anweisungen zur Aktivierung der DBM-Systemdienste anstoßen. Hierzu wird eine offene Schnittstelle (Datenbank-Middleware) zwischen den beiden Programmkomponenten benötigt.

Für den Aufbau einer DBMS-Schnittstelle stehen mehrere Möglichkeiten zur Auswahl. Bei relationalen und objektrelationalen Datenbankmanagementsystemen (RDBMS und ORDBMS) sind das Embedded-SQL/C, DBMS-API und ODBC (Open Database Connectivity). Embedded-SQL/C ist ein Entwicklungswerkzeug, mit dem sich Komponenten realisieren lassen, bei denen SQL-Anweisungen direkt in C-Sourcecode eingebettet sind. Außer der Programmiersprache C sind noch andere Wirtssprachen (Host Languages) möglich. Dieser Ansatz erlaubt zwar die Entwicklung einer leistungsfähigen Schnittstelle, auch mit dynamischen Grundzügen, doch muß die Lösung zum größten Teil mit fest eingebrannten (hard-coded) SQL-Anweisungen kompiliert bzw. vorkompiliert werden. SQL-Anweisungen uneingeschränkt dynamisch in Abhängigkeit eines Benutzerdialogs zur Laufzeit aufzubauen und zu übersetzen, ist damit nicht machbar. Ein weiteres Problem dieser Methode ist, daß eine mit Embedded-SQL realisierte Anwendung nur mit einem bestimmten DBMS kommunizieren kann. Ist eine logische Datenbank mit verschiedenen DBM-Systemen eingerichtet worden, benötigt man zur Nutzung jeder einzelnen physischen Datenbank eine eigens erstellte Geschäftsanwendung.

Durch die herausragende Bedeutung der DBM-Systeme für die Entwicklung und Nutzung umfangreicher Anwendungssysteme in allen Branchen der Wirtschaft begannen die DBMS-Hersteller damit, SQL-Programmierschnittstellen anzubieten. Mit diesen DBMS-APIs ist es vor allen Dingen möglich, dynamisch aufgebaute SQL-Anweisungen während der Laufzeit zu kompilieren. Darüber hinaus kann sich eine Geschäftsanwendung mit der Technik der dynamischen Programmbibliotheken (DLL, Dynamic Link Library) zur Ausführungszeit genau die DLL nachladen, die den Zugriff auf eine bestimmte Datenbank bzw. Datenbasis mit einem bestimmten DBMS erlaubt. Das Gesamtsystem gewinnt dadurch erheblich an Flexibilität. Der Nachteil dabei ist, daß die DBMS-APIs herstellerspezifisch sind und keinem allgemein gültigen Standard folgen.

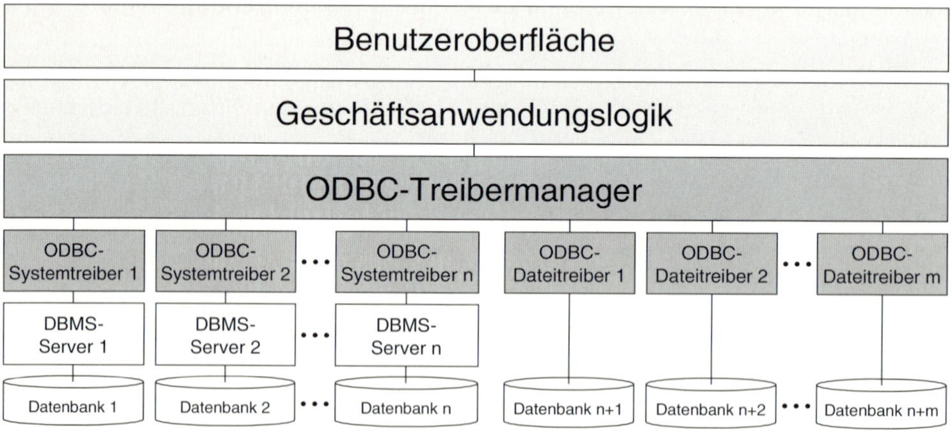

Bild 3-36 ODBC-Schnittstelle zwischen Geschäftsanwendung und Datenbank(en)

Der ODBC-Ansatz stellt einen de facto API-Standard für DBM-Systeme in der Microsoft/Windows-Welt zur Verfügung. Damit kann die direkte Nutzung von proprietären DBMS-APIs umgangen werden. Die ODBC-Schnittstelle besteht aus einem Treibermanager und einem oder mehreren System-/Dateitreibern, wie in Bild 3-36 dargestellt. Die Hauptaufgabe des Treibermanagers ist, organisatorisches Bindeglied zwischen der Schicht der Geschäftsanwendungslogik und den ODBC-Treibern zu sein. Der Treibermanager verwaltet die Informationen über installierte Treiber und Datenbankmanagementsysteme und/oder Datenbankdateien. Eine Anwendung kann diese Angaben mit Funktionsaufrufen erfragen. Ferner lädt der Treibermanager die benötigten ODBC-Treiber je nach Bedarf dynamisch nach oder entfernt sie wieder aus dem Arbeitsspeicher. Nachdem der Treibermanager alle notwendigen Initialisierungen vorgenommen hat und eine Verbindung zwischen dem Treiber und einem DBM-System oder einer DB-Datei besteht, kann die Anwendungslogik die Treiberfunktionen ansprechen.

Treiber sind ebenso wie der Treibermanager DLL-Dateien. Es gibt zwei Arten von ODBC-Treibern: System- und Dateitreiber. Systemtreiber (Two-tier Driver) kommunizieren mit einem DBMS-Server, d.h. sie rufen dessen SQL-Funktionen auf. Solche Treiber sind beispielsweise für DBM-Systeme wie Oracle, Sybase oder SQL Server verfügbar. Dateitreiber (Single-tier Driver) greifen direkt auf eine Datenbankdatei. Sie müssen, anders als die Systemtreiber, die erforderliche SQL-Funktionalität zur Bearbeitung und Analyse einer Datenbank selbst bereitstellen. Dateitreiber gibt es für Systeme wie Access, dBase oder FoxPro. Unabhängig davon ob System- oder Dateitreiber konvertiert ein ODBC-Treiber die von einer Geschäftsanwendung aufgerufenen ODBC-Funktionen in die SQL-Funktionsaufrufe der jeweiligen DBMS-API. Außerdem übernimmt dieser, falls erforderlich, eine Typumwandlung für die Ein- und Ausgabeparameter.

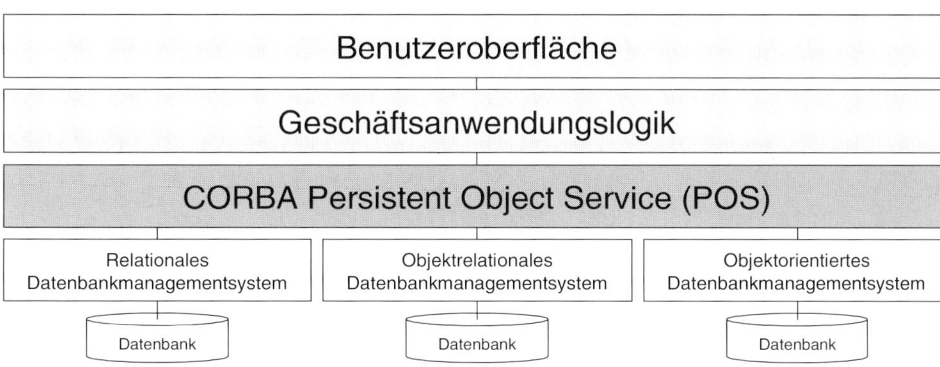

Bild 3-37 CORBA-Schnittstelle zwischen Geschäftsanwendung und Datenbank(en)

Wie schon erwähnt, gibt es zur Anbindung eines objektorientierten Datenbankmanagementsystems (OODBMS) die Möglichkeit, OQL-Aufrufe und/oder direkt die Methodenaufrufe der Objekte selbst zu verwenden. Die OMG-Arbeitsgruppe Object Database Management Group (ODMG) hat mit ihrer ersten Spezifikation (ODMG-93) einen Standard für objektorientierte Datenbankmanagementsysteme festgeschrieben. Dieser ist eine Erweiterung des Persistence-Dienstes (POS, Persistent Object Service) der CORBA-Services. Der POS setzt sich zusammen aus persistenten Basisklassen, dem Persistent Object Manager (POM) und den Persistent Data Services (PDS). Ein Objekt kann auf unterschiedliche Weise, etwa durch Vererbung, Erreichbarkeit oder Allokation, dauerhaft (persistent) gemacht werden. Jedes dauerhafte Objekt, das erzeugt wird, erhält einen im gesamten System eindeutigen und vom Anwender nicht veränderlichen Identifikator (PID, Persistent Identifier), der seine Position in der Datenbank festlegt. Ein Objekt persistent zu machen bedeutet, ihm die Fähigkeit zu geben, zwischen internem Arbeitsspeicher und externem Festplattenspeicher wechseln zu können. Der Persistent Object Manager ist die Schnittstelle der dauerhaften Objekte zu den Persistent Data Services. Er reicht die Methodenaufrufe dauerhafter Objekte mittels PID an den richtigen PDS durch. Die Persistent Data Services sind die eigentlichen Schnittstellen zu den Datenbankmanagementsystemen. Für den Anschluß eines relationalen oder objektrelationalen DBMS steht das Protokoll DDO (Dynamic Data Object) mit der Schnittstelle POS-CLI (Callable Level Interface) zur Verfügung, die unter anderem das ODBC-API kapselt. Bei objektorientierten DBM-Systemen ist die Kommunikation direkt auf Sprachebene in Java, C++ oder Smalltalk möglich.

3.3.5 Datenbankkonzepte

Datenbanken werden seit vielen Jahren dazu eingesetzt, um große Datenbestände langfristig für einen großen Nutzerkreis verfügbar zu halten. Die grundlegende Idee dabei ist, Daten und ihre wechselseitigen Beziehungen, die mit einer oder mehreren Geschäftsanwendungen erzeugt werden, in einem strukturierten Datenbehälter auf einem externen Speichermedium zu sichern. Zu diesem Zweck begann bereits Anfang der siebziger Jahre die Entwicklung der ersten Datenbankmanagementsysteme. Geschäftsanwendungen waren lange Zeit als DBMS-Applikationen mit einer eingebetteten Datenbanksprache implementiert worden. Durch die ständig gestiegenen Anforderungen an die Leistungsfähigkeit und Flexibilität der Geschäftsanwendungen und die starke Dezentralisierung in der EDV durch die Client-Server-Technik, hat man die Anwendungslogik solcher Systeme zunehmend in funktionsorientierten Hochsprachen wie C, Pascal oder COBOL kodiert. Zum DBMS, das die Geschäftsdaten auf lange Sicht deponiert, existiert eine Schnittstelle, über die bidirektional die Datenstruktur der Anwendung in den Datenbehälter (Datenbank) gelangt und umgekehrt.

Neuere Geschäftsanwendungen wie PDM werden fast ausnahmslos als objektorientierte IT-Systeme realisiert. Alle zu Informationseinheiten strukturierten Daten sind darin Objekte. Da diese beliebig komplexe Datenkonstrukte einschließen und transportieren können, ist das Datenbankkonzept für das Gesamtverhalten von objektorientierten Geschäftsanwendungen besonders wichtig. Derzeit sind OO-PDM-Anwendungen überwiegend zusammen mit relationalen oder objektrelationalen Datenbankmanagementsystemen im Einsatz, obwohl ein objektorientiertes DBMS formal die natürlichere Art der dauerhaften Speicherung von Objekten zur Verfügung stellt.

3.3.5.1 Relationaler Ansatz

Das generelle Prinzip einer relationalen Datenbank ist dadurch gekennzeichnet, daß sie alle Informationseinheiten und deren Beziehungen untereinander jeweils in Form einer Tabelle speichert. Datenbankfachleute verwenden häufig den Ausdruck Relation anstelle von Tabelle; von diesem Terminus leitet sich der Begriff relationale Datenbank ab. Es gilt hierbei, die Komponenten Datenbank, Datenbankmanagementsystem und Datenbanksprache zu unterscheiden. Mit Hilfe der Datenbanksprache können interaktiv oder per Programm die Dienste eines Datenbankmanagementsystems angefordert werden, um eine oder mehrere Datenbanken zu erzeugen, zu pflegen und zu nutzen.

Eine relationale Datenbank besteht aus einer mehr oder weniger großen Anzahl von System- und Anwendungstabellen. Die System- oder Katalogtabellen sind die Aufzeichnung aller Definitionen zu einer Datenbank. Es gibt unter anderem Katalogtabellen für die Beschreibung von Anwendungstabellen, Tabellenspalten, Benutzerberechtigungen, Speicherbereichen, Indizes und Views. Um eine Datenbank mit unternehmensweit einheitlichen und konsistenten Begriffsdefinitionen modellieren zu können, ist es notwendig, vorneweg die Nomenklatur des Unternehmens in einem Datenwörterbuch (Data Dictionary) zusammenzustellen.

Die Anwendungstabellen sind die Elemente, auf die die Daten einer Geschäftsanwendung abgebildet werden. Von ihrer Bedeutung her unterscheidet man zwischen Datentabellen und Beziehungstabellen. Die Artikelstammsätze zur Beschreibung aller Teile und Baugruppen lassen sich beispielsweise in einer Datentabelle ablegen. Jedes Wort bzw. Attribut des Datensatzes Artikelstamm kommt in eine eigene Tabellenspalte. Eine Tabellenzeile repräsentiert somit genau einen Artikelstammsatz. Zur Abbildung der Beziehungen (Relationen) zwischen Teilen/Unterbaugruppen und Baugruppen ist eine Beziehungstabelle erforderlich. Daraus müssen sich die Anworten auf die Fragen ableiten lassen, aus welchen Teilen und vielleicht Unterbaugruppen eine bestimmte Baugruppe besteht oder in welchen Baugruppen ein bestimmtes Teil oder eine bestimmte Unterbaugruppe eingebaut ist. Die Beziehungstabelle ist in diesem Fall aus zwei Spalten aufgebaut. In der linken Spalte stehen die Artikelnummern der Baugruppen, in der rechten die Artikelnummern der Teile oder Unterbaugruppen. Da eine Baugruppe aus mehreren Teilen/Unterbaugruppen bestehen und umgekehrt ein

Teil/Unterbaugruppe in mehreren Baugruppen enthalten sein kann, müssen beide Tabellenspalten einen zusammengesetzten Primärschlüssel bilden. Mit dieser einfachen Beziehungstabelle ist eine beliebige Anzahl von Hierarchiestufen bei einer Produktstruktur erfaßbar (Bild 3-38).

Datentabelle

Artikel#	Änderungsindex	Benennung	...

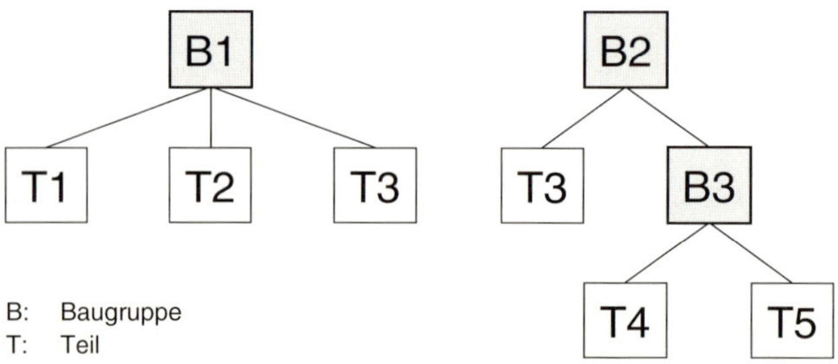

Beziehungstabelle

HierStufeOben	HierStufeUnten
Artikel#_B1	Artikel#_ T1
Artikel#_B1	Artikel#_ T2
Artikel#_B1	Artikel#_ T3
Artikel#_B2	Artikel#_ T3
Artikel#_B2	Artikel#_ B3
Artikel#_B3	Artikel#_ T4
Artikel#_B3	Artikel#_ T5

Bild 3-38 Beispiel für Daten- und Beziehungstabelle

Das Medium zur Kommunikation mit einer relationalen Datenbank ist die strukturierte Abfragesprache SQL (Structured Query Language). Sie wurde von den Institutionen ANSI (American National Standards Institute) und ISO zum Standard erhoben. Die SQL-Sprachelemente formieren eine Schale um den DBMS-Kern, der aus einer umfangreichen Sammlung von implementierten Programmfunktionen besteht; diese bilden im wesentlichen die Programmierschnittstelle DBMS-API. Die deskriptive Sprache SQL stellt auf einfache Art die gesamte Funktionalität eines Datenbankmanagementsystems bereit.

Eine Tabelle kann sich aus einer beliebigen Zahl von Spalten zusammensetzen. Jede Tabellenspalte ist in der Lage, pro Zeile genau einen Wert eines bestimmten Datentyps aufzunehmen. SQL kennt nur Varianten der einfachen Datentypen Ganzzahl, Gleitkommazahl und Text. Die Spaltennamen einer Tabelle müssen eindeutig sein, gleiche Merkmalbenennungen sind unzulässig. Alle Spaltenwerte einer Tabelle zusammen ergeben einen Datensatz (Tupel). Zur Unterscheidung der Zeileneinträge muß eine Tabelle mindestens einen Primärschlüssel besitzen. Das ist eine Spalte oder Spaltenkombination, für die es keine identischen Werte geben darf. Damit das DBMS den vom DB-Designer fixierten Primärschlüssel als solchen beachten kann, ist mit SQL ein *Unique Index* auf die Spalte(n) dieses Schlüssels zu erzeugen. Es gibt auch Tabellen mit mehreren potentiellen Primärschlüsseln (Kandidatenschlüssel); es darf aber nur einer indiziert werden. Eine Tabellenspalte, die auf eine Spalte des Primärschlüssels einer anderen Tabelle verweist, nennt man Bezugsschlüssel. Mit Hilfe eines Bezugsschlüssels lassen sich Relationen zwischen Tabellen herstellen. Beziehungen zwischen mehreren Tabellen sind auch mit sogenannten Views realisierbar. Aus den physischen Tabellen des Datenmodells können mit einer View-Anweisung Spalten verschiedener SQL-Tabellen zu einer neuen, virtuellen Tabelle verknüpft werden. Solche abgeleiteten Tabellen (Views) baut SQL nur temporär aufgrund einer entsprechenden Select-Anweisung (Query) auf.

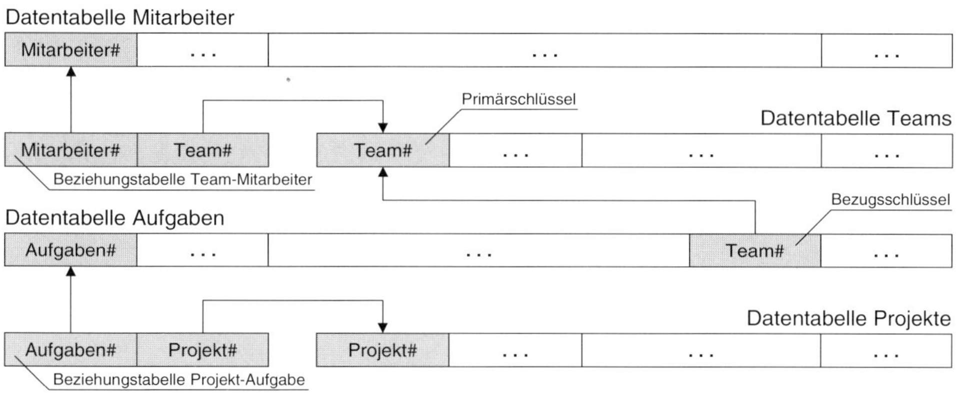

Bild 3-39 Beispiel für Primär- und Bezugsschlüssel in relationalen DB-Tabellen

Die Beziehungen zwischen Datentabellen mit Hilfe von Primär- und Bezugsschlüssel sowie Beziehungstabelle zeigt Bild 3-39. Die Tabellen Mitarbeiter, Teams, Aufgaben und Projekte haben jeweils einspaltige Primärschlüssel. Die Verknüpfung der Tabellen Teams und Mitarbeiter sowie Projekte und Aufgaben übernimmt jeweils eine Beziehungstabelle. Dies ist notwendig, da ein Team aus mehreren Mitarbeitern besteht und ein Mitarbeiter mehreren Teams angehören kann. Ebenso umfaßt ein Projekt mehrere Aufgaben, und eine Aufgabe kann Teil mehrerer Projekte sein. Die Spalten Mitarbeiter- und Teamnummer bilden den Primärschlüssel der Beziehungstabelle Team-Mitarbeiter, die Spalten Aufgaben- und Projektnummer den der Beziehungstabelle Projektaufgabe. Zwischen Aufgaben und Teams besteht eine 1:1-Beziehung, d.h., jedes Team bearbeitet nur eine bestimmte Aufgabe. Die Spalte Teamnummer in der Tabelle Aufgaben ist der Bezugsschlüssel auf die Tabelle Teams. Damit können Informationen über das Team, das eine bestimmte Aufgabe ausführt oder ausführen soll, aus dem Datensatz heraus, der diese Aufgabe beschreibt, referenziert werden. Dieses einfache Beispiel demonstriert, wie sich Daten in einer relationalen Datenbank strukturieren lassen. Diese Art der Verknüpfung von Daten beziehungsweise Tabellen bringt zwangsläufig redundante Informationen mit sich. Das ist auf den ersten Blick von Nachteil, da damit ein höherer Speicherplatzbedarf verbunden ist, und die Gefahr, inkonsistente Daten zu bekommen, steigt. Andererseits ist die kontrollierte Redundanz ein Mittel der DB-Modellierung. Die Datenbankabfrage mit einer Select-Anweisung kann dadurch wesentlich beschleunigt werden. Es gilt also, einen Kompromiß zwischen guter Verarbeitungsgeschwindigkeit und akzeptablem Speicherplatzbedarf zu finden.

Relationale DBM-Systeme bilden seit Jahren die Grundlage von Client-Server-Geschäftsanwendungen. Dabei sind logische Datenbanken häufig physisch auf mehrere Rechner in einem Netzwerk verteilt. Viele Anwender nutzen gleichzeitig die Dienste des RDBM-Systems. Um die Datenbank dennoch permanent konsistent halten zu können, benutzt das RDBMS ein spezielles Transaktionskonzept (Two-Phase Commit Protocol). Eine Transaktion ist eine Abfolge von Einzelaktionen, mit denen gewöhnlich die Manipulation mehrerer Tabellen in mehreren lokalen Datenbanken verbunden ist. Die Transaktionskontrolle sorgt dafür, daß entweder alle von der Manipulation betroffenen Tabellen modifiziert werden oder unverändert bleiben. Ein globales Koordinationsprogramm überwacht jede Transaktion in zwei Phasen. In der ersten Phase benachrichtigen alle beteiligten Dienste das Koordinationsprogramm, daß ihre lokalen Operationen ausgeführt sind. Die beteiligten Dienste erhalten daraufhin vom Koordinationsprogramm eine Aufforderung, die lokalen Datenbankänderungen definitiv vorzunehmen; bei Erfolg senden sie ein OK, andernfalls ein NOT OK zurück. In der zweiten Phase (Freigabephase) schickt das globale Koordinationsprogramm eine Commit-Anweisung, falls alle lokalen Manipulationen erfolgreich waren; die Änderungen sind damit endgültig. Für den Fall, daß mindestens eine lokale DB-Manipulation nicht erfolgreich war, erhalten alle beteiligten Dienste (Jobs) eine Rollback-Anweisung; der Ausgangszustand wird wieder hergestellt.

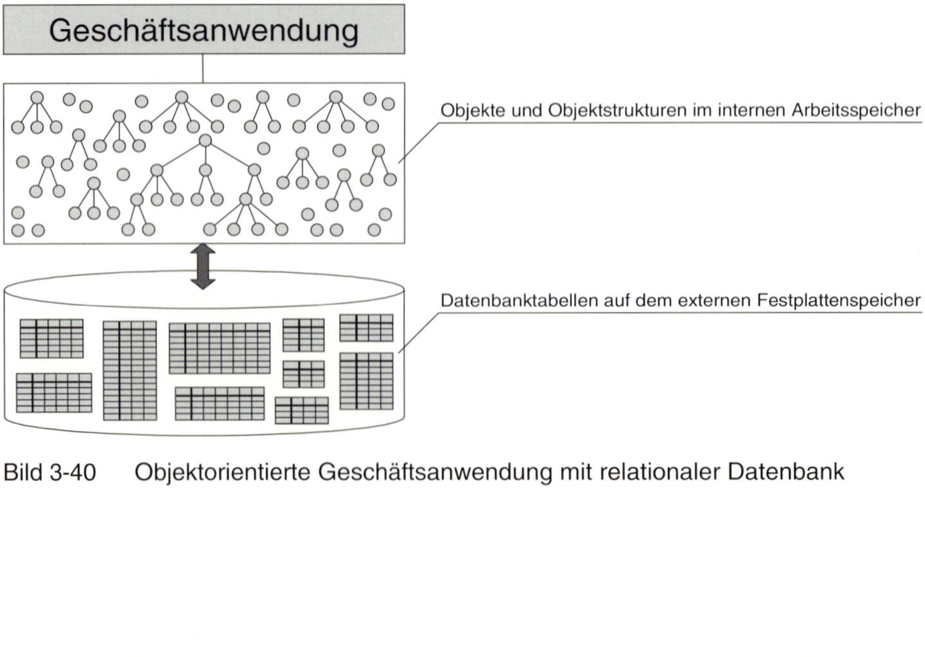

Bild 3-40 Objektorientierte Geschäftsanwendung mit relationaler Datenbank

Relationale Datenbankmanagementsysteme haben nach mehreren Jahrzehnten Forschungs- und Entwicklungsarbeit einen hohen technischen Standard erreicht. Dies schlägt sich in der enormen Verbreitung dieser IT-Systeme eindrucksvoll nieder. Die starke Verschiebung von der funktions- zur objektorientierten Sicht in der Informationstechnik stellt jedoch zunehmend neue Anforderungen an ein DBM-System. Dem Aufbau von Objekten und deren Beziehungen sind konzeptionell keine Grenzen gesetzt. Objekte und Objektstrukturen können beliebig komplex gestaltet sein. Sie sind in der Lage, die reale Welt praktisch uneingeschränkt zu repräsentieren. Das Konzept der relationalen Datenbank ist dagegen darauf fixiert, die realen Verhältnisse auf Daten- und Beziehungstabellen abzubilden. Die Einschränkung, daß Spaltenwerte nur von einfachen Datentypen sein dürfen, erschwert die Datenmodellierung für komplexe Datenstrukturen erheblich. Bild 3-40 zeigt das Dilemma, das bei der Kombination von objektorientierten Geschäftsanwendungen wie PDM mit einer relationalen Datenbank auftritt. Die objektorientierte Datenstruktur im Arbeitsspeicher des PDM-Systems muß zur dauerhaften externen Sicherung auf diverse Tabellen verteilt werden. Umgekehrt ist die Überführung von Tabelleneinträgen in Objektstrukturen erforderlich. Zwischen internem und externem Speicher müssen die Anwendungsdaten an der Konzeptgrenze von objektorientierter und relationaler Welt jeweils ihr Schema ändern. Ob das mittel- und langfristig der richtige Weg für eine unternehmensweite PDM-Lösung ist, muß bezweifelt werden.

3.3.5.2 Objektrelationaler Ansatz

Der Ansatz des objektrelationalen Datenbankmanagementsystems ist, wie sein Name bereits sagt, eine objektorientierte Erweiterung des relationalen DBMS. Während eine relationale Datenbank nur Merkmale (Spalten) mit einfachen Datentypen haben darf, kann eine objektrelationale Datenbank auch Spalten mit höheren Datentypen aufweisen. Das grundlegende Mittel zur Strukturierung ist aber weiterhin die Tabelle, und SQL, genauer gesagt SQL3, ist nach wie vor die relevante Datenbanksprache.

In den Tabellenspalten einer objektrelationalen Datenbank sind benutzerdefinierte Objekte beliebiger Komplexität erlaubt. Jede Merkmalspalte kann Objekte einer Klasse aufnehmen. Die Datenwerte eines Objekts können von einfachen oder höheren Datentypen sein. Zur dauerhaften Speicherung erhält jedes Objekt vom ORDBM-System automatisch einen invarianten Identifikator. Dies ist ein von der Datenstruktur unabhängiger Zugriffsschlüssel auf ein Objekt (OID, Object Identifier). Die OID, auch PID genannt, ist eine Art Startadresse, über die alle Komponenten eines Objekts eindeutig erreichbar sind. In einer Tabellenspalte dienen die Identifikatoren als Ersatz (Surrogat) für bzw. Referenz auf Objekte (Bild 3-41). Tabelle und referenzierte Objekte bilden gemeinsam eine logische Einheit. Die Methoden der Datenbankobjekte werden von ORDBM-Funktionen aktionsabhängig ausgeführt.

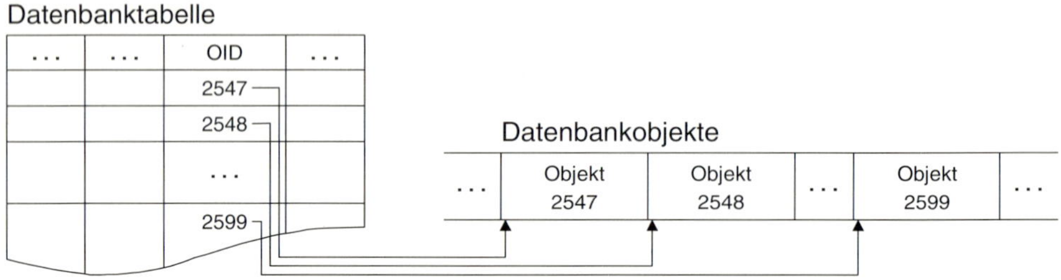

Bild 3-41 Relationale Datenbanktabelle mit referenzierten Datenbankobjekten

Auch für objektrelationale DBM-Systeme ist das Kommunikationsmittel die Abfrage- und Manipulationssprache SQL. Die notwendigen objektorientierten Erweiterungen sind in dem Standard ANSI-SQL3 zusammengefaßt. SQL3 basiert auf ANSI-SQL2, dessen wesentliche Änderungen gegenüber dem ersten Standard die Remote-Zugriffsmöglichkeiten auf verteilte Datenbanken und die Verarbeitung dynamischer Anweisungen sind. SQL3 muß zwei völlig verschiedene Paradigmen zusammenführen, es muß die relationale und objektorientierte Welt vereinen. Hierzu wurden Spracherweiterungen eingebracht, die alle kennzeichnenden Elemente wie Klassendefinition, Datenkapselung und Vererbung einer objektorientierten Programmiersprache umfassen. Zur Methodendefinition innerhalb einer Klassendefinition sind Zuweisungen, Bedingungen, Verzweigungen und Schleifen verfügbar, und für die Festlegung von Objektattributen stehen vordefinierte höhere Datentypen bereit. Dabei sind all diese Neuerungen harmonisch in den grundlegenden syntaktischen und semantischen Aufbau der Sprache SQL integriert worden.

Formal gesehen sind postrelationale DBM-Systeme mit ihren objektorientierten Erweiterungen ein weiterer Meilenstein in der Datenbanktechnologie. Doch stellt sich die Frage, ob solche Systeme sinnvoll sind und ob sie überhaupt gebraucht werden. Es scheint eher so zu sein, daß die Vertriebsstrategen der großen Hersteller relationaler Datenbankmanagementsysteme mit dem objektrelationalen Ansatz eine Chance sehen, ihre Pfründe zu sichern und ihre beherrschende Marktstellung zu behaupten. Denn obwohl die Marktanteile objektorientierter DBM-Systeme gegenwärtig noch gering sind, wird diesen Lösungen die Zukunft gehören. Die reale Geschäftswelt ist nur schwer in Tabellen zu zwängen. Zudem steigen die Anforderungen an IT-Anwendungssysteme. Der Umgang mit multimedialen Daten wie Text, Graphik, Bild und Ton erfordert Objekte, die die Realität datentechnisch so abbilden können, wie sie ist. Es ist kein zwingender Grund erkennbar, der dafür den Einsatz hybrider, objektrelationaler DBM-

Systeme notwendig erscheinen läßt. Objekte und Objektdaten können strukturiert oder nicht strukturiert sein, sie lassen sich stets als eine Einheit handhaben und müssen nicht zerlegt und auf Tabellen verteilt werden.

Obwohl *objektorientiert* heute fast zum Zauberwort geworden ist, läßt sich im Hinblick auf OO-Systeme ein geteiltes Anwenderverhalten beobachten. Was die Systemebenen Benutzeroberfläche, Geschäftsanwendung und Middleware anlangt, können diese nicht objektorientiert genug sein. Ganz anders verhält es sich bei der Datenbank. Dort setzt man weiterhin vorwiegend auf die Technologie von gestern. Selbst wenn eine neue Geschäftsanwendung wie PDM eingeführt wird und die Anwendungslogik zu hundert Prozent auf einem hierarchischen Klassenmodell beruht, kommt in Sachen Datenbank meist ein relationaler oder objektrelationaler Vertreter zum Zug. Dies hat im wesentlichen zwei Gründe. Einerseits haben die Anwender bereits viel Geld in relationale DBM-Systeme investiert und über Jahre hinweg gute Erfahrungen gemacht, so daß man verständlicherweise auf diesem Gebiet nicht unbedingt Änderungen vornehmen möchte. Andererseits sind die Hersteller und Lieferanten von objektorientierten PDM-Systemen häufig nicht in der Lage, ihre Systeme zusammen mit einem objektorientierten Datenbankmanagementsystem anzubieten. Doch sollten bei einem so strategischen IT-System wie PDM nur langfristig bedeutsame Überlegungen eine entscheidende Rolle spielen. Wer heute eine PDM-Lösung von morgen aufbauen will, darf nicht die Technik von gestern kaufen.

3.3.5.3 Objektorientierter Ansatz

Neuentwicklungen im Software-Bereich werden seit einigen Jahren kaum mehr funktionsorientiert programmiert. Objektorientierte IT-Systeme setzten sich immer mehr durch. Die Vorteile liegen auf der Hand. Die Datenmodellierung kann direkt in Klassendefinitionen umgesetzt werden. Klassen lassen sich als Software-Bausteine unabhängig voneinander entwickeln und austesten. Die Vererbungstechnik bei Klassen führt zur Anwendung des Baukastenprinzips und somit zur Wiederverwendung von teuerem Software-Know-how. Und mit Hilfe moderner Middleware-Technik wie CORBA können hochspezialisierte, objektorientierte Systeme zu einer umfassenden Geschäftslösung integriert werden. Programme objektorientiert zu entwickeln, ist nicht etwa nur eine neue Domäne für Software-Gurus, sondern eine wirtschaftliche Notwendigkeit.

Eine objektorientierte Geschäftsanwendung beruht im wesentlichen auf ihrem hierarchischen Klassenmodell. Klassen sind höhere Datentypen und deren Operatoren (Methoden), die der Programmierer frei definieren kann. Davon leitet die Anwendung dynamisch zur Laufzeit und in Abhängigkeit des Benutzerdialogs entsprechende Objekte ab, die im Arbeitsspeicher temporär residieren. Für deren Speicherorganisation werden Listen, Bäume und Graphen dynamisch auf- und abgebaut. Dynamische Speicherstrukturen verketten ihre Elemente (Objekte) mit Zeigern (Pointer). Dies sind Programmvariablen, die die Adresse eines Speicherplatzes aufnehmen können. Es ist möglich, Objekte einfach oder doppelt zu verketten. Einfach verketten heißt, ein Objekt kennt die Speicheradresse seines in der Reihe nachfolgenden Nachbarn. Doppelt verketten bedeutet, ein Objekt zeigt in der Reihe auf seinen vorangehenden und nachfolgenden Nachbarn. Ein Beispiel für eine einfach verkettete Datenstruktur ist in Bild 3-42 zu sehen.

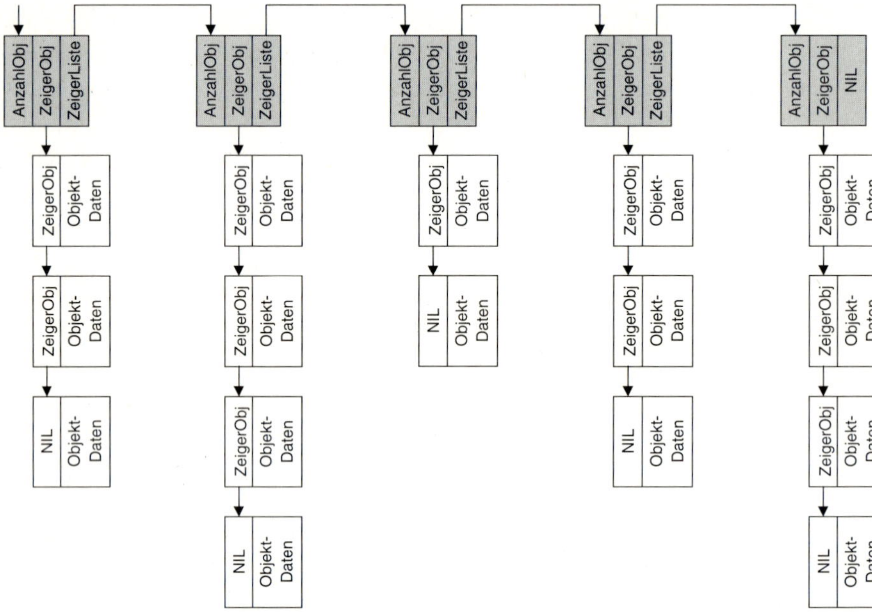

Bild 3-42 Beispiel für einfach verkettete Datenstruktur im Arbeitsspeicher

Die Kernaufgabe eines objektorientierten Datenbankmanagementsystems besteht darin, die Objekte, die sich im Arbeitsspeicher befinden, dauerhaft in einer Client-Server-Umgebung auf einem oder mehreren externen Festplattenspeichern abzulegen, und zwar wirklich als Objekte. Umgekehrt müssen die persistenten Objekte bei Abfragen vom externen Speicher in den internen Arbeitsspeicher transferiert werden. Zwischen dem Client der Anwendung und dem Server des OODBM-Systems kann ein Objektaustausch stattfinden. Somit lassen sich die Objektmethoden auf jeder Seite aktivieren. Im Grunde genommen ist es möglich, daß die Geschäftsanwendung direkt auf der Ebene der objektorientierten Programmiersprache (z.B. Java, C++ oder Smalltalk) mit dem OODBMS-Server kommuniziert. Es müssen nur die notwendigen Klassendefinitionen für die OODBMS-Funktionalität zur Abfrage und Manipulation der Datenbank in Form einer Klassenbibliothek bekannt sein. Einige OODBMS-Anbieter setzen auf proprietäre Erweiterungen der OO-Sprachen – d.h. auf neue Schlüsselwörter, die einen Precompiler erforderlich machen – oder auf Abfragesprachen. Von der ODMG sind die Standardkomponenten Object Manipulation Language (OML), Object Definition Language (ODL) und die Abfragesprache OQL spezifiziert worden. OML ist die OODBMS-Erweiterung für C++, Java und Smalltalk. Mit ODL lassen sich sprachneutrale Klassendefinitionen (Daten und Methoden) vornehmen, die ein Precompiler in die objektorientierte Zielsprache umsetzt. OQL ist das Pendant zu SQL3. Es sind Bemühungen von der OMG und dem SQL3-ANSI-Komitee im Gange, OQL und SQL3 in einer einzigen Abfrage- und Manipulationssprache zu vereinen.

Objekte, deren Lebensdauer über die Programmlaufzeit hinausgehen soll, müssen als dauerhaft gekennzeichnet werden. Um persistente Objekte zu erzeugen, gibt es mehrere Ansätze. Eine Möglichkeit ist, eine persistente Basisklasse zu definieren und davon weitere persistente Subklassen abzuleiten, eine andere besteht darin, ein Objekt zum Zeitpunkt seiner Speicherplatzallokation als persistent zu vermerken. Unter Speicherplatzallokation versteht man die zur Laufzeit dynamische Speicherplatzanforderung für ein neues Objekt. In der Praxis wird noch eine Reihe weiterer Methoden angewandt, um Objekte dauerhaft zu machen. Die wichtigsten objektorientierten Programmiersprachen (z.B. Java, C++ oder Smalltalk) zur Realisierung von OODBM-Systemen bieten bereits Mechanismen für persistente Objekte.

Ein objektorientiertes Datenbankmanagementsystems speichert die persistenten Objekte und Objektstrukturen des Arbeitsspeichers objekterhaltend auf einem externen Speicher. Objekte einer Klasse werden als Objektmenge mit einem Datenbanknamen erreichbar gemacht. Dies ist der logische Zeiger auf den Einstiegspunkt einer Objektmenge. Der Datenbankname beschreibt Struktur und Typ der Objektmenge und legt fest, welche Aktionen (lesen, ändern, löschen etc.) auf die Objekte angewandt werden dürfen. Eine Objektmenge kann aus Objektstrukturen oder aus Einzelobjekten bestehen. Selbst wenn bestimmte Objekte bereits aufgrund ihrer Zugehörigkeit zu einer Objektstruktur in einer Objektmenge gespeichert sind, ist es möglich, sie nochmals mit Hilfe einer Extension als eigene Objektmenge abzulegen. Struktur und Verhalten der Extension werden von einer Extensionsklasse beschrieben, deren Instanz die Menge der Objekte enthält, die die Extension umfaßt.

Eine Referenz auf die jeweilige Objektmenge eines Datenbanknamens stellt die Adressierbarkeit der Wurzelobjekte sicher. Ist ein Wurzelobjekt erreicht, sind alle Objekte erreichbar, die sich darüber referenzieren lassen. Das bedeutet, ist der Einstiegspunkt zur einer Objektmenge bekannt, können mittels Navigation alle Objekte im Objektraum der Objektmenge gefunden werden. Die Referenz auf die Objekte im externen Speicher stellen die Objektidentifikatoren dar. Sie sind das

Pendant zu den internen Speicheradressen, die allerdings im Gegensatz zu OIDs nicht ortsunabhängig sind. Ein extern gespeichertes Objekt setzt sich zusammen aus dem Objektidentifikator, der Speichergröße, den Attributwerten einschließlich den Verweisen auf andere Objekte und der Referenz auf die Klasse, zu der das Objekt gehört. Die physische Speicherung der Objekte erfolgt in Blöcken, die wiederum zu Seiten zusammengefaßt werden. Häufig gebrauchte Objekte und Objektstrukturen lassen sich zusammenhängend ablegen (Cluster-Bildung), um die Zahl der Speicherzugriffe zu minimieren.

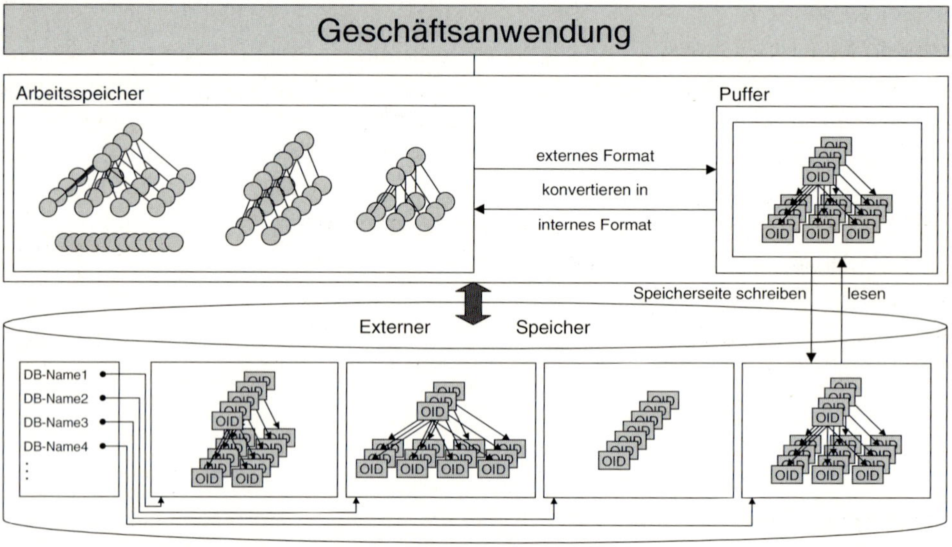

Bild 3-43 Objektorientierte Geschäftsanwendung mit objektorientierter Datenbank

Für das Aus- und Einlagern der Objekte auf den externen Festplatten- und in den internen Arbeitsspeicher muß jeweils eine Datenkonvertierung stattfinden. Das Bild 3-43 stellt diesen Übergang vom internen zum externen Datenspeicher prinzipiell dar. Beim Schreiben der Objekte wird die interne Datenstruktur in das externe Format umgesetzt und in einem Datenpuffer (spezieller Teil des Arbeitsspeichers) zwischengelagert. Wenn eine Speicherseite konvertiert ist, beginnt der Transfer der Objekte in einen Objektraum auf dem externen Speichermedium. Umgekehrt erfolgt beim Lesen der Datenbank eine seitenweise Übertragung der Objekte von der Festplatte in den Datenpuffer. Von dort aus werden die Objektdaten auf eine entsprechende interne Datenstruktur abgebildet.

Selbstverständlich bieten objektorientierte OODBM-Systeme auch alle Standards der Datenbanktechnik wie Administrierbarkeit, Autorisierung, Indexsuche, Datenintegrität und Transaktionsverarbeitung. Entscheidend für deren praktischen Nutzen ist aber die Tatsache, daß mit ihnen eine Geschäftsanwendung wie PDM durchgängig dem Paradigma der objektorientierten Programmierung folgt. Benutzeroberfläche, Anwendungslogik und Datenhaltung arbeiten mit einem einzigen Datenmodell. Es gibt keine Soll-Bruchstelle im Datenhaltungskonzept zwischen Anwendung und Datenbank. Datenstrukturen bleiben über die Systemgrenzen hinweg erhalten, sie ändern lediglich ihr Format. Für eine IT-Lösung wie PDM ist das besonders wichtig, da sie die Rolle der Informationsdrehscheibe in einem Fertigungsunternehmen spielt. Vor allem im Hinblick auf die Nutzung der firmeninternen Internet-Technik muß die PDM-Datenbank als Informations-Server den schnellen Zugriff auf ihre Objekte möglich machen. Daß OODBM-Systeme dafür die richtige Basis sind, ist mittlerweile unter unabhängigen Fachleuten unbestritten. Mit objektorientierten Datenbankmanagementsystemen sind bereits sehr gute Performance-Erfahrungen bis hinein in den Terabyte-Bereich gemacht worden. Es gibt also keinen vernünftigen Grund, ein PDM-System nicht zusammen mit einer OO-Datenbank einzuführen. Zumal seit Jahren professionelle OODBM-Systeme wie Objectivity, ObjectStore, ONTOS, O2 und POET auf dem Markt sind.

3.3.6 Internet – Intranet – Extranet

Das Internet ist heute das größtes Informationsforum der Welt, ein Marktplatz für alles Wissenswerte in den Bereichen Wissenschaft und Technik, Wirtschaft und Politik, Kunst und Kultur, Sport und Freizeit und andere mehr. Jeder kann per PC mit wenig Mittelaufwand passiver und aktiver Nutzer des Internets sein. Profunde Kenntnisse der Rechner- und Netzwerktechnik, wie sie üblicherweise für die Kommunikation mit Computern in anderen Netzen erforderlich sind, werden nicht gebraucht. Im Gegenteil, das Internet zu nutzen, ist so einfach wie Telefonieren oder Faxen.

Wie ist das möglich? Die Sache ist so einfach wie genial. Tim Bernes-Lee vom europäischen Kernforschungsinstitut in Genf machte 1989 den konzeptionellen Vorschlag für einen neuen Internet-Dienst, der heute unter dem Namen World Wide Web (WWW) in aller Munde ist. Das Web, wie das WWW in Kurzform genannt wird, ist ein dokumentorientierter Ansatz für Informationsaustausch in einer Client-Server-Umgebung. Alle Informationen im Web liegen in einem einheitlichen Datenformat vor. Entscheidend für den enormen Erfolg des WWW sind die Werkzeuge Web-Browser, HTML, VRML, Java, JavaScript und CGI. Diese Web-Tools basieren auf offenen Industriestandards und arbeiten auf jeder Plattform, unabhängig von Hard- und Software.

Das heutige Internet beruht auf dem ARPANET, das in den sechziger Jahren von der ARPA (Advanced Research Projects Agency), einer Abteilung des amerikanischen Verteidigungsministeriums, installiert wurde. Als gemeinsames Kommunikationsprotokoll für den Zugriff auf die dezentralen Informationsquellen mit ihrer unterschiedlichen Rechnertechnik und den verschiedenen Betriebssystemen entwickelte sich das Network Control Protocol (NCP). Weitere Netze wie UUCPNET (UNIX-to-UNIX Copy Network), BITNET (Because it's Time Network), Usenet und NSFnet (National Science Foundation Network) kamen hinzu. Der Kommunikationsstandard TCP/IP hat NCP in der Zwischenzeit abgelöst. Weltweit sind heute viele Weitbereichsnetze zusammengeschlossen, deren Rechner als Web-Server (Informationsquellen) arbeiten. Die Anzahl dieser Hosts, die das Internet mittlerweile umfaßt, geht in die Millionen.

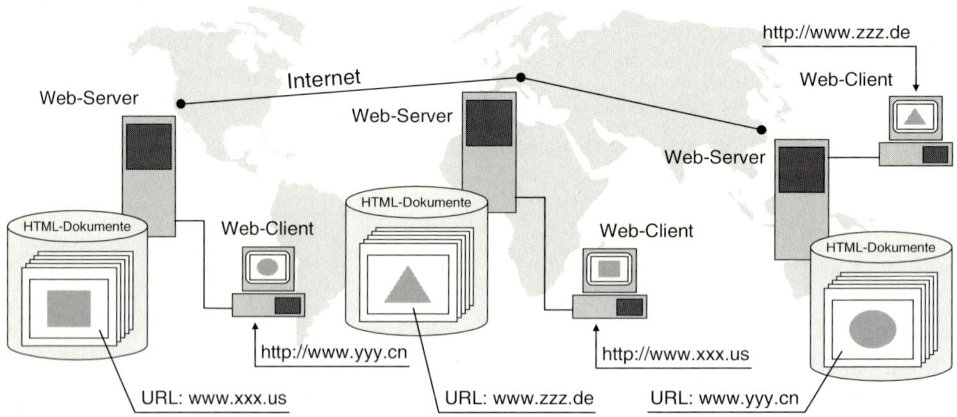

Bild 3-44 Zugriff auf Internet-Dokumente mittels Web-Browser

Jeder Netzwerkknoten als Element des Internets besitzt einen Domain-Namen der Form *www.<Bezeichner>.<Länderkennung>* und eine 4-Byte lange IP-Adresse. Jedes Byte kann eine Zahl von 0 bis 255 darstellen, die durch einen Punkt von der nächsten getrennt ist. Die ersten beiden Bytes werden zentral von der Internet Assigned Numbers Authority (IANA), einer Unternehmenseinheit des Internet Architecture Boards, vergeben. Die weitere Codierung nimmt der Betreiber des Netzwerkknotens in eigener Verantwortung vor. Die angebotenen Dienste auf einem solchen Netzwerkknoten sind durch Port-Nummern gekennzeichnet. Zum Beispiel ist einem Web-Server unter HTTP die Port-Nummer 80, einem E-Mail-Server und SMTP (Simple Mail Transfer Protocol) die Port-Nummer 25 zugeordnet. Die Domain-Namen und IP-Adressen sind in einem Verzeichnis, dem Domain Name System (DNS), zusammengestellt. Der Internet-Nutzer kann somit als URL den Domain-Namen einer Quelle angeben. Über das DNS wird die zugehörige IP-Adresse ermittelt. Der Internet-Dienst Electronic Mail arbeitet mit dem Simple Mail Transfer Protocol (SMTP). Wenn ein SMTP-

Server eine Electronic Mail an einen Ziel-Server verschickt, muß der Empfänger mit diesem verbunden sein, andernfalls geht nach einigen Zustellversuchen die E-Mail als nicht zustellbar wieder zurück. Um diesen nicht praktikablen Zustand zu vermeiden, läuft auf dem Ziel-Server zusätzlich ein Post Office Protocol Server, der eingehende E-Mails empfängt, speichert und an die Clients überträgt. Der aktuelle Standard des Post Office Protocol ist POP3, das auch auf Client-Computern verwendet wird, um eine E-Mail vom Server herunterzuladen. Ein Internet-Anwender, der den Dienst Electronic Mail nutzen möchte, benötigt eine E-Mail-Adresse auf einem Internet-Host (Netzwerkknoten). Der Aufbau hat die Form *<Benutzername>@<Bezeichner>.< Länderkennung>*. Dabei trennt der Separator @ (at) den Benutzernamen des E-Mail-Teilnehmers von der Domain-Adresse. Um eigene Informationen im Internet zu veröffentlichen, müssen WWW-fähige Dateien vom eigenen Arbeitsplatzrechner zu einem Internet-Host kopiert werden. Diesen Internet-Dienst übernimmt der FTP-Server (File Transfer Protocol). Mit einem FTP-Client-Programm lassen sich Files zu einer Web-Site (Informationsquellen auf einen HTTP-Server) senden oder von dort herunterladen.

Der Benutzer hat generell zwei Möglichkeiten, um eine Information im Internet zu erhalten. Wenn er die Quelle bereits kennt, kann er sie direkt mit Hilfe der Domain-Adresse ansprechen. Ist das nicht der Fall, lassen sich Schlagworte eingeben, nach denen Web-Dokumente mit einer sogenannten Suchmaschine (Search Engine) ausfindig gemacht werden können. Eine Suchmaschine ist ein Programm, das über eine Datenbank Recherchen mittels Schlüsselwörter auf Dateien und Dokumente in Internet-Archiven erlaubt. Die Datenbank einer Suchmaschine füllen sogenannte Agenten. Besondere Ausprägungen davon sind Roboter (Robots) und Spinnen (Spiders). Diese Programme durchsuchen Web-Sites ständig nach neuen Dokumenten und legen deren Adressen zusammen mit inhaltlichen Informationen in der Datenbank einer Suchmaschine ab.

Bild 3-44 zeigt, wie der Internet-Dienst World Wide Web genutzt wird. Möchte beispielsweise jemand in Shanghai die Informationen der hier fiktiven deutschen Domain-Adresse *www.zzz.de* sehen, ruft er innerhalb seines Web-Browsers mit *http://www.zzz.de* den HTTP-Server auf dem Internet-Rechner in Deutschland auf, der sich hinter dieser Domain-Adresse verbirgt. Der HTTP-Server überträgt eine Kopie der Homepage (Einstiegspunkt in die Informationsquelle) dieser Web-Site an den anfragenden Client-Rechner in Shanghai. Der Nutzer kann nun durch das Web-Dokument navigieren und via Hyperlinks weitere untergeordnete Dokumente nachladen.

Web-Dokumente sind zum allergrößten Teil als HTML-Dateien implementiert. HTML ist eine Dokumentbeschreibungssprache, die festlegt, wie ein Dokument in einem Web-Browser optisch dargestellt wird. HTML ist eine Anwendung der

SGML-Spezifikation, die als ISO-Standard 8879 veröffentlicht wurde. SGML (Standard Generalized Markup Language) beschreibt ein Verfahren für den Aufbau von plattform- und anwendungsunabhängigen Dokumenten. Auf diese Weise lassen sich mit Hilfe von *Tags* (Marken) Dokumente und Dokumentstrukturen aufbauen. In HTML sind Marken die Anweisungen an den Web-Browser, bestimmte Textformatierungen vorzunehmen, Überschriften, Absätze, Blöcke zu gestalten, Textpassagen fett, kursiv, unterstrichen etc. auszuzeichnen oder Verweise auf andere HTML-Dokumente oder GIF/JPEG-Graphikdateien zu aktivieren. Das Grundgerüst einer HTML-Quelle zeigt Bild 3-45. Im HTML-Format können auch Dokumente erstellt werden, die nicht oder zunächst nicht für eine Veröffentlichung im Internet vorgesehen sind. Professionelle HTML-Editoren machen das Anfertigen von HTML-Dokumenten so einfach wie das Briefeschreiben. Tiefgehende Kenntnisse der HTML-Sprache sind nur bei der Umsetzung sehr spezieller Anforderungen notwendig.

```
<HTML>
<HEAD>
<TITLE>Das ist ein HTML-Dokument</TITLE>
</HEAD>
<BODY>

Hier zwischen den BODY-Tags stehen die HTML-Anweisungen

</BODY>
</HTML>
```

Bild 3-45 Grundgerüst eines HTML-Dokuments

HTML-Dokumente sind zwar einfach zu erstellen, doch ist der Nutzen durch ihr statisches Verhalten auch ziemlich eingeschränkt. Ein Web-Browser kann ihren Inhalt nur immer wieder reproduzieren. Web-Dokumente, die sich in Abhängigkeit bestimmter Einflußfaktoren dynamisch ändern, sind mit HTML nicht möglich; auch interaktives Arbeiten mit HTML-Dokumenten ist nur eingeschränkt realisierbar. Es stehen allerdings weitere Web-Werkzeuge zur Verfügung, die diese Lücke schließen.

Die Makrosprache JavaScript ist eine einfache Programmiersprache zur Ergänzung der HTML-Funktionalität. Syntaktisch lehnt sich JavaScript an die objektorientierte Programmiersprache Java an, hat jedoch im Vergleich zu Java einen geringeren Funktions- und Leistungsumfang. Dafür läßt sich JavaScript-Quellcode mittels SCRIPT-Tags direkt in HTML-Dokumente einbetten. Der Web-Browser kann die JavaScript-Anweisungen sofort interpretieren und ausführen. Obwohl JavaScript mit Objekten und deren Methoden arbeitet, ist es keine echte objektorientierte Programmiersprache wie Java. Mit JavaScript sind interaktive

Elemente erzeugbar, die einen Anwenderdialog mit Dateneingabe und Ergebnisausgabe kontrollieren oder die Kommunikation mit einer entfernten Datenbank möglich machen. Auf der Basis von HTML-Seiten und eingelagerten JavaScript-Programmen können Internet-Nutzer zeitnah über alle Dinge aktuell informiert werden, die sich in kurzen Intervallen ändern.

Die Virtual Reality Modeling Language (VRML) ist ebenfalls eine einfache Makrosprache. Mit ihr lassen sich interaktive 3D-Graphiken aufbauen; VRML wird auch für die Realisierung von Animationen herangezogen. Ein VRML-Makro läßt sich entweder von graphikorientierten Anwendungen generieren oder von Hand mit einem Text-Editor erstellen. VRML-Dateien werden wie HTML-Files auf einem HTTP-Server abgelegt. Der Aufruf eines VRML-Makros läßt sich in ein HTML-Dokument einbauen. Für die Interpretation und Ausführung von VRML-Makros ist entweder ein spezieller VRML-Browser oder ein sogenanntes VRML-Plug-In für einen HTML-Browser notwendig. Ein Plug-In ist eine Software-Komponente, die innerhalb eines Web-Browsers Makros ausführt, die mit einem HTML-Dokument verlinkt sind und die der HTML-Browser nicht direkt interpretieren kann. Besonders interessant ist die VRML-Anwendung in Verbindung mit 3D-CAD-Systemen. Ein CAD-VRML-Konverter kann aus CAD-Modellen VRML-Makros generieren. Damit eröffnet sich die Möglichkeit, 3D-Teile und -Baugruppen in virtueller Realität von allen Seiten zu betrachten. Das ist vor allem bei Entwicklungs-Reviews, Präsentationen und Simulationen von großem Nutzen.

Die objektorientierte Programmiersprache Java hat durch ihre Plattformunabhängigkeit eine herausragende Bedeutung in der Internet-Technik erlangt. Wenn die Leistung von Programmfunktionen für Animation, Berechnung oder Datenmanagement im Internet, Intranet oder Extranet gebraucht wird, kommt Java zum Einsatz. Java ist zwar der Sprache C++ syntaktisch sehr ähnlich, hat aber ein völlig anderes Innenleben. Bei der Realisierung einer Java-Anwendung muß der Entwickler nicht wie bei anderen Programmiersprachen die Hardware-Spezifika oder die Eigenheiten des Betriebssystems berücksichtigen, er kann sich voll auf seine eigentliche Aufgabe konzentrieren. Dies ist möglich, weil im ersten Schritt aus dem Java-Quellcode vom Compiler Byte-Code generiert wird. Byte-Code ist ein prozessorneutrales Kompilat, das erst ein prozessorspezifischer Java-Interpreter (Java Virtual Machine) im zweiten Schritt in den Binärcode einer Zielmaschine überführt – für das Internet mit seiner heterogenen Systemlandschaft genau die richtige Strategie. Vielleicht schafft es die IT-Industrie eines Tages, noch einen Schritt weiterzugehen und sich auf die Spezifikation für einen Java-kompatiblen Standardprozessor zu verständigen. Bis es soweit ist, muß der Java-Interpreter für die Plattformunabhängigkeit sorgen. Ein Java-Programm kann aus einem Applet bestehen oder eine ausgedehnte Applikation darstellen.

Applets sind kleine Programme, die eine kompilierte Klasse umfassen und sich mit APPLET- oder OBJECT-Tags in HTML-Dokumente einbinden lassen. Mit Hilfe eines Web-Browsers werden die Applets vom HTTP-Server heruntergeladen, interpretiert und ausgeführt. Ein Java-Programm ist auch als CGI-Skript (CGI, Common Gateway Interface) verwendbar. CGI ist eine Spezifikation, die die Kommunikation eines HTTP-Servers mit einer Anwendung auf einem Internet-Rechner festlegt. Über einen HTML-Dialog wird das CGI-Skript aufgerufen. Dieses kann direkt einen bestimmten Auftrag ausführen oder mit einer weiteren Anwendung, etwa einem DBM-System, kommunizieren und angeforderte Daten zur Darstellung im Web-Browser zurückliefern.

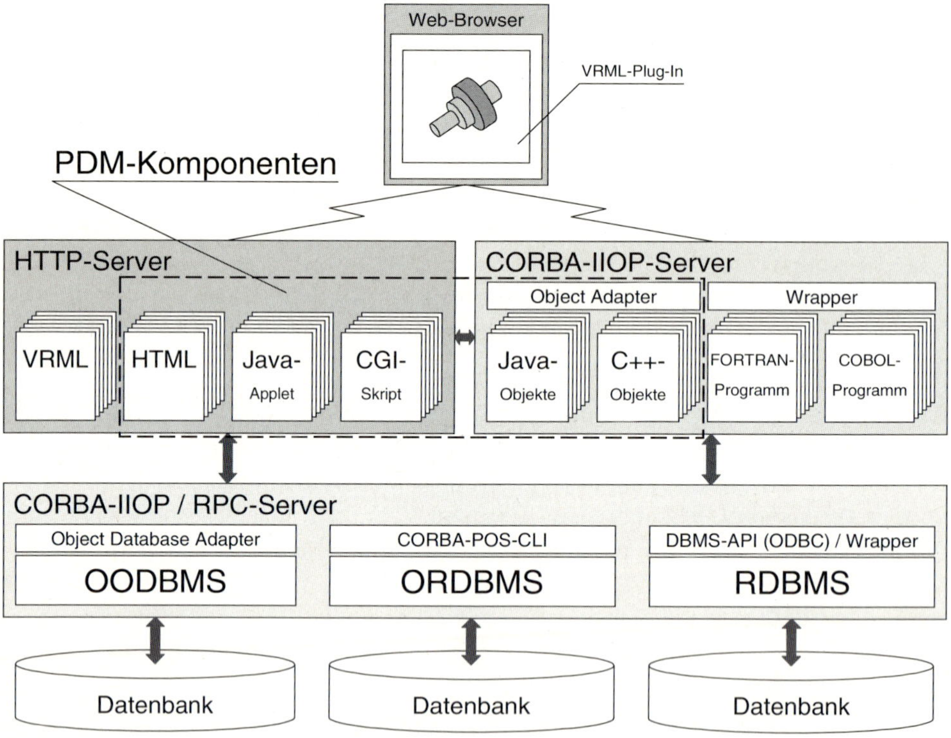

Bild 3-46 IT-Infrastruktur auf der Basis der Internet-Technik

Die Nutzung der aktuellen Internet-Technik eröffnet sehr interessante Anwendungsmöglichkeiten in den Unternehmen der Fertigungsindustrie. Informationen jederzeit auf einheitliche und einfache Weise abrufen zu können, ist für die persönliche Produktivität der Mitarbeiter äußert förderlich. Die einfache Handhabung eines Web-Browsers ist wesentlich für den enormen Anstieg der Zahl der Internet-Nutzer verantwortlich. Nach den persönlichen Erfordernissen die Daten, die gerade gebraucht werden, aus einer ungeheueren Informationsfülle abrufen zu können, macht den besonderen Nutzen des Internets für seine Anwender aus. Für Mitarbeiter eines Fertigungsunternehmens, vor allem in der Produktentwicklung, ist ein Internet-Zugang unerläßlich, um das persönliche Know-how ständig up-to-date zu halten.

Wenn es mit der Internet-Technik möglich ist, die größte Informationsquelle der Welt aufzubauen, sollte es auch der richtige Ansatz sein, um ein firmeninternes Informationszentrum als Intranet oder ein firmenübergreifendes als Extranet zu etablieren. Im einfachsten Fall kann die Informationsquelle des Intranets aus HTML-Dokumenten bestehen. In dieser Form ist das interne Internet nur eine Art Nachrichten-Bazar. Jeder autorisierte Mitarbeiter kann HTML-Seiten zu diversen Themen abrufen oder veröffentlichen. Soll das Intranet mehr sein als ein schwarzes Brett, müssen die Geschäftsanwendungen und ihre Nutzung voll in das Intranet-Konzept einbezogen werden. Das heißt, der Zugriff auf produkt- und produktionsbeschreibende sowie produktionssteuernde Daten muß lesend und schreibend durchführbar sein. Die Gestaltung und Strukturierung der PDM-Intranet-Homepage ist ausschlaggebend für die Akzeptanz des Systems und die Produktivität seiner Nutzer (Bild 3-47).

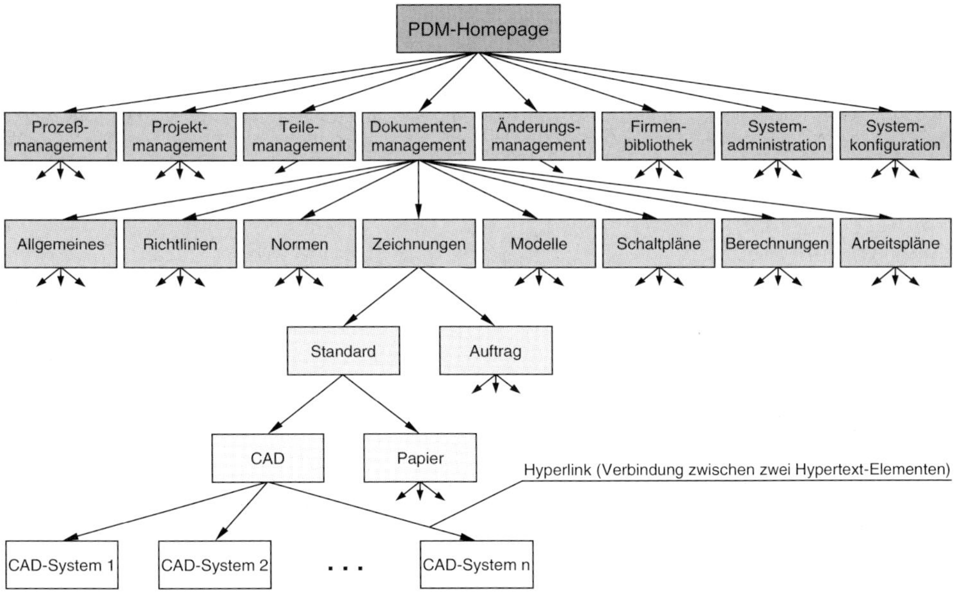

Bild 3-47 Beispiel für die Struktur einer PDM-Homepage in einem Intranet

Für Produktdatenmanagement ist das Intranet eine immens wichtige Komponente. Es ist regelrecht prädestiniert, die Aufgaben des Technischen Informationssystems zu unterstützen. Für die technische Umsetzung stehen mehrere Wege zur Verfügung (Bild 3-46). Ein Ansatz ist, die Kommunikation mit dem PDM-System über ein HTML-Einstiegsdokument (Homepage) laufen zu lassen, das in Abhängigkeit der Benutzereingabe ein CGI-Programm startet. Dieses ruft den PDM-Server auf, der die angeforderten Daten und ggf. Dokumente bereitstellt. Ein weiteres CGI-Programm baut mit den gelieferten PDM-Informationen dynamisch eine HTML-Seite auf, die dem Anwender das Ergebnis seines Dialogs präsentiert. Anstatt CGI-Programme zu verwenden, läßt sich die Kommunikation zwischen Web-Browser und PDM-System auch durch Java-Applets herstellen, die in HTML-Dokumente eingebunden sind. Ein ganz anderer Ansatz arbeitet auf der Basis der CORBA-Technik. Der Web-Client (Arbeitsplatzrechner) kommuniziert in diesem Fall via HTTP und CORBA's IIOP mit dem Web-Server (Intranet-Host). Auf dem liegen die PDM-Komponenten in Form von Java- oder C++-Objekten, deren Dienste bzw. Methoden über den Web-Client angefordert werden können. Auf dem Client-Rechner läuft ein Java-fähiger Browser, der etwa über eine Homepage ein Java-Applet per HTTP vom Web-Server herunterlädt, das sich als Client-Applikation mittels Internet Inter-ORB Protocol mit dem PDM-Server unterhält. Mit der Anwendung von CORBA lassen sich auch die Dienste von nicht objektorientierten Altprogrammen mit Hilfe eines Wrappers in einem Web-Browser in Anspruch nehmen. Und der Datenaustausch zwischen dem PDM- und DBM-System kann ebenfalls via IIOP ablaufen, selbst wenn die Datenbank nicht objektorientiert arbeitet.

Der Web-Browser als das Universal-Werkzeug, mit dem die Mitarbeiter ihren Informationsbedarf befriedigen, ihre Anwendungen nutzen und ihre Nachrichten an andere senden, gewinnt immer mehr an Bedeutung. Das hat besonders Auswirkungen auf das PDM-System. Sein Einsatzspektrum und sein Nutzen hängen entscheidend davon ab, wie flexibel es sich in das Internet-Konzept einbinden läßt. Viele PDMS-Anbieter versuchen heute, ihre teilweise antiquierten Systeme Web-fähig zu machen, um vertrieblich auf den Internet-Zug aufspringen zu können. Die Lösungsansätze bestehen meist darin, daß der PDM-Anwender per HTML-Dokument und CGI-Programmen oder Java-Applets Informationen aus der PDM-Datenbasis anfordern kann. Der Web-Browser dient so in Verbindung mit diversen Plug-Ins und/oder Konvertern als Viewing-Tool zur Darstellung von Zeichnungen und Schaltplänen sowie zur Illustration von Stücklisten und vielleicht eines Teilekatalogs.

Internet-PDM muß jedoch mehr bieten. Mit Hilfe eines Web-Browsers muß die bidirektionale Kommunikation mit dem PDM-Server möglich sein. Nur so ist ein nutzbringendes Daten- und Prozeßmanagement im Intranet oder Extranet durchführbar. Mit einem Internet-Workflow Projekte zu steuern, Aufgaben und Dokumente zu verteilen sowie Produktdaten zu erzeugen und zu modifizieren, erfordert eine neue Generation von PDM-Systemen, die vollständig auf der Grundlage der Internet-Technik konzipiert sind. Das Paradigma der Objektorientierung auf der Grundlage von Java und CORBA muß konsequent umgesetzt werden, damit eine uneingeschränkte Kommunikation zwischen Objekten in einer beliebig verteilten Client-Server-Installation real wird. Dazu gehört auch die CORBA-basierende Interaktion zwischen dem PDM-Server und einem objektorientierten DBMS. Internet-PDM-Systeme müssen in diesem sich schnell entwickelnden Umfeld einen deutlichen Mehrwert im Vergleich zu den universell einsetzbaren Web-Tools für Management-Aufgaben aufweisen, wollen sie nicht Gefahr laufen, in absehbarer Zeit überflüssig zu werden.

3.4 Informationsstruktur

Produktdatenmanagement mit einem Technischen Informationssystem zu realisieren, setzt eine genaue Kenntnis über alle Informationen voraus, die produkt- und produktionsbeschreibenden sowie produktionssteuernden Charakter haben. Eine vollständig digitale Produkt- und Produktionsbeschreibung kann Tausende von unterschiedlichsten Dokumenten umfassen. Sie als etwas logisch Zusammengehörendes zu arrangieren und modellhaft zu strukturieren, macht die exakte Definition eines Datenmodells notwendig, das Informationseinheiten festlegt und ihre wechselseitigen Beziehungen beschreibt. Das Datenmodell repräsentiert die Informationsstruktur für den Aufbau einer elektronischen Maschinenakte, die auch als virtuelles Produktmodell bezeichnet werden kann.

3.4.1 Objekte

Umfassendes IT-gestütztes Produktdatenmanagement in einem Fertigungsunternehmen erfordert eine professionelle PDM-Geschäftsanwendung. An ein solches System richten sich sehr hohe Anforderungen. Neben Funktionalität und Robustheit sind einfache Skalier- und Konfigurierbarkeit wesentliche Kriterien für die Wahl einer PDM-Applikation. Besonders kundenspezifische Anpassungen und Erweiterungen (Customization) setzen einen flexiblen Systemaufbau voraus. Objektorientierte PDM-Software hat hier klare Vorteile. Eine derartige Lösung besteht im wesentlichen aus Klassendefinitionen, die aufgrund der Vererbungstechnik eine hierarchische Struktur bilden. An einer beliebigen Stelle in der Klassenstruktur läßt sich eine neue Subklasse aus einer vorhandenen Basisklasse ableiten. So können für funktionale Kundenerweiterungen existierende Software-Komponenten benutzt werden, die bereits getestet sind und stabil laufen. Mit den Instanzen dieser Klassen, den Objekten, lassen sich sämtliche Daten, die mit dem PDM-System verwaltet werden sollen, als Informationseinheiten handhaben. Es gibt Objekte für beschreibende Daten (Metadaten) und Objekte für physische Daten (Dateien/Dokumente), wobei den Dokumenten ebenfalls beschreibende Informationen (Attribute) zugeordnet sind. Objekte mit rein deskriptivem Charakter nennt man Geschäftsobjekte. Objekte, die Dokumente repräsentieren, werden als Datenobjekte bezeichnet.

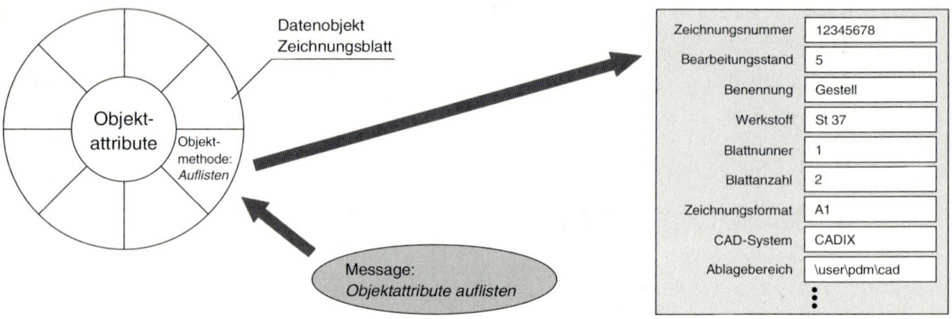

Bild 3-48 Per Message Objektattribute eines Zeichnungsblatts ausgeben

Objekte sind informationstechnische Konstrukte, die eine Einheit aus Daten und Programmen darstellen. Sind Operationen auf die Objektdaten auszuführen, kann das nur mit den Objektprogrammen (Methoden) geschehen. Die Aktivierung von Objektmethoden übernehmen sogenannte Messages. Das sind Clients, die die diversen Dienste der Objekte anfordern. Bild 3-48 zeigt ein Datenobjekt Zeichnungsblatt. Seine Objektattribute sind für die Außenwelt nicht zugänglich, sie werden von den Objektmethoden gekapselt. Eine Message fordert die Methode *Objektattribute auflisten* an. Je nach Implementation dieser Methode werden die Attribute des Zeichnungsblatts in einer bestimmten Form angezeigt. Das ist die generelle Arbeitsweise aller objektorientierten PDM-Systeme. Jede PDM-Information ist ein Objekt oder ein Teil eines Objekts, und hinter jeder PDM-Funktion stecken eine oder mehrere Messages, die die Kommunikation mit den Objekten übernehmen.

Objektattribute lassen sich in Pflicht- und Wahlparameter aufteilen. Pflichtparameter sind beim Erzeugen eines Objekts zwingend, unabhängig davon, ob es interaktiv oder per systemgesteuertem Datenimport angelegt wird. Die Eingabe der Wahlparameter ist optional. Objekte einer Klasse müssen sich durch ein oder mehrere Schlüsselattribute unterscheiden. Version und diverse Stati eines Objekts werden durch spezielle Attribute dokumentiert. Die verschiedenen Stände eines Geschäftsobjekts differieren durch ihre Versionsnummer und ihren Bearbeitungsstand. Ein Zeichnungsstammsatz ist beispielsweise mit den Attributen Zeichnungsnummer, Versionsnummer und Bearbeitungsstand eindeutig identifiziert. Zur Unterscheidung von Datenobjekten dienen eine Identifikationsnummer und der Bearbeitungsstand. So ist etwa ein Zeichnungsblatt durch die Zeichnungsnummer und den Bearbeitungsstand unverwechselbar beschrieben. Masterattribute legen fest, von welchen Objektattributen die Werte nicht geändert werden dürfen. Bei einem Teilestammsatz ist das sicherlich die Artikelnummer. Ob weitere Attribute wie die Benennung ebenfalls nicht veränderbar sein sollen, ist firmenspezifisch zu entscheiden. Firmenspezifisch definierbar sein müssen auch die Namen der Objektattribute. In der betrieblichen Praxis verwenden die Firmen häufig verschiedene Begriffe für ein und dieselbe Sache. So existieren für die Identifikationsnummer eines Bauteils zum Beispiel die Vokabeln Identnummer, Sachnummer, Teilenummer, Artikelnummer und Materialnummer. Ferner ist es unverzichtbar, daß PDM-Objekte mehrsprachig sind. Das betrifft sowohl die Attributbezeichner als auch die Attributdaten. Die Einstellung sollte für den Anwender in beiden Fällen einfach durchzuführen sein.

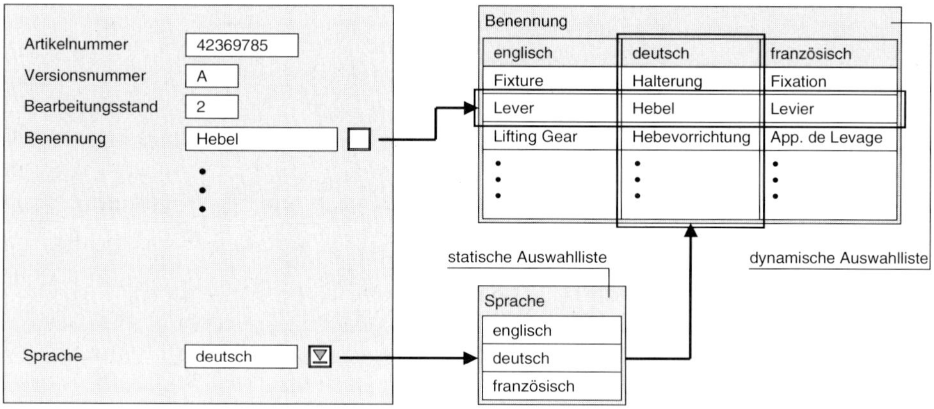

Bild 3-49 Beispiel für statische und dynamische Auswahllisten

Objektattribute können vom Datentyp Ganzzahl, Gleitkommazahl oder Zeichenkette (String) sein. String-Attribute werden in den meisten Fällen nicht eingetippt, sondern in statischen oder dynamischen Auswahllisten selektiert und in das jeweilige Eingabefeld übertragen. Statische und dynamische Auswahllisten sind ebenfalls als Objekte implementiert. Damit lassen sich Begriffe und Bezeichner einer Kategorie zu einer Menge zusammenfassen. Eine statische Auswahlliste ist dadurch gekennzeichnet, daß die Elemente und ihre Anzahl unveränderlich sind. Es ist nicht möglich, eine statische Auswahlliste interaktiv zu modifizieren. Änderungen können nur auf der Ebene des Datenmodells vorgenommen werden. Im Gegensatz dazu ist eine dynamische Auswahlliste auf der Benutzerebene von einem autorisierten Anwender veränderbar. Bild 3-49 zeigt jeweils ein Beispiel für eine statische und eine dynamische Auswahlliste. Das Objektattribut Sprache ist als statische Auswahlliste realisiert. In diesem Fall kann der PDM-Nutzer die Landessprachen Englisch, Deutsch oder Französisch einstellen; Voreinstellung (Default) ist englisch. Dem Objektattribut Benennung ist eine dynamische Liste zugeordnet, die mehrsprachig ist. Der Anwender bekommt in Abhängigkeit der Spracheinstellung eine bestimmte Sicht auf die dynamische Auswahlliste angeboten. Da die PDM-Nutzer gewöhnlich nur mit ihrer Muttersprache arbeiten, muß eine zentrale Stelle mehrsprachige Auswahllisten konsistent pflegen. Bei der Einführung einer PDM-Lösung sollten Fertigungsunternehmen generell unbedingt ihre firmenspezifische Nomenklatur analysieren, eventuell bereinigen und in das System einbringen. Speziell auf Mehrsprachigkeit kann bei der PDM-Anwendung heutzutage kaum mehr verzichtet werden, da davon auszugehen ist, daß internationale Kooperation und Arbeitsteilung immer mehr Gewicht bekommen. Die Konzeption der mehrsprachigen Objekte erfordert die konsequente Umsetzung im Datenmodell, da sich dieses Thema wie ein roter Faden durch das gesamte PDM-System zieht.

3.4.2 Datenmodell

Die Festlegung aller Objekte respektive Klassen und ihrer Attribute ist ein Teil der Datenmodellierung. Ein weiterer ist die Definition der Objektbeziehungen (Relationen). Sie sind ausschlaggebend dafür, wie Daten in einem PDM-System strukturiert werden können. Geschäfts- und Datenobjekte sowie ihre Relationsobjekte sind die Informationsträger für die Produkt- und Produktionsdaten eines Fertigungsunternehmens. Das Datenmodell muß daher so aufgebaut sein, daß es in der Lage ist, alle Informationseinheiten, die Teil einer Produktdokumentation sein können, im PDM-System aufzubewahren.

Im wesentlichen besteht eine elektronische Maschinenakte aus Baukomponenten und deren Dokumentation. Für die Teile- und Baugruppenbeschreibung steht im PDM-Datenmodell die Objektklasse Teilestammsatz (TSS) zur Verfügung, wobei es i.d.R. für Teil und Baugruppe zwei unterschiedliche TSS-Klassen gibt. Teil und Baugruppe verbindet ein Relationsobjekt. Jede Baukomponente läßt sich mit beliebig vielen Objekten, die sie dokumentieren, verknüpfen. Das PDM-System muß imstande sein, mit allen Arten von Dokumenten umzugehen. Für CAD-Dokumente – Modelle und Zeichnungen – sollte es wegen ihrer spezifischen Beschreibungsdaten eigene Objektklassen geben. Ein Geschäftsobjekt Dokument kann eine Beziehung zu beliebig vielen Datenobjekten Datei haben. Das Geschäftsobjekt Dokument ist die organisatorische Klammer für alle logisch zusammengehörenden Dateien. Zwischen Baukomponente und Dokumenten ist entweder eine direkte Relation oder die Verbindung über einen Dokumentenordner (Folder) möglich. Folder-Objekte können wie TSS-Objekte zur Produktstrukturierung benutzt werden. So wie eine Baugruppe aus beliebig vielen Teilen und Unterbaugruppen aufgebaut sein kann, so kann auch ein Dokumentenordner uneingeschränkt weitere Subfolder enthalten.

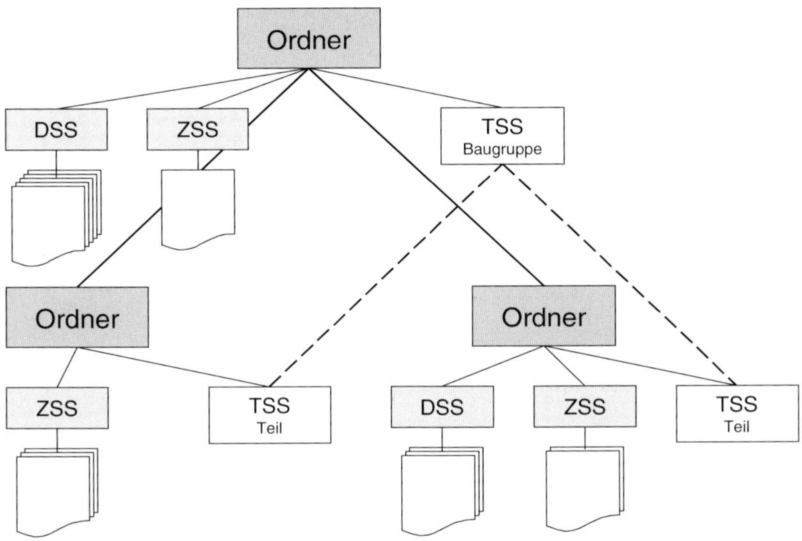

Bild 3-50 Beziehung zwischen Baukomponenten und ihrer Dokumentation

Bild 3-50 demonstriert die Produktstrukturierung mittels Ordnerhierarchie. Alle Informationen zu einem Teil oder einer Baugruppe sind in einem Dokumentenordner zusammengefaßt. Die Zeichnungsdateien einer Baukomponente werden einem Objekt Zeichnungsstammsatz (ZSS) zugeordnet. Alle anderen Dateien haben eine Relation zum Objekt Dokumentstammsatz (DSS). Die TSS-Objekte sind einerseits mit ihrem jeweiligen Ordner verknüpft und haben auf der anderen Seite eine Beziehung untereinander. Auf diese Weise ist, ausgehend von einem Produktmodell, eine teile- und dokumentenorientierte Sicht auf die Produktdaten möglich. Darüber hinaus lassen sich Folder- und/oder TSS-Objekte mit weiteren übergeordneten Objekten wie Projekt oder Auftrag verbinden.

Die Strukturierung der Objekte erfordert Relationen, die wechselseitige Beziehungen zwischen den Entitäten zulassen. Relationen sind in einem OO-PDMS ebenfalls als Objektklassen implementiert. Eine Relation verbindet zwei Objekte in der Weise, daß jeweils eine Beziehung in beiden Richtungen existiert. Eine Assoziation ist somit richtungsorientiert, das bedeutet, ein Relationsobjekt hat in jeder Richtung einen Ein- und Ausgang. Die Beziehung zwischen einer Baugruppe und einem Teil beispielsweise drückt aus: Baugruppe *hat* Teil. Umgekehrt lautet die Relation: Teil *gehört zu* Baugruppe. In jeder der beiden Richtungen sind beliebig viele Beziehungen zulässig. Die datentechnische Verbindung zwischen den beteiligten Objekten kann mit Hilfe von Objektidentifikatoren hergestellt werden (Bild 3-51). Dies sind eindeutige numerische oder alphanumerische Kennungen, die das PDM-System automatisch für jedes erzeugte Objekt generiert. Objektidentifikatoren bleiben über die gesamte Lebensdauer der Entitäten unverändert erhalten. Relationsobjekte können außer den Kennungen der verknüpften Objekte noch andere Attribute beinhalten.

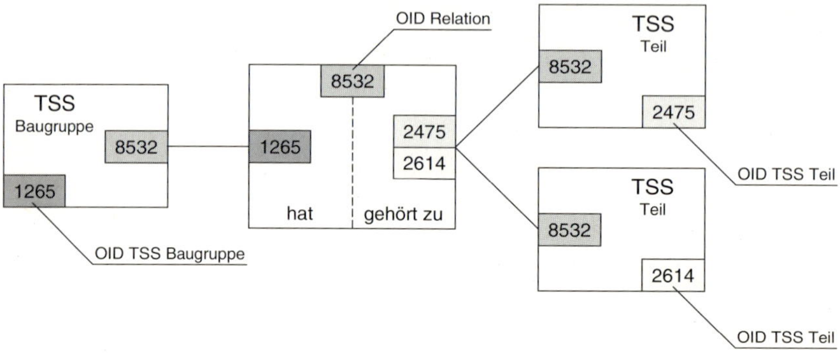

Bild 3-51 Prinzipieller Aufbau einer Objektrelation

Das PDM-Datenmodell läßt sich mit dem Entity-Relationship-Modell (ERM, Entity Relationship Model) nach Chen beschreiben. Dies ist eine Methode, mit der Objekte (Entities), ihre Beziehungen (Relationships) und ihre Funktionen (Roles) in den Beziehungen formuliert werden können. Zur graphischen Darstellung des ERM stehen die Elemente des Entity-Relationship-Diagramms (ERD, Entity Relationship Diagram) zur Verfügung. Bild 3-52 zeigt die Varianten des ERD am Beispiel der Beziehung zwischen Baugruppe und Teil.

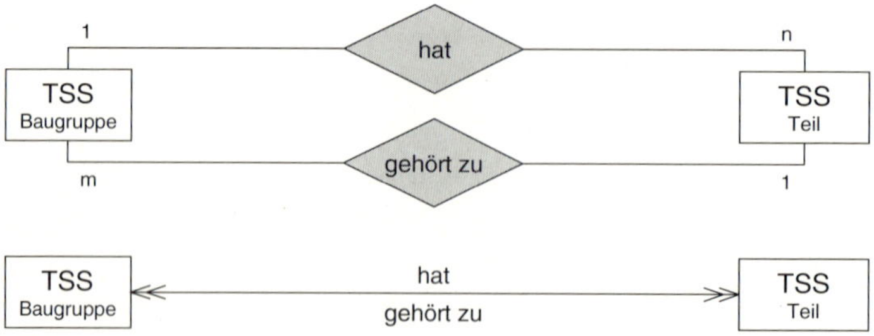

Bild 3-52 Entity-Relationship-Diagramme für die Beziehung Baugruppe – Teil

Die obere Darstellung in Bild 3-52 zeigt die Beziehung Baugruppe – Teil in der ausführlichen Form des ERD. Die Rauten zwischen den Objekten geben jeweils die Rolle einer Entität in der Beziehung an. Die Zahlen links und rechts einer Raute drücken die Kardinalität der Relation aus. Eine Baugruppe kann beliebig viele Teile einschließen; in dieser Richtung liegt daher der Beziehungstyp 1:n vor. Aus der anderen Richtung gesehen, kann ein Teil zu beliebig vielen Baugruppen gehören; dies wird durch den Beziehungstyp m:1 formuliert. Beide Teilbetrachtungen zusammengefaßt ergeben den Relationstyp n:m. Im unteren Teil des Bilds 3-52 ist eine vereinfachte Darstellungsform des ERD zu sehen. Die Kardinalität der Beziehung wird hier in Form von Pfeilspitzen illustriert. Eine Pfeilspitze kennzeichnet eine zu-1-Beziehung, eine Doppelpfeilspitze steht für eine zu-n-Relation.

3.4.3 Produktmodell

Das Datenmodell ist eine der elementaren Leistungskomponenten eines PDM-Systems. Es legt die Möglichkeiten für den Aufbau des Informationskomplexes *virtuelles Produktmodell* fest. Denn Informationen unterschiedlichster Art und Herkunft in einer dauerhaften Beziehung dynamisch über den gesamten Lebenszyklus zu verwalten, ist eine der tragenden Säulen von PDM.

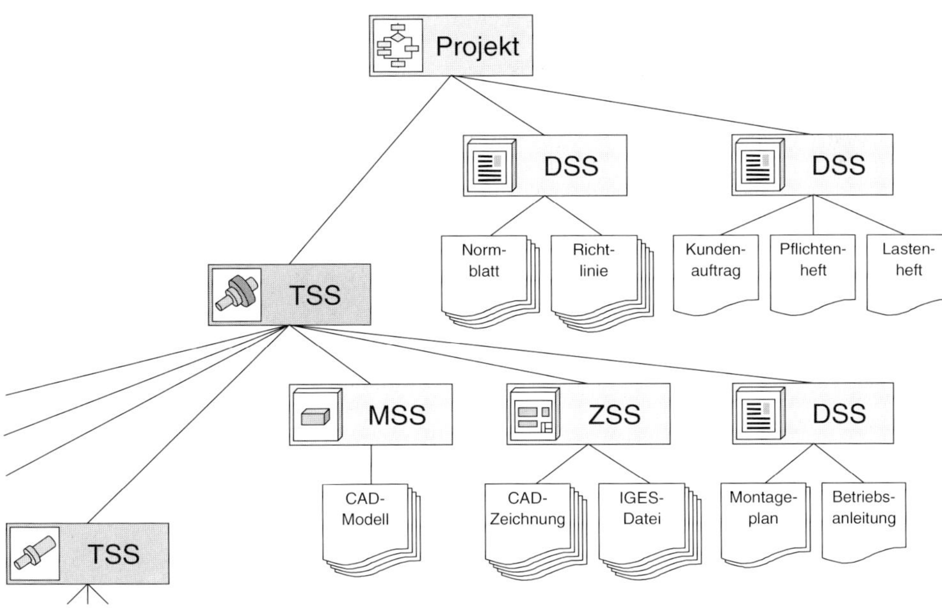

Bild 3-53 Ausschnitt aus einem PDM-Produktmodell

Im Beispiel von Bild 3-53 ist ein kleiner Teil eines möglichen Produktmodells dargestellt. Die gesamte Produktdokumentation ist hier einer Entität der Objektklasse Projekt zugeordnet. Jede Baukomponente und jedes Dokument kann in dem Datenmodell, das diesem Produktmodell zugrunde liegt, eine Relation zu Projekten haben. Über jeweils einen Dokumentstammsatz (DSS) sind die Unterlagen Richtlinien und Normblätter sowie Pflichtenheft, Lastenheft und Kundenauftrag mit dem Projekt verbunden. Der Teilestammsatz der Hauptbaugruppe (Produkt) ist mit einem Modell-, Zeichnungs- und Dokumentstammsatz verknüpft. Mit Hilfe des Modellstammsatzes (MSS) werden die CAD-Modelle in der Produktdokumentation verankert. Der Zeichnungsstammsatz übernimmt diese Aufgabe für alle Zeichnungsblätter, IGES-Austauschdateien und eventuell andere, den Zeichnungen zugeordnete Unterlagen. Montageplan und Betriebsanleitung sind mit einem gemeinsamen Dokumentstammsatz mit dem TSS-Objekt Hauptbaugruppe gekoppelt.

In der gleiche Weise läßt sich jede Baukomponente eines Produkts vollständig beschreiben. Durch die Relation Baugruppe-Teil kann ein Erzeugnis entsprechend seines konstruktiven Aufbaus strukturiert werden. Wenn alle IT-Systeme eine Schnittstelle zur PDM-Lösung haben und diese in allen Phasen der Produktentwicklung – Planung, Konzeption, Entwicklung, Konstruktion, Erprobung und Arbeitsplanung – zur Anwendung kommt, steht am Ende dieser Prozeßkette ein integriertes Produktmodell. Die CAx-Anwendungen liefern die Produktdaten, das PDM-System übernimmt deren Management.

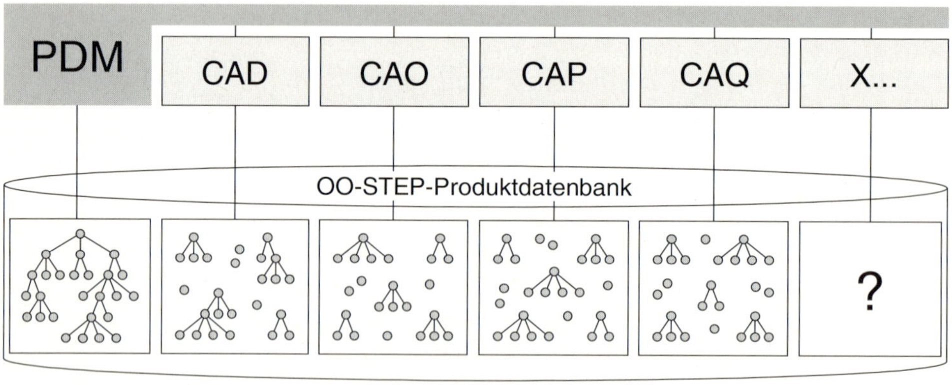

Bild 3-54 Integrierte PDM/CAx-Lösung auf der Basis einer STEP-Produktdatenbank

Das virtuelle Produktmodell ist die strukturierte Integration aller geometrischen, technologischen und organisatorischen Produktdaten. Da die heutigen Anwendungssysteme ihre langfristige Datensicherung mit proprietären Dateiformaten durchführen, stehen einem PDMS nur begrenzte Mittel für die Verwaltung physischer Produktdaten zur Verfügung. CAx-Dateien werden in einem von der PDM-Lösung kontrollierten File-Systembereich abgelegt und per Metadatenobjekt referenziert. Auf das *Innenleben* der Anwendungsdaten hat das PDM-System keinerlei Zugriff. Damit sind vor allem auf dem Gebiet der CAD-Datenverwaltung zum Teil erhebliche Schwierigkeiten verbunden. Sobald etwa ein 3D-Baugruppenmodell mit allen Komponenten seiner Struktur in einer einzigen CAD-Datei gespeichert ist oder alle Blätter einer 2D-Zeichnung in einem File liegen, ist ein bauteil- und dokumentorientiertes PDM nur mit großem technischen Aufwand realisierbar.

Wenn man zugrunde legt, daß mittlerweile ein Großteil aller namhaften CAx-Systeme objektorientiert arbeitet, und davon ausgeht, daß STEP ein tragfähiges Format zur Beschreibung von Produktdaten ist, leitet sich die Hoffnung ab, daß die Hersteller von IT-Anwendungssystemen eines Tages ihre produktbeschreibenden Daten in Form von STEP-Objekten zur langfristigen Sicherung in einer objektorientierten Datenbank ablegen. Das PDM-System wäre dann in der Lage, direkt STEP-Objekte zu kontrollieren anstatt Dateien zu referenzieren. Die IT-Anwendungen würden ihre Datenobjekte im Auftrag des PDM-Systems in die OO-PDM-Datenbank schreiben und aus dieser lesen. Die Aufgabe des PDMS läge darin, STEP-Metadatenobjekte zu erzeugen und diese mit den STEP-Datenobjekten der Anwendungen zu verknüpfen (Bild 3-54). Dadurch würde ein virtuelles Produktmodell verfügbar sein, das vollständig aus einer Struktur verbundener Objekte in Standardformat aufgebaut wäre. Bis dieser traumhafte Zustand irgendwann erreicht sein wird, müssen wir das Beste aus der aktuellen Situation machen, die uns die IT-Industrie gegenwärtig beschert.

3.5 Funktionalität

An dieser Stelle erfolgt keine Beschreibung verfügbarer PDM-Systeme, sondern eine Darstellung der Funktionalität, die ein praxisorientiertes PDM-System nach Meinung des Autors bieten sollte. Von besonderer Bedeutung sind dabei die Anwendungsfunktionen. Sie sind ausschlaggebend für den tatsächlichen Nutzen eines PDM-Einsatzes. Die Handhabungsfunktionen legen die Möglichkeiten fest, mit Objekten umzugehen, die mit den Anwendungsfunktionen erzeugt worden sind. Den laufenden Betrieb einer PDM-Installation bestimmen im wesentlichen ihre Administrationsfunktionen.

3.5.1 Anwendungsfunktionen

Die Anwendungsfunktionen eines PDM-Systems müssen darauf ausgerichtet sein, den durchgängig rechnergestützten Produktentstehungsprozeß in all seinen Phasen zu unterstützen. Dies betrifft in erster Linie die Teile- und Dokumentenverwaltung sowie die Vorgangssteuerung. Soll eine PDM-Lösung besonderen Nutzen erbringen, muß sie darüber hinaus auch Engineering-Methoden wie Teile- und Produktstandardisierung, Baukastenmodellierung oder Concurrent Engineering möglich machen. Diese Fähigkeiten kann ein PDMS nur bieten, wenn die Methodik dieser Ansätze in den Anwendungsfunktionen abgebildet ist. Ferner sind hierfür sehr *intelligente* Schnittstellen zu den CAx-Applikationen notwendig. Das Konfigurationsmanagement ist die zeitlich abhängige Beschreibung eines Erzeugnisses mit Hilfe seines virtuellen Produktmodells. Dafür ist hauptsächlich das Zusammenwirken der Funktionen Teile-, Produktstruktur- und Dokumentenmanagement erforderlich. Ein wesentliches Element jedes PDM-Systems sollte das integrierte Projektmanagement sein. Dieses muß jedoch mehr bieten, als nur den Terminplan zu verwalten. Im Mittelpunkt stehen hierbei Planung, Steuerung und Überwachung von Entwicklungs- und Kundenprojekten mittels eines Projektdatenmodells.

3.5.1.1 Dokumentenmanagement

Die Anfänge des Dokumentenmanagements im Bereich der Ingenieuranwendung gehen zurück auf das Management von CAD-Dateien. Die frühen Zeichnungsverwaltungssysteme hatten noch nicht mit riesigen Datenbeständen zu kämpfen. Einziges Ziel war meist, die Zeichnungsdateien eines CAD-Systems so zu organisieren, daß ihre Ersteller die Chance hatten, sie wieder zu finden. Modell- und Ansichtendateien waren bei den zeichnungsorientierten CAD-Applikationen der ersten und zweiten Generation nicht existent. Textverarbeitung, Tabellenkalkulation und Graphikanwendung, die heute jedem Mitarbeiter im Technischen Büro auf seinem persönlichen Arbeitsplatzrechner zur Verfügung stehen, gab es zu dieser Zeit nicht. Die Datenmenge war daher noch überschaubar.

Ganz anders stellt sich die Situation in unseren Tagen dar. Das Bestreben, alle Geschäftsprozesse vollständig mit Rechnerunterstützung auszuführen, bringt eine immense Dokumentenflut mit sich. Eine Vielzahl von IT-Anwendungen produziert in Summe die gesamte technische Dokumentation für ein Erzeugnis. Es entstehen Dokumente unterschiedlichen Typs (logische Kategorisierung) und Formats (physische Kategorisierung). Die Anwendungsfunktion Dokumentenmanagement muß so konzipiert sein, daß sie all diese Kategorien beherrscht. Im Hinblick auf die logische Kategorisierung ist es sinnvoll, allgemeine Dokumente, Zeichnungen und Modelle zu unterscheiden. Zeichnungen im besonderen, aber auch Modelle nehmen eine Sonderstellung ein. Ihre Stammsätze umfassen sehr spezielle Beschreibungsattribute wie Werkstoff oder Gewicht, die bei anderen Dokumenten gewöhnlich nicht vorkommen. Allgemeine Unterlagen können mit *einer* Objektklasse verwaltet werden. Ihre Unterscheidung ist durch das Objektattribut Dokumenttyp dynamisch möglich. Die physische Kategorisierung der

Dokumente (IGES, TIFF, PostScript etc.) macht es notwendig, für jede logische Kategorie eine universelle Datenobjektklasse zu definieren, mit der jedes verwendete Dokumentformat im PDM-System gemanagt werden kann.

3.5.1.1.1 Allgemeine Unterlagen

Allgemeine Unterlage ist alles, was nicht CAD-Dokument oder Papierzeichnung ist. Unter dieser Kategorie lassen sich alle Dokumente der Erzeugersysteme CAO, CAP, CASE und CAQ, Papierschriftstücke, eingescannte Unterlagen, Audio- und Video-Files sowie weitere Informationsträger zusammenfassen. Für die Handhabung einer allgemeinen Unterlage werden mindestens zwei Objektklassen verwendet. Eine nimmt den Dokumentstammsatz (DSS) auf, die andere repräsentiert das physische Dokument (Datei, Papier oder anderes Medium).

Sprache	kommt von	stat./dyn. Auswahlliste
Dokumenttyp	kommt von	dyn. Auswahlliste
Unterlagengruppe	kommt von	stat./dyn. Auswahlliste
Nummernkreis	kommt von	dyn. Auswahlliste
Dokumentnummer	kommt von	Nummerngenerator
Versionsnummer	kommt von	Revisionierung
Bearbeitungsstand	kommt von	Check-out-Aktion
Projektnummer	kommt von	dyn. Auswahlliste
Titel/Benennung	kommt von	dyn. Auswahlliste
Bezeichnung	kommt von	Eingabe / dyn. Liste
Standort/Abteilung	kommt von	stat. Auswahlliste
Erstellt von	kommt von	System / dyn. Liste
Erstellt am	kommt von	System
Freigegeben von	kommt von	System / dyn. Liste
Freigegeben am	kommt von	System
Geändert von	kommt von	System / dyn. Liste
Geändert am	kommt von	System
Änderungsgrund	kommt von	Eingabe
Freigabephase	kommt von	Workflow
Workspace/Vault	kommt von	dyn. Auswahlliste
Check-out-Workspace/-Vault	kommt von	Check-out-Aktion
Eingefroren?	kommt von	System
Ausgecheckt?	kommt von	Check-out-Aktion

Sprache	kommt von	stat./dyn. Auswahlliste
Dokumenttyp	kommt von	DSS
Unterlagengruppe	kommt von	DSS
Nummernkreis	kommt von	DSS
Dokumentnummer	kommt von	DSS
Bearbeitungsstand	kommt von	Check-out-Aktion
Projektnummer	kommt von	DSS
Titel/Benennung	kommt von	DSS
Bezeichnung	kommt von	DSS / Eing. / dyn. Liste
Anwendungssystem	kommt von	Interface / dyn. Liste
Datenformat	kommt von	Interface / dyn. Liste
Datenträger	kommt von	Interface / stat. Liste
Blattnummer	kommt von	Eingabe
Blattanzahl	kommt von	Eingabe
Standort/Abteilung	kommt von	DSS / stat. Liste
Erstellt von	kommt von	DSS / Sys. / dyn. Liste
Erstellt am	kommt von	DSS / System
Freigegeben von	kommt von	DSS / Sys. / dyn. Liste
Freigegeben am	kommt von	DSS / System
Geändert von	kommt von	DSS / Sys. / dyn. Liste
Geändert am	kommt von	DSS / System
Änderungsgrund	kommt von	DSS / Eingabe
Freigabephase	kommt von	Workflow
Workspace/Vault	kommt von	dyn. Auswahlliste
Work-/Vault-Location	kommt von	dyn. Auswahlliste
Check-out-Workspace/-Vault	kommt von	Check-out-Aktion
Datei-/Verzeichnisname	kommt von	System
Relativer Pfad	kommt von	System
Registriert?	kommt von	System
Eingefroren?	kommt von	System
Ausgecheckt?	kommt von	Check-out-Aktion

Bild 3-55 Objektkette zur Verwaltung allgemeiner Unterlagen

Die Verwaltung eines Dokuments im Sinne einer logischen Informationseinheit kann mehrere physische Informationseinheiten auf verschiedenen Informationsträgern (Datei, Papier, Mikrofilm etc.) umfassen. Deshalb besteht zwischen den

Objekten Dokumentstammsatz und Dokument eine 1:n-Relation. Den Datenaufbau dieser Objekte zeigt exemplarisch Bild 3-55. Das Attribut Dokumenttyp macht die Objektklasse Dokumentstammsatz universell einsetzbar. In einer dynamischen Auswahlliste, die ebenfalls als Objekt implementiert ist, lassen sich alle Dokumentarten eines Unternehmens aufnehmen. Zur optischen Unterscheidung der typgesteuerten Dokumentstammsätze können typbezogene Objektikonen benutzt werden. Die Alternative zum dynamischen Dokumentstammsatz wäre, das PDM-Datenmodell für jede neue Dokumentart um eine neue Objektklasse zu erweitern. Dieses Vorgehen ist in der Regel mit erheblichem Realisierungs- und Pflegeaufwand verbunden und sollte nur in Ausnahmefällen zum Tragen kommen. Die Dokumentnummer ist ein Schlüsselattribut des Dokumentstammsatzes. Sie wird vom PDM-Nummerngenerator als fortlaufende Zählnummer – eventuell mit Prä- und/oder Suffix – erzeugt. Der Nummernkreis kann explizit gewählt oder implizit durch die Selektion des Dokumenttyps festgelegt werden. Der Titel oder die Benennung eines Dokuments sollte grundsätzlich aus einem Begriffskatalog per dynamischer Auswahlliste mit einer Verknüpfung zur Spracheinstellung selektierbar sein. Das hilft, unkontrollierten Benennungswildwuchs zu vermeiden, und stellt langfristig die Datenqualität sicher.

Das Datenobjekt Dokument respektive Unterlage bildet mit seinem Geschäftsobjekt Dokumentstammsatz eine logische Einheit. Der Dokumentstammsatz hat die Aufgabe, den logischen Informationskomplex Dokument mit Metadaten zu beschreiben. Die Attribute des Objekts Unterlage dienen in erster Linie zur Unterscheidung der einzelnen physischen Dateien/Blätter. Das Attribut Anwendungssystem enthält den Namen der Applikation, mit der das Dokument erzeugt wurde und/oder dargestellt wird. Das kann ein einfacher Text-Editor, ein DTP-System oder ein Viewing-Programm sein. Das Feld Datenformat nimmt den Eintrag über die Form (ASCII, TIFF, PDF etc.) einer Datei auf. Und mit dem Attribut Datenträger läßt sich festhalten, auf welchem Speicher (Festplatte, Diskette, CD-ROM etc.) eine Unterlage liegt. Schließt ein Dokument mehrere Dateien/Blätter ein, können diese durchnumeriert werden. Darüber hinaus läßt sich auch ihre Gesamtanzahl festhalten. Ein Objekt Unterlage kann zusätzlich über DSS-Attribute verfügen. Diese haben nur informativen Charakter und sind nicht editierbar. Doch bieten sie eine Erweiterung der Selektionsmöglichkeiten auf der Ebene der physischen Dokumente. Unterlagenobjekte ebenso wie DSS-Objekte sollten sich optisch differenzieren. Dynamische Objektikonen, gesteuert von den Attributen Anwendungssystem oder Datenformat, sind ein praktikabler Realisierungsansatz.

Ein Dokument, bestehend aus mehreren Dateien/Blättern, ist in Bild 3-56 dargestellt. An einem DSS-Objekt Änderungsvorschlag hängen drei Dateien, ein Papierschriftstück und eine Notiz. Die Dateien wurden aus der universell aufgebauten Objektklasse Dokument (Bild 3-55) abgeleitet. Die Handskizze ist das Objekt einer Klasse Papierdokument. Mit ihr lassen sich Informationen über diverse Papierunterlagen in Aktenschränken in die PDM-Datenbasis einbeziehen. Das wesentliche Attribut dieser Klasse ist der Ablageort (Gebäude-, Raum-, Aktenschranknummer etc.). Auf eine Versionierung kann gewöhnlich verzichtet werden. Die Notiz ist eine einfache Objektklasse, die es erlaubt, kompakte Informationen zu hinterlegen. Sie ist dazu geeignet, im PDM-System an Objekte beliebiger Klassen eine Anmerkung oder einen Vermerk anzuheften; ihr Inhalt wird als Datenbankeintrag gespeichert.

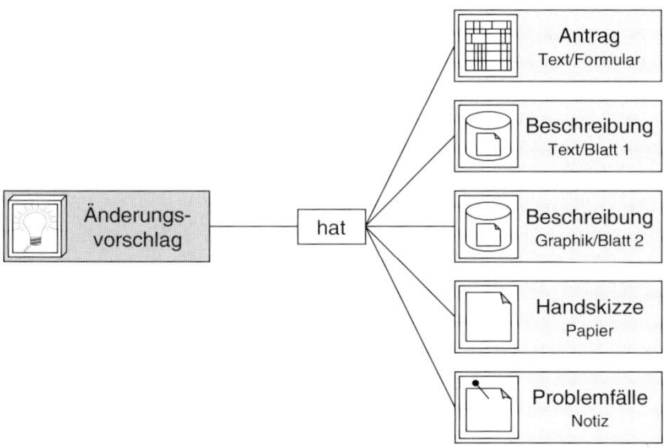

Bild 3-56 Änderungsvorschlag als Beispiel für die Verwaltung eines Dokuments

Das Erzeugen und Verwalten von Dokumenten ist eine Seite. Mindestens ebenso wichtig sind einfaches Suchen und schnelles Finden der Unterlagen. Zur Recherche können ein oder mehrere Attribute der beschreibenden Objekte herangezogen werden. Bei Dateien wie Zeichnung, Berechnungsprotokoll oder Teileprogramm ist diese Art der Suche sehr effizient. Völlig anders kann das bei umfangreichen Textdokumenten aussehen. Hier wird das zusätzliche Mittel der Volltextsuche (Full-text Search) gebraucht. Volltextsuche ist imstande, nach Dokumenten bezogen auf ihren Inhalt zu recherchieren. Dabei ist die Suche nicht auf eine begrenzte Zahl von Schlüsselwörtern reduziert. Vielmehr läßt sich jede beliebige Zeichenkette in einem textorientierten Dokument aufspüren. Ein Volltextrecherche-Server sollte unbedingt Bestandteil einer guten PDM-Lösung sein und die Attributsuche bei Textunterlagen ergänzen.

Im Zusammenhang mit der Volltextsuche ist ein weiteres Thema der Unterlagenverwaltung von Belang. Sehr viele Papierdokumente werden mittlerweile eingescannt, um sie langfristig elektronisch zu sichern oder ihren Inhalt mit einer IT-Anwendung weiterzuverarbeiten. In beiden Fällen ist es notwendig, daß ein

Reprographiemanagementsystem (RMS) mit der PDM-Installation kooperiert. Die vom RMS eingescannten Dokumente muß das PDM-System in seine Datenbasis, bestehend aus Vaults und Vault-Locations, aufnehmen. Sollen Dokumente im Anschluß daran editiert werden können, ist eine Umwandlung der durch das Scannen entstandenen Bitmap-Graphikdateien in Text-Files erforderlich. Dazu wird ein spezieller OCR-Server (Optical Character Recognition) zur optischen Zeichenerkennung benötigt. Dieser identifiziert mit Hilfe eines mehr oder weniger komplexen Mustererkennungsverfahrens Schriftzeichen aus den Rasterpunkten einer Bitmap und erzeugt eine editierbare Textdatei. Sofern das RM-System diese Aufgabe nicht übernimmt, sollte ein OCR-Server unbedingt in die PDM-Lösung eingebunden werden.

3.5.1.1.2 Zeichnungen

Die Zeichnung ist trotz aller 3D-Euphorie nach wie vor eines der wichtigsten Dokumente in einem Fertigungsunternehmen. In vielen Firmen existieren neben den neueren CAD-Unterlagen noch zahlreiche ältere und alte Papierzeichnungen. Zusätzlich zu den originären CAD-Dokumenten sind konvertierte Dateien mit Austausch-, Vektor- und Rasterformaten vorhanden. Die Zeichnungsverwaltung eines PDM-Systems muß eine Vielzahl unterschiedlicher physischer Dokumente zusammenfassen können. Hierfür stehen als Geschäftsobjektklasse der beschreibende Zeichnungsstammsatz (ZSS) und als universell aufgebaute Datenobjektklasse das Zeichnungsdokument zur Verfügung. Für Papierzeichnungen genügt eine vereinfachte Version der Objektklasse Zeichnungsdokument.

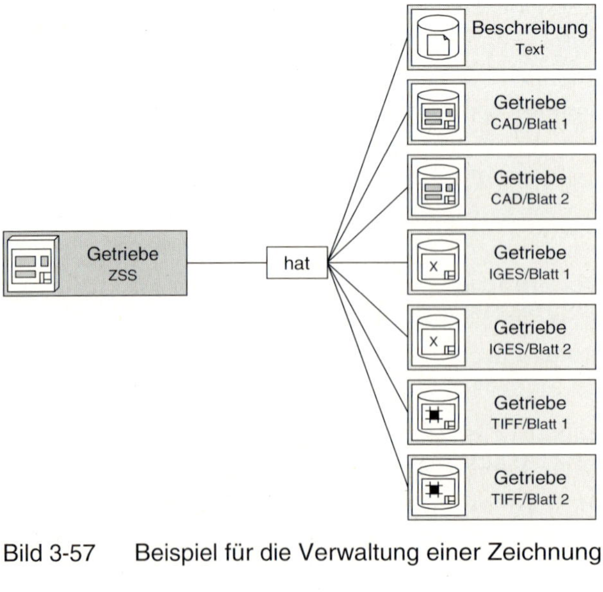

Bild 3-57 Beispiel für die Verwaltung einer Zeichnung

Ein Beispiel für den logischen Informationskomplex Zeichnung zeigt Bild 3-56. Der Zeichnungsstammsatz fungiert als Organisationsobjekt, er verknüpft insgesamt sieben Dateien: einen Beschreibungstext, zwei CAD-Zeichnungsblätter sowie die zugehörigen IGES- und TIFF-Pendants. Die Textdatei ist eine Instanz der Objektklasse Dokument (Bild 3-55). Alle anderen Files sind Ableger der universellen Objektklasse Zeichnung (Bild 3-58). Wie bei den allgemeinen Unterlagen sind zur optischen Unterscheidung der verschiedenen Zeichnungsobjekte dynamische Ikonen durch die Attribute Anwendungssystem oder Datenformat generierbar.

Sprache	kommt von	stat./dyn. Auswahlliste
Nummernkreis	kommt von	dyn. Auswahlliste
Zeichnungsnummer	kommt von	Nummerngenerator
Versionsnummer	kommt von	Revisionierung
Bearbeitungsstand	kommt von	Check-out-Aktion
Projektnummer	kommt von	dyn. Auswahlliste
Benennung	kommt von	dyn. Auswahlliste
Bezeichnung	kommt von	Eingabe / dyn. Liste
Produktgruppe	kommt von	stat./dyn. Auswahlliste
Norm	kommt von	Eingabe / dyn. Liste
Klassifikationsschlüssel	kommt von	TSS
Werkstoff	kommt von	dyn. Auswahlliste
Gewicht	kommt von	Interface / Eingabe
Gewichtseinheit	kommt von	Interface / stat. Liste
Erstellt von	kommt von	System / dyn. Liste
Erstellt am	kommt von	System
Freigegeben von	kommt von	System / dyn. Liste
Freigegeben am	kommt von	System
Geändert von	kommt von	System / dyn. Liste
Geändert am	kommt von	System
Änderungsgrund	kommt von	Eingabe
Freigabephase	kommt von	Workflow
Freigabestatus	kommt von	Workflow
Workspace/Vault	kommt von	dyn. Auswahlliste
Check-out-Workspace/-Vault	kommt von	Check-out-Aktion
Eingefroren?	kommt von	System
Ausgecheckt?	kommt von	Check-out-Aktion

Sprache	kommt von	stat./dyn. Auswahlliste
Nummernkreis	kommt von	ZSS
Zeichnungsnummer	kommt von	ZSS
Bearbeitungsstand	kommt von	Check-out-Aktion
Projektnummer	kommt von	ZSS
Benennung	kommt von	ZSS / dyn. Liste
Bezeichnung	kommt von	ZSS / Eing. / dyn. Liste
Produktgruppe	kommt von	ZSS
Klassifikationsschlüssel	kommt von	ZSS
Werkstoff	kommt von	ZSS
Gewicht	kommt von	ZSS
Gewichtseinheit	kommt von	ZSS
Maßstab	kommt von	dyn. Auswahlliste
Zeichnungsformat	kommt von	stat. Auswahlliste
Darstellung	kommt von	stat. Auswahlliste
Anwendungssystem	kommt von	Interface / dyn. Liste
Datenformat	kommt von	Interface / dyn. Liste
Datenträger	kommt von	Interface / stat. Liste
Blattnummer	kommt von	Eingabe
Blattanzahl	kommt von	Eingabe
Erstellt von	kommt von	ZSS / Sys. / dyn. Liste
Erstellt am	kommt von	ZSS / System
Freigegeben von	kommt von	ZSS / Sys. / dyn. Liste
Freigegeben am	kommt von	ZSS / System
Geändert von	kommt von	ZSS / Sys. / dyn. Liste
Geändert am	kommt von	ZSS / System
Änderungsgrund	kommt von	ZSS / Eingabe
Freigabephase	kommt von	Workflow
Freigabestatus	kommt von	Workflow
Workspace/Vault	kommt von	dyn. Auswahlliste
Work-/Vault-Location	kommt von	dyn. Auswahlliste
Check-out-Workspace/-Vault	kommt von	Check-out-Aktion
Dateiname	kommt von	System
Relativer Pfad	kommt von	System
Registriert?	kommt von	System
Eingefroren?	kommt von	System
Ausgecheckt?	kommt von	Check-out-Aktion

Bild 3-58 Objektkette zur Verwaltung von Zeichnungen

Zwischen dem organisatorischen Teil einer Zeichnung, dem Zeichnungsstammsatz und ihren physischen Komponenten, den CAD- und Papierzeichnungen sowie allgemeinen Unterlagen und Notizen besteht eine 1:n-Beziehung. Jedes

ZSS-Objekt kann eine Relation zu einer beliebigen Anzahl dieser Datenobjekte haben. Den Datenaufbau (Attributliste) von ZSS- und Zeichnungsobjekt stellt beispielhaft Bild 3-58 dar. Im Vergleich zu den Objekten DSS und allgemeines Dokument haben der Zeichnungsstammsatz und die Zeichnung vor allem zusätzliche zeichnungsspezifische Attribute wie Klassifikationsschlüssel, Norm, Gewicht, Werkstoff, Maßstab, Zeichnungsformat oder Darstellung. Der Klassifikationsschlüssel wird in aller Regel bei standardisierten Bauteilen zur Darstellung dynamisch aus dem Teilestammsatz übernommen. Das Gewicht läßt sich bei Zeichnungen, die von einem 3D-Modell abgeleitet wurden, über das CAD-Interface zuführen. Existiert ein Teilestammsatz – bei einer reinen ZVS-Lösung ist das nicht der Fall – kommen das Gewicht und die Gewichtseinheit ebenfalls dynamisch aus dem TSS-Objekt. Datenformat, Blattnummer, Maßstab, Zeichnungsformat und Darstellung sind wichtige, auf ein Zeichnungsobjekt bezogene Attribute. Wenn eine Zeichnung mehrere Blätter umfaßt, können sich diese außer durch die Blattnummer auch durch den Maßstab, das Zeichnungsformat oder das Datenformat unterscheiden. Das Attribut Darstellung differenziert Zeichnungen im Hinblick auf ihren Verwendungszweck. Eine Zeichnung kann etwa Angebots-, Konstruktions- oder Prüfzeichnung sein. Die für die Selektion von Zeichnungsobjekten interessanten Attribute wie Zeichnungsnummer, Benennung oder Bezeichnung werden aus dem zugehörigen ZSS-Objekt dynamisch kopiert und angezeigt.

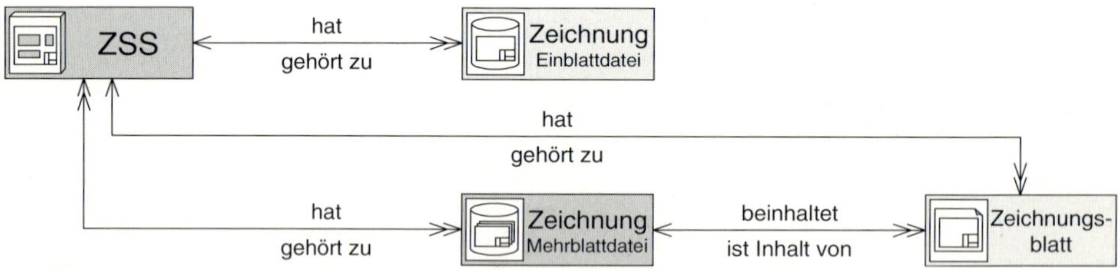

Bild 3-59 Objektkette zur Verwaltung von Ein- und Mehrblattdateien

Das Datenobjekt Zeichnung repräsentiert ein CAD-File (Einblattdatei) mit einer Zeichnung bzw. einem Zeichnungsblatt. In der Praxis kommt es häufig vor, daß eine CAD-Datei mehrere Zeichnungsblätter beinhaltet. Dieses Vorgehen beim Speichern der CAD-Dokumente hilft, die Zahl der CAD-Dateien zu reduzieren. Es wird gerne von Konstrukteuren angewandt, die ohne Zeichnungsverwaltungssystem (ZVS) auskommen müssen. Ein anderer Anwendungsfall dieser Technik ist der Aufriß über mehrere Zeichnungsblätter hinweg. Hier kann es sogar passieren, daß Zeichnungsblätter verschiedener Zeichnungsnummern in einem CAD-File vorkommen, wenn etwa symmetrische Bauteile innerhalb eines CAD-Modells assoziativ entwickelt werden. Damit die PDM-Zeichnungsverwaltung diese Konstellation unterstützen kann, sind zwei spezielle Objektklassen erforderlich, die Mehrblattdatei und das Zeichnungsblatt (Bild 3-59). Die Mehrblattdatei ist ein Datenobjekt, das Zeichnungsblatt ein Geschäftsobjekt. Da eine Mehrblattdatei Zeichnungsblätter enthalten kann, die zu verschiedenen Zeichnungen gehören, wird zwischen den Objekten Zeichnungsstammsatz und Mehrblattdatei eine n:m-Relation benötigt. Eine Mehrblattdatei muß in der Lage sein, beliebig viele Zeichnungsblätter aufzunehmen. Zwischen Mehrblattdatei und Zeichnungsblatt wird somit eine Beziehung vom Typ 1:n gebraucht.

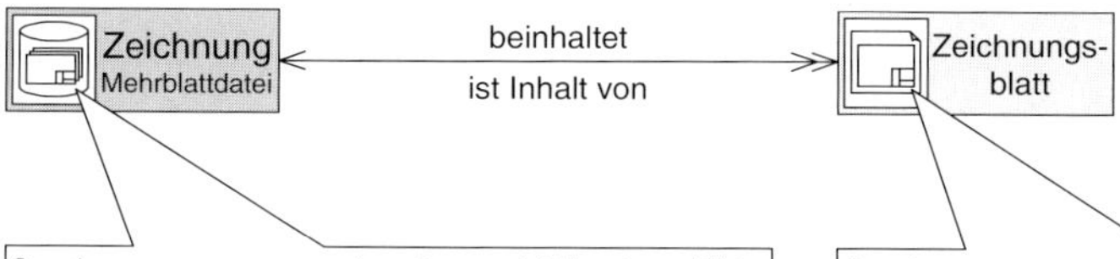

Sprache	kommt von	stat./dyn. Auswahlliste
Bearbeitungsstand	kommt von	Check-out-Aktion
Projektnummer	kommt von	ZSS
Benennung	kommt von	ZSS / dyn. Liste
Bezeichnung	kommt von	ZSS / Eing. / dyn. Liste
Produktgruppe	kommt von	ZSS
Anwendungssystem	kommt von	Interface / dyn. Liste
Datenformat	kommt von	Interface / dyn. Liste
Datenträger	kommt von	Interface / stat. Liste
Erstellt von	kommt von	ZSS / Sys. / dyn. Liste
Erstellt am	kommt von	ZSS / System
Freigegeben von	kommt von	ZSS / Sys. / dyn. Liste
Freigegeben am	kommt von	ZSS / System
Geändert von	kommt von	ZSS / Sys. / dyn. Liste
Geändert am	kommt von	ZSS / System
Änderungsgrund	kommt von	ZSS / Eingabe
Freigabephase	kommt von	Workflow
Workspace/Vault	kommt von	dyn. Auswahlliste
Work-/Vault-Location	kommt von	dyn. Auswahlliste
Check-out-Workspace/-Vault	kommt von	Check-out-Aktion
Dateiname	kommt von	System
Relativer Pfad	kommt von	System
Registriert?	kommt von	System
Eingefroren?	kommt von	System
Ausgecheckt?	kommt von	Check-out-Aktion

Sprache	kommt von	stat./dyn. Auswahlliste
Nummernkreis	kommt von	ZSS
Zeichnungsnummer	kommt von	ZSS
Bearbeitungsstand	kommt von	Check-out-Aktion
Projektnummer	kommt von	ZSS
Benennung	kommt von	ZSS / dyn. Liste
Bezeichnung	kommt von	ZSS / Eing. / dyn. Liste
Produktgruppe	kommt von	ZSS
Klassifikationsschlüssel	kommt von	ZSS
Werkstoff	kommt von	ZSS
Gewicht	kommt von	ZSS
Gewichtseinheit	kommt von	ZSS
Maßstab	kommt von	dyn. Auswahlliste
Zeichnungsformat	kommt von	stat. Auswahlliste
Darstellung	kommt von	stat. Auswahlliste
Anwendungssystem	kommt von	MBD
Datenformat	kommt von	MBD
Datenträger	kommt von	MBD
Blattnummer	kommt von	Eingabe
Blattanzahl	kommt von	Eingabe
Erstellt von	kommt von	ZSS / Sys. / dyn. Liste
Erstellt am	kommt von	ZSS / System
Freigegeben von	kommt von	ZSS / Sys. / dyn. Liste
Freigegeben am	kommt von	ZSS / System
Geändert von	kommt von	ZSS / Sys. / dyn. Liste
Geändert am	kommt von	ZSS / System
Änderungsgrund	kommt von	ZSS / Eingabe
Freigabephase	kommt von	Workflow
Freigabestatus	kommt von	Workflow
Workspace/Vault	kommt von	dyn. Auswahlliste
Check-out-Workspace/-Vault	kommt von	Check-out-Aktion
Eingefroren?	kommt von	System
Ausgecheckt?	kommt von	Check-out-Aktion

Bild 3-60 Objektkette Mehrblattdatei – Zeichnungsblatt

Mögliche Attribute der Objekte Mehrblattdatei (MBD) und Zeichnungsblatt sind in Bild 3-60 zusammengestellt. Die Zeichnungsnummer fehlt in der Mehrblattdatei aus Gründen der Eindeutigkeit – eine Mehrblattdatei kann zu mehr als einem Zeichnungsstammsatz eine Relation haben. Die Felder Benennung und Bezeichnung im MBD-Objekt können dynamisch aus dem Zeichnungsstammsatz übernommen werden, falls die Mehrblattdatei nur zu einem ZSS-Objekt gehört.

Die Attribute Anwendungssystem (CAD-Applikation), Datenformat und Datenträger sind dateibezogen; ihre Anlage erfolgt deshalb im MBD-Objekt. Der Aufbau eines Zeichnungsblatts entspricht im wesentlichen dem der Einblattdatei (Zeichnungsobjekt). Der einzige Unterschied besteht darin, daß die Dateieigenschaften des Zeichnungsblatts im MBD-Objekt liegen. Die Mehrblattdatei ist quasi das Trägerobjekt für die Zeichnungsblätter.

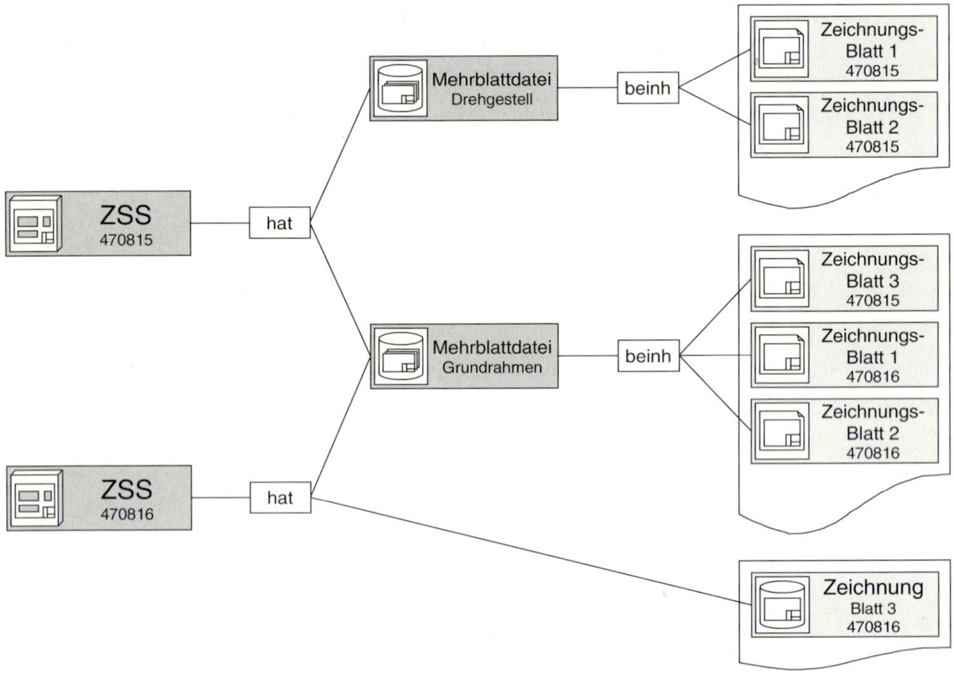

Bild 3-61 Beispiel für die Verwaltung von Mehrblattdateien

Das Beispiel in Bild 3-61 illustriert die möglichen Zusammenhänge bei einer PDM-Zeichnungsverwaltung mit der Funktion Mehrblattdatei. Das MBD-Objekt Drehgestell beinhaltet zwei Zeichnungsblätter einer Zeichnungsnummer bzw. einer Zeichnung. Hier sind die Verhältnisse eindeutig, die Mehrblattdatei gehört zu einem ZSS-Objekt. Beim Grundrahmen ist das anders. Seine Mehrblattdatei schließt Zeichnungsblätter von zwei Zeichnungsnummern ein. Dadurch muß eine Relation zu zwei Zeichnungsstammsätzen bestehen.

3.5.1.1.3 Ansichten, Modelle und Features

Der zunehmende Einsatz moderner CAD-Systeme mit assoziativem Datenmodell ist dabei, die rein zeichnungsorientierte CAD-Anwendung bedeutungslos werden zu lassen. Intelligente 3D-Modelle oder 2D-Ansichten sind die Grundlage einer effizienten teileorientierten Konstruktion, die in Verbindung mit der Engineering-Methode Standardisierung den Einstieg in die CAD-gestützte Produktmodellierung eröffnet. Aus Formelementen (Features) werden Teile, aus Teilen werden Baugruppen, aus Baugruppen werden Oberbaugruppen und so weiter. Modelle, Ansichten und Formelemente bilden das Herzstück in der CAD-Konstruktion. Ihre Verwaltung als spezielle CAD-Dokumente hat erhebliche Auswirkungen auf die Produktivität in der Produktentwicklung. Die PDM-Modelldatenverwaltung basiert in ihren Grundzügen auf der Geschäftsobjektklasse Modellstammsatz (MSS) und den Datenobjektklassen Modell, Parameterliste und gegebenenfalls Masterzeichnung. Die Parameterliste ist eine Datei mit einem CAD-spezifischen Format. Sie führt dem CAD-System die Parameterwerte für eine bestimmte Ausprägung (Topologie und Dimension) eines generischen Modells zu. Die Masterzeichnung ist ein assoziatives CAD-Modell auf Zeichnungsebene. Ihre Objektklasse unterscheidet sich nur geringfügig von der einer Zeichnung.

Sprache	kommt von	stat./dyn. Auswahlliste
Nummernkreis	kommt von	TSS / dyn. Liste
Modellnummer	kommt von	TSS / Nummerngen.
Versionsnummer	kommt von	Revisionierung
Bearbeitungsstand	kommt von	Check-out-Aktion
Projektnummer	kommt von	TSS / dyn. Liste
Benennung	kommt von	TSS / dyn. Liste
Bezeichnung	kommt von	TSS / Eing. / dyn. Liste
Klassifikationsschlüssel	kommt von	SML-Klassifikation
Erstellt von	kommt von	System / dyn. Liste
Erstellt am	kommt von	System
Freigegeben von	kommt von	System / dyn. Liste
Freigegeben am	kommt von	System
Geändert von	kommt von	System / dyn. Liste
Geändert am	kommt von	System
Änderungsgrund	kommt von	Eingabe
Freigabephase	kommt von	Workflow
Workspace/Vault	kommt von	dyn. Auswahlliste
Check-out-Workspace/-Vault	kommt von	Check-out-Aktion
Eingefroren?	kommt von	System
Ausgecheckt?	kommt von	Check-out-Aktion

Sprache	kommt von	stat./dyn. Auswahlliste
Nummernkreis	kommt von	TSS / MSS
Modellnummer	kommt von	TSS / MSS
Bearbeitungsstand	kommt von	Check-out-Aktion
Projektnummer	kommt von	TSS
Benennung	kommt von	TSS / MSS
Bezeichnung	kommt von	TSS / MSS
Klassifikationsschlüssel	kommt von	SML-Klassifikation
Geometrieklasse	kommt von	stat. Auswahlliste
Darstellungsgrad	kommt von	stat. Auswahlliste
Ansicht	kommt von	stat. Auswahlliste
Ansichtsvariante	kommt von	stat. Auswahlliste
Einbauzustandsvariante	kommt von	stat. Auswahlliste
Anwendungssystem	kommt von	Interface / dyn. Liste
Datenformat	kommt von	Interface / dyn. Liste
Datenträger	kommt von	Interface / stat. Liste
Erstellt von	kommt von	MSS / Sys. / dyn. Liste
Erstellt am	kommt von	MSS / System
Freigegeben von	kommt von	MSS / Sys. / dyn. Liste
Freigegeben am	kommt von	MSS / System
Geändert von	kommt von	MSS / Sys. / dyn. Liste
Geändert am	kommt von	MSS / System
Änderungsgrund	kommt von	MSS / Eingabe
Freigabephase	kommt von	Workflow
Workspace/Vault	kommt von	dyn. Auswahlliste
Work-/Vault-Location	kommt von	dyn. Auswahlliste
Check-out-Workspace/-Vault	kommt von	Check-out-Aktion
Dateiname	kommt von	System
Relativer Pfad	kommt von	System
Registriert?	kommt von	System
Eingefroren?	kommt von	System
Ausgecheckt?	kommt von	Check-out-Aktion

Bild 3-62 Objektkette zur Verwaltung von Modellen/Ansichten/Formelementen

Die wichtigsten Attribute der Objektklassen Modellstammsatz und Modell sind in Bild 3-62 zusammengestellt. Modelle, Ansichten und Formelemente haben eine enge Beziehung zur Teileverwaltung und -klassifikation. Attribute wie Modellnummer, Benennung oder Bezeichnung kommen normalerweise als Kopie aus dem Teilestammsatz. Bei klassifizierten CAD-Modellen wird der SML-Klassifikationsschlüssel aus der Teileklassifikation dynamisch eingetragen. Das Modellobjekt repräsentiert ein 2D- oder 3D-CAD-Element in seiner spezifischen Darstellungsform. Die Attribute Geometrieklasse, Darstellungsgrad, Ansicht, Ansichtsvariante und Einbauzustandsvariante, die in der DIN 4000 Teil 101 vorgeschlagen werden, dienen hierbei als eindeutige Differenzierungsmerkmale. Eine Übersicht zeigt Bild 3-63. Mit der Geometrieklasse lassen sich Formelement, Teil und Baugruppe unterscheiden. Der Darstellungsgrad stuft die visuelle Information über ein CAD-Element ab. Es gibt die Ebenen symbolhafte Darstellung (Markierung), Standarddarstellung und erweiterte Darstellung (Normdarstellung). Das Merkmal Ansicht kennzeichnet entweder ein 3D-Bild oder eine 2D-Projektion. Eine Ansicht kann in unterschiedlichen Varianten vorliegen, mit und ohne verdeckte Kanten, geschnitten, gebrochen oder als Einzelheit. Mit dem Attribut Einbauzustandsvariante ist es unter anderem möglich, die Zustände von Teilen vor und nach ihrem Einbau auseinanderzuhalten.

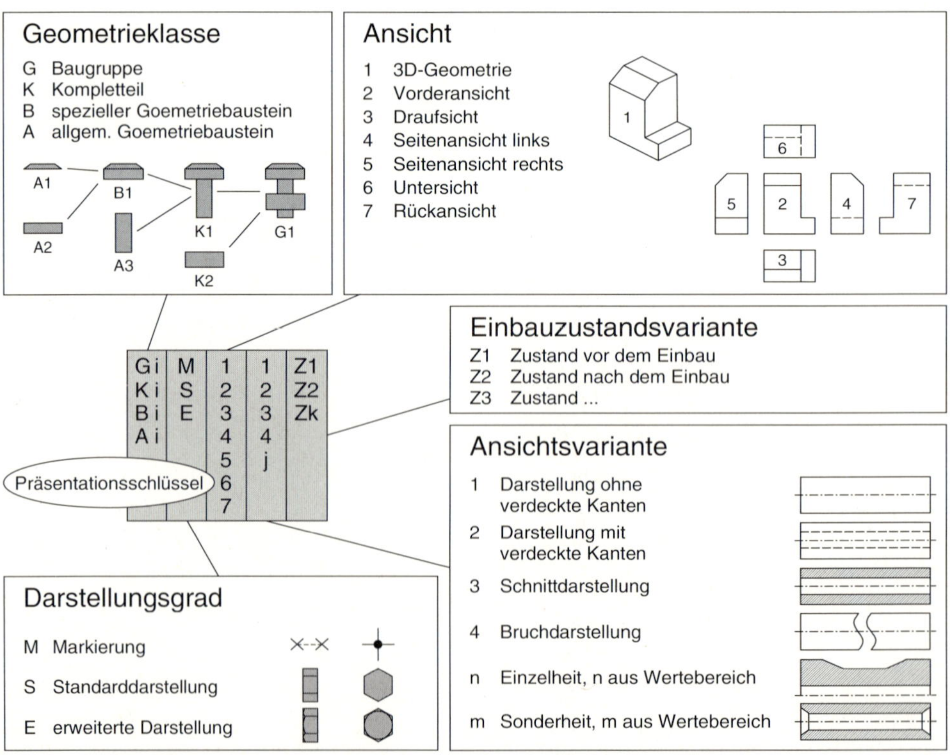

Bild 3-63 Modellobjektattribute zur Differenzierung von CAD-Elementen

Die Merkmale Geometrieklasse, Darstellungsgrad, Ansicht, Ansichtsvariante und Einbauzustandsvariante bilden zusammen den Präsentationsschlüssel für die möglichen Darstellungsformen eines Formelements, eines Teils oder einer Baugruppe. Besonders bei der Anwendung der Baukastenkonstruktion ist es wichtig, daß für ein Konstruktionselement alle notwendigen Ausprägungen in Form eines generisches CAD-Modells verfügbar sind. Vor allem im 3D-CAD-Bereich kann es hilfreich sein, Norm- und Kaufteile auch im Darstellungsgrad Standard oder Markierung zu benutzen. Bei der Zusammenstellung von umfangreichen Baugruppen läßt sich durch ihren Gebrauch die Modellgröße spürbar verringern. Das reduziert den Speicherbedarf, verkürzt die Ladezeiten und fördert generell die Produktivität in der CAD-Anwendung.

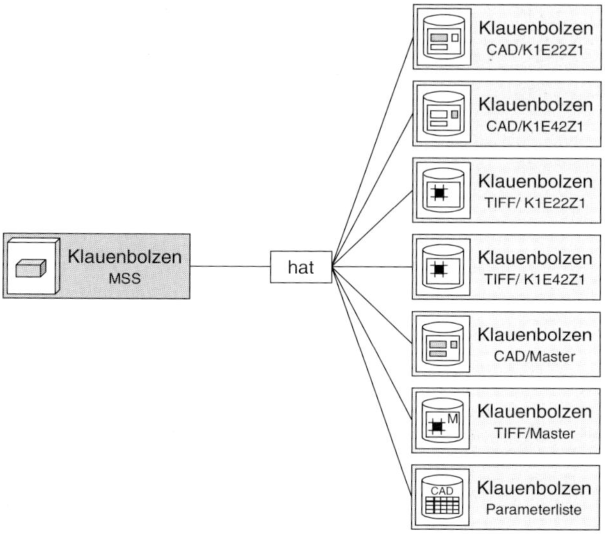

Bild 3-64 Beispiel für die Verwaltung von CAD-Modellen

Ein typisches Beispiel der Modelldatenverwaltung in Verbindung mit der CAD-Variantentechnik demonstriert Bild 3-64. Der Modellstammsatz verknüpft zwei Ansichten des Bauteils Klauenbolzen, die dazugehörigen TIFF-Bilder, eine Masterzeichnung und ihr Image-File sowie eine CAD-Parameterliste. Da beide Bauteilansichten naturgemäß die gleiche Artikelnummer aufweisen, unterscheiden sie sich durch ihren individuellen Präsentationsschlüssel. Die 2D-CAD-Ansichten haben eine assoziative Elementstruktur, deren reale Gestalt und Dimension von Parameterwerten bestimmt werden. Diese befinden sich zusammengefaßt als Parameterliste in einer spezifischen CAD-Datei. Das PDM/CAD-Interface sorgt durch Abgleich mit der SML-Datenverwaltung für den aktuellen Stand dieses Objekts. Die Ansichten des Klauenbolzens sind hier nicht nur für den Einbau in eine Baugruppe verfügbar, sie sind auch in einer konfigurierten Masterzeichnung enthalten. In Abhängigkeit der Parameterliste lassen sich daraus mit einem hohen Automationsgrad die benötigten Varianten als Auftrags- oder Standardzeichnungen ableiten.

3.5.1.2 Dokumentenklassifikation

Mit Hilfe eines Dokument-, Zeichnungs- und Modellstammsatzes ist es möglich, Dokumente verschiedenster Art sachbezogen abzulegen. Mehrere Computer-Dateien und/oder Papierdokumente können zusammen mit einem entsprechenden Stammsatz eine logische Informationseinheit bilden. Betrachtet man diese als *ein* Dokument, befinden sich alle Dokumente auf einer physischen Ebene. Dies ist annähernd der Zustand, als würde jemand seine Ablage ohne Aktenordner vornehmen, d.h., alle Papierunterlagen kommen ohne Systematik (Ordnungsprinzip) übereinander gestapelt in einen Büroschrank. Obwohl diese Situation mit einer PDM-Lösung keinerlei Problem darstellt, da trotzdem ausreichende Recherchemöglichkeiten existieren, gibt es Anwendungsfälle, die eine Strukturierung von Dokumenten notwendig machen. So wie Bauteile, bildlich gesprochen, durch Klassifikation in Schubläden eingeordnet werden können, müssen sich Dokumente an virtuelle Ordner heften lassen. Ein virtueller Ordner ist im Gegensatz zu einem Aktenordner kein Mittel zur Ablage von Dokumenten, sondern ein Werkzeug für deren Klassifikation. Jeder virtuelle Ordner kann weitere virtuelle Ordner enthalten. Mit diesem Prinzip sind beliebige Klassifikationsschemata zur themenbezogenen Strukturierung von Unterlagen realisierbar.

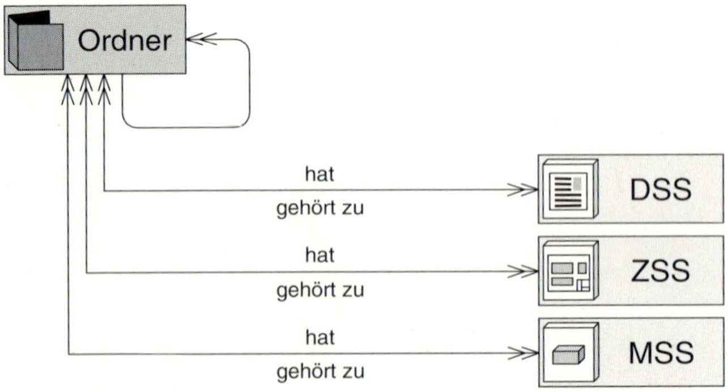

Bild 3-65 Relationen zwischen Ordner und Dokumenten

Dokument-, Zeichnungs- und Modellstammsatz haben jeweils eine n:m-Relation zu einem virtuellen Ordner. Das bedeutet, ein Ordner (Folder) kann eine Verbindung zu beliebig vielen Stammsätzen haben. Umgekehrt läßt sich ein Stammsatz beliebig vielen Foldern zuweisen. Zwischen Ordner und Ordner sollte ebenfalls eine n:m-Beziehung bestehen. Damit können einerseits zu einem Ordner nach Belieben weitere Ordner gehören. Andererseits darf sich ein Ordner in mehreren Foldern befinden (Bild 3-65). Mit dieser Fähigkeit des virtuellen Ordners ist nicht nur ein Instrument zur uneingeschränkten Dokumentenklassifikation verfügbar, sondern ebenso ein Mittel vorhanden, um eine Dokumentenstruktur als Pendant zur Produktstruktur aufzubauen.

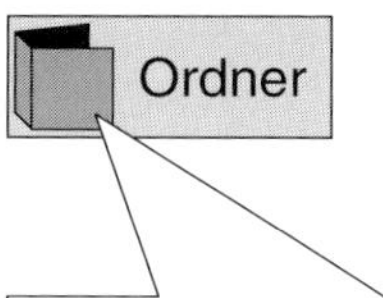

Sprache	kommt von	stat./dyn. Auswahlliste
Ordnertyp	kommt von	dyn. Auswahlliste
Nummernkreis	kommt von	dyn. Auswahlliste
Artikelnummer	kommt von	TSS / Nummerngen.
Klassifikationsschlüssel	kommt von	Eingabe / dyn. Liste
Versionsnummer	kommt von	Revisionierung
Bearbeitungsstand	kommt von	Check-out-Aktion
Projektnummer	kommt von	Projekt / dyn. Liste
Titel/Benennung	kommt von	TSS / dyn. Liste
Erstellt von	kommt von	System / dyn. Liste
Erstellt am	kommt von	System
Freigegeben von	kommt von	System / dyn. Liste
Freigegeben am	kommt von	System
Geändert von	kommt von	System / dyn. Liste
Geändert am	kommt von	System
Änderungsgrund	kommt von	Eingabe
Freigabephase	kommt von	Workflow
Workspace/Vault	kommt von	dyn. Auswahlliste
Check-out-Workspace/-Vault	kommt von	Check-out-Aktion
Eingefroren?	kommt von	System
Ausgecheckt?	kommt von	Check-out-Aktion

Bild 3-66 Mögliche Attribute des Objekts Ordner

Der virtuelle Ordner dient der Datenorganisation und ist deshalb ein Geschäftsobjekt. Seine Attribute sind entsprechend den Verwendungszwecken festgelegt (Bild 3-66). Der Ordnertyp definiert, ob ein Folder allgemeines Klassifikationsobjekt ist oder sich als Element, ähnlich einer Baugruppe oder eines Teils, zur Produktstrukturierung einsetzen läßt. Sollen beispielsweise Zeichnungen klassifiziert werden, wirkt der Ordner als *eine* Stufe in der Klassifizierungshierarchie. Der Klassifikationsschlüssel ist in diesem Fall ein Key-Attribut des Ordnerobjekts. Der Schlüssel einer bestimmten Stufe der Klassifikation sollte ersichtlich die Schlüsselanteile der Strukturstufen (Ordner) enthalten, die in der Hierarchie vorher kommen. Bei der Anlage eines Folders als Klassifikationsstufe ist es von Vorteil, wenn der teilqualifizierende Klassifikationsschlüssel per dynamischer Auswahlliste selektiert werden kann. Dies gilt ebenso für das Attribut Benennung. Soll die Objektklasse Ordner dem dokumentenorientierten Aufbau einer Produktstruktur dienen, ist es sinnvoll, wenn eines der Schlüsselattribute die Artikelnummer ist. Der Ordner kann auf diese Weise die Baukomponenten für ein komplettes Erzeugnis repräsentieren. Arbeitet die PDM-Lösung ohne Teileverwaltung – zum Beispiel in der ersten Phase der PDM-Einführung – kommt die Artikelnummer per Nummerngenerator oder manueller Eingabe. Andernfalls erfolgt eine dynamische Kopie der Sachnummer aus dem Teilestammsatz. Der virtuelle Folder ist nicht nur ein hervorragendes Ordnungsinstrument für das Dokumentenmanagement. Er ist außerdem in der Lage, beliebige Strukturen abzubilden. Überall dort, wo komplexe Erzeugnisse mit umfangreicher Dokumentation entwickelt werden, ist die Produktstruktur auf Ordnerbasis ein geeignetes Mittel, um Stückliste und Dokumentation zu verbinden.

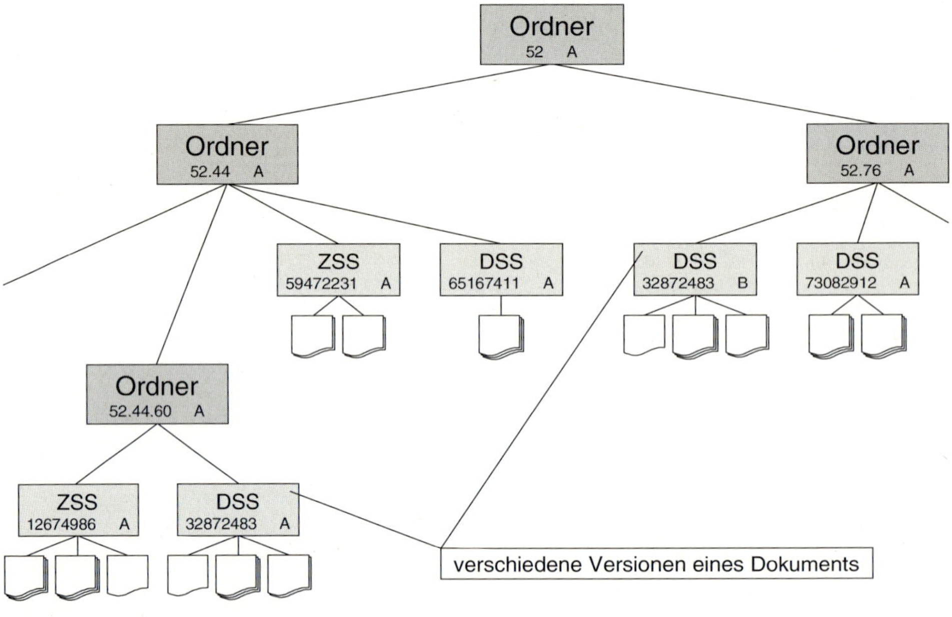

Bild 3-67 Beispiel für eine Ordnerstruktur

Diverse Arbeitsmappen für fest umrissene Standardaufgaben einzurichten, ist eine weitere Anwendungsmöglichkeit des virtuellen Ordners. Definierte Arbeitspakete, etwa zur Angebotserstellung oder Auftragsabwicklung, jeweils in einem Folder zusammenzufassen und diese zu strukturieren, ist eine wirkungsvolle Methode, um komplizierte Geschäftsprozesse zu typisieren. Bild 3-67 stellt ein Beispiel für die Anwendung der Ordnerstruktur dar. Der Folder arbeitet hier als Klassifikationsstufe. Der teilqualifizierende Klassifikationsschlüssel (z.B. 52.44) ist jeweils ein Schlüsselattribut des Ordnerobjekts. Sein Aufbau ist mit dem eines Verzeichnispfads vergleichbar. Anders als bei einem realen Aktenordner befinden sich in einem virtuellen Ordner die Dokumente nicht physisch, sondern nur als Referenz. Es ist denkbar, daß in mehreren Ordnern ein Verweis auf dasselbe

Dokument (z.B. DSS 32872483) existiert. Erfordert ein solches Dokument eine Änderung, ist es notwendig, daß ordnerbezogen entschieden werden kann, welche Version des Dokuments der jeweilige Ordner referenzieren soll. Ein Automatismus ist in diesem Fall nicht praktikabel. Das könnte zu unerwünschten Effekten führen.

3.5.1.3 Teilemanagement

Baukomponenten (Baugruppen und Teile) sind im Rahmen der Produktentwicklung die Kernelemente in Entwicklung und Konstruktion. Ihre Beschreibung und Strukturierung stellen die Basis der Erzeugnisdokumentation dar. Jede Baukomponente, ob Eigenentwicklung oder Kaufteil, wird durch einen Teilestammsatz (TSS) repräsentiert. Der Teilestammsatz ist ein konstruktionsbezogener Beschreibungsdatensatz, der die organisatorischen Anforderungen innerhalb des Geschäftsprozesses Produktentwicklung abdeckt. Der TSS bildet darüber hinaus das Fundament für den Materialstammsatz in der Produktionsplanung. Der Materialstammsatz ist eine Ergänzung des Teilestammsatzes um die dispositiven Daten der Geschäftsprozesse, die betriebswirtschaftlich-planerisch orientiert sind, wie zum Beispiel Mengenplanung, Einkauf oder Kapazitätsplanung. Teile- und Materialstammsatz sind naturgemäß das grundlegende Bindeglied zwischen den großen IT-Geschäftanwendungen PDM und ERP.

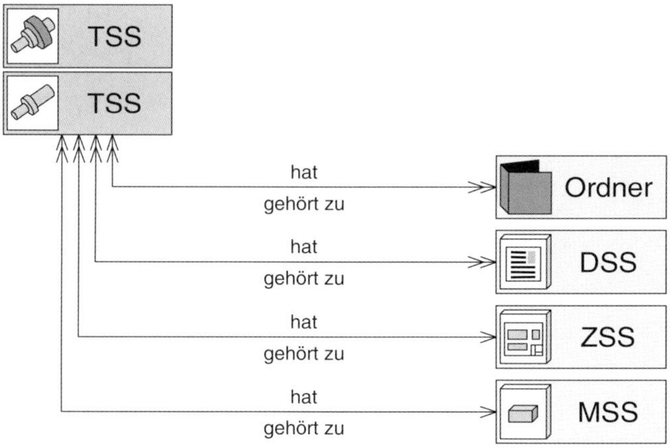

Bild 3-68 Relationen des Teilestammsatzes

Der Teilestammsatz ist ein Geschäftsobjekt. Für Baugruppe und Teil gibt es im Datenmodell je eine Objektklasse. Dies ist unter anderem in ihren verschiedenen Relationsmöglichkeiten begründet. Zur vollständigen Produktbeschreibung im Sinne der Konfigurationsdokumentation sind Beziehungen zwischen einem TSS-

Objekt und den Objekten des Dokumentenmanagements notwendig (Bild 3-68). Ordner- und DSS-Objekt haben jeweils eine n:m-Beziehung zu einem Teilestammsatz. Die logische Bindung von Ordner und Dokumentstammsatz zu einem Teilestammsatz ist relativ lose. Beide Seiten haben gewöhnlich ihre eigenen Identifikationsnummern und Benennungen. Es ist problemlos, ein Ordner- oder DSS-Objekt nach Bedarf an mehrere Teilestammsätze zu heften.

Sprache	kommt von	stat./dyn. Auswahlliste
Nummernkreis	kommt von	dyn. Auswahlliste
Artikelnummer	kommt von	Nummerngenerator
Versionsnummer	kommt von	Revisionierung
Bearbeitungsstand	kommt von	Check-out-Aktion
Projektnummer	kommt von	dyn. Auswahlliste
Benennung	kommt von	dyn. Auswahlliste
Bezeichnung	kommt von	Eingabe / dyn. Liste
Klassifikationsschlüssel	kommt von	Klassifikationsmodul
Artikelart	kommt von	dyn. Auswahlliste
Artikelgruppe	kommt von	dyn. Auswahlliste
Produktgruppe	kommt von	stat./dyn. Auswahlliste
Norm	kommt von	Eingabe / dyn. Liste
Werkstoff	kommt von	dyn. Auswahlliste
Gewicht	kommt von	Interface / Eingabe
Gewichtseinheit	kommt von	Interface / stat. Liste
Ersatz für	kommt von	Eingabe
Ersetzt durch	kommt von	Eingabe
Abteilung	kommt von	stat. Auswahlliste
Erstellt von	kommt von	System / dyn. Liste
Erstellt am	kommt von	System
Freigegeben von	kommt von	System / dyn. Liste
Freigegeben am	kommt von	System
Geändert von	kommt von	System / dyn. Liste
Geändert am	kommt von	System
Änderungsgrund	kommt von	Eingabe
Freigabephase	kommt von	Workflow
Freigabestatus	kommt von	Workflow
Gebrauchsphase	kommt von	Workflow
Workspace/Vault	kommt von	dyn. Auswahlliste
Check-out-Workspace/-Vault	kommt von	Check-out-Aktion
Eingefroren?	kommt von	System
Ausgecheckt?	kommt von	Check-out-Aktion

Sprache	kommt von	stat./dyn. Auswahlliste
Nummernkreis	kommt von	TSS
Zeichnungsnummer	kommt von	TSS / Nummerngen.
Versionsnummer	kommt von	Revisionierung
Bearbeitungsstand	kommt von	Check-out-Aktion
Projektnummer	kommt von	TSS
Benennung	kommt von	TSS
Bezeichnung	kommt von	TSS
Klassifikationsschlüssel	kommt von	TSS
Produktgruppe	kommt von	TSS
Norm	kommt von	TSS
Werkstoff	kommt von	TSS
Gewicht	kommt von	TSS
Gewichtseinheit	kommt von	TSS
Abteilung	kommt von	TSS
Erstellt von	kommt von	System / dyn. Liste
Erstellt am	kommt von	System
Freigegeben von	kommt von	System / dyn. Liste
Freigegeben am	kommt von	System
Geändert von	kommt von	System / dyn. Liste
Geändert am	kommt von	System
Änderungsgrund	kommt von	Eingabe
Freigabephase	kommt von	Workflow
Freigabestatus	kommt von	Workflow
Gebrauchsphase	kommt von	Workflow
Workspace/Vault	kommt von	dyn. Auswahlliste
Check-out-Workspace/-Vault	kommt von	Check-out-Aktion
Eingefroren?	kommt von	System
Ausgecheckt?	kommt von	Check-out-Aktion

Bild 3-69 Objektrelation zwischen Teile- und Zeichnungsstammsatz

Bei Modell- und Zeichnungsstammsatz ist das anders. Sie haben eine n:1-Relation zum Teilestammsatz, wobei hier ein Sonderfall eingeschlossen ist. Üblich ist eine 1:1-Beziehung. Zu jeder Baugruppe oder jedem Teil existieren genau ein CAD-Modell oder die entsprechenden Ansichten und Einzelheiten sowie eine CAD- oder Papierzeichnung. Attribute wie Artikelnummer, Benennung oder Werkstoff werden aus dem TSS-Objekt dynamisch in die korrespondierenden Felder von MSS- und ZSS-Objekt kopiert. Der erwähnte Sonderfall tritt ein, wenn etwa ein und dasselbe Bauteil in verschiedenen Werkstoffen vorkommt.

Jede Ausführung hat einen eigenen Teilestammsatz mit eigener Artikelnummer. Es existiert aber nur eine Zeichnung für alle Ausführungen bzw. Werkstoffe. Bei dieser Konstellation gehört die Zeichnung per Relation zu allen Stammsätzen dieser Teilevarianten. Umgekehrt hat jedes dieser TSS-Objekte eine Beziehung zum Stammsatz der Zeichnung, die für alle Werkstoffvarianten gültig ist.

Bild 3-69 demonstriert anhand eines Beispiels das Zusammenwirken von Teile- und Zeichnungsstammsatz. Wichtige Attributwerte im ZSS-Objekt wie Zeichnungsnummer oder Benennung stammen aus dem Teilestammsatz, sind also Kopien der TSS-Attributwerte. Dies hat zur Folge, daß bei einer Änderung dieser Attributinhalte im Teilestammsatz die entsprechenden Felder des ZSS-Objekts dynamisch aktualisiert werden. Es besteht auf diese Weise eine sehr enge Beziehung zwischen beiden Objekten. Im übrigen kann auch die Verbindung von ZSS und Zeichnung in der gleichen Art gestaltet sein.

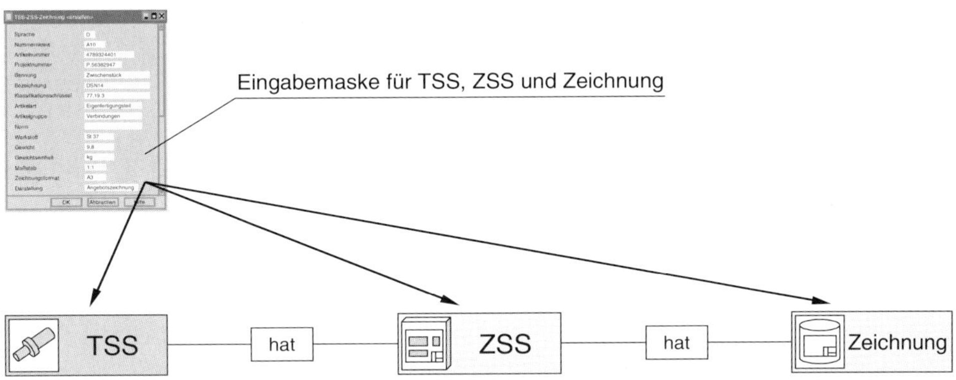

Bild 3-70 Erzeugen der Objektkette TSS – ZSS – Zeichnung mit einer Aktion

Diese Vorgehensweise bietet den Vorteil, daß es keine Mehrfacheingaben gibt und wichtige Attributinhalte in der Objektkette TSS – ZSS – Zeichnung stets konsistent bleiben. Der Nachteil dabei ist, daß die Objekte in einer festgelegten Reihenfolge entstehen müssen, d.h., bevor ein Zeichnungsstammsatz angelegt werden kann, muß der zugehörige Teilestammsatz vorhanden sein. Das bedingt natürlich ein gewisses Diktat der Arbeitsweise des Konstrukteurs. Wie die Praxis zeigt, stoßen solche Vorgaben häufig auf Ablehnung. Die Gründe dafür sind vielfältig. Verständlich ist der Einwand der Konstrukteure, daß sie zu viel ihrer knapp bemessenen Zeit für das Anlegen von PDM-Objekten investieren müssen. Um eine Zeichnung abzulegen, sind immerhin drei Objekte notwendig. Daß die Konstruktion diese Objekte erzeugt, ist unverzichtbar für den Erfolg des PDM-gestützten Gesamtprozesses. Doch bedeutet dies zunächst eine lästige Mehrarbeit für den Konstrukteur. Dieses Dilemma kann mit einem optimierten PDM-Dialog umgangen werden (Bild 3-70). Die Eingabe der Attributwerte für die gesamte Objektkette TSS – ZSS – Zeichnung erfolgt beispielsweise innerhalb einer Dialogmaske. Das PDM-System legt mit den Eingabeinformationen automatisch alle Objekte samt Relationen an. Damit ist ein merklicher Zeitgewinn verbunden und eine Verbesserung der Anwenderakzeptanz zu erwarten. Natürlich muß es weiterhin möglich sein, Objekte auch einzeln, in Abhängigkeit bestimmter Gegebenheiten zu erzeugen.

3.5.1.4 Teileklassifikation

Der Wert einer Information wird wesentlich durch ihre schnelle Verfügbarkeit bestimmt. Das gilt in besonderem Maße für wiederverwendbares Firmen-Know-how. Produkte und ihre Baukomponenten repräsentieren Unternehmenswissen. Sie sind wichtiges Firmenkapital, mit dem ständig gearbeitet werden muß, um den wirtschaftlich notwendigen *Return On Investment* für ihre Entwicklung zu realisieren. Das Ziel ist, Baukomponenten nicht neu zu *erfinden*, sondern sie neu anzuwenden. Die Strategie heißt Wiederholteileverwendung. Die guten Vorsätze sind allerdings schnell vergessen, wenn es nicht gelingt, das Firmenwissen mit akzeptablem Aufwand ausfindig zu machen.

Es ist eine der Kernaufgaben des PDM-Systems, Firmen-Know-how unternehmensweit für seine Nutzer transparent zu arrangieren. Dazu werden besonders im Bereich Teileverwaltung flexible Klassifikationsfunktionen gebraucht. Formelemente, Norm- und Kaufteile sowie standardisierte Teile und Baugruppen (Werknormen) müssen in einem Ordnungssystem einfach zu finden sein. Die Recherchemöglichkeiten des Technischen Informationssystems sollten dabei der Denkwelt des Konstrukteurs entsprechen. Dieser wird, in Abhängigkeit der Arbeitsphase seiner aktuellen Aufgabe, sehr unterschiedliche Informationsbedarfe haben. Die Teilesuche muß daher mehrere Einstiegspunkte bieten. Vor allem ist die Eingrenzung der interessierenden Komponenten mit Form- und Funktionsmerkmalen in beliebiger Kombination von entscheidender Bedeutung.

Grundsätzlich lassen sich zwei Arten der Teileklassifikation unterscheiden, die hierarchische und die nichthierarchische. Die hierarchische Teileklassifikation beruht auf einer Baumstruktur. Ausgehend von einem klassifizierenden Element, der Einstiegsstufe, kann es nach Belieben weitere Hierarchiestufen mit einer beliebigen Anzahl von weiteren klassifizierenden Elementen geben. Die einzelnen Pfade der Klassifikationsstruktur sind die Wegweiser zu den gesuchten Komponenten. Allen klassifizierenden Elementen entlang eines Klassifikationsastes können beliebig viele form- und funktionsbezogene Merkmale zugeordnet werden. Eine Mehrfachklassifikation ist mit diesem Konzept möglich. Die nichthierarchische Teileklassifikation benutzt keine klassifizierenden Elemente als Pfad für die systematische Suche nach Teilen und Baugruppen. Sie beruht auf der

Idee, die zu klassifizierenden Komponenten näher zu qualifizieren. Dabei bekommen die PDM-Objekte, die die Bauelemente repräsentieren, klassifizierende Merkmale zugeordnet. Eine Gruppen- oder Familienbildung ist bei dieser Methode nicht erforderlich, aber dennoch einfach realisierbar.

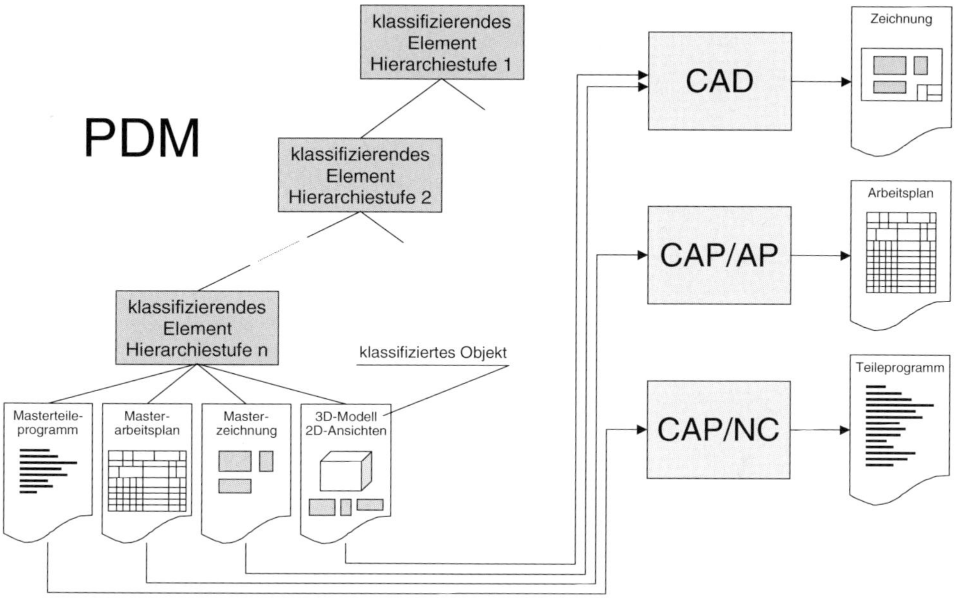

Bild 3-71 Klassifizierte PDM-Objekte und ihre produktive Nutzung

Teileklassifikation ist kein Selbstzweck. Sie muß die diversen Arbeitsschritte des Produktentstehungsprozesses signifikant beschleunigen. Dafür ist es notwendig, daß die mittels Klassifikation gefundenen Objekte direkt zur Realisierung eines Arbeitsergebnisses genutzt werden können. Der Schwerpunkt liegt hierbei in der Unterstützung der CAD-Konstruktion. Doch läßt sich ebenso der Bereich Arbeitsplanung und NC-Programmierung einbeziehen (Bild 3-71). Für die mit dem PDM-System klassifizierten Baukomponenten muß eine entsprechende CAD-Geometrie verfügbar sein, die der Konstrukteur sofort in sein CAD-Modell oder seine CAD-Zeichnung einfügen kann. Für die korrekte Topologie und Dimension der CAD-Geometrie sind die Merkmalwerte aus der Teileklassifikation verantwortlich. Zur Bereitstellung der CAD-Geometrie gibt es mehrere Ansätze:

- CAD-Geometrieprogramme nach DIN V 66304,
- CAD Parts Library nach ISO 13584,
- CAD-spezifische Geometrieprozeduren,
- CAD-spezifische assoziative Geometriemodelle.

Die VDA-Programmschnittstelle (VDA-PS, DIN V 66304) ist eine Bibliothek von FORTRAN-Programmen, die CAD-systemneutral die Erzeugungslogiken für die 2D/3D-Variantengeometrien von Normteilen darstellen. Geometrieparameter sind die Klassifikationsmerkmale aus der DIN 4000 und DIN V 4001 (Merkmaldateien). Für die CAD-spezifische Nutzung der Normteilebibliothek werden die kompilierten FORTRAN-Programme zusammen mit dem VDA-PS-Postprozessor in das CAD-Zielsystem eingebunden. Der Postprozessor interpretiert die Daten der Geometrieprogramme und aktiviert entsprechende CAD-Funktionen. Die ISO 13584 ist eine Erweiterung der Normen DIN 4000, DIN V 4001 und DIN V 66304 zu einem internationalen Standard. In dieser Normreihe sind Bauteilegeometrien für Darstellung und Austausch in einer Teilebibliothek (Parts Library) festgelegt. Die ISO 13584 definiert ihre Komponenten mit der Datenspezifikationssprache EXPRESS (ISO 10303) als systemneutrale, objektorientierte STEP-Datenmodelle. Ihre Implementation ist sprachunabhängig (C, C++ etc.). Mit Hilfe eines STEP-Postprozessors wird die Bauteilinformation (Part Model Information) CAD-spezifisch nutzbar gemacht.

Die Normen DIN V 4001/66304 und ISO 13584/10303 bieten den Vorteil, daß sie systemneutral sind, können aber CAD-spezifische Fähigkeiten auf dem Gebiet der Variantentechnik meist nur unzureichend unterstützen. Aus diesem Grunde ist es sinnvoll, spezifische CAD-Geometriedaten zu erstellen. Eine der Möglichkeiten besteht darin, Erzeugungsprozeduren für CAD-Geometrien zu realisieren, wobei die jeweiligen Klassifikationsmerkmale die Aufrufparameter einer Prozedur sind. Diese Methode erzeugt Geometriedaten zu dem Zeitpunkt, zu dem sie der Konstrukteur tatsächlich braucht. Dies hat den Vorteil, daß die CAD-Modelle nicht *altern*, d.h. bei einem CAD-Versionswechsel nicht mit eventuellem Datenverlust konvertiert werden müssen. Andererseits ist es unbedingt notwendig, daß die CAD-Prozeduren stets up-to-date bleiben. Unabhängig von der Art der Generierung der CAD-Modelle ist damit in der Integration mit einer PDM-Lösung eine hochautomatisierte Produktmodellierung und Zeichnungserstellung zu erreichen.

3.5.1.4.1 Sachmerkmal-Leistentechnik

Ein Bauteil wird durch geometrische und funktionale Merkmale charakterisiert. Ein Zahnrad ist beispielsweise unter anderem durch mehrere Durchmesser, mindestens eine Breite, eine Zähnezahl, einen Werkstoff und ein übertragbares Drehmoment festgelegt. Mit bestimmten Werten dieser Merkmale läßt sich jedes Zahnrad dieses Typs eindeutig beschreiben. Alle kennzeichnenden Parameter eines Gegenstands bilden zusammen die Sachmerkmal-Leiste (SML). Sie ist charakteristisch für einen definitiven Gegenstandstyp. Dementsprechend ist die SML ein wichtiges Instrument zur Teileklassifikation.

In der DIN 4000 sind Sachmerkmal-Leisten für eine ganze Reihe von Teilefamilien klassifiziert worden. Nach welchen Grundsätzen diese SMLs aufgebaut sind, ist in der DIN V 4001 festgelegt. Die Kennzeichen sind in die Kategorien Sachmerkmale (DIN 4000) und die weiteren Charakteristika Geometrie-, Ergänzungs- und Funktionsmerkmale sowie Merkmalalgorithmen, Gliederungs- und Attributmerkmale (DIN V 4001) eingeteilt. Jeder Kategorie ist ein Bereich von möglichen Merkmalkennungen zugeordnet (Bild 3-72). Für Sachmerkmale ist eine zweistellige Indizierung zugelassen.

Sachmerkmal	A01	bis	J99
Geometriemerkmal	AAA	bis	AZZ
Ergänzungsmerkmal	BAA	bis	BZZ
Funktionsmerkmal	CAA	bis	CZZ
Merkmalalgorithmus	DAA	bis	DZZ
Gliederungsmerkmal	EAA	bis	EZZ
Attributmerkmal	FAA	bis	FZZ

Bild 3-72 Merkmalkategorien und deren Kennungen

Ein Merkmal muß innerhalb der gesamten Teileklassifikation eindeutig sein, d.h., es darf nur zur Beschreibung einer bestimmten Eigenschaft eines oder mehrerer Gegenstände verwendet werden. Das Merkmal A03 darf nicht in einer SML eine Länge sein und in einer anderen ein Durchmesser. Die Sachmerkmal-Leiste faßt alle Charakteristika in einer Tabelle zusammen. Der Tabellenkopf ist in der DIN 4000 fixiert (Bild 3-73).

Sachmerkmal-Leiste DIN 4000-...-...									
Kennbuchstabe	A	B	C	D	E	F	G	H	J
Sachmerkmal-Benennung									
Referenzhinweis									
Einheit									

Bild 3-73 SML-Tabelle nach DIN 4000

Die Nomenklatur der Teileklassifikation entscheidet in erheblichem Maße über deren Nutzen. Kennbuchstaben und Sachmerkmal-Benennungen müssen unbedingt unternehmensweit von der Normenstelle in einem Merkmalkatalog zusammengestellt werden. Auch das PDM-System sollte imstande sein zu verhindern, daß Kennbuchstaben und Sachmerkmal-Benennungen in jeweils mehr als einer Kombination auftreten.

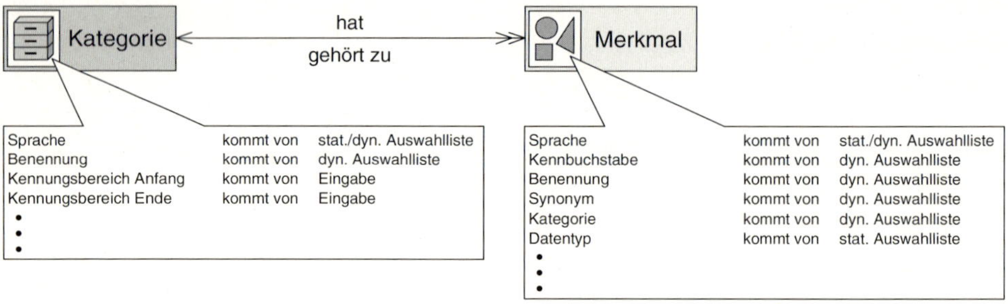

Bild 3-74 Objektkette zur Verwaltung von Kategorien und Merkmalen

Im PDM-System sind Kategorie, Merkmal, Tabellenspalte, Tabelle und Tabellenzeile im Idealfall eigene Objektklassen. Damit ist eine größtmögliche Flexibilität des Datenmodells gewährleistet. Kategorien und Merkmale bilden jeweils einen Objekt-Pool, aus dem sie dynamisch ausgewählt werden können. Eine Kategorie kann beliebig viele Merkmale umfassen (Bild 3-74). Die Attributwerte kommen zum größten Teil über Auswahllisten aus dem Firmenbegriffskatalog. Bei Mehrsprachigkeit müssen Textattribute in allen verfügbaren Sprachen belegt sein. Der Datentyp einer Tabellenspalte wird im Merkmalobjekt definiert, da er in allen SML-Tabellen unverändert bleibt.

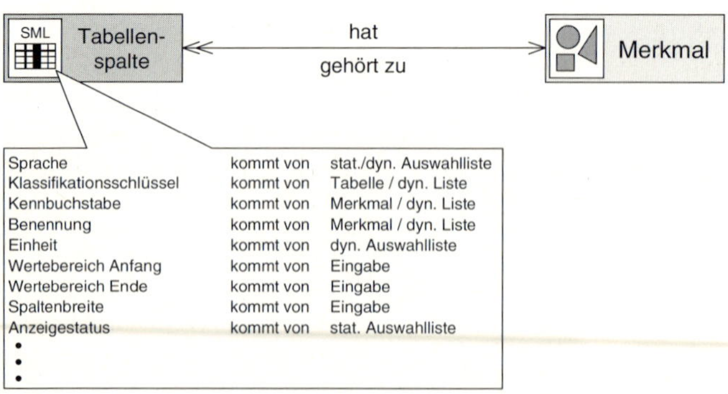

Bild 3-75 Objektrelation zwischen Tabellenspalte und Merkmal

Tabellenspalten sind die Objekte, aus denen sich eine SML-Tabelle (Tabellenkopf) aufbaut. Im Spaltenobjekt werden Einheit und Bereich der Spaltenwerte hinterlegt. Auch die Spaltenbreite wird hier bestimmt. Mit dem Attribut Anzeigestatus läßt sich steuern, ob eine Merkmalspalte in der SML-Tabelle erscheint oder nicht. Diese Informationen sind dem Objekt Tabellenspalte zugewiesen und nicht dem Objekt Merkmal, da beispielsweise das Merkmal Gewindedurchmesser gleichzeitig in einer Tabelle in Millimeter und in einer anderen in Zoll dargestellt werden soll (Bild 3-75). Unabhängig davon läßt sich die physikalische Einheit der Spaltenwerte jederzeit ändern, was zur Folge hat, daß die Zahlenwerte in der neuen Maßeinheit erscheinen. Ein weiterer Vorteil der Objektklasse Tabellenspalte zeigt sich im administrativen Bereich. So kann exakt konfiguriert werden, welche Benutzer, Gruppen oder Rollen berechtigt sein sollen, mit bestimmten Tabellenspalten zu arbeiten, oder welche diese nicht sehen dürfen.

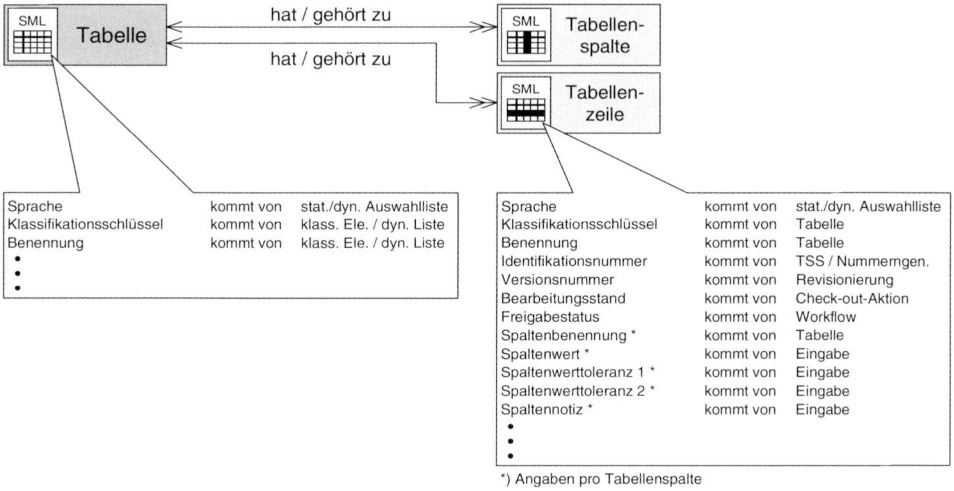

Bild 3-76 Objektrelationen von Tabelle und Tabellenspalten sowie Tabellenzeilen

Wenn der Tabellenkopf aus den Objekten Tabelle und Tabellenspalten kreiert ist, läßt sich die SML-Tabelle mit Werten füllen. Jede Tabellenzeile repräsentiert ein konkretes Formelement oder Bauteil. Sofern eine Tabellenzeile zur Nutzung freigegeben werden soll, muß es im Falle von Teil oder Baugruppe aus Gründen der Datenkonsistenz zu jedem Zeileneintrag ein TSS-Objekt geben. Die Artikelnummer ist die Referenz zwischen Tabellenzeile und Teilestammsatz. Erfolgt ein Zeileneintrag nur zu Entwurfszwecken, wird kein TSS-Objekt erzeugt. Zur Identifikation der Entwurfszeile liefert der Nummerngenerator eine Entwicklungsnummer. Bei Bedarf läßt sich eine Entwurfszeile in einen regulären Zeileneintrag mit TSS-Anlage überführen oder aus der SML-Tabelle entfernen.

Die Tabellenzeile ist eine eigene Objektklasse (Bild 3-76). Damit kann jeder Zeileneintrag in einer SML-Tabelle seine individuelle Historie haben. Dies ist notwendig, da die Tabellenzeile eine Ergänzung zum Teilestammsatz darstellt. Das Objekt Tabellenzeile kann revisioniert werden, seinen Freigabestatus ändern, und vor allem läßt sich seine Nutzung über die Privilegienverwaltung kontrollieren. Hierdurch ist ein Steuerungsmechanismus verfügbar, der etwa die Verwendung bestimmter Formelement- und Bauteilvarianten in Projekten mit speziellen Anforderungen verhindert. Jeder Spaltenwert in einer SML-Zeile kann zusätzliche Informationen aufnehmen. Besonders wichtig ist die Zuordnung von Toleranzwerten, da diese maßabhängig sind (Bild 3-77).

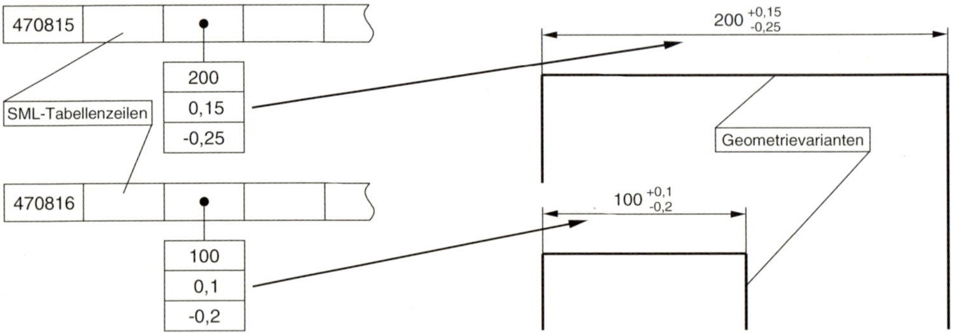

Bild 3-77 SML-Spaltenwert mit Zusatzangaben

Mit dieser Fähigkeit des PDM-Systems ist unter anderem die Unterstützung des Prinzips Masterzeichnung möglich. Die Masterzeichnung ist ein generisches CAD-Zeichnungsmodell, das so aufgebaut ist, daß davon alle maß- und teilweise gestaltvarianten Standard- und Auftragszeichnungen eines Teils oder einer Baugruppe abgeleitet werden können. Dazu muß das variante Zeichnungsmodell mit einer assoziativen Bemaßung versehen sein. Maßzahl und ggf. Toleranzen kommen zum Zeitpunkt der Zeichnungsgenerierung aus der SML-Tabelle.

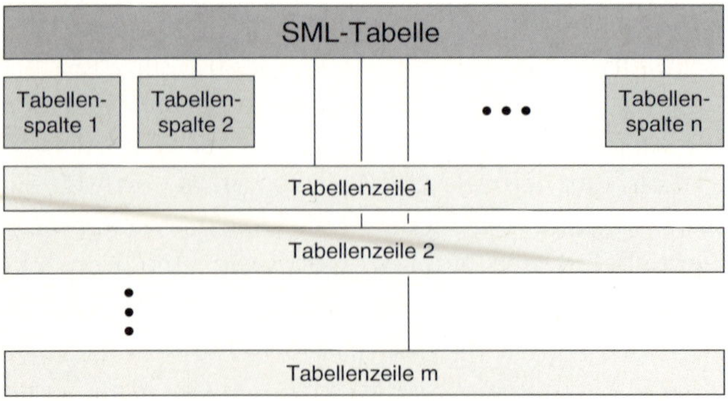

Bild 3-78 SML-Tabelle und ihre Objekte

Das Modul Teileklassifikation eines PDM-Systems muß ein Maximum an Flexibilität im Hinblick auf Funktionalität und Handhabung bieten. Dies betrifft nicht nur seine Anwendung als *Teilesuchmaschine*, sondern ebenso seine Nutzung zum Aufbau der hierfür notwendigen Wiederholteile-Datenbasis. Features, Teile und Baugruppen klassifiziert anzulegen, muß sowohl durchgängig interaktiv – ohne Datenmodellerweiterung – als auch im Batch-Betrieb durchführbar sein. Speziell das selektive Einlesen der Norm- und Kaufteileinformationen von den Datenträgern diverser Herstellerkataloge muß sich mit einem einfachen Prozedere erreichen lassen und darüber hinaus für eine konsistente PDM-Bibliothek von Baukomponenten sorgen. Das Datenmodell der SML-Tabelle ist dafür die grundlegende Voraussetzung (Bild 3-78).

3.5.1.4.2 Klassifikationsschemata

Die hierarchische Teileklassifikation benutzt klassifizierende Elemente als Mittel der Strukturbildung. Das klassifizierende Element ist eine der tragenden Säulen dieses Ordnungsprinzips. Es verkörpert Kriterien, die eine systematische Gruppenbildung nach beliebigen Anforderungen erlauben. Ein zweiter Eckpfeiler der Teileklassifikation sind die form- und funktionsbezogenen Merkmale. Sie qualifizieren Features, Teile und Baugruppen. Die Kombination aus klassifizierenden Elementen und den Merkmalen der Baukomponenten schafft uneingeschränkte Möglichkeiten, um ein flexibles Ordnungssystem zu etablieren.

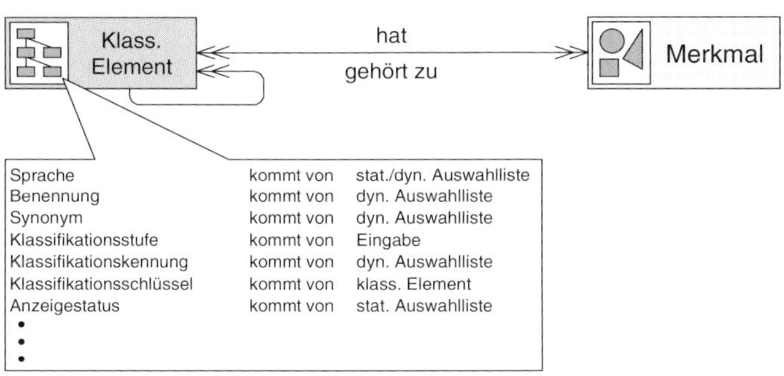

Bild 3-79 Relation zwischen klassifizierendem Element und Sachmerkmal

Das klassifizierende Element ist eine Datenklasse, deren Objekte, ähnlich wie der virtuelle Ordner zur Dokumentenklassifikation, Relationen zu n Objekten dieser Klasse auf der nächsten Hierarchiestufe haben können. Zwischen einem klassifizierenden Element und einem Merkmalobjekt ist es sinnvoll, eine n:m-Beziehung zu definieren (Bild 3-79). Die Merkmale eines Bauteils lassen sich entlang des Klassifikationspfads mit dessen Elementen verknüpfen. Auf diese Weise kann der Einstieg zur Komponentenrecherche über ein oder mehrere Merkmale geschehen. Das klassifizierende Element ist ein Objekt, das in Abhängigkeit der Klassifikationsstufe, zu der es gehört, unterschiedliche Fähigkeiten braucht. Die klassifizierenden Elemente der niedrigsten und höchsten Hierarchiestufe müssen ein anderes Verhalten als die mittleren Klassifikationsebenen aufweisen. Außerdem sind nur Relationen zwischen benachbarten Hierarchiestufen zulässig. So darf etwa keine Beziehung von einem klassifizierenden Element der Stufe drei zu einem der Stufe eins existieren. Das Verhalten eines klassifizierenden Elements kann mit Hilfe des Attributs Klassifikationsstufe gesteuert werden.

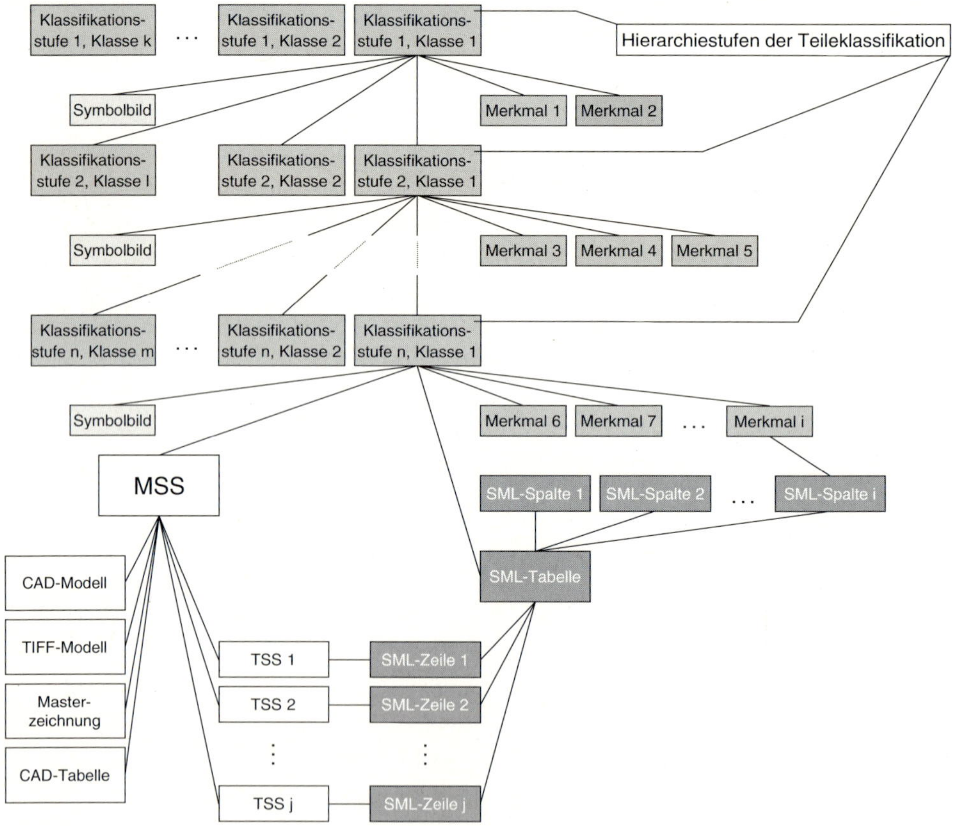

Bild 3-80 Universelles Klassifikationsschema

Auf jeder Hierarchieebene der Teileklassifikation ist eine unbegrenzte Anzahl von Komponentenklassen definierbar. Auch die Zahl der Klassifikationsstufen ist nicht beschränkt (Bild 3-80). An jedem klassifizierenden Element ist ein Symbolbild (View-File) befestigt, das dem Anwender eine visuelle Information über die Bedeutung dieser Klasse vermittelt. Das Ende des Klassifikationspfads repräsentiert die Komponente, die von der Sachmerkmal-Leiste beschrieben wird. Mit dieser Bauteilklasse sind SML-Tabelle und Modellstammsatz verbunden. Das MSS-Objekt stellt des weiteren die Verknüpfung zur CAD-Geometrie und zu den Stammsätzen der Teilevarianten her, die die SML-Tabelle wiedergibt. Zwischen den SML-Zeilen und den korrespondierenden Teilestammsätzen sollte eine Beziehung existieren. Ist das TSS-Objekt eines varianten Wiederholteils bekannt, läßt sich so über das Objekt Modellstammsatz direkt auf die CAD-Geometrie greifen.

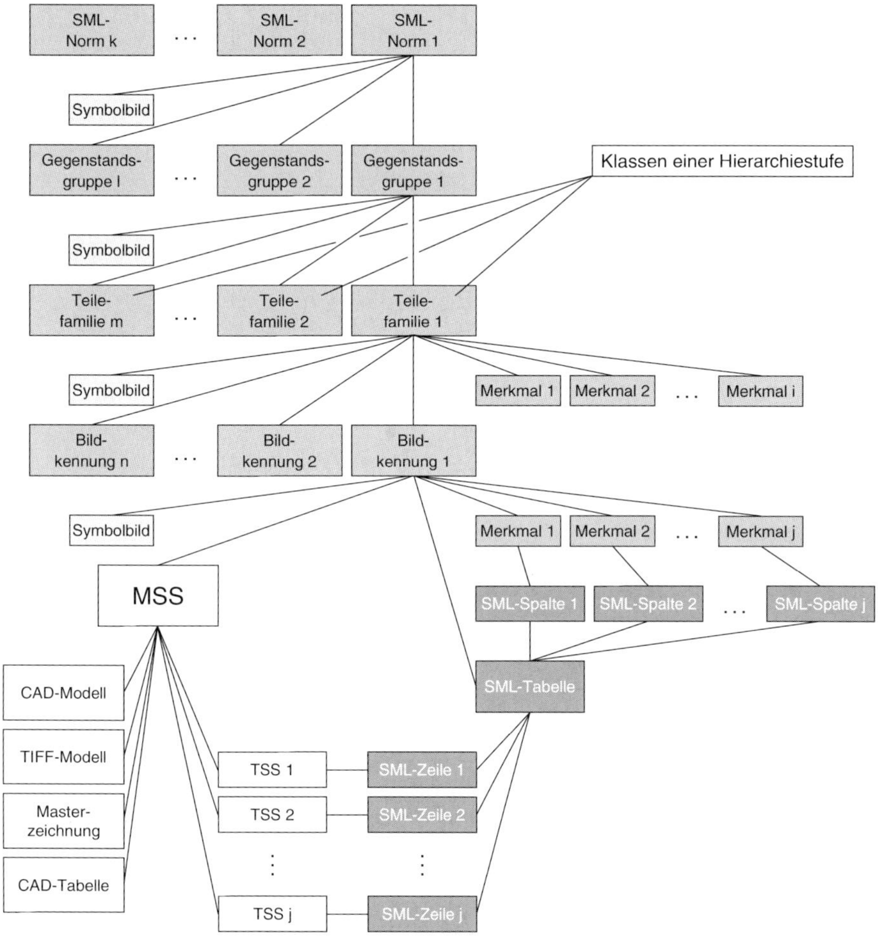

Bild 3-81 Klassifikationsschema der DIN 4000

Das Klassifikationsschema der DIN 4000 beruht auf vier Hierarchiestufen. Die Klassen der ersten Ebene sind die SML-Normen. Dies sind üblicherweise die

DIN 4000 und diverse Werknormen. Auf der zweiten Stufe befinden sich die Gegenstandsgruppen. Mit diesen Klassen werden zum Beispiel Schrauben und Muttern, Scheiben und Ringe sowie Flansche eingeordnet. Die Teilefamilien stellen die dritte Hierarchiestufe dar. Im Falle der Gegenstandsgruppe Schrauben und Muttern sind das etwa die Klassen Kopfschrauben, Paßschrauben oder Verschlußschrauben. Die vierte Klassifikationsebene beinhaltet die Bildkennungen (Teile) einer Teilefamilie. Bei der Klasse Kopfschrauben können das beispielsweise Sechskant-, Zylinder- und Linsenschraube sein (Bild 3-81). Die Zuordnung der Sachmerkmale geschieht bei der DIN 4000 bezogen auf die Teilefamilie. Dort sind die Merkmale aller Familienmitglieder (Bildkennungen) in einer Sachmerkmal-Leiste zusammengefaßt. Im Gegensatz dazu können wie in Bild 3-80 bei der ISO 13584 die Merkmale jeder Klassifikationsstufe zugewiesen werden. Dies erweitert erheblich die Recherchemöglichkeiten.

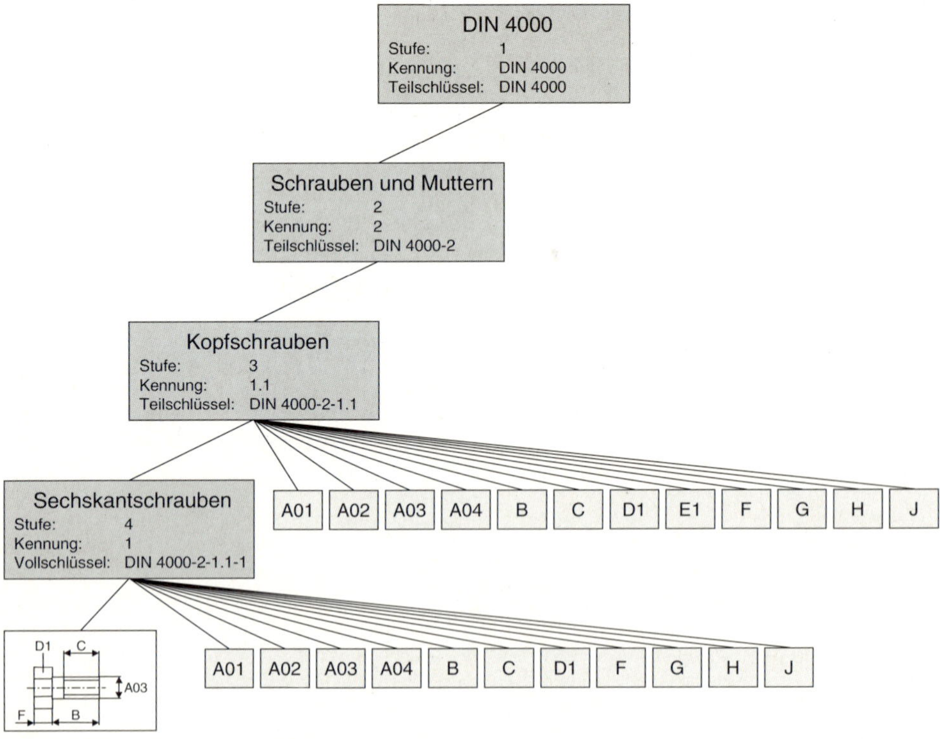

Bild 3-82 Beispiel für Teileklassifikation nach DIN 4000

Die DIN 4000 benutzt zur Identifizierung ihrer klassifizierenden Elemente eine alphanumerische Klassifikationskennung. Diese wird, ausgehend von der Hierarchiestufe eins, mit den Klassenkennungen der jeweils nächsten Klassifikationsebene verbunden. Somit sind die Klassen auf jeder Stufe mit einem eindeutigen Teilschlüssel erreichbar. Die Bildkennungen am Schluß des Klassifikationspfads enthalten den vollen Klassifikationsschlüssel (Bild 3-82). Bei Bildern, die variabel durch Kombination von Formelementen (auch Funktionselemente genannt) aufgebaut werden können, setzt sich die Bildkennung aus den Codenummern der beteiligten Features zusammen. Ein Zahnrad zum Beispiel läßt sich aus den Varianten der drei Formelemente Zahnkranzform, Radquerschnitt und Nabenausführung entwickeln.

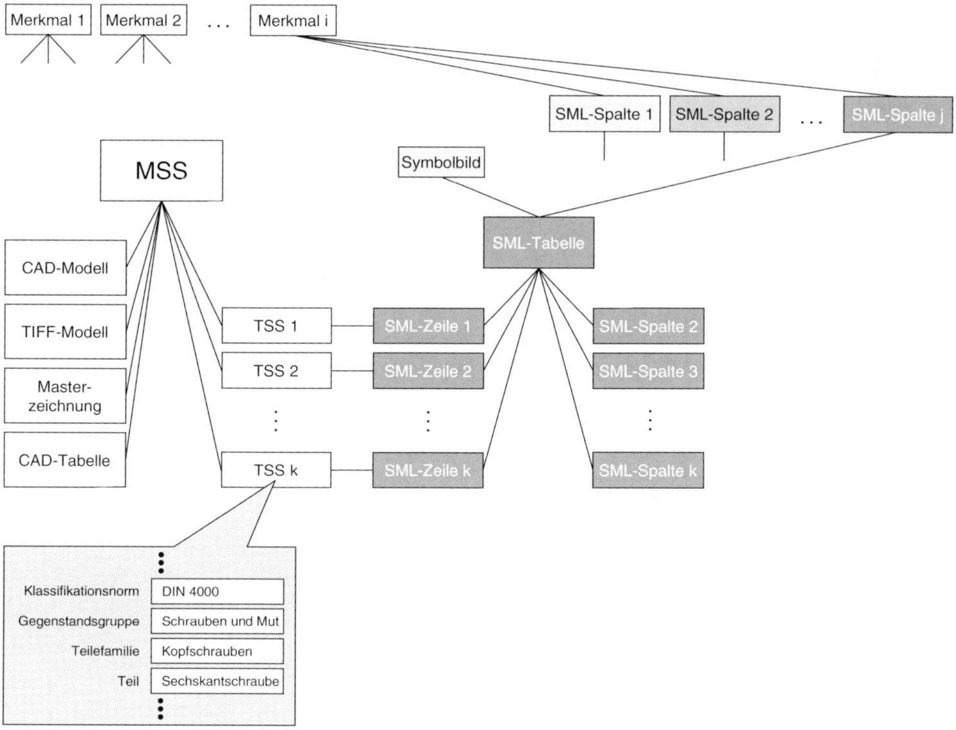

Bild 3-83 Nichthierarchische Teileklassifikation

Ein PDM-System sollte nicht nur beliebige Klassifikationsschemata zulassen, sondern auch die nichthierarchische Teileklassifikation unterstützen. Nichthierarchisch bedeutet, es gibt keine expliziten Klassifikationsstufen bzw. Elemente. Implizit können die Hierarchieebenen durch klassifizierende Attribute im Teilestammsatz nachgebildet werden (Bild 3-83). Beim Suchen nach TSS-Objekten läßt sich etwa der Begriff Kopfschrauben aus einer dynamischen Auswahlliste für das Eingabefeld Teilefamilie selektieren. Als Suchergebnis wird das PDM-System alle verfügbaren Teilestammsätze von Schrauben liefern, die zur Klasse der Kopfschrauben gehören. Natürlich gibt es auch bei diesem Klassifikationsansatz eine Sachmerkmal-Leiste. Datentechnisch besteht sie aus den Objekten Tabelle, Tabellenspalten und Tabellenzeilen (Bild 3-76/78). Die Tabellenspalten sind als spezifische Kennzeichen von den allgemeinen Merkmalen abgeleitet. Ein Merkmal hat somit Relationen zu mehreren Tabellenspalten. Alle Merkmale sind in einem Objekt-Pool zusammengefaßt. Der PDM-Nutzer kann ein oder mehrere Merkmale mit und ohne Angabe eines Werts oder Wertebereichs auswählen und eine Teilesuche starten. Über die Relationskette Merkmal – Tabellenspalte – Tabelle – Tabellenzeile ist das PDM-System in der Lage, je nach Suchvorgabe eine oder mehrere Tabellen mit allen oder nur den durch Wertebereichsangabe selektierten Zeilen auszugeben. Anschließend läßt sich die gewünschte Tabellenzeile, deren Parameter zur Ausprägung der CAD-Goemetrie verwendet werden sollen, aus den Treffern des Suchvorgangs bestimmen. Mit Hilfe einer 1:1-Beziehung zwischen Teilestammsatz und SML-Tabellenzeile sind die Sachmerkmale direkt als Komplement zur Teilebeschreibung nutzbar. Durch diesen Ansatz ist eine flexible Teileklassifikation möglich, ohne spezielle Objekte zum Bau einer Klassifikationsstruktur einrichten zu müssen.

3.5.1.4.3 Recherchemöglichkeiten

Die Funktionalität des PDM-Systems in bezug auf die Teileklassifikation ist in erheblichem Maße für die Produktivität in der CAD-Konstruktion verantwortlich. Der Idealfall in der teileorientierten CAD-Anwendung sieht so aus, daß die Konstrukteure einen Kundenauftrag nahezu vollständig mit dem Teileangebot aus einem Variantenbaukasten bearbeiten. Einen Baustein zu suchen, der die Anforderungen am besten erfüllen kann, das gefundene Bauteil auf Eignung abzuchecken und zu verwenden oder ggf. zu verwerfen und einen neuen Baustein zu suchen, ist das typische Szenario. Der Flaschenhals in diesem Ablauf ist die Bausteinsuche. Sie kann nur dann effektiv verlaufen, wenn das PDMS den Teilebaukasten für den CAD-Konstrukteur in jeder Phase seiner Arbeit transparent macht. Dazu werden vielfältige Recherchemöglichkeiten gebraucht. Aus der Kombination von Teilestammsatz, Klassifikationsstruktur, SML und 3D-CAD-Modell oder 2D-Zeichnung resultieren die folgenden Suchansätze:

- Einstieg auf einer der Klassifikationsebenen (z.B. Suche nach Teilefamilie),
- Einstieg über ein Merkmal oder eine Merkmalkombination (z.B. Suche nach allen Teilen mit Gewindedurchmesser und -länge, mit und ohne Wertangaben),
- Einstieg über die Kombination aus Klassifikationsebene und Merkmal oder Merkmalkombination (z.B. Suche nach allen Kopfschrauben mit einem bestimmten Gewindedurchmesser und einer bestimmten Gewindelänge),
- Einstieg über ein konkretes Teil bzw. eine konkrete Bildkennung (z.B. Suche nach allen verfügbaren Sechskantschrauben),

- Graphische Navigation durch die Klassifikationsstruktur in einem PDM-Struktur-Browser (z.B. um einen Überblick über die verfügbaren Komponenten eines Wiederholteile-Baukastens zu bekommen),
- Identifikation einer CAD-Geometrie mit Übertragung der Informationen an das PDM-System (z.B. um eine Sechskantschraube durch eine Senkschraube mit gleichen Maßen für Gewindedurchmesser und -länge zu ersetzen),
- Abgreifen von Maßen der CAD-Geometrie mit Übertragung der Informationen an das PDM-System (z.B. um mit Wellendurchmesser und -absatzlänge das geeignete Kugellager in der Normteilebibliothek zu finden),
- Selektion einer CAD-Geometrie mit Übertragung der Informationen an das PDM-System (z.B. um für eine Schraube im CAD-Modell die passende Mutter in der Normteilebibliothek zu finden).

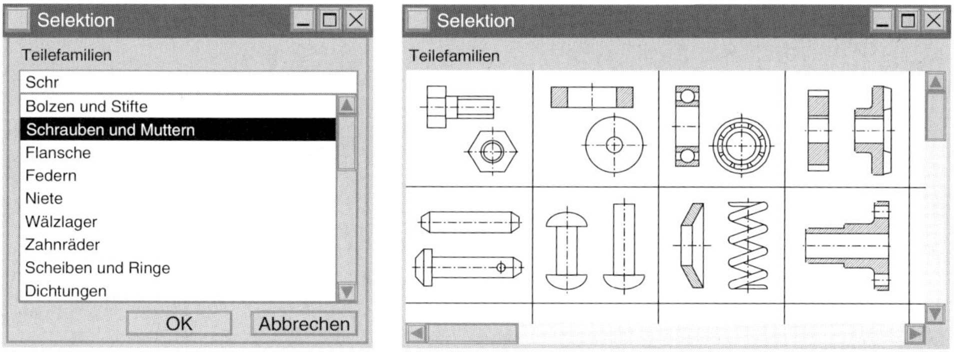

Bild 3-84 Alphanumerische und graphische Teilerecherche

Unabhängig davon, wie ein Konstrukteur bei seiner Teilerecherche vorgeht, sollte das PDM-System immer eine alphanumerische und eine graphische Alternative anbieten (Bild 3-84). Die Vorgehensweise wird im allgemeinen sehr stark von individuellen Überlegungen und Empfindungen bestimmt. Wenn der Anwender bereits konkrete Vorstellungen über die gesuchte Komponente hat, führt in der Regel die alphanumerische Recherche schneller zum Ziel. Liegen dagegen nur unscharfe Gedankenbilder vor oder geht es darum, sich einen Überblick zu verschaffen, kann es hilfreich sein, mit graphischer Unterstützung zu suchen. Jeder Nutzer der Wiederholteilebibliothek muß durch ein vielseitiges Angebot an Möglichkeiten zur Dialogführung nach und nach seine persönlichen Arbeitstechniken entwickeln können. Dies ist besonders bedeutsam beim Umgang mit der SML-Tabelle. Sie enthält alle Charakteristika einer Baukomponente und kann sehr umfangreich sein. Das betrifft sowohl die Anzahl der Spalten als auch die Anzahl der Zeilen. Vor allen Dingen bei Massennormteilen wie Schrauben sind SML-Tabellen mit hundert und mehr Zeileneinträgen möglich. Der Konstrukteur braucht hier Systemunterstützung, um schnell und sicher die richtige Variante zu finden. Das fördert die Akzeptanz der Konstrukteure und garantiert eine hohe Nutzungsfrequenz der PDM-Teileklassifikation, steigert die Wiederholteilerate in der Konstruktion und sorgt für die notwendigen Einsparungen in der Logistikkette Produktentstehung.

Sachmerkmal-Leistentabelle für Sechskantschraube

Gewinde-durchmesser	Länge	Gewindelänge	Schlüsselweite	Kopfhöhe
A03	B	C	D1	F
mm	mm	mm	mm	mm
6	35	18	10	4
6	40	18	10	4
6	45	18	10	4
8	35	22	13	5,5
8	40	22	13	5,5
8	50	22	13	5,5
8	60	22	13	5,5
8	80	22	13	5,5
8	90	22	13	5,5
10	40	26	17	7
10	50	26	17	7

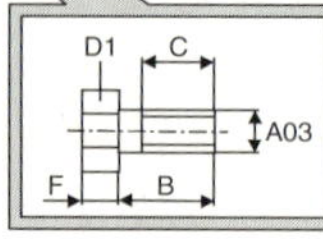

Erzeugen einer Subtabelle

Merkmal	Benennung	Einheit	=	!=	<	<=	>	>=	UND	ODER
A03	Gewindedurchmesser	mm	20							
B	Länge	mm				140		100		
C	Gewindelänge	mm				60		40		

Bild 3-85 Bildung einer Subtabelle aus der SML-Tabelle

Einen Ansatz, die Auswahl eines Bauteils aus einer umfangreichen SML-Tabelle zu erleichtern, demonstriert Bild 3-85. Mit je einem Mausklick werden im ersten Schritt die Spalten selektiert, deren Werte von Interesse sind. Mit dieser Information läßt sich im zweiten Schritt eine Subtabelle erzeugen, die nur noch die Zeilen enthält, die die vorgegebenen Bedingungen erfüllen. Es müssen beliebige Einschränkungen zulässig sein. Bei Wertebereichsangaben ist ein zusätzlicher Hinweis auf die Verknüpfungsart erforderlich. Das PDM-System muß wissen, ob die Bedingung eine UND- oder eine ODER-Verknüpfung ist. Zum Beispiel kann eine Vorgabe erfüllt sein, wenn *B <= 60 UND B > 30* oder *B <= 60 ODER B > 30* ist. Im obigen Beispielsystem ist diese Eingabe als Mausklick möglich. Die für alle Tabellenspalten definierten Bedingungen sind logischerweise immer durch eine UND-Verknüpfung verbunden.

Welche Sicht ein Konstrukteur auf welche SML-Tabelle haben möchte, d.h., welche Spalten standardmäßig angezeigt werden sollen, muß für ihn einfach zu konfigurieren sein. Auch den Zugriff auf häufig benutze Sachmerkmal-Leisten muß das PDM-System unterstützen. Denkbar ist ein als Objekt abgespeicherter

Suchvorgang, der sich jederzeit aktivieren läßt, oder ein Referenzobjekt, das direkt auf eine SML-Tabelle verweist. Mit beiden Verfahren kann der Konstrukteur seinen Arbeitsbereich (Desktop) so gestalten, daß er ein Höchstmaß an persönlicher Produktivität erzielt.

3.5.1.5 Produktstrukturmanagement

In der durchgängig rechnerunterstützten Produktentwicklung entstehen je nach Komplexitätsgrad eines Erzeugnisses mehrere tausend Zeichnungen, Berechnungsprotokolle, Arbeitspläne, NC-Programme und andere produktdefinierende sowie produktionsbeschreibende und -steuernde Dokumente. Das PDM-System bietet zwei Ansätze, um diese Fülle von Informationen zu gliedern. Eine Möglichkeit besteht darin, für jede Baukomponente einen virtuellen Ordner anzulegen, mit diesem alle komponentenbezogenen Dokumente zu verknüpfen und die Ordner entsprechend des Produktaufbaus zu strukturieren (Bild 3-50/67). Die zweite Methode ist, für jedes Teil und jede Baugruppe einen Teilestammsatz zu erzeugen und die TSS-Objekte so in Beziehung zu setzen, daß sie die Struktur des Produkts widerspiegeln (Bild 3-53). Das Konzept der Produktstrukturierung ist ein wichtiges Feature des Produktdatenmanagements. Es macht alle Produktinformationen über ein Objekt zugänglich, repräsentiert die Stückliste und liefert immer aktuell einen Teileverwendungsnachweis.

3.5.1.5.1 Teile und Baugruppen

Der Stammsatz von Teilen und Baugruppen gehört zu den Grunddaten in der Konstruktion. Er beinhaltet zeitbezogen die für den Produktentwicklungsprozeß notwendigen Informationen über einen Artikel. Von einer Baukomponente kann es mehrere Versionen geben, die im Laufe der Zeit durch Problembehebung oder Produktpflege entstanden sind. Die einzelnen TSS-Objekte unterscheiden sich durch ihren Änderungsindex und eventuell durch weitere Bezeichner. Versionsunabhängige Attribute wie Sachnummer oder Benennung bleiben bei allen Teilestammsätzen einer Komponente gleich. Datentechnisch werden die TSS-Objekte eines Artikels von dessen TSS-Masterobjekt abgeleitet (Bild 3-86).

Bild 3-86 Relation zwischen TSS-Master und TSS-Objekt für Baugruppe und Teil

TSS-Master sowie ihre versionsabhängigen Objekte für Teile und Baugruppen lassen sich jeweils durch n:m-Beziehungen verknüpfen. Eine Baugruppe kann n

Teile und/oder Unterbaugruppen umfassen, und ein Teil oder eine Baugruppe kann Bestandteil von m Oberbaugruppen sein (Bild 3-87). Dies ist die Voraussetzung für die Formierung hierarchischer Produktstrukturen.

Bild 3-87 Relation zwischen Baugruppe und Teil für TSS-Master und TSS-Objekt

Der PDM-Anwender arbeitet normalerweise nur mit den TSS-Objekten. Das TSS-Masterobjekt wird bei der Anlage eines Teilestammsatzes gewöhnlich automatisch vom PDM-System erzeugt. Die versionsunabhängigen Attribute eines TSS-Masterobjekts zeigt jeder seiner versionsabhängigen Teilestammsätze in der Objektmaske dynamisch an. Neue Versionen eines TSS-Objekts entstehen immer dann, wenn der eingefrorene Zustand eines freigegebenen Teils oder einer freigegebenen Baugruppe revisioniert wird.

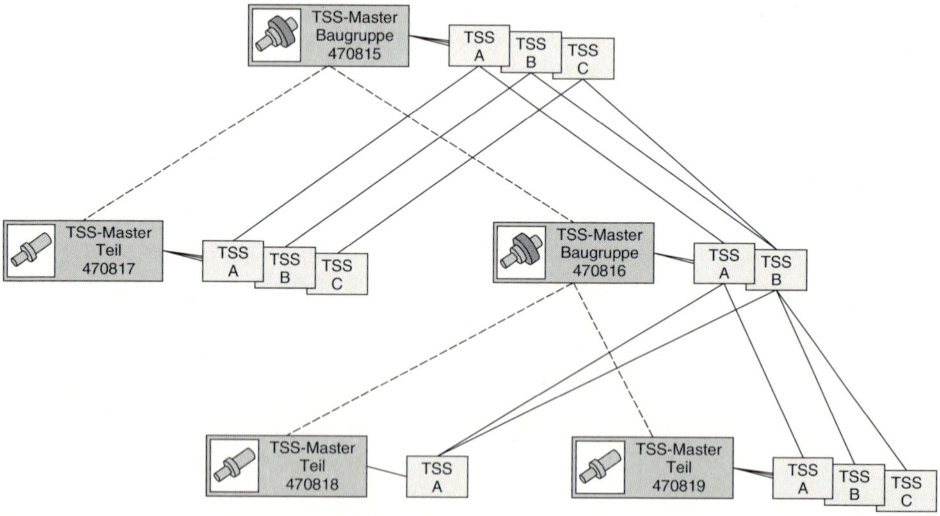

Bild 3-88 Versionsabhängige Relationen zwischen TSS-Objekten einer Baugruppe

Innerhalb einer Baugruppe muß es möglich sein, die einzelnen Stände der einbezogenen Komponenten in eine gewünschte Beziehung zu setzen (Bild 3-88). Die Baugruppe mit der Artikelnummer 470816 liegt zum Beispiel in den Versionen A und B vor, obwohl für das zugehörige Teil 470819 bereits eine Version C existiert. Offensichtlich ist die Änderung des Bauteils 470819 von Version B nach C so unbedeutend, daß dafür die Baugruppe nicht eigens revisioniert wurde. Die Version B der Baugruppe 470816 verwendet hier zwei Versionen eines Teils. Aus Gründen der Eindeutigkeit muß es in diesem Fall ein Kriterium geben, das diesen vermeintlichen Widerspruch beseitigt. Üblicherweise ist das die Gültigkeit mit zeitlichem Bezug, auch Effektivität genannt. Bis zu einem Zeitpunkt X verwendet die Version B der Baugruppe 470816 die Version B des Bauteils 470819. Danach ist die Baugruppe nur mit der Version C dieses Teils gültig. Anders verhält es sich bei der Beziehung dieser Baugruppe zum Bauteil mit der Artikelnummer 470818, das nur in der Version A vorliegt. Es wird von beiden Versionen der Baugruppe verwendet. Ein Eindeutigkeitsproblem gibt es bei diesen Relationen nicht. Dies gilt auch für die Beziehungen zwischen den Versionen der Oberbaugruppe und denen der Unterbaugruppe. Die Effektivität einer Bindung wird im übrigen als Attribut in das Relationsobjekt der beteiligten Elemente eingetragen.

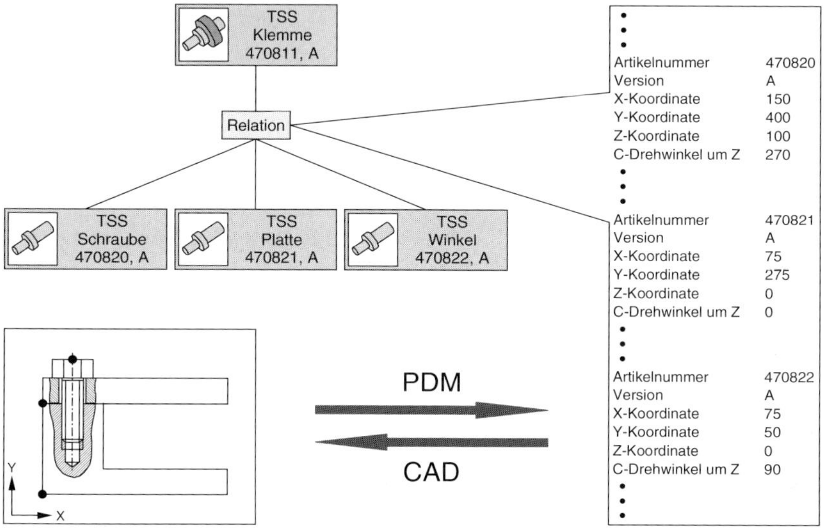

Bild 3-89 Relationsattribute als Träger von CAD-Informationen

Relationsobjekte lassen sich auch als Datenspeicher für weitere Informationen nutzen, die für die Beziehung zweier Objekte bedeutsam sind (Bild 3-89). Im Falle von Teilestammsätzen können das beispielsweise geometrische Daten für die CAD-Anwendung sein. Nach der Produktmodellierung mit Komponenten aus einem Wiederholteile-Baukasten sind diese mit TSS-Daten wie Artikel- und Versionsnummer attribuiert. Außerdem ist die Struktur der modellierten Baugruppe im CAD-Modell bekannt. Bei dieser Konstellation liegen die Voraussetzungen vor, um mit einer intelligenten PDM/CAD-Schnittstelle automatisch die

Produktstruktur mit den entsprechenden TSS-Objekten aufzubauen. Darüber hinaus kann das Interface die geometrischen Informationen über die Zuordnung der CAD-Teilemodelle innerhalb der Baugruppe (Koordinaten und Drehwinkel) in die Relationsobjekte der Teilestammsätze eintragen. Umgekehrt läßt sich mit den CAD-Informationen in den Relationsobjekten die Zusammenstellung einer CAD-Baugruppe aus Wiederholteilen automatisch generieren.

Der Aufbau einer Produktstruktur läßt sich interaktiv oder per Datenübernahme aus einem CAD-Modell bewerkstelligen. Bei Neuentwicklungen ist eine kombinierte Strategie sinnvoll. Der Hauptteil der Struktur kann im Dialog graphisch modelliert werden. Die Komplettierung der Grundstruktur um die noch fehlenden Formationen der Unterbaugruppen und deren Teile erfolgt mit Hilfe von CAD-Informationen automatisch durch das PDM-System. Das PDM/CAD-Interface muß diese Methode unterstützen. In der Praxis sehr bedeutsam ist die Anpassungskonstruktion. Hier geht es meist darum, entweder aus einem Standardprodukt oder aus einem realisierten Kundenprojekt einen weiteren Kundenauftrag abzuleiten. Die vorliegende Produktdokumentation soll dabei schnellstmöglich in Teilen modifiziert werden. Die PDM-Lösung muß bei diesem Vorgang assistieren, indem sie eine vollständige Kopie der zugrundeliegenden Produktstruktur mit allen verknüpften Dokumenten als Arbeitsplattform zur Auftragsausführung einrichtet.

3.5.1.5.2 Rohteile und Halbzeuge

TSS-Objekte für Teile und Baugruppen repräsentieren die Komponenten, aus denen die Konstruktion ihre Erzeugnisse aufbaut. Die hierarchische Gliederung der Bauteile zu einer Produktstruktur zeigt die konstruktiven und funktionalen Zusammenhänge eines Geräts, einer Maschine oder einer Anlage. Die Formation einer Baugruppe stellt dar, aus welchen Teilen und gegebenenfalls Unterbaugruppen sie sich zusammensetzt. Dies ist Voraussetzung für die Disposition ihrer Komponenten. Bei Bauteilen ist das anders, hier gibt die Produktstruktur standardmäßig keine Auskunft darüber, welche Rohmaterialien ihnen zugrunde liegen. Die Produktstruktur als Gerüst des virtuellen Produktmodells sollte jedoch auch diese Information enthalten.

Bild 3-90 Beziehung zwischen Teil und Rohteil

Gebraucht werden dafür Stammsatzobjekte für Rohteile beziehungsweise Halbzeuge. Da Rohteile ebenfalls einer Revision unterliegen können, müssen ihre Stammsätze wie bei den Teilen und Baugruppen einen versionsunabhängigen und einen versionsabhängigen Bestandteil haben. Zu einem Rohteilmaster können n Rohteilversionen gehören. Denn speziell bei Guß- und Gesenkschmiedeteilen sind von Zeit zu Zeit Formänderungen durch neue Anforderungen an ein Produkt unausweichlich. Ein Bauteil kann auf n Rohteilen basieren, und ein Rohteil kann Basis von m Bauteilen sein (Bild 3-90). Dies gilt vor allem für Halbzeuge. Ihr Anwendungsgebiet sind in besonderem Maße Teile in Schweißkonstruktion. Alle Halbzeuge einer Ausprägung werden mit einer Halbzeugnummer verwaltet, da sie sich nur durch ihre Sägelänge bei Stangenmaterial und ggf. ihre Schnittbreite bei Blechen unterscheiden.

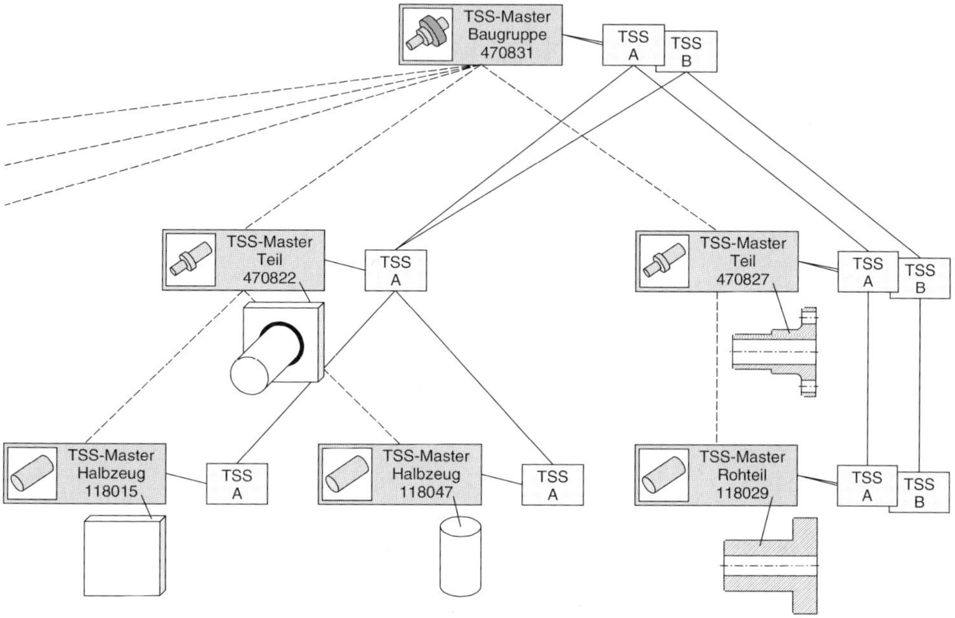

Bild 3-91 Rohteile und Halbzeuge als Teilevorstufen innerhalb der Produktstruktur

Mit TSS-Objekten für Rohteile und Halbzeuge läßt sich die Produktstruktur um Informationen für Arbeitsplanung und Beschaffung komplettieren. In der ersten Phase entsteht die Produktstruktur im Laufe der Produktentwicklung analog zu den Vorgaben in der Konstruktion. In der zweiten Phase kann sie im Rahmen der Arbeitsplanung um Rohteile und Halbzeuge ergänzt werden. Damit fördert das PDM-System die prozeßorientierte Entwicklung der Produktinformation im Sinne des virtuellen Produktmodells.

Bild 3-91 zeigt ein Anwendungsbeispiel mit Stammsätzen für Rohteil und Halbzeuge in einer Baugruppe. Das Drehteil mit der Artikelnummer 470827 basiert auf einem Preßling (Schmiedeteil) mit der Rohteilnummer 118029; dieser liegt in den Versionen A und B vor. Folglich existieren für das Fertigteil mindestens auch die Versionen A und B. Das Schweißteil mit der Artikelnummer 470822 basiert auf zwei Halbzeugen, einem Blech und einem Rundstahl. Schnittlänge und -breite des Stahlblechs sowie die Sägelänge für das Rundmaterial sind jeweils in der Relation zum Fertigteil hinterlegt. Dreh- und Schweißteil gehören zur Baugruppe 470831, von der es zwei Versionsnummern gibt. Das Schweißteil steht nur in der Version A zur Verfügung. Es ist deshalb auch für die Version B der Baugruppe gültig. Mit der um Rohteil und Halbzeuge erweiterten Produktstruktur kann das PDM-System nicht nur direkt die Konstruktionsstückliste liefern, sondern ebenso eine Dispositions- oder Fertigungsstückliste generieren. Die Beziehungen zwischen einem Fertigteil und seinem Rohteil oder Halbzeug(en) müssen nur einmal gebildet werden. Sie sind damit ohne weiteres Zutun in jeder Baugruppe, in der dieses Bauteil verwendet wird, vorhanden.

3.5.1.5.3 Teileverwendungsnachweis

Die Produktstruktur verknüpft mit Hilfe von Relationsobjekten Teilestammsätze für Einzelteil und Baugruppe sowie Rohteil und Halbzeug. Diese Beziehungen lassen sich einerseits dazu benutzen, um diverse Stücklisten zu erzeugen, und auf der anderen Seite sind sie die Voraussetzung dafür, einen Teileverwendungsnachweis systemunterstützt zu generieren.

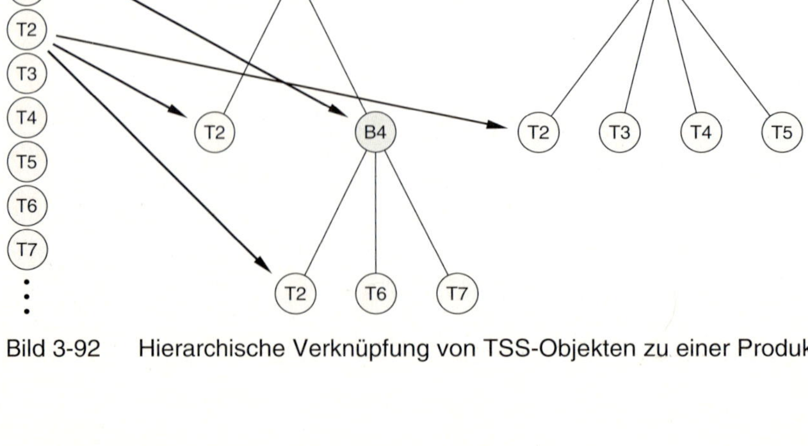

Bild 3-92 Hierarchische Verknüpfung von TSS-Objekten zu einer Produktstruktur

Die PDM-Datenbank verwaltet die Teilestammsätze wie auch andere Geschäftsobjekte als eigenständige Elemente. Sie haben zunächst keine Beziehungen zu anderen Geschäftsobjekten, sind unstrukturiert. Erst mit der Zusammenstellung von Baugruppen entstehen Relationen zwischen den TSS-Objekten. Trotz dieser Beziehungen behalten sie ihre Eigenständigkeit. Auf diese Weise sind sie in der Lage, nach Belieben Bindungen in unbegrenzter Anzahl einzugehen. So besitzt etwa das Einzelteil T2 in Bild 3-92 Beziehungen zu den Baugruppen B2, B3 und B4. Das Bauteil T2 ist dabei nicht physisch in die Produktstruktur eingebunden, es unterhält nur eine Relation zur jeweiligen Baugruppe. Bildlich gesprochen ist ein TSS-Objekt immer ortsfest, es kann aber Verweise auf andere TSS-Objekte haben. Diese Verweise sind das Beziehungsgebilde Produktstruktur. Der Teileverwendungsnachweis ist somit bereits im PDM-Grundprinzip eingebaut.

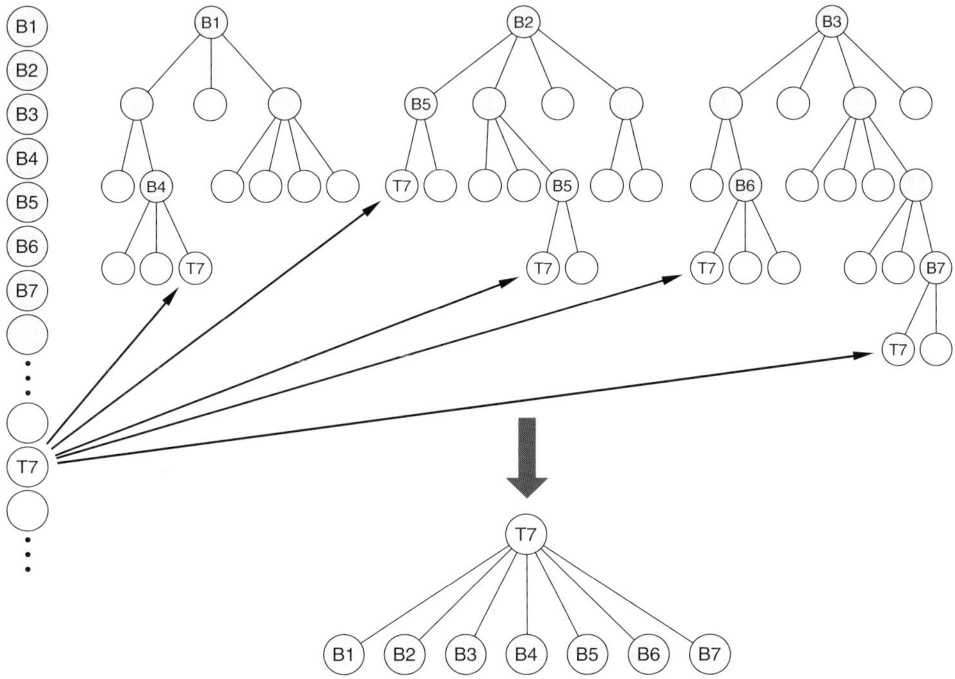

Bild 3-93 Teileverwendungsnachweis

Ein TSS-Objekt (Teil oder Baugruppe), das in Beziehung zu anderen Geschäftsobjekten steht, verfügt über Zeiger auf ein oder mehrere Relationsobjekte. Das TSS-Objekt besitzt damit Informationen über seine direkten Relationspartner. Für das PDM-System ist es aufgrund dessen ein leichtes, Auskunft darüber zu geben, in welchen Baugruppen sich ein Teil oder eine Baugruppe befindet. Bezogen auf das Beispiel in Bild 3-93 liefert das PDMS auf Anfrage sofort eine graphische

Darstellung darüber, daß das Einzelteil T7 in den Baugruppen B4, B5, B6 und B7 verwendet wird. T7 weiß jedoch nicht, in welchen Erzeugnissen es eingebaut ist. Soll der Teileverwendungsnachweis diese Information ebenfalls enthalten, muß die Relationskette, ausgehend von den Baugruppen, die das Teil T7 benutzen, bis hin zur jeweiligen Erzeugnisebene, durchlaufen werden. Dieser Teileverwendungsnachweis schließt zusätzlich zu den Baugruppen B4, B5, B6 und B7 die Produkte B1, B2 und B3 ein.

Es ist möglich, auch einschränkende Vorgaben für einen Teileverwendungsnachweis zu machen. So kann beispielsweise von Interesse sein zu wissen, in welchen Erzeugnissen welche Version einer Baukomponente in einem bestimmten Zeitraum eingebaut wurde, welche Kundenprojekte ein spezielles Kaufteil eines bestimmten Zulieferers enthalten oder welche Maschinen an welche Kunden ausgeliefert wurden, in denen die Baugruppe mit der Artikelnummer 470813 und dem Änderungsdatum 07.04.1995 arbeitet.

3.5.1.5.4 Stücklistengenerierung

Die Stückliste (SL) ist die Basis der Produktdokumentation und einer der wichtigsten Informationsträger in einem Fertigungsunternehmen. In der Regel entsteht die Stückliste in der Produktentwicklung und wird parallel oder nachgeschaltet von weiteren Bereichen wie Vertrieb, Arbeitsplanung, Kalkulation, Beschaffung, Produktion und Instandhaltung verwendet. In der Philosophie von PDM ist die Stückliste kein Geschäftsobjekt, es gibt dafür keine Objektklasse. Für das PDM-System ist nur die Produktstruktur relevant. Sie repräsentiert in graphischer Form den Aufbau von Baugruppen auf allen Ebenen, von der untersten Stufe bis hinauf zur Erzeugnisebene.

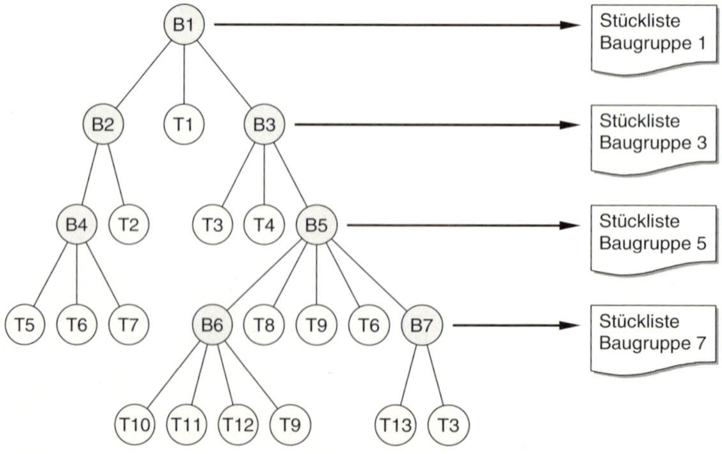

Bild 3-94 Produktstruktur als Informationsträger für die Stückliste

Das PDM-System kennt zu jeder Zeit die aktuellen Beziehungen zwischen den Teilestammsätzen in einer Produktstruktur. Dem Anwender stehen damit alle Möglichkeiten offen, sich die Stückliste von einer oder mehreren Baugruppen oder sogar vom gesamten Produkt generieren zu lassen (Bild 3-94).

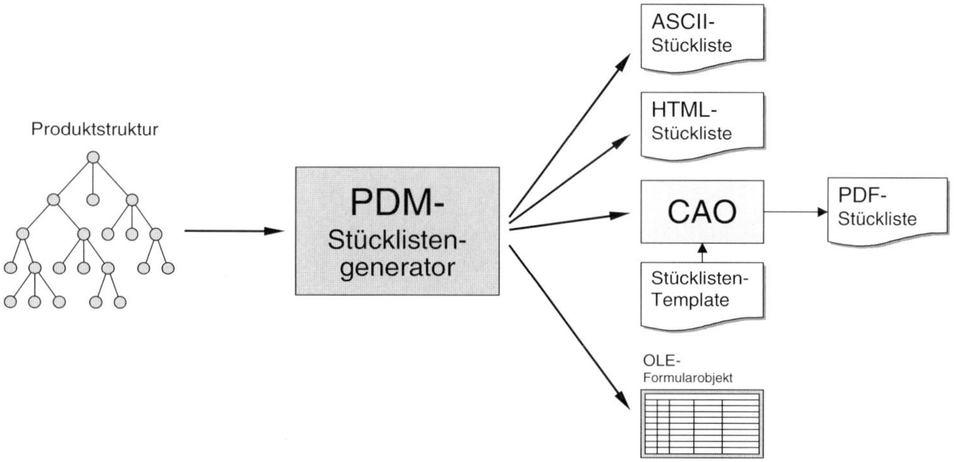

Bild 3-95 Möglichkeiten zur Stücklistengenerierung

Das PDM-System sollte die Stückliste entweder in eine Datei ausleiten können (z.B. ASCII-, HTML- oder PDF-Format), eventuell in Kooperation mit einer CAO-Applikation und geeigneten Vorlagen (Templates), oder imstande sein, ein OLE-basierendes Formularobjekt zu erzeugen (Bild 3-95). Da die Stückliste nach Belieben aus einer Produktstruktur reproduziert werden kann, ist es nicht notwendig, sie zu speichern. Soll dies dennoch geschehen, läßt sie sich als PDM-Dokument registrieren. Wurde die Stückliste als OLE-fähiges Objekt erstellt, kann sie per Link (Verweis) oder als Kopie in eine Office-Anwendung etwa zur Bearbeitung einer Produktbeschreibung oder zur Ausarbeitung von Angebotsunterlagen einfließen.

Bezüglich ihres Aufbaus unterscheidet man drei Arten von Stücklisten, die Baukasten-, Struktur- und Mengenübersichtsstückliste. Der PDM-Stücklistengenerator muß die Fähigkeit besitzen, jeden dieser SL-Typen aus der Produktstruktur abzuleiten. Die Baukastenstückliste ist eine einstufige Stückliste und umfaßt nur die Komponenten auf der obersten Ebene einer Baugruppe. Um mit ihr ein Erzeugnis vollständig festhalten zu können, ist in der Regel ein Satz von mehreren Baukastenstücklisten erforderlich. Mit der Strukturstückliste ist es möglich, ein Produkt über alle Hierarchiestufen hinweg zu erfassen. Dieser SL-Typus gibt die Erzeugnisstruktur wieder, kann dadurch aber mehrfach vorkommende Teile nicht zu einer Position zusammenfassen. Die Mengenübersichtsstückliste zeigt die betrachtete Baugruppe oder das Erzeugnis wie die Strukturstückliste komplett. Dieser SL-Typ listet seine Elemente unstrukturiert auf. So läßt sich jede Komponente mit einer kumulierten Mengenangabe in einer einzigen Position darstellen. Dies kommt der Disposition sehr zugute (Bild 3-96).

PDM-Produktstruktur

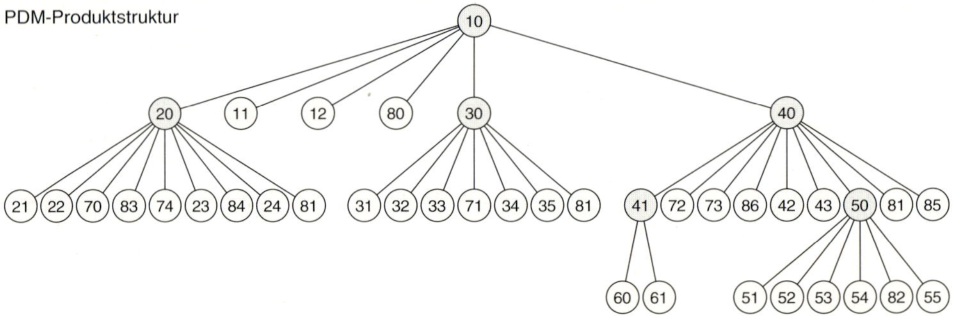

Baukasten-Stücklistensatz

ID-Nr.: 10	Benennung: Getriebe			
Pos.	St.	ID-Nr.	Benennung	SL
1	1	11	Gehäuseunterteil	
2	1	12	Gehäuseoberteil	
3	21	80	Sechskantschraube	
4	1	20	Antriebswelle	X
5	1	30	Ritzelwelle kpl.	X
6	1	40	Abtriebswelle	X

ID-Nr.: 20	Benennung: Antriebswelle			
Pos.	St.	ID-Nr.	Benennung	SL
1	1	21	Buchse	
2	1	22	Kegelritzelwelle	
3	2	70	Wälzlager	
4	1	83	Mutter	
5	1	74	Sicherungsscheibe	
6	1	23	Dichtung	
7	1	84	Simmering	
8	1	24	Ring	
9	8	81	Sechskantschraube	

ID-Nr.: 30	Benennung: Ritzelwelle kpl.			
Pos.	St.	ID-Nr.	Benennung	SL
1	1	31	Ritzelwelle	
2	1	32	Tellerrad	
3	2	33	Paßfeder	
4	2	71	Wälzlager	
5	2	34	Dichtung	
6	2	35	Deckel	
7	12	81	Sechskantschraube	

ID-Nr.: 40	Benennung: Abtriebswelle			
Pos.	St.	ID-Nr.	Benennung	SL
1	1	41	Hohlwelle kpl.	X
2	1	72	Wälzlager	
3	1	73	Wälzlager	
4	1	86	Seegerring	
5	1	42	Distanzring	
6	2	43	Ring	

Strukturstückliste

ID-Nr.: 10	Benennung: Getriebe				
Ebene					
1	2	3	St.	ID-Nr.	Benennung
X			1	20	Antrienswelle
	X		1	21	Buchse
	X		1	22	Kegelritzelwelle
	X		2	70	Wälzlager
	X		1	83	Mutter
	X		1	74	Sicherungsscheibe
	X		1	23	Dichtung
	X		1	84	Simmering
	X		1	24	Ring
	X		8	81	Sechskantschraube
X			1	11	Gehäuseunterteil
X			1	12	Gehäuseoberteil
X			21	80	Sechskantschrauben
X			1	30	Ritzelwelle kpl.
	X		1	31	Ritzelwelle
	X		1	32	Tellerrad
	X		2	33	Paßfeder
	X		2	71	Wälzlager
	X		2	34	Dichtung
	X		2	35	Deckel
	X		12	81	Sechskantschraube
X			1	40	Abtriebswelle
	X		1	41	Hohlwelle kpl.
		X	1	60	Hohlwelle
		X	1	61	Zahnkranz
	X		1	72	Wälzlager
	X		1	73	Wälzlager
	X		1	86	Seegerring
	X		1	42	Distanzring
	X		2	43	Ring
	X		1	50	Trommelwelle kpl.
		X	1	51	Trommelwelle
		X	1	52	Ring
		X	2	53	P

Mengenübersichtsstückliste

ID-Nr.: 10	Benennung: Getriebe		
Pos.	St.	ID-Nr.	Benennung
1	1	11	Gehäuseunterteil
2	1	12	Gehäuseoberteil
3	1	21	Buchse
4	1	22	Kegelritzelwelle
5	1	23	Dichtung
6	1	24	Ring
7	1	31	Ritzelwelle
8	1	32	Tellerrad
9	2	33	Paßfeder
10	2	34	Dichtung
11	2	35	Deckel
12	1	42	Distanzring
13	2	43	Ring
14	1	51	Trommelwelle
15	1	52	Ring
16	2	53	Preßring
17	1	54	Kappe
18	1	55	Buchse
19	1	60	Hohlwelle
20	1	61	Zahnkranz
21	2	70	Wälzlager
22	2	71	Wälzlager
23	1	72	Wälzlager
24	1	73	Wälzlager
25	1	74	Sicherungsscheibe
26	21	80	Sechskantschraube
27	36	81	Sechskantschraube
28	9	82	Sechskantschraube
29	1	83	Wellenmutter
30	1	84	Simmerring
31	2	85	Simmerring
32	1	86	Seegerring

Bild 3-96 PDM-Produktstruktur und die zu generierenden Stücklistenarten

Für die Stücklistengenerierung hat das PDM-System Zugriff auf alle Attribute der involvierten TSS-Objekte. Diese Fähigkeit läßt sich zur Konfiguration von Stücklisten-Layouts (Formulare oder Templates) nutzen. Neben Identifikationsnummer und Benennung können ergänzend etwa die Attribute Bezeichnung, Norm, Artikelart, Werkstoff, Gewicht, Gewichtseinheit und gegebenenfalls der Klassifikationsschlüssel aufgenommen werden. Informationen wie die Mengenangaben oder Halbzeuglängen und -breiten, die nicht mit den Teilestammsätzen verfügbar sind, liest das PDM-System aus deren Relationsobjekten. Natürlich sind diese Daten bei der Entstehung einer Erzeugnisstruktur einzubringen. Das kann durch manuelle Eingabe oder per Datenübernahme aus dem CAD-Modell geschehen. Speziell die Mengenangaben lassen sich bei 3D-Geometrien korrekt ableiten, das gleiche gilt für die Gewichtsangaben.

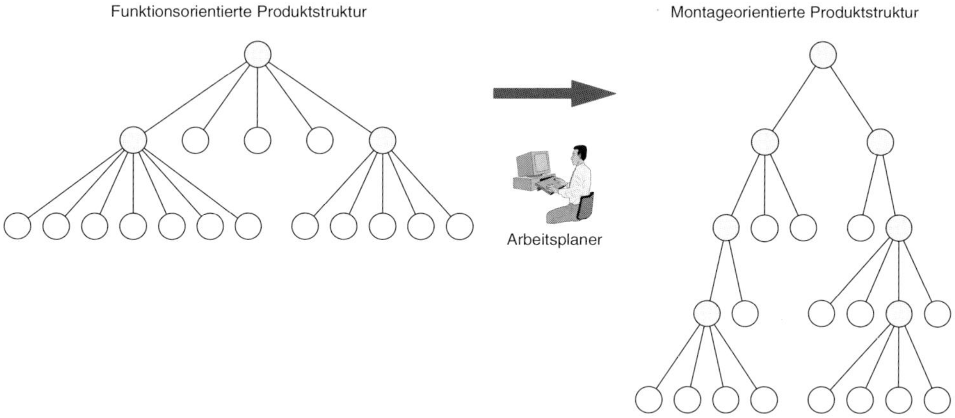

Bild 3-97 Überführung einer Konstruktions- in eine Fertigungsstückliste

Die Stückliste entsteht in der Konstruktion und zeigt daher in erster Linie eine funktionsorientierte Struktur. Diese ist i.d.R. gekennzeichnet durch eine geringe Gliederungstiefe und eine hohe Gliederungsbreite. Für die Fertigung, und hier speziell die Montage, ist diese Sichtweise meist ungeeignet. Eine montagegerechte Produktstruktur weist eine höhere Gliederungstiefe auf. Sie bildet kleinere Unterbaugruppen, die flexibel vormontiert werden können. Dadurch lassen sich werksspezifische Einrichtungen in einem Fertigungsunternehmen sehr ökonomisch einsetzen sowie Durchlaufzeiten und Produktionskosten reduzieren.

Die Arbeitsplanung erstellt auf der Basis der Konstruktionsstückliste eine Fertigungs- oder Montagestückliste (Bild 3-97). Nicht nur bei komplexen Erzeugnissen ist dafür informationstechnische Unterstützung notwendig. Mit dem PDM-System steht ein Werkzeug zur Verfügung, das die Modellierung der Produktstruktur übersichtlich in einem graphischen Browser möglich macht. Um von der

Konstruktionsstückliste zur Montagestückliste zu kommen, muß diese nicht komplett neu aufgebaut werden. Es genügt, die funktionsorientierte Produktstruktur in eine montageorientierte Gliederung zu überführen. Die Formation der Konstruktionsstückliste bleibt dabei erhalten.

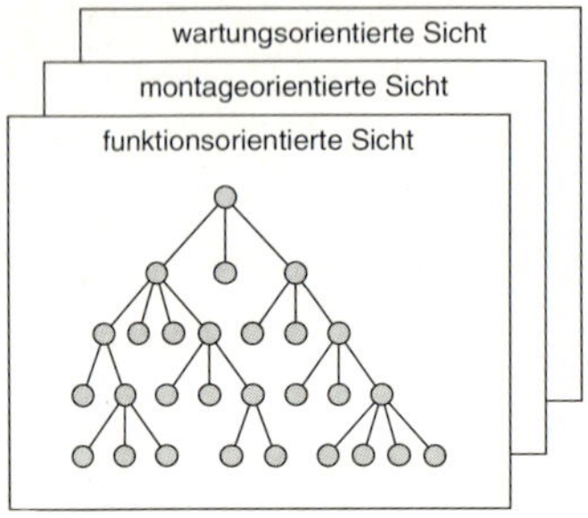

Bild 3-98 Verknüpfte Sichten auf eine Produktstruktur

Produktdatenmanagement nutzt die Methode der Sichtensteuerung, um diverse Gliederungen einer Produktstruktur zu verwalten und darzustellen (Bild 3-98). Eine Sicht (View) ist ein Administrationsobjekt, dem Rohteile, Halbzeuge, Teile und Baugruppen sowie deren Relationen zugeordnet werden können. Eine dieser Komponente kann gleichzeitig mit mehreren Sichten verbunden sein. Die View-Objekte einer Produktstruktur sind mittels Relation verknüpft. Die Benutzung einer Sicht läßt sich über Beziehungen zu Instanzen der Objektklassen User, Gruppe und Rolle steuern. So ist gewährleistet, daß Views nur von autorisierten Anwendern modifizierbar sind.

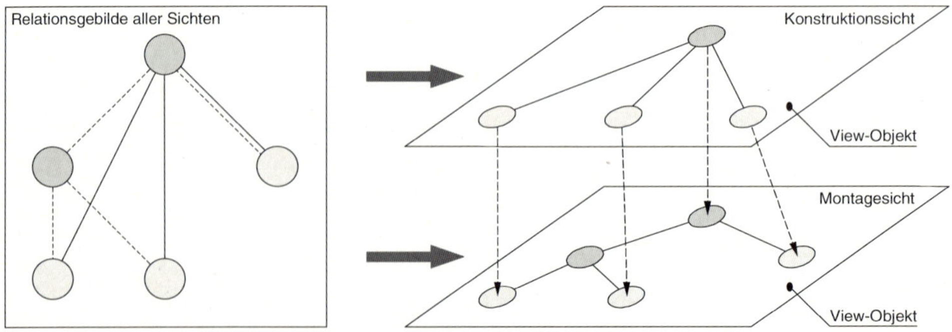

Bild 3-99 Zugrundeliegendes Relationsgebilde mit Sichten auf eine Produktstruktur

Ausgehend von der Erzeugnisstruktur der Konstruktion, die beispielsweise einem View-Objekt mit Namen Konstruktionsgliederung zugeordnet wurde, erstellt die

Arbeitsplanung eine Sicht Montagegliederung. Bei diesem Vorgang werden die Bauteile der Ausgangsformation mit dem View-Objekt der Arbeitsplanung verknüpft. Zusätzlich kommen die neuen Baugruppen und Relationen für die Montagestruktur hinzu. So entsteht ein Relationsgebilde, das die Komponenten und Beziehungen aller definierten Sichten beinhaltet (Bild 3-99). Anders ausgedrückt heißt das, jedes Bauteil und jede Relation gehören mindestens zu einem View. Da alle Sichten auf ein Produkt auf einer Informationsbasis beruhen, unterstützt PDM die Forderung nach konsistenten Änderungsständen von Konstruktions- und Fertigungsstückliste.

3.5.1.6 Workflow-Management

Produktdatenmanagement ist ein methodischer Ansatz für IT-gestütztes Daten- und Prozeßmanagement in den Unternehmen der Fertigungsindustrie und deren Ingenieur-Dienstleister. Die Komponente Datenmanagement verwaltet die Resultate der Produktentwicklung, und das Element Prozeßmanagement koordiniert und kontrolliert die Vorgänge, mit denen diese Arbeitsergebnisse entstehen. Das Prozeß- oder Workflow-Management ist das PDM-Segment, das in der Kosten-Nutzen-Analyse am meisten zu Buche schlägt bzw. das größte Nutzenpotential besitzt. Doch läßt gerade auf diesem Gebiet die Funktionalität bei einem Großteil der PDM-Systeme noch zu wünschen übrig.

Die Idee des Workflow-Managements ist, die Arbeitsschritte eines Geschäftsprozesses auf ein Prozeßmodell im Rechner abzubilden. Anstelle von materieller Hauspost werden Arbeitsdokumente und Informationen/Nachrichten mit einer elektronischen Umlaufmappe zu den beteiligten Arbeitsplätzen transportiert. Die in den Vorgang einbezogenen Mitarbeiter erhalten per E-Mail-System ihre Aufgaben. Ist ein Prozeßschritt ausgeführt, sorgt das PDM-System dafür, daß die Umlaufmappe dem Prozeßmodell entsprechend an den nächsten Arbeitsplatz gelangt. Außerdem wird sichergestellt, daß nur autorisierte Personen Zugriff auf die im Workflow befindlichen Dokumente haben.

Der Workflow (Prozeß) ist ein Administrationsobjekt. Er ist je nach Komplexitätsgrad des Geschäftsprozesses, den er repräsentiert, mehr oder weniger stark strukturiert. Die Strukturelemente sind die Prozeßschritte bzw. -aktivitäten. Sie stehen für die Funktionen, die auf den Inhalt der elektronischen Umlaufmappe ausgeführt werden sollen. Als Funktionstypen stehen mindestens der Arbeitsauftrag, die Benachrichtigung, die Prüfung, die Bedingung und der Systemauftrag zur Verfügung (siehe auch Kap. 3.1.2). Der Arbeitsauftrag macht neben der sequentiellen Bearbeitung einer Dokumentenstruktur auch den parallelen Zugriff darauf möglich. Dies ist notwendig, um simultane Produktentwicklung, d.h. die Parallelisierung von Teilaufgaben steuern zu können. Für die Aktivitäten Arbeitsauftrag, Prüfung und Benachrichtigung müssen Akteure respektive Empfänger definiert werden. Die Funktionen Bedingung und Systemauftrag benötigen einen Logikausdruck bzw. einen Methodenaufruf (Message). Als Akteure und Empfänger sind sowohl einzelne PDM-User als auch bestimmte Gruppen oder Rollen zulässig (Bild 3-100).

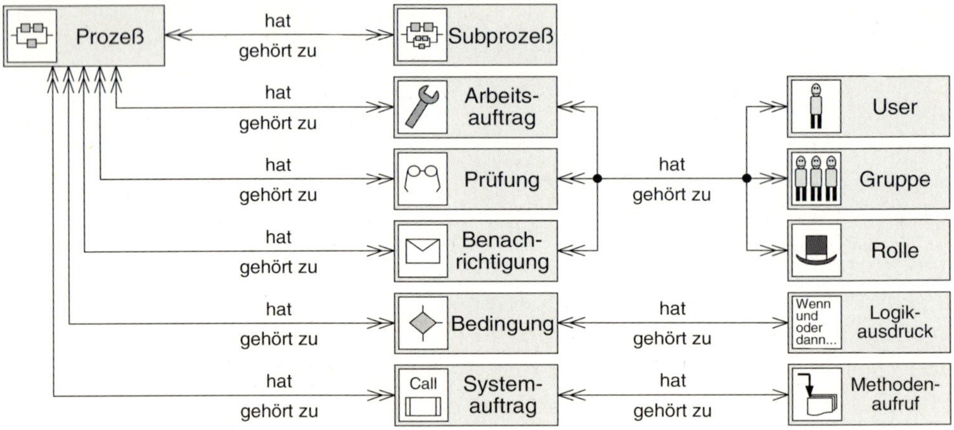

Bild 3-100 Objekte eines Workflow-Modells

Vor dem rechnergestützten Workflow-Management steht zunächst die Prozeßmodellierung. Dafür sollte ein graphischer Editor zur Verfügung stehen, mit dem die Prozeßschritte definiert und in der gewünschten Weise verkettet werden. Die Verkettung der Prozeßschritte legt die Prozeßstruktur fest. Jeder Prozeßschritt hat einen Eingang und mindestens zwei Ausgänge. Einer oder mehrere Ausgänge werden benutzt bei Abschluß einer erfolgreichen Aktion, einer im Falle des Scheiterns. Ist die Prozeßstruktur festgelegt, lassen sich mit den Prozeßschritten Funktionsobjekte verbinden, die die Aktivitäten im Workflow steuern. Eine Möglichkeit, die Prozeßmodellierung zu beschleunigen, ist die Nutzung einer Bibliothek mit Funktionsobjekten. Solch standardisierte Aktionen lassen sich mit beliebigen Workflow-Objekten verknüpfen und dadurch wiederverwenden.

Die Funktionsobjekte Auftrag und Prüfung benötigen aktive PDM-Anwender, die definierte Aufgaben ausführen. Das Funktionsobjekt Benachrichtigung hat dagegen nur passive PDM-Nutzer, die Informationen über Arbeitsergebnisse des Prozesses zur Kenntnis nehmen sollen. Den Funktionen Auftrag und Prüfung können als aktive Akteure Benutzer, Gruppen oder Rollen zugewiesen werden. Ein Funktionsobjekt darf eine Beziehung zu n Akteuren haben, ein Akteur zu m Funktionen gehören. Vom Funktionsobjekt Auftrag gibt es mehrere Varianten. Ein Auftrag kann für einen einzelnen Arbeitsschritt, eine sequentielle Arbeitsfolge oder eine Parallelbearbeitung stehen. Das Funktionsobjekt informiert den Akteur oder die Akteure darüber, daß ein Arbeitsauftrag für ihn oder sie vorliegt, überwacht den für den Arbeitsauftrag festgelegten Termin, nimmt einen Statuswechsel in den bearbeiteten Dokumenten vor und verlagert diese bei Bedarf in einen anderen Vault und/oder eine andere Vault-Location.

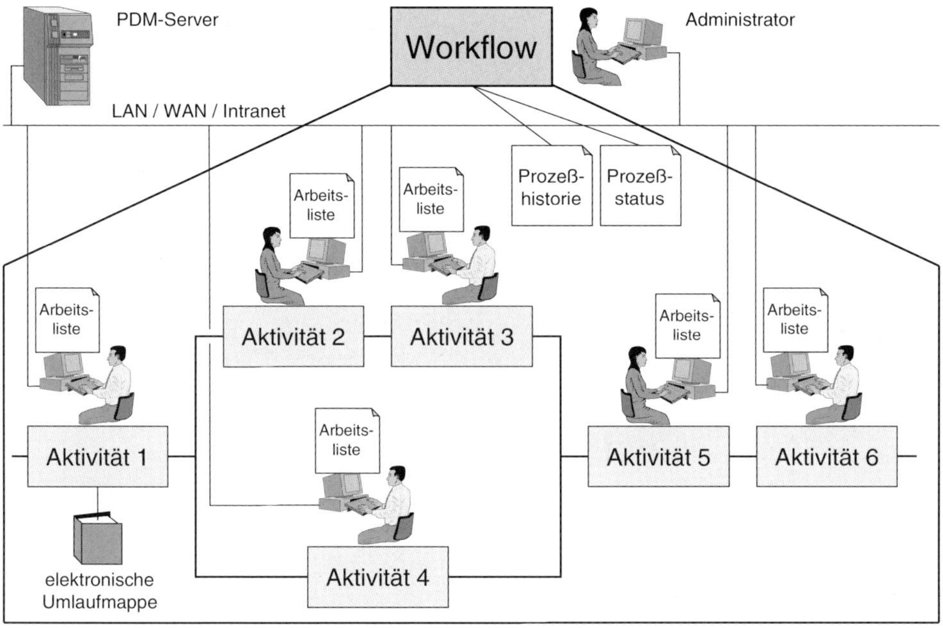

Bild 3-101 Teamorientiertes Prozeßmanagement unter Nutzung der IT-Infrastruktur

Das Workflow-Management verbindet Mitarbeiter verschiedener Abteilungen zu einem aufgabenorientierten Team (Bild 3-101). Jeder erfüllt eine entsprechend seiner Fachdisziplin festgelegte Rolle. Wie fein diese Rollen gegliedert werden, hängt vom unternehmensspezifischen Vorgehen ab. Manche Firmen kommen mit den Rollen Projektleiter, Prüfer und Bearbeiter aus, andere teilen die Sachbearbeiter etwa in Entwickler, Konstrukteur, Berechner und Arbeitsplaner ein. Gemäß der Prozeßstruktur sieht die Zuordnung der Anwender zu den Aktivitäten der einzelnen Prozeßschritte aus. Bevor der Workflow aktiviert, d.h. genutzt wird, erfolgt die Zuweisung der elektronischen Umlaufmappe an den ersten Prozeßschritt. Die Umlaufmappe kann aus nur einem einzigen Dokument (z.B. Zeichnung) bestehen oder eine umfangreiche Dokumentenstruktur umfassen. Alle PDM-Nutzer, die mit diesem Prozeßschritt in Beziehung stehen, bekommen vom Workflow-Management über das Rechnernetzwerk ihre persönliche Arbeitsliste. Darin enthalten sind alle Aktionen, die auf bestimmte Dokumente der elektronischen Umlaufmappe auszuführen sind. Natürlich kann es auch sein, daß ein neues Dokument angelegt werden muß.

Um ein Dokument bearbeiten zu können, muß es der PDM-User zuerst anfordern. Dies hat zur Folge, daß es vom Prozeßmanagement ausgecheckt wird. Im Falle eines Funktionsobjekts Auftrag mit sequentieller Bearbeitung ist ab diesem Zeitpunkt für andere Anwender nur noch ein lesender Zugriff auf das Dokument möglich. Nach Abschluß der Bearbeitung checkt das PDM-System das Dokument wieder ein und erhöht den Bearbeitungsstand. Sind weitere Aktivitäten in diesem Prozeßschritt vorgesehen, die von anderen Anwendern ausgeführt werden sollen, kann nun der nächste Mitarbeiter das Arbeitsdokument in der gleichen Weise wie sein Vorgänger anfordern. Wenn in einem Prozeßschritt alle Aktionen abgeschlossen sind und ein definierter Zustand (Meilenstein) erreicht ist, führt das Workflow-Management einen festgelegten Statuswechsel durch. Beispielsweise erreicht ein Bauteil nach erfolgter Zeichnungsprüfung den Status *freigegeben als Neuanlage*. Das PDM-System trägt den Freigabestatus in den Metadatensatz der Zeichnung ein und transferiert diese in die dafür vorgesehene Work-Location. Steht ein weiterer Prozeßschritt bevor, verschickt das Workflow-Management die dazugehörige Arbeitsliste an den oder die betroffenen Nutzer. Eine Prozeßstatusliste gibt jederzeit Auskunft über die Situation im Workflow. Sie liefert etwa Informationen darüber, welche Prozeßschritte bereits durchlaufen sind, welchen Stand die Umlaufmappe hat, wo sie sich im Augenblick befindet und wer gerade welches Arbeitsdokument im Zugriff hat. Das Workflow-Management des PDM-Systems zeichnet darüber hinaus alle Änderungen, die an den Arbeitsdokumenten vorgenommen wurden, in einem Objekt Prozeßhistorie auf. Diese läßt sich bei Bedarf als Report abrufen.

3.5.1.6.1 Prüf- und Freigabewesen

Das Prüf- und Freigabewesen ist ein wichtiger Bestandteil des betrieblichen Qualitätsmanagements. Es stellt sicher, daß nur fachlich einwandfreie Produktdokumente verwendet werden, da ohne Prüfung und Freigabe keine Genehmigung zu deren Nutzung vorliegt. Der Freigabeprozeß ist von betrieblichen Anforderungen und Abläufen (gewachsene Strukturen) abhängig und kann mehrere Stufen umfassen. Grundsätzlich sind im Rahmen der Qualitätssicherung alle Dokumente, die im Zuge der Produktentstehung angelegt oder geändert werden, einem Freigabeprozeß zu unterziehen. Eine besondere Bedeutung entfällt hierbei auf die Prüfung und Freigabe von Zeichnungen. Sie ist der wichtigste produktbeschreibende Informationsträger. Ihre Stände begleitet ein Produkt bzw. dessen Komponenten über deren gesamte Lebensdauer. Zur Charakterisierung eines Zustands benutzt man mehrere Attribute, die von Unternehmen zu Unternehmen unterschiedliche Namen und Inhalte haben können. Der Autor benutzt hier stellvertretend die Begriffe Freigabephase, Freigabestatus und Gebrauchsphase. Im PDM-System sind diese Kennzeichner Attribute in den Objekten Zeichnungs- und/oder Teilestammsatz.

Die Freigabephase kennzeichnet die Prozeßstände. Es gibt die Phasen *in Arbeit*, *in Prüfung* und *freigegeben*. Nach einer Freigabe ist zunächst ein erster Freigabestatus erreicht. Dabei kann es sich um eine *Konstruktions-*, *Normungs-* oder *Fertigungsfreigabe* handeln. Damit verbunden sein können Stati wie *Muster-*, *Nullserien-* oder *Serienfreigabe*. Abhängig vom Freigabestatus durchlaufen Bauteile im Laufe ihres Lebenszyklus (Life Cycle) diverse Gebrauchsphasen. Eine Erzeugniskomponente kann sich etwa in den Phasen *aktiv*, *inaktiv*, *gesperrt* oder *ungültig* befinden. Das Workflow-Management des PDM-Systems hat die Aufgabe, die Zeichnungen in Abhängigkeit der Aktivitäten des Produktentstehungsprozesses an definierte Ablageorte mit Zugriffsschutz zu verlagern und mit korrespondierenden Status- und Phasenbezeichnern zu versehen.

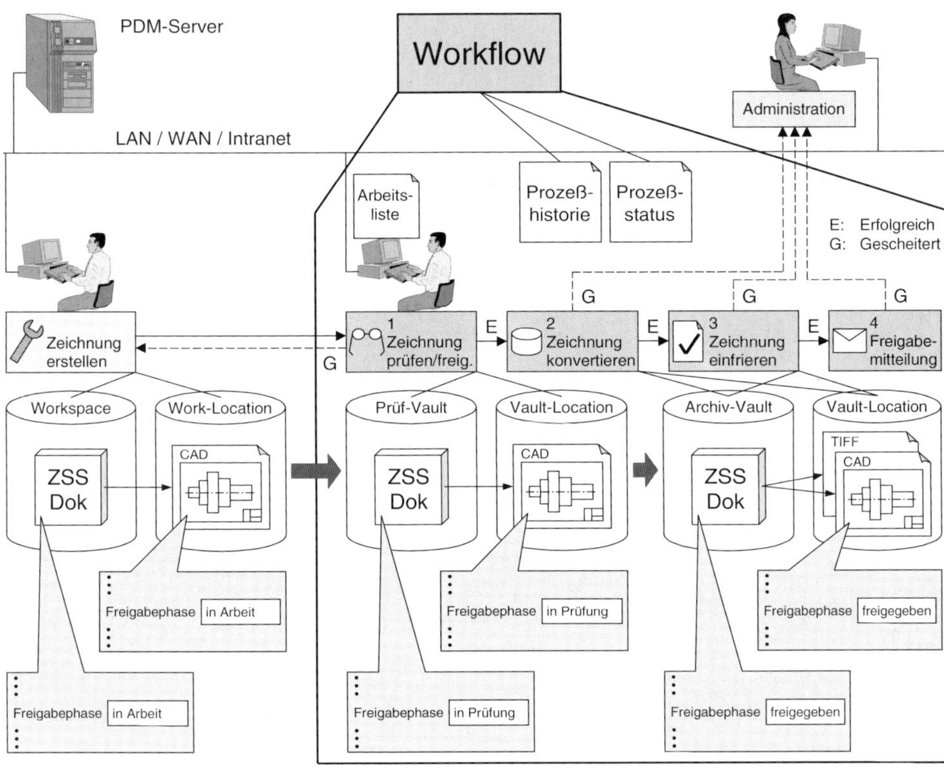

Bild 3-102 Zusammenhänge bei der PDM-gestützten Zeichnungsfreigabe

Die Zeichnungserstellung kann innerhalb eines PDM-gestützten Freigabeprozesses erfolgen oder auch außerhalb als separate Aktivität ablaufen. In Bild 3-102 findet das Bearbeiten der Zeichnung nicht im Workflow statt. Der Konstrukteur arbeitet nicht in einem Projekt-Vault, sondern in seiner persönlichen Arbeitsumgebung. Der Zeichnungsstammsatz befindet sich in seinem Workspace, und die Zeichnung selbst liegt in seiner Work-Location. Er ist somit zugleich der aktuelle Besitzer der Zeichnung. Der Konstrukteur muß entweder als User berechtigt sein, den Workflow *Freigabeprozeß* zu starten, oder zu einer Gruppe gehören, der das gestattet ist, oder eine Rolle innehaben, die dazu autorisiert. Zunächst wird der Zeichnungsstammsatz selektiert und dem Freigabeprozeß zugewiesen. Dadurch befindet sich die Zeichnung als Datenobjekt mit einer Relation zum ZSS-Objekt ebenso im Workflow. Der Konstrukteur kann bei dieser Aktion eine Information/Nachricht für den Prüfer mitgeben. Dem ersten Prozeßschritt ist die Funktion *Prüfauftrag* zugeordnet. Die Arbeitsumgebung des Prüfers bilden der Prüf-Vault und die zugehörige Vault-Location. Der Workflow besitzt somit alle Informationen, um ZSS und Zeichnung von der Arbeitsumgebung des Konstrukteurs in die des Prüfers zu verlagern. Das Workflow-Management des PDM-Systems trägt im ZSS- und Zeichnungsobjekt für das Attribut Freigabephase den Inhalt *in Prüfung* ein. Über seine Arbeitsliste erhält der Prüfer Details zu seinem Prüfauftrag. Er besitzt lediglich das Leserecht für die zu prüfenden Objekte, kann daher in der Zeichnung direkt keine Änderungen vornehmen. Um dennoch etwaige Fehler in der Zeichnung markieren zu können, benötigt er einen Viewer mit Redlinig-Funktion.

Für den Fall, daß die Zeichnung korrekt ist, gibt der Prüfer sie frei. Er beendet seinen Prüfauftrag und veranlaßt das Workflow-Management, die geprüften Arbeitsobjekte in den Archiv-Vault und eine seiner Vault-Locations zu verschieben. Das Objektattribut Freigabephase von ZSS und Zeichnung erhält dabei die Zuweisung *freigegeben*. Im zweiten Prozeßschritt startet das PDM-System eine Message, die aus der CAD-Zeichnung eine TIFF-Datei ableitet, diese als Datenobjekt registriert und per Relation an das ZSS-Objekt heftet. Sollte diese Aktion scheitern, erhält der Administrator eine Fehlermeldung. Andernfalls setzt das Prozeßmanagement die Funktion des Prozeßschritts Nummer drei in Gang. Damit wird eine Message gerufen, die die Objekte Zeichnungsstammsatz und Zeichnung samt TIFF-File im Archiv mit dem Kennzeichen (Flag) *eingefroren* versieht. Hierdurch sind diese Objekte bis zu einer erneuten Revisionierung vor jeglicher Änderung geschützt. Auch bei dieser Funktion gibt es einen Fehlerausgang zur Administration. Im vierten und letzten Prozeßschritt des obigen Beispiels arbeitet ein Funktionsobjekt Benachrichtigung. Dies ist im Grunde eine Verteilerliste mit beliebig vielen PDM-Anwendern, die so über ein bestimmtes Ereignis informiert werden können. In diesem Fall erhalten sie etwa per Mail-Funktion die Nachricht über die freigegebene Zeichnung. Sollte die Benachrichtigung aus irgendwelchen Gründen scheitern, greift auch bei dieser systemgetriebenen Aktion der Fehlerausgang zum Administrator oder Projektleiter. Mit dem Ende des letzten Prozeßschritts ist die Vorgangskette Zeichnungsfreigabe abgeschlossen und das Workflow-Objekt wieder inaktiv.

Ist die Zeichnung fehlerhaft, muß der Prüfer sie zur Berichtigung an den Konstrukteur zurückschicken. Da das PDM-System weiß, wer den Workflow *Freigabeprozeß* mit welchen Arbeitsobjekten aktiviert hat, kann das Funktionsobjekt *Prüfauftrag* den ZSS und die Zeichnung wieder in die Arbeitsumgebung des verantwortlichen Konstrukteurs transferieren und das Attribut Freigabephase jeweils auf den Inhalt *in Arbeit* zurücksetzen. Sollen die Arbeitsobjekte ZSS und Zeichnung nach erfolgter Korrektur erneut zur Prüfung, muß der Konstrukteur den Workflow ein zweites Mal starten, da seine Aktivität nicht im Rahmen des Prozeßmanagements stattfindet. Mit dem Scheitern der Freigabe ist der erste Aufruf des Workflows beendet worden.

Mit einem guten PDM-Modul Workflow-Management läßt sich jeder Freigabeprozeß realisieren. Ob einstufig oder mehrstufig, ob als eigenständiger Prozeß oder als Teil eines projektbezogenen Workflows für Produktentwicklung, Auftragsabwicklung oder Änderungskonstruktion, die Einhaltung der notwendigen betrieblichen Abläufe zur Qualitätssicherung ist immer gewährleistet. Bei all den technischen Möglichkeiten, die ein professionelles PDM-System heute bieten kann, sollte der Prüf- und Freigabeablauf trotzdem so einfach wie möglich gestaltet sein, denn auch PDM-gestützte Prozesse benötigen Zeit, wenn auch weit weniger als papierbasierte Vorgänge.

3.5.1.6.2 Änderungswesen

Die Produktänderung ist in einem Fertigungsunternehmen ein nahezu alltäglicher Vorgang. Eine technische Lösung ist nie so gut, daß sie nicht noch verbessert werden könnte. Es gibt viele Ursachen für technische Änderungen. So ist es im Rahmen der Produkthaftung zwingend notwendig, umgehend auf die Novellierung gesetzlicher Bestimmungen zu reagieren. Auch auf die Anzeichen von sich ändernden Kundenanforderungen ist schnellstmöglich eine Antwort zu finden. Mit wertanalytischen Vereinfachungen lassen sich die Produktionskosten senken oder die Ausschußrate reduzieren. Besonders wichtig für den wirtschaftlichen Erfolg eines Unternehmens sind regelmäßige Produktänderungen mit innovativem Charakter. Sie sind ein unentbehrliches Alleinstellungsmerkmal im Markt gegenüber den nationalen und internationalen Mitbewerbern. Oder es geht einfach darum, technische Unterlagen, die Fehler enthalten oder nicht bzw. nicht mehr normgerecht sind, zu korrigieren.

Unter einer Änderung werden nur die Modifkationen verstanden, die ausgeführt werden, wenn eine Baukomponente oder ein Dokument bereits einen Freigabestatus erreicht hat. Der Vorgang der Produktänderung ist ein sich ständig wiederholender Geschäftsprozeß, dessen organisatorischer Ablauf viele Bereiche in einem Unternehmen tangiert. Die Modifikation eines Bauteils betrifft neben der Produktkonstruktion eventuell auch die Betriebsmittelkonstruktion, die Arbeitsplanung, die Fertigung, die Kalkulation, die Beschaffung, den Vertrieb sowie den Service. Aus diesem Grunde ist es unerläßlich, das Änderungswesen auf die Grundlage eines firmenspezifischen Regelwerks zu stellen, das mit Hilfe einer PDM-Lösung in einem automatisierten Prozeß abgebildet werden kann. Bei Bedarf läßt sich dieser zu jeder Zeit mit gleicher Qualität reproduzieren. Denn Änderungen müssen stets auf der Basis des betrieblichen Qualitätsmanagements ablaufen, um die Vorgaben für die Qualitätssicherung nach ISO 9001 zu erfüllen. Ein PDM-gestützter Workflow für das Änderungsmanagement sollte ein Regelwerk, das die Elemente

- Änderungsvorschlag,
- Änderungs-Review,
- Änderungsantrag,
- Änderungsgenehmigung,
- Änderungsauftrag,
- Änderungsanweisung,
- Änderungsausführung,
- Änderungsfreigabe,
- Änderungs-/Freigabemitteilung

umfaßt, unterstützen.

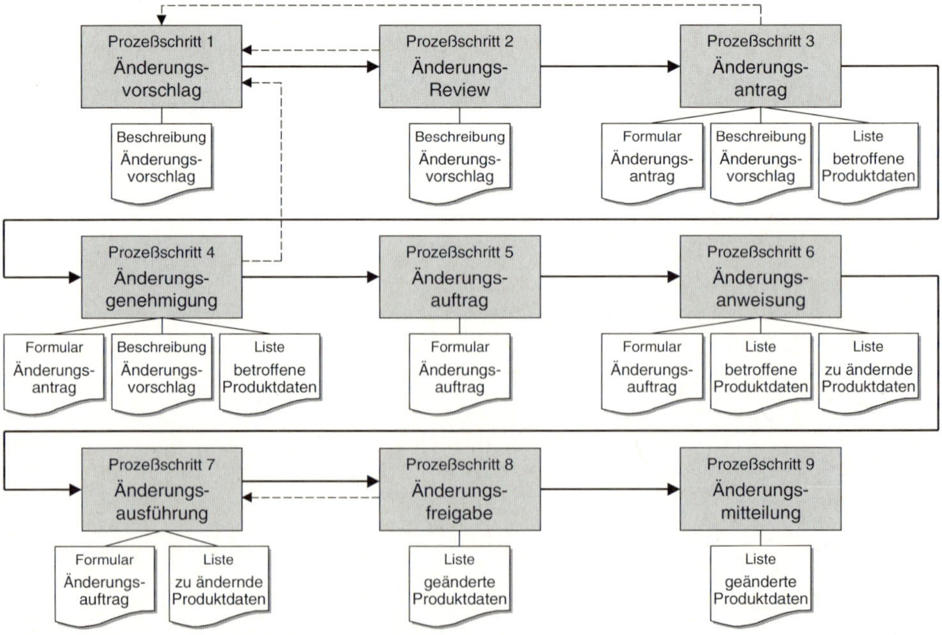

Bild 3-103 Standardisierter Workflow für das Änderungsmanagement

Ein beispielhafter Workflow für die Produktdatenänderung ist in Bild 3-103 dargestellt. Der erste Schritt ist gewöhnlich die Definition eines Änderungsvorschlags. Initiator kann ein Mitarbeiter, eine Gruppe oder eine Abteilung sein. Hier beginnt bereits die Nutzung des PDM-Systems. Für den Vorschlag zur Produktdatenänderung wird ein Beschreibungsdokument erstellt, das die vorgesehenen Änderungen spezifiziert und den oder die Änderungsgründe benennt. Mit diesem Dokument und einer Verteilerliste startet der Initiator den Prozeß Produktänderung. Der Workflow verschickt den Änderungsvorschlag an die PDM-Nutzer auf der Verteilerliste. Diese stellen eine Art Gremium dar, das auf dem *kleinen Dienstweg* den Änderungsvorschlag mit Hilfe eines Reviews fachlich bewerten soll. Die Zusammensetzung der Runde obliegt dem Initiator. Das Ergebnis ist eine Empfehlung, es kann unterstützend, korrigierend oder ablehnend sein, ist für den Urheber des Vorschlags jedoch nicht bindend. Bei einer positiven Bewertung wird der Initiator einen offiziellen Änderungsantrag (ECR, Engineering Change Request) stellen. Hierfür füllt er mit dem PDM-System ein elektronisches Formular aus und legt eine Liste mit den Produktdaten (Geschäfts- und Datenobjekte) an, die sein Änderungsantrag umfaßt. Das Antragsformular und die Produktdatenliste schickt er zusammen mit der Beschreibung seines Änderungsvorschlags per Workflow an die Instanz zur Änderungsgenehmigung. Diese Stelle prüft den Änderungsantrag formal und leitet die Unterlagen an die definierten Fachabteilungen zur Prüfung und ggf. Genehmigung weiter. Der ECR ist ein PDM-Subprozeß des Änderungsmanagements.

Falls eine oder mehrere Fachabteilungen die beantragten Produktänderungen ablehnen, schickt die Genehmigungsstelle den Änderungsantrag zusammen mit dem Ablehnungsbescheid zurück an den Initiator. Der Workflow ist damit beendet. Befinden die Fachabteilungen die vorgelegten Änderungen jedoch für gut, stimmt die Genehmigungsstelle in aller Regel ebenfalls zu. Damit wird im nächsten Prozeßschritt mit einem PDM-Formularobjekt (siehe auch Bild 3-29) regulär der Änderungsauftrag (ECO, Engineering Change Order) angelegt. Mit dem ECO-Prozeß beginnt im Grunde ein eigenständiger Workflow. Die wichtigste Aufgabe zu Beginn ist das Zusammenstellen der Änderungsanweisungen. In diesem Prozeßschritt ist eine Auswirkungsanalyse durchzuführen. Ausgehend von den beauftragten Produktdatenänderungen muß untersucht werden, welchen Einfluß diese Modifikationen eventuell auf andere Produktinformationen haben. Da alle zu ändernden Produktdaten im PDM-System durch Geschäfts- und Datenobjekte repräsentiert sind, lassen sich Abhängigkeiten mittels Objektrelationen schnell und zuverlässig finden. Die Produktstruktur zeigt in optischer Form, in welchen Baugruppen beispielsweise ein Teil eingebaut ist, und die damit verknüpften CAD-Dokumente geben Aufschluß darüber, ob sich etwa ein geänderter Lochabstand am Bauteil auf seine Montierbarkeit auswirkt. Darüber hinaus ist zu ermitteln, inwieweit aufgrund einer geänderten Bauteilgeometrie

Produktdaten wie Berechnungsprotokoll, Simulationsmodell, Arbeitsplan oder NC-Programm, die davon abgeleitet wurden, obsolet sind. Mit den gewonnenen Informationen wird eine Liste mit exakten Änderungsanweisungen erstellt. Die Schlüsselattribute Identifikationsnummer, Änderungsindex, Bearbeitungsstand und eventuell Benennung der zu ändernden PDM-Objekte übernimmt das System in das elektronische Formular Änderungsauftrag. Bevor der Workflow den Prozeßschritt Änderungsausführung anstoßen kann, müssen die Arbeitslisten für die Realisierer angelegt und die zu ändernden Produktdaten ausgecheckt bzw. revisioniert werden. Dadurch sind die betreffenden Geschäfts- und Datenobjekte vor paralleler Änderung geschützt. Der Änderungsauftrag, die Änderungsanweisungsliste und die zu ändernden Produktdaten kommen in einen elektronischen Ordner, den der Workflow für den Prozeßschritt Änderungsausführung in einen speziellen Ablagebereich (Vault und Vault-Location) transferiert. Mit dieser Aktion ist der Änderungsauftrag zur Durchführung freigegeben.

Die Spezialisten aus den Fachabteilungen erhalten per Mail-System ihre Arbeitsaufträge. Sie sind damit in der Lage, jeweils auf die Arbeitsobjekte, die sie modifizieren sollen, zuzugreifen und die Anpassungen vorzunehmen. Dieser Prozeßschritt des Änderungs-Workflows läßt sich bei Bedarf auch als weiterer Subprozeß aufbauen. Das PDM-System sollte einem Unternehmen generell alle Möglichkeiten der Prozeßgestaltung offenhalten. Mit Abschluß der Änderungsarbeiten beginnt das Szenario des Prüf- und Freigabeablaufs. Da es sich hier um Modifikationen von bereits freigegebenen Produktinformationen handelt, ist sowohl eine Konstruktions- als auch eine Fertigungsfreigabe erforderlich. Am Ende der mehrstufigen Produktprüfung checkt das Workflow-Management die geänderten Arbeitsobjekte mit neuem Änderungsindex wieder in das Archiv ein, setzt das Kennzeichen *eingefroren* als Manipulationsschutz und distribuiert die Änderungs- bzw. Freigabemitteilung.

Der Informations- und Kommunikationsfluß beim PDM-gestützten Änderungsmanagement benötigt keine Hauspost mit Formblättern und Blaupausen. Elektronische Standardformulare und Kopien von Produktdokumenten der PDM-Datenbasis können direkt an die involvierten PDM-Nutzer verteilt werden. ECR- und ECO-Prozesse lassen sich mit dem Workflow-Management wirtschaftlich gestalten und effizient anwenden. Papierflut und lange Liegezeiten sind vermeidbar. Der gesamte Änderungsprozeß mit all seinen Konsequenzen wird lückenlos dokumentiert. Besonders hilfreich ist die Transparenz bei den Auswirkungen von Änderungen auf andere Produktdaten. Auswirkungsanalysen händisch vorzunehmen, ist höchst zeitintensiv und fehleranfällig. Eine enorm große Zahl von Informations- und Datenquellen muß konsultiert und geprüft werden. Hierbei ist es sehr schwer, alle Querverbindungen sicher zu erfassen. Durch sein integriertes Produktdatenmodell ist es dagegen für eine gute PDM-Lösung ein leichtes, jederzeit eine vollständige Beziehungsstruktur über all seine produkt- und produktionsbeschreibenden sowie produktionssteuernden Daten zu liefern. Hierbei zeigt sich, daß der PDM-Ansatz ein integriertes Daten- und Prozeßmanagement leisten kann.

3.5.1.6.3 Projektabhängige Prozesse

Mit dem Begriff Workflow-Management werden überwiegend die immer wiederkehrenden Vorgänge Änderungs-, Prüf- und Freigabeprozeß assoziiert. Dies hat gute Gründe, denn die Situation in diesen Feldern ist in der betrieblichen Praxis alles andere als zufriedenstellend. Besonders das Änderungswesen ohne informationstechnische Prozeßsteuerung führt in einer Zeit, in der Kundennähe und Marktorientierung ein schnelles Reagieren auf sich verändernde Anforderungen unerläßlich machen, zu einer Beeinträchtigung der Wettbewerbsfähigkeit. Dennoch hieße es, auf halbem Wege stehenzubleiben, käme die so wichtige PDM-Komponente Workflow-Management nur für den Support der Aufgabengebiete Änderungs- und Freigabewesen zum Einsatz. Projektabhängige Abläufe wie Produktentwicklung, Auftragsabwicklung und Anpassungskonstruktion oder temporäre Aktivitäten wie zum Beispiel das projektbezogene virtuelle Unternehmen sind Anwendungsfelder, in denen das Workflow-Management zu unverzichtbaren Zeit-, Kosten- und Qualitätsvorteilen verhilft. Die informationstechnische Infrastruktur ist dafür meist vorhanden. Die Nutzungshemmnisse sind in vielen Fällen in organisatorischen Fragen zu suchen.

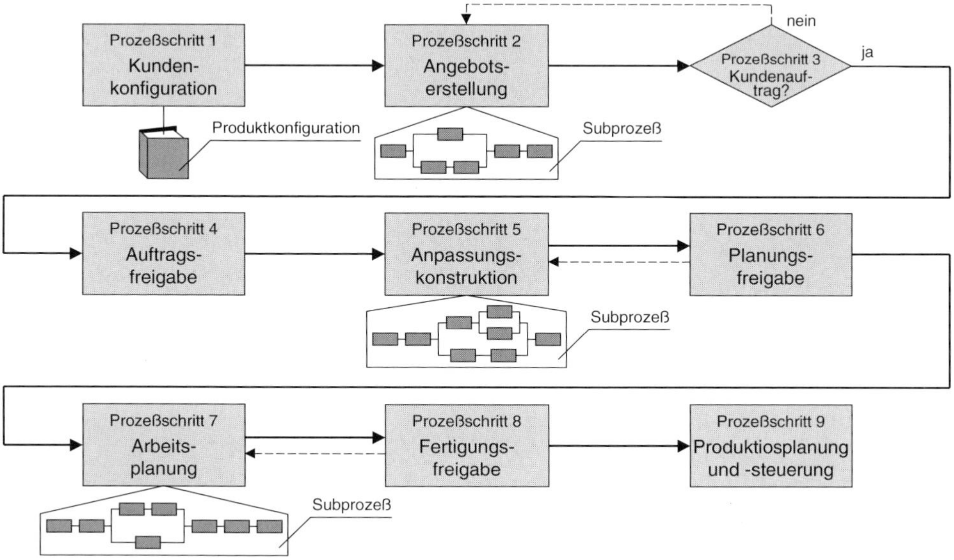

Bild 3-104 Workflow für den Geschäftsvorgang der Auftragsabwicklung

Bei einem seriennahen Auftragsfertiger wäre beispielsweise ein Workflow für den Geschäftsvorgang Auftragsabwicklung, wie ihn Bild 3-104 zeigt, mit einer PDM-Lösung realisierbar. Der Vertriebsingenieur entwickelt während des Verkaufsgesprächs mit dem Kunden dessen maßgeschneiderte Produktkonfiguration mit Hilfe eines Produktbaukastens. Dieser ist mit den PDM-Modulen Teileklassifikation, Produktstruktur- und Variantenmanagement aufgebaut worden. Ausgehend von einem standardisierten, auftragsneutralen Produkt, läßt sich für jeden Kunden ein spezifisches Erzeugnis konfigurieren. Der Vertriebsingenieur kann schon von unterwegs die generierten PDM-Produktdaten vom Notebook in seine Firma überspielen. Die Verkaufsabteilung ist mit diesen Informationen in der Lage, einen Workflow Auftragsabwicklung zu starten, dessen erster Subprozeß die Angebotserstellung ist. Dieser Vorgang basiert auf einer elektronischen Angebotsmappe, die aus einem virtuellen Ordner und standardisierten Vorlagen (Templates) für alle relevanten Dokumente zusammengestellt ist. Ein Funktionsobjekt Systemauftrag des Workflows erstellt eine Kopie des virtuellen Angebotsordners und transferiert ihn in einen speziellen Projektablagebereich. Hier werden die neutralen Vorlagen (Angebotszeichnungen, Funktionsbeschreibung, Kalkulation, Vertrags- und Lieferbedingungen etc.) zu einem kundenspezifischen Angebot modifiziert und ergänzt. Der Kunde erhält bereits nach wenigen Tagen ein umfassendes Angebot, bei Dringlichkeit sogar mittels elektronischem Datenaustausch (EDI, Electronic Data Interchange), direkt aus dem Workflow angestoßen. Der Kunde kann seinerseits auf elektronischem Wege das Angebot verneinen, um Abänderung bitten oder den Auftrag erteilen. Im Falle eines positiven Kundenbescheids aktiviert der Prozeßschritt interne Auftragsfreigabe die Konstruktionsabteilung.

Mit den Informationen Produktkonfiguration und Liefertermin aus dem Vertrieb startet das Workflow-Management den Subprozeß Anpassungskonstruktion. Auf der Basis der Kundenkonfiguration wird eine auftragsbezogene Produktstruktur per Systemauftrag in den Projekt-Vault kopiert. Danach leiten die Konstrukteure die Auftragszeichnungen aus den CAD-Masterdokumenten ab. Bei Kundenanforderungen, die sich nicht mit den Varianten des Produktbaukastens erfüllen lassen, ist eine Anpassungskonstruktion notwendig. Das Ergebnis dieses Subprozesses ist die Stückliste in Form der Produktstruktur mit allen verknüpften Auftragszeichnungen. Der Workflow Auftragsabwicklung transportiert die von der Konstruktion zur Prüfung freigegebenen Produktdaten zur Prüfstelle für die Planungsfreigabe. Von dort gehen sie im Fehlerfall zurück zur Konstruktion oder werden bei einwandfreiem Zustand zur Arbeitsplanung weitergeleitet. Auch der Prozeßschritt Arbeitsplanung ist als eigener Subprozeß implementiert. Die Mitarbeiter erhalten ihre Arbeitslisten und generieren im wesentlichen Arbeitspläne und NC-Programme aus den Masterdokumenten der Kundenkonfiguration. Sobald die Fertigungsplaner ihre um die Planungsunterlagen komplettierte Produktstruktur zur Prüfung freigeben, werden die nun vollständigen Produktdaten vom Workflow-Management an die Prüfstelle zur Fertigungsfreigabe verschoben. Gibt es Beanstandungen, gehen die Produktunterlagen zurück an die Arbeitsplaner. Andernfalls übergibt das Prozeßmanagement die produkt- und produktionsbeschreibenden sowie produktionssteuernden PDM-Daten an die Produktionsplanung und -steuerung des ERP-Systems.

Die Art und Weise, wie Geschäftsprozesse in einem Fertigungsunternehmen ablaufen, bestimmt in entscheidendem Maße dessen Wettbewerbsfähigkeit. Hier wird wertvolle Zeit verloren oder gewonnen, wird Geld eingebüßt oder verdient, wird Qualität verfehlt oder erreicht. Struktur und Dokumentation des Geschäftsprozesses sind dessen wesentliche Erfolgsfaktoren. Bevor die PDM-Komponente Workflow-Management die Prozeßsteuerung übernimmt, ist es deshalb wichtig, die aktuell genutzten Abläufe zu analysieren und ggf. ein Business-Reengineering durchzuführen. Denn schlechte Geschäftsprozesse werden, abgebildet auf einem Workflow, nicht besser. Der Workflow macht lediglich transparent, wenn Geschäftsprozesse schlecht sind.

3.5.1.7 Projektmanagement

PDM steht für Daten- und Prozeßmanagement entlang des Produktentstehungsprozesses. Sein Workflow-Management steuert und überwacht teamorientierte Geschäftsprozesse und sichert die dabei entstehenden Produktdaten. So liegt es nahe, PDM auch für das Projektmanagement einzusetzen. Allerdings muß die Funktionalität über die reine Terminplanung und -verfolgung hinausgehen und die Punkte Aufgabenplanung, -steuerung und -überwachung einschließen. Hierfür sind einige spezielle Objektklassen im PDM-System nötig.

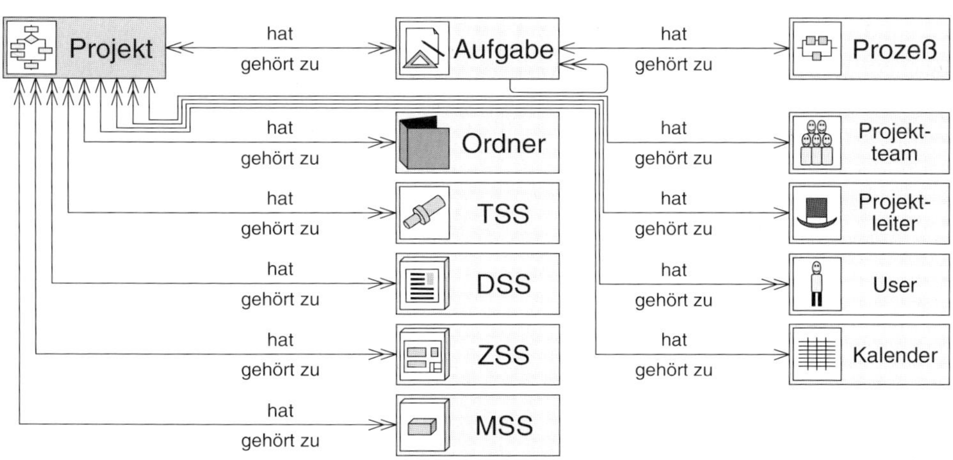

Bild 3-105 Projekt und seine wichtigsten Objektbeziehungen

Die Objektklasse Projekt ist der Einstiegspunkt zu allen Informationen, die mit einem Entwicklungsprojekt verknüpft sind (Bild 3-105). Ein Projekt ist eine temporäre Unternehmung mit dem Ziel, ein Produkt zu realisieren oder eine Dienstleistung zu erbringen. Die effiziente Durchführung eines Projekts erfordert die Teilschritte Planung, Terminierung, Überwachung und Auswertung. In der Planungsphase entsteht der Projektstrukturplan mit Instanzen der Objektklassen Aufgabe und Prozeß. Ein Vorhaben läßt sich damit in kleine Aufgabeneinheiten unterteilen. Jede Aufgabe kann so definiert werden, daß die zu ihrer Ausführung notwendigen Aktivitäten einen einfachen Teilprozeß ergeben. Ein Projekt besteht aus n Aufgaben, und eine Aufgabe kann in m Projekten vorkommen. Zwischen Aufgabe und Prozeß existiert eine 1:1-Beziehung. Jedem Aufgabenobjekt ist ein Prozeßobjekt zugeordnet. Weitere Administrationsobjekte mit einer Relation zum Projekt sind das Projektteam, der Projektleiter, der PDM-User und der Kalender. Die Verbindung zu den Geschäftsobjekten Ordner, Teile-, Dokument-, Zeichnungs- und Modellstammsatz dient einerseits der Verwaltung der Projektorganisationsdaten und andererseits dem Management der sukzessiv entstehenden Projektergebnisse, den Produktdaten.

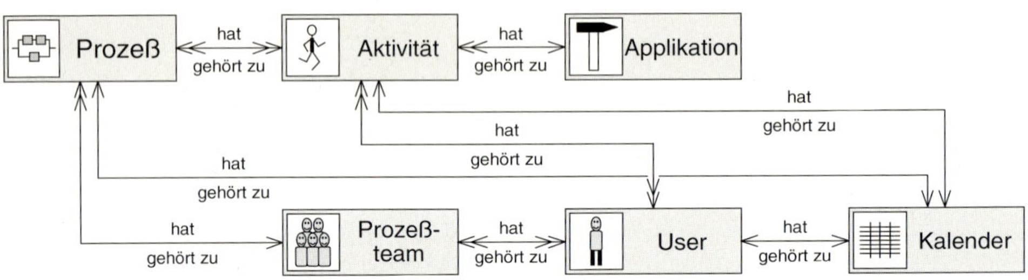

Bild 3-106 Prozeß und seine wichtigsten Objektbeziehungen

Die Objektklasse Prozeß ist bereits im PDM-Modul Workflow-Management vorhanden. Und sie spielt eine ebenso wichtige Rolle in der PDM-Komponente Projektmanagement (Bild 3-106). Die Projektaktivitäten werden mit Hilfe von Funktionsobjekten repräsentiert (siehe auch Bild 3-100). Das Objekt Aktivität im obigen Bild steht stellvertretend dafür. Zur Ausführung von Aktivitäten kommen spezielle IT-Werkzeuge zum Einsatz. Mit einer Aktivität kann eine bestimmte Applikation verbunden sein. Dies hat zum einen den Vorteil, daß sich aus dem Objekt Aktivität heraus direkt die passende Anwendung starten läßt, und gibt zum anderen dem Projektleiter die Möglichkeit festzulegen, welche Produktdaten mit welchen IT-Werkzeugen zu erstellen sind. Jedem Prozeß kann ein Prozeßteam zugeordnet werden, das sich aus einer beliebigen Anzahl von PDM-Usern mit unterschiedlichen Rollen zusammensetzt. Ein PDM-Nutzer darf in mehreren Prozeßteams arbeiten, aber auch mehreren Projektteams angehören. Den Objekten Projekt, Prozeß, Aktivität und PDM-User läßt sich ein Kalender zuweisen. Dieser wird bei den Klassen Projekt, Prozeß und Aktivität benutzt, um Arbeitstage für anstehende Projektschritte festzulegen und Zieltermine für deren Fertigstellung zu markieren. In Verbindung mit einem PDM-User dient das Kalenderobjekt dazu, die Arbeitstage eines Mitarbeiters kollisionsfrei auf diverse Aufgaben zu verteilen. Damit stellt das PDM-Projektmanagement sicher, daß die verfügbaren Kapazitäten (Human Resources) eines Unternehmens bestmöglich für die Umsetzung seiner Ziele genutzt werden.

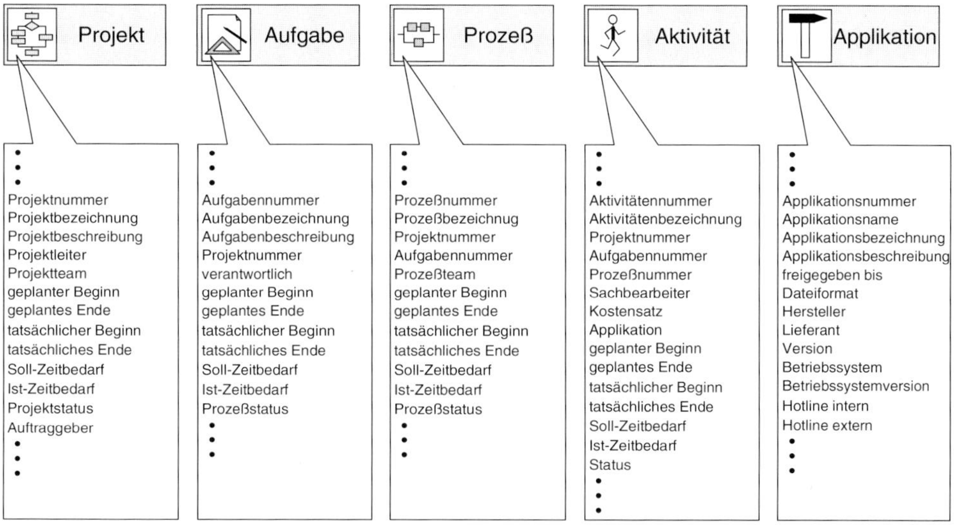

Bild 3-107 Mögliche Attribute der wichtigsten Administrationsobjekte eines Projekts

Mit den Administrationsobjekten in Bild 3-107 erlaubt das PDM-System eine interaktive Projektmodellierung. Alle geplanten und mit Hilfe von Kalenderobjekten abgesteckten Termine und Zeitaufwände werden dynamisch als Attributinhalte übernommen und angezeigt. Die tatsächlichen Start- und Endtermine sowie die Ist-Zeitaufwände kommen aus den Administrationsobjekten Aktivität und Prozeß. Diese registrieren die verbrauchte Bearbeitungszeit und schreiben sie kontinuierlich fort. Die automatische Auswertung der relevanten Objektattribute liefert folglich jederzeit einen informativen Projektstatusreport. Mit den Aktivitäten stehen jeweils Akteure mit festgelegten Rollen in Beziehung, deren Arbeitseinsatz einen bestimmten Kalkulationspreis (Stundensatz) kostet. Mit diesem Wert ist es möglich, in jeder Phase des Projekts die real aufgelaufenen Personalkosten zu ermitteln. Zusätzlich können Projektkosten auch entstandenen Produktdaten zugeordnet werden. Daraus läßt sich der Zusammenhang zwischen dem Mittelverbrauch und den Projektteilergebnissen, die Folge der Prozesse und ihrer Aktivitäten sind, dokumentieren. Und ganz nebenbei stellt die Kooperation von Projekt- und Prozeßmanagement ein hohes Maß an Produktqualität sicher. Das integrierte PDM-Projektmodell sorgt für ein sehr transparentes Monitoring. Denn Projektfortschritt, Mittelverbrauch und Kostenentwicklung permanent zu erfassen, einen Soll-Ist-Vergleich anzustellen und gegebenenfalls korrigierend eingreifen zu können, ist die Grundvoraussetzung für ein Erfolgsprojekt, das die konkurrierenden Faktoren Zeit, Kosten und Qualität in Einklang bringt.

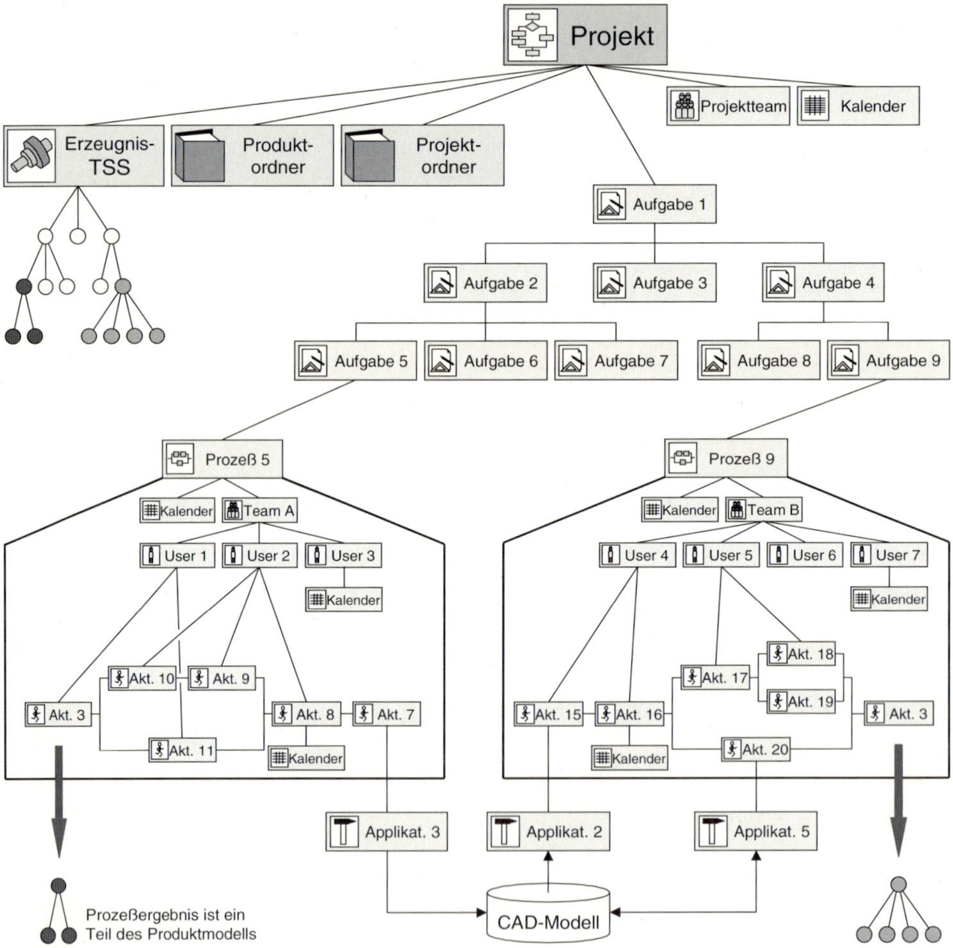

Bild 3-108 Integriertes Projekt-, Prozeß- und Datenmanagement

Projektmanagement (PM) auf der Basis dieses Datenmodells ist ein integraler Bestandteil des PDM-Systems. Dies ist möglich, weil die Module Projekt-, Prozeß- und Datenmanagement, im Gegensatz zu einer Integration von PDM und

PM per Schnittstelle, mit einem einheitlichen Objektklassenmodell arbeiten. Bild 3-108 illustriert, auf welche Weise angewandtes Projektmanagement mit einer PDM-Lösung die Projekt-, Prozeß- und Produktmodelle in Beziehung bringt. Am Administrationsobjekt Projekt hängen zunächst alle projektbeschreibenden und -steuernden Daten. Dies sind der Projekt- und Produktordner, das Projektteam sowie der Projektkalender. Mit einem oder mehreren virtuellen Ordnern läßt sich das gesamte Dokumentenmanagement eines Projekts bewältigen. Ordnerobjekte können nach Belieben strukturiert werden und sind in der Lage, alle Unterlagen wie Projektbeschreibung, Ablaufpläne, Statusreports, E-Mails, Faxe etc., die im Laufe eines Projektlebens anfallen, aufzunehmen. Der Produktordner beinhaltet in der ersten Projektphase die Produktbeschreibung (Spezifikation); sie stellt die Basis für die Projektdurchführung dar. Im Zuge der Projektarbeit kommen weitere Unterlagen zur technischen Dokumentation des Produkts wie Bedienungs- und Wartungsanleitung, die nicht auf einzelne Baukomponenten bezogen sind, hinzu. Die gesonderte Dokumentation der Teile und Baugruppen ist mit deren Stammsätzen direkt verknüpft. Im Projektteam sind alle Projektmitarbeiter einschließlich des Projektleiters zusammengefaßt, und der Projektkalender beinhaltet die kumulierten Termin- und Zeitvorgaben.

Die Aufgabenstruktur ist ebenfalls mit dem Projekt per Relation verbunden. Sie gliedert das Vorhaben in hinreichend kleine Aufgabenpakete. Die Definition der Aufgabenpakete setzt eine detaillierte Strukturplanung voraus. Das im Rahmen des Projekts zu entwickelnde Produkt diktiert hierfür die Vorgaben, da die Aufgabenstruktur des Projekts im wesentlichen die technische Gliederung des Produkts widerspiegelt. Die Bearbeitung jeder Aufgabe führt zu einem Teilergebnis der Produktentwicklung. Zur Realisierung der Arbeitsresultate ist die logische Abfolge definierter Arbeitsschritte (Aktionen/Aktivitäten) erforderlich, die in Summe einen Prozeß repräsentieren. Jeder Aufgabe im Projektstrukturplan ist somit ein eigener Workflow zugeordnet. Hier kommt die Funktionalität des PDM-Moduls Workflow-Management voll zum Tragen. Ein Prozeß verfügt über ein eigenes Team und einen eigenen Kalender. Die Teammitglieder können nach Bedarf auf die Aktivitäten verteilt werden. Die Verfügbarkeit eines PDM-Users ist seinem persönlichen Kalender zu entnehmen. Die Koordination der Aufgabenbearbeitung respektive der verschiedenen Workflows erfolgt mit Hilfe ihrer Prozeßkalender. Der Projektleiter muß dazu die Ecktermine mit einem Planungssystem fixieren.

Jede Aktivität läßt sich mit einem IT-Werkzeug koppeln. Hierbei sind unterschiedliche Formen der Anbindung denkbar. Im einfachsten Fall ist es lediglich die Information für den Nutzer, zur Herstellung bestimmter Produktdaten eine bestimmte Anwendung einzusetzen. Bei einer echten Kopplung kann das PDM-Projektmanagement direkt die vorgesehene Applikation aufrufen, sobald ein

Anwender seine Aktivität startet. Prozeßaktivitäten können Produktdaten erzeugen, modifizieren oder nutzen. Das Ergebnis eines Arbeitsschritts bzw. einer Aktivität, das in einem Prozeß entsteht, kann die Basis für einen Arbeitsschritt in einem weiteren Workflow sein. Die durch das PDM-Projektmanagement zeitlich koordinierten Vorgänge sorgen stets für einen bestmöglichen Informations- und Kommunikationsfluß. Am Ende eines Workflows fließt als Resultat eine weitere Komponente in das Produktmodell ein. Mit jeder Aufgabe, die in einem Prozeß gelöst wird, wächst der Umfang der Produktstruktur. Nach Projektabschluß liegen die vollständigen Produktdaten vor. Das Erzeugnis und all seine Baukomponenten erhalten zudem eine Relation zum Projekt. Dadurch kann bei Objektrecherchen etwa der Projektname oder die Projektnummer als Suchkriterium verwendet werden.

Mit der dargestellten Funktionalität des PDM-Projektmanagements läßt sich ein Entwicklungsvorhaben mit all seinen Daten zu einem objektorientierten Projektmodell strukturieren. Damit ist ein vernetztes Informationsgebäude verfügbar, in dem die durchgängige Überwachung und Steuerung von Projekten gewährleistet ist. Was fehlt, ist das Element Projektplanung. Für diesen Part wird ein Planungssystem benötigt, das auf der Grundlage der Netzplantechnik (NPT) die Gestaltung des idealen Projektablaufmodells unterstützt. Mit einem NPT-System lassen sich Projektaufgaben klar gliedern und ihre gegenseitigen Abhängigkeiten herstellen und aufzeigen. Um ein NPT-Tool für das PDM-Projektmanagement nutzbar zu machen, kann entweder ein NPT-Systemkern in das PDM-System eingebunden oder eine Schnittstelle für bidirektionalen Datenaustausch zwischen beiden Systemen gebaut werden. Eine PM-Applikation wie MS Project kann beispielsweise seine Planungsergebnisse mittels Interface an das PDM-System übergeben. Damit besitzt es die Informationen, ein Projektmodell weitgehend automatisiert zu generieren. Umgekehrt ist es möglich, die Daten eines aktuellen Projektstands im PDM-Projektmanagement an MS Project zu überführen und dort graphisch zu visualisieren.

Bei Projekten mit komplexen Aufgaben- und Prozeßstrukturen kann es hilfreich sein, ein professionelles IT-System zur Prozeßmodellierung (z.B. ARIS Toolset) einzusetzen. Per Schnittstelle lassen sich die modellierten Geschäftsvorgänge in das PDMS einlesen. Die einzelnen Prozeßschritte (Aktivitäten) können damit ohne Dialog angelegt oder als Standards aus einer PDM-Objektbibliothek abgerufen werden. Die Verkettung der Aktivitäten zu einem Workflow ist ebenfalls ohne manuelles Zutun mit den Schnittstellendaten realisierbar.

3.5.1.8 Konfigurationsmanagement

Gemäß des Leitfadens für das Konfigurationsmanagement (KM) der ISO 10007 ist eine Konfiguration gekennzeichnet durch die funktionellen und physischen

Merkmale eines Produkts, wie sie in seinen technischen Dokumenten beschrieben und im Produkt verwirklicht sind. Da Produkte während ihres Lebenslaufs im allgemeinen eine Reihe von Änderungen erfahren, existiert zu jedem Produkt eine mehr oder minder große Zahl an Konfigurationen. Gewöhnlich bietet ein Hersteller mehrere Produkte oder Produktfamilien an. Für die Unternehmen der Fertigungsindustrie ist es eine enorme Herausforderung, vor allem unter dem Aspekt der Produkthaftung, das Informationsmanagement für die große Zahl von Produktkonfigurationen zu bewältigen. Ohne ein leistungsfähiges PDM-System ist die Aufgabe des Konfigurationsmanagements kaum zu lösen.

Es gibt noch einen weiteren Themenkreis, der mit dem Begriff Konfigurationsmanagement assoziiert wird. Hierbei geht es im weitesten Sinne um die Handhabung der Maximalstückliste beziehungsweise der Maximalproduktstruktur. Eine auftragsneutrale Produktkonfiguration (Produktbaukasten) ist die Basis für die Konfiguration eines kundenspezifischen Produkts. Dieser Vorgang entspricht eigentlich der Projektierung einer Kundenlösung, wird aber auch als Produktkonfiguration bezeichnet. Eine neue Konfiguration entsteht in diesem Fall nicht auf Grund einer Produktänderung, sondern infolge eines Kundenwunsches. Natürlich unterliegt auch der variante Produktbaukasten kontinuierlich Änderungen, d.h., es gibt Konfigurationen von Produkten und Produktbaukästen. Für beides ist Konfigurationsmanagement dringend erforderlich.

3.5.1.8.1 Life-Cycle-Management

Der Begriff Life-Cycle-Management wird in jüngster Zeit häufig als Synonym für Konfigurationsmanagement benutzt. Life-Cycle-Management drückt sehr deutlich aus, was sich hinter dem Terminus Konfigurationsmanagement wirklich verbirgt. KM ist nicht eine spezifische Anwendungsfunktion von PDM, sondern die Anwendung aller Kernfunktionen von PDM. Die Administration der zeitlich variierenden Produktzusammensetzungen ist eine der zentralen Herausforderungen für die PDM-Technologie. Besonders bedeutsam sind hierbei die Themen Dokumenten-, Teile-, Produktstruktur- und Workflow-Management.

Das Konfigurationsmanagement entsprechend der internationalen Norm ISO 10007 umfaßt die Elemente

- Konfigurationsidentifizierung,
- Konfigurationsüberwachung,
- Konfigurationsbuchführung,
- Konfigurationsauditierung.

Die Konfigurationsidentifizierung schließt alle Maßnahmen ein, die es erlauben, eine bestimmte Produktzusammensetzung zu erkennen. Hierunter fällt der Aufbau eines virtuellen Produktmodells, das durch seine Produktgliederung und die alphanumerische und graphische Dokumentation seiner Baukomponenten ein Erzeugnis eindeutig beschreibt. Damit unterschiedliche Produktkonfigurationen, die nach der erstmaligen, formellen Freigabe durch Änderung entstanden sind, differenziert werden können, müssen alle Teile, Baugruppen und ihre Dokumente ein Charakteristikum (Änderungsindex) erhalten (Bild 3-109).

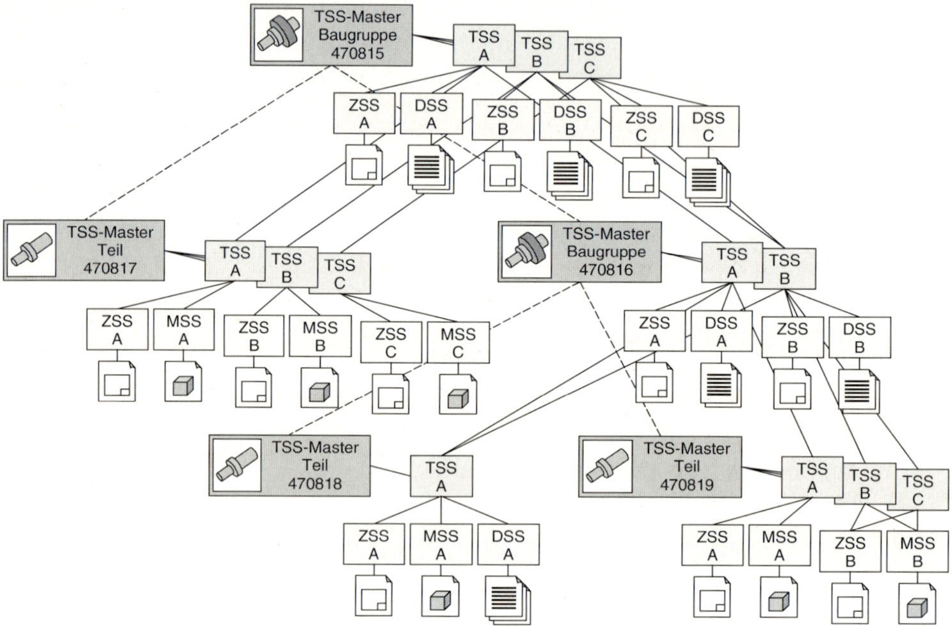

Bild 3-109 Konfigurationsidentifizierung anhand des Produktmodells

Die Konfigurationsüberwachung bezieht sich auf alle Belange des Änderungswesens. Dieses erstreckt sich von den Vorgangsschritten Änderungsantrag, Änderungsgenehmigung, Änderungsauftrag über die Änderungsausführung bis hin zur Änderungsfreigabe bzw. bis zur Einführung der Änderung. Mit einem PDM-gestützten Änderungs-, Prüf- und Freigabeprozeß (siehe auch Bild 3-103) läßt sich jede Modifikation, die zu einer neuen Produktkonfiguration führt, lückenlos dokumentieren. Dabei wird nicht nur festgehalten, warum und wie welche Produktdaten geändert worden sind, sondern ebenso der Nachweis über den administrativen Ablauf der Produktänderung geführt.

Die Konfigurationsbuchführung ist als eine Art Reportwesen für das Änderungsmanagement zu verstehen. Sie soll die Stati von laufenden Änderungsanträgen, von aktuellen Arbeiten an Änderungsaufträgen und von freigegebenen Konfigurationsunterlagen dokumentieren. Es ist die Aufgabe dieser Komponente des Konfigurationsmanagements, ab der ersten verfügbaren Produktdokumentation alle Änderungsstände eines Produkts aufzuzeichnen, die es innerhalb seines Lebenszyklus erfährt. Dies erfordert von einem PDM-System die Fähigkeit, für alle Geschäfts- und Datenobjekte, die ein Erzeugnis beschreiben, die Änderungshistorie zu protokollieren. Die Aufzeichnungen der Konfigurationsbuchführung und die versionierten Produktmodelle, die die existierenden Produktkonfigurationen repräsentieren, sind konsistente Bestandteile der PDM-Datenbasis. So lassen sich mit einem Protokoll der Konfigurationsbuchführung etwa folgende Fragen beantworten:

- Welche Version des Bauteils X wurde zum Zeitpunkt Y in das Erzeugnis Z eingebaut?
- In welche Produkte wurde das Bauteil X in der Version Y eingebaut?
- Welche Bauteile mit welchen Versionen wurden in das Produkt mit der Seriennummer X eingebaut?
- Welche Produktkonfiguration war zum Zeitpunkt X gültig?
- Welche Geschäfts- und Datenobjekte des Produkts X wurden beim Übergang von Version Y zu Version Z geändert?
- Warum wurde die Version X des Bauteils Y von Produkt Z geändert?

Der Konfigurationsaudit soll sicherstellen, daß ein Produkt die im Pflichtenheft spezifizierten Anforderungen erfüllt und durch seine Konfigurationsdokumente funktional korrekt dargestellt und beschrieben wird. Die systematische Prüfung der Produktdaten hinsichtlich der Einhaltung von Funktionsvorgaben kann durch das PDM-System wirkungsvoll unterstützt werden, wenn ein Interface zwischen PDM und den CAQ-Anwendungen verfügbar ist.

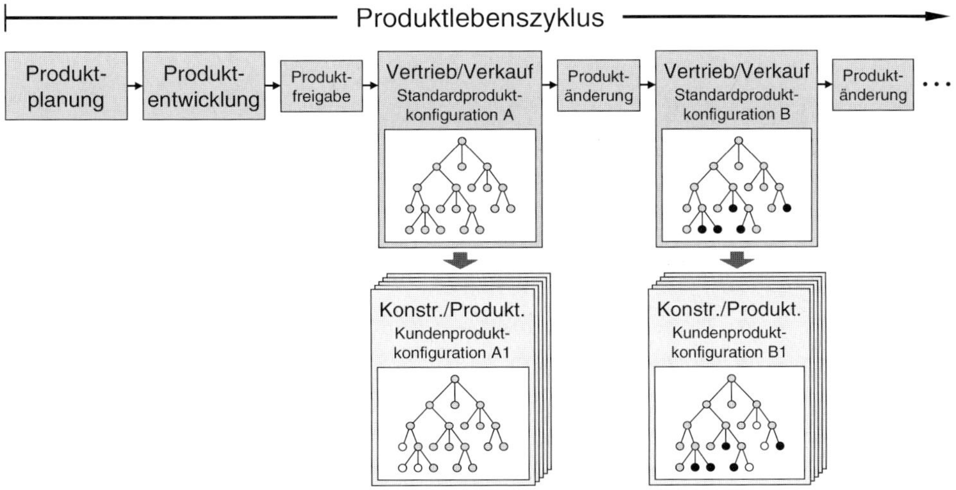

Bild 3-110 Life-Cycle-Management bei einem seriennahen Produkt

Die meisten Unternehmen der Fertigungsindustrie bieten eine Produktpalette mit mehreren Produkten oder Produktfamilien an. Zu der großen Zahl von Basiskonfigurationen kommen durch Produktpflege in regelmäßigen Abständen ständig neue Änderungskonfigurationen hinzu. Die Administration der Produktdaten über deren gesamten Lebenszyklus ist bei Serienfertigern schon eine gewaltige Aufgabe. Noch mehr verschärft sich dieses Problem bei seriennahen Auftragsfertigern (Bild 3-100). Hier gibt es zwei Konfigurationslinien. Die Basis des Geschäfts bildet die Standardproduktkonfiguration. Diese wird wie ein Serienprodukt geplant, entwickelt und zum Verkauf freigegeben. Die Konstruktion realisiert auf dieser Grundlage spezifische Kundenproduktkonfigurationen. Währenddessen laufen die Änderungsarbeiten an der Version B der Standardproduktkonfiguration. Nach deren Freigabe werden die Kundenaufträge auf der Basis dieser Produktkonfiguration abgewickelt. Dieser Vorgang wiederholt sich solange, bis die x-te Standardproduktkonfiguration eingestellt wird. Die Aufgabe des Life-Cycle-Managements ist mit diesem Zeitpunkt jedoch nicht beendet. Gewährleistung, Wartung und Ersatzteilbereitstellung erfordern bis zur Verschrottung der Erzeugnisse ein transparentes Konfigurationsmanagement. Wenn etwa eine Maschine oder Anlage beim Kunden ausfällt und eine schnelle Instandsetzung dringend geboten ist, muß der Kundendienst des Herstellers umgehend in der Lage sein, die zeitliche und/oder funktionale Gültigkeit (Effektivität) der Bauteile für diese Kundenproduktkonfiguration abzurufen. Der Wartungsmonteur muß wissen, welche Teile (Ident-Nummern) in welchen Versionen (Änderungsindizes) sich in dem defekten Erzeugnis befinden. Hat er mit seinem Notebook lesend Zugriff auf die PDM-Datenbasis in seiner Firma, stehen ihm vor Ort alle Informationen des Life-Cycle-Managements zur Verfügung, die er zur raschen Instandsetzung des Produkts braucht.

3.5.1.8.2 Produktkonfiguration

Um dem wachsenden Kostendruck zu begegnen, gehen etliche – aber noch immer viel zu wenige – Fertigungsunternehmen dazu über, auf die Nutzenpotentiale von Produktstandardisierung und Variantenkonstruktion zu setzen. Dabei geht es im ersten Schritt um die Entwicklung von Variantenteilen und im zweiten um den Aufbau einer Variantenkonfiguration (siehe auch Bild 1-19). Diese repräsentiert eine Maximalstückliste, die alternative und optionale Baukomponenten enthält. Übertragen auf die Produktstruktur heißt das, es existiert eine Basisformation mit alternativen und optionalen Ästen.

Dem PDM-System fällt bei der praktischen Nutzung der Variantenkonfiguration eine primäre Rolle zu. Es unterstützt deren Aufbau und Verwaltung ebenso wie die Konfiguration von Kundenlösungen und deren Life-Cycle-Management. Zur Realisierung einer Variantenkonfiguration muß die PDM-Komponente Produktstrukturmanagement über ein *Regelwerk* verfügen. In der objektorientierten IT-Welt sind das Regel- und Auswahlobjekte, die Bestandteil einer varianten Produktstruktur (Variantenkonfiguration) sind.

Tabellenname	Regel 1	Regel 2	...	Regel i
Bedingung 1				
Bedingung 2				
⋮ Bedingungsteil	Bedingungsanzeigeteil			
Bedingung j				
Aktion 1				
Aktion 2				
⋮ Aktionsteil	Aktionsanzeigeteil			
Aktion k				

Bild 3-111 Entscheidungstabelle als Element der Variantenkonfiguration

Eine auftragsspezifische Produktkonfiguration, die sich aus einer Variantenkonfiguration ableitet, wird durch eine Reihe von Auswahlkriterien definiert. Diese wirken auf die Regelobjekte in der varianten Produktstruktur und selektieren deren alternative Muß- und/oder Kann-Komponenten. Die Regeln können auf einfache Weise in Entscheidungstabellen formuliert werden (Bild 3-111). Diese sind in der Lage, verknüpfte *Wenn-Dann-Beziehungen* darzustellen. Die Entscheidungstabelle setzt sich aus vier Bereichen zusammen. Der Bedingungsteil faßt alle Bedingungen zusammen, die in einer Entscheidungssituation zu überprüfen sind. Die Bedingungen sind jedoch nicht vollständig formuliert. Im Bedingungsanzeigeteil können in jeder Regelspalte die erforderlichen Ergänzungen zu den Bedingungen (Bedingungsanzeiger) stehen. Der Aktionsteil beinhaltet die Aktionen, die in Abhängigkeit von den Bedingungen der Entscheidungssituation zur Ausführung kommen. Auch die Aktionen sind nicht vollständig formuliert. Der Aktionsanzeigeteil kann im Bedarfsfall in jeder Regelspalte die notwendigen Ergänzungen zu den Aktionen (Aktionsanzeiger) aufnehmen.

Wenn die variante Produktstruktur (Masterstruktur) mit allen Regel- und Auswahlobjekten inklusive den Entscheidungstabellen angelegt ist, wird ein Instrument gebraucht, das mit den verfügbaren Auswahlkriterien Menüs für einen Benutzerdialog generieren kann. Die notwendigen Informationen für die Dialogführung befinden sich bereits in den Entscheidungstabellen. Bei dieser Sachlage ist es technisch machbar, zur Laufzeit dynamische Auswahlmenüs zu erzeugen.

Damit besitzt die Variantenkonfiguration alle Informationen, die notwendig sind, um eine Produktkonfiguration aus ihr abzuleiten. Der Produktkonfigurator ist in diesem Fall kein separates Werkzeug, sondern ein intelligentes Element der Masterstruktur, das bei Bedarf auf der Basis der Entscheidungstabellentechnik dynamisch aufgebaut wird. Dadurch entsteht bei Änderungen an Regelobjekten bzw. Entscheidungstabellen kein zusätzlicher Aufwand für Anpassungsarbeiten am Produktkonfigurator.

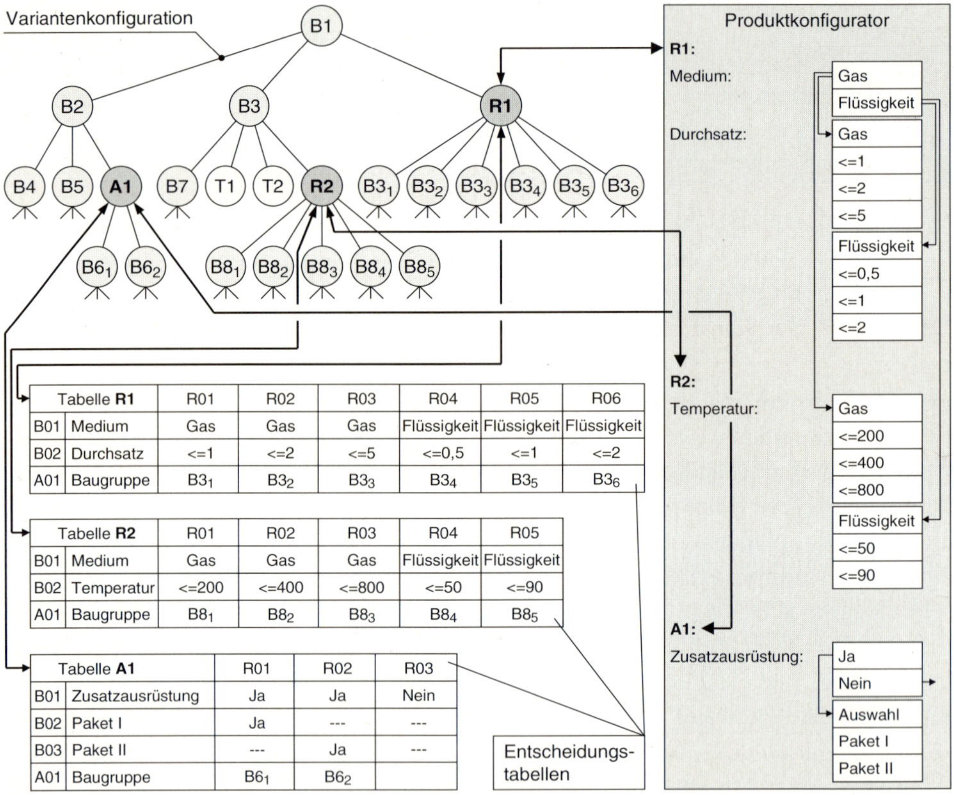

	Tabelle **R1**	R01	R02	R03	R04	R05	R06
B01	Medium	Gas	Gas	Gas	Flüssigkeit	Flüssigkeit	Flüssigkeit
B02	Durchsatz	<=1	<=2	<=5	<=0,5	<=1	<=2
A01	Baugruppe	$B3_1$	$B3_2$	$B3_3$	$B3_4$	$B3_5$	$B3_6$

	Tabelle **R2**	R01	R02	R03	R04	R05
B01	Medium	Gas	Gas	Gas	Flüssigkeit	Flüssigkeit
B02	Temperatur	<=200	<=400	<=800	<=50	<=90
A01	Baugruppe	$B8_1$	$B8_2$	$B8_3$	$B8_4$	$B8_5$

	Tabelle **A1**	R01	R02	R03
B01	Zusatzausrüstung	Ja	Ja	Nein
B02	Paket I	Ja	---	---
B03	Paket II	---	Ja	---
A01	Baugruppe	$B6_1$	$B6_2$	

Bild 3-112 PDM-gestützte Produktkonfiguration aus einer Variantenkonfiguration

Die kundenspezifische Produktkonfiguration auf der Grundlage einer auftragsneutralen Variantenkonfiguration ist ebenso wie die Gruppentechnik auf der Basis der Sachmerkmal-Leisten eine gewinnbringende Engineering-Methode für Entwicklung und Konstruktion. Eine gute PDM-Lösung sollte deshalb unbedingt ein Anwendungsmodul für Variantenmanagement bieten. Bild 3-112 zeigt einen Ansatz für Aufbau und Anwendung einer Variantenkonfiguration. Die dargestellte Maximalproduktstruktur besitzt die Regelobjekte R1 und R2 sowie das

Auswahlobjekt A1. Mittels R1 läßt sich eine Baugruppe aus sechs Alternativen auswählen. Die Auswahlkriterien und die Auswahllogik sind in der Entscheidungstabelle R1 enthalten. Wenn zum Beispiel die beiden Bedingungen B01 und B02 – Medium Gas und Durchsatz kleiner oder gleich 5 Einheiten – der Regel R03 erfüllt sind, kommt die Baugruppe $B3_3$ in die Produktstruktur. Das Auswahlkriterium des Regelobjekts R2 ist die Temperatur, auf die das Erzeugnis das durchströmende Medium maximal erhitzen können soll. Mit der Tabelle R1 wurde bereits Gas als Medium ausgewählt. Kommt für die Bedingung B02 der Wertebereich kleiner oder gleich 400 Einheiten hinzu, ist die Regel R02 erfüllt und die Baugruppe $B8_2$ eine Komponente der Produktkonfiguration. Mit dem Auswahlobjekt A1 läßt sich eine Zusatzausrüstung ordern. Verfügbar sind die Ausrüstungspakete I oder II. Sind die Bedingungen B01 und B03 der Regel R01 in der Entscheidungstabelle A1 erfüllt, ist das Paket I und damit die optionale Baugruppe $B6_1$ selektiert worden.

Die Entscheidungstabelle ist PDM-Objekt und besitzt eine Relation zu einem Regel- oder Auswahlobjekt. Die Maximalproduktstruktur und ihre Entscheidungstabellen bilden eine informationstechnische Einheit. Für den Vorgang der Produktkonfiguration überträgt das PDM-Variantenmanagement die relevanten Daten aus den Entscheidungstabellen in ein universell verwendbares Gerüst für den dynamischen Menüaufbau. Darin werden die gewünschten Werte der dargestellten Auswahlkriterien selektiert und an die Entscheidungstabellen übergeben. Diese sind damit imstande, in ihrem Aktionsteil die Auswahl der Baukomponenten vorzunehmen. Zur Visualisierung der Produktkonfiguration greift das Variantenmanagement auf die Funktionalität der Sichtensteuerung zurück (siehe auch Bild 3-99). Die Variantenkonfiguration (Maximalproduktstruktur) hat eine Beziehung zu einem View-Objekt (Bild 3-113). Darüber hinaus ist jeder aus der Maximalproduktstruktur abgeleiteten Produktkonfiguration ein eigenes View-Objekt zugeordnet, das jeweils die spezifische Produktstruktur repräsentiert.

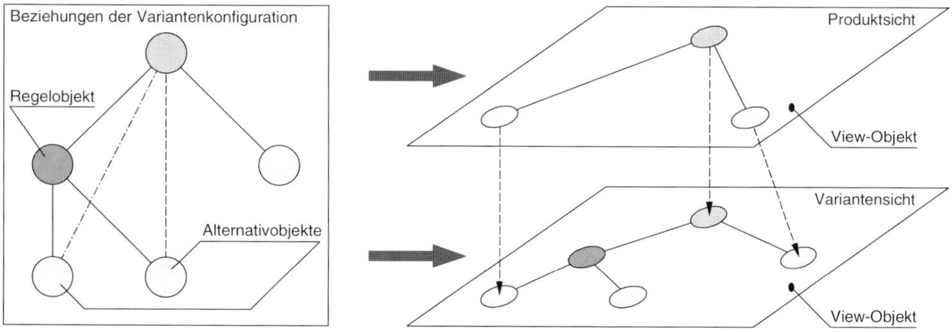

Bild 3-113 Visualisierung der konfigurierten Produktstruktur

3.5.1.9 Anwendungsintegration

Eine der zentralen Herausforderungen für das Produktdatenmanagement ist, unternehmensweit den individuellen Informationsbedarf seiner Nutzer im technischen Anwendungsbereich zu befriedigen. Diesen Anspruch zu erfüllen bedeutet, eine Art Firmenbibliothek aufzubauen und mittels PDM-System zugänglich zu machen. Voraussetzung hierfür ist, die Kluft zwischen den Informationsinseln zu überbrücken. Die Integration der CAx-Systeme mit einer PDM-Lösung ist in diesem Sinne die Grundlage für deren effiziente Anwendung. Selbst ein gutes PDM-System ist ohne gute CAx-Schnittstellen praktisch nutzlos. Dies gilt in besonderem Maße für die Anbindung des CAD-Systems. Nicht minder bedeutsam ist die Ankopplung der ERP-Lösung.

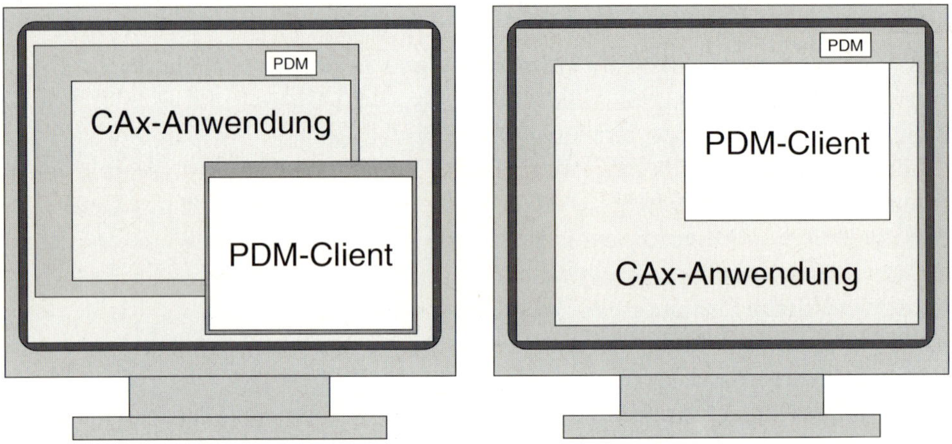

Bild 3-114 Formen der Systemintegration

Bei der Realisierung einer Anwendungsintegration gibt es eine Reihe von Möglichkeiten, was den Datenaustausch anbelangt oder die Kommunikation der Systeme betrifft. Die Informationsübermittlung kann On- oder Offline ablaufen. Im Falle einer Online-Schnittstelle sind grundsätzlich zwei Formen der Systemintegration ausführbar (Bild 3-114). Im ersten Ansatz arbeiten CAx-Anwendung und PDM-Client jeweils als eigenständiger Prozeß in einem separaten Fenster. Der Anwender muß hierbei selbst das richtige Fenster zur rechten Zeit für die Dialogführung in den Vordergrund poppen. Aus einem PDM-Client kann abwechselnd mit mehreren CAx-Anwendungen kommuniziert werden. Der Verbindungsaufbau ist von beiden Seiten möglich. Die CAx-Anwendung verfügt im allgemeinen über eine PDM-Ikone, mit der Aktionen wählbar sind, die den PDM-Client ansprechen. Zum Zeitpunkt der Kommunikation ist jeweils nur ein System dialogfähig, das andere befindet sich in Wartestellung. Bei dieser Form der Anbindung treten die beiden IT-Werkzeuge als unabhängige Systeme auf. Steht ein Release-Wechsel an, ist nur für das Interface ein Update erforderlich. Der zweite Ansatz sieht eine engere Verknüpfung zwischen PDM und CAx vor (Bild 3-114, rechte Seite). Der PDM-Client ist derart in die CAx-Anwendung integriert, daß er wie ein fester Bestandteil der Applikation erscheint. Der PDM-Client läuft nicht in einem eigenen Fenster, sondern ist über ein Oberflächenelement des CAx-Systems verfügbar. Für manchen PDM-Nutzer mag dieser Ansatz die übersichtlichere Dialogführung offerieren. Nachteilig ist bei diesem Konzept der erhöhte Aufwand für Entwicklung und Pflege der Schnittstellen. Die Einbindung des PDM-Clients in die Benutzeroberfläche muß bei jeder Anwendung vorgenommen werden. Bei einem Release-Wechsel kann das zu erheblichen Problemen und hohen Kosten führen.

Das PDM-System ist die Produkt- und Prozeßdatenbank eines Fertigungsunternehmens. Es verwaltet die Dokumente der Erzeugersysteme mit Hilfe von Metadaten. Dabei kann es vorkommen, daß Beschreibungsdaten redundant auftreten. Ein Beispiel hierfür sind die Schriftkopfdaten einer Zeichnung. Diese sind CAD-seitig im Zeichnungsdokument vorhanden und auf der PDM-Seite als Attribute im ZSS- und Zeichnungsobjekt enthalten. Eine wesentliche Aufgabe der CAD-Schnittstelle ist es dafür zu sorgen, daß die Schriftkopfdaten allzeit konsistent vorliegen. Diese Forderung gilt grundsätzlich für alle Schnittstellen zu Erzeugersystemen. Um dies zu gewährleisten, muß die PDM-Lösung im Hinblick auf die Datenaktualität stets das führende System sein.

3.5.1.9.1 CAD-Anbindung

Die Software-Insel CAD ist das wichtigste Erzeugersystem für Produktdaten im Bereich der technischen Anwendung. Mit Computer-Aided Design werden die grundlegenden Informationen für das virtuelle Produktmodell geschaffen. Für Entwicklungsingenieure und Konstrukteure ist es das am meisten genutzte IT-Werkzeug. Bei der teileorientierten CAD-Anwendung entstehen entweder 2D-Ansichten, mit denen eine Zeichnung aufgebaut, oder 3D-Modelle, aus denen eine Zeichnung abgeleitet wird. Zu den nativen CAD-Dokumenten kommen meist noch diverse Raster-, Vektor- und Sprachformate für Datenaustausch (IGES, DXF, VDA-FS etc.) oder Darstellung (TIFF, PostScript, VRML etc.) hinzu. Die Zeichnung repräsentiert eine spezifische Sicht auf ein Teil oder eine Baugruppe. Sie wird beschrieben durch geometrische, dimensionierende, technologische und organisatorische Daten. Geometrische Informationen bleiben derzeit dem PDM-System verborgen. Dimensionierende Daten wie Maße und Toleranzen kann das Modul Teileklassifikation in Form von Sachmerkmalen aufnehmen. Technologische Werte wie Werkstoff lassen sich als TSS-Attribute oder ebenfalls als Sachmerkmale einbringen. Die organisatorischen Informationen der Zeichnung sind die Schriftfelddaten, im Falle einer Baugruppe ist es zusätzlich die Stückliste. Beide werden mit dem PDM-System verwaltet. Eine PDM/CAD-Schnittstelle muß somit imstande sein, Zeichnungsinformationen der Datenkategorien Dimension, Technologie und Organisation wechselseitig auszutauschen. Dies erfordert die Einbeziehung der PDM-Komponenten

- Modell- und Zeichnungsverwaltung,
- Teilemanagement,
- Teileklassifikation,
- Produktstrukturmanagement,

in die CAD-Anbindung.

Das PDM-System verwaltet Modell- und Zeichnungsdokumente für Teile und Baugruppen mit entsprechenden Datenobjekten und ihre beschreibenden Daten der Kategorien Dimension, Technologie und Organisation mit adäquaten Geschäftsobjekten. Ein CAD-Interface sollte PDM-seitig neben der Administration der CAD-Dokumente auch Methoden der Variantenkonstruktion unterstützen. Die wichtigsten Schnittstellenfunktionen sind

- CAD-Ansicht/Modell für Teil in PDM registrieren,
- CAD-Ansicht/Modell für Baugruppe in PDM registrieren,
- CAD-Ansicht/Modell via PDM laden/sichten,
- CAD-Ansicht/Modell via PDM laden/editieren,
- CAD-Ansicht/Modell via PDM verschieben,
- CAD-Ansicht/Modell via PDM freigeben,
- CAD-Ansicht/Modell via PDM kopieren,
- CAD-Masterzeichnung in PDM registrieren,
- CAD-Masterzeichnung via PDM laden/sichten,
- CAD-Masterzeichnung via PDM laden/editieren,
- CAD-Masterzeichnung via PDM verschieben,
- CAD-Masterzeichnung via PDM freigeben,
- CAD-Zeichnung aus Masterzeichnung via PDM ableiten,
- CAD-Zeichnung in PDM registrieren,
- CAD-Zeichnung via PDM laden/sichten,
- CAD-Zeichnung via PDM laden/editieren,
- CAD-Zeichnung via PDM verschieben,
- CAD-Zeichnung via PDM freigeben,
- CAD-Zeichnung via PDM kopieren,
- PDM-Produktstruktur aus CAD-Ansicht/Modell für Baugruppe generieren,

- PDM-Produktstruktur aus CAD-Zeichnung für Baugruppe generieren,
- CAD-Ansicht/Modell für Baugruppe aus PDM-Produktstruktur generieren.

Die Implementation eines CAD-Interfaces ist sehr stark von Aufbau und Arbeitsweise der Systeme abhängig. Besonders auf der CAD-Seite gibt es einige wesentliche Einflußfaktoren: Arbeitet das System zwei- oder dreidimensional? Wie speichert es seine Modelle, Modellstrukturen sowie Zeichnungen? Verfügt es über ein eigenes Datenmanagement? PDM-seitig muß die Schnittstelle so konzipiert sein, daß damit mehrere CAD-Systeme angeschlossen werden können. Hinsichtlich der technischen Realisierung eines CAD-Interfaces ist der Remote-Prozedur-/Funktionsaufruf – sofern ihn die Systeme unterstützen – eine gute Möglichkeit zur Kommunikation und die Austauschdatei ein einfacher Weg für den Datentransfer. Als File-Format bietet sich die STEP-Dateistruktur nach ISO 10303/21 an.

Die Kernaufgabe der PDM/CAD-Schnittstelle ist es, die Arbeitsergebnisse der CAD-Anwender mit den verfügbaren Geschäfts- und Datenobjekten auf das PDM-Datenmodell abzubilden. Bei 2D-Systemen steht dabei die Zeichnung im Vordergrund, bei 3D-Applikationen das Modell. Obgleich es auch in der 2D-Anwendung möglich ist, teileorientiert zu arbeiten, so daß die 2D-Ansicht das Pendant zum Modell des 3D-Systems ist. Der erste Funktionsblock der Schnittstelle beschäftigt sich mit der Handhabung der Ansichten und Modelle von Teilen und Baugruppen. Zunächst ist notwendig, die Ansichten oder Modelle von Einzelteilen im PDM-System zu registrieren, damit dort die Relationskette TSS – MSS – Ansicht/Modell existiert. Im Falle eines SML-Wiederholteils muß außerdem der Modellstammsatz über die Beziehung zu einem Klassifikationselement verfügen und der Teilestammsatz eine Relation zur beschreibenden SML-Zeile haben (siehe auch Bild 3-80). Mit der Registrierung geht ein bidirektionaler Datenaustausch einher. Zuerst übergibt CAD Informationen an PDM. Dies sind Größen wie Volumen, Gewicht oder Trägheitsmoment, die aus dem Geometriemodell ableitbar sind; sie werden Attribute des Teilestammsatzes. Nach dem Erzeugen der PDM-Objekte erhält das CAD-System Daten wie Artikelnummer, Änderungsindex, Präsentations- und Klassifikationsschlüssel zur Attribuierung der Ansicht oder des Modells sowie den Pfad- und Dateinamen zu deren oder dessen Speicherung in einer Work- oder Vault-Location (File-Vault). Die Registrierung von Einzelteilen in der PDM-Datenbasis ist Voraussetzung, um Komponenten für die CAD-Baugruppenmodellierung mittels PDMS recherchieren und laden zu können. Die erstellte Baugruppe wird anschließend in der gleichen Weise wie das Einzelteil registriert.

Die Schnittstellenfunktion *CAD-Ansicht/Modell via PDM laden/editieren* beginnt mit der Suche eines Teils oder einer Baugruppe. Ist die Komponente gefunden, wird sie – MSS- und Ansicht-/Modellobjekt – in den Arbeitsbereich des PDM/CAD-Nutzers ausgecheckt und die Modelldatei zum Modifizieren in die

CAD-Anwendung geladen. Verfügt das CAD-System über eine eigene Datenverwaltung, muß das Interface das physische Modelldokument separat aus der CAD-Datenbasis auschecken, da das PDM-System in diesem Fall keinen direkten Zugriff auf die CAD-Dokumente ausüben kann (Bild 3-115, unten). Dies ist auch der Grund dafür, warum zusätzlich die Schnittstellenfunktionen *CAD-Ansicht/Modell via PDM verschieben, freigeben und kopieren* notwendig sind. Bei CAD-Systemen ohne proprietärem Datenmanagement ist das PDM-System imstande, diese Aktionen ohne CAD-Interface-Funktionen auszuführen (Bild 3-115, oben).

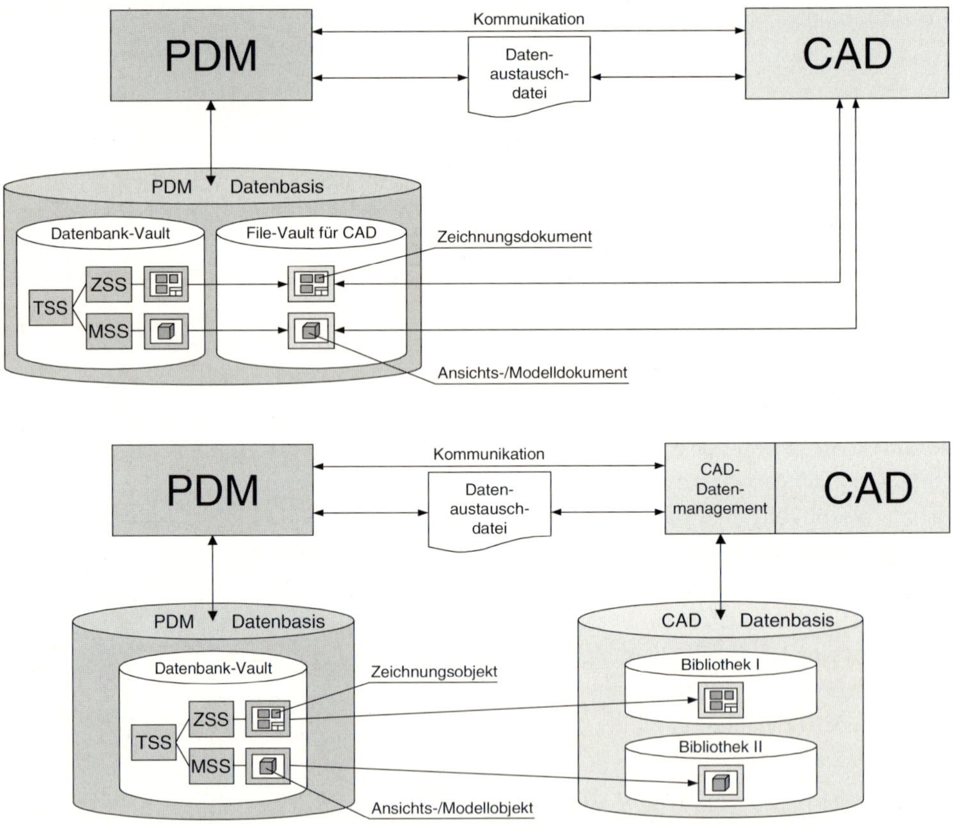

Bild 3-115 Interface zu CAD-System ohne und mit eigenem Datenmanagement

Der Funktionsblock Masterzeichnung ist Teil einer CAD-Schnittstelle, wenn diese die Engineering-Methode Variantenkonstruktion unterstützen soll. Eine Masterzeichnung besteht entweder aus generischen 2D-Ansichten oder aus den Projektionsschnitten durch ein generisches 3D-Modell. Sie repräsentiert die Zeichnungen für alle Ausprägungen eines klassifizierten Teils oder einer klassifizierten Baugruppe. Aus diesem Grunde verläuft ihre Registrierung ähnlich wie die ihrer Elemente Ansicht oder Modell(schnitt). Auch die Masterzeichnung wird einem Modellstammsatz zugeordnet. Dieser verfügt über eine Relation zu ihrem Klassifikationselement und hat Beziehungen zu den Stammsätzen der Teile oder Baugruppen, deren Zeichnungen sie repräsentiert. Jeder der Teilestammsätze besitzt wiederum eine Relation zu der SML-Tabellenzeile, die die Parameter zur Generierung einer bestimmten Zeichnung enthält (Bild 3-116). Der Aufbau einer Masterzeichnung kann mit Hilfe der CAD-Schnittstelle automatisiert erfolgen, d.h., die Plazierung der Ansichten oder Modellschnitte übernimmt ein CAD-Makro, nachdem diese PDM-seitig selektiert worden sind.

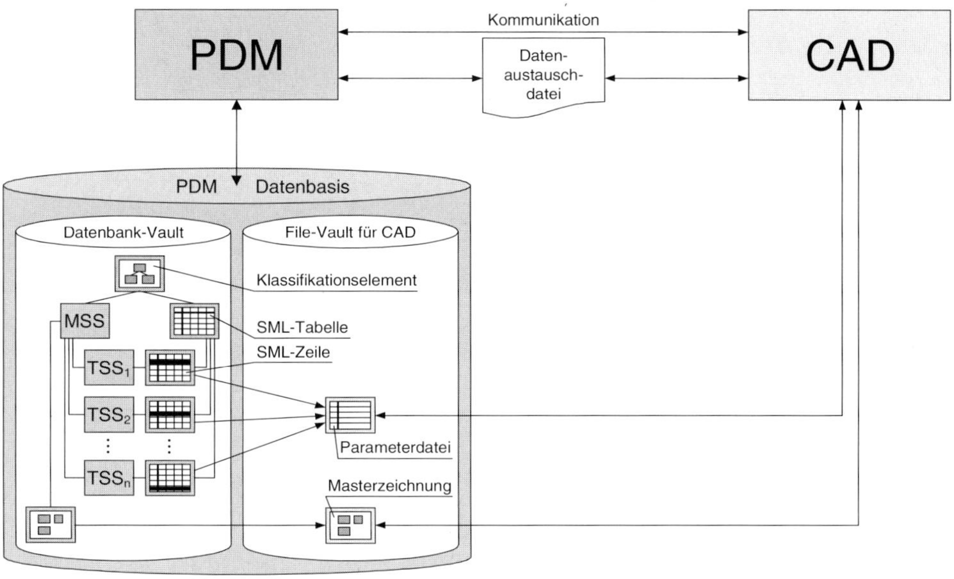

Bild 3-116 Interface zu CAD-System für die Nutzung des Prinzips Masterzeichnung

Für die praktische Nutzung des Prinzips Masterzeichnung ist die Schnittstellenfunktion *CAD-Zeichnung aus Masterzeichnung via PDM ableiten* der wichtigste Teil dieses Funktionsblocks. Auf der PDM-Seite erfolgt zuerst die Recherche nach der klassifizierten Masterzeichnung. Anschließend wählt der PDM/CAD-Nutzer die gewünschte Ausprägung aus der SML-Tabelle. Über die Datenaustauschdatei müssen die Referenz auf das CAD-Dokument Masterzeichnung und der Parametersatz für die daraus abzuleitende Standard- oder Auftragszeichnung an das CAD-System transferiert werden. Das Handling der Sachmerkmale ist stark CAD-abhängig. Gewöhnlich benutzen CAD-Systeme eine Parameterdatei, um ihre generischen Modelle zu reproduzieren. In diesem Fall gibt es zwei Lösungsansätze für dieses Problem. Beim ersten Ansatz baut das Interface die

CAD-spezifische Parameterdatei mit der PDM-seitig selektierten SML-Zeile immer aktuell auf, wenn eine Zeichnung generiert wird, beim zweiten läßt sich mit einer speziellen Schnittstellen-Hilfsfunktion die CAD-Parameterdatei mit allen PDM-seitig verfügbaren SML-Zeileneinträgen der Masterzeichnung erzeugen. In dieser Situation benötigt die CAD-Seite lediglich einen Verweis auf den richtigen Parametersatz in der Parameterdatei. Bei dieser Verfahrensweise ist allerdings dafür zu sorgen, daß die PDM-seitige SML-Tabelle und die Parameterdatei auf der CAD-Seite ständig konsistent bleiben (Bild 3-116).

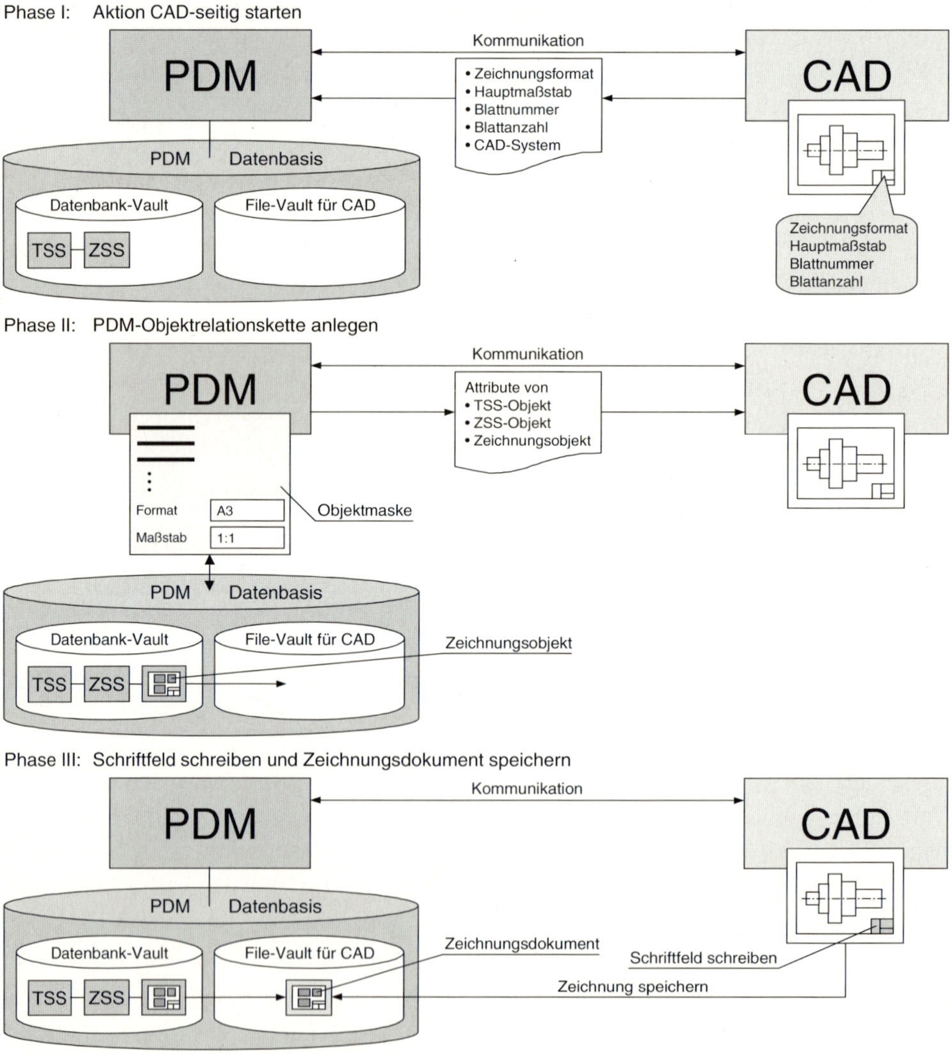

Bild 3-117 CAD-Interface-Funktion für Zeichnung im PDM-System registrieren

Der dritte Funktionsblock der Schnittstelle beschäftigt sich mit der Handhabung der Zeichnung. Im Vordergrund steht ihre Registrierung bzw. Ablage, unabhängig davon, ob sie aus einer Masterzeichnung oder auf konventionellem Wege entstanden ist. Hierbei kann sich folgendes Szenario abspielen. Im CAD-System befindet sich eine Zeichnung mit Rahmen und Schriftfeld, in das der Hauptmaßstab, die Blattnummer und die Blattanzahl eingetragen sind. Der Konstrukteur startet mit der PDM-Ikone im CAD-System die Schnittstellenfunktion *CAD-Zeichnung in PDM registrieren.* Das Interface wertet das CAD-Datenmodell aus, schreibt die Informationen Hauptmaßstab, Zeichnungsformat, Blattnummer, Blattanzahl sowie Bezeichnung des CAD-Systems in die Datentransferdatei und ruft den PDM-Client auf oder lädt einen, falls noch keiner im Arbeitsspeicher residiert. Auf der PDM-Seite kann nun die Relationskette TSS – ZSS – Zeichnung erzeugt werden (Bild 3-115). Die Geschäftsobjekte Teile- und Zeichnungsstammsatz können bereits vorhanden sein. PDM-seitig liest die Schnittstelle die Austauschdatei und übernimmt die Daten in die Eingabemaske zur Anlage des Zeichnungsobjekts. Attribute wie Zeichnungsnummer und Benennung kommen dynamisch aus dem Zeichnungsstammsatz, Angaben wie Werkstoff und Gewicht liefert der Teilestammsatz und Informationen wie Freigabephase, Ersteller und Datum kann das PDM-System automatisch eintragen. Attribute wie Workspace oder Vault und Work- oder Vault-Location (Ablageort der Zeichnungsdatei) selektiert der Konstrukteur aus dynamischen Auswahllisten. Nach Abschluß des PDM-Dialogs schreibt die Interface-Software die relevanten Objektattribute der Relationskette TSS – ZSS – Zeichnung in die Datentransferdatei und gibt die Kontrolle zurück an das CAD-System. Welche PDM-Objektattribute die CAD-Seite erhalten soll, muß ohne Programmierung einfach konfigurierbar sein. Im letzten Abschnitt liest die CAD-Schnittstelle die Daten aus der Übergabedatei und trägt sie in das Zeichnungsschriftfeld ein. Abschließend wird das Zeichnungsdokument in den gewählten Ablagebereich gespeichert (Bild 3-117).

Die Aktion *CAD-Zeichnung via PDM laden/sichten* ist eine häufig genutzte Interface-Funktion. Sie beginnt mit der PDM-seitigen Recherche nach einem Zeichnungsobjekt. Dem Anwender stehen hierfür alle Möglichkeiten, die sich durch die Beziehungskette Projekt – TSS – ZSS – Zeichnung eröffnen, zur Verfügung. Ist die richtige Zeichnung gefunden, wird sie per Doppelklick auf das Symbol des Zeichnungsobjekts zur Ansicht in die CAD-Applikation geladen und das Schriftfeld mit den Daten aus der PDM-Transferdatei aktualisiert. Um ein Höchstmaß an Konsistenz sicherzustellen, sollte das Zeichnungsschriftfeld generell erst nach dem Laden vom CAD-Interface ausgefüllt werden. Das bedeutet, die Ablage einer Zeichnung erfolgt grundsätzlich mit leerem Schriftfeld. Damit läßt sich verhindern, daß jemand am PDM-System vorbei ein Zeichnungsdokument mit nicht korrektem Schriftfeldinhalt plottet. Bei CAD-Systemen ohne eigenem Datenmanagement läßt sich die Schnittstellenfunktion *CAD-Zeichnung via PDM laden/editieren* in der gleichen Weise realisieren. Das Auschecken des Zeichnungsobjekts kann in diesem Fall mit reinen PDM-Mitteln ohne Interface-Funktion erfolgen. Der einzige Unterschied zur Aktion *CAD-Zeichnung via PDM laden/sichten* besteht darin, daß das Zeichnungsdokument vom CAD-System nicht mit Leserecht, sondern mit Schreibrecht geladen wird. Bei CAD-Systemen mit integriertem Datenmanagement sind ebenso wie im Falle von Ansicht/Modell und Masterzeichnung Schnittstellenfunktionen für die Aktionen *CAD-Zeichnung via PDM verschieben, freigeben und kopieren* notwendig (Bild 3-118).

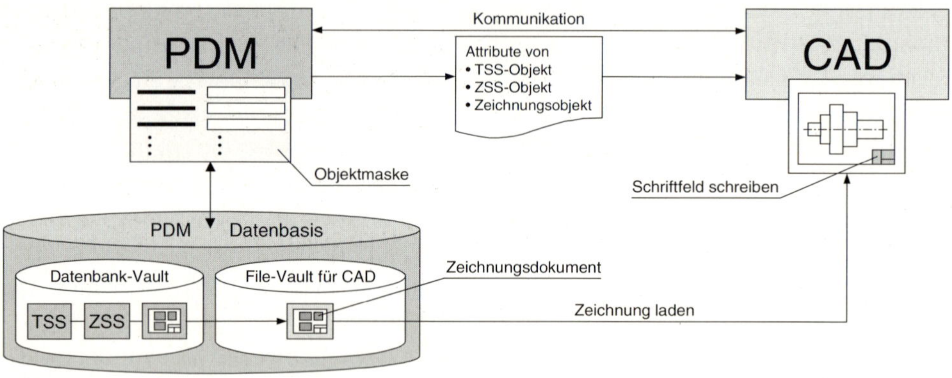

Bild 3-118 CAD-Interface-Funktion für Zeichnung via PDM-System laden

Der vierte und letzte Funktionsblock der CAD-Schnittstelle befaßt sich mit dem Themenkreis Produktstruktur. Hierin sind im wesentlichen zwei Anforderungen zu erfüllen. Die erste Aufgabe besteht darin, mit den Informationen aus einer Baugruppenzeichnung oder einem Baugruppenmodell automatisch die dazugehörige Produktstruktur im PDM-System komplett neu aufzubauen oder eine bereits vorhandene Grundstruktur zu ergänzen. Mit der zweiten Funktion soll es möglich sein, mit den Daten einer PDM-Produktstruktur die entsprechende Baugruppe im CAD-System zusammenzubauen.

CAD-seitig ist das Modell oder die Zeichnung einer Baugruppe geladen. Der Informationsaufbau des Datenmodells ist abhängig vom CAD-System (2D oder 3D) und dem Anwendungskonzept (zeichnungs- oder teileorientiert). Das Modelldokument kennt durch seine Datenstruktur die Komponenten der Baugruppe und ihre hierarchische Gliederung. Zur Modellierung der Baugruppe sind die erforderlichen Teile und Unterbaugruppen mit dem PDM-System recherchiert und selektiert sowie mit Hilfe der Schnittstelle zum CAD-System transferiert und attribuiert worden. Jedes Element der Baugruppe besitzt mindestens die Kennzeichen Artikelnummer, Änderungsindex und Benennung. Zusätzlich verfügt jede Komponente über die Koordinaten ihres Referenzpunkts sowie über einen Lagewinkel. Dreidimensionale Baugruppenmodelle beinhalten genaue Informationen darüber, wie oft ein Element in ihrer Datenstruktur vorkommt, mit wieviel Schrauben und Muttern beispielsweise eine Flanschverbindung montiert ist. Bei Halbzeugen ist außerdem ihre Sägelänge und ggf. ihre Schnittbreite hinterlegt. Baugruppenzeichnungen sind mit Stücklistenfähnchen versehen, die darüber hinaus die Positionsnummer und bei 2D-CAD-Systemen die Anzahl der Komponenten liefern. Das PDM/CAD-Interface evaluiert das CAD-Datenmodell und überträgt den Informationskomplex in die Transferdatei. Die PDM-Seite ist damit in der Lage, die zugehörigen TSS-Objekte zu suchen und per Relation entsprechend der hierarchischen Gliederung zu verknüpfen (Bild 3-119). Bereits strukturierte Unterbaugruppen werden erkannt und an der richtigen Stelle eingeklinkt. Mit diesem Verfahren läßt sich eine beliebige Strukturtiefe realisieren. In die Relationsobjekte kommen die Geometrie- und Stücklistendaten (siehe auch Bild 3-89). Das Konzept eignet sich sehr gut für die teamorientierte Projektarbeit. Der Projektleiter baut manuell die Grundstruktur mit den Hauptbaugruppen auf, die Teams komplettieren nach der CAD-seitigen Baugruppenmodellierung die PDM-Produktstruktur Stück für Stück automatisch.

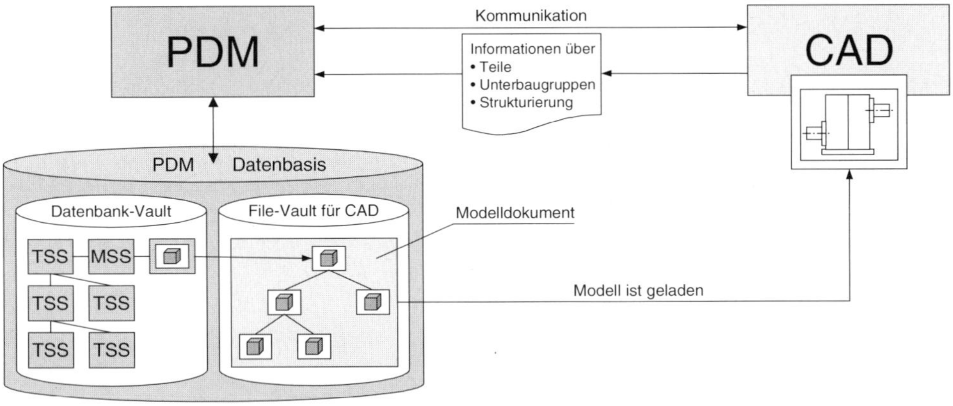

Bild 3-119 CAD-Interface-Funktion für PDM-Produktstruktur generieren

In umgekehrter Weise kann die PDM-Produktstruktur die Referenzen auf ihre CAD-Modelldokumente via Interface an die CAD-Seite liefern. Der Konstrukteur verfügt damit über einen komfortablen Modellierungspool. Praktisch ausgeführt kann dies eine Auswahlliste sein, aus der sich die CAD-Ansichten/Modelle direkt selektieren und im Arbeitsbereich der CAD-Applikation plazieren lassen. Eine Teilerecherche mittels PDM-System ist in dieser Situation nicht notwendig. Die Produktstruktur wird bei diesem Anwendungskonzept gewöhnlich manuell auf der PDM-Seite aufgebaut. Die Baukomponenten müssen hierzu bereits im PDM-System registriert sein. Alternativ zu dieser Methode läßt sich mit einer implementierten Schnittstellenfunktion eine CAD-Baugruppe mit den Referenzpunkten und Lagewinkeln aus den Relationsobjekten der PDM-Produktstruktur automatisch zusammensetzen.

3.5.1.9.2 ERP-Anbindung

Die PDM/ERP-Schnittstelle muß das Technische Informationssystem für das Produktdatenmanagement mit dem Kommerziellen Informationssystem für das Enterprice Resource Planning derart verbinden, daß die Teilvorgänge Produktentwicklung und Produktherstellung auf informationstechnischer Basis zu einem durchgängigen Geschäftsprozeß Produktentstehung verschmelzen. Damit dieses Unterfangen zu nutz- und gewinnbringenden Resultaten führt, ist im Vorfeld der Realisierung präzise zu definieren, wie der Geschäftsprozeß Produktentstehung strukturiert sein soll und welche Aufgaben mit welcher der beiden großen IT-Anwendungen ausgeführt werden sollen. PDM- und ERP-Systeme sind für sehr unterschiedliche Aufgaben konzipiert. Es ist enorm wichtig, diese Tatsache zu berücksichtigen. Mit der Einführung einer PDM-Lösung wird eine IT-Lücke im technischen Anwendungsbereich geschlossen, die in der Vergangenheit häufig mit den Mitteln des Kommerziellen Informationssystems kompensiert wurde. Bei der Neugestaltung des Geschäftsprozesses Produktentstehung – diese ist in vielen Fällen unerläßlich – sind die technischen Kompetenzen beider Systeme unbedingt zu beachten.

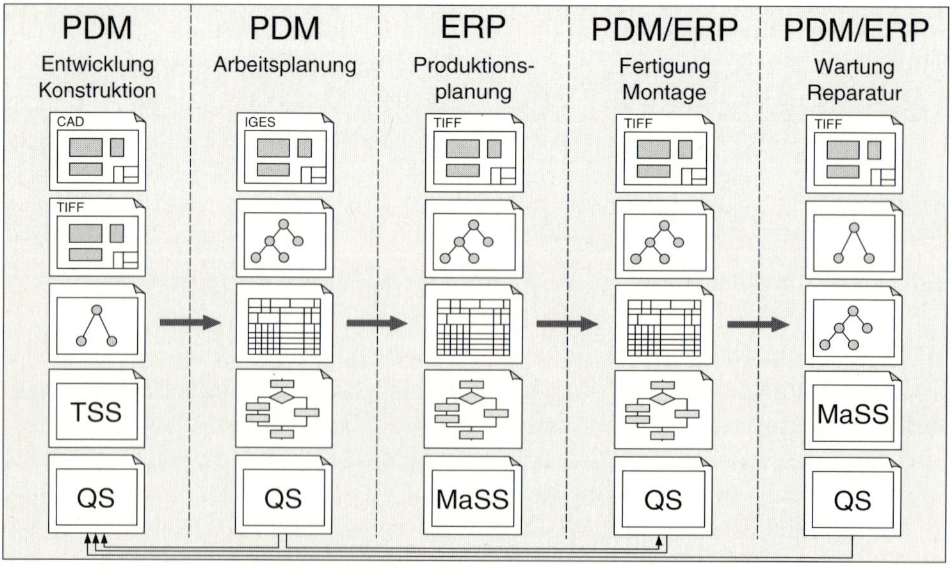

Bild 3-120 Geschäftsprozeß Produktentstehung und dessen Datenfluß

In Bild 3-120 ist der prinzipielle Datenfluß des Geschäftsprozesses Produktentstehung zusammengestellt. Am Beginn der Prozeßkette entstehen in Entwicklung und Konstruktion die grundlegenden Produktinformationen. Dies sind die Elemente Teilestamm, Zeichnung, Konstruktionsstückliste und Qualitätssicherungsdokument. Für deren Verwaltung ist das PDM-System zuständig. Im nächsten Prozeßschritt benötigt die Arbeitsplanung für ihren Anteil an der Produktentstehung den Zugriff auf die von der Konstruktion freigegebenen Zeichnungen und Stücklisten. Sie entwickelt damit Arbeits-, Prüf- und Montagepläne, NC-Programme sowie Fertigungs- bzw. Montagestücklisten. Das PDM-System liefert bei Bedarf neben den nativen CAD-Dokumenten auch Zeichnungen in diversen Austausch-, Vektor- und Rasterformaten. Darüber hinaus halten ausgereifte PDM-Lösungen Funktionen bereit, mit denen auf der Grundlage der Konstruktionsstückliste eine Montagestückliste erzeugt werden kann. Dies sind gute Gründe dafür, zusätzlich zur Produkt- und Betriebsmittelkonstruktion auch die Arbeitsplanung in den PDM-Nutzerkreis aufzunehmen.

Der nächste Vorgang in der Prozeßkette befaßt sich mit der Produktionsplanung. Hier stehen die Aufgaben Mengen-, Termin- und Kapazitätsplanung sowie Beschaffung an. Dies sind Themen, für deren Bearbeitung die Kompetenz eines ERP-Systems notwendig ist. Aus dem PDM-Pool werden die Produktdaten Teilestammsatz, Stückliste, Zeichnung, Arbeits-, Prüf- und Montageplan sowie NC-Programm gebraucht. Im Falle von Teilestammsatz und Stückliste erfolgt die Übernahme in die ERP-Datenbasis. Für Zeichnung, Arbeitsplan, NC-Programm und weitere Dokumente erhält die ERP-Seite die relevanten Objektattribute der entsprechenden PDM-Dokumentstammsätze. Die physischen Unterlagen werden nicht kopiert und bleiben Bestandteil der PDM-Datenbasis. Mit den Objektattributen der PDM-Seite lassen sich im ERP-System Referenzen auf die PDM-Dokumente aufbauen. Dadurch sind Recherche und lesender Zugriff auf Zeichnungen, Arbeitspläne, NC-Programme und andere PDM-Unterlagen aus einem ERP-Client möglich. Der Teilestammsatz wird ERP-seitig mit betriebswirtschaftlichen Attributen zum Materialstammsatz (MaSS) ergänzt. Identifizierende und klassifizierende Bezeichner bleiben erhalten.

In einem weiteren Prozeßabschnitt sind Produktionsplanung und -steuerung in der Lage, die Arbeitsaufträge an die Fertigung und Montage zu verteilen. NC-Programme können an DNC-Rechner überspielt werden, und BDE-Terminals lassen sich als Display-Stationen etwa für Prüfpläne oder Montagezeichnungen nutzen. Anderseits ist es wichtig, daß erfahrene Mitarbeiter aus der Produktion ihre Vorschläge zur Vereinfachung oder Verbesserung von Konstruktionsdetails oder Fertigungsabläufen an die Produktentwicklung oder Arbeitsplanung auf informationstechnischem Wege weiterleiten können, so daß für den einzelnen in der Fertigung die Chance besteht, Qualitätssicherung aktiv zu betreiben. Das gleiche gilt für die Kundendienstmitarbeiter. Auch sie sehen durch ihre tägliche Arbeit Schwachstellen an den eigenen Produkten und können wertvolle Hinweise zur Qualitätssteigerung geben. Nicht nur dafür benötigen Wartung und Reparatur einen Zugang zu den Datenbasen von PDM und ERP. Das PDM-System liefert dem Servicemitarbeiter alle Informationen zu technischen Fragen eines Kundenprodukts, mit der ERP-Lösung bekommt er alle Daten über ein notwendiges Ersatzteil.

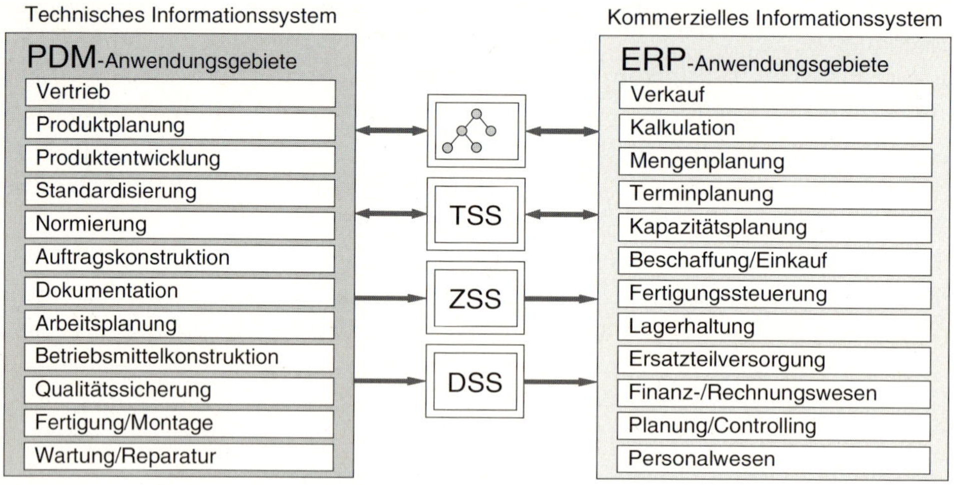

Bild 3-121 Datenaustausch zwischen PDM- und ERP-System

Die Daten, die zwischen dem PDM- und ERP-System prozeßbedingt ausgetauscht werden müssen, legen die erforderlichen Schnittstellenfunktionen fest. Es sind dies, wie in Bild 3-121 dargestellt:

- PDM-Produktstruktur im ERP-System als Stückliste aufbauen,
- ERP-Stückliste im PDM-System als Produktstruktur aufbauen,
- PDM-Teilestammsatz im ERP-System als Materialstammsatz anlegen,
- ERP-Materialstammsatz im PDM-System als Teilestammsatz anlegen,
- PDM-Zeichnungsstammsatz im ERP-System als Zeichnungsreferenz anlegen,
- PDM-Dokumentstammsatz im ERP-System als Dokumentreferenz anlegen.

Neue Bauteile entstehen gewöhnlich in Entwicklung und Konstruktion. Mit der Anlage des Teilestammsatzes existiert PDM-seitig eine neue Artikelnummer. Die Produktionsplanung braucht diese Information unter anderem zur Kalkulation, Mengenplanung und Beschaffung. ERP-seitig wird deshalb der Materialstammsatz als Entsprechung zum Teilestammsatz angelegt und um dispositive und betriebswirtschaftliche Attribute ergänzt. Im Gegensatz dazu kennt man die

Situation, daß die Einkaufsabteilung im Auftrag der Konstruktion ein spezielles Norm- oder Kaufteil besorgt. In diesem Fall wird der neue Artikel in der Regel zuerst als Materialstammsatz in das ERP-System eingebracht und anschließend per ERP-Interface an das PDM-System übergeben. Dabei filtert die Schnittstelle die Attribute des Materialstammsatzes, da der Teilestammsatz der Konstruktion nur eine Untermenge davon ist. Das PDM/ERP-Interface muß also in der Lage sein, den Austausch von Bauteilinformationen bidirektional auszuführen. Dies ist technisch nicht besonders problematisch. Die Schwierigkeit liegt hier in der Behandlung der Artikelnummer. Sie muß für ein und dasselbe Bauteil in beiden Datenbasen identisch sein. Hierzu ist eine kontrollierte Redundanz notwendig. Bezüglich des Zusammenwirkens von PDM- und ERP-System muß festgelegt werden, auf welcher der beiden Seiten die Artikelnummer entstehen soll. Zur Lösung dieser Frage bieten sich die drei Alternativen

- Nummerngenerator ist in das PDM-System integriert,
- Nummerngenerator ist in das ERP-System integriert,
- Nummerngenerator läuft als eigenständiges Dienstprogramm (Server)

an. Für den Fall, daß der Nummerngenerator in die PDM-Lösung eingebunden ist, holt sich das ERP-System mittels Schnittstellenaufruf eine Artikelnummer, wenn es einen Materialstammsatz anlegen soll. ERP-seitig dürfen nur Sachnummern für Materialien erzeugt werden, die, wie etwa Verpackung, keine Bedeutung für Entwicklung und Konstruktion haben bzw. nicht Bestandteil des virtuellen Produktmodells sind. Zu diesem Zweck läßt sich ein bestimmter Nummernbereich im ERP-System reservieren. Ist der Nummerngenerator in die ERP-Installation eingebaut, holt das PDM-System per Interface eine Artikelnummer von der ERP-Seite, wenn die Konstruktion einen neuen Teilestammsatz kreieren möchte. Die PDM-Lösung muß außerstande sein, eigenständig Sachnummern zu generieren. Im Vergleich dazu kann sie Identifikationsnummern anderer Nummernkreise, etwa für diverse Unterlagentypen, in eigener Regie erzeugen. Beim dritten Ansatz ist der Nummerngenerator als unabhängiges Dienstprogramm implementiert. In einer offenen Client-Server-Umgebung, vor allem mit standardisierter Middleware-Technik wie CORBA, ist die technische Realisierung unproblematisch. Von beiden Seite können PDM- und ERP-Clients die Dienste des zentralen Nummern-Servers anfordern. Das PDM/ERP-Interface wird bei dieser Methode nicht zur Nummerngenerierung benötigt. Überdies läßt sich mit dieser Strategie die wenig hilfreiche Diskussion entschärfen, welches der beiden Systeme das führende ist.

Der Transfer der Produktstruktur bzw. der Stückliste ist in erster Linie lediglich in Richtung ERP-System von Interesse. Stücklisten der ERP-Datenbasis werden üblicherweise nur während der Einführungsphase in die PDM-Lösung übernommen. Zusammen mit den importierten Artikelstammsätzen bilden sie den Initialdatenbestand im PDM-System hinsichtlich des aktiven Produkt- und Teilespektrums. Produktstrukturen, Teile- und ebenso Zeichnungsstammsätze lassen sich allerdings auch mit speziellen Import-Tools in die PDM-Datenbasis einspielen. Bezüglich der Produkt- und Produktionsdokumente, die Konstruktion und Arbeitsplanung erstellen, muß die Schnittstelle in der Lage sein, die Metadaten dieser Dateien an das ERP-System zu übertragen, damit die Dokumente auch dort registrierbar sind (Bild 3-122).

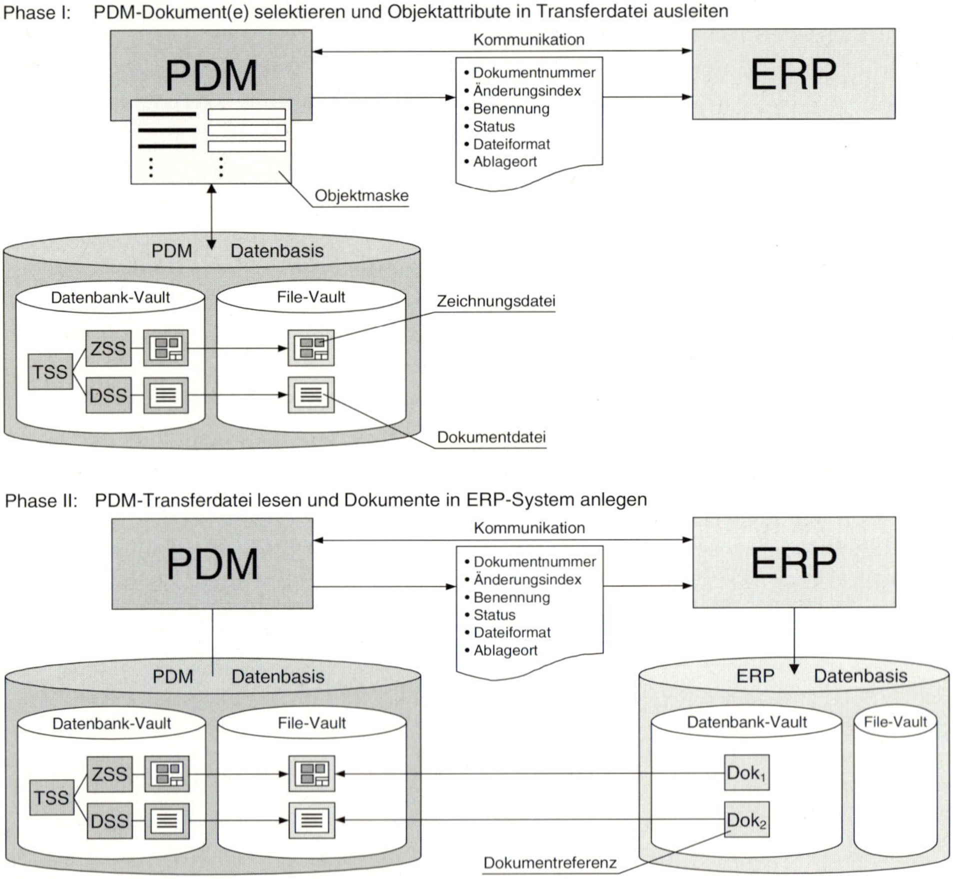

Bild 3-122 ERP-Interface-Funktion für Dokumentattribute übertragen

Auf diese Weise ist der prozeßgesteuerte *Transfer* von Dokumenten, die von Ingenieuren erstellt und von Betriebswirten verwendet werden, uneingeschränkt möglich. Von der PDM-Seite aus lassen sich mittels Workflow-Management freigegebene Zeichnungen, Arbeitspläne, NC-Programme und andere PDM-Unterlagen im ERP-System bekanntmachen. Auf der ERP-Seite wird für jedes

PDM-Dokument eine Art Dokumentreferenz angelegt. Damit können ERP-Nutzer mit ihrem Kommerziellen Informationssystem lesend – auch Kopien sind möglich – auf den Dokumentenbestand des PDM-Systems zugreifen. Jeder der Anwendungsbereiche arbeitet somit in seiner vertrauten Umgebung.

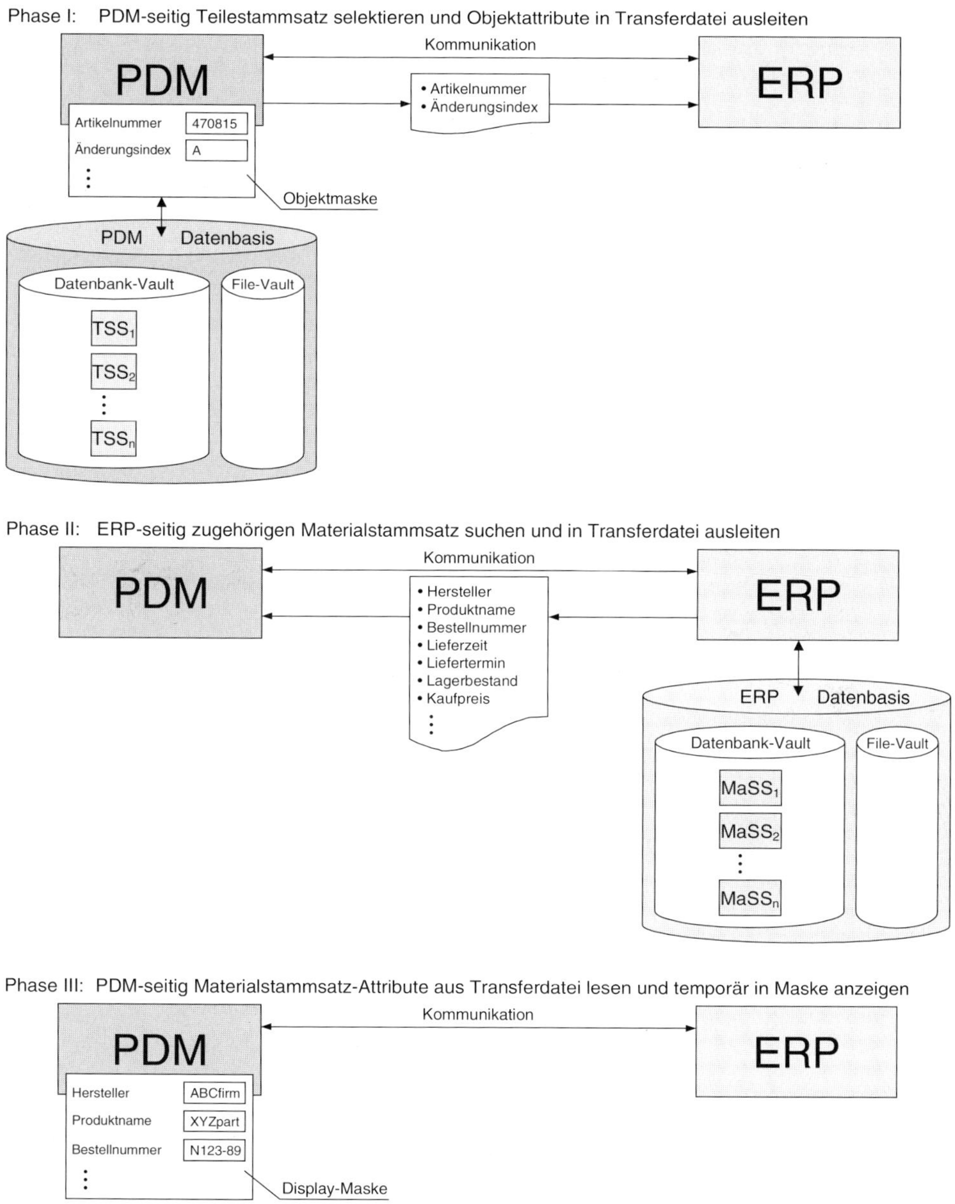

Bild 3-123 ERP-Interface-Funktion für MaSS-Attribute PDM-seitig anzeigen

Eine PDM/ERP-Schnittstelle sollte jedem Konstrukteur Zugang zu betriebswirtschaftlichen Daten des ERP-Systems gewähren. Bild 3-123 zeigt beispielsweise ein Szenario, in dem Attribute eines Materialstammsatzes, der sich in der Datenbasis des ERP-Systems befindet, in der Benutzeroberfläche eines PDM-Clients temporär angezeigt werden können. Ein PDM-Nutzer selektiert ein TSS-Objekt und startet die Aktion *MaSS-Attribute anzeigen*. Das Interface überträgt die Artikelnummer und den Änderungsindex an das ERP-System. Dort wird der zugehörige Materialstammsatz aus der Datenbank gelesen, an die PDM-Seite transferiert und in einer Objektmaske dargestellt. Welche der MaSS-Attribute zur Anzeige kommen sollen, muß durch den Anwender einfach zu konfigurieren sein. Die übertragenen Daten dienen nur zur momentanen Informationsbeschaffung; sie werden nicht in die PDM-Datenbasis übernommen. Natürlich kann es von Nutzen sein, diesen Informationskanal gleichermaßen in umgekehrter Richtung zu etablieren. Für den Einkauf ist es damit möglich, sich über den aktuellen Status von Baukomponenten zu informieren, schon bevor die Produktdaten nach deren Freigabe an das ERP-System überführt werden.

3.5.1.9.3 Reprographiemanagement

Was gelegentlich noch von selbstgeschriebenen Drucker- und Plotter-Spoolern auf Betriebssystembasis erledigt wird, führen zunehmend professionelle Reprographiemanagementsysteme (RMS) mit Client-Server-Architektur aus. Die Rede ist davon, Endgeräte wie Drucker, Plotter und Scanner anzusteuern und ihre Arbeit zu überwachen. Datenreproduktion mit diesem Equipment ist vor allem sehr eng mit dem digitalen Zeichnungsarchiv verbunden. Obwohl seit Jahren das papierlose Büro propagiert wird, haben Drucker und Plotter Hochkonjunktur wie nie zuvor. Die Übersichtlichkeit ebenso wie die Darstellung der Details einer CAD-Zeichnung erfordern die Reproduktion der elektronischen Produktdaten auf das Medium Papier. Auf der anderen Seite soll mit der Einführung von Produktdatenmanagement besonders der Altzeichnungsbestand mittels Scanner langfristig elektronisch archiviert werden. Das RMS stellt folglich ein wichtiges Dienstprogramm dar, das auf jeden Fall eine Schnittstelle zur PDM-Datenbasis notwendig macht. Als RM-Interface-Funktionen sollten mindestens

- Reproduktionsauftrag mit Verteiler via PDM zusammenstellen,
- Reproduktionsauftrag ohne Verteiler via PDM zusammenstellen,
- Reproduktionsauftrag (Druck- und/oder Plot-Job) via PDM starten,
- Dateien aus der PDM-Datenbasis via Reproduktionsauftrag anfordern

zur Verfügung stehen. PDM-seitig muß die Auswahl der Hardware (Drucker- und Plottertyp), des Ausgabeformats und der Bearbeitungspriorität möglich sein. Darüber hinaus ist gewünscht, daß konfigurierbare Beschriftungen, Stempeltexte und ggf. Wasserzeichen selektierbar sind. Diese Informationen können aus der

RM-Anfangskonfiguration in PDM-Auswahllisten übernommen werden. Die Pflege dieser Daten kann per RM-Schnittstelle erfolgen. Des weiteren wird im PDM-System die Objektklasse *Reproduktionsauftrag* benötigt. Diese ist derartig definiert, daß sie organisatorische Attribute wie Auftraggeber, Abteilung, Projekt usw. enthält und Relationen zu den Objektklassen *Satz* und *Verteiler* aufweist. Der Satz ist aus der Objektklasse Ordner, der Verteiler aus der Objektklasse Gruppe abgeleitet. Weiterhin wird eine Objektklasse *Aufgabe* gebraucht, welche die aktuell aus den Auswahllisten selektierten Einstellungen Ausgabegerät, Formatangabe, Bearbeitungspriorität etc. aufnimmt und eine Beziehung zum Satz und zur Ausgabedatei besitzt. Der Verteiler verfügt über eine Relation zur Objektklasse *Empfänger*, die von der Objektklasse User abgeleitet ist. Einem Empfänger können ein oder mehrere Sätze zugeordnet werden. Ferner ist eine Angabe über die Anzahl der Kopien möglich (Bild 3-124).

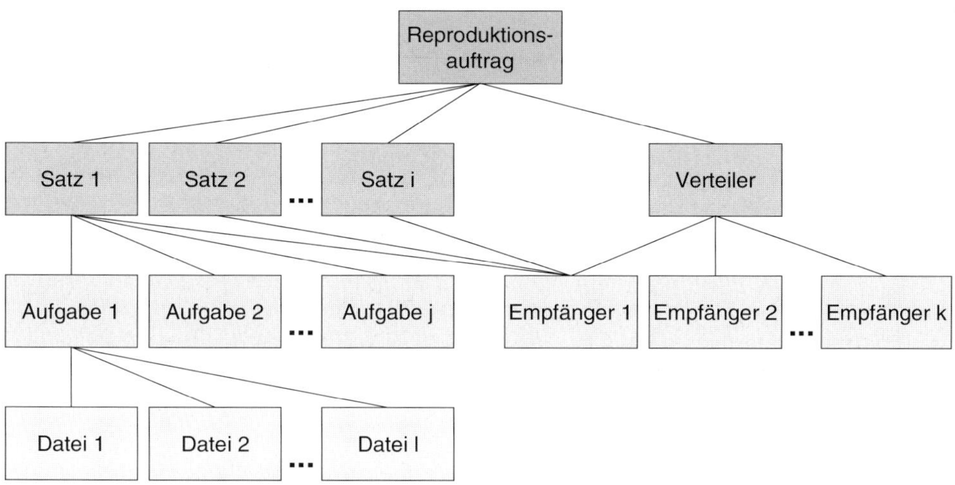

Bild 3-124 PDM-Reproduktionsauftragsobjekt als Basis der PDM/RM-Schnittstelle

Ein Reproduktionsauftrag kann im PDM-System interaktiv mit und ohne Verteiler zusammengestellt und abgelegt werden. Auch immer wieder vorkommende Satz- und/oder Verteilerobjekte lassen sich als Standards definieren und nutzen. Die Objektklasse Reproduktionsauftrag verfügt neben den üblichen Methoden zum Anlegen, Editieren, Suchen, Informieren und Löschen ebenfalls über eine Programmfunktion zum Ausführen. Damit werden die Attribute aus den Objekten eines Reproduktionsauftrags gelesen und in die Transferdatei geschrieben. Gleichzeitig kopiert das RM-Interface alle Ausgabedateien des Reproduktionsauftrags in ein spezifiziertes Verzeichnis. Und schließlich ruft der PDM-Client das RM-System auf. Dieses liest die Austauschdatei, legt mit den Informationen einen eigenen Reproduktionsauftrag an, startet diesen und stellt ihn in die Warteschlange (Print-/Plot-Queue). Wenn alle Aufgaben (Jobs) des Auftrags ausgeführt sind, löscht das RM-System die kopierten Dateien aus dem Verzeichnis. Die Daten des PDM-Reproduktionsauftrags können RM-seitig für eine erneute Nutzung zu einem späteren Zeitpunkt archiviert werden. Dadurch ist es möglich, via RM-Client Ausgabedateien für einen bereits existierenden Reproduktionsauftrag von der PDM-Datenbasis anzufordern. Der RM-Client ruft hierfür die Methode zur Ausführung des entsprechenden PDM-Auftragsobjekts auf. Der PDM-Server leitet in der gleichen Weise wie bei einem PDM-seitigen Anstoß der Aktion die Objektdaten des Reproduktionsauftrags in das Übergabe-File aus und kopiert die Ausgabedateien temporär in das RM-Verzeichnis.

Für das Einscannen von Papierdokumenten ist keine Funktion der PDM/RM-Schnittstelle notwendig. Das RM-System legt die eingescannten Dokumente in einen definierten Ablagebereich. Ab diesem Zeitpunkt können die Dateien im PDM-System registriert werden. Dies ist bei wenigen Dokumenten interaktiv machbar. Bei einer großen Menge hingegen ist es zweckmäßig, den Vorgang beispielsweise mit Hilfe eines Datenimport-Tools zu automatisieren.

3.5.1.9.4 Anbindung anderer Anwendungen

Die PDM-Lösung als Integrationsplattform für die Erzeugersysteme, die einen Beitrag zur Herstellung der Produktdaten leisten, muß eine Schnittstelle zu all diesen CAx-Anwendungen haben. Während die Integration von CAD-Systemen eine Sonderstellung einnimmt – es ist nicht nur das CAD-Dokument als eine Informationseinheit zu verwalten, sondern auch teilweise dessen Inhalt – und daher sehr aufwendig ist, lassen sich die meisten anderen CAx-Applikationen mit verhältnismäßig geringem Aufwand an das PDM-System anschließen. Als Mindestanforderungen an eine Integration sind die Funktionen

- CAx-Dokument in PDM registrieren,
- CAx-Dokument via PDM laden/sichten,
- CAx-Dokument via PDM laden/editieren

zu erfüllen. Für die Verwaltung von CAx-Dokumenten sind auf der PDM-Seite die Module Dokumentenmanagement und -klassifikation zuständig (siehe auch Bilder 3-55 und 3-65). Jedes File wird mit den Objekten Dokumentstammsatz und Dokument in der Datenbasis der PDM-Lösung repräsentiert. Das DSS-Objekt besitzt ein Attribut Dokumenttyp, mit dem sich beliebige Arten von Dokumenten kennzeichnen lassen. Das Objekt Dokument erlaubt es, die eigentliche CAx-Datei in die PDM-Datenbasis einzubringen. Aus diesem Grunde besitzt es einige spezifische Attribute wie Anwendungssystem, Dateiendung (Extension) Dateiformat und eventuell Programmaufruf. Das DSS-Objekt läßt sich mit Hilfe des Attributs Dokumenttyp dynamisch mit einer Objektikone kennzeichnen. Das gleiche gilt für das Objekt Dokument bzw. Unterlage. Hier heißt das steuernde Attribut zur dynamischen Kennzeichnung Anwendungssystem oder Dateiformat. Da bei diesem Konzept nur zwei zentrale Objektklassen für das gesamte Dokumentenmanagement genutzt werden, läßt sich die PDM/CAx-Schnittstelle auf der PDM-Seite generalisieren. Ein CAx-Interface muß PDM-seitig lediglich in der Lage sein, mit der Objektkette DSS – Dokument umzugehen, vor allem aber das Unterlagenobjekt zu handhaben.

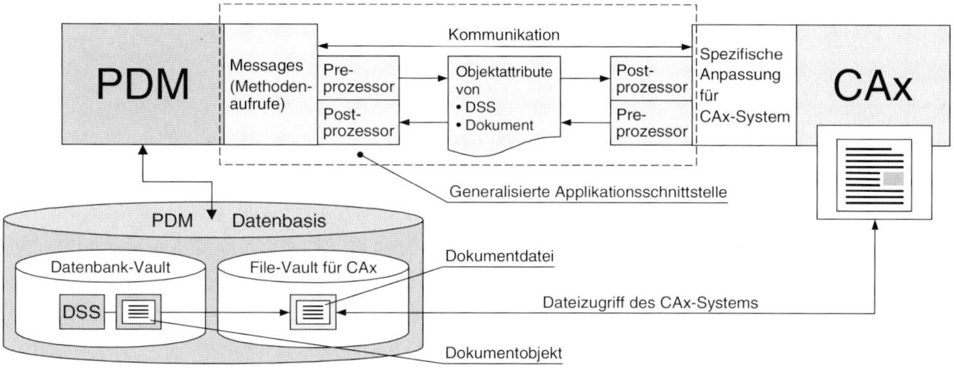

Bild 3-125 CAx-Integration mit generalisierter Applikationsschnittstelle

Die generalisierte Schnittstelle besitzt Komponenten, die für jede Systemanbindung bis auf geringe Konfigurationsunterschiede identisch sind. Bild 3-125 zeigt das Prinzip dieses Integrationskonzepts. Der Datentransfer erfolgt über eine Austauschdatei mit dem File-Format nach ISO 10303/21 (STEP-Dateistruktur). Zum Schreiben des Transfer-Files steht ein Preprozessor, zum Lesen ein Postprozessor zur Verfügung. Die Art der Kommunikation hängt davon ab, wie zugänglich bzw. offen eine Applikation ist. Wenn es mit vertretbarem Aufwand machbar ist, sollte eine synchronisierte Programmkommunikation den Vorzug erhalten. Auf der PDM-Seite übernehmen einige Standardobjekte und Messages (Methodenaufrufe) den Datentransport zwischen Datenbasis und Austauschdatei. CAx-seitig muß diese Schicht der Schnittstelle für jedes Erzeugersystem spezifisch entwickelt werden. PDM-Systeme, die über eine generalisierte Applikationsschnittstelle (GAI, Generalized Application Interface) verfügen, bieten jedoch Integrationen zu den wichtigen Standardanwendungen an, besonders im Bereich CAO.

Die CAx-Interface-Funktionen sind denen von *Zeichnung registrieren* und *Zeichnung laden* der CAD-Schnittstelle sehr ähnlich. Die Funktion *Dokument registrieren* beginnt im CAx-System. Mit dem PDM-Menü wird die Aktion in der Applikation ausgewählt und gestartet. Der spezifische Interface-Teil ermittelt, falls vorhanden, Dokumentinformationen (z.B. Titel, Thema, Ersteller etc.), leitet sie via Preprozessor in die Transferdatei aus und aktiviert eine spezielle Message des GAI-Servers auf der PDM-Seite. Diese ruft den Postprozessor auf, liest die Austauschdatei und überträgt die Daten in Form einer dynamischen Struktur (Liste, Baum oder Graph) in den Arbeitsspeicher. Als nächstes fordert der PDM-Client den Nutzer auf, ein existierendes DSS-Objekt zu selektieren oder ein neues anzulegen. Selektiert der Anwender einen Dokumentstammsatz, wird die Eingabemaske für das zu registrierende Dokument geöffnet und ein Teil der DSS-Attribute (Dokumentnummer, Dokumenttyp, Benennung etc.) dynamisch eingetragen. Danach schreibt das CAx-Interface die im Arbeitsspeicher residierenden Transferdaten in die Objektmaske des Dokuments. Abschließend gibt der Nutzer noch fehlende Attribute wie den Ablageort für das Dokument per Hand ein und bestätigt den Dialog. Eine weitere Message des GAI-Servers sorgt dafür, daß zwischen Dokumentstammsatz und Dokument ein Beziehungsobjekt erzeugt wird. Damit existiert die Relationskette DSS – Dokument. Für den Fall, daß der Anwender kein bestehendes DSS-Objekt selektiert, öffnet die CAx-Schnittstelle die Eingabemaske zur Anlage eines Dokumentstammsatzes. Der Nummerngenerator liefert die Dokumentnummer, der PDM-Nutzer den Rest der Attribute. Wird die DSS-Objektmaske geschlossen, öffnet das CAx-Interface die Dialogmaske zum Anlegen des Dokumentobjekts. Ab diesem Zeitpunkt läuft alles genauso ab wie bei der Selektion eines DSS-Objekts. Im letzten Abschnitt der Aktion *Dokument registrieren* werden die Objektattribute von Dokumentstammsatz und Dokument per Preprozessor in die Transferdatei ausgeleitet und die Message des GAI-Servers, die vom Erzeugersystem aufgerufen worden ist, beendet. Auf der CAx-Seite liest der Postprozessor die Übergabedaten und legt sie in einen Arbeitsspeicherbereich. Die spezifische Interface-Schicht trägt die per Konfiguration ausgewählten PDM-Objektattribute als Dokumentattribute ein und speichert die Datei im angegebenen File-Vault (Bild 3-125).

Die CAx-Schnittstellenfunktion *Dokument laden* wird gewöhnlich direkt aus dem PDM-System aktiviert. Natürlich besteht ebenso die Möglichkeit, einen PDM-Client mittels PDM-Ikone in der CAx-Benutzeroberfläche zu starten. Für die Recherche des Dokuments stehen alle PDM-Fähigkeiten zur Verfügung. Beispielsweise läßt sich eine Unterlage über die Relationskette Projekt – TSS – Ordner – DSS – Dokument ermitteln. Per Doppelklick auf das Symbol des Dokumentobjekts wird die Datei in das Erzeugersystem zum Editieren oder Sichten geladen. Dabei überträgt eine Message die Objektattribute von DSS und Unterlage in die Transferdatei und ruft das CAx-seitige Interface-Modul auf oder startet vorab das Erzeugersystem, sofern es noch nicht geladen ist. Dieses holt sich per Postprozessor die notwendigen Informationen, vor allem den Pfad und den Dateinamen, aus der Austauschdatei, lädt das Dokument und aktualisiert gegebenenfalls dessen Attribute.

Das hier vorgestellte Schnittstellenkonzept ist nur einer von mehreren möglichen Ansätzen. Ob ein System-Interface, das mit einer Datenaustauschdatei arbeitet, noch zeitgemäß ist, mag bezweifelt werden. Eine generalisierte Applikationsschnittstelle muß sich aber daran orientieren, auf dem Niveau des kleinsten gemeinsamen Nenners zu arbeiten. Das bedeutet, sie muß eine einheitliche Integrationsplattform für Anwendungsprogramme jeder Art sein. Ob funktions- oder objektorientiert, ob monolithisches Software-System auf einem Mainframe oder Client-Server-Lösung auf einem Arbeitsplatzrechner, ob Standardsystem von der Stange oder selbstentwickelte Speziallösung, eine generalisierte Schnittstelle muß das Instrument sein, die unterschiedlichsten Software-Systeme auf einfache Weise an das PDM-System anbinden zu können. Der Datentransfer per Austauschdatei ist dafür noch immer ein praktikables Mittel.

3.5.2 Handhabungsfunktionen

In einem objektorientierten PDM-System sind alle Daten und Informationseinheiten in Form von Objekten präsent. Jedes PDM-Objekt wird beim Erzeugen von einer spezifischen Objektklasse abgeleitet, oder anders formuliert, jedes PDM-Objekt ist eine Kopie seiner Objektklasse. Es besitzt neben seinen Daten eine Anzahl von Methoden (Programmfunktionen), welche die Möglichkeiten für seine Handhabung festlegen. In Ergänzung zu Standardfunktionen wie Objekt erzeugen, Objekt suchen, über Objekt informieren, Objekt editieren, Objekt ausführen und Objekt löschen ist eine Reihe spezieller Handhabungsfunktionen verfügbar, die für das unternehmensweite Management von Geschäfts- und Datenobjekten notwendig sind.

3.5.2.1 Registrieren

Mit der Funktion *Objekt registrieren* lassen sich beliebige Dateien in die PDM-Datenbasis eintragen. Dies kann entweder geschehen, nachdem ein File bereits existiert, oder zu dem Zeitpunkt stattfinden, wenn eine Datei gerade erzeugt wird. Im zweiten Fall läuft der Vorgang im Rahmen einer CAx-Schnittstellenoperation (z.B. Zeichnung registrieren) ab. In beiden Fällen muß die Datei in einen vom PDM-System kontrollierten File-Vault abgelegt werden. Als File-Vault ist eine Vault oder Work Location zulässig. Als Vault Location bezeichnet man die Ablagebereiche der Organisation, als Work Location die eines Nutzers. Daraus ergibt sich, daß der Eigentümer des File-Vaults gleichzeitig der Eigentümer der registrierten Datei ist. Dies ist nur ein Teil der Registrierung, im anderen ist ein Datenobjekt zu erzeugen, das die Datei mit Attributen näher beschreibt. Diese Metadaten müssen in einen Datenbank-Vault eingebracht werden. Das kann ein Vault der Organisation (Archiv, Projekt etc.) oder der Workspace (DB-

Arbeitsbereich) eines Nutzers sein. Sobald ein File mit Hilfe eines Datenobjekts in der PDM-Datenbasis registriert ist, läßt es sich mit den Mitteln des PDMS unter Beachtung der aktuellen Zugriffsrechte handhaben.

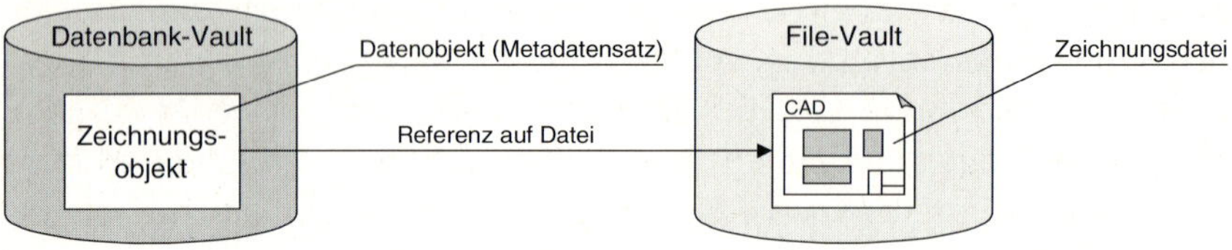

Bild 3-126 PDM-Elemente einer registrierten Datei (z.B. Zeichnung)

Um eine Datei zu verwalten, benötigt das PDM-System die Elemente Datenbank-Vault, File-Vault und Datenobjekt. Im Beispiel von Bild 3-126 repräsentiert das Zeichnungsobjekt (Datenobjekt) die registrierte Zeichnungsdatei. Das Zeichnungsobjekt enthält Attribute, welche die Zeichnungsdatei eindeutig kennzeichnen und lokalisieren. Die Zeichnungsdatei als eigenständiger Informationskomplex tritt nicht in Erscheinung. Alle Aktionen, die auf die Zeichnung angewandt werden sollen, erfolgen mit Hilfe des Zeichnungsobjekts.

3.5.2.2 Kopieren

Eine häufig benutzte Arbeitstechnik in der Konstruktion ist das Kopieren von Projektlösungen mit dem Ziel, durch Anpassung die Anforderungen eines neuen Kundenauftrags zu erfüllen und schnellstmöglich die entsprechenden Produktdaten herzustellen. Das PDM-System unterstützt diese Strategie dadurch, daß es einzelne Objekte oder ganze Objektstrukturen dupliziert.

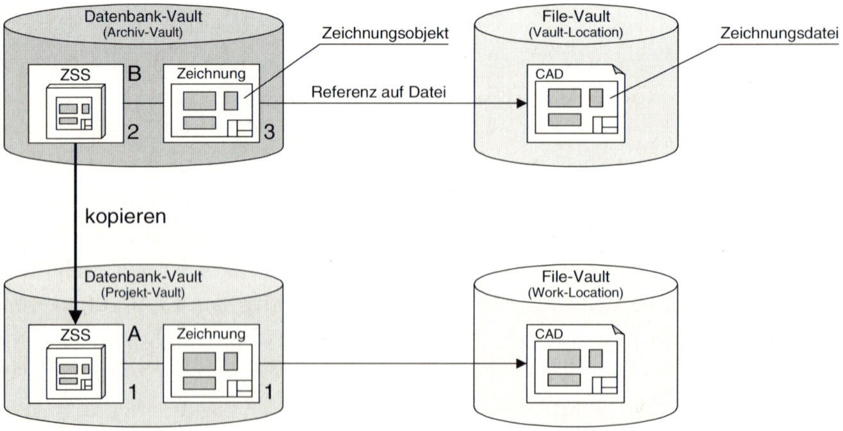

Bild 3-127 PDM-Element kopieren (z.B. Zeichnung)

Beim Kopieren von Geschäftsobjekten (TSS, ZSS, Ordner etc.) muß der Anwender die Möglichkeit haben zu entscheiden, ob die per Relation verknüpften Objekte ebenfalls kopiert werden sollen. Wenn ja, dupliziert das PDM-System die gesamte Beziehungskette. Des weiteren sollte der Nutzer entscheiden können, ob die Aktion vom kopierten Objekt zum Original eine Relation legt. Bild 3-127 zeigt das Kopieren der Relationskette ZSS – Zeichnung. Das ZSS-Original besitzt den Änderungsindex B und den Bearbeitungsstand 2, das dazugehörige Zeichnungsobjekt hat den Bearbeitungsstand 3. Beide Objekte befinden sich im Archiv-Vault und einer assoziierten Vault Location. ZSS- und Zeichnungsobjekt werden in einen Projekt-Vault und eine seiner Work Locations kopiert. Die Kopien erhalten für die Attribute Änderungsindex und Bearbeitungsstand die Initialeinstellungen A und 1. Schlüsselattribute wie Zeichnungsnummer und Benennung bekommen ein Prä- und/oder Suffix. Weitere Objektattribute wie Ersteller, Erstellungsdatum, Vault/Workspace und Vault/Work Location belegt das PDM-System mit den aktuellen Daten. Felder, die den Freigabeprozeß des Originalobjekts widerspiegeln, werden auf die Anfangseinstellungen *in Arbeit* und *nicht freigegeben* zurückgesetzt.

3.5.2.3 Check-out und Check-in

Der Check-out-/Check-in-Mechanismus des PDM-Systems stellt die konfliktfreie Nutzung von Produktdaten innerhalb eines Projektteams sicher. Konfliktfrei bedeutet in diesem Kontext, daß immer nur ein Anwender schreibenden Zugriff auf Metadaten und Dateien haben kann. Mit der Aktion Check-out lassen sich Objekte von einem Arbeitsbereich in einen anderen kopieren. Der Bearbeitungsstand wird dabei hochgezählt. Das Originalobjekt erlaubt nach dem Check-out nur noch lesenden Zugriff.

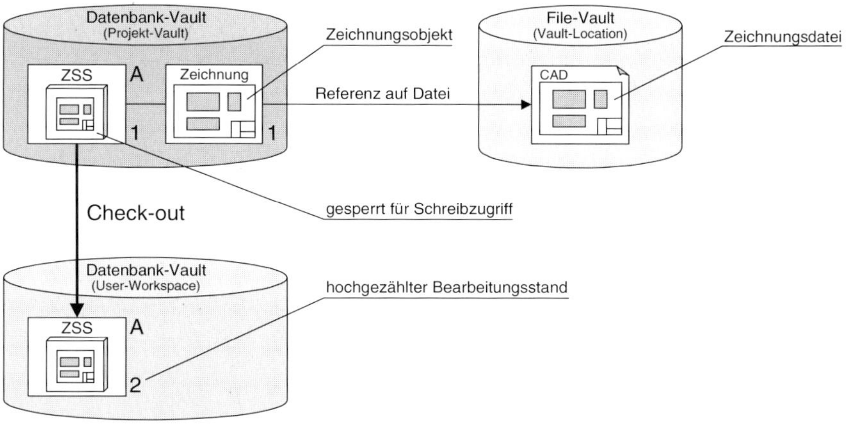

Bild 3-128 Check-out des Geschäftsobjekts ZSS ohne sein Datenobjekt Zeichnung

Beim Auschecken von Geschäftsobjekten muß der Nutzer entscheiden können, ob auch die verknüpften Objekte ausgecheckt werden sollen. Im Bild 3-128 ist zum Beispiel ein Geschäftsobjekt Zeichnungsstammsatz ohne sein Datenobjekt Zeichnung ausgecheckt worden. Zwischen ausgechecktem Objekt und seinem Original erzeugt das PDM-System eine Beziehung (Relationsobjekt). Nach der Freigabe lassen sich eingefrorene Objekte standardmäßig nicht mehr auschecken. Sollen dennoch – aus triftigen Gründen – Änderungen an einem eingefrorenen PDM-Objekt vorgenommen werden, sind hierzu besondere Administratorrechte notwendig oder eine Revisionierung.

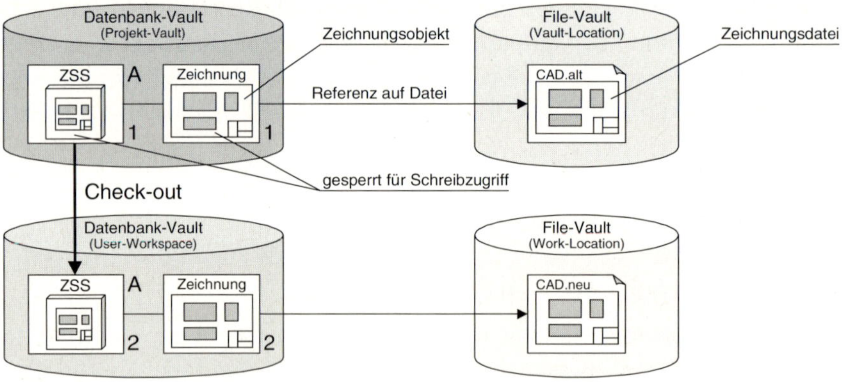

Bild 3-129 Check-out des Geschäftsobjekts ZSS mit seinem Datenobjekt Zeichnung

Im Bild 3-129 ist die Check-out-Aktion für die Relationskette ZSS – Zeichnung zu sehen. Beide Objekte werden vom Arbeitsbereich eines Projekts in den Arbeitsbereich eines Users kopiert. Dabei erhöht sich jeweils ihr Attribut Bearbeitungsstand von 1 auf 2. Eigentümer der Kopien ist der User.

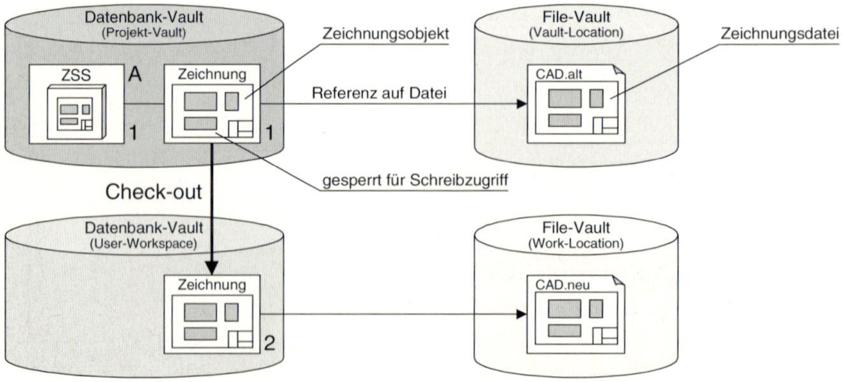

Bild 3-130 Check-out des Datenobjekts Zeichnung ohne sein Geschäftsobjekt ZSS

Datenobjekte wie die Zeichnung in Bild 3-130 können auch ohne ihr Geschäftsobjekt ausgecheckt werden. Befindet sich hierbei die Zeichnungsdatei in einem Verzeichnis relativ zum Directory der Vault Location, kann der Nutzer selbst festlegen, ob er die Zeichnung direkt in das Verzeichnis seiner Work Location kopiert oder den relativen Pfad von der Vault Location übernimmt.

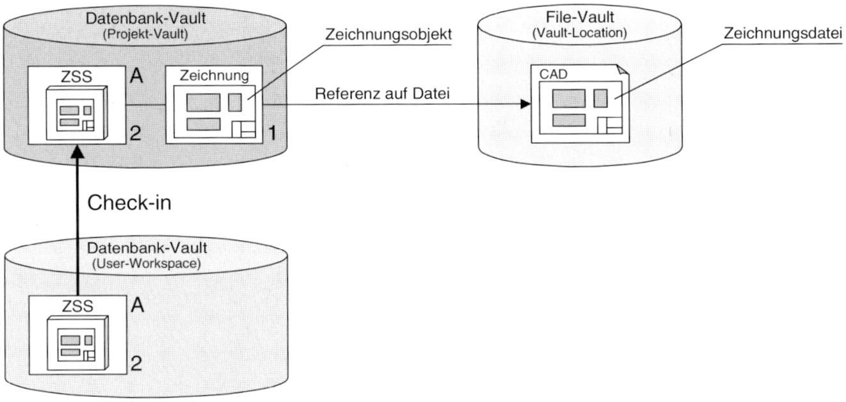

Bild 3-131 Check-in des Geschäftsobjekts ZSS mit Ersetzen des Originals

Beim Einchecken ist es möglich, das Original, ob Geschäfts- oder Datenobjekt, zu ersetzen. Bild 3-131 zeigt dies am Beispiel des Geschäftsobjekts Zeichnungsstammsatz. Das eingecheckte ZSS-Objekt verfügt wie der gelöschte Vorgänger über eine Relation zum Zeichnungsobjekt.

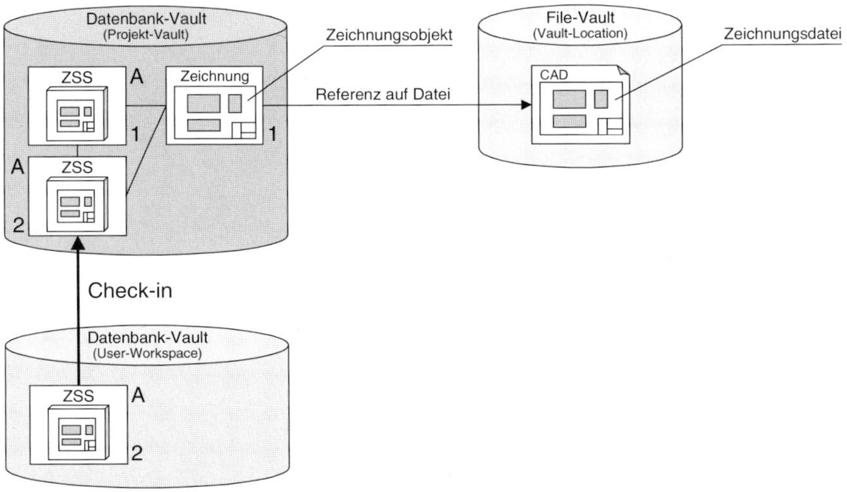

Bild 3-132 Check-in des Geschäftsobjekts ZSS ohne Ersetzen des Originals

Ausgecheckte Objekte, die bereits eingefroren sind, lassen sich beim Einchecken nicht ersetzen. Der Vorgänger bleibt erhalten. Bild 3-132 illustriert diesen Fall. Zwischen Nachfolger und Vorgänger (Original) bleibt die *Check-out-Relation* auch nach dem Einchecken bestehen, ebenso wie die Beziehung zwischen dem neuen Zeichnungsstammsatz und der Zeichnung.

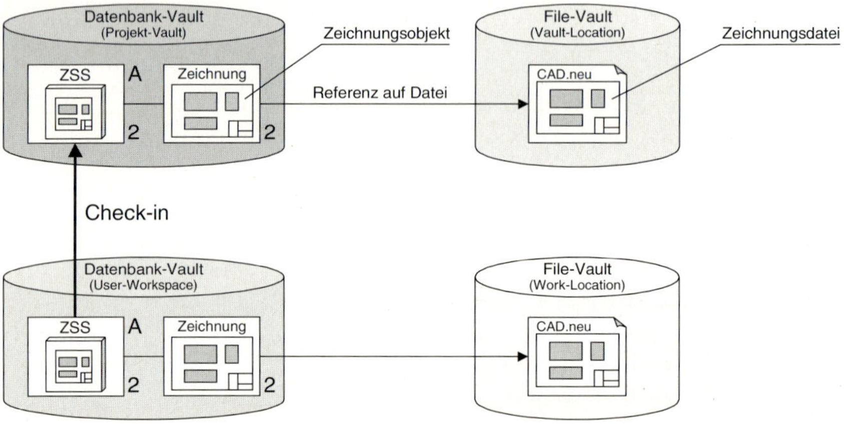

Bild 3-133 Check-in der Objektkette ZSS – Zeichnung mit Ersetzen der Originale

Ein PDM-Objekt wird an derselben Stelle eingecheckt, an der es sich befunden hat, als es ausgecheckt wurde. Im Beispiel von Bild 3-133 haben die eingecheckten Nachfolger ZSS und Zeichnung jeweils ihr Original ersetzt.

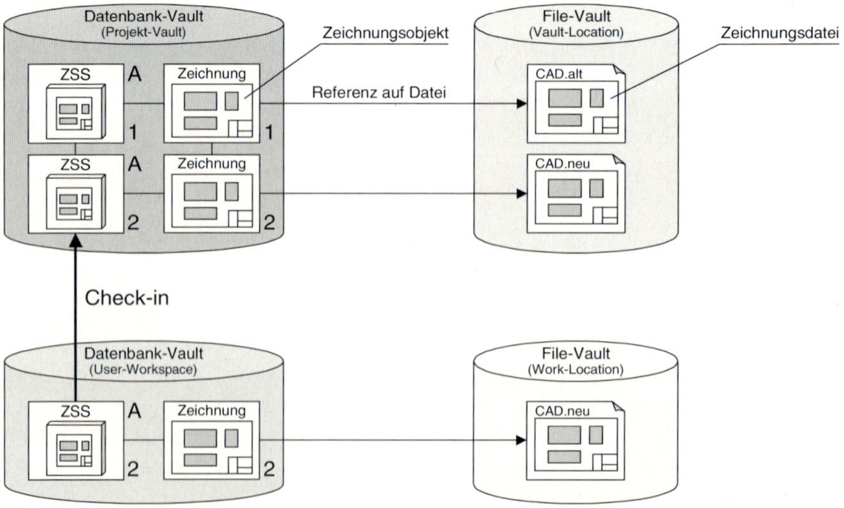

Bild 3-134 Check-in der Objektkette ZSS – Zeichnung ohne Ersetzen der Originale

Die Aktion Check-in verlagert ausgecheckte und in der Regel modifizierte Objekte zurück in den ursprünglichen Ablage- bzw. Arbeitsbereich. Damit verbunden ist auch ein Wechsel der Eigentumsrechte an den betroffenen Objekten. In Bild 3-134 sind die Verhältnisse dargestellt, die auftreten, wenn die Objektkette ZSS – Zeichnung ohne Ersetzen der Originale eingecheckt wird. Zwischen den ZSS-Objekten von Nachfolger und Vorgänger bleibt die *Check-out-Relation* erhalten. Es ist sinnvoll, wenn dies auch für die Zeichnungsobjekte gilt.

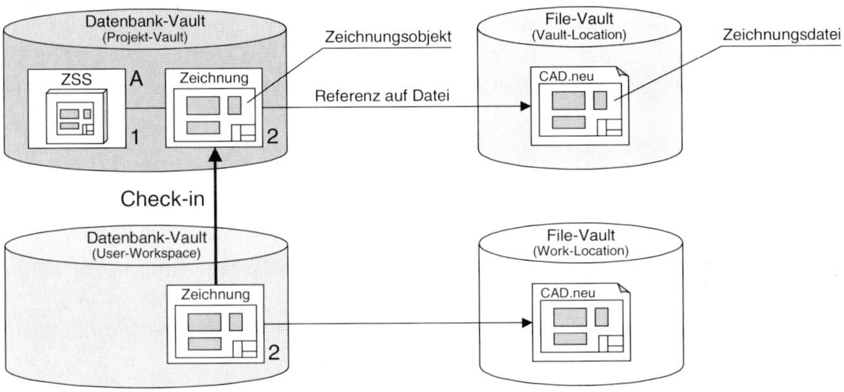

Bild 3-135 Check-in des Datenobjekts Zeichnung mit Ersetzen des Originals

Nach dem Einchecken des Zeichnungsobjekts ersetzt im Bild 3-135 der Bearbeitungsstand 2 die Zeichnung mit dem Bearbeitungsstand 1. Zwischen altem Zeichnungsstammsatz und neuer Zeichnung existiert eine Relation.

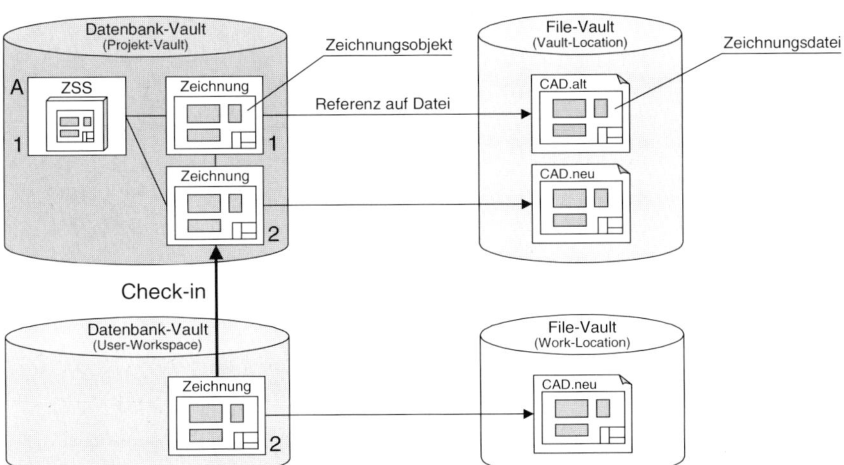

Bild 3-136 Check-in des Datenobjekts Zeichnung ohne Ersetzen des Originals

Das in Bild 3-136 eingecheckte Zeichnungsobjekt mit dem Bearbeitungsstand 2 ersetzt seinen Vorgänger (Original) nicht. Auch der Bearbeitungsstand 1 der Zeichnungsdatei bleibt erhalten. Beide Zeichnungsobjekte sind per Relation mit dem Zeichnungsstammsatz verknüpft. Jedoch wird beim Recherchieren standardmäßig immer die Beziehung zum Nachfolger berücksichtigt. Sollte es aus irgendwelchen Gründen notwendig werden, auf das Original zurückzugreifen, ist das bei dieser Vorgehensweise möglich.

3.5.2.4 Einfrieren

Die Produktinformationen entstehen überwiegend in einem iterativen Entwicklungsprozeß. Daten und Dokumente durchlaufen mehrere Bearbeitungsstände bis sie einen Reifegrad erreicht haben, mit dem die Anforderungen des Pflichtenhefts erfüllt werden. Zu diesem Zeitpunkt erfolgt die Freigabe der Produktdaten als Produktionselement. In dieser Phase darf es nicht mehr möglich sein, Daten und Dokumente unkontrolliert zu modifizieren. Um dies sicherzustellen, kennt das PDM-System die Aktion *Einfrieren*. Geschäfts- und Datenobjekte erhalten hierdurch ein Kennzeichen (Flag), nachdem sie in den Archiv-Vault transferiert worden sind. Auf diese Weise ist gewährleistet, daß ein PDM-Nutzer keine eingefrorenen Objekte aus dem Archiv-Vault auschecken kann.

Freigegebene Objekte lassen sich einzeln oder in Gruppen einfrieren. Alle Objekte einer Relationskette können in einem Vorgang eingefroren werden, wobei Voraussetzung ist, daß sich alle verknüpften Objekte in einem einzigen Ablagebereich befinden. Kopien von Archiv-Objekten sind auch nach dem Einfrieren machbar. Objekte aus dem Archiv-Vault auszuchecken ist dagegen nur mit einer Revisionierung oder der Hilfe des Systemadministrators möglich.

3.5.2.5 Revisionieren

Im Zuge erforderlicher Produktänderungen ist eine Revisionierung der Produktdaten notwendig. Das PDM-System stellt dafür die Funktion *Revisionieren* zur Verfügung. Damit lassen sich eingefrorene Geschäftsobjekte vom Archiv-Vault in einen Projekt- oder User-Arbeitsbereich (Workspace) verlagern. Die Attribute Änderungsindex und Bearbeitungsstand werden bei dieser Aktion auf die Initialeinstellungen A und 1 gesetzt. Die Behandlung der verknüpften Datenobjekte kann auf verschiedene Weise erfolgen. Entweder die verbundenen Dateien, die von der Änderung betroffen sind, lassen sich vorher selektieren und zeitgleich mit der Revisionierung auschecken oder der Vorgang wird mit zwei separaten Aktionen Revisionieren und Auschecken durchgeführt. In jedem Fall muß bei einer eingefrorenen Objektkette das Geschäftsobjekt revisioniert sein, damit sich seine Datenobjekte auschecken lassen. Der Bearbeitungsstand der ausgecheckten Objekte wird dabei um 1 inkrementiert.

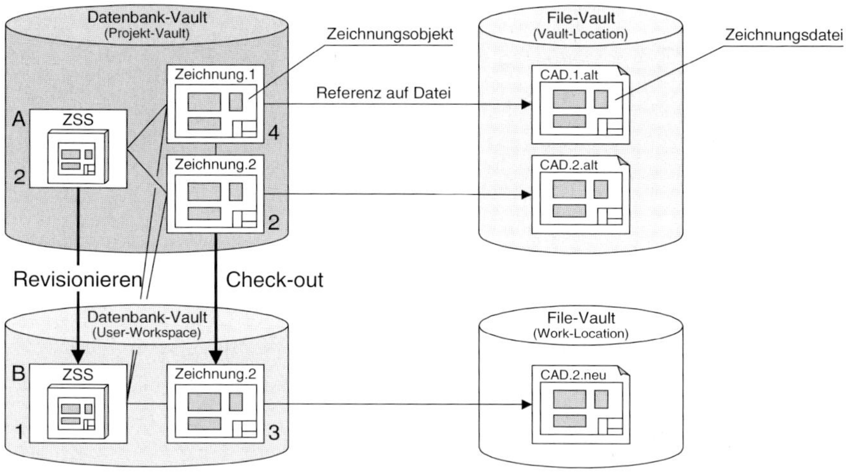

Bild 3-137 Revisionierung einer Zeichnung mit Änderung eines Zeichnungsblatts

Das Beispiel in Bild 3-137 repräsentiert eine Zeichnung, die aus dem Geschäftsobjekt Zeichnungsstammsatz und den Datenobjekten Zeichnungsblatt 1 und 2 besteht. Die Objekte ZSS und Zeichnungsblatt 2 sind revisioniert bzw. ausgecheckt worden. Das PDM-System hat jeweils eine Kopie der Objekte im Arbeitsbereich des Anwenders angelegt. Das neue ZSS-Objekt verfügt über eine Beziehung zu seinem Vorgänger und besitzt eine Relation zu den alten Ständen der beiden Zeichnungsblätter.

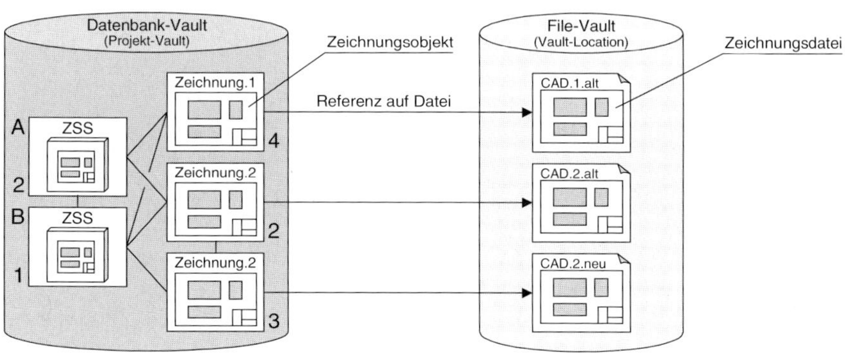

Bild 3-138 Zustand nach der Revisionierung und Änderung einer Zeichnung

Die Änderungsarbeiten am Zeichnungsblatt 2 können nun ausgeführt werden. Mit einer Check-in-Aktion lassen sich anschließend die neuen Objekte in den Archiv-Vault einlagern (Bild 3-138). Der Bearbeitungsstand 3 ersetzt dabei den Bearbeitungsstand 2 der Zeichnung mit der Blattnummer 2.

3.5.2.6 Eigentumsrechte übertragen

Mit dem Konzept des elektronischen Tresors stellt das PDM-System ein flexibles und sicheres Instrument für das Daten- und Dokumentenmanagement zur Verfügung. Ein elektronischer Tresor schließt einen Datenbank- und File-Vault ein. Es existieren private und öffentliche Tresore. Diese differieren nur in den Zugriffsmöglichkeiten, die sie den PDM-Anwendern auf ihre Daten gewähren. Für einen privaten Tresor besitzt in der Regel nur der Eigentümer eine Zugangsberechtigung. Bei öffentlichen Tresoren haben meist diverse User, Gruppen oder Rollen unterschiedliche Nutzerrechte. Jede Produktinformation, die das PDM-System verwalten soll, muß in einem elektronischen Tresor eingeschlossen werden. Der Eigentümer des Tresors (Vaults) ist gleichzeitig der Eigentümer des Inhalts (Daten). Eigentumsrechte lassen sich somit durch Verschieben von Objekten auf andere PDM-Nutzer übertragen. Das Transferieren der Objekte kann sowohl einzeln als auch in Gruppen erfolgen. Bei verknüpften Objekten ist es möglich, die Relationskette mit einer Aktion zu verlagern.

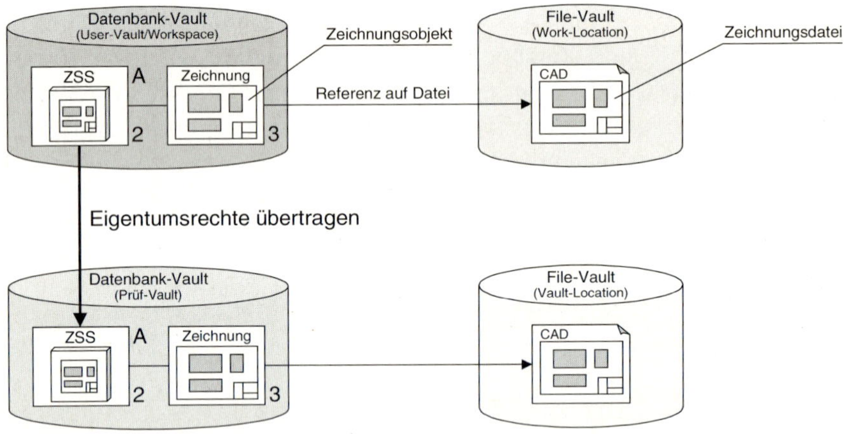

Bild 3-139 Übertragen der Eigentumsrechte einer Objektkette Zeichnung

Dieses Konzept ist die Grundlage für prozeßorientierte Teamarbeit, bei der die Daten zur richtigen Zeit an den richtigen Ort gelangen. Ein Konstrukteur realisiert beispielsweise eine Zeichnung in seinem privaten Vault (Arbeitsbereich). Er ist zu diesem Zeitpunkt der Eigentümer des CAD-Dokuments. Nach Abschluß seiner Arbeit transferiert er die Zeichnung zur Freigabe in einen öffentlichen Prüf-Vault (Bild 3-139). Damit übergibt der Konstrukteur auch die Eigentumsrechte dorthin. Er hat nun keinen Zugriff mehr auf die Zeichnung. Ein anderer PDM-User, der die Rolle eines Prüfers innehat, ist ab sofort neuer Eigentümer des CAD-Dokuments. Für den Fall, daß die Zeichnung fehlerhaft ist, verlagert sie der Prüfer wieder zurück in den Arbeitsbereich des Konstrukteurs, der dadurch erneut Eigentümer der Objektkette wird. Andernfalls transferiert sie der Prüfer in einen weiteren öffentlichen Ablagebereich, den Archiv-Vault.

3.5.2.7 Reportgenerierung

In einem Fertigungsunternehmen ist das PDM-System die Wissensbibliothek für die technische IT-Anwenderschaft. Neben Produktdaten jeder Art umfaßt die PDM-Datenbasis Prozeßinformationen, Regelwerke, technisches Know-how und vieles mehr. Die Fülle an Daten kann enorme Ausmaße annehmen. Damit die Nutzer mit ihren unterschiedlichen Informationsbedarfen den Dateninhalt dieser Bibliothek für sich und das Unternehmen gewinnbringend verwerten können, muß sich dieser transparent offerieren. Mit dem Mittel der Reportgenerierung lassen sich spezifische Attributwerte von beschreibenden PDM-Objekten in benutzerdefinierte Berichte ausgeben.

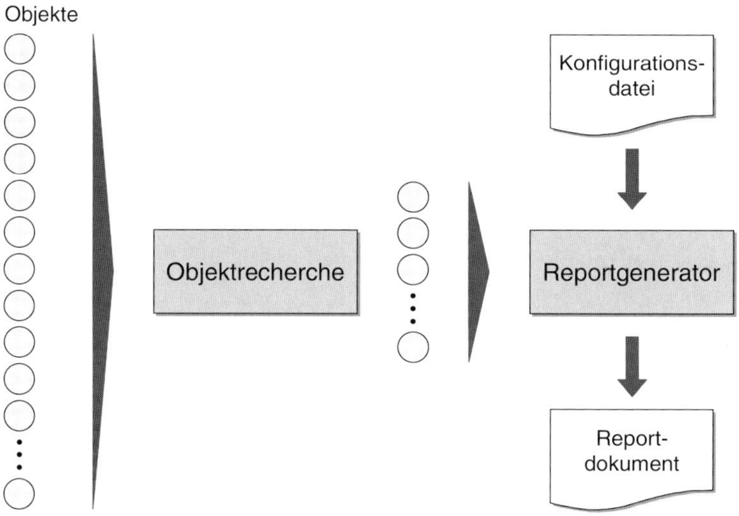

Bild 3-140 Vorgang der Reportgenerierung

Ziel ist es, die Metadaten von interessierenden Geschäfts- und Datenobjekten in eine beliebig formatierbare Datei auszuleiten. Typische Anwendungsfälle sind das Erstellen von Dokument- und Stücklisten. Bild 3-140 veranschaulicht diesen Vorgang. Über eine einfache oder kombinierte Recherche werden im ersten Schritt Objekte einer oder mehrerer Klassen selektiert. Mit der zweiten Aktion startet der PDM-Anwender das Tool Reportgenerator. Dieser evaluiert die selektierten Objekte nach den Vorgaben einer Konfigurationsdatei und erzeugt das gewünschte Reportdokument. Die Konfigurationsdatei spielt eine Schlüsselrolle in diesem Prozeß. Sie muß so aufgebaut sein, daß jeder PDM-Nutzer, ob mit oder ohne Programmierkenntnisse, seine individuellen Konfigurationsdateien realisieren kann. Dazu sollte eine einfache Skriptsprache zur Verfügung stehen, die es erlaubt, Objektattribute zu zitieren (z.B. <Objektname>.<Attributname>), Formatangaben für Zeichenketten, Ganz- und Gleitkommazahlen zu machen, Ausgabepositionen festzulegen, aber auch logische Konstrukte wie Fallunterscheidung und Schleife zu formulieren.

3.5.2.8 Viewing und Redlining

Der physische Teil eines Datenobjekts, die Datei, ist für das PDM-System inhaltlich nur als anonymer Informationskomplex erfaßbar. Um das Innere von Dokumenten dennoch via PDM-Navigationssystem in Augenschein nehmen zu können, wird je nach Datenformat entweder ein proprietäres Erzeugersystem oder ein universelles Viewing-Tool benötigt. Letzteres bietet den Vorteil, daß damit für alle involvierten Mitarbeiter sämtliche Dokumente des virtuellen Produktmodells entlang des Produktentstehungs- und Produktpflegeprozesses mit einem einzigen IT-Werkzeug verfügbar sind.

Der Viewer ist nicht Bestandteil eines PDM-Systems, wohl aber eine wichtige Komponente jeder PDM-Lösung. Die Palette der angebotenen Viewer reicht von einfachen Programmen zur Visualisierung von Image-Files bis zu Werkzeugen mit Zusatzfunktionen für Zoomen (Vergrößern/Verkleinern), Drehen, Bemaßen, Markieren (Redlining), Drucken und Konvertieren. Mit den Konverterfunktionen lassen sich CAD-, Drucker- und Scanner-Formate unter anderem in das CALS-konforme Rasterformat CCITT Group 4 überführen. Des weiteren können native CAD-Dateien in Datenaustausch-, Druck- und Plot-Files mit Formaten wie DXF, IGES, STEP, VDA-FS, PostScript und HPGL umgesetzt werden. CALS (Computer-Aided Acquisition and Logistics Support) ist ein vom amerikanischen Verteidigungsministerium entwickelter Standard für den elektronischen Datenaustausch zwischen einem Auftraggeber und seinen Dienstleistern sowie Lieferanten. CCITT-G4 ist der jüngste von vier Standards, die vom Institut Comité Consultatif International Télégraphique et Téléphonique (CCITT) zur Codierung und Übertragung von Schriftstücken mittels Faxgerät empfohlen werden. Der CALS-Standard umfaßt Normen wie EDI, CCITT-G4, IGES, STEP, SGML und CGM. Unter dem Begriff EDI (Electronic Data Interchange) ist eine Reihe von Standards (z.B. X.400-Protokoll) für den elektronischen Transfer von Geschäftsdokumenten zusammengefaßt.

Von einem guten Viewer werden alle in der Praxis bedeutsamen Raster-, Vektor- und Sprachformate wie BMP, CCITT-G4 (TIFF), GIF, JPEG, PDF, HPGL, PostScript, CGM, SGML, VRML etc. verarbeitet. Besonders im Anwendungsbereich von 3D-Graphiken sind Viewer verfügbar, mit denen in virtueller Realität

(VR) nicht nur Baukomponenten von allen Seiten photorealistisch betrachtet werden können, sondern auch eine virtuelle Reise durch eine Baugruppe oder ein fertig montiertes Produkt möglich ist. Nicht in allen Anwendungsfällen ist jedoch ein High-end-Viewer geeignet. Bilder für die Teile- und Zeichnungsrecherche werden häufig als TIFF-Files zusammen mit den CAD-Dateien abgelegt. Hier kommt es darauf an, daß bei einem Doppelklick auf das PDM-Objektsymbol der Viewer so schnell wie möglich gestartet und das TIFF-Bild geladen wird. Bei sehr leistungsstarken Viewern dauert für diesen Anwendungsfall allein der Ladevorgang für das Programm selbst in der Regel viel zu lange. Um die Nutzerakzeptanz im Hinblick auf das Antwortverhalten zu sichern, ist in solchen Fällen ein einfacher, schlanker Viewer erforderlich.

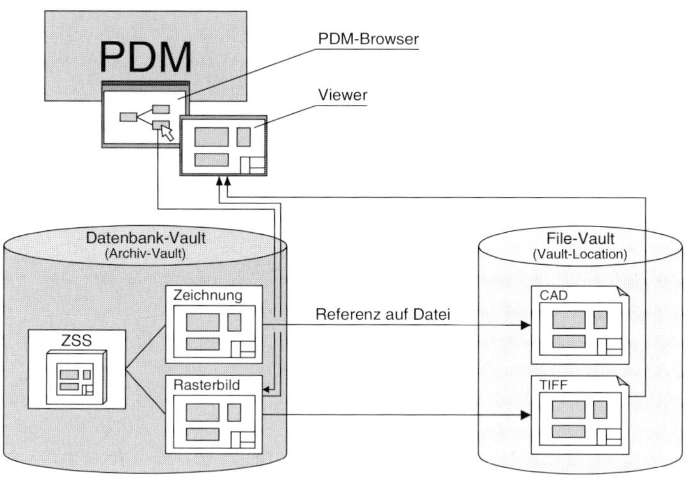

Bild 3-141 Kooperation zwischen PDM-System und Viewer

Unabhängig davon, ob ein einfacher oder mächtiger Viewer verwendet wird, ist die Einbindung in das PDM-System immer identisch. Bild 3-141 illustriert die Zusammenhänge. In einem Struktur-Browser befindet sich beispielsweise eine logische Zeichnungseinheit, bestehend aus einem Zeichnungsstammsatz, einer CAD-Zeichnung und einem TIFF-Rasterbild. Per Doppelklick auf das Objektsymbol des Rasterbilds wird eine Message gestartet. Diese ermittelt die Objektdaten Anwendungssystem (Name des Viewers), Datenformat (hier TIFF), Ablageort des Rasterbilds (Verzeichnisname des File-Vaults), relativer Pfad bezogen auf den File-Vault und Dateiname des Rasterbilds. Mit diesen Informationen kann die Message ein Kommando absetzen, das den richtigen Viewer startet und die gewünschte TIFF-Datei lädt. Es ist möglich, auf diese Weise mehrere Viewer in eine PDM-Installation einzubinden. Gewöhnlich sind aber zwei Viewer-Typen ausreichend: einer zur Unterstützung der Teile- und Zeichnungsrecherche sowie zum Sichten beliebiger Dokumente und ein zweiter mit Redlining-Funktion als effizientes Mittel zur Kommunikation während des Entwicklungs-, Änderungs- und Freigabeprozesses.

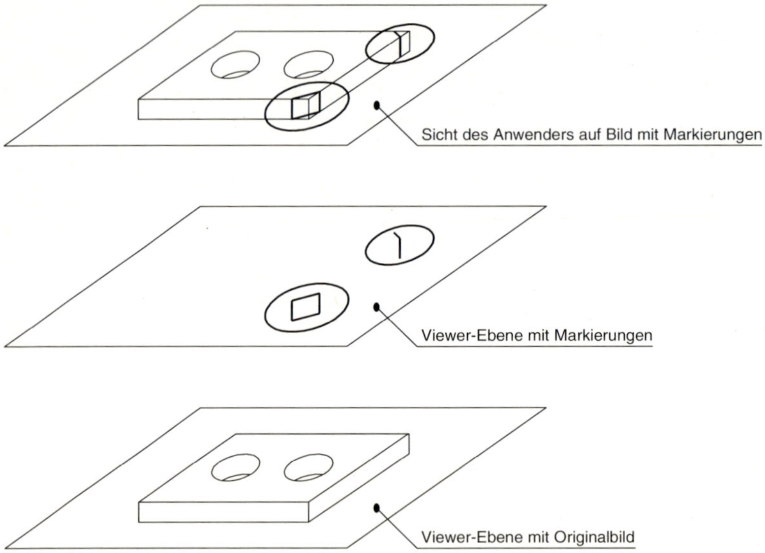

Bild 3-142 Prinzip des Redlining bei einem High-end-Viewer

Redlining ist die Möglichkeit, in einem elektronischen Dokument Anmerkungen, Ergänzungen, Korrekturen etc. vornehmen zu können, ohne dieses physisch zu verändern. In mehreren Arbeitsebenen kann der Anwender seine Einträge anbringen. Hierfür steht der übliche Funktionsumfang eines Graphikprogramms zur Verfügung. Damit lassen sich Texte, einfache Zeichnungen und Freihandskizzen in verschiedenen Farben erzeugen. Die Inhalte der Arbeitsebenen können selektiv dargestellt oder ausgeblendet werden. Die eingebrachten Änderungen lassen sich wie transparente Folien über die Bildvorlage legen (Bild 3-142). Für den Betrachter entsteht der Eindruck, als sei das Dokument verändert worden. Dies ist jedoch nicht der Fall. Denn der Viewer speichert den Inhalt der Arbeitsebene(n) in einer separaten Datei ab.

3.5.3 Administrationsfunktionen

Die PDM-Installation soll die Arbeitsplattform (Desktop) für die gesamte technische Anwenderschaft in einem Fertigungsunternehmen sein. Das PDM-System nimmt eine Schlüsselrolle im Herstellungsprozeß der produkt- und produktionsbeschreibenden sowie produktionssteuernden Daten ein. Hinsichtlich der Aspekte

Verfügbarkeit, Daten- und Prozeßsicherheit, Flexibilität, Stabilität und Performance werden besonders hohe Anforderungen gestellt. Um diese erfüllen zu können, ist ein Paket von Administrationsfunktionen für ein intensives Systemmanagement notwendig.

3.5.3.1 Benutzerverwaltung

Jeder Mitarbeiter, der PDM-Systemnutzer werden soll – und das sollen möglichst alle im technischen Anwendungsbereich –, muß in das Benutzerregister eingetragen werden. Dazu steht in einem objektorientierten PDM-System die Objektklasse User zur Verfügung. Mit einem User-Objekt lassen sich alle persönlichen Daten eines Nutzers, die für seine Arbeit mit der PDM-Installation bedeutsam sind, erfassen. Bild 3-143 zeigt ein Beispiel für mögliche Attribute eines User-Objekts. Neben systemrelevanten Informationen sollte das Benutzerobjekt auch Daten über das Mitarbeiterprofil (Human Resource) enthalten. Dies erleichtert etwa das Zusammenstellen des jeweils besten Teams im Hinblick auf eine anstehende Projektaufgabe. Denn alle Informationen, um schnell die richtigen Leute für die richtigen Jobs zu finden, sind für den Projektleiter in der PDM-Datenbasis verfügbar.

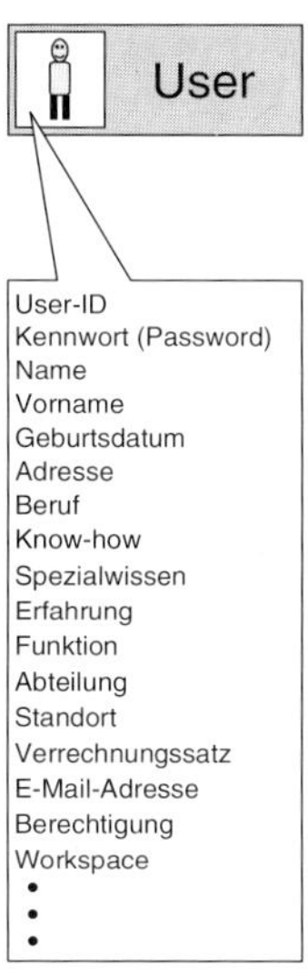

Bild 3-143 Mögliche Attribute des Objekts User

Damit der Anwender mit dem PDM-System arbeiten kann, benötigt er entweder eine persönliche Arbeitsumgebung mit Workspace und Work-Location oder die Berechtigung, auf Daten in einem öffentlichen Arbeitsbereich mit Vault und Vault-Location zugreifen zu können. Das PDM-System kennt gewöhnlich zwei

Kategorien von Nutzern: solche, die Objekte erzeugen, editieren und sichten dürfen, und solche, die nur die Befugnis haben, Objekte zu sichten. Die Benutzerrechte lassen sich in Abhängigkeit des Benutzerprofils eines PDM-Anwenders variabel gestalten. Um das Berechtigungsmanagement zu vereinfachen, verfügt das PDM-System zusätzlich zum User-Objekt über die beiden Administrationsobjekte Gruppe und Rolle. User, Gruppe und Rolle sind Instanzen, denen ein bestimmter Berechtigungsumfang zugeordnet werden kann. Ist ein User Mitglied einer oder mehrerer Gruppen oder Inhaber einer oder mehrerer Rollen, verfügt er üblicherweise über weitergehende Zugangsprivilegien (Bild 3-144).

Bild 3-144 Relationen von User zu Gruppe und Rolle

Die Zuordnung eines Users zu einer Gruppe oder Rolle kann dieser nicht selbst vornehmen. Über die entsprechende Berechtigung verfügt normalerweise nur der Administrator. Das gleiche gilt für das Einrichten eines Arbeitsbereichs (Workspace) für einen neuen PDM-Nutzer. Der Workspace (Arbeitsraum) ist ein Teilbereich des elektronischen Tresors (im Datenbank-Vault), der dem User zum persönlichen Gebrauch zur Verfügung steht. Hier kann er seine – er ist der Eigentümer – Geschäfts- und Datenobjekte in der PDM-Datenbasis sichern. Eine oder mehrere Work-Locations zur Ablage von Verzeichnissen und Dateien darf der Nutzer innerhalb des PDM-File-Vaults selbst erzeugen. Allerdings muß ihm der Administrator vorher mindestens ein File-System (Festplattenspeicher) auf einem der Netzwerkrechner zugewiesen haben. Der File-Vault der PDM-Datenbasis kann beliebig viele File-Systeme auf beliebig vielen Rechnern (Hosts) einschließen. Der User darf auf jedem Host, für den er registriert ist, eine oder mehrere Work-Locations einrichten (Bild 3-145).

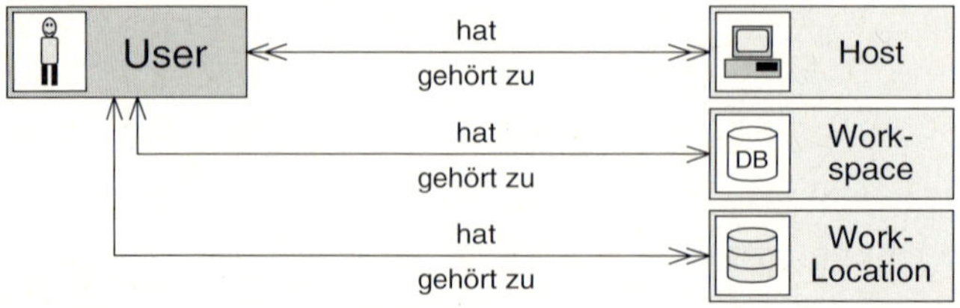

Bild 3-145 Relationen von User zu Host, Workspace und Work-Location

Die PDM-Benutzerverwaltung erfüllt nicht nur einen organisatorischen Zweck, sondern sorgt auch dafür, daß unternehmensweit eine produktive Systemnutzung bei gleichzeitig effektivem Datenschutz gewährleistet ist. Bei objektorientierten PDM-Systemen sind die Administrationsfunktionen ebenfalls objektorientiert. Die Struktur des Datenmodells erlaubt eine interaktive Handhabung und eine flexible Administration in Abhängigkeit der projekt- und prozeßorientierten Anforderungen. Mitarbeiter können mit wenigen Aktionen als PDM-User registriert oder wieder aus der Registrierung entfernt, einer Gruppe mit speziellen Rechten für spezielle Aufgaben zugeordnet oder mit einer bestimmten Rolle in einem bestimmten Entwicklungsprojekt ausgestattet werden. Selbst Mitarbeiter anderer Standorte oder von Partnerfirmen lassen sich mit Hilfe von Proxy-Usern (Stellvertreter) in den Nutzerkreis einer PDM-Installation aufnehmen, ohne die Datensicherheit zu gefährden.

3.5.3.2 Berechtigungsmanagement

Die Benutzerverwaltung und das Vault-Konzept sind die Grundlage für das Berechtigungsmanagement. Jeder registrierte PDM-User ist entsprechend seiner Aufgaben einem bestimmten Berechtigungsprofil zugeordnet. Dieses legt fest, welche Aktionen er ausführen darf, welche Benachrichtigungen er im Falle bestimmter Ereignisse erhalten soll und in welche Vault- oder Work-Locations er welche Datenobjekte transferieren darf. Das Berechtigungsprofil liegt gewöhnlich in Form einer Datei vor, es kann aber auch in der PDM-Datenbank eingetragen sein. Es enthält die Regeln und ihre Bedingungen, die erfüllt sein müssen, damit bestimmte Berechtigungen erteilt werden.

Das Berechtigungsmanagement ist im Grunde genommen ein eigenes Subsystem innerhalb einer PDM-Installation. Die Elemente sind die Regel- und Bedingungsobjekte sowie vor allem der Regelprozessor. Es werden Regeln gebraucht für die Nutzung von Messages, für den prozeßabhängigen Transfer von Datenobjekten in Vault- oder Work-Locations und für die Benachrichtigung von PDM-Nutzern bei Eintreten bestimmter Situationen. Die Message-Regeln bilden den Hauptanteil eines Regelwerks, da jede Aktion in einem objektorientierten PDM-System durch eine Message gesteuert wird. Die Messages rufen jeweils die Methoden der Objekte auf, die von den Aktionen betroffen sind. Mit einer Message-Regel und deren Bedingung muß nach dem Start eines selektierten Kommandos geprüft werden, ob der User berechtigt ist, die gewünschte Aktion auszuführen. Die Message-Regel ist imstande, den Zugriff auf Objekte – auch Relationen – und Objektattribute zu kontrollieren. Hiermit lassen sich sogar einzelne Datenfelder vor der Manipulation durch nichtautorisierte Nutzer schützen. Eine Regel kann für die Message einer Aktion oder für eine Gruppe von Messages ähnlicher Aktionen gelten. Die Transferregel legt fest, für welche Vault- oder Work-

Location die Objekte einer bestimmten Klasse zugelassen sind, wenn ein bestimmter Vault oder Workspace deren Eigentümer wird. Diese Situation tritt ein, wenn etwa ein Konstrukteur Zeichnungen in den Prüf-Vault transferiert. Da der Prüf-Vault in der Regel mehrere Vault-Locations – für Modelle/Ansichten, Zeichnungen, Arbeitspläne, etc. – besitzt, kontrolliert die Transferregel, daß in die Zeichnungs-Location nur zu prüfende Zeichnungen und keine anderen Dokumente gelangen. Um bei diesem Beispiel zu bleiben: Die Informationsregel benachrichtigt den oder die User mit der Rolle eines Prüfers, sobald Zeichnungen im Prüf-Vault ankommen.

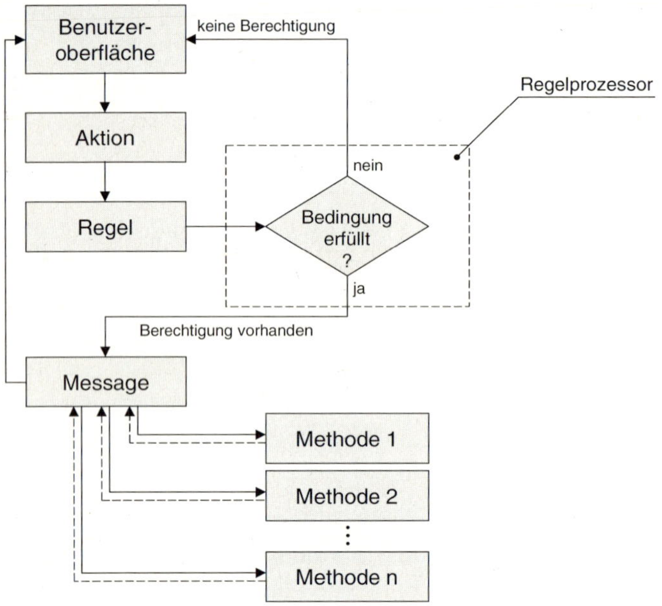

Bild 3-146 Regelverarbeitung bei der Ausführung einer PDM-Aktion

Die Regel ist der Zugang oder die Sperre einer Message. Bild 3-146 demonstriert den Ablauf bei der Ausführung einer PDM-Aktion einschließlich der Regelverarbeitung. Nach der Auswahl einer Anwenderfunktion aus der Benutzeroberfläche steht eine Regel als Kontrollinstanz für die Berechtigung, die zugehörige Message zu starten. Die Regel ist ein logisches Konstrukt, bestehend aus einer einfachen oder kombinierten Bedingung, die mit den Parametern der vorliegenden Situation (User-Name, Vault-Name, Objektklasse etc.) von einem Regelprozessor evaluiert wird. Ist das Ergebnis der Prüfung logisch unwahr, liegt keine Berechtigung zur Ausführung der selektierten Funktion vor und das System bricht die Aktion mit einer Fehlermeldung ab. Im andern Fall ist die Berechtigung vorhanden und der Weg frei, um die Message der Aktion zu starten. Je nach

Art der Anwenderfunktion werden eine oder mehrere Objektmethoden aufgerufen, und die Aktion wird ausgeführt. Nach Abschluß der Message geht die Programmkontrolle wieder zurück an die Benutzeroberfläche. Das PDM-System ist bereit, eine weitere Aktion zu bearbeiten.

3.5.3.3 Datensicherung

Die Datensicherheit spielt bei der Nutzung einer großen Geschäftsanwendung wie PDM eine herausragende Bedeutung. Immerhin steckt der überwiegende Teil des technischen Know-hows eines Fertigungsunternehmens in der Datenbasis dieses Systems. Die Sicherheit des laufenden Betriebs einer PDM-Installation beruht daher meist auf einem RAID-System (RAID, Redundant Array of Independent Discs). Hierbei handelt es sich um eine Methode zur Datenspeicherung, die Daten – zusammen mit Fehlerkorrekturcodes (Paritätsbit, Hamming-Code etc.) auf zwei oder mehr Festplattenlaufwerke verteilt – ablegt. Die verbundenen Festplatten bilden gegenüber dem Betriebssystem des Netzwerk-Servers ein virtuelles Laufwerk. Die Komponenten des RAID-Speichersystems sind das Disc-Array (Magnetplatten), der Festplatten-Controller und die Managementsoftware. Der RAID-Controller stellt die Verbindung zu den einzelnen Festplatten im Disc-Array her und leitet die Input-/Output-Anweisungen der Managementsoftware an ein bestimmtes Plattenlaufwerk weiter. Man unterscheidet zwischen Hardware- und Software-RAID. Der Unterschied liegt in der Anordnung der Verwaltungssoftware begründet. Beim Hardware-RAID befindet sie sich im Festplatten-Controller, beim Software-RAID wird sie vom Server-Betriebssystem ausgeführt. Die Speicherkapazität läßt sich mit einer RAID-Lösung variabel nutzen, die Performance verbessern und die Datensicherheit erhöhen. Selbst bei laufendem Betrieb können im Falle eines aufkommenden Problems Daten von einer Festplatte auf eine andere verlagert werden (Hot-Swapping). Die Ausfallsicherheit dieses Konzepts ist sehr hoch. Darüber hinaus bietet diese Technik den nicht unerheblichen Vorteil, daß das Betriebssystem ihre Details kapselt, d.h., die PDM-Installation kann die Vorzüge des RAID-Speichersystems ohne spezifische Anpassungen nutzen.

Trotz aller technischen Vorkehrungen ist dennoch nicht auszuschließen, daß eines Tages der *Worst Case* Datenverlust eintritt. Diese Katastrophe ist nur zu verhindern, wenn die PDM-Datenbasis (Datenbank- und File-Vault) mit Hilfe einer Backup-Funktion täglich gesichert wird. Das möglichst automatisierte Herstellen einer *Ver*Sicherungskopie ist eine wichtige Administrationsfunktion der PDM-Lösung. Als externe Speichermedien für die duplizierten Informationen eignen sich Magnetbänder oder optische Platten. Speziell die CD-R(ecording) bzw. CD-WORM (Write Once, Read Many/Multiple) ist ein praktikabler Datenträger mit gutem Preis-Leistungs-Verhältnis. Die CD-R kann einmal beschrieben und mit jedem CD-ROM-Laufwerk beliebig oft gelesen werden. Die PDM-Backup-Funktion registriert den Ablageort der Sicherungskopie. Im Bedarfsfall lassen sich so verlorengegangene Daten mittels Menü vom Sicherungs- auf das Arbeitsmedium zurückspielen. Der Stand der Tagessicherung ist zwar nicht immer der aktuelle Stand vor dem Software- oder Hardware-Fehler, doch ist der Schaden in jedem Fall geringer als bei einem totalen Datenverlust.

3.5.3.4 Langzeitarchivierung

Die PDM-Lösung als Technisches Informationssystem ist der Umschlagplatz für sämtliche produkt- und produktionsbeschreibenden sowie produktionssteuernden Daten und Dokumente in einem Fertigungsunternehmen. Produktdaten entstehen während des Produktentwicklungsprozesses und werden unter anderem von der Arbeits- und Produktionsplanung bis zur Fertigung des Produkts intensiv genutzt. Die Datenbank- und File-Vaults im Rechnernetzwerk des PDM-Systems sind während dieser Phase der physische Ort der Produktdaten. Berechtigungsmanagement und RAID-Speichersubsystem sorgen in diesem Stadium der Anwendung für eine sichere Datennutzung. Solange der verstärkte Gebrauch andauert, müssen die Produktinformationen ständig online verfügbar sein. Nach etwa 6 bis 12 Monaten, wenn üblicherweise die Nutzungsfrequenz der Produktdaten deutlich abnimmt, ist es sinnvoll, sie in ein optisches Archiv auszulagern. Das entlastet zum einen die Kapazität der Festplattenlaufwerke und erfüllt zum anderen die Forderung des Produkthaftungsgesetzes nach Langzeitarchivierung. Zudem ist das Firmenkapital Know-how besonders geschützt.

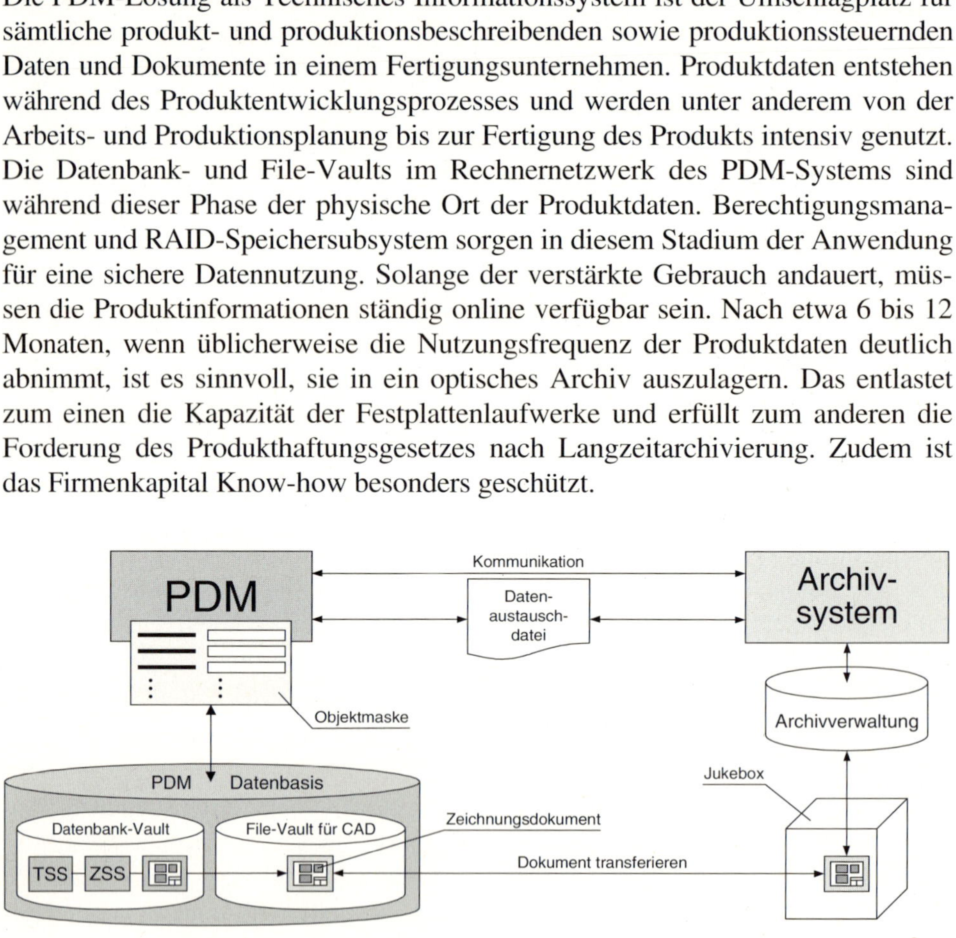

Bild 3-147 PDM-System mit integriertem optischen Archiv

Das Langzeitarchiv besteht aus einer entsprechenden Hardware für das Handling des Speichermediums und der zugehörigen Steuerungs- und Verwaltungssoftware. Im Falle eines optischen Archivs werden CD-Jukeboxen oder CD-Tower für die automatische Zuführung der Datenträger in ein Laufwerk verwendet. Die Software steuert das Archivieren und Exportieren der Dokumente. Damit auch das Langzeitarchiv eine Online-Komponente der PDM-Datenbasis sein kann, müssen PDM- und Archivsystem integriert werden (Bild 3-147). Über das generalisierte Interface läßt sich das elektronische Datenarchiv wie ein CAx-Erzeugersystem an die PDM-Lösung anbinden. Die beiden Hauptfunktionen der Schnittstelle sind

- CAx-Dokument(e) via PDM in das Archiv verlagern,
- CAx-Dokument(e) via PDM in die PDM-Datenbasis verlagern.

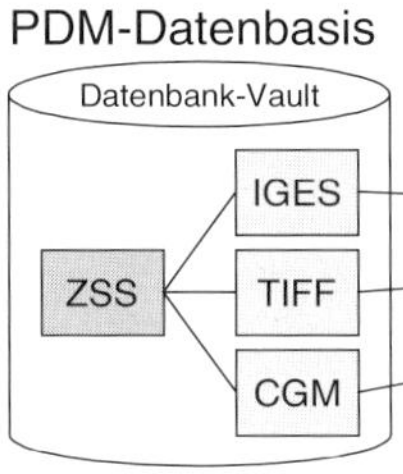

Archivverwaltung

Archiv-ID Archiv	Dokumentnummer PDM	Objektklasse PDM	Objekt-ID PDM
352614	87654321	IGES	123456
352615	87654321	TIFF	123457
352616	87654321	CGM	123458
⋮	⋮	⋮	⋮

Bild 3-148 Referenz zwischen PDM- und Archivsystem

Das CAx-Dokument wird beim Archivieren aus seinem PDM-File-Vault entfernt und in ein Verzeichnis des Archivsystems transferiert. Von dort aus kopiert die Archivsoftware die Datei auf eine beschreibbare optische Speicherplatte. Das PDM-System liefert per Datenaustauschdatei die notwendigen Informationen für die Archivverwaltung. Dies sind Dokumentnummer, Objektklasse und Objekt-ID. Die beiden letzten Angaben werden deshalb gebraucht, da ein Dokument (z.B. Zeichnung) in mehreren Formaten (z.B. IGES, TIFF, CGM) vorliegen kann (Bild 3-148). Die Metadaten eines archivierten Dokuments bleiben in der PDM-Installation erhalten. Zur Kennzeichnung der Archivierung wird im Dokumentobjekt lediglich ein Attributschalter auf *Dokument archiviert* gesetzt. Auch ausgelagerte Produktdaten müssen weiterhin mit Hilfe der PDM-Lösung recherchierbar und bei Bedarf aus dem Archiv exportierbar sein. Denn das Langzeitarchiv gehört zur logischen Datenbasis des Technischen Informationssystems. Und dieses muß Zugang zu allen technischen Unterlagen in einem Fertigungsunternehmen bieten.

3.5.3.5 Datenimport und Datenexport

Nicht mehr beherrschbare Datenbestände im technischen Anwendungsbereich sind häufig der Auslöser für die Anschaffung einer PDM-Lösung. So ist es naturgemäß eine Schwerpunktaufgabe, im Zuge der Systemeinführung für eine selektive Datenmigration zu sorgen. Mit zunehmender IT-Systemnutzung sind im

Laufe der Jahre diverse Datenquellen entstanden, deren Informationen zumindest partiell in die PDM-Datenbasis übernommen werden müssen. Hierbei liegt die Schwierigkeit darin, Daten aus verschiedenen Altsystemen so zu extrahieren und aufzubereiten, daß diese durch ein homogenes, effizientes Verfahren als geprüfte und gültige Objekte in die PDM-Installation gelangen. Die Faktoren Zeit und Qualität spielen dabei die entscheidende Rolle.

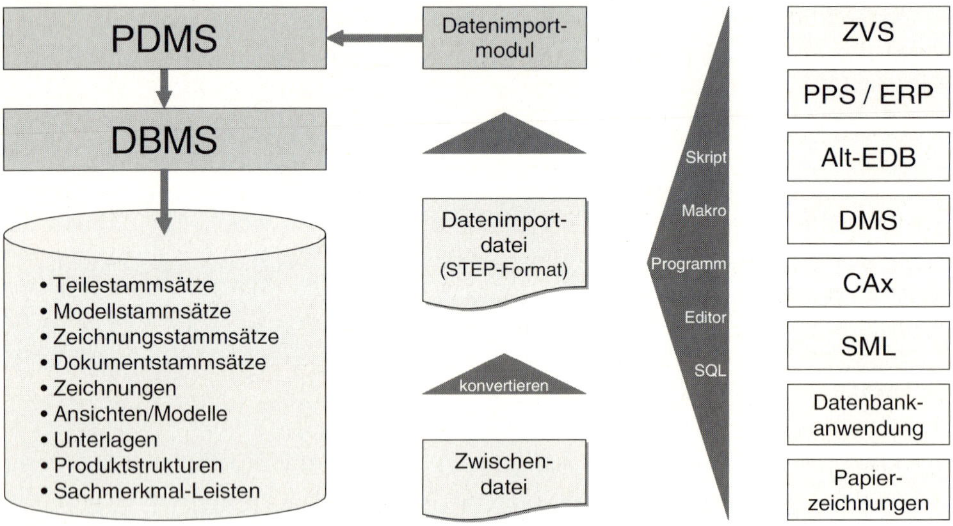

Bild 3-149 Datenimport aus vorhandenen IT-Systemen und Datenbeständen

Damit der Prozeß des Datenimports mit einem hohen Automatisierungsgrad ablaufen kann, müssen die Daten unterschiedlicher Herkunft in ein einheitliches Format gebracht werden. Auf den ersten Blick betrachtet bietet sich an, SQL-Dateien zu generieren, da sich diese direkt vom Datenbankmanagementsystem der PDM-Installation einlesen lassen. Bei genauerem Hinsehen ist dieser Ansatz nicht praktikabel, da es hier keine Kontrollinstanz gibt. Die Informationen der Altsysteme und/oder Altbestände gelangen ungeprüft in die PDM-Datenbasis. Angesichts der enormen Informationsmenge, die bei einem Datenimport migriert, läßt sich ohne Datenvalidation keine Datenkonsistenz gewährleisten. Die Wahrscheinlichkeit, daß die PDM-Datenbasis anschließend fehlerhafte Objekte aufweist, ist sehr hoch. Aus diesem Grunde muß der Datenimport über die Systemebene der Anwendungslogik erfolgen. Zu diesem Zweck ist ein allgemeines Datenformat erforderlich, das vom PDM-System direkt gelesen werden kann. Ist ein generalisiertes Interface verfügbar, bietet sich dessen Datentransferformat ebenso als Datenimportformat an (Bild 3-149). Die PDM-Anwendungslogik ist damit in der Lage, die ankommenden Informationen zu evaluieren und je nach

Ergebnis der Prüfung abzulehnen oder anzunehmen. Für die importierten Daten werden entsprechende Geschäfts- oder Datenobjekte erzeugt, nichtimportierte Informationen kommen in ein Fehlerprotokoll. Diese Importstrategie bietet zwei wesentliche Vorteile. Einerseits stellt sie eine validierte PDM-Datenbasis sicher, und andererseits ermöglicht sie neben der Neuanlage von Objekten auch deren vollständige oder teilweise Aktualisierung.

Bei DBMS-basierten Anwendungen wie ZVS, PPS/ERP, Alt-EDB etc. lassen sich die notwendigen Informationen mit Hilfe von SQL-Prozeduren ausleiten. Im Falle anderer Datenquellen kann es notwendig sein, spezielle Programme oder Skripten für diese Aufgabe zu entwickeln. Sofern kein Zeichnungsverwaltungssystem existiert, müssen die Metadaten aus den Schriftfeldern der CAD-Blätter extrahiert werden. Dies ist relativ einfach mit einem geeigneten CAD-Makro realisierbar. Sind Papierzeichnungen vorhanden, die, eingescannt oder nicht, mit dem PDM-System verwaltet werden sollen und für die es keine beschreibenden Einträge in einem Altsystem gibt, bleibt nur der Weg, die Schriftfeldinhalte manuell mit einem Editor zu erfassen. Die Hersteller von Norm- und Katalogteilen stellen ihren Kunden meist die zugehörigen SML-Daten auf CD-ROM zur Verfügung. Diese lassen sich gemäß den Unternehmensanforderungen selektiv in das Format der Importdatei konvertieren. Es sollten nur solche Kaufteile in die PDM-Datenbasis einfließen, die auch für die Verwendung freigegeben sind. Die Datenimportdatei kann in einem 1-stufigen Verfahren direkt aus den Informationsquellen oder in einem 2-stufigen Ablauf über ein Zwischenformat generiert werden. Das Format der Zwischendatei kann einfacher aufgebaut sein als das des eigentlichen Import-Files. Dies mag das Ausleiten der Daten aus den Altbeständen in manchen Fällen deutlich vereinfachen. Die 2-stufige Methode macht allerdings einen speziellen Konverter notwendig.

Die Funktionalität des Datenimports wird vor allem in der Einführungsphase der PDM-Lösung benötigt. Mit der Freigabe der ersten Installationsstufe müssen auch die für deren Anwendung erforderlichen Daten und Dokumente verfügbar sein. Beim Datenexport ist dies anders. Er kann aus unterschiedlichen Gründen zu jeder Zeit des laufenden Betriebs notwendig werden. Die Handhabung sollte denkbar einfach sein. Der Anwender selektiert mit den Mitteln der Benutzeroberfläche die zu exportierenden Objekte und leitet deren Inhalt in die Datentransferdatei aus.

3.5.3.6 Konfiguration von Systemeinstellungen

Eine umfangreiche Geschäftsanwendung wie Produktdatenmanagement bietet seinen Anwendern und Administratoren eine Vielzahl von Konfigurationsmöglichkeiten. Für die PDM-Nutzer sind in erster Linie die Systemeinstellungen hinsichtlich der individuellen Arbeitsumgebung von Interesse. Zu nennen sind dabei vor allem die Themen Menügestaltung, Dialogstandardisierung und Reportkonfiguration. Im Bereich der Menügestaltung lassen sich Farb-, Font- und Spracheinstellungen vornehmen. Beim Tabellen-Browser (siehe auch Bild 3-25) ist konfigurierbar, welche Attribute als Ergebnis einer Recherche aufgelistet werden sollen. Des weiteren kann der Anwender festlegen, ob er Interaktionen mit oder ohne Dialogprotokollierung ausführen möchte. Ein wichtiges Mittel zur Konfiguration der persönlichen Arbeitsumgebung ist die Dialogstandardisierung. Hiermit ist der PDM-Nutzer in der Lage, häufig wiederkehrende Interaktionen, die im Zuge seiner individuellen Aufgaben anfallen, zu Standardaktionen zu erklären. Eine einmal vollzogene Dialogsequenz läßt sich als Interaktionsobjekt abspeichern und in den persönlichen Desktop aufnehmen. Mit Hilfe von Konfigurationsdateien kann ein Anwender beliebige Objektreports erzeugen. Ganz gleich, ob eine Stückliste, ein Zeichnungssatz oder ein Verwendungsnachweis gebraucht wird, umfangreiche Objektdaten lassen sich damit in übersichtlicher Form – die Gestaltung legt der User selbst fest – reproduzieren.

Für die Tätigkeit des Systembetreuers stehen Konfigurationsmöglichkeiten zur Verfügung, die den reibungslosen Betrieb einer PDM-Installation sicherstellen. Von besonderer Bedeutung sind in diesem Zusammenhang die Administrationsfunktionen für die Benutzerverwaltung, das Berechtigungsmanagement und die Vault-Definition. Diese drei Komplexe sind eng miteinander verflochten. Ein neuer PDM-Nutzer muß registriert werden, braucht ein Berechtigungsprofil und benötigt eine persönliche Arbeitsumgebung mit Workspace und einem oder mehreren Work-Locations. Speziell Aufbau und Pflege des Regelwerks spielen eine herausragende Rolle. Hierfür bieten gute PDM-Systeme vielfältige Gestaltungsmöglichkeiten.

3.5.3.7 Entwicklungsumgebung

PDM-Systeme sind in ihrer Architektur so konzipiert, daß sie mit mehr oder weniger großem Aufwand an nahezu beliebige Anforderungen angepaßt werden können. Für die Realisierung von Kundenlösungen (Customizing) ist ein offenes Entwicklungswerkzeug (API) verfügbar. Hiermit lassen sich Standardfunktionen verändern und neue Systemfähigkeiten schaffen. Im Falle von objektorientierten PDM-Anwendungen besteht die Arbeit für die Entwicklung einer Kundenlösung im wesentlichen darin, aus vorhandenen Objektklassen (Klassenbibliothek) neue abzuleiten. Basisklassen sollten niemals manipuliert werden, andernfalls wären spätestens mit dem nächsten Versionswechsel des PDM-Systems alle Anpassungen erneut auszuführen. Mit Hilfe der Klassenvererbung (siehe auch Bild 3-33) ist es einfach, aus einer Basisklasse eine Objektklasse mit neuen Eigenschaften zu entwickeln. Die abgeleitete Klasse besitzt alle Fähigkeiten der Basisklasse, so daß der Programmierer nur zusätzlich benötigte Daten und Methoden einbringen muß. Dieser Teil der Arbeit kann entweder direkt auf der Ebene einer Standardsprache wie C++ oder Java ablaufen oder mit einer eigens vom Systemhersteller entwickelten Modellierungssprache erfolgen. Solch proprietäre Sprachen lehnen sich meistens an gängige Standards wie C an. Ihre Intention ist es, das Erstellen eines Datenmodells zu vereinfachen. Ein Precompiler erzeugt daraus den Quellcode in der Zielsprache der Entwicklungsumgebung. Eine graphische Datenmodellierung wird leider nur selten unterstützt, obgleich mit der Anwendung eines graphischen Modellierungs-Editors deutliche Vorteile in bezug auf Kosten und Qualität der Kundenanpassung zu erzielen sind.

Dialogmasken werden in einem objektorientierten PDM-System ebenfalls durch Klassen (Dialogklassen) definiert. Auch hier lassen sich neue BO-Elemente aus bestehenden Dialogklassen entwickeln. Mit einem Graphik-Editor können vorhandene Dialogmasken angepaßt oder neue zusammengestellt werden. Die BO-Elemente liegen hierbei in Form von Ressource-Quellcode vor. Ein Ressource-Compiler generiert daraus Ressource-Objektcode, der sich mit den kompilierten Klassendefinitionen und Messages zu einem Client oder Server binden läßt. In der Dialogklasse werden neben dem Erscheinungsbild auch die Eigenschaften einer Objektmaske festgelegt. Hier ist vor allem zwischen Anzeige- und Arbeitsmaske zu unterscheiden. Bei einer Arbeitsmaske wird definiert, ob es sich um Pflicht- oder Wahlfelder handelt, ob eine Eingabe manuell oder per statischer oder dynamischer Auswahlliste möglich ist und ob es für ein Eingabefeld einen voreingestellten Standardwert (Default) gibt. Die Kommunikation zwischen Objekten von Dialog- und Objektklassen – Objektklasse im Sinne von PDM-Entität – erfolgt wie die Kommunikation zwischen allen Objekten mit Hilfe einer Message.

Die wesentlichen Elemente der Entwicklungsumgebung eines objektorientierten PDM-Systems sind eine Klassenbibliothek mit Vererbungshierarchie, ein graphischer Editor für die Datenmodellierung und ein GUI-Tool zur BO-Gestaltung. Dabei sollten unbedingt offene IT-Standards benutzt werden. Proprietäre Herstellerlösungen sind für eine unternehmensweite Geschäftsanwendung mit Client-Server-Architektur wie PDM höchst ungeeignet. Für die Integrationsdrehscheibe aller Informationsinseln haben Plattformunabhängigkeit und ein hohes Maß an Flexibilität erste Priorität. Der Ansatz des Middleware-Standards CORBA der Object Management Group ist derzeit die ideale Basis, mit dem die Hersteller von PDM-Systemen ihren hohen Ansprüchen gerecht werden können. Potentielle PDM-Anwender sollten darauf achten.

3.5.3.8 Generalisierte Systemschnittstelle

Der Einsatz einer PDM-Lösung macht nur Sinn, wenn alle Erzeugersysteme sowie das ERP-, Reprographiemanagement- und Archivierungssystem integriert sind. Die meisten PDM-Anbieter offerieren zwar Standardschnittstellen zu den marktgängigsten CAD-, CAO- und ERP-Anwendungen, doch zeigt sich in der Praxis immer wieder, daß dies nicht ausreichend ist. Zumal in vielen Fertigungsunternehmen zusätzlich zu den diversen Standardapplikationen noch zahlreiche selbstentwickelte Programme im Einsatz sind. Die Vielfalt an möglichen Kombinationen aus PDM-Lösung und Anwendungssystemen macht eine Art *Plug-and-Play*-Interface notwendig. Soll heißen, die Anbindung einer Applikation muß mit minimalem Aufwand realisierbar sein. PDM-seitig sollte sich die Integration im wesentlichen auf Konfigurationsarbeiten reduzieren. Die Entwicklung eines wirklich neuen Kopplungsmoduls sollte auf die Seite der Anwendung beschränkt bleiben. Um dieses Ziel zu erreichen, benötigt die PDM-Installation eine normierte Systemschnittstelle (siehe auch Bild 3-125).

Bidirektionale Kommunikation und bidirektionaler Datenaustausch heißen die Kernaufgaben einer Systemanbindung. Die wichtigsten Standardkomponenten für das dazu notwendige Integrationswerkzeug sind

- Objektklasse *Universelles Dokument* zur Verwaltung der Applikationsdateien,
- Pre- und Postprozessor für das Lesen und Schreiben der Datentransferdatei,
- Standard-Messages für PDM-Objekte lesen, schreiben, erzeugen etc.,
- Sprungverteiler für die Steuerung der Message-Aufrufe,
- Mechanismen zur Systemkommunikation.

Mit der Objektklasse *Universelles Dokument* (siehe auch Bild 3-55) können die Anwendung und ihr Erzeugnis bekanntgemacht werden. Die Attribute Anwendungssystem und Dateiformat legen fest, wie ein Erzeugersystem aufzurufen ist und seine Dateien zu behandeln sind (z.B. Bildung von Dateinamen). Pre- und Postprozessor sind auf beiden Seiten der Schnittstelle verwendbar. In der Regel genügt ein tragfähiges Austauschformat (z.B. STEP-Dateistruktur). Wenn auch andere Formate konfigurierbar sind, mag dies CAx-seitig die Systemanbindung in manchen Fällen erleichtern. Mit einem Satz von Standard-Messages lassen sich in Abhängigkeit der erforderlichen Schnittstellenfunktionalität die Methoden bestimmter Objekte aktivieren. Das Message-Paket kann mit wenig Aufwand an individuelle Bedürfnisse angepaßt werden. Ein Sprungverteiler sorgt dafür, daß der CAx-seitige Aufruf einer PDM-Funktion die richtige Message bzw. Methode anspricht; zur Realisierung zusätzlicher Interface-Funktionen ist dieser erweiterbar. Die Schnittstellenkommunikation ist abhängig von den Möglichkeiten, die das Erzeugersystem anbietet. Im einfachsten Fall kann dies ein Systemaufruf sein. Verfügt die Applikation über eine offene Programmschnittstelle (API), ist ebenso eine synchrone Interprozeß-Kommunikation ausführbar. Im Umfeld von Client-Server-Lösungen sind Remote-Prozeduraufrufe oder ORB-Methodenaufrufe effiziente Mechanismen zur Systemkommunikation. Mit Hilfe eines Wrappers kann sich ein CORBA-PDM-System sogar mit funktionsorientierten Anwendungen unterhalten. Unter Nutzung eines ORB-Objektbusses können PDM- und Erzeugersystem sowohl als Client als auch als Server auftreten und wechselseitig ihre Dienste in Anspruch nehmen. In dieser Situation ist für den Datenaustausch kein Transfer-File notwendig.

3.6 Systemklassen

Alle PDM-Systeme, die gegenwärtig im Markt verfügbar sind, versprechen, das richtige Mittel für Daten- und Dokumentenmanagement, Prozeßmanagement und Systemintegration zu sein. Die technischen Ansätze sind jedoch sehr unterschiedlich. Es gibt funktionsorientierte Systeme, die sämtliche Informationseinheiten (Entitäten) und sogar die Dialogmasken direkt auf Tabellen in einem RDBM-System abbilden. Modernere Lösungen sind durchgängig objektorientiert ausgeführt. Neueste Systeme basieren vollständig auf der Internet-Technik und sind mit CORBA- und Java-Tools implementiert. Als Unterscheidungskriterium ebenso wie als Entscheidungskriterium sind diese Ansätze für potentielle Anwender sehr bedeutsam. Niemand sollte bei einer auf lange Sicht angelegten Geschäftsanwendung wie PDM die Technologie von gestern kaufen. Dies ist jedoch nur eines der Auswahlkriterien für PDM-Systeme. Ein zweites, nicht minder wichtiges Charakteristikum ist der Grad an sofort nutzbarer Anwenderfunktionalität. Hier lassen sich die PDM-Systeme in drei Klassen einordnen. Es sind dies Turnkey-, Toolbox- und Toolbox-basierende Turnkey-Systeme. Die Auswirkungen dieser unterschiedlichen Systemphilosophien auf PDM-Projekte sowie deren Dauer und Kosten sind erheblich.

3.6.1 Turnkey-Lösung

Eine Turnkey-Lösung ist ein PDM-System, das eine sofort nutzbare Anwenderfunktionalität bietet. Es besteht aus einem objektorientierten Basissystem, konfigurierbaren Anwendungsmodulen und einer offenen Entwicklungsumgebung mit Integrationswerkzeug. Turnkey ist kein Synonym für starre Fertiglösungen, es kennzeichnet vielmehr PDM-Systeme mit moderner Basistechnologie und einer voll implementierten Anwendungsschale. Das hierarchische Objektklassenmodell verfügt sowohl über die notwendigen Basisklassen mit grundlegenden Systemeigenschaften als auch über die abgeleiteten Applikationsklassen für Zeichnungsverwaltung, Teileklassifikation, Variantenmanagement und andere Funktionen. Kundenanforderungen werden mit dieser Philosophie nicht immer wieder neu realisiert, sondern konfiguriert. Die Standardaufgaben hierbei sind das Regelwerk für das Berechtigungsmanagement zu implementieren, die Objektattribute zu modifizieren, die Objektmasken anzupassen, den Nummerngenerator für diverse

Nummernkreise einzustellen, die Workflows zu definieren, die Standardschnittstellen zu CAD, ERP etc. einzurichten und ggf. Interfaces zu weiteren IT-Systemen mittels generalisierter Schnittstelle auszuführen.

Für das Vorhaben, eine PDM-Lösung einzuführen, sind dies die besten Systemvoraussetzungen. Das Projekt ist realistisch planbar, d.h. die Investitions- und Folgekosten lassen sich mit hoher Sicherheit kalkulieren, die Terminierung der Meilensteine ist ohne große Toleranzen möglich und die Systempflege mit überschaubarem Aufwand zu bewältigen. Nach wenigen Monaten Projektlaufzeit ist eine erste Produktivphase erreichbar. Dieser Erfolg ist enorm wichtig, um den Zuspruch aller Beteiligten für den unternehmensweiten PDM-Einsatz zu fördern. Vor allem werden dadurch den Skeptikern und Nörglern ihre oftmals destruktiven Argumente entzogen.

Dennoch kommt es auch in Projekten mit Turnkey-PDM-System immer wieder zu erheblichen Schwierigkeiten und schließlich zu Abweichungen vom Plansoll. Dafür gibt es nach Erfahrung des Autors zwei Ursachen. In den Unternehmen der Fertigungsindustrie, besonders in Klein- und Mittelstandsunternehmen, existieren nicht selten irrige Vorstellungen über Produktdatenmanagement. Aus Unkenntnis wird versucht, die gesamte Historie des Unternehmens eins zu eins auf die PDM-Installation abzubilden. Nummernschlüssel, Nomenklatur und Arbeitsabläufe haben sich über Jahre hinweg entwickelt und sind häufig auf einem Stand, der nicht IT-fähig ist. Werden hier von verantwortlichen Personen nicht die richtigen Weichenstellungen vorgenommen, beginnt das Desaster. Um das nicht IT-fähige Altkonzept irgendwie in die *neue* Zeit zu retten, wird versucht, das PDM-System so lange zu *verbiegen*, bis sich auch noch der x-te Verbundnummernschlüssel vom Nummerngenerator erzeugen läßt. Dies führt naturgemäß zu Mehraufwänden beim Systemlieferanten oder Dienstleister, da sich diese Anpassungen nicht mehr allein mit Konfiguration verwirklichen lassen, sondern Programmierarbeit notwendig machen. Der zweite Grund für Probleme in Turnkey-PDM-Projekten liegt bei den Systemen selbst. Nicht wenige Turnkey-Lösungen bieten im Detail eine unzureichende Anwendungsfunktionalität. Dadurch sind die Konfigurationsmöglichkeiten ebenfalls eingeschränkt. Dies hat zur Folge, daß die Unternehmen für so manche Funktion, die eigentlich zum PDM-Standard gehören sollte, teuere Dienstleistung bezahlen müssen. Gleichwohl gibt es derzeit, besonders für Klein- und Mittelstandsunternehmen, keine Alternative zum Konzept der Turnkey-Systeme.

3.6.2 Toolbox-Ansatz

Der Begriff Toolbox-Ansatz charakterisiert PDM-Systeme, die eigentlich gar keine sind. Das Toolbox-System ist eine Entwicklungsumgebung zur Realisierung von kundenspezifischen PDM-Lösungen. Sie basiert auf objektorientierten Werkzeugen zur Datenmodellierung, Objektkommunikation und Oberflächengestaltung. Kernelement ist eine hierarchische Klassenbibliothek, die hauptsächlich aus Basisklassen für Arbeits-, Administrations- und Relationsobjekte besteht. Anders als bei einem Turnkey-System, wo es beispielsweise voll ausgebildete Objektklassen für die Zeichnungsverwaltung (ZSS- und Zeichnungsobjekt) gibt, verfügen die Objektklassen einer Toolbox in diesem Bereich nur über allgemeine Grundeigenschaften zur Verwaltung von Metadaten und Dateien. Das gleiche gilt für die Ansicht/Modell- oder Teileverwaltung sowie für andere Themen. Die PDM-Toolbox liefert die Basisklassen, von denen Applikationsklassen für die zu realisierende Kundenlösung abgeleitet werden können. Der Entwickler besitzt damit nahezu unbegrenzte Möglichkeiten und ist in der Lage, die ausgefallensten Kundenwünsche zu erfüllen.

Ein PDM-Projekt auf der Basis einer Toolbox zu starten, kommt im Grunde genommen der Entwicklung eines neuen PDM-Systems gleich. Natürlich vereinfacht eine umfangreiche Klassenbibliothek einiges, dennoch ist ein immenser Aufwand zu leisten. Die erforderlichen internen und externen Ressourcen für die PDM-Software-Entwicklung sind erheblich. Das Unternehmen benötigt einen Stab von eigenen Mitarbeitern mit fundiertem PDM-Know-how für die Projektphasen Analyse, Konzeption, Realisierung, Inbetriebnahme und Wartung. Die Koordination aller Spezialisten von Auftraggeber, Systemlieferant und ggf. Dienstleister erfordert eine intensive Kommunikation. Die Gefahr von Mißverständnissen und Reibungsverlusten ist groß, die Zahl der Risikofaktoren beträchtlich. Ein PDM-Vorhaben auf Toolbox-Basis ist deshalb nur sehr schwer realistisch planbar. Die Projektlaufzeit kann sich je nach Umfang des Pflichtenhefts über mehrere Jahre erstrecken. Entsprechend hoch sind die Investitions- und Folgekosten, und es gibt keine Erfolgsgarantie – nicht nur für Klein- und Mittelstandsunternehmen ein unkalkulierbares Abenteuer.

Von Anbietern wird gerne suggeriert, daß ein Toolbox-System das richtige Mittel zur Umsetzung der strategischen Ziele eines Großunternehmens mit internationaler Ausrichtung sei. Das ständige Erfordernis zur Optimierung der Geschäftsprozesse mache eine PDM-Installation notwendig, die die Flexibilität besitze, permanent an diese Entwicklung angepaßt zu werden. Flexibilität ist jedoch kein Alleinstellungsmerkmal von Toolbox-basierenden PDM-Lösungen. Auch gute Turnkey-Systeme sind flexibel genug, um Workflow-Definitionen an sich ändernde Anforderungen anpassen zu können. In Wirklichkeit liegt der Schwerpunkt eines Toolbox-Projekts allerdings in der Entwicklung von so alltäglichen PDM-Basisfunktionen wie Zeichnungsverwaltung, Teilemanagement, Teileklassifikation oder ERP-Kommunikation. Der Unterschied zu einer Turnkey-Lösung besteht im wesentlichen darin, daß das Unternehmen nun eine teuere und unerprobte Spezialsoftware mit annähernd gleichem Funktionsprofil besitzt. Es stellt sich ernsthaft die Frage: Worin liegt der Vorteil, eine *hausgemachte* PDM-Lösung anzuschaffen? Nach den Erfahrungen des Autors gibt es für Fertigungsunternehmen keinen plausiblen Grund, dies zu tun, ganz im Gegenteil. In Toolbox-basierenden PDM-Projekten entstehen naturgemäß alle Schwierigkeiten, die im Rahmen umfangreicher Software-Entwicklungsvorhaben auftreten können. So werden die Anwenderwünsche im einen Extrem kaum zur Kenntnis genommen oder gar ignoriert. Auf der anderen Seite birgt die Toolbox die Gefahr, daß man jede *Sonderlocke* realisiert. Dies führt zwangsläufig zu Mehraufwänden und ständigen Korrekturen an den Investitions- und Terminplänen. Ein gewichtiges Problem ist die Software-Qualität. Mehrere Mannjahre Entwicklung bringen einen beachtlichen Umfang an Quellcode mit sich. Meist wird dieser ohne verbindliche Richtlinien geschrieben. Das Fehlerhandling ist häufig nur rudimentär realisiert und die Inline-Dokumentation nicht informativ genug. Zudem fehlen oftmals systematische Testverfahren, die nicht nur das Verhalten von Einzelkommandos, sondern auch von Kommandokombinationen prüfen. So kommt nicht selten instabile PDM-Software zum Einsatz, die bei den Nutzern verständlicherweise auf Ablehnung stößt. Problematisch ist ferner die Wartung der selbstgeschriebenen PDM-Lösung. Sie muß bei jedem Versionswechsel der Toolbox wieder lauffähig gemacht werden. Größere Eingriffe des Herstellers am Basissystem können zu beträchtlichen Kosten führen.

Der bessere Weg ist, auf bewährte Standardsoftware zu bauen. Diese Erkenntnis setzte sich letztendlich auch in einem deutschen Großunternehmen durch, in dem etwa drei Jahre lang auf der Grundlage eines Toolbox-Systems an einer standortübergreifenden (internationalen) PDM-Lösung *gebastelt* wurde. Nachdem man sich aufgrund des enormen Erfolgsdrucks schließlich auch ein Turnkey-System angesehen hatte, stellte man fest, daß dieses einen Großteil der Anforderungen sofort abgedeckt hätte. Dieses Beispiel ist kein Einzelfall. Durch solche Fehlschläge werden jedes Jahr Millionen Investitionsgelder in den Sand gesetzt. Bei Großunternehmen mag die Schmerzgrenze höher liegen, so daß man Abenteuer dieser Art unbeschadet übersteht. Für Klein- und Mittelstandsunternehmen können derlei Projekte existenzbedrohend sein.

3.6.3 Toolbox-basierende Turnkey-Lösung

Toolbox-basierende Turnkey-Lösungen sind der Versuch, mit der Entwicklungsumgebung und der Basisfunktionalität einer Toolbox eine PDM-Branchenlösung (Maschinenbau, Anlagenbau etc.) zu realisieren. Derartige Lösungen werden in der Regel von Vertriebspartnern des Toolbox-Herstellers entwickelt und angeboten. Die Funktionalität ist mit der von originären Turnkey-Systemen vergleichbar. Nachteilig für den Kunden ist, daß er zweimal für Software-Lizenzen bezahlen muß: einmal für die Toolbox und einmal für den Turnkey-Aufsatz. Dies gilt ebenso für die Wartungsgebühren. Hinzu kommt, daß es der Kunde bei Schwierigkeiten immer mit zwei Ansprechpartnern zu tun hat. Im Falle eines gravierenden Problems muß erst geklärt werden, welcher der beiden Hersteller dafür verantwortlich ist. Für den Nutzer der PDM-Installation eine äußerst unbefriedigende Situation. Ein weiterer kritischer Punkt, der zu beachten ist, betrifft die Verfügbarkeit des Turnkey-Aufsatzes bei einem Versionswechsel der Toolbox-Software. Der Hersteller sollte nachweislich in der Lage sein, seine Branchenlösung innerhalb einer akzeptablen Frist zu portieren.

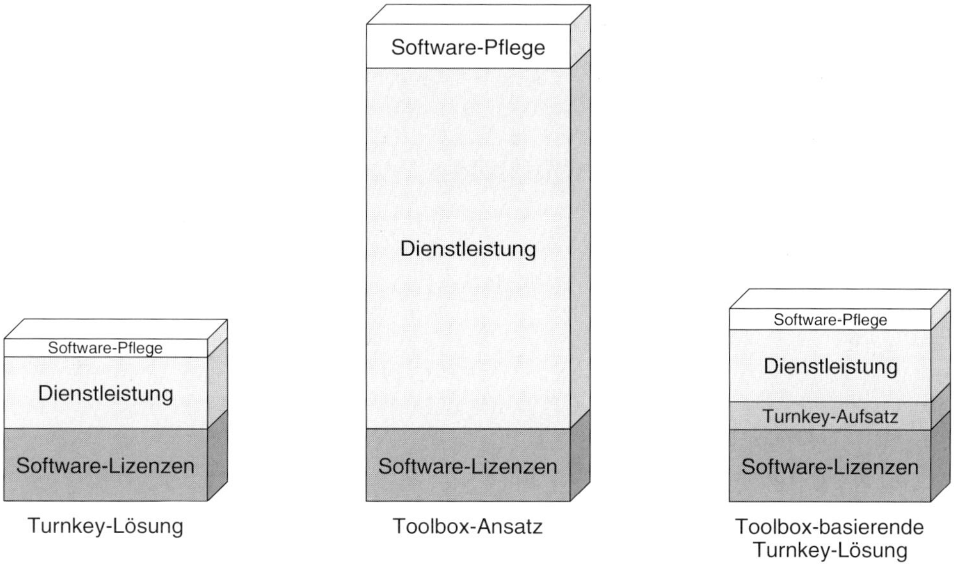

Bild 3-150 Exemplarische Gegenüberstellung der PDM-Systemklassen (Kosten)

Mit einem fiktiven PDM-Projekt sollen die verschiedenen Systemklassen abschließend gegenübergestellt werden. Die Installation umfaßt jeweils 30 Arbeitsplätze, die Anwendungsfunktionalität entspricht der einer mittleren Ausbaustufe, die Software-Lizenzkosten betragen jeweils DM 180.000 und der Verrechnungssatz für Dienstleistung liegt bei DM 30.000 pro Monat. Für den Kaufpreis der Toolbox-basierenden Turnkey-Lösung werden DM 70.000 angenommen. Die Pflegekosten für Standardsoftware und Anpassung belaufen sich auf jeweils 1 % pro Monat. Die Dienstleistungsaufwände sind mit sechs Mannmonaten für die Systemklassen Turnkey-Lösung und Toolbox-basierende Turnkey-Lösung sowie mit 30 Mannmonaten für die Systemklasse Toolbox-Ansatz nach den Projekterfahrungen des Autors eher konservativ angesetzt (Bild 3-150).

3.7 Alternativsysteme

Der Kostendruck in der Fertigungsindustrie führt dazu, daß immer mehr Unternehmen versuchen, nicht nur die Produktion zu beschleunigen, sondern auch die Herstellung der Produktdaten. Das Interesse an IT-Werkzeugen, mit deren Hilfe sich die Produktivität der Geschäftsprozesse in den fertigungsvorgelagerten Bereichen deutlich verbessern läßt, nimmt stetig zu. Dieser Umstand verspricht den PDM-Anbietern mittel- und langfristig goldene Zeiten. So ist es nur eine logische Konsequenz, wenn auch Hersteller und Anbieter anderer IT-Anwendungen ein Stück vom PDM-Kuchen für sich reklamieren. Allen voran sind es CAD- und ERP-Lieferanten, die sich mit erweitertem Portfolio für den Kampf um Marktanteile rüsten. Der Kunde ist dabei gut beraten, genau zu prüfen, ob er mit der Funktionalität dieser Systeme seine strategischen Ziele mittel- und langfristig realisieren kann.

3.7.1 Anwendungsgebundenes Workgroup-System

CAD-Daten bilden heute den Kern der Produktdokumentation. Einmal erstellt, sind sie die Arbeitsgrundlage für den größten Teil der weiteren Aufgaben in der Prozeßkette Produktentstehung. Darüber hinaus sind CAD-Daten infolge von Fehlerkorrektur, Produktverbesserung, Fertigungsoptimierung, Kundenanforderungen etc. einem kontinuierlichen Änderungsprozeß unterworfen. So entstehen rasch enorme Mengen von CAD-Dokumenten mit unterschiedlichen Stati, Reifegraden und Änderungsständen. Selbst für die Konstrukteure ist es kaum noch möglich, mit dieser Datenflut zurechtzukommen, ganz abgesehen von den übrigen Nutzern im technischen Anwendungsbereich – eine Situation, in der PDM-Funktionalität gebraucht wird, die imstande ist, das Datenmanagement für CAD-Modelle und -Zeichnungen zu leisten. Wenn namhafte CAD-Hersteller ihrer Anwenderschaft die hierfür notwendigen Software-Komponenten anbieten, ist das nur ein folgerichtiger Schritt.

Für die wichtigsten CAD-Applikationen sind mittlerweile Workgroup-Systeme angekündigt oder bereits verfügbar. Das Workgroup-System ist Organisationsplattform und Datentresor für den Nutzerkreis der CAD-Installation. Es bietet integriertes Datenmanagement für Teile, Produktstrukturen, Zeichnungen und Projekte. Funktionen für Teileklassifikation und Produktkonfiguration sind ebenfalls vorhanden. Dokumente anderer IT-Anwendungen können referenziert und attribuiert werden. Mittels Versionsverwaltung, Berechtigungsmanagement, E-Mail-Einbindung und Mitteilungswesen lassen sich CAD-Entwicklungsprojekte vollständig unterstützen. Selbst Concurrent Engineering ist in einem gewissen Umfang möglich. Die Integration der CAD-Datenstruktur in das Workgroup-

System ist außerordentlich tiefgehend. Gerade in diesem Bereich haben viele PDM-Systeme erhebliche Defizite. Ihre CAD-Schnittstellen gehen häufig nicht über das Zeichnungs-Handling hinaus. Die Feature-, Modell- und Modellstrukturverwaltung ist nicht immer praxistauglich. CAD-Datenmanagement, wie es Workgroup-Systeme zur Verfügung stellen, ist faktisch die Funktionalität eines CAD-spezifischen PDM-Systems. Hinzu kommt, daß besonders 3D-Systeme zusätzliche Module für Analyse- und Simulationsverfahren (z.B. FEM), für NC-Programmierung sowie für Virtual-Reality-Viewing offerieren. In dieser Arbeitsumgebung können die wesentlichen Produkt- und Produktionsdaten sehr effizient realisiert werden. Eigentlich eine ideale Engineering-Plattform für das Technische Büro. Doch leider haben CAD-Datenmanagementsysteme ein schwerwiegendes Handicap. Ihre Fähigkeiten wurden speziell für die Datenstruktur und die Arbeitsweise eines CAD-Systems entwickelt.

Für kleinere Ingenieurbüros und Fertigungsunternehmen, die ihre Produktdaten nur mit einer einzigen CAD-Applikation herstellen, kann ein anwendungsgebundenes Workgroup-System durchaus die sinnvolle Alternative zu einer aufwendigen PDM-Lösung sein. Anders verhält es sich, wenn die Produktdaten mit verschiedenen mechanischen CAD-Anwendungen erzeugt werden, auch Elektronik-CAD im Einsatz ist, mehrere Standorte involviert sind und die Einbindung von externen Dienstleistern in den Engineering-Prozeß notwendig ist. Hier stößt das Workgroup-System durch den spezifischen Ansatz an seine natürlichen Grenzen. Als Alternative zur originären PDM-Installation kommt es in diesem Umfeld nicht in Betracht. Jedoch zeichnet sich neuerdings eine Entwicklung ab, die PDM- und CAD-Datenmanagementsystem zusammenführt. Da speziell bei der Integration von 3D-Systemen immer wieder erhebliche Schwierigkeiten auftreten, ist der Trend zu erkennen, das CAD-Interface nicht direkt an die CAD-Anwendung zu legen, sondern die Nahtstelle an das CAD-Datenmanagement zu verlagern. Auf diese Weise fungiert das Workgroup-System als ein der PDM-Lösung vorgeschaltetes CAD-Datenmanagement-Tool. Ob dies allerdings der richtige Weg ist, die CAD-Schnittstellenprobleme zu beheben, darf bezweifelt werden.

3.7.2 Dokumentenmanagementsystem

Immer mehr informationstechnische Geschäftsanwendungen, die unter der Bezeichnung Dokumentenmanagementsystem (DMS) auf dem Markt sind, bieten nun auch PDM-Funktionalität an. Ursprünglich lag die Domäne dieser Systeme jedoch im kommerziellen Anwendungsbereich, und hier vor allem in der Datenverwaltung von Office-Applikationen sowie in der Erfassung und Archivierung von Papierdokumenten – in Form von TIFF-Files – wie Angebot, Bestellung,

Auftragsbestätigung, Lieferschein, Rechnung und anderen mehr. DM-Systeme verwalten ihre Dokumente ebenfalls mit Metadaten und einer Referenz auf die Datei. Versions- und Berechtigungsmanagement, E-Mail-Einbindung und Mitteilungswesen gehören ferner zum Funktionsumfang.

In bezug auf das Produktdatenmanagement liegt ihr Schwerpunkt auf dem universellen Dokumenten- und Workflow-Management. Pflichtenheft, Zeichnungen, Berechnungsprotokolle, Arbeitspläne, NC-Programme etc. zu verwalten, ist mit DMS unproblematisch, vorausgesetzt, die CAx-Interfaces sind verfügbar. Zentrale PDM-Themen wie Teilemanagement (Stammdaten), Teileklassifikation (Sachmerkmal-Leisten), Produktstrukturmanagement (hierarchisches Produktmodell) und Produktkonfiguration (Maximalstückliste) werden von originären Dokumentenmanagementsystemen nicht unterstützt. Reine DM-Systeme sind zur Zeichnungsverwaltung geeignet, nicht aber als unternehmensweites Technisches Informationssystem (TIS).

3.7.3 ERP-System

In den achtziger Jahren wurde versucht, mit dem PPS-System das computergesteuerte Fertigungsunternehmen zu verwirklichen. Produktentwicklung, Arbeitsplanung, Beschaffung, Produktionsplanung und Fertigungssteuerung mit einer integrierten PPS/CAx-Anwendung zu unterstützen, war die Intention damaliger CIM-Strategien. Nach anfänglicher Euphorie über die möglichen Chancen dieses Ansatzes kehrte bald Ernüchterung hinsichtlich der praktischen Umsetzbarkeit ein. Das Kommerzielle Informationssystem (KIS) als Geschäftsanwendung für Personalwirtschaft, Finanz- und Rechnungswesen, Controlling, Materialwirtschaft, Produktionsplanung, Absatzwirtschaft und Verwaltung war nicht in der Lage, den Anforderungen des Technischen Büros gerecht zu werden. Der durchschlagende Erfolg des CIM-Konzepts blieb aus.

Heute, wo das PDM-System die informationstechnische Lücke im Produktentstehungsprozeß schließen kann, wollen offensichtlich einige Experten wieder einen Schritt zurückgehen. Mit Enterprise Resource Planning (ERP), der neuen Generation von PPS-Systemen, soll die Herstellung der Produktdaten beschleunigt und deren Qualität verbessert werden. Macht man sich die unterschiedlichen Anforderungen der technischen und kommerziellen Anwendungsbereiche klar, wird schnell deutlich, weshalb ERP nicht als Technisches Informationssystem geeignet ist. Oberflächlich betrachtet mag es Parallelen geben. Die Produktionsplanung, eines der Kernthemen des ERP-Systems, muß mit den Ergebnissen der Produktentwicklung die Materialbeschaffung vornehmen sowie die internen und externen Arbeitsaufträge formulieren und deren Ausführung koordinieren. Dafür werden zur Fertigung freigegebene Stücklisten, Teilestammdaten, Zeichnungen,

Arbeits-, Montage- und Prüfpläne aus der PDM-Datenbasis übernommen (siehe auch Bild 3-120). So ist es zwangsläufig notwendig, im ERP-System Module für Stücklisten- und Materialverwaltung sowie für Dokumentenmanagement zur Verfügung zu haben. Daraus abzuleiten, das ERP-System verfüge über die notwendige PDM-Funktionaltät, mag aus vertrieblichem Blickwinkel verlockend sein, aus fachlicher Sicht ist es unzulässig.

Der Produktentwicklungsprozeß ist ein iterativer Vorgang. Am Anfang steht die Idee der Produktplanung, dann beginnt die Selektion des physikalischen Wirkprinzips, danach startet die Konzeptphase für den funktionalen Aufbau und schließlich läuft der Abschnitt der konstruktiven Gestaltung an. Während dieser Entwicklungsetappen werden viele Ideen dokumentiert, verworfen, modifiziert und optimiert. Neues Know-how entsteht, das nicht immer komplett in das neue Produkt einfließt, aber wichtig genug ist, möglicherweise zur späteren Nutzung in die Wissensbibliothek des Unternehmens aufgenommen zu werden. Überdies ist es mittel- und langfristig ein unentbehrlicher Wettbewerbsvorteil, nicht nur Produktinformationen zu archivieren, sondern auch Erfahrungen. Berücksichtigt man diese Tatsachen, wird offenkundig, daß sich PDM-Daten ständig im Fluß befinden. Metadaten und Dokumente ändern permanent ihre Bearbeitungsstände, Versionsnummern, Reifegrade und Stati. Dabei ist es wichtig, den Wandel von Produktdaten nachvollziehen zu können: Wie sah der Vorgänger eines aktuellen Erzeugnisses aus? Wodurch unterscheiden sich beide Versionen? Warum wurden die Änderungen vorgenommen? Fragen, die nur das PDM-System aufgrund seiner besonderen Konzeption beantworten kann.

Mit völlig anderen Vorgaben hat das ERP-System zu tun. Seine Kompetenz liegt in der Unterstützung betriebswirtschaftlich-planerischer Aufgaben. Seine informationstechnische Konzeption trägt diesem Umstand Rechnung. Auf der Basis der elektronischen Produktdaten plant, koordiniert und steuert es die materielle Reproduktion. Mit den Stücklisten, Teilestammdaten und Zeichnungen aus Entwicklung und Konstruktion sowie den eingehenden Aufträgen aus Vertrieb und Verkauf erfolgen Mengen-, Termin- und Kapazitätsplanung sowie Beschaffung von Rohmaterial und Fertigteilen. Arbeitspläne und NC-Programme bilden die Grundlage für interne Fertigungs- und Montageaufträge. Eine Versionierung all der hierbei verwendeten Produktdaten ist in diesem Zusammenhang bedeutungslos. Das ERP-System arbeitet in allen Phasen der Produktionsplanung und -steuerung mit nur einer einzigen Versionsnummer je Entität. Eine Versionierung ist nicht nötig, da die aus der Produktentwicklung übernommenen Informationen nur lesend benutzt werden. Das Datenmodell von ERP-Systemen ist deshalb in der Regel auch nicht für Versionierung konzipiert.

Die Anforderungen an das Technische und Kommerzielle Informationssystem sind völlig verschieden. Dies schlägt sich in ihrem konzeptionellen Aufbau sehr deutlich nieder. Es reicht nicht aus, eine Schnittstelle zwischen ERP und CAD zu realisieren, um mit dem Kommerziellen Informationssystem ebenso die Anforderungen der technischen Anwenderschaft zu erfüllen. Das ERP-System als Alternative für eine PDM-Lösung zu nutzen, ist nicht der geeignete Weg, die drängenden Probleme im Technischen Büro zu lösen oder gar die strategischen Unternehmensziele zu verwirklichen. Es sollte nicht um die Frage gehen, PDM oder ERP, sondern darum, wie mit PDM und ERP zusammen die Möglichkeiten des CIM-Konzepts erschlossen werden können.

4 Konzepte und Anwendungen mit Produktdatenmanagement

Produktdatenmanagement stellt die Kernfunktionalität für Daten- und Prozeßmanagement in den technischen Anwendungsbereichen eines Fertigungsunternehmens zur Verfügung. Damit lassen sich grundlegende Probleme lösen, die einerseits aus der zunehmenden IT-Nutzung erwachsen und andererseits aus veränderten Anforderungen resultieren. Die Datenflut wird transparent, der Informationsfluß durchgängig und die Anwenderkommunikation effizient. Nicht nur die indirekten Tätigkeiten der IT-Nutzer – Suchen, Informieren, Verteilen etc. – lassen sich signifikant verbessern. Die Fähigkeiten des PDM-Systems als Systemintegrator eröffnen darüber hinaus exzellente Möglichkeiten, auch die direkten Arbeiten – Modellieren, Berechnen, Simulieren etc. – zu vereinfachen und/oder zu beschleunigen. Durch das Andocken aller CAx-Arbeitsplattformen an die PDM-Datenstation erschließen sich neue Wege, methodische Ansätze als strategische Anwendungskonzepte zu etablieren. Erst auf dieser Einsatzebene können die Nutzenpotentiale von Produktdatenmanagement in vollem Umfang ausgeschöpft werden.

4.1 IPDM-Konzept

Das Akronym IPDM (Integrated Product Development/Design and Manufacturing) steht für die Verbindung der computergestützten Prozeßketten Produktentwicklung und Fertigungslogistik. Das Ziel des Produktentwicklungsprozesses ist die Herstellung der elektronischen Produktdaten, das des Logistikprozesses deren materielle Reproduktion. Beide Geschäftsprozesse spielen sich gewöhnlich in zwei getrennten Welten ab. Dies gilt für die involvierten Fachbereiche ebenso wie für die informationstechnischen Anwendungen. Dabei erfordert die Produktentstehung die intensive Zusammenarbeit über Organisations- und Systemgrenzen hinweg. Die Auftragsabwicklung, vor allem bei Unikat- und seriennahen Auftragsfertigern, macht dies besonders deutlich. Mit der Kundenorder startet der Gesamtprozeß. Die Produktentwicklung oder Auftragskonstruktion erhält vom Vertrieb/Verkauf die interne Beauftragung. Das Technische Büro veranlaßt im Bedarfsfall den Einkauf, einen oder mehrere externe Engineering-Dienstleister zu beauftragen. Die hierfür notwendigen technischen Unterlagen (z.B. Funktionsbeschreibung, Anforderungsliste, Entwürfe, etc.) zum Anfertigen der externen

Bestellung erhält dieser von der Konstruktion. Produktionsplanung und Einkauf beziehen zur Durchführung der Aufgaben Fertigungsvorbereitung und Disposition Teilestammsätze, Stücklisten, Zeichnungen Arbeitspläne und NC-Programme von Konstruktion und Arbeitsplanung. Im Zuge der Fertigungsvorbereitung werden die Produktions-, Prüf- und Montageaufträge für die Werkstatt erstellt. Im Rahmen der Disposition übernimmt der Einkauf die Materialbeschaffung, besorgt Rohteile, Halbzeuge, Katalog- und Fremdfertigungsteile. Die Werkstatt informiert die Bereiche Entwicklung/Konstruktion, Arbeitsplanung und Produktionsplanung über Unstimmigkeiten am Produkt und/oder Schwierigkeiten im Produktionsprozeß.

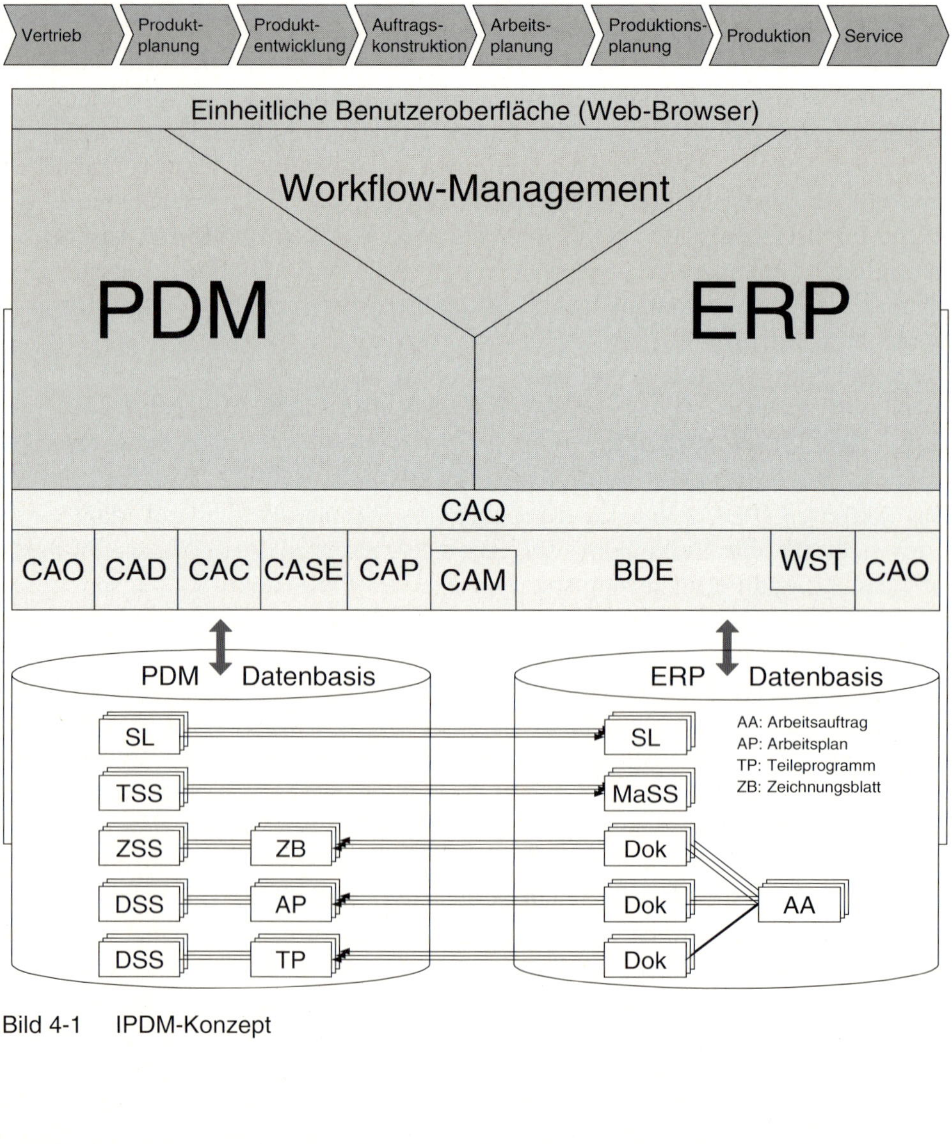

Bild 4-1 IPDM-Konzept

IPDM ist ein strategischer Ansatz, der die Produktherstellung als einen einzigen Prozeß betrachtet. Bild 4-1 illustriert die Intention sowie die technischen Zusammenhänge. Fundament des IPDM-Konzepts ist die Schaffung eines prozeßfähigen IT-Anwendungssystems. Der Übergang von einer funktionsorientierten Organisationsstruktur zu einer prozeßorientierten erfordert eine ebensolche Arbeitsumgebung. Um eine stärkere Parallelisierung der Prozeßschritte möglich zu machen, müssen Vertriebsleute, Ingenieure, Konstrukteure, Arbeitsplaner, Betriebswirte, Kaufleute und Facharbeiter über ein kommunikatives Werkzeug verfügen. Der Gesamtprozeß muß zu jeder Zeit für alle Beteiligten transparent sein. Damit können Fehler und Fehlentwicklungen frühzeitig wahrgenommen und die Zahl teuerer Iterationsschleifen reduziert werden.

Die technische und kommerzielle Geschäftsanwendung PDM und ERP bilden die Basis von IPDM. Die Integration der beiden IT-Systeme ist so gestaltet, daß nur eine geringe Redundanz entsteht. Die PDM-Produktstruktur wird zur ERP-Stückliste, der PDM-Teilestammsatz zum ERP-Materialstammsatz. Fertigungsrelevante PDM-Unterlagen wie Zeichnungsblätter, Arbeitspläne und NC-Programme bleiben physisch in der PDM-Installation. In der ERP-Datenbasis werden dafür Metadatenobjekte angelegt, mit deren Hilfe sich die PDM-Dokumente recherchieren und lesend nutzen lassen. Die Produktionsplanung ist damit in der Lage, die Arbeitsaufträge für die Fachleute in der Werkstatt zusammenzustellen und zu verteilen.

Die Erzeugersysteme CAO, CAD, CAC, CASE und CAP sind die wesentlichen IT-Werkzeuge zur Herstellung der Produktdaten. Jedes von ihnen benötigt eine möglichst tiefgehende Anbindung an die PDM-Lösung. Zur Nutzung von Engineering-Methoden wie Standardisierung, Variantenkonstruktion und Produktkonfiguration sind besonders CAD- und CAP-Schnittstellen mit entsprechenden Eigenschaften notwendig. Das ERP-System wird mit der Werkstattsteuerung und dem BDE-System gekoppelt. Damit lassen sich die elektronischen Arbeitsaufträge an die richtigen Stellen (Werkzeugmaschinen, Montageplätze, Prüfeinrichtungen etc.) in der Werkstatt verteilen. Es kann auch sinnvoll sein, eine direkte Verbindung zwischen PDM- und BDE-System herzustellen. Dadurch ist eine Rückkopplung im Bereich der Qualitätssicherung möglich. Datenmaterial der Fertigungskontrolle ist so für Entwicklung/Konstruktion und Arbeitsvorbereitung verfügbar und der informationstechnische Qualitätsregelkreis geschlossen. CAQ-Tools werden je nach Einsatzgebiet mit dem PDM- oder ERP-System verknüpft. Generell ist es notwendig, den gesamten Produktentstehungsprozeß mit informationstechnischen CAQ-Maßnahmen zu flankieren.

Ein weiteres zentrales Element des IPDM-Konzepts ist die systemübergreifende Vorgangssteuerung. Das Workflow-Management koordiniert nicht nur isoliert den Herstellungsprozeß der Produktdaten im Technischen Büro, es integriert und harmonisiert ebenso die Beschaffung und Produktionsplanung in der Logistik und das physische Kopieren in der Produktion. Über die Systemgrenzen von PDM und ERP hinweg werden durchgehend informationstechnisch die Aktivitäten der involvierten Mitarbeiter aufeinander abgestimmt. Das Workflow-Management betrifft die gesamte Auftragsabwicklung. Für die praktische Umsetzung dieses Ansatzes muß das Objekt Workflow mit den Objekten User, Rolle, Datum, Dokument und Information aus beiden Systemen – PDM und ERP – umgehen können. Eine mögliche Lösung für diese Aufgabe besteht darin, die Workflow-Komponente des jeweiligen Systems zu nutzen und sowohl einen technischen als auch einen logistischen IT-Prozeß einzurichten. Die Objektübergänge an der Systemgrenze lassen sich mit geeigneter Interface-Funktionalität steuern. Ein anderer Weg, die Auftragsabwicklung mittels Prozeßmanagement durchzuführen, ist, ein eigenständiges Workflow-Managementsystem mit den beiden Geschäftsanwendungen PDM und ERP zu koppeln. Eine ideale Basis hierfür ist die Middleware CORBA. Damit werden IT-Systemgrenzen fließend und Objekte im gesamten IIOP-Rechnernetzwerk beweglich (mobile Agenten).

Die Internet-Technik – vor allem das Objekt-Web auf der Basis von Java-Client und CORBA-ORB – ist das passende Fundament zur Realisierung einer IPDM-Lösung. Die Funktionalität von PDM, ERP und Workflow-Management muß sich in einer einheitlichen Benutzeroberfläche präsentieren. Der IPDM-Nutzer fordert über seinen Web-Browser die Systemdienste an, die ihn bei der Ausführung seiner aktuellen Aufgaben am besten unterstützen. Dabei ist völlig belanglos, ob eine Funktion des PDM- oder ERP-Servers in Anspruch genommen wird. Für den Anwender muß dies nicht transparent sein. Im Gegenteil, eine einzige *virtuelle Installation* hilft Vorurteile gegen das jeweils andere IT-System abzubauen, schädliche Fraktionsbildung in der Anwenderschaft zu vermeiden und prozeßorientiertes Handeln der Mitarbeiter zu fördern.

IPDM ist ein wichtiger Schritt auf dem Weg zu einer wirklich gewinnbringenden Anwendung der Informationstechnik. In vielen Unternehmen werden erhebliche Summen in Hard- und Software, Dienstleistung und Schulung investiert. Der Erfolg ist nicht selten mäßig, zuweilen sind auch totale Fehlinvestitionen zu beklagen. Die Ursachen hierfür sind vielfältig und nur gelegentlich in technischen Unzulänglichkeiten begründet. Dieses Thema weiter zu vertiefen, würde den Rahmen dieses Buches sprengen. Deshalb soll an dieser Stelle nur ein konzeptioneller Aspekt herausgegriffen werden. Mit zunehmender IT-Anwendung sind die Mitarbeiter mehr und mehr von elektronischen Daten und Informationen abhängig. Zudem verändert der Wandel vom sequentiellen funktionsorientierten Geschehen hin zum parallelen prozeßorientierten den Informationsbedarf des einzelnen. Um so mehr muß der Zugang zu den diversen Datenbasen im Unternehmen für alle Mitarbeiter entsprechend ihrer Aufgabe innerhalb der Prozeßkette in einheitlicher Form möglich sein. So wie jeder Internet-User mit seinem Web-Browser sämtliche Informationen der *virtuellen Datenbank* Internet abrufen kann, so muß jeder Mitarbeiter mit seinem Arbeitsplatzrechner in transparenter Weise die Daten aller Informationsinseln nutzen können. Sonderheiten in der Handhabung von Erzeuger- und Managementsystemen sowie die Fülle von Datenformaten sollten für die IT-Nutzer verborgen bleiben – sie nicht belasten. Informationen im Firmennetzwerk zu recherchieren, muß so einfach sein, wie beispielsweise ein Hängeregister zu durchsuchen – aber deutlich schneller.

Ein Konzept wie IPDM in die Praxis umzusetzen, erfordert standardisierte Software-Komponenten. Die IT-Systeme PDM, ERP und Workflow-Management müssen dermaßen konzipiert sein, daß deren Objekte in einer Client-Server-Umgebung wechselseitig ihre Dienste anfordern können. Hierzu sind die Hersteller aufgerufen, ihre Systeme mit offenen Standards wie Java und CORBA zu realisieren. Damit sind allerdings nur technische Voraussetzungen erfüllt. Weit schwieriger sind die Organisations- und Managementerfordernisse in den Unternehmen selbst zu erfüllen. Oftmals praktizierte bereichs- oder gar abteilungsbezogene IT-Politik wirkt als Bremse. Gebraucht wird eine von der Geschäftsleitung initiierte und getragene unternehmensweite IT-Strategie.

4.2 Rapid Product Design

Besonders bei seriennahen Auftragsfertigern ist die Verkürzung der Durchlaufzeiten neben dem Qualitätsaspekt ein zentrales Unternehmensziel. Damit untrennbar verschmolzen sind Wettbewerbsfähigkeit und Wirtschaftlichkeit eines Fertigungsunternehmens. Der Flaschenhals in Sachen Durchlaufzeit ist gewöhnlich bei der Herstellung der Produktdaten zu finden. Häufig wird versucht, dieses Kernproblem mit unzureichenden Einzelmaßnahmen wie der Einführung eines neuen CAD-Systems zu entschärfen. Dies kommt jedoch nur einem Laborieren an Symptomen gleich. Für wirkliche Abhilfe sorgen nur strategische Methoden wie Produkt-Reengineering, Standardisierung und Variantenkonfiguration sowie deren Abbildung auf eine integrierte IT-Lösung wie IPDM.

Das Konzept *Rapid Product Design* beruht auf zwei sich ergänzenden Geschäftsprozessen. Der erste ist der Produktentwicklungszyklus, der zweite der Logistikzyklus. Der Produktentwicklungszyklus nutzt die Methoden Produkt-Reengineering und Standardisierung, um existierende oder neue Produkte auf einen Konstruktions- oder Produktbaukasten abzubilden. Für die Aufgaben des Logistikzyklus stehen damit die Verfahren Variantenkonstruktion und Produktkonfiguration zur Verfügung. Der Produktentwicklungszyklus bekommt laufend Input von Vertrieb und Marketing über neue Kundenanforderungen und den

Stand der Konkurrenzprodukte. So ist garantiert, daß der Konstruktions- oder Produktbaukasten – die Basis der Auftragsabwicklung – ständig up-to-date gehalten wird. Zudem gibt es mit dem Logistikzyklus eine Rückkopplung, über die Änderungsanträge hinsichtlich der konstruktiven Gestaltung und/oder des Fertigungsablaufs eingehen. Produktpflege und ebenso Innovationsschübe sind auf diese Weise sichergestellt, die Wettbewerbsfähigkeit des Fertigungsunternehmens bleibt gewahrt (Bild 4-2).

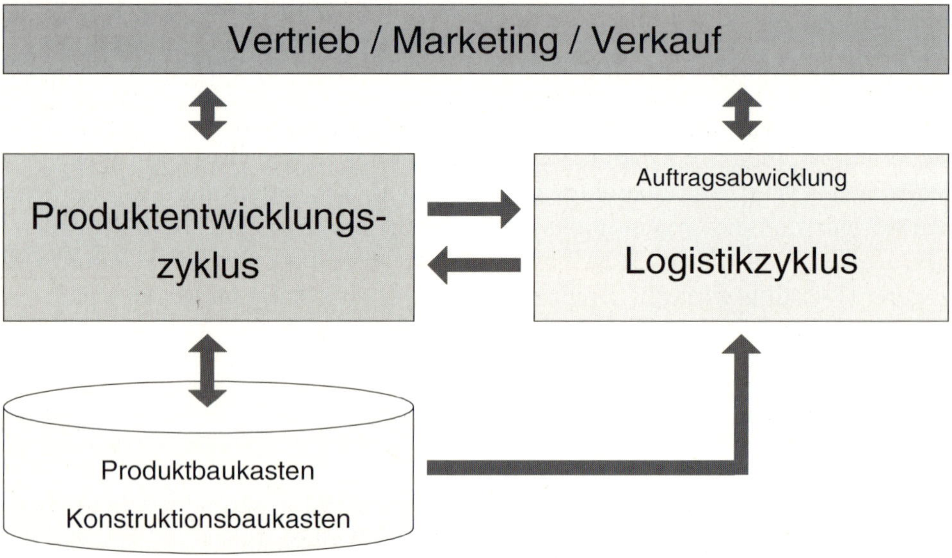

Bild 4-2 Rapid Product Design mit Produktentwicklungs- und Logistikzyklus

Die Grundlage des Konstruktionsbaukastens sind standardisierte und normierte Formelemente, Teile und Baugruppen. Diese liegen als generische CAD-Modelle vor und werden mittels Sachmerkmal-Leisten geometrisch und funktional beschrieben. Dazu kommen Masterdokumente für die automatisierte Zeichnungs-, Arbeitsplan- und NC-Programmgenerierung. Der nächste Schritt gilt der Schaffung eines Produktbaukastens. Hierbei handelt es sich um die vorkonfigurierten Maximalproduktstrukturen für die einzelnen Elemente der Produktpalette. Durch Selektion von Spezifika aus einem Kriterienkatalog lassen sich daraus individuelle Kundenerzeugnisse ableiten (siehe auch Bilder 1-19, 1-20 und 3-112). Neben den o.g. Produktdaten können auch Vertriebsunterlagen, die technische Dokumentation und der Ersatzteilkatalog aus dem Baukasten gewonnen werden. Der Konstruktions- oder Produktbaukasten ist Bestandteil der PDM-Datenbasis. In der Integration mit den Erzeugersystemen CAD, CAP und CAO wird der Baukasten im Produktentwicklungszyklus angelegt und im Logistikzyklus genutzt. Die

PDM-Lösung muß imstande sein, die Engineering-Methode Rapid Product Design schlüssig zu unterstützen. Entscheidend sind dabei die Fähigkeiten der Module Teilemanagement, Teileklassifikation, Variantenmanagement (Produktkonfiguration) und CAD-Interface.

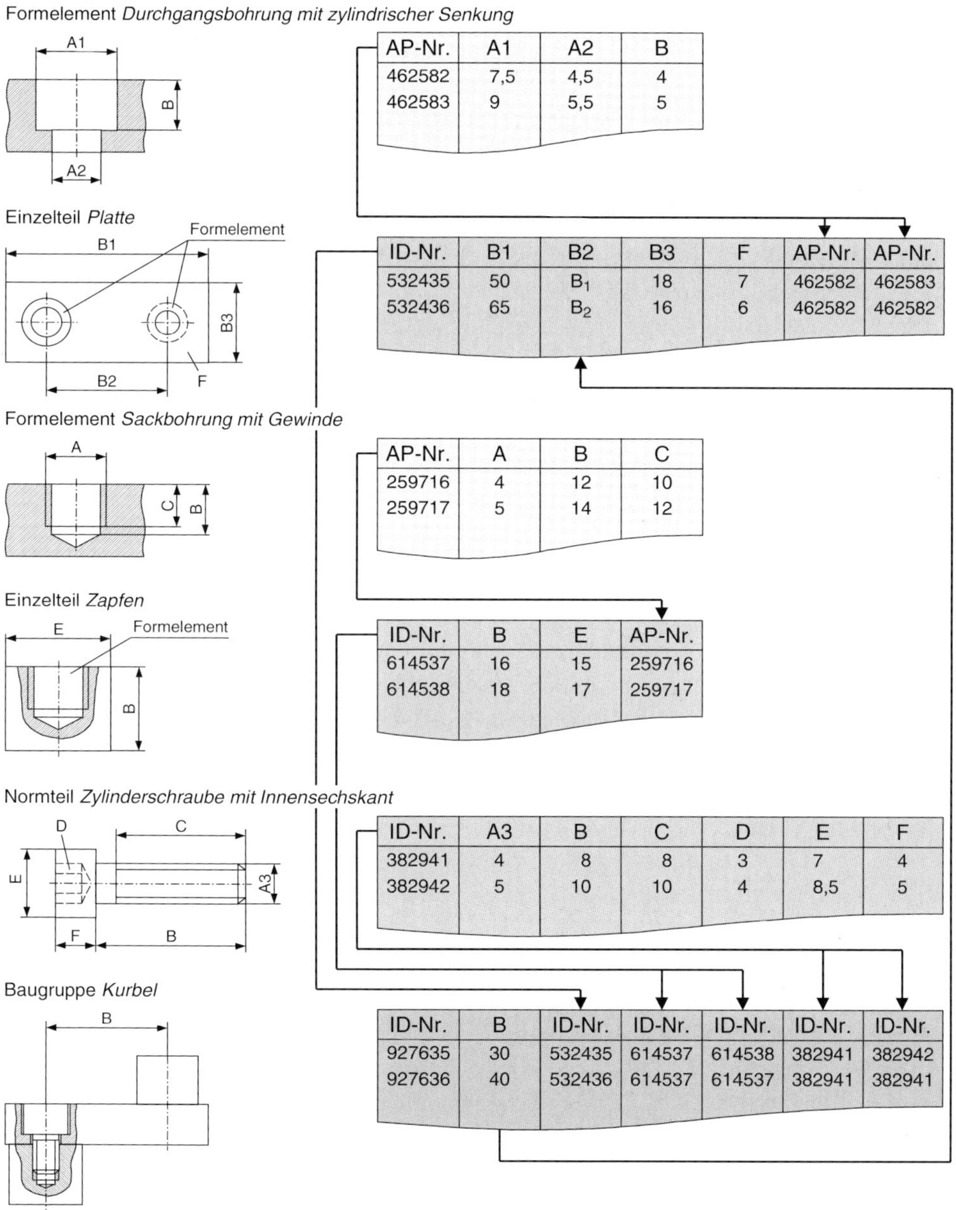

AP-Nr.	A1	A2	B
462582	7,5	4,5	4
462583	9	5,5	5

ID-Nr.	B1	B2	B3	F	AP-Nr.	AP-Nr.
532435	50	B_1	18	7	462582	462583
532436	65	B_2	16	6	462582	462582

AP-Nr.	A	B	C
259716	4	12	10
259717	5	14	12

ID-Nr.	B	E	AP-Nr.
614537	16	15	259716
614538	18	17	259717

ID-Nr.	A3	B	C	D	E	F
382941	4	8	8	3	7	4
382942	5	10	10	4	8,5	5

ID-Nr.	B	ID-Nr.	ID-Nr.	ID-Nr.	ID-Nr.	ID-Nr.
927635	30	532435	614537	614538	382941	382942
927636	40	532436	614537	614537	382941	382941

Bild 4-3 Variantentechnik als eine der Grundlagen von Rapid Product Design

Die Variantentechnik ist eine der tragenden Säulen des Rapid Product Designs. Bild 4-3 veranschaulicht die Zusammenhänge. Eine Baugruppe *Kurbel* besteht aus den Einzelteilen *Platte* und *Zapfen* sowie dem Normteil *Zylinderschraube mit Innensechskant*. Zwei Zapfen sind mit je einer Zylinderschraube mit der Platte verbunden. Die Bohrungen von Platte und Zapfen sind als Formelemente ausgebildet. Die Platte besitzt zwei *Durchgangsbohrungen mit zylindrischer Senkung*. Der Zapfen verfügt über eine *Sackbohrung mit Gewinde*. Alle Konstruktionselemente der Baugruppe sind als generische CAD-Modelle realisiert. Ihre graphische Ausprägung wird mit Parametern aus SML-Tabellen gesteuert. Die letzten beiden Tabellenspalten der Platten-SML beinhalten die Referenzen zu den Ausprägungen des Formelements Durchgangsbohrung. Da für jedes der beiden Formelemente eine eigene Referenzspalte existiert, können die Bohrungen der Platte verschiedene Größen annehmen. Die SML-Tabelle des Zapfens besitzt ebenfalls eine Referenzspalte. Sie verweist auf bestimmte Ausprägungen des Formelements Sackbohrung. Mit den möglichen Varianten von Platte, Zapfen und Zylinderschraube läßt sich die veränderliche Baugruppe Kurbel modellieren. Ihre SML-Tabelle enthält neben dem varianten Abstand, gekennzeichnet durch das Merkmal B, eine Referenzspalte für die Platte und je zwei für den Zapfen und die Schraube. Der Abstand B ist ein Funktionsmaß der Baugruppe. Deshalb ist es für den Auftragskonstrukteur möglich, diesen Parameter auch während der Anwendung festzulegen. Da das Merkmal B den Lochabstand des Einzelteils Platte bestimmt, muß im Anschluß daran eine Rückkopplung zur Platten-SML hergestellt werden.

Die Variantentechnik beginnt beim Formelement und endet bei der Baugruppe bzw. beim Erzeugnis. Das bedeutet, Variantentechnik ist nicht nur ein probates Mittel für den Umgang mit Norm- und Kaufteilen, sondern eine leistungsfähige Engineering-Methode auf allen Ebenen der Produktmodellierung. Formelemente lassen sich als allgemeine und spezielle Geometriebausteine sowie als werkzeuggebundene Fertigungselemente zur Feature-Modellierung (siehe auch Bild 3-63) verwenden. Dies bringt eine ganze Reihe positiver Effekte mit sich. Die CAD-Teilekonstruktion wird vereinfacht, die Arbeitsplanung beschleunigt und die Zahl der Werkzeuge reduziert. Vor allem der letzte Punkt hat enorme Auswirkungen auf die gesamte Prozeßkette. Mit der Standardisierung aller werkzeuggebundenen Fertigungselemente für die Technologien Bohren, Drehen, Fräsen und Stanzen geht eine umfassende Vorselektion der Werkzeuge und Werkzeuggrößen einher. Ob Gewindebohrung, Einstich, Wellennut oder Formstempel, für jedes Fertigungselement wird eine eigene SML-Tabelle angelegt. Jeder Zeileneintrag repräsentiert eine bestimmte geometrische Ausprägung und eine damit korrespondierende Werkzeuggröße. Der Primärschlüssel der SML-Tabelle ist keine Identifikationsnummer (ID-Nr.) mit Bezug zu einem Teilestammsatz, sondern eine Ausprägungsnummer (AP-Nr.) aus einem gesonderten Nummernkreis. Im

PDM-System lassen sich Formelemente dadurch genauso handhaben wie Teile und Baugruppen. Die Nutzung werkzeuggebundener Features bringt sowohl Vorteile für die Produktentwicklung als auch für die Fertigung. Die Konstrukteure können sicher sein, daß sie keine Mehrkosten verursachen, wenn sie auf die verfügbare Auswahl zurückgreifen, und die Fertigung bleibt davor verschont, *exotische Löcher* bohren zu müssen, für die sie nicht die passenden Werkzeuge hat.

ID-Nr.	B1	B2	B3	F	AP-Nr.	AP-Nr.
532435	50	30	18	7	462582	462583
532436	65	40	16	6	462582	462582
532437	75	50	20	8	462582	462584

AP-Nr.	A1	A2	B
462582	7,5	4,5	4
462583	9	5,5	5
462584	10,5	6,5	6

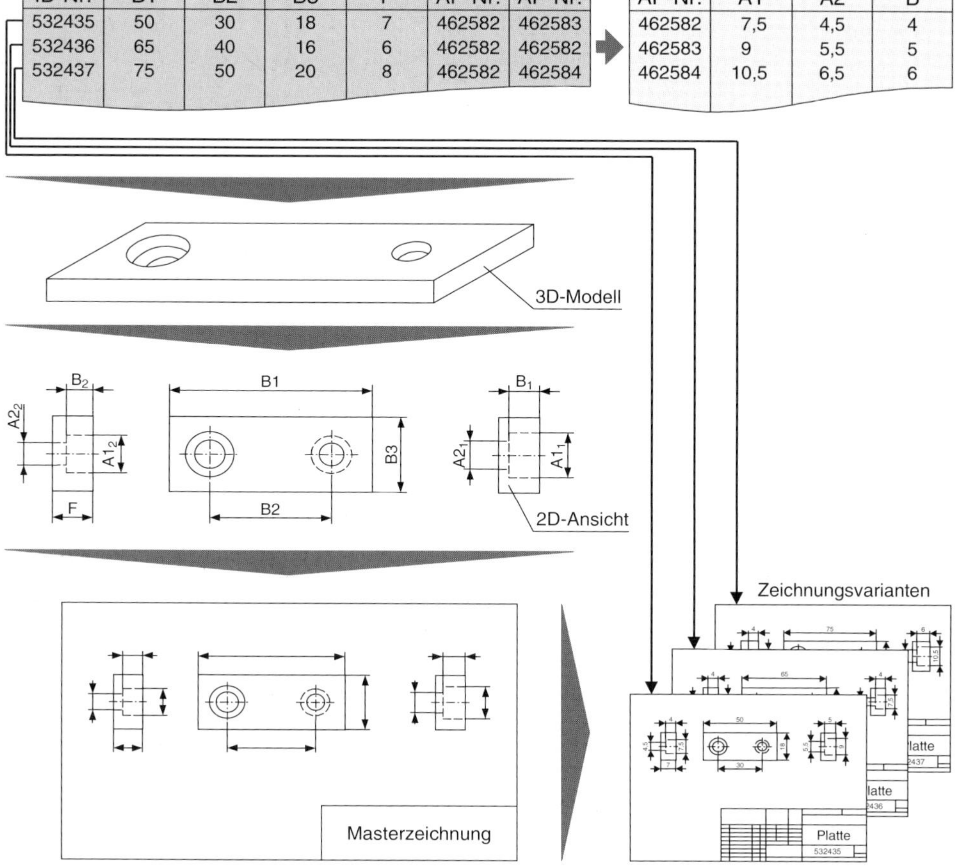

Bild 4-4 Automatisierte Geometrieerzeugung im Zusammenspiel von PDM und CAD

Standardisierung und Normierung in Kombination mit SML-gestützter Variantentechnik bieten außer den gezeigten Möglichkeiten zur Produktmodellierung noch einen weiteren, äußerst nützlichen Effekt – die automatisierte Geometrieerzeugung. Bild 4-4 illustriert dieses Verfahren. Ein parametrisches CAD-System, 2D- oder 3D-fähig, ist Voraussetzung. Im Falle einer 2D-Anwendung werden alle erforderlichen Ansichten und Einzelheiten eines Teils als parametrische CAD-Elemente mit Bemaßung, Toleranzen und Bearbeitungsangaben angelegt. Teilegeometrie und Bemaßung etc. werden verschiedenen Ebenen zugeordnet. Baugruppenansichten lassen sich aus Teileansichten zusammenstellen. Für eine korrekte Darstellung sorgt die Sichtensteuerung. Auch die Baugruppenansichten werden wiederum mit Bemaßung und allen weiteren Angaben versehen. Mit dieser Arbeitsweise läßt sich jede Baugruppe bis hin zur Erzeugnisebene als parametrische CAD-Geometrie modellieren. Die Bemaßungsebene der Ansichten wird dabei jeweils unsichtbar geschaltet. Zweck dieser ganzen Vorarbeit ist die Konfiguration von Masterzeichnungen für alle varianten Teile und Baugruppen. Eine Masterzeichnung kann per Interaktion oder Makro erstellt werden. Sie ist ein CAD-Modell, das Referenzen auf die Modelle ihrer Ansichten und Einzelheiten besitzt. Dadurch verfügt die Masterzeichnung – sie ist eine generische Zeichnungsvorlage – ebenso wie ihre Ansichten über eine Verbindung zur SML-Tabelle. Jeder Zeileneintrag repräsentiert genau eine Zeichnungsvariante (Angebotszeichnung, Fertigungszeichnung etc.). Das bedeutet, eine neue Auftragszeichnung kann ohne oder fast ohne Zeichenarbeit nur durch einen neuen SML-Eintrag generiert werden. Die abgeleitete Zeichnungsvariante ist eine Kopie der Masterzeichnung. Ihre Ausprägung legen die gewählten SML-Parameter fest. Der passende Zeichnungsrahmen wird automatisch in Abhängigkeit der aus der Selektion resultierenden Größenverhältnisse hinzugeladen und die Bemaßungsebene auf sichtbar gesetzt. Die abgeleitete Zeichnung hat die Parametrisierung vom Master geerbt. Die Zeichnung ist somit nach der Erstellung durch Editieren ihrer Sachmerkmale manipulierbar. Für bereits geprüfte und freigegebene Zeichnungen ist dies nicht akzeptabel. Die Beziehung zwischen generierter Zeichnung und Parametrisierung sollte deshalb sofort gekappt werden.

Bei Nutzung einer 3D-Applikation werden die Ansichten und Einzelheiten per Definition aus dem 3D-Modell als Projektionen und Schnitte vom System erzeugt. Die Konfiguration einer Masterzeichnung läßt sich durch eine Bildungsvorschrift realisieren. Das Verfahren, Masterzeichnungen für Teile und Baugruppen aus 3D-Modellen abzuleiten, ist meist effektiver, als alle Ansichten und Einzelheiten mit 2D-Mitteln auszuführen. Bei konsequenter Anwendung der Variantentechnik bis auf Erzeugnisebene (umfangreiche Baugruppen) haben 3D-CAD-Systeme – je nach Komplexitätsgrad des Produkts – noch immer mehr oder weniger große Performance-Probleme. Ein Teil der konzeptionellen Stärken der 3D-Applikation kann hierdurch wieder verlorengehen. Unabhängig davon, ob ein 2D- oder 3D-CAD-System verfügbar ist, muß der organisatorische Umgang mit der SML-Technik die Zielvorgaben – Verkürzung der Durchlaufzeiten und Reduzierung der Teilevielfalt – für deren Anwendung berücksichtigen. Neue Teile und Baugruppen zu erzeugen, geht mit assoziativer CAD-Geometrie und Sachmerkmalen besonders schnell. Hierin liegt einer der Vorzüge dieses Anwendungskonzepts. Die Dauer der Auftragsabwicklung läßt sich signifikant verkürzen. Andererseits birgt dieser Ansatz die Gefahr, Baukomponenten am laufenden Band zu produzieren und damit genau das Gegenteil des eigentlichen Ziels zu bewirken, nämlich Teilereduzierung. Mit Hilfe des Berechtigungsmanagements der PDM-Installation muß eine Rolle definiert werden, die nur dem Normungsingenieur oder Projektleiter erlaubt, einen neuen SML-Tabelleneintrag samt TSS-Anlage vorzunehmen. Konstrukteure mögen solch eine organisatorische Regelung als Gängelei oder als nicht praktikabel ablehnen. Sicherlich darf ein System oder eine Methodik für die Anwenderschaft nicht hinderlich sein. Auf der anderen Seite ist jedoch ein Umdenkungsprozeß in Entwicklung und Konstruktion notwendig, damit Konzepte wie die Engineering-Methode Rapid Product Design ihr Potential vollständig entfalten können.

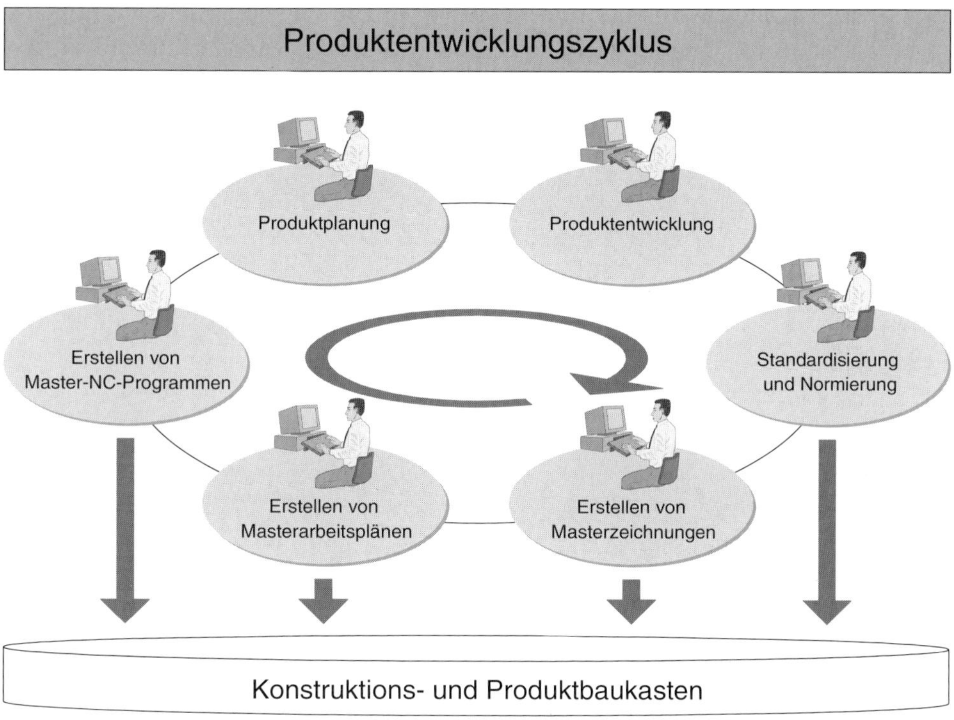

Bild 4-5 Produktentwicklungszyklus mit Aufbau eines Teile- und Produktbaukastens

Der Anwendung von Variantentechnik und Produktkonfiguration in der Auftragsabwicklung gehen die Aktivitäten im Produktentwicklungszyklus voraus. Bild 4-5 stellt die erforderlichen Arbeiten für den Aufbau eines Konstruktions- und Produktbaukastens dar. Der Prozeß beginnt mit der Produktplanung. Hierbei werden die Anforderungen fixiert, die das Produkt erfüllen muß, um den Mitbewerbern im Markt hinsichtlich der Faktoren Funktion, Zuverlässigkeit, Sicherheit, Wartbarkeit und Preis-Leistungs-Verhältnis vorauszueilen. In der nächsten Phase, der Produktentwicklung, geht es darum, ein ideales Lösungskonzept für die technische Realisierung der Produktidee zu finden. Bei beiden Prozeßschritten, Produktplanung und Produktentwicklung, ist es wichtig oder gar überlebenswichtig, zu innovativen Resultaten zu gelangen. Diese bilden schließlich die Grundlage für das Auftragsgeschäft der nächsten Jahre. Sobald der Prototyp des neuen Produkts existiert und die Anforderungsliste der Produktplaner erfüllt, starten die Arbeiten zur Standardisierung und Normierung. Das Ergebnis der Produktentwicklung wird analysiert und im Hinblick auf die konstruktive Gestaltung mittels Wertanalyse optimiert. Ziel ist es, mit wenig Baukomponenten auszukommen, viele Gleichteile zu verwenden und alle Teile und Baugruppen zu klassifizieren und zu normieren. Im letzten Abschnitt des Produktentwicklungszyklus werden die SML-Klassifikationsdaten sowie die Variantenkonfiguration im PDM-System angelegt und die Masterdokumente mit den CAx-Applikationen erzeugt.

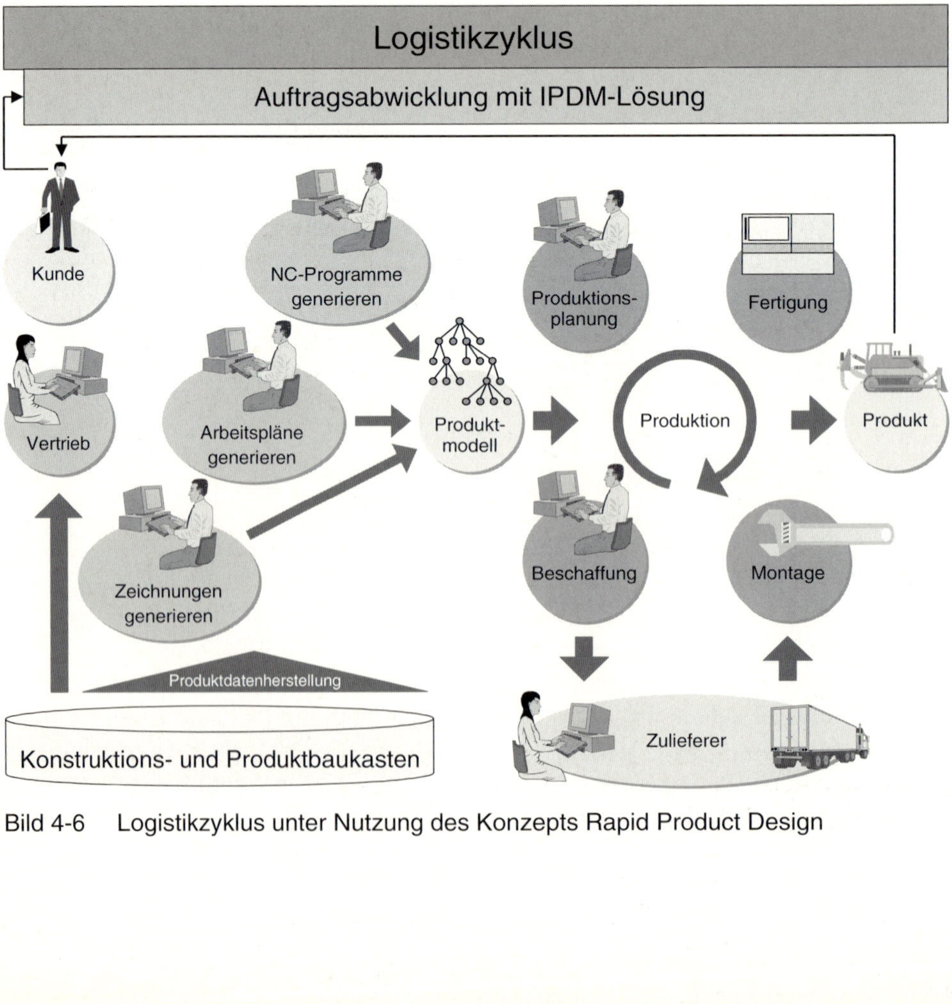

Bild 4-6 Logistikzyklus unter Nutzung des Konzepts Rapid Product Design

Der Aufwand, der im Produktentwicklungszyklus betrieben wird, macht sich im Logistikzyklus vielfach bezahlt. Bild 4-6 zeigt die Auftragsabwicklung mit einer IPDM-Lösung. Als erstem kommt dem Vertrieb der Produktbaukasten zugute. Der Vertriebsingenieur hat entweder Online-Zugriff auf die PDM-Datenbasis oder verfügt über eine Teilkopie auf der Festplatte seines Notebooks. Auf der Basis der Variantenkonfiguration (Maximalproduktstruktur) entwickelt er im Gespräch mit dem Einkäufer dessen Produktkonfiguration. Durch Nutzung von Image- oder VRML-Files bekommt der Interessent bereits während der Produktpräsentation einen photorealistischen Eindruck von seiner möglichen Investition. Für den Verkäufer ist es wesentlich einfacher, technische Details und eventuell Alleinstellungsmerkmale seines Portfolios zu illustrieren und damit den Gesprächspartner als Kunden zu gewinnen. Ist dem Vertriebsingenieur dies gelungen, geht die Kundenorder in die Auftragsverwaltung und von dort in die Auftragsabwicklung.

Die Auftragskonstruktion erhält vom Verkauf den Auftrag zur Produktdatenherstellung. Ihre wichtigsten Eingangsinformationen sind die vom Vertrieb erstellte Produktkonfiguration und ggf. die Sonderwünsche des Auftraggebers. Für den Fall, daß spezielle Kundenwünsche zu erfüllen sind, muß geklärt werden, ob sich diese mit Standardteilen aus dem Konstruktionsbaukasten abdecken lassen oder ob neue Baukomponenten zu entwickeln sind. Die Produktkonfiguration repräsentiert die auftragsbezogene Produktvariante bzw. Stückliste; sie ist eventuell noch um Sonderteile zu ergänzen. Aus den Masterdokumenten werden die Auftragszeichnungen sowie die zugehörigen Arbeitspläne und NC-Programme abgeleitet. Per PDM/ERP-Schnittstelle gehen die Daten des Produktmodells an die Bereiche Produktionsplanung und Beschaffung. Dort werden Bestellungen an externe Zulieferer und Arbeitsaufträge an die interne Fertigung und Montage gegeben. Alle Geschäftsvorgänge vom Vertrieb bis zur Endkontrolle des fertigen Produkts lassen sich mit dem IT-Unternehmenswerkzeug IPDM koordiniert ausführen. In Verbindung mit der Engineering-Methode Rapid Product Design ist eine verifizierbare Verkürzung der Auftragsdurchlaufzeiten erreichbar, vor allem in der Phase der Produktdatenherstellung.

4.3 Variantentechnik und NC-Programmierung

Teilestandardisierung zusammen mit Sachmerkmal-Leistentechnik und Masterzeichnung führen zu einer drastischen Beschleunigung bei der Zeichnungserstellung. Maß- und in begrenztem Umfang auch gestaltvariante Zeichnungsausführungen lassen sich aus einem assoziativen CAD-Geometriemodell mit den unterschiedlichen Parametersätzen aus der dazugehörigen SML-Tabelle ableiten. Dieses Konzept ist ebenso zur Herstellung anderer produkt- oder produktionsbeschreibender Dokumente geeignet. So wie sich verschiedene Zeichnungsvarianten durch ihre Erzeugungsparameter unterscheiden, so variieren auch die ihnen jeweils entsprechenden NC-Programme. Dieser Zusammenhang läßt sich nutzen, um die Teileprogrammierung mit einem hohen Grad an Automatisierung durchzuführen.

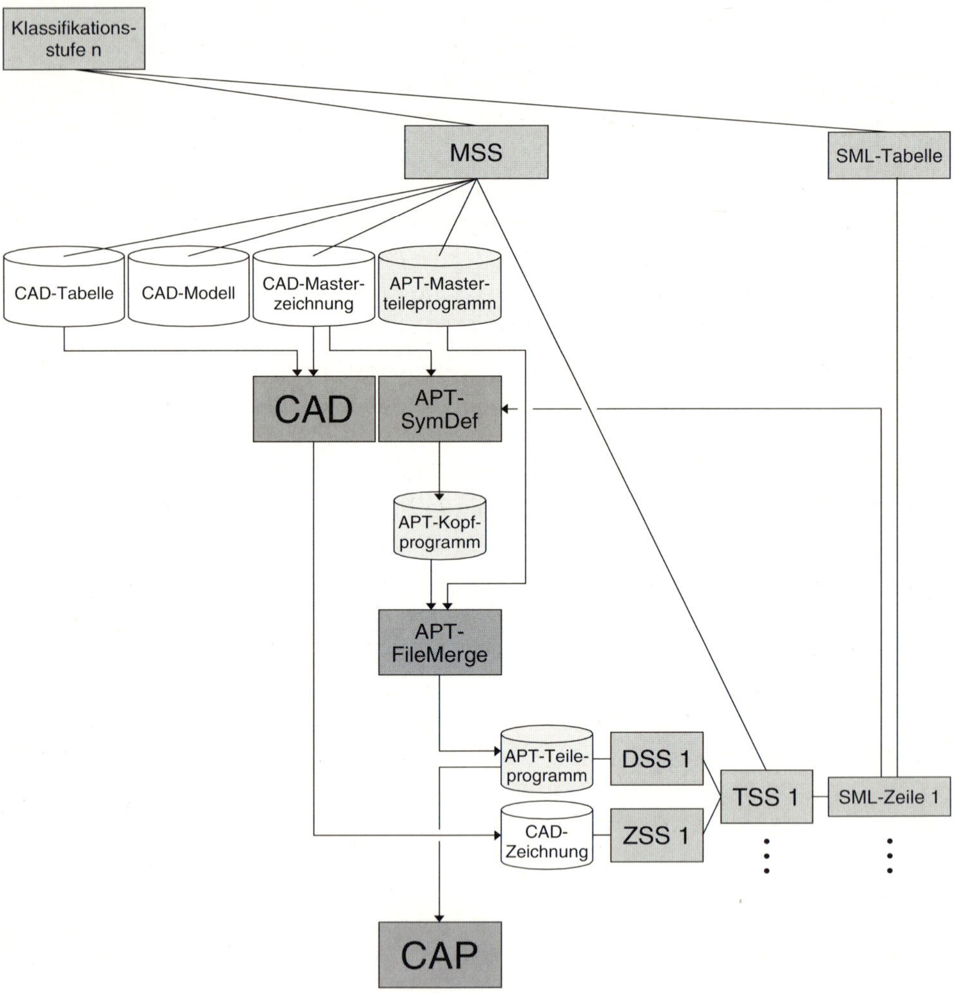

Bild 4-7 Automatisierte Erstellung von APT-Programmen

Das APT-Programm als Vorstufe des NC-Steuercodes kann in zwei Teile aufgespalten werden: einen veränderlichen und einen nichtveränderlichen. Der nichtveränderliche Abschnitt ist das APT-Masterteileprogramm. Es beinhaltet die Geometrie- und Bearbeitungsdefinitionen sowie die Bearbeitungsaufrufe, die für alle Zeichnungsvarianten (Zeileneinträge einer SML-Tabelle) identisch sind. Bild 4-7 legt dar, wie mit dem APT-Masterteileprogramm ein teilespezifisches APT-Programm erzeugt wird. Zunächst sucht ein Arbeitsplaner als PDM-Nutzer nach einer Masterzeichnung in der PDM-Datenbasis. CAD-Masterzeichnungen werden mit dem Organisationsobjekt Modellstammsatz (siehe auch Bild 3-80) verwaltet. Parallel zur Masterzeichnung befindet sich das Masterteileprogramm. Zur Generierung des fertigen APT-Programms sind zwei spezielle Werkzeuge erforderlich, die projektspezifisch realisierbar sind. Das erste Tool – hier mit der Bezeichnung APT-SymDef – ist ein CAD-Makro. Es analysiert die Masterzeichnung und schreibt eine APT-Datei mit Symbol- und ggf. Geometriedefinitionen sowie einen Programmkopf mit organisatorischen Informationen. Das zweite Tool ist ein kleines Shell-Skript – hier mit der Bezeichnung APT-FileMerge. Es übernimmt die Aufgabe, das von APT-SymDef erzeugte Kopfprogramm mit dem Hauptprogramm (Masterteileprogramm) zu einer vollständigen APT-Datei zu verbinden. Diese wird mit einem Dokumentstammsatz (DSS) verwaltet, der über eine Relation zum Stammsatz der Teilevariante, die durch das APT-Programm physisch reproduzierbar ist, verfügt. APT-Programm und Zeichnung lassen sich im Bedarfsfall in einem Arbeitsgang generieren. Die Zeichnungsvariante wird dabei zusammen mit einem Zeichnungsstammsatz parallel zum APT-Programm angelegt. Der weitere Prozeß vom maschinenneutralen APT-Quellprogramm zum maschinenspezifischen NC-Steuercode ist abhängig von den verfügbaren CAP-Komponenten (siehe auch Bild 1-4).

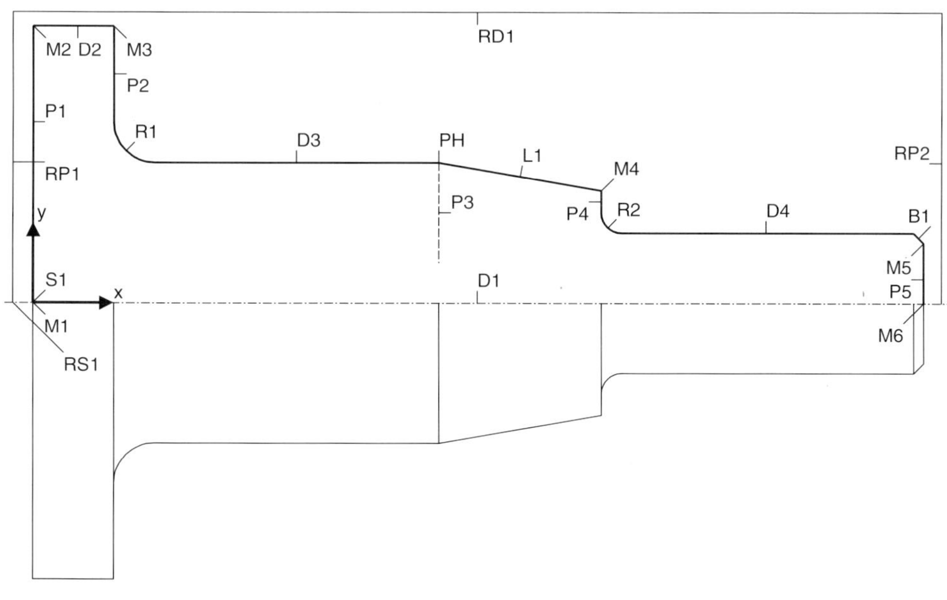

Bild 4-8 NC-Konturen als Teil der Masterzeichnung

Damit für die spätere automatisierte APT-Programmerzeugung alle erforderlichen Informationen vorhanden sind, muß die CAD-Masterzeichnung von der Arbeitsplanung aufbereitet werden. Bild 4-8 zeigt hierfür ein Beispiel. Es handelt sich dabei um die Konturbearbeitung eines Drehteils. In einer NC-Ebene der Masterzeichnung werden die Roh- und Fertigteilkontur sowie die symbolischen Namen ihrer Elemente, die Startpunkte für die Konturdefinitionen, die Marken für die abschnittsspezifische Konturbearbeitung und ggf. die Hilfsgeometrie eingebracht. Jeder Symbolname (CAD-Text) erhält die Bezeichnung des analogen Sachmerkmals als Attribut. Somit existiert eine Referenz zwischen jedem APT-Symbolnamen und der entsprechenden SML-Spalte. Die Bearbeitungsmarken ebenso wie die gesamten Informationen der NC-Ebene dienen gemeinsam mit dem APT-Programm auch der visuellen Kontrolle. Bearbeitungstoleranzen sind gewöhnlich maßabhängig. In einem guten PDM-Klassifikationsmodul können sie als Zusatzangaben der SML-Werte verwaltet werden (siehe auch Bild 3-77). Damit sind alle Informationen verfügbar, die notwendig sind, um den veränderlichen Teil des APT-Programms zu generieren.

```
PARTNO / BEISPIEL
$$
$$ Programmname:  ...
$$ Autor:         ...
$$ Datum:         ...
$$ Beschreibung:  ...
$$
$$ ----- SYMBOL- UND GEOMETRIEDEFINITIONEN FÜR DAS ROHTEIL
$$
RS1 = POINT / -5, 0
RP1 = -5
RP2 = 125
RD1 = 75
$$
$$ ----- SYMBOL- UND GEOMETRIEDEFINITIONEN FÜR DAS FERTIGTEIL
$$
S1  = POINT / 0, 0
B1  = 3
R1  = 10
R2  = 5
D1  = 0
D2  = 70
D3  = 50
D4  = 20
P1  = 0
P2  = 16
P3  = 50
P4  = 75
P5  = 120
PH  = POINT / INTOF, DIA, D3, PLAN, P3
L1  = LINE / PH, ATANGLE, -15
$$
```

Kopfprogramm

Bild 4-9 Veränderliches Fragment des APT-Programms für das Beispiel Drehteil

Hauptprogramm

```
$$ ----- HAUPTPROGRAMM
$$
$$ ----- DEFINITION DER ROHTEILKONTUR
$$
RK  =  CONTUR
       BEGIN / RS1, YLARGE, PLAN, RP1
       RGT / DIA, RD1; PLAN, RP2; DIA, D1
TERMCO
$$
$$ ----- DEFINITION DER FERTIGTEILKONTUR
$$
FK  =  CONTUR
M1,    BEGIN / S1, YLARGE, PLAN, P1
M2,    RGT / DIA, D2
M3,    RGT / PLAN, P2, ROUND, R1
       LFT / DIA, D3
       RGT / L1
M4,    RGT / PLAN, P4, ROUND, R2
       LFT / DIA, D4, BEVEL, B1
M5,    RGT / PLAN, P5
M6,    RGT / DIA, D1
TERMCO
$$
$$ ----- BEARBEITUNGSDEFINITIONEN
$$
BD1 =  CONT / ...
:
.
$$
$$ ----- 1. EINSPANNUNG
$$
CHUCK / ...
CLAMP / ...
$$
$$ ----- BEARBEITUNGSAUFRUFE
$$
WORK / BD1
CUT / ...
:
.
$$
$$ ----- 2. EINSPANNUNG
$$
CLAMP / ...
$$
$$ ----- BEARBEITUNGSAUFRUFE
$$
WORK / BD1
CUT / ...
:
.
FINI
```

Bild 4-10 Konstante Komponente des APT-Programms für das Beispiel Drehteil

Die Bilder 4-9 und 4-10 beinhalten jeweils einen Teil des APT-Programms zur Herstellung der Drehteilkontur in Bild 4-8. Der veränderliche Abschnitt von Bild 4-9 wird für jede Teilevariante aus den Informationsquellen Masterzeichnung und SML-Tabelle aktuell systemunterstützt generiert. Den nichtveränderlichen Abschnitt von Bild 4-10 bereitet die Arbeitsplanung als Masterteileprogramm mit einmal zu erbringendem Aufwand vor. Die Symbolnamen, auf die sich das Hauptprogramm bezieht, aber nicht selbst definiert, steuert das Kopfprogramm bei; sie sind hier fettgedruckt.

4.4 Projektierung industrieller Produkte/Anlagen

Die Anforderungen an Investitionsgüter und industrielle Anlagen hinsichtlich ihrer Leistungsfähigkeit, Zuverlässigkeit, Sicherheit und Wartbarkeit nehmen laufend zu. Die komplexen Maschinen- und Anlagenstrukturen sind nur noch mit dem Einsatz der spezialisierten IT-Anwendungen M-CAD (Mechanik-CAD) und E-CAD (Elektrik/Elektronik-CAD) zu beherrschen. Eine Reihe weiterer CAx-Applikationen kommt hinzu. Die Produkt- bzw. Anlagendokumentation umfaßt eine kaum mehr zu überblickende Datenmenge. Und obwohl das Produkt- bzw. Anlagenmodell fachlich aus einem Mechanik- und Elektrik-/Elektronikteil besteht, erfolgt die M-CAD- und E-CAD-Anwendung in der betrieblichen Praxis in zwei parallel existierenden Welten. Selbst wenn das Unternehmenswerkzeug PDM installiert ist, wird meist nur die mechanische Konstruktion unterstützt. Um jedoch eine Maschine oder Anlage informationstechnisch als eine Einheit handhaben zu können, ist der Aufbau einer integralen Produkt- bzw. Anlagenstruktur mit Verknüpfung aller beschreibenden Dokumente unerläßlich.

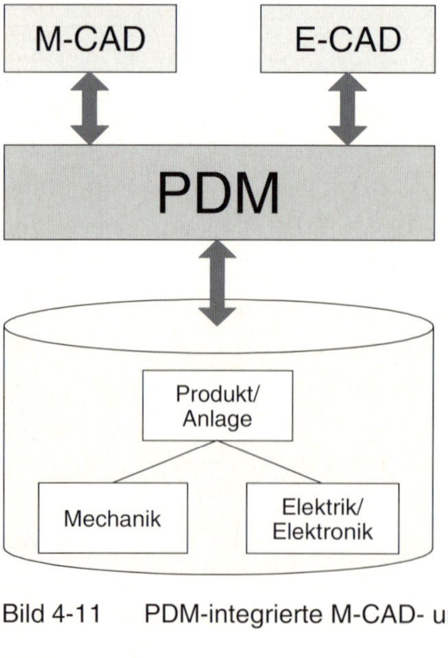

Bild 4-11 PDM-integrierte M-CAD- und E-CAD-Anwendung

Die Integration von M-CAD und E-CAD in die PDM-Lösung, wie schematisch in Bild 4-11 dargestellt, erfordert keine besonderen Erweiterungen des Datenmodells. Die Strukturierung der elektrotechnischen Ausrüstung einer Maschine oder Anlage läßt sich mit den universell einsetzbaren Objekten der Klasse Ordner bewerkstelligen (siehe auch Bild 3-67). Für die Verwaltung der vielfältigen Dokumente wie Stromlaufplan, Verdrahtungsliste oder SPS-Gesamtdarstellung eignen sich die Objektklassen Dokumentstammsatz und Unterlage (siehe auch Bild 3-55). Elektrotechnische Komponenten und Baugruppen können ebenso wie mechanische mit Objekten der Klassen Teile- und Baugruppenstammsatz (siehe auch Bild 3-68) repräsentiert werden. Mechanische und elektrotechnische Bauteile lassen sich damit innerhalb einer Produktstruktur in Beziehung bringen.

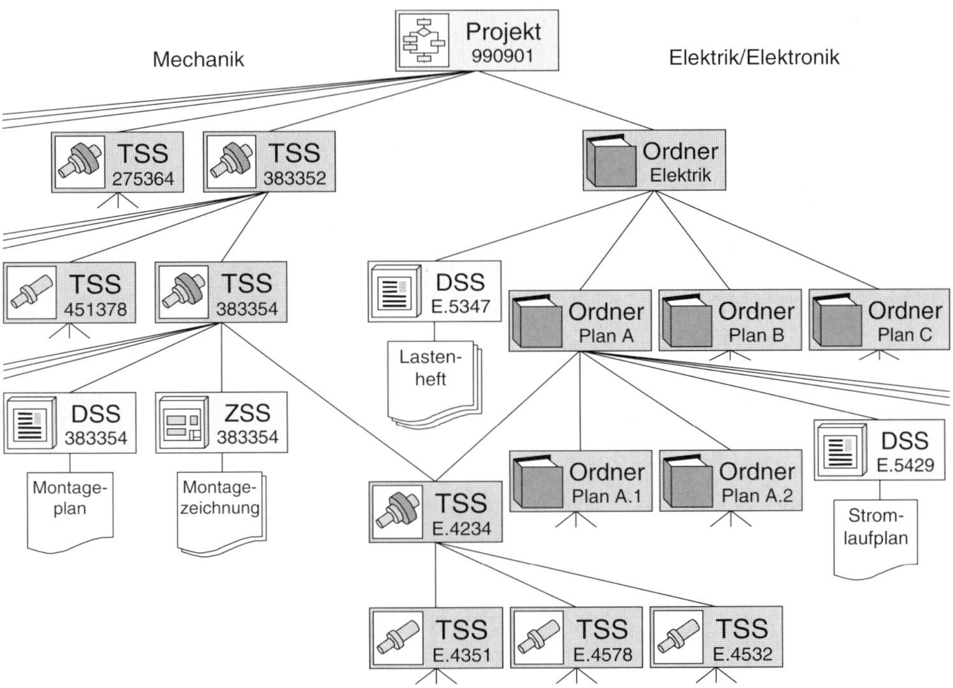

Bild 4-12 Integrierte Verwaltung mechanischer und elektrotechnischer Produktdaten

Die integrierte Verwaltung mechanischer und elektrotechnischer Produkt- bzw. Anlagendaten, wie sie Bild 4-12 prinzipiell wiedergibt, steigert den Nutzen einer unternehmensweiten PDM-Installation erheblich. Ein konsistentes, integrales Produktmodell bezieht die Dokumentation der elektrotechnischen Ausrüstung vollständig ein. Auf diese Weise stehen alle PDM-Leistungsmerkmale, die der mechanischen Konstruktion zugute kommen, ebenfalls für die elektrotechnische Projektierung zur Verfügung: Navigieren durch Projekte; Recherchieren von

Plänen, Listen, Zeichnungen und Textdokumenten; Viewing von Image-Files oder Laden von nativen Dateien in das jeweilige Erzeugersystem per Doppelklick; Versionierung, Statuskennzeichnung, Historienverwaltung und Life-Cycle-Management; völlige Einbeziehung der elektrotechnischen Ausführung in das prozeßgestützte Änderungsmanagement; Erfüllung der QS-Richtlinien ISO 9000 und der Anforderungen des Produkthaftungsgesetzes; schneller Rückgriff auf vorhandenes Know-how; konsistente Gesamtstückliste mit allen mechanischen und elektrotechnischen Komponenten; integriertes Projektmanagement für die mechanische Konstruktion sowie die elektrotechnische Projektierung und andere Dinge mehr. Die Möglichkeiten, die sich durch die Einbindung des E-CAD-Systems in die PDM-Lösung eröffnen, sind derart gewinnbringend, daß dieses Thema auf jeden Fall in das PDM-Pflichtenheft eines jeden Maschinen- oder Anlagenbauers gehört.

4.5 Datenfluß zwischen Entwicklungspartnern

Die enge, kooperative Zusammenarbeit zwischen Entwicklungspartnern beeinflußt entscheidend die Wettbewerbsfaktoren Zeit, Kosten und Qualität. PDM als IT-Unternehmenswerkzeug spielt hierbei eine zentrale Rolle. Prozeßorientierte Projektarbeit, unterstützt von Daten- und Workflow-Management, ist in Kombination mit den Mitteln des elektronischen Versands multimedialer Post (native Formate, Vektorgraphiken, Rasterbilder, Audio- und Videosequenzen) die Basis für erfolgreiches, firmenübergreifendes Teamwork. Mit integrierten CSCW-Anwendungen (Computer Supported Cooperative Work) wie CAx, PDM und diversen Kommunikationseinrichtungen (Audio- und Videokonferenz, Electronic Mail, Electronic Data Interchange etc.) können Kooperationspartner das Konzept der verteilten Produktentwicklung effizient praktizieren.

Von besonderer Bedeutung ist der schnelle, sichere und zuverlässige Datenfluß zwischen Auftraggeber und Zulieferer. Er darf nicht nur auf Organisationsebene möglich sein, sondern muß sich auch zwischen Mitarbeitern beider Unternehmen direkt abwickeln lassen. Dabei ist notwendig, den Datentransfer in das Workflow-Management einzubeziehen, um eine rollenbezogene Datenverteilung in Abhängigkeit des Prozeßfortgangs zu arrangieren. Die Einbindung eines EDI-Tools in die PDM-Installationen auf beiden Seiten ist hierfür die technische Voraussetzung. Mit ODETTE (Organization for Data Exchange by Tele-Transmission in Europe), einer Initiative der europäischen Automobilindustrie, werden Standards für den Austausch von CAx-Daten empfohlen, die inzwischen die Norm in diesem Bereich sind. Für die Übertragung von CAx-Dateien und deren PDM-Metadaten stehen ISDN (Integrated Services Digital Network), OFTP (ODETTE File Transfer Protocol) und ENGDAT (Engineering Data) zur

Verfügung. ISDN als weltweites digitales Kommunikationsnetzwerk ist in allen bedeutenden Industrieländern verfügbar und bietet kurze Übertragungszeiten, hohe Übertragungssicherheit sowie niedrige Übertragungskosten. In puncto Übertragungssicherheit erfüllt im Gegensatz dazu das Internet noch nicht das hohe Sicherheitsbedürfnis der Industrie. Für den Transfer mit ODETTE-FTP gemäß VDA-Empfehlung 4914/2 werden die Austauschdaten in eine ENGDAT-Nachricht entsprechend der VDA-Richtlinie 4951 konvertiert. Das ODETTE-Gremium hat hierfür ein Subset von EDIFACT (Electronic Data Interchange for Administration Commerce and Transport), der EDI-Standardsprache nach ISO 9735 (EDIFACT Application Level Syntax Rules), definiert.

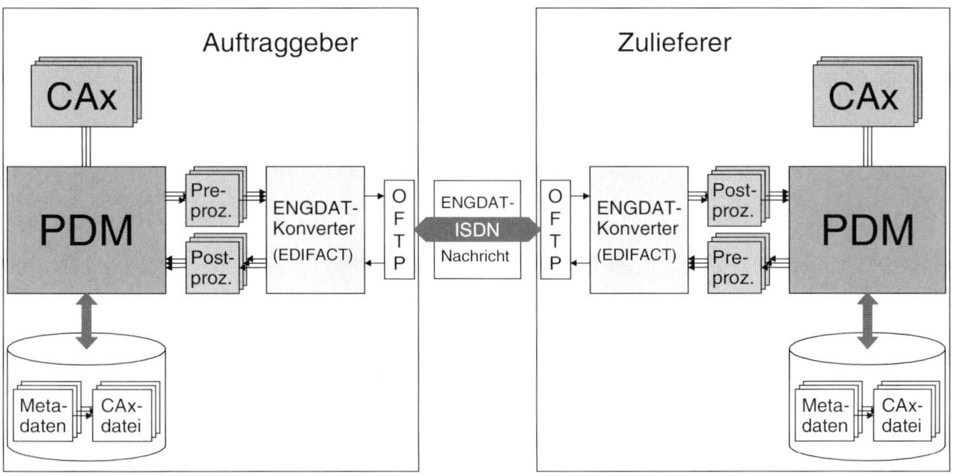

Bild 4-13 CAx-Datentransfer zwischen Auftraggeber und Zulieferer

Den Ablauf des Datentransfers und die involvierten IT-Werkzeuge demonstriert Bild 4-13. Beim Sender werden die Daten für den Empfänger mit den Mitteln des PDM-Systems selektiert und zusammengestellt. Übertragungsdaten können CAx-Dateien und deren PDM-Beschreibungsdaten sein. Wenn Auftraggeber und Zulieferer unterschiedliche Erzeugersysteme einsetzen, ist die Konvertierung in ein neutrales Datenformat wie DXF, IGES, VDA-FS oder STEP notwendig. STEP, definiert in der Normenreihe ISO 10303, bietet den Vorteil, daß sich damit nicht nur CAD-Geometrien, sondern vollständige PDM-Produktmodelle (siehe auch Bild 3-53) mit allen Daten-, Geschäfts- und Relationsobjekten abbilden lassen. Dazu sind für verschiedene Einsatzbereiche Applikationsprotokolle festgelegt worden. Zur Abbildung der produkt- und produktionsbeschreibenden Daten bei der Entwicklung mechanischer Erzeugnisse in der Fertigungsindustrie ist das Applikationsprotokoll (AP) 214 verfügbar. Mit einem entsprechenden STEP-Preprozessor können die zu übertragenden Metadaten und CAD-Dateien in STEP-Files gemäß AP 214 ORG und AP 214 GEO ausgeleitet werden. Ein ENGDAT-Konverter verpackt die STEP-Dateien zusammen mit einem Abstract-File, das als Begleitschreiben dient, zu einer segmentierten ENGDAT-Nachricht. Das Abstract-File beinhaltet Informationen zu den Transferdaten wie Kennung, Projekt, Format und Erzeugersystem und umfaßt ferner Angaben über Sender und Empfänger wie Name, Firma, Abteilung, Anschrift, Telefon, Fax und E-Mail-Adresse. Die ENGDAT-Nachricht (EDIFACT-Datei) wird schließlich mittels OFTP/ISDN an den Empfänger übertragen. Um sicherzustellen, daß die richtigen Personen in der richtigen Firma die richtigen Dokumente erhalten, werden diesen zu Beginn eines Projekts Verteiler zugeordnet. Der Datenversand läßt sich manuell oder per Systemfunktion, etwa im Rahmen eines Workflows, anstoßen.

Auf der Empfängerseite wird die maschinenlesbare EDIFACT-Datei – auch die Nutzdaten sind zwischen Segmentbezeichnern eingebettet – ausgepackt bzw. konvertiert. Die Informationen des Abstract-Files erlauben ein automatisiertes Weiterleiten der Nutzdaten an den oder die Adressaten. Eine Mail informiert über den elektronischen Posteingang. Falls CAx-Daten vor dem Transfer vom Sender in ein neutrales Format (z.B. STEP) konvertiert wurden, lassen sich diese nun mit einem entsprechenden Postprozessor in das gewünschte Zielformat überführen. Gemeinsam mit den übertragenen Metadaten können die CAx-Dateien interaktiv oder systemgetrieben in einen Vault der PDM-Datenbasis importiert werden. Die Integration der Tools für den Produktdatenaustausch ermöglicht es dem PDM-System, jede Sende- und Empfangsaktion mit Datum und Uhrzeit zu protokollieren.

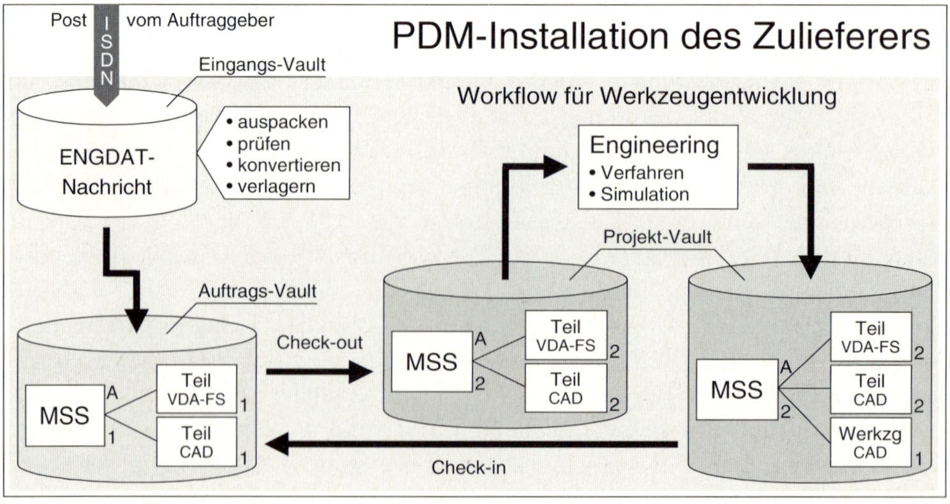

Bild 4-14 Auftragseingang und -abwicklung bei einem Zulieferer

Ein typisches Anwendungsszenario für elektronischen Produktdatenaustausch ist die Beauftragung eines Zulieferers in der Automobilindustrie. Bild 4-14 zeigt die Grundzüge eines Beispiels aus dem Bereich Werkzeugbau. Ein Auftraggeber sendet an einen Zulieferer per OFTP eine ENGDAT-Datei. Sie beinhaltet kaufmännische (Auftrag) und technische (Lastenheft, CAx-Dokumente sowie Metadaten) Unterlagen. Das EDI-Tool ist beim Zulieferer in die PDM-Installation eingebunden. Beim Eintreffen kommt die elektronische Post in einen Eingangs-Vault. Dort wird die ENGDAT-Nachricht ausgepackt und geprüft. Die kaufmännischen Daten gehen anschließend weiter an das ERP-System, die technischen verlagert ein PDM-Prozeß in den Auftrags-Vault. Beide Vorgänge können aufgrund der vorliegenden ENGDAT-Informationen mit Hilfe der Workflow-Funktion Systemauftrag automatisiert ablaufen.

In obigem Beispiel soll ein Preßwerkzeug für ein Karosserieteil entwickelt und angefertigt werden. Die gelieferten Daten vom Auftraggeber, der Modellstammsatz, übertragen als STEP-File, und das Freiformflächenmodell des Karosserieteils, übertragen als VDA-FS-Datei, sind in den Auftrags-Vault eingecheckt worden. Ein weiterer Systemauftrag übernimmt die Konvertierung der VDA-FS-Daten in das native Format einer 3D-CAD-Applikation. Der laufende Workflow informiert die zuständigen Fachleute über den anstehenden Auftrag. Aus ihrer jeweiligen Arbeitsliste entnehmen sie ihre spezifischen Aufgaben. Das Projektteam checkt die technischen Ausgangsdaten aus dem Auftrags-Vault aus. Mit einem speziellen Engineering-Prozeß, der sich auf mehrere aufeinander abgestimmte CAx-Anwendungen stützt, wird die Werkzeugform in einer Reihe von Iterationsschleifen entwickelt. Hierbei sind vor allem die Formgenauigkeit des Karosserieteils und die Materialeigenschaften des Werkstoffs (Karosserieblech) die entscheidenden Kriterien. Das Resultat dieses Verfahrens ist ein CAx-File, das das Preßwerkzeug als Freiformfläche repräsentiert. Es wird mit dem Modellstammsatz verknüpft und mit den Ausgangsobjekten in den Auftrags-Vault eingecheckt. Die Entwicklung ist damit abgeschlossen. Nun kann der interne Auftrag an die Werkstatt zur Fertigung des Werkzeugs gehen.

4.6 Kunststoffteil und Spritzgießwerkzeug

Die Entwicklung von Kunststoffteilen und die Konstruktion der Spritzgießwerkzeuge für deren Herstellung sind sehr eng miteinander verflochten. Die Prozeßkette setzt sich zusammen aus den Aktivitäten Produktentwicklung, Kavitäten-Entwicklung, Senkerodier-Elektrodenkonstruktion und Konstruktion des Spritzgießwerkzeugs. Das Kunststoffteil (Maschinen- oder Geräteteil) wird meist mit einem 3D-CAD-System als Volumenmodell aufgebaut und ist Grundlage für die Modellierung von Werkzeugkavität und Senkerodier-Elektroden. Das 3D-Modell muß dabei so parametrisiert sein, daß sich Rohkavität und Erodier-Elektroden mit den entsprechenden Berechnungsalgorithmen aus dem Fertigteil ableiten lassen (Bild 4-15). Die Berechnungsalgorithmen berücksichtigen Faktoren wie Aushebeschrägen, Kavitäten-Arbeitstemperatur, Verarbeitungsschwindung, Vergütungswachstum, Beschichtung, Polierung und Sicherheitszuschlag. Im Sinne der Qualitätssicherung nach DIN 55350 werden die Prüfprotokolle Erstmuster-, Rohkavitäten- und Erodier-Elektrodenprüfbericht angefertigt. Sie lassen sich aus dem jeweiligen CAD-Datenmodell für alle Ist-Maße automatisiert ausleiten. Die Soll-Maße können unter Nutzung einer Koordinaten-Meßmaschine ergänzt werden. Prüfmaße, die außerhalb der zulässigen Toleranzgrenzen liegen, lassen sich sofort erkennen.

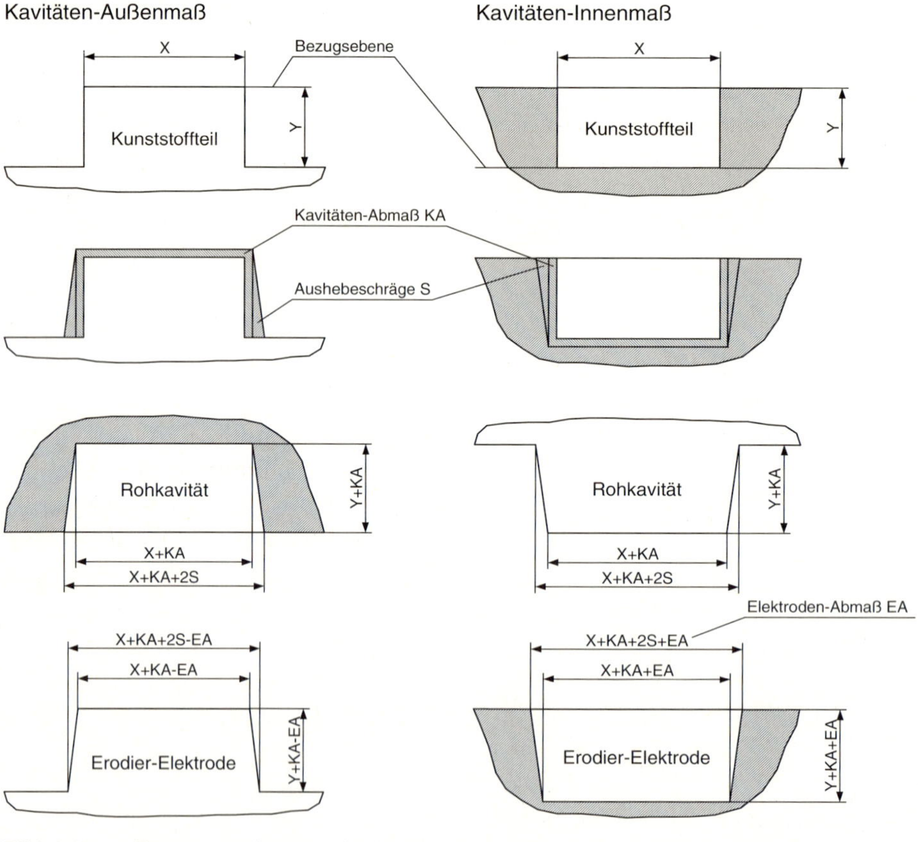

Bild 4-15 Zusammenhang zwischen Kunststoffteil, Kavität und Erodier-Elektrode

Bei Kunststoffteilen treffen Produktentwicklung und Betriebsmittelkonstruktion zusammen. Die Konstruktion des Spritzgieß-Werkzeugs (Betriebsmittel) ist je nach Komplexität des Kunststoffteils ein eigenständiges Entwicklungsprojekt mit mehr oder minder großem Umfang. Damit der Prozeß durchgängig informationstechnisch gelenkt und der geforderte Zeit-, Kosten- und Qualitätsrahmen eingehalten werden kann, ist der Einsatz eines PDM-Systems notwendig. Produkt- und Betriebsmitteldaten lassen sich verknüpfen, und der Vorgang der Betriebsmittelkonstruktion ist vollständig in das Workflow-Management der Produktentwicklung integrierbar.

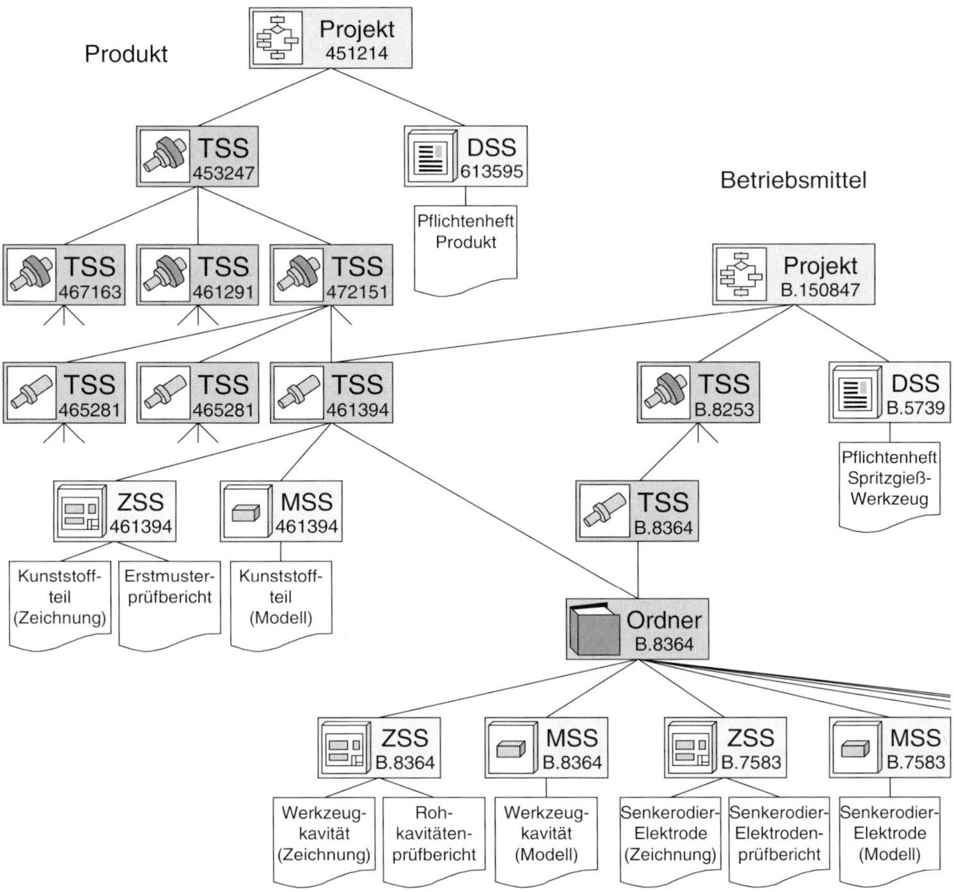

Bild 4-16 Integrierte Produkt- und Betriebsmitteldaten

Die Möglichkeiten der Datenverkettung bei eng verzahnter Produktentwicklung und Betriebsmittelkonstruktion demonstriert Bild 4-16. Der Teilestammsatz mit der Artikelnummer 461394 repräsentiert das Kunststoffteil als eine der Baukomponenten des Erzeugnisses. Dafür existieren zunächst ein 3D-Modell und die zugehörige Zeichnung. Später kommt der Erstmusterprüfbericht mit einer Relation zum Zeichnungsstammsatz hinzu. Dies ist nur eine denkbare Variante der

Datenstrukturierung, eine andere wäre, den Erstmusterprüfbericht mit dem ZSS der Werkzeugkavität zu verketten. Das Produktmodell der Betriebsmittelkonstruktion ist einem eigenen Projektobjekt zugeordnet. Zwischen ihm und dem Kunststoffteil kann eine Beziehung angelegt werden. Die Werkzeugkavität ist Teil der Produktstruktur des Spritzgieß-Werkzeugs. In obigem Beispiel stellt sie der Teilestammsatz mit der Artikelnummer B.8364 dar. Mit einem virtuellen Ordner sind sämtliche Dokumente von Kavität und Erodier-Elektrode(n) zusammengefaßt. Eine Beziehung vom TSS des Kunststoffteils zum Ordner der Werkzeugkavität stellt die logische Verbindung zwischen dem Fertigteil und seiner Form her. Bezüglich der Prüfberichte eröffnet sich mit dem Einsatz eines PDM-Systems eine interessante Alternative zu den herkömmlichen Papierblättern. Als PDM-Formularobjekte (siehe auch Bild 3-29) lassen sich die Prüfberichte direkt mit den Mitteln der PDM-Lösung ohne externes Erzeugersystem bearbeiten und handhaben.

4.7 Weitere PDM-Anwendungspotentiale

Produktentwicklung im Intranet/Extranet ist eine Strategie für die Fertigungsindustrie, um auf die sich ändernden Anforderungen im weltweiten Wettbewerb erfolgreich zu reagieren. Für den Produktentwicklungsprozeß können alle Mittel der modernen Informations- und Kommunikationstechnik genutzt werden. Die Herstellung eines virtuellen Produktmodells läßt sich auf mehrere Standorte mit den jeweils günstigsten Produktionsfaktoren verteilen. Menschliches Know-how ist rund um die Uhr über die Zeitzonen hinweg einsetzbar. Online-Informationsbeschaffung spart wertvolle Zeit und garantiert ein Höchstmaß an Aktualität, egal ob es die weltweite Patentrecherche oder das Auffinden neuester Lösungselemente in den Herstellerkatalogen betrifft.

Internet-fähige Engineering-Applikationen wie 3D-CAD und Digital Mock-up sowie IT-Unternehmenswerkzeuge wie PDM bilden die Grundlage für verteiltes kooperatives Arbeiten. Vor allem die verteilte Datenbasis (siehe auch Bild 3-20) oder die vernetzten Datenbasen (siehe auch Bild 3-21) standortverbindender PDM-Installationen machen die Entwicklung eines virtuellen Produktmodells im globalen Kommunikationsnetzwerk erst möglich. Interaktive Web-Clients mit diversen Plug-Ins für Animations-, Video- und Audioformaten und privilegienabhängiger Zugriff auf die Produktdaten- und Wissensbibliothek des PDM-Systems unterstützen die prozeßorientierte Teamarbeit. Über projektbezogene Homepages kann der Informationsfluß verbessert und die Navigation durch die Projektdaten für die involvierten Mitarbeiter erleichtert werden. Mit einem Intra- oder Extranet und der PDM-Funktionalität Workflow-Management lassen sich die Aktivitäten des Geschäftsprozesses Produktentwicklung über Standortgrenzen hinweg koordinieren. Es bietet sich an, Kunden und Lieferanten mit in das Geschehen einzubeziehen. Dies fördert deutlich den Informationsfluß zwischen den Kooperationspartnern, da die Kommunikation direkt unter Nutzung der elektronischen Produktdaten stattfinden kann. Der ständige Medienwechsel von elektronischem Datenträger zu Papier und umgekehrt sowie damit einhergehende Fehler und Zeitverlust sind vermeidbar.

Virtuelles Prototyping ist eine informationstechnische Engineering-Methode, mit der sich Produktentwicklungszeiten bedeutsam verkürzen lassen. Der Bau teuerer physischer Prototypen (Versuchsmodelle) wird in beträchtlichem Ausmaß durch digitale bzw. virtuelle ersetzt. Mit Hilfe von DMU-Systemen (Digital Mock-up) ist es möglich, schon in den frühen Phasen der Produktentwicklung mit realistischen digitalen Prototypen zu arbeiten. Voraussetzung dafür ist, daß die Geometrie der Bauteile und Baugruppen als exakt beschriebene 3D-CAD-Modelle vorliegen. DMU-Systeme greifen entweder direkt auf 3D-CAD-Masterdaten, auf neutrale Datenformate wie DXF, IGES, VDA-FS, STEP oder auch STL (Stereolithographie-Datenfomat) oder auf proprietäre Datenformate, die sie daraus erzeugen. Die Angebotspalette der DMU-Systeme reicht vom einfachen 3D-Viewer bis zum komplexen Simulationswerkzeug. Besonders nutzbringend ist die DMU-Funktionalität für Ein- und Zusammenbau-Untersuchungen sowie für Simulationsbetrachtungen. Mit DMU-Modellen lassen sich Kontaktflächen- und Paßformgenauigkeit prüfen, Kollisions-Checks vornehmen oder die Einhaltung von Mindestabständen verifizieren. Darüber hinaus ist die Technologie der virtuellen Prototypen gleichermaßen für die digitale Fertigungs- und Montageplanung geeignet.

DMU-Anwendungen als wichtige Engineering-Tools sollten in die Arbeitsplattform des Technischen Informationssystems integriert werden. DMU-Daten sind wie CAx-Informationen Bestandteil der digitalen Produktdokumentation. Ihre Nutzung ist durch eine PDM-Anbindung für alle autorisierten Projektmitarbeiter möglich. Parallelisierte Arbeitsabläufe (Concurrent Engineering) werden so von Beginn an unterstützt. Konstrukteure von Baukomponenten mit gemeinsamer Nahtstelle können am virtuellen Baugruppenmodell auftretende Probleme (Paßgenauigkeit, Kollision, Montierbarkeit etc.) frühzeitig erkennen und gemeinsam beheben. Ergebnisse wie Mindestabstände, Kollisionslinien oder Hüllkörper, die bei der Nutzung des DMU-Modells entstehen, sind in das CAD-Datenmodell übertragbar. Auf diese Weise läßt sich sicherstellen, daß beim Zusammenbau aller Komponenten keine Fehler zutage treten, die kostspielige Nachbesserungen notwendig machen. DMU-Files können zur weiteren Verwendung in Datenformate wie TIFF, MPEG (Video- und Audio-Dateiformat der Moving Pictures Experts Group) und VRML konvertiert werden. Dadurch lassen sich virtuelle Prototypen mit einem Web-fähigen PDM-System im Rahmen der im Intra- oder

Extranet-basierten Produktentwicklung aufgabenbezogen von allen Standorten nutzen. Ein besonders interessanter Einsatzbereich für die Resultate des Digital Mock-up ist die Visualisierung der kundenspezifischen Produktkonfiguration. Für den technischen Vertrieb erschließt sich hiermit ein äußert vorteilhafter Weg, seine Produkte und mögliche Variationen davon zu präsentieren.

Software-Entwicklung wird als Element der Produktentwicklung immer wichtiger. Der Anteil an Hard- und Software zur Steuerung und Automation hochwertiger Konsum- und Investitionsgüter nimmt stetig zu. Für die Entwicklung der elektronischen Hardware kommen E-CAD-Applikationen zum Einsatz, für die zunehmend PDM-Integrationen verfügbar sind. Die Software-Entwicklung ist meist noch nicht in den PDM-gestützten Geschäftsprozeß Produktentstehung eingebunden, obwohl die Programmdokumentation ebenso ein Element des digitalen Produktmodells ist wie Zeichnung, Stromlaufplan oder Berechnungsprotokoll. Außerdem unterliegt Software genauso wie mechanische und elektrotechnische Komponenten der kontinuierlichen Verbesserung. Programmdateien werden geändert, erhalten eine neue Versionsnummer (Release) und einen neuen Status. Quellcode und Kompilat (wegen Compiler-Abhängigkeit) müssen daher in das Konfigurationsmanagement einbezogen werden. Dies ist vor allem auch notwendig, um die Bestimmungen des PHG zu erfüllen.

Zur Einbindung der Software-Entwicklung in das Daten- und Prozeßmanagement der PDM-Lösung bieten sich zwei Alternativen an. Bei der ersten übernimmt das PDM-System vollständig die Verwaltung aller Quell- und Sourcecode-Dateien. In diesem Fall wird entweder kein CASE-Tool verwendet oder dieses verfügt über keine eigene Datenmanagementkomponente – im CASE-Sprachgebrauch Konfigurationsmanagement genannt. Die zweite Variante integriert das CASE-Tool mit einem eigenen Konfigurationsmanagementmodul in die PDM-Installation. Die Programmversionen der verschiedenen Entwicklungsstufen werden von der CASE-Applikation selbst verwaltet. Die PDM-Lösung nimmt nur die Dokumentation freigegebener Software in das Produktmodell auf. Der Software-Entwicklungsprozeß findet vollständig im CASE-Tool statt. Unabhängig davon, wie die Software-Entwicklung hinsichtlich des Datenmanagements in das PDM-System eingebunden ist, sollte bezüglich des Projekt- und Workflow-Managements eine umfassende Einbettung in den Geschäftsprozeß Produktentwicklung realisiert sein.

Kostenbewußtes Konstruieren ist angesichts des wachsenden Kostendrucks infolge der verschärften Konkurrenzsituation in den internationalen Märkten eine der zentralen Forderungen an das Technische Büro. Zum einen geht es darum, die Konstruktionszeiten zu verkürzen, und auf der anderen Seite steht das Bestreben, die Produktionskosten zu senken. Diese werden schließlich zu einem erheblichen Anteil während des Entwicklungs- und Konstruktionsprozesses festgelegt.

Mit einer professionellen CAD-Applikation läßt sich ein neues Bauteil relativ schnell nach allen Regeln der *Konstrukteurskunst* modellieren. Doch wieviel Aufwand ist notwendig, um es in der Werkstatt zu fertigen?

Die PDM-Lösung ist in ihrer Eigenschaft als Wissensbibliothek in der Lage, die Berücksichtigung dieses Aspekts im Konstruktionsbüro zu unterstützen. Mit verbindlichen Konstruktionsrichtlinien, die jeder Entwickler online abrufen kann, ist im ersten Schritt eine kostensparende Konstruktionsdisziplin erreichbar. Ein weiterer wesentlicher Schritt in diese Richtung ist, die Kosten des Herstellungsprozesses für den Konstrukteur transparent zu machen. Kalkulationsdaten für die Fertigungsverfahren Bohren, Drehen, Fräsen, Härten, Schleifen, Brennschneiden, Schweißen, Gießen etc. müssen auf den aktuellen Entwurf des Konstrukteurs projizierbar sein, so daß eine grobe Kostenschätzung für ihn möglich ist. Bei werkzeuggebundenen Arbeitsgängen wie Bohren ist dies am einfachsten zu realisieren. Ganz generell wäre denkbar, Informationen aus der Wissensbasis der Arbeitsplanung (Arbeitsschritte, Technologien, Kostensätze etc.) anhand von einfach zu übertragenden Fallbeispielen auf einer speziellen, interaktiven Web-Seite zu visualisieren. In diesem Zusammenhang können auch charakteristische Vergleichsteile aus dem aktuellen Teilespektrum einbezogen werden. Am wirtschaftlichsten ist jedoch der Konstruktionsentwurf, der auf optimierte Standardkomponenten aus dem Regal und Lösungselemente aus dem Katalog baut. Auch der Rückgriff auf bereits bewährte Ausführungen hinsichtlich der Konzeption zur Erfüllung der Maschinenfunktion wirkt sich kostensparend aus. Das PDM-System mit Web-Client und transparenter Komponentenbibliothek ist das Werkzeug zur Nutzung dieser Potentiale und ein Garant zur Förderung von Kostenbewußtsein in der Konstruktion – vorausgesetzt, eine sinnvolle Konstruktionsdisziplin hat Vorrang vor *künstlerischer Freiheit*.

Produktdokumentation bezieht sich an dieser Stelle auf das Anfertigen von technischen Dokumentationen wie Montageanleitung, Betriebsanleitung oder Service-Handbuch. Die Manualredaktion setzt dafür OLE-fähige CAO-Systeme ein, die ein ansprechendes und informatives Layout mit Text- und Graphikbausteinen aus unterschiedlichen Quellen möglich machen. Den Rumpf der Dokumentation bildet ein Textgerüst mit Platzhaltern für variable Einträge. Ergänzt wird dieses Template durch Objekte aus anderen Erzeugersystemen wie CAC (z.B. Finite Elemente Methode), CAD und DMU.

An dieser Stelle kommt das PDM-System ins Spiel. Es versorgt das Redaktionssystem mit allen freigegebenen Daten und Dokumenten. Projektinformationen, Stammdaten, Sachmerkmale, Stücklisten, Image-Files von 2D-Zeichnungen und 3D-Modellen sowie Photos und photorealistische Darstellungen können in das technische Manual einfließen. So ist gewährleistet, daß beispielsweise eine Betriebsanleitung die Handhabung des Erzeugnisses konsistent beschreibt, für das sie bestimmt ist. Hauptsächlich bei seriennahen Auftragsfertigern erfordert die Ausarbeitung der produktspezifischen Anwenderdokumentation beträchtliche Anstrengungen. Für die Manualredaktion ist es schwierig, in der kurzen Zeit, die gewöhnlich zur Verfügung steht, die richtigen Informationen zusammenzutragen – zumal dann, wenn auch noch während der Produktionsphase Modifikationen am Erzeugnis notwendig werden, die ebenso für die Manuale relevant sind. Serienfertiger haben ein ähnlich gelagertes Problem. Änderungen an den Produktdaten im Rahmen der Produktpflege müssen in Betriebsanleitung, Service-Handbuch etc. widerspruchsfrei einfließen. Der Kunde/Benutzer/Anwender sollte in seinem Manual keine Passage finden, in der Texte und Abbildungen nicht mit seinem Produkt übereinstimmen. Durch die Integration des Redaktionssystems mit der PDM-Installation lassen sich nicht nur diese Schwierigkeiten umgehen, sondern technische Handbücher sogar automatisiert erzeugen. In der Praxis kann das so aussehen, daß der Reproduktionsservice die Handbücher für ein individuelles Kundenerzeugnis aktuell druckt, während das Produkt versandfertig gemacht wird. Speziell bei Wartungs- und Pflegeanleitungen für komplexe Investitionsgüter ist es hilfreich, Manuale als HTML-Dokumente mit eingebundenen 3D-Animationen oder auch Videosequenzen aufzubauen und auf CD-ROM auszuliefern.

Tele-Service steht für das Konzept, die Informations- und Kommunikationstechnik zur Wartung und Instandsetzung entfernt installierter Maschinen und Anlagen zu nutzen. Dabei existieren mehrere Möglichkeiten der Anwendung. Das Wartungspersonal vor Ort wird per Videokonferenz von Fachleuten im Stammhaus instruiert, eine Servicezentrale grenzt mittels Ferndiagnosesystem die Ursache(n) für eine Betriebsstörung beim Betreiber ein und behebt sie, der Servicetechniker beim Kunden greift online via Notebook auf die elektronische Maschinenakte in der PDM-Datenbasis des Produktherstellers – oder es kommt eine Kombination dieser Mittel zum Einsatz.

Die elektronische Maschinenakte (Produktdokumentation) beinhaltet die vollständige Produktkonfiguration für das Kundenerzeugnis. Mit Hilfe des Zugriffs auf die Produktstruktur und der mit ihr verknüpften Dokumente läßt sich schnell und sicher ermitteln, welche Bauteile mit welcher Artikelnummer und welchem Änderungsindex in die defekte Maschine oder Anlage eingebaut wurden. Die Montage des oder der richtigen Ersatzteile ist damit garantiert, eine kurzfristige Instandsetzung sichergestellt.

5 Einführungsstrategien für Produktdatenmanagement

Die Durchdringung der Fertigungsunternehmen mit modernster Rechner- und Kommunikationstechnik schreitet auf hohem Niveau mit einer enormen Dynamik weiter voran. In praktisch allen technischen und kaufmännischen Bereichen erledigen die Mitarbeiter ihre Aufgaben an einem Arbeitsplatzrechner. Singulär führt dies zum gewünschten Produktivitätsanstieg. Doch ist die Rechneranwendung zu oft an den Erfordernissen der einzelnen Abteilungen orientiert. Dem IT-Einsatz fehlt die Ausrichtung auf ein gemeinsames Unternehmensziel. Die hohen finanziellen Aufwendungen für IT-Ausrüstung zeigen deshalb nur selten die erhofften Resultate.

In Klein- und Mittelstandsunternehmen setzt sich dieses Phänomen gleichermaßen bei der PDM-Einführung fort. Aus der Not einer Abteilung heraus – meist der Konstruktion – wird versucht, die Anschaffung eines PDM-Systems als dringend notwendiges Verwaltungswerkzeug voranzutreiben. Die Initiative geht gewöhnlich vom Konstruktionsleiter aus, der versucht, zusammen mit dem ORG/DV-Chef aus taktischen Gründen ein ZVS-Projekt daraus zu machen. Soll das Vorhaben überhaupt eine Chance auf Genehmigung haben, muß das Budget sich in einem äußert bescheidenen Rahmen bewegen. Die Einführung einer ERP/PPS-Lösung hat womöglich gerade Unsummen verschlungen, und die Geschäftsleitung ist nicht bereit oder in der Lage, ein weiteres vermeintliches Großprojekt zu finanzieren. Zudem ist der Nutzen von Produktdatenmanagement in der Führungsetage aus Unkenntnis oder Fehlinformation meist umstritten. So entsteht wieder einmal eine abteilungsspezifische Software-Lösung. Die Gelegenheit, ein informationstechnisches Unternehmenswerkzeug zu schaffen, mit dem sich die Anwendung der verfügbaren Produktivsysteme prozeßorientiert koordinieren läßt, bleibt ungenutzt.

Ganz anders stellt sich gemeinhin die Situation in Großunternehmen dar. Hier wird an zentraler Stelle konzernweit gedacht und geplant. Organisation und Datenverarbeitung haben eine Größenordnung erreicht, mit der sie als Unternehmen im Unternehmen auftreten. Bei einer Reihe von Konzernen führte dies dazu, daß die ORG/DV-Bereiche der einzelnen Standorte inzwischen ausgelagert und als eigenständiges Systemhaus etabliert wurden. Ein typisches PDM-Projekt in diesem Umfeld sieht so aus, daß mehrere Dutzend interne und externe Mitarbeiter über mehrere Jahre hinweg auf der Basis einer PDM-Toolbox Nutzerfunktionalität ohne den notwendigen fachlichen Bezug zur Praxis der Anwenderschaft entwickeln – nicht selten am Bedarf vorbei. Horrende Investitionen verpuffen ohne Wirkung.

5.1 Unternehmensziel

Das Ziel eines Fertigungsunternehmens ist nicht Time to Market, Lean Production oder Total Quality Management. Das Ziel eines Fertigungsunternehmens ist, Geld zu verdienen. Auf dieses Bestreben müssen alle unternehmerischen Maßnahmen ausgerichtet sein. Geld verdient ein Produktionsbetrieb dann, wenn er seine Erzeugnisse mit kalkuliertem Gewinn verkaufen kann. Die Gewinnspanne muß trotz konkurrenzfähiger Preisgestaltung, die von Billiganbietern im globalen Markt diktiert wird, erhalten bleiben. Dies ist nur zu erreichen, wenn es gelingt, die Kosten für die Produktherstellung in dem Maß zu reduzieren, wie der erzielbare Verkaufserlös sinkt.

Produktentwicklung, Produktionsplanung, Beschaffung und Produktion sind die wesentlichen Faktoren, die die Herstellungskosten beeinflussen. Die Produktentwicklung nimmt in diesem Reigen eine Sonderstellung ein, da sie nicht nur eigene Kosten produziert, sondern darüber hinaus die Kosten der anderen Faktoren mitbestimmt, vor allem die der Produktion. Außerdem fällt der Produktentwicklung – die Produktplanung eingeschlossen – eine Schlüsselrolle im Fertigungsunternehmen zu, da sie an erster Stelle in der Kette des Produktentstehungsprozesses kommt. Ihre Kernaufgabe ist die Herstellung reproduzierbarer Produktdaten für die Fertigung. Die Vorgaben im Sinne des Unternehmensziels sind kurze Entwicklungszeit, geringer Ressourcen-Verbrauch und ein qualitativ hochwertiges Arbeitsergebnis. Letzteres legt die Erfolgsfaktoren Funktionalität, Betriebssicherheit, Qualität, Wirtschaftlichkeit und Design für den Produktabsatz im Markt fest.

In den Bereichen Produktionsplanung, Beschaffung und Produktion sind mit der Geschäftsanwendung Enterprise Resource Planning und den computergesteuerten Produktionseinrichtungen für Teilefertigung und Montage sowie für Handhabungs-, Transport- und Lagerungsvorgänge bereits Hilfsmittel installiert, die zu einer deutlichen Kostenentlastung und Qualitätssteigerung geführt haben. Gemessen an den Kosten des gesamten Produktentstehungsprozesses sind hier durch zusätzliche Investitionen nur noch marginale Verbesserungen möglich. Um eine weitere Kostensenkung zu verwirklichen, müssen die Reserven, die der Geschäftsprozeß Produktentwicklung birgt, ausgeschöpft werden. Hierzu ist ein Maßnahmenkatalog mit Punkten wie

- Neugestaltung des Geschäftsprozesses Produktentwicklung,
- Neugestaltung des Geschäftsprozesses Auftragsabwicklung,

- Etablieren einer prozeßorientierten Organisationsstruktur,
- Aufbau eines IT-Unternehmenswerkzeugs für die technische Anwenderschaft,
- informationstechnische Einbindung der Entwicklungspartner und ggf. Kunden,
- Verwirklichung von Concurrent Engineering,
- Reduzierung der Typen- und Teilevielfalt,
- Priorität für die Nutzung käuflicher Lösungselemente,
- Reduzierung der Produktkomplexität, wo dies möglich ist,
- Teilestandardisierung und -normierung,
- Aufbau eines Konstruktions- und Produktbaukastens,
- Einführung des Prinzips der Masterdokumente,
- Einführung eines einheitlichen, rechnerfähigen Nummernsystems,
- Einführung eines einheitlichen Benennungskatalogs

zu definieren. Bei konsequenter Umsetzung dieser Maßnahmen im Rahmen der PDM-Einführung bestehen sehr gute Chancen, die Wettbewerbsvorteile

- schnelle Innovationszyklen (Time to Market),
- kurze Durchlaufzeiten,
- überschaubare Produktkomplexität,
- hohe Produktqualität,
- hohe Flexibilität,
- starke Kunden- und Marktorientierung,
- erbrachter Qualitätsnachweis (ISO 9000)

zu erschließen und das Unternehmensziel, Geld zu verdienen, auch im 21. Jahrhundert zu erreichen und so den Fortbestand der Firma zu sichern.

5.2 PDM-Nutzenpotentiale

Methode und Technologie von Produktdatenmanagement sind entwickelt worden, um die Engineering-Prozesse Produktentwicklung, Auftragskonstruktion, Betriebsmittelkonstruktion und Arbeitsplanung im Sinne des Unternehmensziels ökonomisch gestalten zu können. Obwohl sich in vielen Firmen die Unzulänglichkeiten im Geschäftsprozeß Produktdatenherstellung negativ auf das Betriebsergebnis niederschlagen, ist es offensichtlich schwer, die Geschäftsleitung von der dringenden Notwendigkeit zu überzeugen, Abhilfe zu schaffen durch die Einführung eines PDM-Systems. Bei einigen Firmenchefs dürften noch die Erfahrungen mit Computer-Integrated Manufacturing – außer Spesen nichts gewesen – für Zurückhaltung sorgen. Die Argumentation für CIM-Projekte war ähnlich wie die für heutige PDM-Vorhaben. *„Die Einführung des Computer*

Integrated Manufacturing (CIM) wird in den nächsten Jahren für viele Industrieunternehmen zur Überlebensfrage werden. Die Informationstechnologie wird zunehmend als Produktionsfaktor erkannt, der nicht nur die Organisationsstrukturen der Unternehmen beeinflussen wird, sondern auch als wesentlicher Wettbewerbsfaktor gilt.“ Zitat aus Scheer, A.-W.: CIM Computer Integrated Manufacturing, 4. Auflage, Springer Verlag, Berlin Heidelberg 1990. CIM-Lösungen wurden zwar teilweise sehr anspruchsvoll realisiert, brachten aber kaum meßbaren wirtschaftlichen Erfolg.

Die theoretische Nützlichkeit eines Organisationswerkzeugs wie PDM zu vermitteln, ist weitaus schwieriger, als den praktischen Wert von Erzeugersystemen darzustellen. Applikationen wie CAD, FEM oder CAP liefern konkrete Arbeitsergebnisse und erhöhen in der Regel die persönliche Produktivität ihre Nutzer. Zeichnungen schneller anzufertigen, Bauteiloptimierung und Festigkeitsnachweis mit weniger teueren Prototypen durchzuführen oder Arbeitspläne und NC-Programme mit einem hohen Automatisierungsgrad zu erzeugen, sind leicht nachvollziehbare Fakten. Warum eine PDM-Lösung imstande sein soll, die Produktentwicklungszeit zu verkürzen, die Produktentwicklungskosten zu verringern und die Produktqualität zu erhöhen, ist auf den ersten Blick nicht transparent. Es ist so, als müßte man erklären, daß bei einer Spedition das Logistiksystem zur Tourenplanung wichtiger ist als der Fuhrpark selbst.

5.2.1 Zeiteinsparung

Bis zu 40 % ihrer Arbeitszeit verbringen teuer bezahlte Ingenieure täglich mit ineffizienter Informationsbeschaffung. Suchen, Recherchieren und Informieren wird oft zur stundenlangen Zwangsbeschäftigung. Zeichnungen, Funktionspläne, Stücklisten, Berechnungsunterlagen, Normblätter, Richtlinien, Fachliteratur und Herstellerkataloge sind im ganzen Haus *verstreut*. Einige Unterlagen liegen in Papierform vor, andere sind auf Speichermedien wie Disketten, Bänder oder CD-Rs abgelegt und wieder andere befinden sich auf irgendwelchen Festplatten im Rechnernetzwerk. Dieses kostspielige Dilemma läßt sich mit einem multifunktionalen Arbeitsplatz auf der Basis einer PDM-Lösung (siehe auch Bild 2-9) abstellen. Sämtliche Informationsquellen (siehe auch Bild 2-9) sind über den PDM-Client zugänglich. Entwickler, Konstrukteure und Arbeitsplaner werden von den vielen Routine- und Nebentätigkeiten, die in einem Entwicklungsprojekt anfallen, spürbar entlastet und können sich somit wesentlich intensiver auf ihre eigentliche Kernaufgabe konzentrieren.

Neben der Vereinfachung der Informationsbeschaffung ist die Verbesserung des Kommunikationsflusses das zweite Schwerpunktthema der PDM-Anwendung. Eine am Entwicklungsprozeß ausgerichtete, enge Zusammenarbeit der Fachleute beschleunigt das Gesamtverfahren beträchtlich. Das PDM-Prozeßmanagement steuert die Aktivitäten des interdisziplinär arbeitenden Projektteams. Die Arbeitsschritte Produktplanung, Produktentwicklung, Versuch/Erprobung, Detailkonstruktion, Betriebsmittelkonstruktion und Arbeitsplanung, bei herkömmlicher Vorgehensweise eine sequentielle Abfolge, lassen sich teilweise parallelisieren (siehe auch Bild 2-10). Die Zusammenarbeit der Mitarbeiter ist durch Simultaneous Engineering deutlich intensiver als bei sequentieller Projektarbeit. Arbeitsergebnisse werden bereits vor ihrer endgültigen Fertigstellung fachübergreifend analysiert und diskutiert. Dies fördert Motivation und Verantwortungsbewußtsein (Qualitätsbewußtsein) des einzelnen. Das überkommene Abteilungsdenken verschwindet aus den Köpfen. Fehler und Fehlentwicklungen werden schon zu einem frühen Zeitpunkt erkannt. Aufwendige und langwierige Änderungen lassen sich so vermeiden, und die Zahl der Iterationsschleifen nimmt deutlich ab. Der Arbeitsfortschritt ist für alle Beteiligten in jeder Phase des Entwicklungsprozesses transparent. Ihre Arbeitsaufträge erhalten die Mitarbeiter systemkoordiniert per elektronischer Post. Der Zugriff auf die notwendigen Arbeitsdokumente erfolgt prozeßgesteuert. Papiergestützter Beleg- und Formularumlauf mit langen Transport- und Liegezeiten wird überflüssig.

Mittels PDM-Workflow-Management können auch Fachleute von Kunden und Lieferanten in das Projektteam einbezogen werden. Mit Extranet und vernetzten PDM-Installationen lassen sich temporäre Unternehmenskooperationen etablieren. Interne und externe Aktivitäten können bereits im Zuge der Projektplanung parallelisiert werden. Damit läßt sich ein zusätzliches Potential ausschöpfen, um die Herstellung der Produktdaten zu forcieren.

5.2.2 Kostenreduzierung

Zunächst wirken sich alle Zeiteinsparungen im Technischen Büro positiv auf die Kostensituation des Unternehmens aus. Daneben existiert eine Reihe weiterer Möglichkeiten der direkten Kostenreduzierung. Das PDM-System unterstützt den Aufbau eines virtuellen Produktmodells, das nicht nur durchgängig im Entwicklungsprozeß genutzt werden kann, sondern ebenfalls in der Arbeits- und Produktionsplanung. Das PDM-Produktmodell beinhaltet durch seine hierarchische Strukturierung unter anderem sämtliche Stücklisteninformationen. Damit ist personalintensives, manuelles und fehleranfälliges Stücklistenschreiben auf der Grundlage von Papier- oder CAD-Zeichnungen hinfällig. Mit einer PDM-Lösung sind alle Arten von Stücklisten auf jeder Stufe der Erzeugnisstruktur per Knopfdruck generierbar (siehe auch Bilder 3-94 und 3-95).

Eine erstrangige Quelle zur Kostensenkung offerieren die Engineering-Konzepte Standardisierung und Variantenkonstruktion. Das Instrument, um diese Methoden nutzbar zu machen, ist das PDM-System. Standardisierung und Normierung garantieren einen hohen Grad an Wiederverwendung. Die Module Teilemanagement und Teileklassifikation mit ihren ergonomischen Recherchemöglichkeiten animieren die Konstrukteure, auf Teile und Baugruppen aus dem Baukasten zurückzugreifen oder über ihren Web-fähigen PDM-Client nach geeigneten Lösungselementen in Herstellungskatalogen zu suchen. Kostet es weniger Zeit, eine passende Standardkomponente zu finden als mit dem CAD-System ein neues Bauteil zu modellieren, wird die Neigung der Entwickler beträchtlich zunehmen, die Wiederholteilebibliothek zu nutzen. Jedes nicht neu *erfundene* Teil spart dem Unternehmen bares Geld, durchschnittlich DM 1.500 pro Teil und Jahr, da Verwaltungs- und Lagerkosten wegfallen.

Generell kann gesagt werden, daß die Neugestaltung der Geschäftsprozesse in Verbindung mit der Einführung der Engineering-Methode Rapid Product Design – mit Aufbau und Nutzung eines Konstruktions- und Produktbaukastens – einem Quantensprung im Hinblick auf die Produktivitätssteigerung im Technischen Büro gleichkommt. Derartige Konzepte erfordern allerdings mehr als nur die Installation eines PDM-Systems.

5.2.3 Qualitätsverbesserung

Die PDM-Installation ist das Fundament eines IT-Unternehmenswerkzeugs in den technischen Anwendungsbereichen des Produktionsbetriebs. Alle relevanten CAx-Applikationen sind in die PDM-Lösung per Interface integriert. Dies gilt auch für die verfügbaren CAQ-Komponenten (FMEA, FTA etc.). Die Nutzung der CAQ-Werkzeuge ist in der Workflow-Definition festgelegt. Der gesamte Qualitätsprozeß entsprechend des QM-Handbuchs nach ISO 9000 ist damit auf die PDM-Installation abgebildet. Die Qualität der Arbeitsdokumente (Produktdaten) wird systemgestützt verbessert. Die Mitarbeiter sind durch ihren PDM-Client von zeitraubenden Nebentätigkeiten entlastet. Sie können sich voll auf ihre Aufgaben konzentrieren. Das fördert ihre Motivation und führt zu einem besseren Arbeitsergebnis. Schritt für Schritt entsteht das virtuelle Produktmodell, das in jeder Phase des Produktlebenszyklus das Erzeugnis transparent repräsentiert. Das PDM-System dokumentiert und protokolliert jede Änderung. Wer hat was, warum, wann modifiziert, und welches Bauteil ist in welchem Zeitraum gültig? PDM unterstützt so das Konfigurationsmanagement gemäß der internationalen Norm ISO 10007. Das virtuelle Produktmodell ist elektronische Maschinenakte und zugleich konsistentes Qualitätsdokument, das die Anforderungen der Kunden und des Produkthaftungsgesetzes erfüllt.

Die Strategie der Wiederholteileverwendung zeigt nicht nur positive Wirkungen hinsichtlich der Kostenreduzierung, auch die Produktqualität zieht daraus ihren

Nutzen. Standardteile sind durchweg erprobte Baukomponenten mit einem hohen Qualitätsniveau. Physische und funktionale Schwachstellen sind meist aufgrund langjähriger Erfahrungen beseitigt, und die Garantieleistungsrate ist gering. Die Entwicklung völlig neuer Komponenten ist dagegen zeitaufwendig, teuer und hat möglicherweise negative Auswirkungen auf die Produktqualität. Es besteht die Gefahr, daß die Zufriedenheit der Kunden abnimmt.

5.2.4 Weitere Nutzeffekte

Das PDM-System ist das Organisationsinstrument für Aufbau, Pflege und Nutzung einer *Technische Firmenbibliothek*, deren Inhalt jeder autorisierte Mitarbeiter über seinen PDM-Client permanent auf seinem Schreibtisch verfügbar hat. Die unzähligen Informationsquellen, die in Form von Fachmagazinen, Katalogen, Normschriften, Richtlinien, Büchern, Lexika, Disketten und CD-ROMs vorliegen, können in die PDM-Datenbasis eingebracht werden. Es entsteht ein Wissensarchiv, das für eine innovative Produktentwicklung unentbehrlich ist. Der zeitliche Aufwand für Informationsbeschaffung nimmt deutlich ab. Der Zugriff auf bereits gelöste Problemstellungen, sprich Firmen-Know-how, ist jederzeit möglich, wertvolles regelbasiertes Expertenwissen beliebig reproduzierbar. Mit dem PDM-System steht ein vielseitiges Werkzeug für Knowledge-Management zur Verfügung, dessen Fakten, Regeln und Beziehungen permanent komplettiert werden können. Damit lassen sich beispielsweise Schwachstellen früherer Entwicklungen dokumentieren. Kostbare Erfahrungen können so für die nächste Produktgeneration verwertet werden.

Elektronische Daten und Dokumente im Rechnernetzwerk ersetzen zunehmend Papierunterlagen in den Aktenschränken. In immer stärkerem Maße bilden elektronische Arbeitsergebnisse das Firmen-Know-how und repräsentieren zugleich das Firmenkapital. Die Aspekte Datenqualität und Datensicherheit spielen hierbei eine bedeutende Rolle – die PDM-Lösung gewährleistet beides. Sie sorgt mit widerspruchsfreien, vollständigen und unverfälschten Informationen einerseits für Datenqualität und stellt andererseits mit personen- oder rollenbezogener Zugangskontrolle sicher, daß nur berechtigte Anwender Daten und Dokumente manipulieren dürfen.

5.3 Projektberatung

Die Einführung einer firmenspezifischen PDM-Lösung ist mehr als nur die Anschaffung eines Software-Pakets für Daten- und Prozeßmanagement in den technischen Anwendungsbereichen eines Fertigungsunternehmens. Produktdatenmanagement als strategisches IT-Unternehmenswerkzeug erfolgreich einzuführen, ist eine sehr komplexe Aufgabe. Es geht nicht darum, den Konstrukteuren ein Tool zur Zeichnungsverwaltung zu installieren, die Intention ist, dem Unternehmen die Fähigkeit, Geld zu verdienen, zu erhalten oder wiederzugeben. Es müssen Strategien und Konzepte entwickelt und implementiert werden, die die Erfolgsfaktoren Zeit, Kosten und Qualität an definierte Zielmarken bewegen. Es ist notwendig, die aktuelle Situation objektiv und präzise zu analysieren. Verkrustete, historisch gewachsene Strukturen, oftmals mit liebgewordenen Gewohnheiten gepaart, müssen aufgelöst werden. Die Neugestaltung von Geschäftsprozessen ist meist unumgänglich, Nummernsystem und Nomenklatur sind häufig nicht DV-gerecht und die angewandten Arbeitstechniken nutzen nur begrenzt die Leistungsfähigkeit der eingesetzten CAx-Applikationen.

Die Einführung einer PDM-Lösung kann nur erfolgreich sein – den kalkulierten Nutzen erbringen –, wenn es keine Tabus gibt, d.h., zunächst alles in Frage gestellt wird. Jede Maßnahme, die für den Gesamterfolg ausschlaggebend ist, muß implementierbar sein. Dies kann durchaus weitreichende Auswirkungen auf einen großen Teil des Unternehmens und seine Mitarbeiter haben. Jedoch nicht jeder ist von Veränderungen begeistert. Angst vor persönlichen Nachteilen, abteilungsbezogenes Denken und Kompetenzgerangel sind die üblichen Motive, die Mitarbeiter dazu bewegen, sich kontraproduktiv zu verhalten und so gegen das Erreichen des Unternehmensziels zu agieren. Nicht nur aus diesem Grunde ist es unbedingt notwendig, daß die Geschäftsleitung in jeder Hinsicht hinter dem Projekt steht – PDM ist *Chefsache*. Hierbei ist äußert wichtig, daß die Firmenleitung in den Einführungsprozeß involviert ist und dies auch für alle Mitarbeiter erkennbar demonstriert.

PDM-Projekte werden sehr stark von den konträren Interessen der beteiligten Personen geprägt. Fraktionsbildung zur Besitzstandswahrung sowie Blockadepolitik sorgen immer wieder für Reibungsverluste, und unzureichende Fachkompetenz verhindert das Ausschöpfen aller sich bietender Chancen. Mit einem PDM-Berater kann diese Situation vermieden werden. Er liefert Strategien und Konzepte, legt mit der Geschäftsleitung die Projektziele fest, unterstützt Projektplanung und -realisierung, ist ständiger Ratgeber für den Projektleiter und wirkt als Projekt-Coach wie ein Katalysator. Er ist unabhängig, muß keine persönlichen Interessen schützen und keine Kollegen bei Laune halten; er ist nur dem Erfolg verpflichtet. Aufgrund seiner interdisziplinären Fachkompetenz und Erfahrung ist der PDM-Berater in der Lage, Schwachstellen im Geschäftsprozeß Produktdatenherstellung zu erkennen, alternative, IT-gerechte Szenarien aufzuzeigen und Wege für deren praktische Umsetzung darzulegen. Er ist Know-how-Lieferant, Vermittler zwischen den Interessengruppen und Bindeglied zwischen Geschäftsleitung und Projektteam.

5.3.1 Interne Beratung

Bei Fertigungsunternehmen, die über eine eigene ORG/DV-Abteilung verfügen, betreuen deren Mitarbeiter das PDM-Projekt. Als Projektleiter bietet sich der Chef dieses Teams an. Die Rolle des PDM-Beraters mit entsprechendem Profil aus diesem Kreis zu besetzen, ist allerdings schwierig. Großunternehmen unterhalten zuweilen ihr eigenes PDM Competence Center, das sich aus Mitarbeitern verschiedener ORG/DV-Abteilungen formiert. Die Aufgabe dieser Einrichtung ist die Komplettbetreuung von internen und teilweise auch externen PDM-Projekten. Manche PDM Competence Center treten darüber hinaus noch als Systemlieferant auf. Eine weitere Möglichkeit, interne Beratungskapazität zu schaffen, ist, einen Spezialisten auf Zeit einzustellen. Dieser ist dann zumeist PDM-Projektleiter und -Berater in Personalunion.

5.3.2 Externe Beratung

Produktdatenmanagement ist mittlerweile auch in der Hochschullandschaft ein allseits etabliertes Thema. Überall im Lande befassen sich Institute von Fachhochschulen und Universitäten mit Aspekten der PDM-Technologie. Sie suchen dabei den Kontakt zur Industrie und bieten PDM-Projektunterstützung durch Studenten, Diplomanden und Doktoranden an.

Systemlieferanten offerieren gleichfalls externe PDM-Beratungsleistung. Der Kunde erhält eine Komplettbetreuung von der Analyse, Lastenhefterstellung, Realisierung, Schulung bis hin zur Inbetriebnahme. Auf den ersten Blick ein attraktives Angebot. Genauer besehen birgt es eine Menge Konfliktpotential. Beratung, Systemlieferung und Implementation in einer Hand muß zwangsläufig zur Interessenkollision führen. Da der Preiskampf unter den PDM-Anbietern im Bereich der Software-Lizenzen die Margen stetig schmälert, sind viele Systemanbieter gezwungen, ihre Umsatzeinbußen durch den Mehrverkauf an Dienstleistung (Realisierung der Systemanpassung) zu kompensieren. Hierbei kann nicht ausgeschlossen werden, daß die Umsatzmaximierung des Anbieters höhere Priorität genießt als die Interessen des Kunden. Ähnlich problematisch ist die Situation, wenn ein Berater oder ein Beratungsunternehmen quasi als Vertreter für ein bestimmtes PDM-System auftritt. Auch in diesem Fall ist eine Interessenkollision im Spiel. Der Berater versucht in erster Linie den Kunden dahin zu bewegen, sich für das von ihm favorisierte System zu entscheiden. Erst an zweiter Stelle kommt seine eigentliche Aufgabe, alles für eine erfolgreiche PDM-Einführung zu tun.

Eine Interessenkollision läßt sich nur dann ausschließen, wenn die Aufgaben auf verschiedene Schultern verteilt werden. Die ideale Konstellation ist eine Kooperation zwischen Kunde, Berater und Systemlieferant. Der Auftraggeber kann sicher sein, daß der unabhängige Unternehmensberater oder das unabhängige Beratungsunternehmen in kritischer und konstruktiver Zusammenarbeit mit dem Systemanbieter die bestmögliche PDM-Lösung für das Fertigungsunternehmen implementiert.

5.4 Projektdefinition

Die Einführung eines PDM-Systems ist Managementaufgabe. Initiator des Vorhabens muß die Geschäftsleitung zusammen mit dem Führungskreis sein. Die Entscheidung, die Firma mit einer PDM-Lösung zu bestücken, muß aus unternehmerischem Handeln resultieren. Denn PDM ist ein Instrument, um die Geschäftsentwicklung mit dem Unternehmensziel, Geld zu verdienen, in Einklang zu bringen. Es ist deshalb notwendig, daß die Projektdefinition mit den Punkten Zielsetzung, Lastenheft und Projektmanagementstruktur unter Federführung der gesamten Geschäftsleitung erarbeitet wird.

5.4.1 Zielsetzung

Ausgehend von der aktuellen Situation des Fertigungsunternehmens, seiner internen Struktur, seiner technischen Ausstattung, seiner Produktpalette, seiner Ertragslage, seiner Marktposition und seiner Zukunftspläne werden zum einen die Ziele definiert, die mit der PDM-Anwendung erreicht werden sollen, und zum andern die Maßnahmen fixiert, mit denen eine erfolgreiche Projektdurchführung realistisch ist.

Typische Zielsetzungen für die PDM-Anwendung sind

- Mitarbeitermotivation fördern,
- Unternehmenskultur weiterentwickeln,
- Angebotsbearbeitung um x % verkürzen,
- Teilespektrums um x % reduzieren,
- Wiederholteilerate um Faktor x erhöhen,
- Produktentwicklungszeit um x % verkürzen,
- Auftragsdurchlaufzeit um x % verkürzen,
- Flexibilität bei differenzierten Kundenanforderungen erhöhen,
- Produktqualität erhöhen,
- Kundenzufriedenheit verbessern.

Als erforderliche Maßnahmen für eine fruchtbare Projektarbeit sind

- Mitwirkung der Geschäftsleitung,

- Bereitstellung finanzieller und materieller Mittel,
- Bereithalten personeller Ressourcen,
- Etablieren einer Projektmanagementstruktur,
- Verpflichtung zur aktiven und passiven Mitarbeit,
- Beauftragung eines unabhängigen Beraters

zu sehen.

5.4.2 Lastenheft

Was kann, was muß verbessert werden? Aus dieser Frage leiten sich die Anforderungen der am Geschäftsprozeß Produktentstehung beteiligten Kernbereiche ab. Die Firmenleitung und alle Verantwortlichen aus Marketing und Vertrieb, Produktplanung, Entwicklung und Konstruktion, AV (Arbeits- und Fertigungsplanung) sowie Produktion entwerfen in einem Workshop das Soll-Konzept. Im Lastenheft wird dieses zu einer präzisen Aufgabenstellung zusammengefaßt. Die wesentlichen Inhaltspunkte sind

- Arbeitsorganisation,
- Datenorganisation,
- Systemintegration,
- Anwendungssysteme,
- Anwendungskonzepte,
- Nomenklatur und Nummerung,
- Hard- und Software-Konzept,
- Systemanforderungen,
- Stufenkonzept,
- Zeitplan.

5.4.3 Projektmanagementstruktur

Die Durchführung des PDM-Projekts macht die intensive Zusammenarbeit von internen und externen Personen aus verschiedenen Fachdisziplinen und mit unterschiedlichen Verantwortlichkeiten über einen definierten Zeitraum erforderlich. Die Effektivität, mit der das Projektteam operiert, wird vom Informationsfluß und den gegebenen Kommunikationsmöglichkeiten bestimmt. Um dafür ideale Bedingungen zu schaffen, ist es notwendig, eine Projektmanagementstruktur zu installieren. Mit dieser müssen die beteiligten Personen je nach Aufgabe und Zuständigkeit in der Lage sein, Arbeitspakete zu verteilen, Aktionen auszuführen, Arbeitsergebnisse zu bewerten, den Projektfortschritt zu kontrollieren und gegebenenfalls Zielvorgaben zu modifizieren. Eine hierarchische Organisationsstruktur sorgt hier für kurze Informationswege und klare Kompetenzverteilung auf allen Ebenen.

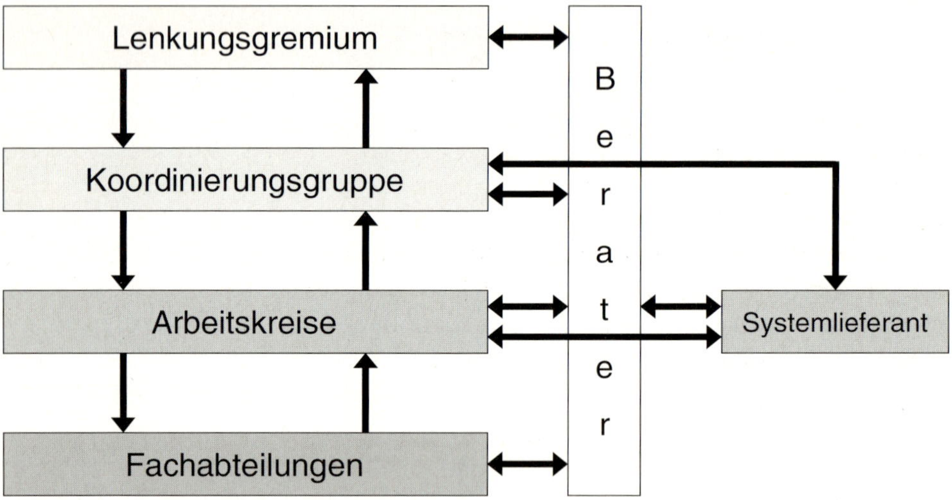

Bild 5-1 Projektmanagementstruktur zur PDM-Einführung

Die Arbeitskreise rekrutieren sich aus besonders qualifizierten Mitarbeitern der eingebundenen Fachabteilungen. Sie werden von ihren Vorgesetzten für die Mitarbeit im PDM-Projekt mit einem bestimmten Teil ihrer Arbeitszeit, der in der Projektplanung festgelegt werden muß, freigestellt. Die Leiter der Arbeitskreise sowie der Projektleiter bilden die Koordinierungsgruppe. Das Lenkungsgremium setzt sich zusammen aus der Geschäftsleitung und den Abteilungsleitern, sofern diese nicht Mitglieder der Geschäftsleitung sind, dem Projektleiter und dem externen PDM-Berater. Der Systemlieferant oder Dienstleister stellt ein Realisierungsteam mit einem eigenen Projektleiter. Dieser kommuniziert mit der Koordinierungsgruppe und den Arbeitskreisen. Das externe Realisierungsteam und die Arbeitskreise arbeiten in enger Abstimmung zusammen. Der Projektleiter verteilt die Arbeitspakete an die Arbeitskreisleiter. Der externe Berater ist Ansprechpartner für alle Ebenen der Projektmanagementstruktur. Er transferiert sein Know-how, bringt seine Erfahrung ein und ist Moderator in kritischen Projektsituationen. Die Koordinierungsgruppe trifft sich turnusmäßig, um den Arbeitsfortschritt und die Projektsituation zu bewerten. Der Projektleiter des externen Realisierungsteams informiert über den Stand der Systemanpassung und nimmt ggf. Änderungswünsche entgegen. Der interne Projektleiter präsentiert dem Lenkungsgremium zu gegebenem Anlaß die aktuellen Projektergebnisse, weist auf sich abzeichnende Engpässe hin und unterbreitet Lösungsvorschläge. Das Lenkungsgremium entscheidet über weitere Projektphasen, gibt Mittel frei und demonstriert vor allem den Arbeitskreisen und den künftigen Anwendern seine volle Unterstützung für das PDM-Projekt (Bild 5-1).

5.5 Projektplanung

Nachdem die Projektdefinition abgeschlossen ist, beginnt die Planungsphase. Der Erfolg eines PDM-Projekts hängt ganz wesentlich von der Vollständigkeit seiner Planung ab. Um den Kostenrahmen einzuhalten und den definierten Leistungsumfang zu erreichen, ist eine hohe Planungsqualität vonnöten. Probleme, die aufgrund einer nachlässigen Planung erst während der Projektarbeit auftreten, verursachen meist hohe Nachbesserungskosten. Die Planung sollte für jeden Projektabschnitt separat durchgeführt werden, um die aus den jeweils vorhergehenden Abschnitten gewonnenen Erfahrungen nutzen zu können.

5.5.1 Projektphasen

Ein IT-Unternehmenswerkzeug wie PDM flächendeckend in einem Produktionsbetrieb einzuführen, ist ein Vorhaben, das in mehreren Schritten ablaufen sollte. Die PDM-Installation durchdringt das gesamte Unternehmen, hat einen großen Nutzerkreis, koordiniert die Zusammenarbeit, sichert die Produktdaten und verbindet die Standorte. Eine PDM-Lösung hat Nahtstellen zu vielen Themen, Anwendungen, Verfahren und Bereichen. Zudem sind in den meisten Projekten IT-Altverfahren abzulösen. Der Einführungsprozeß muß all diese Gegebenheiten berücksichtigen, um die Handlungsfähigkeit des Fertigungsunternehmens nicht zu gefährden.

Die Erfahrung zeigt, daß eine komplexe Aufgabe wie die PDM-Einführung mit einem definierten Stufenplan am besten zu bewerkstelligen ist. Hinsichtlich des Funktionsumfangs, der Systemschnittstellen, der Standortintegration und der Anwenderzahl lassen sich überschaubare Projektphasen festlegen. Bezogen auf den Funktionsumfang und die Systemschnittstellen sind Stufen wie

- Dokumenten- und Zeichnungsverwaltung mit CAO- und CAD-Schnittstelle,
- Teile- und Produktstrukturmanagement mit ERP-Schnittstelle,
- Workflow-Management für Änderungs-, Prüf- und Freigabewesen,
- Teileklassifikation und Sachmerkmal-Leistentechnik,
- Variantenmanagement und Produktkonfiguration,
- Projektmanagement für die Produktentwicklung,
- Integration des Reprographiemanagementsystems,

- Integration des Langzeitarchivierungssystems

in gesonderten Einführungsschritten implementierbar. Jedes Teilprojekt wird für sich realisiert. Erst wenn es abgeschlossen und das Ergebnis produktiv nutzbar ist, beginnt der Start für die nächste Etappe. Diese Strategie bietet die Chance, schnelle Teilerfolge zu erzielen und früher zu Kosteneinsparungen (Return On Investment) zu gelangen. Darüber hinaus lassen sich bereits in einer frühen Projektphase Erfahrungen über

- das Systemverhalten (Stabilität),
- die Performance bei Vollast,
- die Anwenderakzeptanz,
- die Nutzeffekte

sammeln.

5.5.2 Bedarfe

Unter dem Begriff Bedarfe fällt alles, was zur Durchführung einer Projektetappe und zur produktiven Nutzung ihrer Ergebnisse gebraucht wird. Das Projektteam benötigt hauptsächlich Räumlichkeiten sowie Hard- und Software-Ausrüstung. Es muß eine Entwicklungsumgebung mit einem kleinen Rechnernetzwerk aufgebaut werden. Die Software-Komponenten, die für die Realisierung der Kundenlösung erforderlich sind, müssen in ausreichender Zahl verfügbar sein. Notwendig sind Lizenzen für das Datenbankmanagement-Runtime-System, die PDM-Anwendungsmodule, die PDM-API (Programmierschnittstelle), das generalisierte CAx-Interface und die CAx-Applikationen, für die eine Schnittstelle zu bauen ist. Des weiteren werden Viewer, Konverter (z.B. CAD-TIFF), Web-Browser und ggf. Plug-Ins (z.B. für VRML) gebraucht. In Abhängigkeit der PDM-Systemarchitektur und der PDM-API kann es sein, daß noch weitere Software-Entwicklungswerkzeuge wie Compiler (z.B. C++ oder Java), Client-Server-Middleware (z.B. ObjectBroker, Orbix oder VisiBroker) und Datenbank-Middleware (z.B. CORBA-ODA oder ODBC) hinzukommen. Bei sehr umfangreichen PDM-Kundenlösungen, bei denen die Zahl der Programm- und Konfigurationsquellen ein eigenes Verwaltungssystem verlangt, ist es sinnvoll ein CASE-Tool einzusetzen.

Für den Produktivbetrieb sind die Bedarfe gesondert zu ermitteln. Im Hardware-Bereich gilt das für die Arbeitsplatzrechner, die Server-Maschine und das Netzwerk. PDM-taugliche Arbeitsplatzrechner erfordern i.d.R. eine Mindestkonfiguration, vor allem beim Hauptspeicher. Der Hardware-Server braucht neben einer hohen Prozessorleistung ausreichend Plattenkapazität, aus Sicherheitsgründen sollte in ein RAID-System oder ähnliches investiert werden. Nicht zuletzt ist ein schnelles Netzwerk (z.B. Fast oder Gigabit Ethernet) für ein gutes Zeitverhalten unentbehrlich. Weitere Hardware-Komponenten wie Drucker, Plotter, Scanner oder Jukebox können hinzukommen. Im Software-Bereich sind für den definierten Nutzerkreis entsprechend der Anwendungsprofile ausreichend Lizenzen zu beschaffen. Zum Standardumfang gehören PDM-Anwendungsmodule, Applikationsschnittstellen, Konverter, Viewer, Web-Browser und eventuell Plug-Ins sowie das Datenbankmanagement-Runtime-System. Für die Budget-Planung wichtig, manche PDM-Anbieter offerieren differenzierte Lizenzpreise. Es wird meist unterschieden zwischen Anwendern, die Daten erzeugen, modifizieren oder nur nutzen bzw. sichten.

5.5.3 Ressourcen

Mit Ressourcen sind in diesem Kontext die Personalkapazitäten (Human Resources) gemeint, die für die Implementation einer Projektphase benötigt werden. Das Projektteam setzt sich in aller Regel aus internen Mitarbeitern der Fachabteilungen und externen Mitarbeitern des Systemlieferanten oder eines Dienstleisters, mit dem der Systemlieferant kooperiert, zusammen. Die hier angesprochene Ressourcen-Planung bezieht sich nur auf die internen Kapazitäten, für die externen ist der Systemlieferant oder Dienstleister verantwortlich.

In Abhängigkeit der zu realisierenden Projektetappe werden Experten aus mehr oder weniger allen Fachabteilungen gebraucht. In den Bereichen Prozeß- und Datenorganisation, Grunddaten und Normung, Berechnung und Simulation, Konstruktion und CAD-Anwendung, Arbeitsplanung und NC-Programmierung, Produktionsplanung sowie Qualitätssicherung ist die aktuelle Situation zu analysieren und sind neue Lösungsansätze zu erarbeiten, die in Verbindung mit der PDM-Lösung zu besonders wirtschaftlichen Arbeitsabläufen führen. Zu diesem Zweck werden themenbezogene Arbeitskreise etabliert. Die Zuordnung von Mitarbeitern geschieht namentlich mit einem festen Prozentsatz ihrer regulären Arbeitszeit. Diese Ressourcen-Planung beruht auf den Projektanforderungen und legt verbindliche Zusagen der Vorgesetzten unter Berücksichtigung der aktuellen Arbeitssituation zugrunde.

5.5.4 Budget

Die Budget-Planung teilt sich auf in den Finanzbedarf für die Projektarbeit und für die produktive Nutzung der PDM-Lösung. Um eine möglichst realistische Kosten-Nutzen-Betrachtung anstellen zu können, sind sämtliche Projekt- und Anwendungskosten in die Planung einzubeziehen. Zur Bearbeitung der Projektphasen sind die Positionen

- Kosten für Systemauswahl,

- Kosten für Hard- und Software,
- Kosten für Informationsbeschaffung (Internet, Messen, Seminare usw.),
- Kosten für Literatur, Fachzeitschriften usw.,
- Kosten für Schulung,
- Kosten für Projektraum,
- Lohnkosten für Projektleiter,
- Lohnkosten für Arbeitskreise,
- Kosten für externen PDM-Berater,
- Kosten für externen Dienstleister

zu erfassen. Für die Produktivnutzung der implementierten PDM-Lösung sind die Einzelposten

- Hard- und Software,
- Systeminstallation,
- Anwenderschulung,
- Anwenderbetreuung,
- Systempflege

zu berücksichtigen.

5.5.5 Termine

Die Projektphasen und ihre Arbeitsinhalte sollten hinreichend detailliert spezifiziert werden. Damit lassen sich Arbeitspakete schnüren und an Meilensteine zuordnen, die verbindlich terminierbar sind. Typische Meilensteine von PDM-Teilprojekten sind

- Fertigstellung des Feinkonzepts,
- Abschluß der Realisierung,
- Abschluß von Datenmigration/-import,
- Abschluß des Systemtests und Abnahme,
- Abschluß der Anwenderschulung,
- Start der Produktivnutzung.

5.5.6 Risikofaktoren

Jedes DV-Projekt birgt grundsätzlich erhebliche Risiken in sich. Dies gilt besonders für PDM-Projekte. Die Erwartungen sind aus Unkenntnis oder Euphorie mitunter zu hoch oder gar unrealistisch. Das Wissen um die Defizite der abzulösenden Altverfahren und die Chance, nun alles viel besser machen zu können, führt schnell zu einem überzogenen Anforderungskatalog oder besser gesagt zu einer überzogenen Wunschliste. Diese technisch umzusetzen, macht unverhältnismäßig umfangreiche Erweiterungen des ausgewählten PDM-Basissystems notwendig. Es entsteht eine hochkomplexe IT-Lösung, die instabil läuft, eine schlechte Anwenderakzeptanz hat, kaum mehr zu pflegen ist und letzten Endes ihr Ziel verfehlt.

Oftmals werden PDM-Projekte unter sehr großem Zeitdruck begonnen. Vor allem dann, wenn die Geschäftsleitung nicht hinter dem Vorhaben steht und es allenfalls toleriert. Die Initiatoren sind in dieser Situation einem hohen Erfolgsdruck ausgesetzt. Sie müssen in kürzester Zeit eine PDM-Teillösung mit nachweisbarem Nutzen präsentieren. Deshalb wird wider besseres Wissen versucht, das Projekt in einem viel zu engen Zeitrahmen zu verwirklichen. Darüber hinaus steht nur ein völlig unzureichendes Budget zur Verfügung. Die enormen Projektrisiken, die mit der schlechten Kapitalausstattung verbunden sind, werden unterschätzt oder gar bewußt ignoriert. Man möchte das Projekt unter allen Umständen realisieren – die Katastrophe nimmt ihren Lauf.

Bei Mißachtung von Erfolgsfaktoren wie

- Geschäftsleitung muß für alle erkennbar hinter dem PDM-Projekt stehen,
- wirtschaftlichen Nutzen einer PDM-Lösung realistisch einschätzen,
- technische Möglichkeiten von PDM-Systemen richtig bewerten,
- weitgehend den Standardumfang des gewählten PDM-Systems nutzen,
- auf zuviel maßgeschneiderte PDM-Lösung verzichten,
- Anwenderschaft frühzeitig in das PDM-Projekt einbeziehen,
- technischen Anforderungskatalog auf sinnvolles Maß beschränken,
- Bedarfe, Ressourcen, Termine und Kosten realistisch planen,
- Puffer für Projektrisiken einbauen,
- externes Know-how nutzen

findet sich das PDM-Projekt sehr leicht in einer gefährlichen Schieflage wieder oder wird sogar zum Desaster. Bei falscher Zielsetzung und groben Planungsfehlern kann das Resultat eines PDM-Projekts nicht nur nutzlos sein, sondern das Unternehmen – besonders den Klein- oder Mittelstandsbetrieb – unter Umständen um Jahre zurückwerfen.

5.5.7 Kosten-Nutzen-Relation

Zur wirtschaftlichen Bewertung eines PDM-Projekts sind Kosten und Nutzen gegenüberzustellen. Die Kostenseite läßt sich relativ gut erfassen. Bei der Aufrechnung des Nutzens ist es weit schwieriger, realistische Zahlen zu ermitteln. Es fehlen weitgehend meßbare Bewertungsgrößen, um alle positiven Effekte, die aus der PDM-Anwendung hervorgehen, in die Bilanz einfließen zu lassen. Es können nur zeitabhängige Tätigkeiten wie das Suchen einer Zeichnung objektiv bewertet und kostenmäßig quantifiziert werden. Auswirkungen wie bessere Datenqualität, flexiblere Geschäftsprozesse, höhere Produktqualität oder mehr Kundenzufriedenheit finden in einer nüchternen Kosten-Nutzen-Rechnung keinen Niederschlag. Dennoch ist die Kosten-Nutzen-Relation geeignet, um die mittel- und langfristige Bedeutung einer PDM-Installation für Fertigungsunternehmen sichtbar zu machen.

Auf der Kostenseite schlagen die Investitionen (Projekt-, System- und Betriebskosten) für

- Lastenhefterstellung,
- Systemauswahl,
- Anwendungskonzeption,
- Pflichtenhefterstellung,
- Systemanpassung,
- Systeminstallation,
- Datenübernahme,
- Test und Abnahme,
- Anwenderschulung,
- Benutzerhandbuch,
- Anwendersupport,
- Hard- und Software,
- Systempflege,
- Hardware-Ausbau,
- Beratungsleistung

zu Buche. Im Falle der Einführung von Engineering-Methoden wie Variantenkonstruktion und Produktkonfiguration kommen weitere Aufwendungen auf der Kostenseite hinzu. Andererseits ist gerade mit solchen Maßnahmen ein erheblicher Zeitgewinn, besonders in der Auftragskonstruktion, verbunden.

Als direkte, zahlenmäßig erfaßbare Einsparungen stehen dem

- die schnellere Informationsbeschaffung,
- die kürzeren Verteilungszeiten von Dokumenten,
- das schnellere Auffinden und Visualisieren von Dokumenten,
- die schnellere Stücklistengenerierung mit Übergabe an das ERP-System,
- die höhere Wiederverwendungsrate von Baukomponenten,
- die kürzere Reaktionszeit auf spezifische Kundenanforderungen,
- die schnellere Produktdatenherstellung durch Arbeitsparallelisierung,

- die geringere Zahl von Änderungen nach Ende der Produktdatenherstellung,
- die geringeren Kosten für Kulanz- und Garantieleistungen

gegenüber. Der indirekte Nutzen einer PDM-Lösung läßt sich zwar kaum in Zahlen ausdrücken, ist deshalb aber nicht minder bedeutsam. Zu erwähnen sind hier hauptsächlich

- die hohe Datenqualität und -sicherheit,
- die weitgehend redundanzfreie Datenhaltung,
- die große Transparenz der Arbeitsabläufe,
- die konsistente Nummerung und Nomenklatur,
- die einfache Wiederverwendung von Firmen-Know-how,
- die hohe Mobilität des Produktionsfaktors Information,
- die bessere Produktqualität und Kundenzufriedenheit,
- der größere Freiraum der Mitarbeiter für kreatives Arbeiten,
- die positiven Effekte auf den gesamten Produktentstehungsprozeß,
- die Einheitlichkeit der IT-Arbeitsplattform für die technische Anwenderschaft,
- die hohe Motivation der Mitarbeiter.

Mit Hilfe der Kosten-Nutzen-Relation kann mit einem gewissen Unsicherheitsfaktor prognostiziert werden, in welchem Zeitraum sich eine PDM-Investition amortisieren bzw. wann der Break-Even-Point erreicht sein wird. Die Verhältnisse sind firmenspezifisch und lassen sich nicht übertragen. Ein PDM-Projekt sollte aber derart geplant werden, daß es nach spätestens 2-3 Jahren per saldo zu einer Nettoeinsparung kommt.

Die Definition der Bewertungsgrößen ist nicht nur für die Durchführung einer Kosten-Nutzen-Relation von Belang, sie ist auch wichtig für eine vergleichende Beurteilung der Ergebnisse mit den Daten der aktuellen Situation – ohne PDM-Anwendung –, falls es solche gibt. Wenn nicht, können damit wenigstens die künftigen Veränderungen kontinuierlich erfaßt werden. Einige der Bewertungsgrößen wie etwa die Dauer des Auftragsdurchlaufs, die mitunter strategische Ziele widerspiegeln, sind für die Geschäftsleitung äußerst wichtige Indikatoren zur Unternehmensführung.

5.6 Projektrealisierung

Nach Abschluß der Projektplanung startet die eigentliche Realisierungsphase für die spezifische PDM-Lösung. Nachdem das Projektteam zusammengestellt ist, beginnt die Konkretisierung des Lastenhefts. Hierzu werden alle Anforderungen aus den Abteilungen zusammengetragen und der gesamte Produktentstehungsprozeß analysiert. Das Ergebnis ist die Grundlage für die PDM-Systemauswahl.

Unter Beachtung der Systemfähigkeiten wird anschließend das Pflichtenheft aus dem Lastenheft abgeleitet. Damit ist die für alle beteiligten Parteien verbindliche Basis für die Systemanpassung geschaffen. Die Systemeinführung bildet den Abschluß einer Projektphase.

5.6.1 Projektteam

Die Zusammensetzung des internen Projektteams ist einer der ausschlaggebenden Erfolgsfaktoren bei der PDM-Einführung. Der Projektleiter und die involvierten Abteilungsverantwortlichen sollten die Auswahl der Projektmitarbeiter gemeinsam vornehmen. Die Auswahlkriterien sind neben der fachlichen Qualifikation Interesse an Verbesserungen, eine positive Einstellung zum Projekt und überdurchschnittliches Engagement. Jeder designierte Projektmitarbeiter wird je nach seinem Themengebiet einem oder mehreren Arbeitskreisen zugeordnet. In jedem Arbeitskreis ist ein Mitarbeiter als Verantwortlicher tätig, der gleichzeitig Mitglied der Koordinierungsgruppe ist.

Dem Projektteam sollten eigene Räumlichkeiten zur Verfügung stehen. Dies fördert den Teamgeist, verbessert die Kommunikation und schirmt die Beteiligten von den Tagesproblemen ab. Es ist wichtig, daß die Mitarbeiter, besonders die Schlüsselpersonen, klare Aufgaben und Verantwortlichkeiten erhalten, an denen sie *wachsen* können. Motivation und Engagement steigen deutlich, wenn sich für den einzelnen aus seiner Leistung persönliche Perspektiven ergeben. Die Freistellung der Teammitglieder für die Projektarbeit muß eine hohe Priorität besitzen. Nur aus besonders schwerwiegenden Gründen darf es für Vorgesetzte möglich sein, Projektmitarbeiter kurzfristig vorübergehend aus der Projektarbeit abzuziehen. Der Projektleiter muß über eine solche Aktion unbedingt so schnell es geht informiert werden.

5.6.2 Anforderungen der Fachabteilungen

Die PDM-Installation soll als informationstechnisches Unternehmenswerkzeug die Wirtschaftlichkeit der Firma in absehbarer Zeit richtungweisend verbessern. Dies setzt eine hohe Akzeptanzbereitschaft der künftigen Anwender voraus. Nicht jeder ist von anstehenden Veränderungen begeistert. Im Gegenteil, viele versuchen, sich mit allen Mitteln offen oder verdeckt dagegen zu wehren. Die Ursachen liegen oftmals in der Sorge um persönliche Nachteile. Man befürchtet, ins Hintertreffen zu geraten oder sogar den Arbeitsplatz zu verlieren. Diesem Phänomen frühzeitig entgegenzuwirken, ist eine der wichtigsten Aufgaben des PDM-Projekts. Dazu werden die Mitarbeiter der Fachabteilungen gruppenweise zu Informations- und Interview-Runden eingeladen. Auf der einen Seite erhalten die Betroffenen genaue Kenntnis über Intentionen und Auswirkungen der PDM-Einführung, und andererseits geht es darum, mit Hilfe eines systematisch aufgebauten Fragenkatalogs die Anforderungen an die neue IT-Geschäftsanwendung exakt herauszufinden.

Um effektivere Ansätze entwickeln zu können, ist ein tiefes Verständnis des aktuellen Produktentstehungsprozesses notwendig. Themen wie Arbeitsabläufe, Produktdaten, Datenorganisation, Nummerung und Nomenklatur, Anwendungskonzepte sowie Arbeitstechniken müssen analysiert und deren Zusammenhänge transparent gemacht werden. So sind Schwachstellen erkennbar und die Anwenderschaft leichter von unvermeidlichen Änderungen zu überzeugen. Außerdem werden Bewußtsein und Bereitschaft der Mitarbeiter in allen Fachabteilungen für prozeßorientiertes Denken und Handeln gefördert.

Die Ergebnisse der Informations- und Interview-Runden fließen in einen Anforderungskatalog ein, mit dem das Lastensheft komplettiert und präzisiert wird. Die Analyse- und Definitionsphase ist damit abgeschlossen. Als nächstes steht die Aufgabe an, das passende PDM-System zu finden.

5.6.3 Systemauswahl

Produktdatenmanagement ist das zentrale IT-Organisationsinstrument für alle technischen Anwendungsbereiche eines Fertigungsunternehmens. Es bildet die Arbeitsplattform zur Herstellung der digitalen Produktdaten und ermöglicht den Zugang zur elektronischen Firmenbibliothek. Seine Datenbasis beinhaltet das Herzstück des Firmen-Know-hows und stellt so einen wesentlichen Teil des Betriebskapitals dar. Einmal installiert und im Einsatz, hängen Wohl und Wehe des Unternehmens von der dauerhaften Verfügbarkeit der PDM-Funktionalität ab. Der PDM-Anwender begibt sich mit seiner Entscheidung in eine äußerst kritische Abhängigkeit zum Systemlieferanten. Denn eine unternehmensweite PDM-Installation läßt sich nicht einfach wie ein Erzeugersystem von heute auf morgen austauschen, wenn es die Erwartungen nicht erfüllt oder der Systemanbieter vom Markt verschwunden ist. Der Systemauswahl sollte daher besondere Sorgfalt gewidmet werden.

5.6.3.1 Checkliste

Der anwendungsrelevante Anforderungskatalog, der sich an die Funktionalität des PDM-Systems richtet, ist für dessen Auswahl zwar ein Kriterium mit hoher Priorität, aber nicht das einzige von Bedeutung. Es gibt eine ganze Anzahl weiterer Aspekte, die unbedingt berücksichtigt werden sollten. Eine Checkliste ist ein nützliches Hilfsmittel, um alle Gesichtspunkte für die richtige Systemauswahl zusammenzustellen. Sie beinhaltet die Themen Informationsbeschaffung, Auswahlkriterien und Auswahlverfahren. Sowohl das Anfertigen der Checkliste als auch die Durchführung des Auswahlverfahrens sollte mit Unterstützung eines unabhängigen Beraters, der über eine hohe fachliche Kompetenz verfügt, erfolgen.

5.6.3.2 Informationsbeschaffung

Die Zahl der offerierten PDM-Systeme ist mittlerweile beachtlich. In- und ausländische Anbieter buhlen massiv um die Gunst der Anwender. Die PDM-Vertriebsleute versuchen, die Vorzüge ihrer Systeme mit bunten Präsentationsfolien und Hochglanzbroschüren herauszustellen. Objektive Angaben über PDM sind auf diese Weise nicht zu bekommen. Um so wichtiger ist es, alle zum Thema verfügbaren Informationsquellen zu nutzen.

Das Internet bietet insbesondere die Möglichkeit zu eruieren, welche Systemanbieter und Software-Dienstleister sich in diesem Markt bewegen. Es ist weniger ein Forum zur Beschaffung von systemneutralem PDM-Know-how. Für diese Thematik sind primär Fachbücher prädestiniert. Doch gibt es derzeit vergleichsweise wenig praxisorientierte Fachliteratur zum Gegenstand Produktdatenmanagement. Völlig anders sieht es dagegen bei Fachmagazinen aus. In fast allen Publikationen, die sich mit der Materie der IT-Ingenieuranwendungen in den Bereichen Konstruktionstechnik, Arbeitsvorbereitung und Produktionstechnik befassen, ist zunehmend der Themenkomplex PDM mit diversen Artikeln vertreten. Die Autoren kommen aus Hochschulinstituten, aus dem Anwenderkreis, von Systemanbietern, von Beratungsunternehmen und von der Zunft der Fachjournalisten. So ist es nur natürlich, daß ein Teil dieser Veröffentlichungen nicht nur Fakten enthält, sondern auch interessenbezogene Meinungen transportiert. Informationsforen ganz anderer Art sind Fachmessen. Für künftige PDM-Nutzer eine gute Gelegenheit, die wichtigsten Systeme in Aktion zu sehen und einen ersten Eindruck vom jeweiligen Systemhersteller zu bekommen. Tiefergehende Kenntnisse über die Systemfähigkeiten zu erhalten, ist eher die Ausnahme. Die Präsentationen sind meist typische Messe-Shows. Bei speziellen Fachkongressen besteht eher die Chance einer individuellen Produktvorführung. Darüber hinaus werden dort Vorträge von PDM-Fachleuten aus Wissenschaft und Industrie über maßgebliche Themen zu PDM und dessen Umfeld angeboten.

5.6.3.3 Auswahlkriterien

Der Kriterienkatalog ist ein grundlegendes Instrument, um die richtige Entscheidung für das System und den Systemlieferanten treffen zu können. Dabei geht es um die Marktposition des PDM-Systems und die wirtschaftliche Potenz des Systemanbieters ebenso wie um die Systemeigenschaften. Der Kriterienkatalog sollte fein genug spezifiziert und zudem ausreichend differenziert gewichtet werden. Im folgenden ist eine Reihe von Charakteristika aufgelistet, die in keiner Kriterienaufstellung fehlen darf:

- Systemklasse – Toolbox oder Turnkey,
- Technologiestandard – Internet-Technik, CORBA, Java, OR-/OO-DBMS,
- Modularität und Skalierbarkeit – für Stufenkonzept,
- Konfigurierbarkeit – geringe Programmieraufwände,
- Administrierbarkeit – vollständig interaktiv,
- Applikationsschnittstellen – für alle gängigen CAx-Systeme,
- Systemanpassung – mit objektorientiertem API und GAI,
- Projektlaufzeit – bei bereits durchgeführten Vergleichsprojekten,
- Projektaufwände – bei bereits durchgeführten Vergleichsprojekten,
- Marktposition – Anzahl der Kunden und Installationen,
- Wirtschaftskraft des Systemlieferanten – wirtschaftliche Stabilität,
- Investitionssicherheit – langfristige Verfügbarkeit des Systems,
- Kompetenz des Systemlieferanten – Erfahrung, Projekterfolge, Reputation,
- Nähe zum Systemlieferanten – Reaktionszeit bei Problemen,
- Preis-Leistungs-Verhältnis – beeinflußt Kosten-Nutzen-Relation.

Ein Aspekt soll wegen seiner außerordentlichen Bedeutung besondere Erwähnung finden. Viele PDM-Projekte, vor allem in Klein- und Mittelstandsunternehmen, starten die Projektstufe I mit dem Ziel, zunächst eine ZVS zu realisieren. Die Gründe hierfür sind vielfältig. In manchen Fällen kann dies durchaus ein sinnvolles Vorgehen sein. Die Anforderungen an eine ZVS sind im Vergleich zu anderen PDM-Themen wie Teileklassifikation, Produktkonfiguration oder Workflow-Management relativ einfach zu erfüllen. Es ist ein schneller Teilerfolg möglich, Erfahrungen können gesammelt werden und das Investitionsvolumen ist verhältnismäßig gering. Diese Strategie wird allerdings zu einem verhängnisvollen Problem, wenn die Zeichnungsverwaltung auf ein vermeintliches PDM-System aufgesetzt worden ist, das nicht mit den Anforderungen *wachsen* kann. Die Schlußfolgerung aus diesem Szenario lautet: Selbst wenn geplant ist, mit einer *kleinen* PDM-Lösung zu beginnen, sollte hinsichtlich der Systemauswahl der Maßstab für eine Maximalkonfiguration angelegt werden.

5.6.3.4 Auswahlverfahren

Auf der Entscheidungsgrundlage des Kriterienkatalogs läßt sich eine Vorauswahl treffen. In die engere Wahl sollten aber nicht mehr als drei PDM-Systeme gezogen werden. Um zu einem endgültigen Votum für das eine oder andere System zu kommen, stehen die Optionen

- Besuch einer Anwenderkonferenz (Anwendervereinigung),

- Besuch bei Referenzkunden,
- Benchmark,
- Teststellung

zur Verfügung.

Auf einer Anwenderkonferenz treffen sich Nutzer eines bestimmten Systems, um Erfahrungen auszutauschen, Änderungswünsche (Change Requests) und Probleme an den Systemhersteller heranzutragen und diesem die Gelegenheit zu geben, die künftige Politik seines Hauses zu erläutern. Hierbei kommt es gelegentlich zu recht kontroversen Diskussionen. So merkwürdig es klingt, Systemhersteller und Systemanwender haben doch zuweilen gegenläufige Interessen. Wenn sich die Gelegenheit bietet, solch eine Veranstaltung zu besuchen, kann sich der potentielle Kunde meist ein sehr gutes Bild vom tatsächlichen Charakter eines Systemhauses machen. Das Problem dabei ist, daß sich Anwendervereinigungen normalerweise nur einmal im Jahr treffen.

Ein Referenzkundenbesuch ist eine weitere Möglichkeit, ungefärbte Fakten über System und Systemlieferant zu erfahren. Ein seriöser Systemanbieter wird gewöhnlich der Bitte des Interessenten, eine Systeminstallation im praktischen Einsatz ansehen zu können, nachkommen. Im Gespräch mit Mitarbeitern des Referenzkunden lassen sich vielsagende Eindrücke über den Projektverlauf, die Leistungsfähigkeit, Flexibilität und Stabilität des Systems sowie die Zuverlässigkeit und Kundenfreundlichkeit des Systemlieferanten gewinnen. Zudem läßt sich aus den geschilderten Projekterfahrungen wertvoller Nutzen für die Durchführung des eigenen Vorhabens ziehen.

Der Benchmark (Maßstab) ist ein Testverfahren, um die Leistungsfähigkeit eines Systems messen bzw. bewerten zu können. Die zugrundeliegende Idee ist, ein Szenario aus dem Geschäftsprozeß Produktherstellung herauszugreifen und zu beschreiben. Ein typischer Ablauf ist die Änderung einer CAD-Zeichnung mit Prüfung, Freigabe, Archivierung und Änderungsmitteilung. Jeder in die engere Auswahl gekommene Systemanbieter erhält eine Einladung, um diesen Anwendungsfall mit seinem PDM-System unter realistischen Bedingungen zu demonstrieren. Die IT-Konfiguration für den Systemtest – Hardware, Betriebssystem und Netzwerk – gibt der Kunde vor. Das Szenario soll mit verschiedenen Rollen, Datenbank- und File-Vaults sowie einem Workflow mit Mail-Funktion ablaufen. Bewertungskriterien sind die Handhabung (Dialogführung), das Antwortzeitverhalten, die Funktionalität, die Flexibilität und die Stabilität des PDM-Systems. Zum Benchmark und zur abschließenden Beurteilung sollten unbedingt Vertreter der Anwenderschaft eingeladen werden.

Die Teststellung ist eine weitere Alternative, um die richtige Systemauswahl zu treffen. Diese Methode ist jedoch sehr zeit- und kostenintensiv, so daß sie eigentlich nur zur Verifikation eines bereits ausgewählten PDM-Systems im Frage kommt. Beim Kunden, der sich entsprechend der Zielsetzung qualifizieren muß, wird in einem Projektnetzwerk eine Systemkonfiguration zu Testzwecken installiert. Im einfachsten Fall erfolgen die Systemuntersuchungen anhand einer Standardkonfiguration. Dies ist allerdings nur bei der Systemklasse Turnkey sinnvoll. Die Teststellung kann auch zu einer ausgedehnten Prototypinstallation ausgebaut werden. Dabei ist jedoch Vorsicht geboten. Es besteht die Gefahr, daß eine im Quick-and-Dirty-Verfahren konfigurierte PDM-Lösung, die ursprünglich nur zur Verifikation gedacht war, in die Produktivanwendung gelangt – mit allen fatalen Folgen.

5.6.4 Pflichtenheft

Nach der Auswahl des Systems und des Systemlieferanten ist es an der Zeit, das Pflichtenheft auszuarbeiten. Grundlage hierfür ist der ergänzte und präzisierte Entwurf des Lastenhefts. Das Pflichtenheft gliedert das Entwicklungsvorhaben, spezifiziert die Realisierungsanforderungen und skizziert die Lösungsansätze. Mitwirkende bei der Erstellung sind der Kunde, sein Berater und der Systemlieferant bzw. der Dienstleister. Nach Prüfung und Freigabe (Genehmigung) durch den Auftraggeber ist das Pflichtenheft die beidseitig verbindliche Vereinbarung für die Projektdurchführung.

5.6.4.1 Arbeitsablauforganisation

Der Produktentstehungsprozeß wird, wie im Lastenheft spezifiziert, mit der Funktionalität des PDM-Workflow-Managements auf die informationstechnische Infrastruktur des Unternehmens abgebildet (siehe auch Bild 3-101). Dabei ist die Prozeßdefinition eng mit der Festlegung der Benutzerrollen und Datenorganisation verbunden. Den Aktivitäten – Arbeitsauftrag, Prüfung und Benachrichtigung – der Workflow-Objekte werden bestimmte Rollen wie Konstrukteur, Arbeitsplaner, Prüfer und Projektleiter zugeordnet. Zur Ablage der Geschäfts- und Datenobjekte, deren Bearbeitung der Workflow koordinieren soll, ist eine Verknüpfung der Aktivitäten Arbeitsauftrag und Prüfung mit entsprechenden Datenbank- und File-Vaults festzulegen. Grundsätzlich werden die geschützten Ablagebereiche Projekt-, Prüf- und Archiv-Vault benötigt. Es hat sich in der Praxis als nützlich erwiesen, für verschiedene Dokumenttypen unterschiedliche Vaults zu definieren. CAD-, CAC-, CAP-, CAQ- und CAO-Dokumente sollten eigene DB- und File-Vaults erhalten. Überdies ist es hilfreich, eine Bibliothek von Standardaktivitäten als Basis zur Workflow-Definition einzurichten. Damit lassen sich projektspezifische Entwicklungsprozesse ebenso einfach aufbauen wie Standardabläufe – etwa für das Änderungswesen.

5.6.4.2 Nomenklatur und Nummerung

Mit dem Einsatz eines PDM-Systems erhalten Nomenklatur und Nummerung –die Säulen eines jeden Ordnungssystems – eine etwas andere Bedeutung. Die Sach- und Fachbezeichnungen sowie die Nummern von Bauteilen und Dokumenten sind Schlüsselattribute der entsprechenden PDM-Objekte hinsichtlich der Anwendungsfunktionalität. Informationstechnisch spielen Nomenklatur und Nummerung nur eine untergeordnete Rolle, da jedes PDM-Objekt einen eindeutigen Identifikator besitzt. In der PDM-Datenbank muß die Begriffswelt des Unternehmens eindeutig sein, Synonyme sind jedoch möglich. So können Bezeichnungen sowohl geometrie- als auch funktionsorientiert angelegt werden. Ob es notwendig und sinnvoll ist, dies zu tun, ist eine andere Frage. Auf eine mehrsprachige Nomenklatur sollte angesichts zunehmender internationaler Kooperation und Arbeitsteilung nicht verzichtet werden. Dies erfordert an zentraler Stelle (Normung) gepflegte polyglotte Auswahllisten. Besondere Bedeutung fällt der Nomenklatur bei der Teileklassifikation zu. Kennbuchstaben und Sachmerkmal-Benennungen müssen stets konsistent sein, dürfen nur in einer Kombination auftreten. Generell ist ein von der Normenstelle gepflegter Begriffskatalog der Garant für erfolgreiche Objektrecherchen im PDM-System.

Der Umgang mit dem Thema Nummerung ist bei der PDM-Einführung eine besonders heikle Angelegenheit. Einerseits basiert das Nummernsystem vielfach auf einem nicht DV-fähigen sprechenden Nummernschlüssel, andererseits erfordert eine effiziente PDM-Anwendung maschinengenerierbare Nummern. Obwohl es einem radikalen Einschnitt gleichkommt, sollte in diesem Fall unbedingt ein neues Nummernsystem etabliert werden. Sprechende Nummern, die Identifikation und Klassifikation vereinen, sind bei einer PDM-Nutzung nicht länger notwendig, ja sogar äußerst störend. Eine gute Kompromißformel ist, die alten Nummern noch eine gewisse Zeit parallel zu den neuen zu verwenden. Dies ermöglicht die Einführung eines neuen Nummernsystems mit beliebigen Nummernkreisen für alle Arten von PDM-Objekten, und gleichzeitig höhlt es nicht die Anwenderakzeptanz für das neue IT-Werkzeug aus.

5.6.4.3 Datenmodell

Ein gutes PDM-System der Klasse Turnkey bietet in seinem Standardfunktionsumfang alle Objektklassen, die zur Handhabung sämtlicher Produktdaten notwendig sind. Geschäftsobjekte für Baukomponenten (TSS) und beschreibende Unterlagen (ZSS, MSS, DSS und Ordner) sollten bereits verfügbar sein. Die Datenmodellierung sollte sich in diesem Bereich weitgehend auf die Definition von firmenspezifischen Objektattributen beschränken. Der Umgang mit physischen Dokumenten erfordert eine Objektklasse, mit der die Dateiformate aller vorkommenden Erzeugersysteme einschließlich Konverter (CAD-Formate, DXF,

IGES, VRML, TIFF, PDF etc.) verwaltet werden können. Das PDM-System sollte auch hierfür eine universelle Objektklasse anbieten, die mittels Attribute konfigurierbar ist. Weitere Bereiche, in denen vom PDM-System ein nahezu vollständiges Standarddatenmodell erwartet werden muß, sind die Teileklassifikation sowie das Prozeß- und Projektmanagement. Daß das Datenmodell für die administrativen Aufgaben komplett ist, sollte bei professionellen Systemen eine Selbstverständlichkeit sein.

Das Datenmodell – seine Elemente und Beziehungen – bestimmt in zentraler Weise die Fähigkeiten des gesamten PDM-Systems. Es ist nach den Erfahrungen des Autors einer der gewichtigsten Erfolgsfaktoren eines PDM-Projekts. Die relative Vollständigkeit des Datenmodells ist daher ein wesentliches Auswahlkriterium. Das Ziel muß sein, ein PDM-System zu finden, das ein überwiegend komplettes Datenmodell offeriert. Auf diesem Standard wird dann versucht, die Unternehmensanforderungen abzubilden – wenn es sein muß auch mit kleineren oder größeren Abstrichen. Höchste Priorität sollte in dieser Angelegenheit dem Standard eingeräumt werden. Niemand käme wohl ernsthaft auf die Idee, sich mit einem riesigen Projekt ein eigenes CAD-System zu realisieren, nur weil Standardsysteme die eine oder andere Funktion, die man gerne hätte, zur Zeit nicht zur Verfügung stellen. In PDM-Projekten wird dieser *Wahnsinn* immer wieder praktiziert – mit allen katastrophalen Folgen, die sich in einem Software-Entwicklungsprojekt einstellen können, das ursprünglich gar nicht als solches konzipiert wurde.

5.6.4.4 Datenorganisation

Die Grundlage der Datenorganisation ist das Vault-Konzept. Private Daten von einzelnen Nutzern ebenso wie Daten, die der Organisation (Projekt, Archiv etc.) gehören, werden in Datenbank- und File-Vaults gehalten. Regeln überwachen und steuern den unternehmensweiten Umgang mit sämtlichen Geschäfts- und Datenobjekten. Im Pflichtenheft ist festzulegen, welche öffentlichen Vaults einzurichten und welche Zugriffs- und Transferregeln dafür zu definieren sind. Der Themenkomplex Datenorganisation ist eng mit dem Berechtigungsmanagement und dem Regelwerk verflochten. Daten sind Firmen-Know-how – ihr Schutz hat höchste Priorität. Das Konzept der Datenorganisation muß daher Datenqualität und Datensicherheit bei hoher Verfügbarkeit gewährleisten.

5.6.4.5 Anwendungskonzepte

Die Einführung eines PDM-Systems ist ein guter Zeitpunkt, um ebenfalls neue Arbeitstechniken zu etablieren. Zumal die meisten Anwendungskonzepte nur mit einer Funktionalität, wie sie PDM bieten kann, in die Praxis umsetzbar sind. Mit den Engineering-Methoden Variantenkonstruktion, Produktkonfiguration und

Concurrent Engineering läßt sich die Kosten-Nutzen-Relation eines PDM-Projekts wesentlich positiver gestalten. Diese verursachen zwar zusätzliche Kosten, doch ist der Nutzen bei konsequenter Anwendung ungleich höher. Speziell die Umsetzung von Variantenkonstruktion und Produktkonfiguration erfordert die intensive Kooperation der Arbeitskreise. Sie erbringen die Vorleistung, um die Konzepte auf das PDM-System abbilden zu können. Hierbei sind vor allem die Punkte

- Teileanalyse (Geometrie- und Parameteranalyse),
- Begriffsanalyse mit Definition des Begriffskatalogs,
- Definition des Nummernsystems,
- Aufbau eines Teileklassifikationsschemas,
- Erstellen der SML-Entwürfe,
- Erstellen der Masterdokumente,
- Definition von Regelobjekten,
- Anlegen von Entscheidungstabellen,
- Aufbau varianter Produktmodelle

zu nennen. Die Realisierung des Anwendungskonzepts Concurrent Engineering macht eine entsprechende Gestaltung der betroffenen Geschäftsprozesse erforderlich. Auch in diesem Fall leisten die Arbeitskreise des internen Projektteams die grundlegende Vorarbeit.

5.6.4.6 Anwendungssysteme

In seiner Eigenschaft als Daten- und Dokumentenmanagementsystem soll PDM die Dokumente aller Produktivsysteme verwalten. Neben einer Reihe von CAx-Applikationen existieren häufig auch selbstentwickelte Programme für Aufgaben in Konstruktion, Simulation, Berechnung und Arbeitsplanung. Darüber hinaus ist im kommerziellen Anwendungsbereich in der Regel ein ERP-System für die Produktionsplanung und -steuerung im Einsatz. Im Pflichtenheft wird festgelegt, in welcher Projektphase welches Anwendungssystem mit welcher Funktionalität an die PDM-Lösung anzuschließen ist.

5.6.4.7 Systemintegration

Die Funktionalität der Systemschnittstellen muß die festgeschriebenen Anwendungskonzepte und Arbeitsmethoden unterstützten. Hierbei ist elementar, daß insbesondere die CAx- und ERP-Schnittstellenfunktionen für die Anwender eine substantielle Arbeitserleichterung bringen und den Gesamtprozeß der Produktentstehung erheblich beschleunigen. Die Art der Realisierung der Anwendungsintegrationen ist exakt zu definieren. Wie erfolgt die Kommunikation? Welche Daten werden ausgetauscht? Ist die Informationsübermittlung On- oder Offline? Läuft der PDM-Client als eigenständiger Prozeß in einem separaten Fenster oder ist er fester Bestandteil einer CAx-Applikation? Für welche IT-Anwendungen sind Standard-Interfaces verfügbar und für welche muß die Systemintegration projektspezifisch realisiert werden? Steht für letzteren Fall eine generalisierte Schnittstelle zur Verfügung? Die Anbindung der Systeme sollte so erfolgen, daß Release-Wechsel sowohl PDM-seitig als auch auf der Seite der Applikationen nur minimale Pflegeaufwände notwendig machen.

5.6.4.8 Nutzermanagement

Das Nutzer- beziehungsweise Berechtigungsmanagement sorgt für einen kontrollierten Zugang zur PDM-Datenbasis. Um Geschäfts- und Datenobjekte erzeugen, modifizieren oder sichten zu können, benötigt ein PDM-Anwender eine spezielle Berechtigung. Das System unterscheidet bei Zugangsrechten zwischen den Objekten User, Gruppe und Rolle. Für jedes dieser Administrationsobjekte müssen Regeln definiert werden. Es ist jedoch ineffizient, für jeden User separate Regeln festzulegen. Besser ist es, bestimmte Gruppen und Rollen mit bestimmten Rechten einzurichten und die PDM-Anwender je nach Aufgabe diesen Objekten zuzuordnen. Dies macht es dem Administrator leicht, die Berechtigung eines Mitarbeiters zu ändern, wenn dieser eine neue Aufgabe, die andere Rechte erfordert, wahrnehmen soll. Das User-Objekt des Mitarbeiters muß lediglich mit einer anderen Gruppe oder Rolle verknüpft werden. Im Pflichtenheft sind die Gruppen und Rollen sowie die korrespondierenden Regeln festzuschreiben. Mit diesem Komplex steht auch der Themenkreis Datenorganisation in enger Beziehung. Für die elektronischen Tresore Datenbank- und File-Vault müssen Zugriffs- und Transferregeln spezifiziert werden.

5.6.4.9 Altdatenübernahme

Mit der stufenweisen Einführung der PDM-Funktionalität werden nach und nach alle informationstechnischen Altverfahren abgelöst. Die Datenbasen dieser obsoleten Systeme müssen aber auch nach deren Abschaltung weiterhin verfügbar sein. Dazu ist es notwendig, sie in die PDM-Datenbasis zu importieren. Hinzu kommt eine Fülle von Papierdokumenten und Informationen auf externen Datenträgern (Disketten, CD-ROMs, Bänder etc.), die ebenfalls in die unternehmensweite *Firmenbibliothek* einfließen soll. Andererseits ist es unerläßlich, veralteten oder nicht mehr brauchbaren *Datenschrott* aufzuspüren und zu entsorgen, anstatt zu verwalten. Der Nutzen der PDM-Lösung für seine Anwender ist schließlich in ganz erheblichem Maße von der Quantität und Qualität seiner Datenbasis abhängig.

Die Altdatenübernahme bzw. der Datenimport wird im Pflichtenheft genau dargelegt. Als technischer Vorgang ist der Datenimport im allgemeinen kein grundlegendes Problem; die PDM-Systeme verfügen meist über ein entsprechendes Tool. Allerdings sollte darauf geachtet werden, daß das Importwerkzeug die Daten nicht ohne Konsistenzprüfung in die Datenbank einträgt. Besser ist es, die Daten auf der Ebene der PDM-Anwendungslogik einzulesen. Damit ist stets eine konsistente Datenbasis sichergestellt.

Weit schwieriger als der technische Vorgang des Datenimports ist die Spezifikation der Informationen und ihre Aufbereitung. Der Datenbestand des Fertigungsunternehmens liegt in sehr unterschiedlicher Form und Qualität vor (siehe auch Bild 3-149). Es muß entschieden werden, welche Altdaten in welchem Format und zu welcher Zeit (Projektphase) in die PDM-Datenbasis gelangen sollen. Speziell im Zusammenhang mit CAD-Daten gibt es einige Alternativen, die einer kritischen Untersuchung bedürfen. Ein besonderer Fall liegt vor, wenn mit der Einführung der PDM-Lösung zeitlich die Ablösung des CAD-Altsystems zusammentrifft. Hier ist zu klären, welche Zeichnungen des CAD-Altbestands als DXF-, IGES-, VDA-FS- oder STEP-Dokument in die neue CAD-Welt übernommen werden sollen. Beim Wechsel von einem 2D- zu 3D-CAD-System ist dieses Vorgehen meist wenig sinnvoll – der Informationsverlust ist zu groß. Zur langfristigen Dokumentation von Know-how und zur Erfüllung der Nachweispflicht im Sinne der Produkthaftung ist die Ablage von CAD-Altzeichnungen in Form von TIFF-Dokumenten der sicherste Weg – dies gilt ebenso für Papierzeichnungen. CAD-Produktivdaten sollten in nativem Format und als Image-File importiert werden. Die Übernahme von Materialstammsätzen und Stücklisten aus dem PPS/ERP-System ist ein weiterer wichtiger Komplex der Altdatenübernahme. Auch hier sollten nur Produktivdaten in die PDM-Installation eingelesen werden. Der Umgang mit alter und neuer Nomenklatur und Nummerung ist hierbei zu berücksichtigen. Mit der Einführung der PDM-Funktionalität Teileklassifikation ist es notwendig, die Norm- und Katalogteile zu übernehmen. Die Lieferanten stellen ihren Kunden meist die erforderlichen SML-Daten auf CD-ROM zur Verfügung. Der Import dieser Standardkomponenten sollte allerdings nicht nach dem Gießkannenprinzip erfolgen, sondern selektiv.

5.6.4.10 Hard- und Software-Konzept

Eine unternehmensweit genutzte Geschäftsanwendung wie die PDM-Installation erfordert für die einzelnen Einführungsphasen ein schlüssiges informationstechnisches Konzept. Die Anforderungen an Hard- und Software werden stark vom Datenvolumen, der Anzahl der Nutzer und natürlich ganz besonders vom Bedürfnis einer hohen Ausfallsicherheit bezüglich des Gesamtsystems geprägt. Gegenwärtig verdrängen PCs mit Windows-Betriebssystem immer stärker die UNIX-Workstation aus ihrem angestammten Anwendungsbereich. In manchem Fertigungsunternehmen arbeitet bereits die gesamte technische Anwenderschaft mit dem PC als Arbeitsplatzrechner. Mit diesen Vorgaben muß das PDM-System zurechtkommen. Hardware-Client und -Server können Windows-, UNIX- und weitere Rechnersysteme gleichermaßen sein. Dies ist vom PDM-System abhängig und deshalb auch eines der Auswahlkriterien mit höherer Priorität. Für die Server-Maschine sind hohe Prozessorleistung und Plattenkapazität erforderlich. Zudem ist ein Sicherheitskonzept (z.B. RAID-System) gegen Festplattenausfall notwendig. Der PDM-Hardware-Client stellt außer einem ausreichenden Arbeitsspeicher (64 MB oder größer) keine besonderen Anforderungen. Das Rechnernetzwerk kann je nach Anzahl der Nutzer sowie der Nutzerprofile erheblichen Belastungen ausgesetzt sein. Ein schnelles Netz, das für gutes Zeitverhalten sorgt, ist dringend geboten. Zur Langzeitarchivierung – eine Komponente des Datenmanagementkonzepts – von PDM-Dokumenten bieten sich optische Platten (CD-WORMs) an. Eine Jukebox übernimmt die automatische Zuführung der Datenträger zu den Laufwerken. Weitere Peripheriegeräte wie Scanner, Drucker und Plotter können notwendig sein.

Der Bedarf an Hard- und Software wird im Pflichtenheft spezifiziert. Er spiegelt sich in der Zusammensetzung der PDM-Nutzer und im Mengengerüst wider. Es sind genaue Daten über die Anzahl von PDM-Anwendern wie

- Vertriebsingenieur,
- Entwicklungsingenieur,
- Berechnungsingenieur,
- Konstrukteur,
- Arbeitsplaner,
- Einkäufer,
- Monteur

erforderlich. Darüber hinaus muß bekannt sein, welches Anwendungsprofil diese Nutzer haben. Erzeugen sie Daten, modifizieren sie diese oder sichten sie sie nur? Danach richtet sich der Bedarf an PDM-Funktionalität und Utilities wie etwa Viewer und Konverter. Die Speicherkapazität der PDM-Installation wird zum großen Teil vom Mengengerüst diktiert. Dies setzt sich zusammen aus der Anzahl von Dokumenten wie

- CAD-Modellen,
- CAD-Zeichnungen,
- Berechnungsprotokollen,
- Simulationsmodellen,
- Stromlaufplänen,
- Arbeitsplänen,
- NC-Programmen,

- QS-Unterlagen,
- Betriebsanleitungen,
- Angeboten.

5.6.4.11 Systemanforderungen

Unter dem Begriff Systemanforderungen wird im Pflichtenheft die Funktionalität der zu realisierenden PDM-Lösung beschrieben. Zunächst erfolgt eine knappe Übersichtsdarstellung zu den Standardfähigkeiten der ausgewählten PDM-Systemmodule. Im Anschluß daran werden die projektspezifischen Konfigurationen, Systemanpassungen und Systemintegrationen detailliert aufgezeigt. Dies umfaßt unter anderem die Definition von Geschäfts-, Daten-, Relations- und Administrationsobjektklassen einschließlich Attribute und Methoden, die Beschreibung der Anwendungsfunktionen bzw. Aktionsabläufe, die Festlegung des Fehlerhandlings sowie die Gestaltung von Objektikonen, Auswahlmenüs und Dialogmasken. Ferner werden Kommunikation und Datenaustausch bezüglich der Systemschnittstellen geklärt und speziell beim CAD-Interface die Schriftkopfdaten präzisiert. Zusätzlich zur reinen Funktionsbeschreibung sind allgemeine, aber nicht minder wichtige Systemanforderungen wie Plattformunabhängigkeit oder Skalierbarkeit festzuhalten.

5.6.4.12 Stufenkonzept

Die Einführung einer PDM-Lösung kann nur auf der Basis eines Stufenkonzepts erfolgreich ablaufen. Die Definition sinnvoller, aufeinander aufbauender Projektphasen ist deshalb ein wesentlicher Bestandteil des Pflichtenhefts. Jede der Implementierungsphasen muß PDM-Funktionalität zum Ziel haben, die, für sich betrachtet, einen Teilnutzen erbringt und sich in den bestehenden Geschäftsablauf verträglich einfügen läßt. Die typische Einstiegsphase bei den meisten PDM-Projekten heißt Dokumentenmanagement und Freigabesteuerung.

Vor allem im CAD-Anwendungsbereich hat sich in vielen Fertigungsunternehmen inzwischen eine voluminöse Datenflut aufgebaut, die zu einem arg drängenden Problem geworden ist. So wundert es nicht, daß man versucht, diese Misere zuerst anzugehen. Bei überwiegend zeichnungsorientierter 2D-CAD-Anwendung steht dem auch nichts entgegen. Völlig anders sieht es aus, wenn Entwicklung und Konstruktion teileorientiert arbeiten und überwiegend auf der Anwendung eines 3D-CAD-Systems beruhen. In diesem Fall liegt der Schwerpunkt nicht auf der Zeichnungsverwaltung, sondern auf dem Management der CAD-Modelle. Die Funktionalität der reinen Dokumentenverwaltung reicht dafür meist nicht mehr aus. CAD-Modelle repräsentieren Teile und Baugruppen. Für ihre Organisation werden entweder weitergehende Fähigkeiten der Dokumentenverwaltung (siehe auch Bild 3-50) oder die Eigenschaften des PDM-Teilemanagements gebraucht. Letzteres bedeutet, Konstrukteure müssen sowohl mit Zeichnungs- und Modellstammsätzen als auch mit Teilestammsätzen umgehen. Dies hat Auswirkungen auf weitere Anwendungsbereiche, die zusätzliche Anforderungen mit sich bringen. Das ursprüngliche Vorhaben, die Projektphase I mit der Überschrift Dokumentenmanagement und Freigabesteuerung zu versehen, würde in diesem Szenario unausweichlich zu erheblichen Schwierigkeiten im Projektablauf führen. Dies zeigt, daß für die schlüssige Planung eines Stufenkonzepts ein tiefgehendes Verständnis für die Zusammenhänge bei der Herstellung der elektronischen Produktdaten notwendig ist.

5.6.4.13 Zeitplan

Die Spezifikation eines präzisen Zeitplans zur Durchführung des PDM-Projekts ist ebenfalls ein Schwerpunkt des Pflichtenhefts. Die einzelnen Arbeitspakete jeder Projektphase werden für alle Beteiligten verbindlich terminiert. Die zeitliche Koordination der Meilensteine sollte immer einen ausreichend großen Übergangspuffer vorsehen, um unkalkulierbare Einflüsse und Ereignisse kompensieren zu können. Es ist wesentlich besser, die Arbeitspakete in einen etwas großzügiger bemessenen Zeitrahmen einzubetten, als während der laufenden Projektarbeit die Zieltermine ständig korrigieren zu müssen. Unter dem Eindruck eines knappen Budgets wächst häufig die Neigung, den Terminrahmen für das Projekt einzuengen, um es trotz schlechter Kapitalausstattung starten zu können. Die Folge: Das PDM-Projekt ist von Anfang an zum Scheitern verurteilt. Zu knapp kalkulierte Termine lassen sich nicht einhalten. Arbeitspakete werden nicht rechtzeitig abgeschlossen. Das Projekt gerät pausenlos ins Stocken. Es fehlen vorzeigbare Resultate. Die Verantwortlichen werden ungeduldig. Schließlich droht dem Projekt das aus.

5.6.5 Systemanpassung

Systemanpassung heißt, eine projektspezifische PDM-Lösung aus einem PDM-Standardsystem durch Konfiguration und ggf. Systemerweiterung abzuleiten. Je nachdem, ob ein Toolbox- oder Turnkey-System die Grundlage bildet oder welchen Umfang der Anforderungskatalog aufweist, ergeben sich mehr oder minder große Abweichungen zum Standard der PDM-Systembasis.

5.6.5.1 Systembeschreibung

Mit der aus einem PDM-Standardsystem entwickelten PDM-Kundenlösung entsteht im Grunde genommen ein neues Anwendungssystem. Wie bei einem professionellen Software-Entwicklungsvorhaben müssen dabei sämtliche Anpassungsarbeiten ausführlich beschrieben werden. Die Entwicklungsdokumentation muß so angelegt sein, daß damit jeder durchschnittlich qualifizierte Software-Entwickler imstande ist, die Systempflege vorzunehmen. Dies setzt voraus, daß mindestens die Punkte

- Beschreibung der Entwicklungsumgebung,
- Checkliste für Arbeitsschritte,
- Kommandobeschreibung,
- Objektklassenbeschreibung,
- Methodenbeschreibung,
- Funktionenbeschreibung,
- Message-Beschreibungen,
- Konfigurationseinstellungen,
- BO-Beschreibung

in der Entwicklungsdokumentation enthalten sind. Darüber hinaus sollte eine informative – aber nicht geschwätzige – Inline-Dokumentation eine Selbstverständlichkeit sein.

Zu einer kundenspezifischen PDM-Lösung gehören ebenso spezifische Manuale für Anwendung und Administration. Wenn Nutzer und Administrator ihr Handbuch befragen wollen oder müssen, sollten sie sicher sein, daß es mit der installierten Systemversion korrespondiert. Die Benutzeranleitung des Basissystems ist hier wenig hilfreich und nicht gerade förderlich für die Anwenderakzeptanz. Außerdem kann es die Nutzeffekte der PDM-Installation spürbar mindern. Eine spezifische Anwendungs- und Administrationsdokumentation zu erstellen, sollte daher unbedingt eines der Arbeitspakete des PDM-Projekts sein. Ebenso darf die Aktualisierung der Manuale im Zuge der Systempflege erwartet werden. Damit ist jederzeit ein hohes Anwendungsniveau garantiert.

5.6.5.2 Systemrealisierung

Die Art und Weise, wie die Systemrealisierung organisatorisch durchgeführt wird, hängt meist von der Größe des Projekts und damit meist von der Größe des Fertigungsunternehmens ab. Bei Großunternehmen werden in den überwiegenden Fällen sämtliche Projektarbeiten im Hause vorgenommen. In speziellen Räumlichkeiten arbeiten interne Mitarbeiter der ORG/DV-Abteilung(en) und externe Mitarbeiter des Systemlieferanten und ggf. anderer Dienstleister in enger Abstimmung zusammen. Spezialisten aus den Fachabteilungen sind gewöhnlich nicht direkt in die Projektarbeit eingebunden. Auf der Grundlage eines Toolbox-Systems werden so mit kaum vorstellbarem Aufwand PDM-Anwendungsmodule mit dem Ziel geschaffen, möglichst viele der Unternehmensbereiche im Konzern als Anwender bzw. Kunden zu gewinnen.

Bei Klein- und Mittelstandsunternehmen würde dieses Vorgehen zum sicheren Ruin führen. Die Projektorganisation ist hier dem Projektvolumen angepaßt. Das interne Projektteam leistet in *Teilzeit* – der laufende Geschäftsbetrieb darf nicht wesentlich beeinträchtigt werden – die Vorarbeit, gestaltet die Prozesse, normiert Nomenklatur und Nummernsystem, bereitet den Einsatz neuer Anwendungskonzepte vor, selektiert die Importdaten und richtet ein Rechnernetzwerk für die PDM-Testinstallation ein. Einige interne Mitarbeiter erhalten im Vorfeld eine Basisschulung für Anwendung und Administration des PDM-Systems. Dies ist notwendig, damit im Projektteam bereits während der Vorarbeiten ein fachlicher Bezug zum künftigen PDM-System und dessen Funktionsweise hergestellt werden kann. Zudem ist dadurch eine bessere Kommunikation mit den Mitarbeitern des Systemlieferanten möglich. Diese implementieren in paralleler Arbeit zu den Aktivitäten des internen Projektteams die spezifische PDM-Kundenlösung nach den Vorgaben des Pflichtenhefts. Die Realisierung erfolgt gewöhnlich in den Räumen des Systemlieferanten.

5.6.5.3 Systempflege

Eine PDM-Lösung besteht aus dem Basissystem und den kundenspezifischen Anpassungen bzw. Erweiterungen. In Hinblick auf die Software-Pflege bedeutet dies, daß die Wartung für zwei Systeme sichergestellt werden muß: für das Basissystem und die Kundenanpassung. Fertigungsunternehmen, die mittel- und langfristig kein eigenes Know-how aufbauen wollen, sind gezwungen, mit ihrem Systemlieferanten jeweils einen Pflegevertrag über das Basissystem und die Kundenanpassung abzuschließen. Möchte der Kunde seine PDM-Installation in eigener Regie up-to-date halten, müssen geeignete Mitarbeiter mit einschlägigen Vorkenntnissen qualifiziert werden. Ob dies wirtschaftlich Sinn macht, kann nur eine Kostenrechnung aufzeigen. Von Nachteil ist in jedem Fall, daß bei einem Release-Wechsel des Basissystems die Kundenanpassung erst mit einem mehr oder weniger großen Zeitverzug auf die aktuelle Version portiert werden kann. Eine eventuell neue Funktionalität des Basissystems ist dadurch erst mit größerer Verspätung für die PDM-Anwenderschaft nutzbar.

5.6.6 Systemeinführung

Nach Abschluß der Vorarbeiten und der Systemrealisierung beginnt die Systemeinführung. Auch dieser Abschnitt des Projekts verläuft in mehreren Schritten. Als sinnvoll hat sich erwiesen, die Systemeinführung mit den koordinierten Aktionen Systeminstallation, Datenimport, Administratorschulung, Anwenderschulung, Testbetrieb und Systemfreigabe vorzunehmen. Das interne Projektteam und der Systemlieferant arbeiten dabei besonders intensiv zusammen. Um kurze Kommunikationswege sicherzustellen, finden nahezu alle Aktivitäten der Systemeinführung im Hause des PDM-Kunden statt.

5.6.6.1 Systeminstallation

Die vom Systemlieferanten realisierte PDM-Kundenlösung wird beim Anwender auf ein vorbereitetes Rechnernetzwerk installiert. Die Portionierung der PDM-Dienste (nutzbare Funktionen) in PDM-Client und PDM-Server erfolgt in Abhängigkeit der Faktoren Nutzeranzahl, Anwendungsprofile und Netzleistung. Um die Netzbelastung zu reduzieren, kann es sinnvoll sein, häufig benutzte Funktionen in einen PDM-Client zu packen und auf die jeweiligen Arbeitsplatzrechner zu installieren. Bei einer vollständig auf der Internet-Technik basierten PDM-Lösung können HTML-Seiten und Java-Applets auf einer Web-Server-Maschine liegen und die PDM-Dienste auf einem weiteren Hardware-Server installiert sein. Es ist aber auch möglich, alles auf einer einzigen Server-Maschine zu plazieren.

Bestandteil der Installationsarbeit ist ein intensiver System- bzw. Funktionstest. Kritische Punkte sind immer wieder die einwandfreie Kommunikation zwischen PDM-Clients und -Server sowie zwischen PDM- und DBMS-Server. Sobald die Systeminstallation problemlos arbeitet, wird mit einem möglichst automatisierten Testverfahren (Integrationstest) die implementierte Funktionalität der PDM-Kundenlösung in der realen Arbeitsumgebung geprüft. Fehler und Mängel werden protokolliert. Nach Beendigung dieses Testlaufs sollten gravierende Fehler oder gar Programmabstürze nicht mehr auftreten.

5.6.6.2 Datenimport

Die Altdatenübernahme ist bereits von den Arbeitskreisen des internen Projektteams vorbereitet worden. Je nach Arbeitsweise des PDM-Datenimport-Tools existiert eine Reihe entsprechender Dateien mit bestimmtem Format. Sie enthalten die Metadaten für die zu importierenden Baukomponenten und Dokumente. Das Einlesen der Importdaten und die Kontrolle der PDM-Datenbasis übernehmen Mitglieder des Projektteams. Der datentechnische Vorgang läuft gewöhnlich in Stapelverarbeitung ab. Ein Batch-Prozeß läuft in Abhängigkeit der Datenmenge meist mehrere Stunden.

5.6.6.3 Administratorschulung

Dem Systemadministrator fällt die Aufgabe zu dafür zu sorgen, daß die PDM-Installation für die Anwenderschaft ständig verfügbar ist. Dies setzt eine umfassende Kenntnis über Aufbau und Funktionsweise des PDM-Systems voraus. Der oder die Administratoren benötigen daher eine besonders intensive Schulung, um diesen Anforderung gerecht werden zu können. Erfahrungsgemäß wird der beste Ausbildungseffekt erzielt, wenn die Schulung in Form eines Inhouse-Lehrgangs stattfindet und der Trainer mit ein bis drei Kursteilnehmern ungestört arbeiten kann. Die Übungen sind so direkt an der installierten PDM-Lösung in vertrauter Umgebung möglich. Die Ausbildungsinhalte sollten individuell auf die Bedürfnisse des Kunden und seiner spezifischen PDM-Anpassung abgestimmt sein und etwa die Punkte

- Aufbau und Funktionsweise,
- Objektklassenmodell,
- Attributerweiterung,
- Menü- und Maskengestaltung,
- Einrichten neuer Dateitypen,
- Datenbank- und File-Vault,
- Regeln und Benutzermanagement,
- Check-in, Check-out und Revisionieren,
- Workflow-Definition,
- Konfigurationsparameter,
- PDM-Systeminstallation,
- DBM-Systeminstallation

enthalten.

5.6.6.4 Anwenderschulung

Nicht weniger wichtig wie die Administratorschulung ist die Ausbildung für die Anwenderschaft. Die Kurse sollten nicht Alibiveranstaltung sein, sondern eine ambitionierte Qualifikationsmaßnahme. Um diesen Anspruch zu erreichen, sind einige grundlegende Voraussetzungen zu schaffen. Ein sinnvoll terminierter und mit den Abteilungsverantwortlichen abgestimmter Schulungsplan muß gewährleisten, daß jeder künftige PDM-Nutzer eine angemessene Ausbildung erhält. Bei einer größeren PDM-Anwenderschaft sind mehrere Schulungstermine notwendig. Die Teilnehmerzahl der Lehrgangsgruppen sollte zehn nicht übersteigen. Besonders wichtig ist, daß der Kursus nicht theoretisch abgehoben konzipiert ist, sondern vermittelt, welchen realen Nutzen die PDM-Lösung seinen Anwendern verschafft. Es sollten Schulungsszenarien vorbereitet werden, die sich mit dem konkreten Tagesgeschäft der Teilnehmer befassen: nicht einfach Kommando für Kommando *vorbeten*, sondern Arbeitsabläufe wie Zeichnung ändern, prüfen und freigeben durchspielen. So läßt sich das oftmals nebulöse Bild mancher Mitarbeiter über PDM nachhaltig erhellen.

Ein gutes Ausbildungsangebot schließt immer auch gute Schulungsunterlagen ein. Zusätzlich zu den Handbüchern der PDM-Lösung sollte deshalb im Rahmen der Projektarbeit eine gesonderte Schulungsdokumentation erstellt werden. Darüber hinaus ist es für die Nutzer sehr hilfreich, nicht nur während des Lehrgangs eine *Klickliste* zu haben, in der die Dialogfolgen der wesentlichen PDM-Kommandos ohne lange Erklärungen übersichtlich dargestellt sind. All dies trägt dazu bei, den künftigen PDM-Anwendern nicht nur eine hervorragende Ausbildung zu geben – ein guter Dozent, eine gute Dozentin vorausgesetzt –, sondern sie für das Thema PDM zu begeistern. Das ist schließlich das Ziel der ganzen Aktion. Denn ohne hochmotivierte Nutzer ist das Ergebnis des PDM-Projekts, die PDM-Lösung, praktisch wertlos. Um die Bedeutung der PDM-Anwendung für das Unternehmen noch zu unterstreichen, sollten die Schulungsteilnehmer am Ende des Kurses ein offizielles Lehrgangszertifikat erhalten. Unabhängig von der Dauer der Qualifikationsmaßnahme – sie sollte unbedingt ausreichend bemessen werden – ist es sinnvoll, nach einigen Wochen eine kurze Nachschulung anzubieten, um konkrete Anwenderfragen oder -probleme klären zu können.

5.6.6.5 Testbetrieb

Wenn während des Schulungsbetriebs keine gravierenden Probleme auftreten, ist das ein gutes Zeichen bezüglich der Stabilität der PDM-Installation. Dennoch ist es notwendig, das Systemverhalten während eines mehrwöchigen Testbetriebs unter realistischen Anwendungsbedingungen genauer zu beobachten. Hierfür sollte ein kleiner Nutzerkreis produktiv mit der PDM-Lösung arbeiten und alle Fehler, Mängel, Unstimmigkeiten und Probleme protokollieren. Zudem sollten die Anwender ihre Meinung zu den Punkten Funktionalität, Handling, Akzeptanz und Performance darlegen. Am Schluß des Testbetriebs kann auf der Grundlage der gesammelten Erfahrungen und geäußerten Meinungen entschieden werden, ob neben den Korrekturmaßnahmen auch Nachbesserungen erforderlich sind. Eine Beurteilung der Performance im Laufe des Testbetriebs ist allerdings nur bedingt möglich, da noch kein Vollastbetrieb mit allen Nutzern vorliegt.

5.6.6.6 Systemfreigabe

Nach erfolgreichem Testbetrieb steht am Standort die Komplettinstallation (Roll out) an. Die restlichen Arbeitsplatzrechner werden mit PDM-Clients bestückt, die Zugriffsberechtigungen vervollständigt und weitere Vaults für weitere Anwendungsfälle eingerichtet. Parallel dazu laufen die Schulungsmaßnahmen für die neu hinzukommenden PDM-Nutzer. Gemeinsam mit den Verantwortlichen der Anwenderschaft, dem Systemlieferanten und dem Berater führt der Projektleiter eine offizielle Abnahme der PDM-Lösung durch. Hiermit ist die Projektphase I abgeschlossen, und der Produktivbetrieb beginnt. Dem Nutzerkreis sollte in den ersten beiden Wochen eine ständig verfügbare Einführungsbetreuung zur Seite stehen, um den üblichen Anlaufschwierigkeiten am Anfang der produktiven Anwendungsphase entgegenzuwirken. Das Projektteam startet unterdessen die Stufe II und versucht, laufend Feedback von der PDM-Anwenderschaft über die Phase I zu bekommen. Dies ist notwendig, um Vorstellungen und Wünsche der Nutzer in die Projektarbeit einfließen zu lassen.

Eine erfolgreich abgeschlossene Projektphase und ihr produktives Resultat, die PDM-Pilotinstallation, kann bei Firmen mit mehreren Standorten oder Geschäftsbereichen als *Showcase* für das gesamte Unternehmen und darüber hinaus auch für Partnerfirmen dienen. Nicht bunte Folien oder pfiffige Klickpräsentationen überzeugen letztendlich, sondern das Leistungsvermögen und der Nutzen von Produktdatenmanagement im praktischen Einsatz.

Bildverweise

Abkürzungen

ANSI	American National Standards Institute
AP	Applikationsprotokoll
API	Application Programming Interface
APT	Automatically Programmed Tools
ARPA	Advanced Research Projects Agency
ARPANET	ARPA Network
ASCII	American Standard Code for Information Interchange
Assembler	Systemnahe Programmiersprache
AZE	Arbeitszeiterfassung
AV	Arbeitsvorbereitung
BASIC	Beginner's All-purpose Symbolic Instruction Code
BDE	Betriebsdatenerfassung
BIS	Business Information System
BITNET	Because it's Time Network
BO	Benutzeroberfläche
C	Funktionsorientierte Programmiersprache
C++	Objektorientierte Programmiersprache
CAC	Computer-Aided Calculation
CAD	Computer-Aided Design
CALS	Computer-Aided Acquisition and Logistics Support
CAM	Computer-Aided Manufacturing
CAO	Computer-Aided Office (Automation)
CAP	Computer-Aided Planning
CAPP	Computer-Aided Process Planning
CAQ	Computer-Aided Quality Assurance
CASE	Computer-Aided Software Engineering
CAx	Sammelbegriff für alle CA-Technologien
CCITT	Comité Consultatif International Télégraphique et Téléphonique
CD-R	Compact Disc Recording
CD-ROM	Compact Disc Read-Only Memory
CE	Concurrent Engineering
CGI	Common Gateway Interface
CGM	Computer Graphics Metafile
CIM	Computer-Integrated Manufacturing

CLDATA	Cutter Location Data
CLI	Callable Level Interface
CNC	Computerized Numerical Control
COBOL	Common Business-Oriented Language
COM	Common Object Model
CORBA	Common Object Request Broker Architecture
CPU	Central Processing Unit
CSCW	Computer Supported Cooperative Work
DBM	Datenbankmanagement
DBMS	Datenbankmanagementsystem
DCE	Distributed Computing Environment
DCOM	Distributed Common Object Model
DDO	Dynamic Data Object
DIN	Deutsches Institut für Normung e.V.
DLL	Dynamic Link Library
DMS	Dokumentenmanagementsystem
DMU	Digital Mock-up
DNC	Direct Numerical Control
DNS	Domain Name System
DoE	Design of Experiments
DoD	U.S. Department of Defense
DRC	Direct Robotic Control
DSS	Decision Support System
DSS	Dokumentstammsatz
DTP	Desktop Publishing
DV	Datenverarbeitung
DXF	Drawing Exchange Format
E-CAD	Elektrik/Elektronik-CAD
ECO	Engineering Change Order
ECR	Engineering Change Request
EDB	Engineering Database
EDI	Electronic Data Interchange
EDIFACT	Electronic Data Interchange for Administration Commerce and Transport
EDM	Engineering Data Management
EDV	Elektronische Datenverarbeitung
EIS	Executive Information System
E-Mail	Electronic Mail
ENGDAT	Engineering Data
EPDM	Enterprise Product Data Management

ERD	Entity Relationship Diagram
ERM	Enterprise Resource Management
ERM	Entity Relationship Model
ERP	Enterprise Resource Planning
ESx	Beliebiges Erzeugersystem
EXAPT	Extended Subset of APT
Extended ASCII	Extended American Standard Code for Information Interchange
FEM	Finite Elemente Methode
FFE	Flexible Fertigungseinheit
FFI	Flexible Fertigungsinsel
FFS	Flexibles Fertigungssystem
FFZ	Flexible Fertigungszelle
FLS	Fertigungsleitsystem
FMEA	Failure Mode and Effects Analysis
FORTRAN	Formula Translation
FTP	File Transfer Protocol
FTA	Fault Tree Analysis
FTS	Fahrerloses Transportsystem
GAI	Generalized Application Interface
GIF	Graphics Interchange Format
GIOP	General Inter-ORB Protocol
GUI	Graphical User Interface
HPGL	Hewlett-Packard Graphics Language
HTML	Hypertext Mark-up Language
HTTP	Hypertext Transfer Protocol
IANA	Internet Assigned Numbers Authority
ID	Identifikator / Identifikationsnummer
IDL	Interface Definition Language
IGES	Initial Graphics Exchange Specification
IIOP	Internet Inter-ORB Protocol
IP	Internet Protocol
IPC	Interprocess Communication
IPDM	Integrated Product Development/Design and Manufacturing
IR	Industrieroboter / Industrial Robot
ISDN	Integrated Services Digital Network
ISO	International Organisation for Standardization

IT	Informationstechnik / Informationstechnologie
Java	Plattformneutrale objektorientierte Programmiersprache
JPEG	Joint Photographic Expert Group
KIS	Kommerzielles Informationssystem
KM	Konfigurationsmanagement
KMM	Koordinaten-Meßmaschine
LAN	Local Area Network
LS	Lagersystem
MaSS	Materialstammsatz
M-CAD	Mechanik-CAD
MDE	Maschinendatenerfassung
MFC	Microsoft Foundation Class
MIS	Management-Informationssystem
MPEG	Moving Pictures Experts Group
MRP	Material Requirements Planning
MRP II	Manufacturing/Management Resource Planning
MSS	Modellstammsatz
NC	Numerical Control
NIL	Not In List
NPT	Netzplantechnik
NSFnet	National Science Foundation Network
OCR	Optical Character Recognition
ODA	Object Database Adapter
ODBC	Open Database Connectivity
ODETTE	Organization for Data Exchange by Tele-Transmission in Europe
ODL	Object Definition Language
ODMG	Object Database Management Group
OFTP	ODETTE File Transfer Protocol
OID	Object Identifier
OLAP	Online Analytical Processing
OLE	Object Linking and Embedding

OMG	Object Management Group
OML	Object Manipulation Language
OO	Objektorientiert
OODBMS	Objektorientiertes Datenbankmanagementsystem
OOP	Objektorientierte Programmierung
OQL	Object Query Language
ORDBMS	Objektrelationales Datenbankmanagementsystem
ORG/DV	Organisation/Datenverarbeitung
ORB	Object Request Broker
OSF	Open Software Foundation
Pascal	Funktionsorientierte Programmiersprache
PC	Personal Computer
PCB	Printed Circuit Board
PDF	Portable Document Format
PDM	Produktdatenmanagement, engl.: Product Data Management
PDM II	Product Development Management
PDMS	Produktdatenmanagement-System
PDS	Persistent Data Services
PDV	Produktdatenverwaltung
PHG	Produkthaftungsgesetz
PID	Persistent Identifier
PIM	Product Information Management
PLC	Programmable Logic Controller
PM	Projektmanagement
POM	Persistent Object Manager
POP3	Post Office Protocol 3
POS	Persistent Object Service
PPS	Produktionsplanung und -steuerung
PR	Public Relations
QDE	Qualitätsdatenerfassung
QFD	Quality Function Deployment
QM	Qualitätsmanagement
QS	Qualitätssicherung

RAID	Redundant Array of Independent Discs
RDBMS	Relationales Datenbankmanagementsystem
RM	Reprographiemanagement
RMI	Remote Method Invocation
RMS	Reprographiemanagementsystem
RPC	Remote Procedure Call
SE	Simultaneous Engineering
SGML	Standard Generalized Markup Language
SL	Stückliste
Smalltalk	Objektorientierte Programmiersprache
SML	Sachmerkmal-Leiste
SMTP	Simple Mail Transfer Protocol
SPC	Statistical Process Control
SPOOLer	Simultaneous Peripheral Operations On Line
SPS	Speicherprogrammierbare Steuerung
SQL	Structured Query Language
STEP	Standard for Exchange of Product Model Data
STL	Stereolithographie-Datenfomat
TCP/IP	Transmission Control Protocol / Internetwork Protocol
TIFF	Tagged Image File Format
TIM	Technical Information Management
TIS	Technisches Informationssystem
TQM	Total Quality Management
TS	Transportsystem
TSS	Teilestammsatz
UIL	User Interface Language
UNIX	Unified Extension
URL	Uniform Resource Locator
UUCPNET	UNIX-to-UNIX Copy Network
VDA-FS	Verband der deutschen Automobilindustrie – Freiform-flächenschnittstelle
VDA-PS	Verband der deutschen Automobilindustrie – Programmschnittstelle

VPDM	Virtual Product Development Management
VRML	Virtual Reality Modeling Language
WAN	Wide Area Network
WM	Werkzeugmaschine
WORM	Write Once, Read Many/Multiple
WST	Werkstattsteuerung
WWW	World Wide Web
ZSS	Zeichnungsstammsatz
ZVS	Zeichnungsverwaltungssystem
2D	Zweidimensional
3D	Dreidimensional

Index